개정판

최신 사출금형설계

유중학·박광희 공저

東明社

최신 사출금형설계

초판 인쇄 2000년 1월 30일
개정판 발행 2010년 7월 1일
개정판 4쇄 발행 2000년 1월 30일

지은이 유중학 · 박광희
펴낸이 최국주
펴낸곳 동명사
출판등록 1950년 11월 1일(제1-76호)
주소 (우 413-756) 경기도 파주시 회동길 50(문발동)
전화 031-955-7200(대표)~2, 7203(편집부), 7204(물류)
팩스 031-955-7205
전자우편 webmaster@dmsbook.com
홈페이지 www.dmsbook.com

ISBN 978-89-411-0244-1 93550
값 25,000원

머리말

우리나라의 산업발전은 매우 급속히 진행되고 있으나, 모든 분야의 기술이 반드시 균형있게 성장하고 있는 것은 아니다. 금형기술은 생산기반 기술의 핵심적 요소기술이며, 중소기업형 특성을 가지고 있다. 특히 금형설계 기술은 비교적 뒤떨어졌다고 생각되는 부문 중의 하나이다. 금형산업은 자동차 산업, 전기·전자산업, 항공산업 등의 발전과 매우 깊은 관련이 있기 때문에 향후의 국가산업 발전에 주요한 위치를 차지할 수 있을 것이라고 생각한다.

우리 생활에서 큰 비중을 차지하고 있는 플라스틱은 그 사용 정도가 더욱 증가하고 있다. 그러나 플라스틱은 열이나 하중 등 사용환경에 따라 변하는 결점을 가지고 있으므로 주로 일용잡화나 케이스류, 장식품 등의 일반적인 용도 이외에는 사용에 한계가 있으나, 고강도, 고정밀도, 치수 안정성 등이 요구되는 분야에서는 엔지니어링 플라스틱이 사용되어, 그 이용분야가 날로 확대되어 가고 있는 실정이다.

사출성형용 금형은 플라스틱 제품을 생산하는 플라스틱 공업의 모체가 되는 가장 기본적이면서도 중요한 것이다. 그러므로 금형기술자는 금형의 설계, 생산계획, 관리, 금형제작 등에 보다 과학적이고 합리적인 이론적 지식을 반드시 필요로 한다. 산업발전과 더불어 과거 경험에만 의존하던 기능적인 부분에서 탈피하여 이론과 실제가 겸비된 보다 진보한 금형기술과 고도의 정밀도를 요구하고 있다.

이 책은 사출금형의 전반적인 내용을 기술하였으며, 사출금형 설계를 전공하고자 하는 사람은 물론 금형제작에 종사하는 실무자에게도 유용하도록 이론과 실제를 정리하였다. 따라서, 대학교재로 활용하여 사출금형설계와 제작에 관한 전문지식을 익힐 수 있도록 하였다. 주요내용으로는 사출성형기술의 동향, 사출금형의 구조, 사출성형기, 성형품설계 및 사출금형 설계, 형제작, 사출성형용 CAE, 플라스틱에 관한 기본적인 사항 등에 대하여 기술하였다. 이와 같은 내용을 한 권에 수록한다는 것은 매우 어려운 일이라 할 수 있다.

또한, 각 분야의 지식을 균형있게 수준을 유지하면서 서술하는 것이 필요하다. 그런 의미에서 이 책은 요긴하게 활용될 수 있으리라고 본다.

끝으로 이 책을 출간하는 데 있어서 도와 주신 동명사의 최국주 사장님, 편집부의 여러분들께 감사를 드린다.

2000년 1월 5일

저자 씀

개정판에 즈음하여

인간은 공장에서 생산된 수많은 제품을 사용하며 살아가고 있다. 이러한 제품들은 다양한 제조 시스템에 의해 생산된다. 그런데 제조 시스템은 점차 저비용 생산방식을 추구하고 있으며, 효율적인 생산과 보다 나은 품질과 신뢰도를 요구하고 있다. 이러한 변화에 대응하기 위하여 새로운 공법과 신속 대응체제는 필수적인 사항이다. 또한 경제발전과 삶의 질이 향상됨으로써 각종 제품의 라이프사이클이 단축되고, 이로 인하여 신제품 개발 경쟁이 가속화되고 있다. 이들 제품을 동형, 동질의 완성품으로 제조하기 위해서는 금형이 반드시 필요한 도구이다. 특히 오늘날 정보화사회의 지식기반산업을 뒷받침하고 있는 정보기기, 가전, 자동차, 항공기에 이르기까지 실로 다양한 곳에서 사출성형은 꼭 필요한 제조 방법이 되어 가고 있다. 금형 관련 산업 현장이나 제품 개발 부서에서도 생산성 향상이나 경쟁력을 높일 수 있는 새로운 개념의 정보를 요구하고 있다.

최근 플라스틱 산업은 해마다 소재 생산량이 늘어나고, 기술적으로 고기능, 고성능과 고부가가치화를 지향하고 있다. 플라스틱 재료가 새로이 개발되고, 금형도 더욱 정밀해짐에 따라 사출성형기의 정밀화도 함께 추진되어 정밀성형품을 생산할 수 있게 되었다. 사출성형에 대한 요구 정밀도가 종래의 사출성형기의 한계를 넘어서면서 기존의 유압식 사출성형기를 정밀화하는 것만으로는 대응이 곤란해졌다. 이 한계를 극복하기 위해 안정된 제어와 에너지가 절약되는 서보모터 구동방식인 전동식 사출성형기가 등장하고, 주변기기 개발이 이루어져서, 수지온도 계측이나 사출압력 측정 기술이 향상되어 종래에 어려웠던 정밀성형이 가능하게 되었다.

개정판에서는 새로운 사출성형방식인 가스 성형, 이중사출, 인몰드 사출 등을 추가하였으며, 전열금형과 스팀금형 등에 대하여 기술하였다. 이제는 금형도 움직여서 생산성을 높여야 하는 시대가 되었다. 사출성형기에서는 정밀화, 박육화되고, 코스트와 환경적인 문제에 대응할 수 있는 전동식 사출성형기를 소개하였다. 그리고 성형가공 기술면에서는 플라스틱 성형이론, 냉각 이론, 핫러너 등에 대한 사항을 추가하였다.

앞으로 성형가공업계에서는 동시공학적인 접근방식의 도입과 합리적인 생산 체제로 제품의 원가 절감과 독특하고 차별화된 기술로 새로운 수요를 창출하는 것이 중요한 과제가 되고 있다. 세계가 하나의 시장이 되는 시대에서 일류 제품을 만들어서 시장을 선점할려는 노력이, 새로운 기술로 나타나기를 기대한다.

끝으로 개정판을 출간하는데 도와 주신 동명사의 최국주 사장님, 편집부의 여러분들께 감사를 드린다.

2010년 6월 15일

저자 씀

Contents

제1장 플라스틱 성형법과 사출금형

제2장 사출성형기

제3장 사출 성형품의 설계

제4장 사출금형의 설계

제5장 플라스틱성형 이론과 CAE

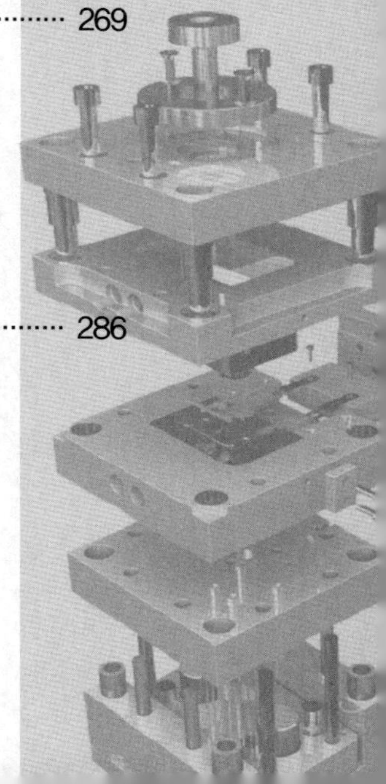

제6장 사출성형불량 및 후가공

제7장 성형 재료

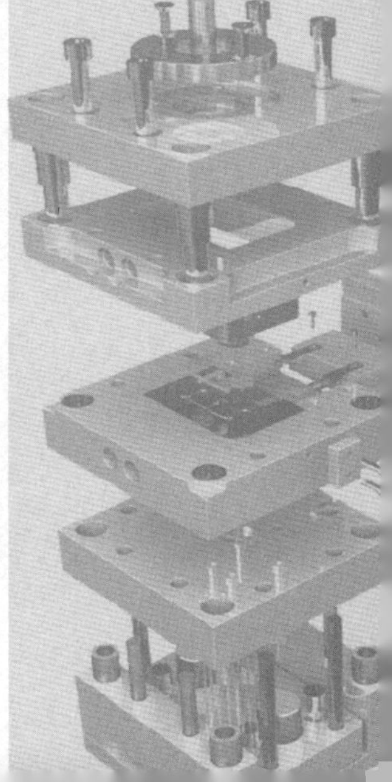

Chapter 1

플라스틱 성형법과 사출금형

1.1 총론

오늘날 금형공업은 산업간의 연관성이 크게 증대되어, 자동차, 전기, 전자, 정밀기기 등은 물론 완구, 문구, 스포츠, 생활용품에 이르기 까지 매우 광범위하게 영향을 미치고 있다. 사용되는 금형의 종류도 플라스틱 금형, 프레스 금형, 다이캐스팅 금형, 주조금형, 단조금형, 고무금형, 분말야금 금형, 유리금형, 요업금형 등 다양하다. 금형은 대량 생산용 공구로서, 높은 정밀도와 긴 수명이 요구되며, 품질(quality), 가격(cost), 납기(delivery)에 대해 사용자의 요구를 충족시켜 줄 수 있어야 한다.

근래에는 CNC 장치를 부착한 고속가공기, 방전 가공기, 와이어 컷팅머신, 다축 머시닝 센터 등의 공작기계 보급과 CAD/CAM/CAE의 도입으로 금형업계는 많은 발전을 이룩하였으며, 산업계의 수요를 충족시키고 있다. 특히, 제품의 정밀도, 생산성 및 품질을 디자인 기획 단계에서부터 문제점을 도출하여 시행착오를 방지할 수 있는 방법으로, CAE S/W가 이용되고 있다. 제품의 개발의 초기 단계 디자인, 제품설계, 금형설계에 이르기까지 사출 성형을 고려한 예상 문제점을 인식할 수 있는 방법은 여러 측면에서 매우 유용하게 활용될 수 있다. 복잡한 제품의 형상과 요구되는 기능의 다양성과 함께 제품의 고품질, 짧아진 모델 변경 등으로 극단적인 단납기 등이 절실히 요구되는 추세에 따라 과거 개인의 경험적인 방법에 의한 금형설계와 가공은 더 이상 효과적일 수가 없다. 따라서, 이러한 작업은 컴퓨터 시뮬레이션를 이용하여, 사출성형시 용융수지의 충전, 보압, 냉각 및 변형을 체계적으로 해석함으로서 제품디자인과 금형설계 단계에서부터 사출성형 문제점을 파악하여 최적화하고, 고품질, 생산성 향상 및 납기단축을 기하고자 하는 것이다. 이와 관련된 S/W들은 많이 판매되고 있으며, 기능도 다양해지고 있는 추세이다. 일반적으로 사출성형용 CAE S/W의 기능은 유동, 냉각 및 변형 해석 등을 할 수 있다. 해석을 통하여 게이트 수와 위치 선정, 러너의 크기 및 길이 결정, 냉각회로 설계, 웰드라인 위치 조절, 성형불량 현상 방지 등에 기여하고 있다.

플라스틱 금형의 일반적인 동향은 대형화(大型化), 정밀화(精密化), 자동화(自動化)와 수명의 향상 등을 추구하는 추세이다. 이들은 서로 관련되어 발전되어 간다. 금형의 대형화 경향은 수년 전만 해도 30온스(oz) 이상의 성형기는 많지 않았으나, 지금은 우리나라도 270온스(형체결력 1800톤)정도의 보유는 보편화되어 있고, 570온스(형체결력 3000톤) 이상의 성형기도 상당수가 보급되어 있다. 엔지니어링 플라스틱의 개발로 자동차에는 수년 전부터 플라스틱 범퍼가 사용되게 되었다. 종래의 범퍼는 차를 보호하는 것이 목적이었으나, 지금은 사고시의 충격을 흡수해서 탑승한 사람의 안전을 지키는 것이 보다 중요한 기능으로 되어 있다. 플라스틱은 이 기능을 충족하고, 또한 생산성도 높이기 때문에 사용이 날로 확대되고 있다. 여기에는 3000~5000톤의 사출 성형기가 사용되고, 금형 중량이 50톤에 달하는 것도 있다. 사출금형은 성형품의 형상을 구현하고 구체적인 치수를 유지하기 위한 장치이며, 그 주요 구성은 코어와 캐비티로 이루어진다. 코어는 성형품의 내측 형상(안쪽)을 이루며, 캐비티는 성형품의 외관 형상(바깥쪽 모양)형성하게 된다. 따라서 사출성형에 있어서의 금형은 성형재료의 가소화와 사출장치의 중간에 위치하여 액상의 수지에 형상을 구현하고 굳혀서 제품을 만드는 중요한 역할을 하게 된다.

플라스틱은 수축을 수반하는 성형을 하게 되며, 금형의 치수는 이러한 수지의 수축률을 감안하여 제품의 치수보다 금형의 치수는 크게 제작된다. 제품을 취출하기 위해 불가피하게 적용되는 빼기구배까지 감안해야 하고, 금형의 정밀도는 매우 중요한 문제로 대두된다. 최근의 특수한 전자기기나 정밀부품에서 요구되는 치수정밀도는 ± 0.001mm 정도까지로서, 수지 수축률 범위이내의 금형 치수를 요구하고 있는 실정이다. 간이 금형 제작, 시제품(mock-up) 제작, 단납기 등의 요구에 부응하는 쾌속조형(RP; rapid prototyping) 기술은 1986년 미국에서 처음 개발되어 플라스틱, 종이, 광경화성 수지 및 금속 등의 재료를 이용하여 제품이나 금형을 직접 만들 수 있는 새로운 제작방법으로, 현재 10여 가지 이상의 공정들이 상용화되어 세계적으로 활발히 이용되고 있다. 그 중에서 DMLS(direct metal laser sintering)공정은 선택적 레이저 소결(SLS; selective laser sintering)원리를 이용해 직접 금속 분말에 레이저를 조사하여 선택적으로 소결시켜 분말을 한층 쌓고, 작업 플랫폼을 내려 금속분말을 공급한 후에 다시 레이저를 조사하여 한층씩 쌓아 최종의 형상을 만든다. 신속시작기술이라고 불리우는 RT(rapid tooling)의 일반적인 의미는 기존의 방법에 비교하여 볼 때, 매우 빠른 시간에 효율적으로 완제품과 동일한 재료와 형상을 가진 성형물을 제작해 내는 기술이다. RP 기술 자체가 가진 속성, 즉 신속하게 마스터 패턴 혹은 net shape tool을 제공한다는 요인이 RT의 신속성이라는 속성을 보다 더 강화시킴으로써 RT라는 분야가 독립된 가공 기술 영역으로 볼 수 있다. RT 기술분야는 최근 RP 즉 쾌속조형기술을 생산 가공 기술의 한 분야로 그 의미를 한 단계 격상시킨 주역이라고 할 수 있다. 즉 단순한 조형에서 끝나지 않고 제품의 성형/주형을 고려한 형틀의 제작까지 그 응용 범위를 확대함으로써 차세대 생산 가공 기술로서 주목을 받게 되었다. 현재 3D Printing 장비는 여러 가지 금속 및 세라믹 소재에 대하여 이러한 공정 작업이 가능하다. 성형 형상의 크기와 재료의 선택이 상대적으로 넓지 못하다는 점과, tool 형상의 정확도와 표면 거칠기가 상대적으로 조악하다는 점, 그리고 추가적인 후처리 작업을 고려해야 한다. 그럼에도 불구하고 최근 이처럼 RP를 이용하여 net shape tool을 만들고자 하는 노력이 꾸준하게 이루어지고 있는 까닭들은 무엇인가? 첫째, RP를 이용한 RT 기술의 장점 중에서 tool의 성능에 직접적인 영향을 주는 금형의 냉각수로(cooling channel) 제작이다. 즉 RP 기술은 그 성격상 tool의 기하학적인 복잡성에 거의 영향을 받지 않고 설계될 tool 형상과 위치를 원하는 대로 최적화할 수 있다. 이는 결국 tool 제작방식의 능률을 높여주고 성형된 물체의 재료 성능도 개선할 수 있으므로 tool 제작에 있어서 매우 중요한 측면으로 받아들여 질 수밖에 없다. 둘째, 제작된 tool steel은 별도의 열처리를 거치지 않고도 기존의 절삭에 의한 tool 보다 훨씬 높은 경도를 얻을 수 있어 tool의 수명이 연장될 수 있다.

근래에는 RP 장비를 이용한 RT 분야로 발전되어 가고 있다. RT 기술이 제품개발 및 제조 공정에 투입하여 바람직한 결과를 기대하기 위해서는 다음 사항을 고려해야 한다. 첫째, 이 방법을 썼을 때, 충분한 개수의 제품을 만들 수 있는가. 둘째, 선택한 RT의 공정시간은 충분히 신속한가. 셋째, 성형될 tool의 재질에 대한 요구 조건이 무엇인지 파악하고 있어야 하며, 넷째, 선택된 RT 공정에 들어가는 비용이 합리적인 수준인가를 자문해 보아야만 한다. RT가 금형의 캐비티나 코어 제작에 많이 사용하기 때문에 쾌속금형제작이라고도 한다. 쾌속금형제작을 통한 이점으로는 기계가공을 줄여 금형 제작기간을 단축시킬 수 있고, 이에 따라 코스트를 절감할 수 있다. 또한 금속 분말로부터 직접 금형을 제작하므로 밀링, 드릴링, 연삭 등의 기계가공이 가능하고, 용접이나, 방전가공, 에칭 등도 할 수 있어 타 가공법들과의 연계가 쉽다. 그리고 기계가공이 불가능한 언더

컷이나 깊은 슬롯, 불규칙한 구멍 가공 등도 쉽게 조형할 수 있는 장점이 있다. 그러나 아직은 소요 비용이 고가이고, 동시공학적인 개념이 확산되어야 글로벌시대의 경쟁우위에 대응할 수 있는 납기 단축에 기여할 수 있을 것이다.

또한 자동화는 생산성을 향상시키고, 인건비를 절감하기 위하여 행하여지며, 사출 성형기의 자동화와 성형품이 자동적으로 처리되는 금형의 자동화를 말한다. 사출 성형기는 종래의 기계적 방법으로 작동되었던데 비하여 지금은 유압, 공압, 전동기 등을 이용하여 보다 진보된 제어방법에 의해 운전된다. 금형의 자동화는 성형품에 남아 있는 스프루, 러너를 자동적으로 처리할 수 있는 금형과 복합 성형용 금형 등이 개발되고 있으며, 러너를 없게 한 금형은 성형 사이클을 단축시킬 수 있고, 러너를 절단하는 공정이 없으므로 보다 경제적이다.

금형의 수명을 증가시키기 위하여 금형재료의 인성과 경도를 높이는 열처리 기술이 필수적이다. 사출성형용 금형의 재료로서 SM50C 정도의 기계구조용 탄소강이 주로 사용되어 왔으나, 점차 성형품의 생산수량이 많아지고, 정밀성형을 하게 됨에 따라 보다 높은 경도의 재료가 이용된다. 여기에는 가공성과 고속가공에 의한 마무리가 가능하도록 한 전용 재료가 사용되고 있다.

금형을 설계할 때나 제작할 때, 1 순위로 고려해야 할 것은 '잘 빠진 제품'이다. 원하는 일등 성형품이 나와야 하는 것이 금형제작의 대전제인 것이다. 사출성형품과 금형을 설계할 때, CAE로 성형해석을 수행하는 경우가 늘고 있는 것도 이런 이유 때문이다. 그 이전에 사출성형기의 하드웨어적 사고, 사출 성형 과정, 금형, 금형 취부, 그리고 재료의 특성 등은 금형의 설계자, 제작자가 알아야 할 여러 가지 사항 속에 포함된다.

제품 개발, 금형의 설계 및 제작, 제품 성형 등 일련의 제품 생산과정에 관한 정보들이 유기적으로 소통되어야 불필요한 시간과 경비를 줄일 수 있고, 이것이 기업의 경쟁력으로 이어진다. 그렇다면 제품설계자, 금형설계자, 금형제작자들은 성형의 원리나 실제 성형과정을 얼마나 이해하고 파악하고 있는가. 사출성형은 하나의 공정으로 높은 생산성을 추구해온 것이 강점으로, 널리 보급되어 왔다. 최근 들어서는 기술 습득이 쉽고 관리가 용이한 것으로 인식되어, 기업의 해외이전이 많이 진행되고 있다. 이러한 이유 때문에 중소기업의 경우, 이들 기업이 담당하고 있던 제품생산이 해외로 이전된다든지, 부품 구매가 글로벌화되어 가고 있기 때문에 일의 양이 늘지 않거나 단가가 내려가고 있다. 따라서 세계 경제의 흐름에 따라 다양한 변화에 부딪치며 극복해야 할 과제가 새롭게 나타나게 된다. 금형산업의 특수성과 기업 여건에 따라 전문화가 이루어져 있고, 각 공정 영역 간에도 기술들이 독립적이고 분산된 것이 사실이다. 그러나 최근 제조업들의 제조기술 자체가 평준화, 보편화되어 경쟁력 제고의 요인을 다른 곳에서 찾아야 할 필요성이 대두되고 있다. 즉, 제품개발에서는 시장의 요구를 빨리 파악하고, 생산에 있어서는 고품질과 적기 시장진입을 위한 빠른 생산이 경쟁력의 요인이다. 이러한 경쟁력 제고를 위해서는 바로 파트너 간의 협력과 협업이다. 어느 한 지역에서 금형산업을 클러스터화하거나 조금 더 큰 영역을 네트워킹(net working)함으로써, 영업까지도 포함하는 제품 생산 공정 전체를 최적화할 수 있을 것이다. 다양한 관련 정보를 긴밀하게 주고받지 못하고, 융합되어야 할 기술정보들이 단절, 분산된다면 생산지연과 품질 저하는 피할 수 없게 된다. 금형산업은 모든 산업의 기반기술이므로 생산기술, 정보기술, 원격지원 기술 등의 융합이 요구된다. 따라서 관련 산업간, 기업내 공정 간의 정보 단절을 극복하기 위하여, 제품의 기획 및 설계, 진일보한 생산시스템 설치 및 운영, 구매, 유통과 판매에 이르는 전과정을 포함하는 생산정보화(e-manufacturing)가 실행되어서 제조 프로세스를 혁신시키며, 각 공정의 기술정보를 공유, 소통시키는 협업 시스템이 필요하다.

1.2 플라스틱의 성형법

플라스틱의 최대 특징은 가소성을 이용하여 자유로이 성형할 수 있다는 점이다. 또한, 동일한 형상과 치수를 가진 제품을 용이하게 만들 수 있는 재료이다. 그러므로 플라스틱 제품을 생각할 경우에 성형공정을 떼어 내어 거론할 수가 없다. 플라스틱의 성형법으로서는 오래 전부터 다양한 기술이 개발되어 왔으며, 어느 것이나 플라스틱을 유동상태로 만들어서 이것을 금형에 넣어 원하는 치수와 형상을 만들 수 있다. 따라서, 플라스틱 성형가공에 있어서는 재료의 가열과 가압의 공정이 가장 중요한 요소를 이루고 있다. 플라스틱이 등장하기 이전에 인류는 공업재료로서 주로 금속, 유리, 석재, 시멘트, 목재 등을 사용하였다. 이들을 원하는 형상의 제품으로 만들기 위해서는 재료에 가소성이나 유동성을 부여하여 성형하였다. 플라스틱의 성형가공 기술은 이러한 기본적인 사고에 근거를 두고 성형법이 발전하였다. 예컨대 압축성형은 고무의 프레스 가황(可黃)에서, 사출성형은 금속의 다이캐스트에서, 취입성형은 유리병의 제조에서, 캘린더 가공은 금속판의 압연가공에서 각각 출발하여 발전되었다.

현재 공업적으로 실용되고 있는 플라스틱의 성형법에는 이들과 관계없이 개발된 기술도 적지 않고 아직 발전단계에 있는 것도 많다. 여기에서는 비교적 이용도가 높은 성형법을 중심으로 개략적인 내용을 제시한다.

1.2.1 사출성형

사출성형(射出成形; injection molding)은 플라스틱의 성형에 있어서 현재 가장 많이 사용되는 성형법으로, 열가소성 수지의 중요한 가공법으로서 발전하여 왔다. 이 가공법은 열가소성 수지는 물론 열경화성 수지에도 적용된다. 원리적으로는 실린더 속에서 가열하여 유동화시킨 성형재료를 사출성형기의 노즐을 통해 닫힌 형내에 주입하여, 냉각고화(열가소성 수지) 또는 경화(열경화성 수지)를 기다려서 금형을 열고 성형품을 끄집어낸다. 성형재료가 열가소성이냐 열경화성이냐에 따라서 실린더 온도나 금형온도가 다르지만 열가소성 수지의 경우에 비해 금형을 가열하여 수지를 경화시키면 가열실린더의 온도를 낮게 하여 수지가 고화하지 않도록 하는 등의 점이 다르고 그 때문에 실린더의 가열방식이나 스크루의 형상 등이 다소 차이가 있다.

열경화성 수지의 사출성형은 대부분 열가소성 수지의 성형방식과 유사하지만, 차이점은 성형 중 급속한 경화반응을 일으키기 때문에 금형온도를 높게 유지해야 하고 유동성을 양호하게 하기 위하여 가열 실린더를 100℃ 이하의 저온으로 유지해야 한다. 열가소성 수지의 사출성형은 호퍼에 공급된 재료를 스크루의 회전에 의하여 실린더 앞부분으로 보내진다. 실린더에서는 재료의 종류에 따라 설정된 온도로 혼련(混練), 가소화된다. 실린더 앞부분에서의 가소화량 증가와 함께 스크루는 후퇴하고 소정의 양에 도달되었을 때에 스크루의 회전은 정지한다. 다음에 스크루를 전진시키고, 실린더 앞부분의 수지를 고압(500~2000kgf/cm²)으로 금형에 사출하고 냉각된 후 성형품을 끄집어낸다.

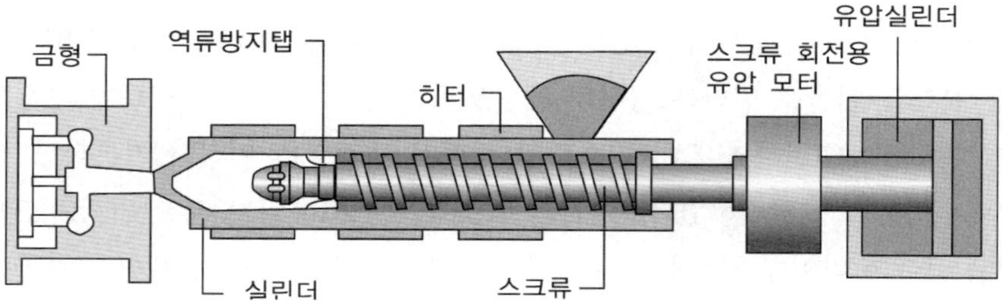

그림 1·1 스크루식 사출성형

1.2.2 압축성형

압축성형(compression molding)은 오래 전부터 행하여 온 성형법으로서, 그림 1·2에 나타낸 바와 같이 가열한 금형의 캐비티에 성형재료를 넣고 유동상태가 되었을 때, 압축성형기(프레스)에 의해 가압하여 성형하는 방법이다. 성형재료는 캐비티속에서 가열되어서 일단 유동상태로 되어 캐비티의 구석구석까지 퍼짐과 동시에 화학반응을 일으켜서 경화하므로, 적당한 경화시간 후 금형을 열고 성형품을 꺼내 플래시 제거 등의 뒤 마무리가공을 하여 제품을 얻는다. 성형가공 공정은 성형공정과 마무리공정으로 나눈다. 성형공정은 재료의 칭량(秤量), 캐비티에 재료의 장입, 가압 조작, 경화, 성형품 꺼내는 순서로 된다. 마무리공정에는 플래시 제거, 광택 작업 등이 포함된다. 장점은 재생하여 사용할 수 없는 재료의 손실이 없고, 설비비가 저렴하다. 단점으로는 사출성형에 비하여 성형조작에 두드러지게 시간이 걸리고, 전자동 성형이 어려우며, 제품의 각 부분에 플래시가 많이 나와서 다듬질에 시간이 소요된다.

사용되는 재료는 분말상의 열경화성 수지가 사용되며, 성형이 아주 간단한 장치로 이루어질 수 있고 성형이 정확히 되는 이점은 있으나, 성형시간이 길어서 생산성이 낮은 결점이 있다. 여기에 사용되는 금형의 종류에는 플래시 금형, 포지티브 금형, 세미포지티브 금형이 있다. 플래시(flash) 금형은 평압형 금형이라고도 하며, 성형재료가 캐비티를 꽉 채우고 나면 나머지는 파팅면으로 넘쳐 흐르게 된다. 이 금형은 접시나 받침대와 같이 깊이가 얕은 제품의 제작에 쓰인다.

포지티브(positive) 금형은 압입형 금형이라고도 하며, 플런저와 캐비티 사이에 틈새가 거의 없고, 플런저에 가한 압력이 그대로 재료에 전달된다. 세미포지티브(semipositive) 금형은 반압입형 금형이라고도 하며, 금형이 닫히기 시작함에 따라 여분의 재료가 빠져나가다가 플런저가 캐비티 안에 들어가게 되면 멈추고, 압력이 충분히 재료에 가해진다.

성형재료는 일반적으로 열의 불량도체이며, 두꺼운 제품인 경우에는 내부까지 열이 전해져서 경화하는 데 상당한 시간이 걸리기 때문에 금형에 넣기 전에 예열하여 두는 것이 보통이다. 예열에는 열기욕이나 적외선도 이용되지만 고주파 예열이 가장 효과적이다. 예열을 하면 경화시간이 단축될 뿐만 아니라 습기와 기타의 휘발성분이 제거되기 때문에 가스팽창이 없어지고 균일하게 경화하여 성형품의 내부변형이 경감된다. 또한, 성형압력도 낮아지고 인서트나 금형의 손상도 방지된다.

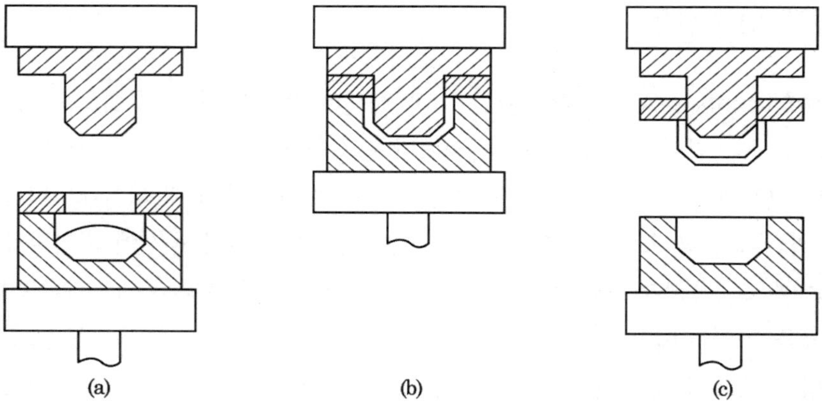

(a) 가열한 금형에 성형재료를 투입시킨다.
(b) 금형을 닫고 가열 · 압축하여 재료를 경화한다.
(c) 성형품을 꺼낸다.

그림 1 · 2 압축성형

성형재료를 금형에 투입한 다음엔 서서히 50kgf/cm² 정도의 저압을 걸고 재료를 연화유동시킨다. 형을 조임완료 직전 또는 직후에 일단 압력을 빼고, 그 다음 즉시 200 kgf/cm² 정도의 고압을 가하여 소정의 시간에 경화시킨다. 이 일단의 압력을 빼는 조작을 가스빼기라고 하며, 이에 의해서 재료 중의 휘발성분을 방출시키는 것이다. 가스빼기에는 타이밍이 중요하다. 즉, 타이밍이 너무 빠르면 가스의 방출량이 적어지고, 매우 많은 가스가 성형품에 봉입되기 때문에 팽창이나 흐림이 발생하기 쉽다. 또한, 타이밍이 늦으면 경화가 너무 빠르고 가스를 빼기 힘들게 된다. 비록 가스가 빠졌다고 하더라도 빠진 자리가 융착하지 않고 성형품에 균열이 남아 버린다. 고주파 예열기에 의해서 효과적인 예열을 하면 가스빼기 조작은 생략할 수 있다.

성형재료의 성형성이나 성형품의 품질은 성형조건과 밀접한 관계가 있으므로 올바른 성형조건의 설정이 매우 중요하다. 성형온도는 재료의 경화속도에 직접 관계되며, 온도가 높을수록 경화속도는 짧아질 수 있으나 열화한다든지 성형변형이 커져서 좋은 성형품을 얻을 수 없다. 경화시간은 성형품의 두께 1mm당 1분 정도이지만 유효한 예열을 가하면 경화시간은 1/3 정도까지 단축된다. 성형재료로는 주로 고무(rubber)나 열경화성수지인 멜라민수지, 페놀수지, 요소수지, 에폭시수지 등이 사용되며, 성형품의 두께는 3mm 이하가 좋다.

성형품으로는 페놀수지로 다리미나 냄비의 손잡이, 식기, 전기부품 등에, 요소수지로 단추나 용기의 캡, 수화기, 장난감 등에, 멜라민수지로는 식기류, 접시, 쟁반 등과 내열전기 부품, 세탁기의 날개 등을 만든다. 성형품을 금형에서 꺼내는 데는 수작업이나 녹아웃핀, 이젝터 플레이트 등을 사용한다. 성형품이 캐비티에 달라붙지 않게 하기 위한 보조제, 즉 이형제로서 그리스, 에멀전, 스테아린산 등이 사용된다.

1.2.3 적층성형

적층성형(積層成形)은 종이나 천 등에 액체상태의 수지를 스며들게 하기 위하여 시트(sheet)와 수지를 층상으로 함침시킨다. 적층한 재료를 가열, 가압, 경화시켜서 원하는 형상으로 일체화하여 1장의 판상 성형품 만드는 것이다. 경화반응이 필요한 열경화성 플라스틱 및 열가소성 플라스틱에 적용된다. 이때에 어느 정도의 압력을 필요로 하는가에 따라 고압적층과 저압적층으로 분류된다.

고압적층은 50kgf/cm² 이상의 압력을 사용하며, 보통은 100~300kgf/cm²에서 성형된다. 수지는 페놀, 멜라민 등이 사용된다. 저압적층은 50kgf/cm² 이하에서 성형하는 경우를 말하며, 수지는 폴리에스테르, 에폭시 등과 같이 경화할 때 휘발성 물질이 발생되지 않는 것이 사용된다.

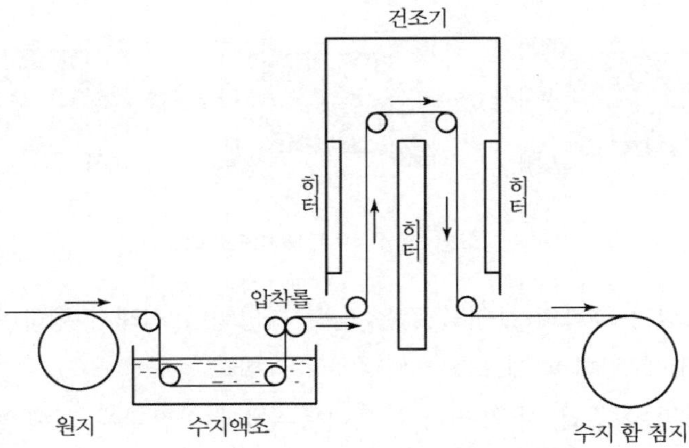

그림 1·3 수지함침 제조공정

1.2.4 이송성형

이송성형(transfer molding)은 압축성형법을 개선한 방법으로 사용되는 수지는 열경화성 수지 성형에 이용된다. 압축성형은 제품의 형상, 치수정밀도, 인서트(insert) 구조 등에서 문제점이 많으므로, 성형이 어려운 제품을 합리적으로 성형하기 위한 방법으로서 개발된 것이다. 그 과정 원리는 원리적으로 사출성형의 일종이라고 볼 수 있다. 압축성형과 다른 점은 재료를 캐비티 내에 넣은 상태에서 성형되는 것이 아니며 별도로 마련된 실린더에서 가열하여 플런저나 유압실린더의 작용으로 밀폐된 금형속에 유동 상태로 압입된다. 액체상태의 재료는 스프루, 러너, 게이트를 통해서 캐비티 내로 유입되며 성형 가공이 완료될 때 까지 재료에 압력이 작용된다. 성형하기 전에 미리 금형 밖에서 성형재료를 가열하여 가열된 성형재료가 연화상태로 되면 금형으로 이송한 후 플런저의 가압력으로 금형의 스프루, 러너 및 게이트를 통해 캐비티로 유입된다. 이송성형에서는 오직 1회분만의 재료가 공급된다. 매회 새로운 성형재료가 공급되기 때문에 조건여하에 따라 재료를 충분히 고온도로 예열할 수가 있으므로 1사이클의 시간이 단축되고 성형품의 품질이 향상된다.

이송성형에는 성형방식에 따라 포트식과 플런저식이 있다. 포트식은 금형만을 이송금형으로 하여 일반적으로 압축성형 프레스를 사용하여 행하는 방식이며, 플런저식은 보조램(플런저)을 갖춘 트랜스퍼 성형기를 사용하여 성형하는 방식이다. 포트식 이송성형은 포트에 투입한 성형재료를 캐비티로 압입하는데 요구되는 압력은 500~1000kgf/cm^2 정도이다.

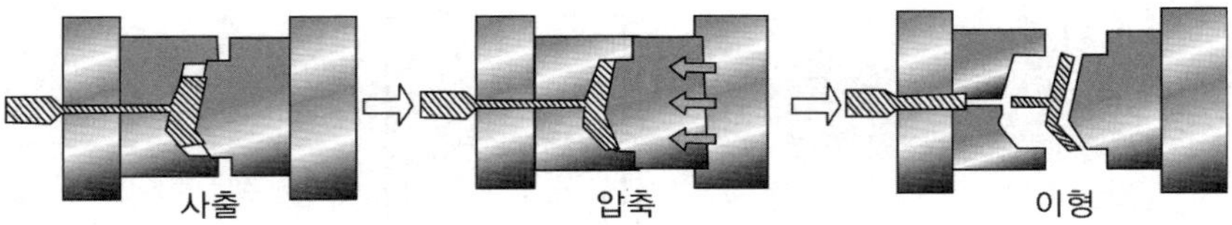

그림 1·4 포트식 이송성형

포트식은 형조임과 재료의 주입을 같은 램의 가압력에 의해서 행하며, 플런저식에서는 보조램(플런저)에 의해서 재료를 캐비티에 주입한다.

이송성형의 장점은 주입 시에 러너나 게이트부에서 마찰열에 의해 발열하기 때문에 경화시간이 짧으며, 균일 경화에 의해 성형품의 품질이 향상되고, 연화한 재료가 주입되기 때문에 인서트를 해치지 않는다. 또한 성형품이 얇거나 많은 개수를 만드는데 용이하며, 다듬질이 비교적 용이하다. 단점으로는 스프루, 러너, 잔류 경화물 등의 재료 손실이 많으며, 압축성형의 2~3배가 되는 성형압력과 충전제가 배향하여 방향성을 나타내기 쉽다. 사용수지에는 페놀수지, 멜라민수지, 에폭시수지, 폴리에스텔수지 등이 있다. 전기배선용 소켓, 각종 기기의 손잡이, 기기부품 등을 만드는데 적용된다.

1.2.5 압출성형

압출성형(壓出成形; extrusion molding)은 실린더 속에서 가열, 가압 유동화시킨 플라스틱을 압출금형을 통하여 연속적으로 성형하는 방법이다. 압출금형을 통과한 성형품의 형상이나 치수를 규제하면서 냉각하여 인수하는 공정을 거쳐 성형품이 나오게 된다. 성형품의 단면이 직사각형, 원형, T형, 파이프, 피복전선, 시트 등의 일정한 단면형상 밖에 얻을 수 없다. 성형재료는 유동상태로 다이에서 유출되어 냉각 고화되므로 대부분 열가소성 수지의 성형에만 한정된다.

압출성형은 이용 범위가 비교적 넓은 가공방식이다. 예를 들면 봉재 및 관재의 제조, 필름 및 시트의 제조, 다층성형 및 발포제품의 제조, 전선의 피복제조, 펠렛의 제조 등에 사용된다. 사용재료에는 염화비닐수지, 발포 ABS 수지, 폴리스티렌, 아크릴수지 등을 사용한다.

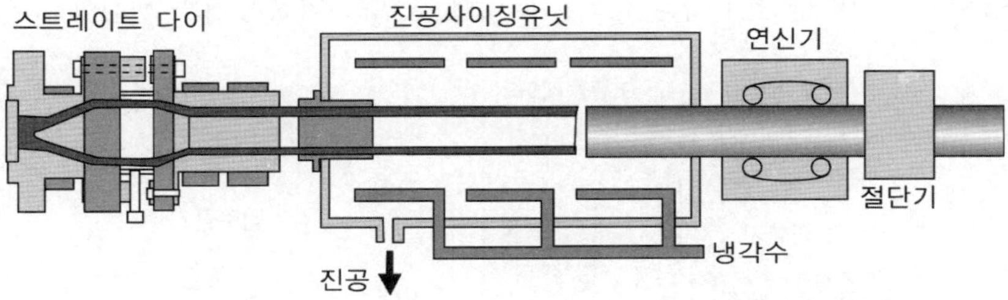

그림 1·5 압출성형

1.2.6 취입성형

취입성형(吹入成形; blow molding)은 일명 중공성형이라고도 하며, 압출기에서 패리손이라고 하는 튜브를 압출하고 이것을 금형으로 감싼 후 압축공기를 불어넣어 금형 내벽에 밀착시켜서 공중 용기제품을 만드는 방법으로, 중공품(中空品)을 만들 수 있다. 튜브를 압출할 때 다이의 중심선에 설정하는 것이 일반적이지만 압출한 튜브의 하부에서 취입 파이프를 삽입하는 방식과 금형의 측면에 설치한 미세한 관통 구멍에서 주사바늘을 투입하여 취입하는 방식도 있다. 압출성형과 블로성형을 조합한 것을 압출 블로성형(extrusion blowing)이라 하고 사출성형과 블로성형을 조합한 것을 사출 블로성형(injection blowing)이라 한다.

예전에 유리병을 만들 때에는 유리관을 만든 다음, 유리관 끝부분을 불에 녹인 후 입으로 바람을 불어넣어 속이 빈 병이나 비커(beaker) 등을 만드는 원리이다. 이는 폴리에틸렌, 폴리프로필렌 등을 이용해서 용기, 완구 및 잡화 용기 등을 만들거나, 유리를 이용하여 유리병 등을 만드는 성형법이다. 금형재료는 고압이 필요 없기 때문에 금형의 강도가 그다지 필요하지 않다. 따라서 생산수량이 적거나 중요치 않은 제품의 경우 알루미늄이나 아연합금 등 값싼 재료가 사용되고 있으나, 내구성이 있고 형상가공성도 있을 뿐 아니라 열전도율이 높아 성형 사이클의 단축이 요구될 때는 베릴륨동 합금(beryllium cupper)도 이용된다.

폴리에틸렌이 가장 많이 사용되며, 염화비닐수지, 나일론, 폴리카보네이트, 폴리아세탈 등의 수지도 사용된다. 사출취입 성형은 먼저 사출성형에 의해서 밑창 있는 패리손을 성형하고, 즉시 이것을 취입성형용 금형으로 옮겨 공기를 취입하여 성형품을 얻는 방법이다. 적용제품으로는 살이 얇고, 경량, 투명, 안정성 및 값이 싼 이점을 살려 세제, 식품, 약품, 화장품 등의 병 생산이 가장 많고, 그 밖에 공업용 약품용기의 생산에도 사용된다.

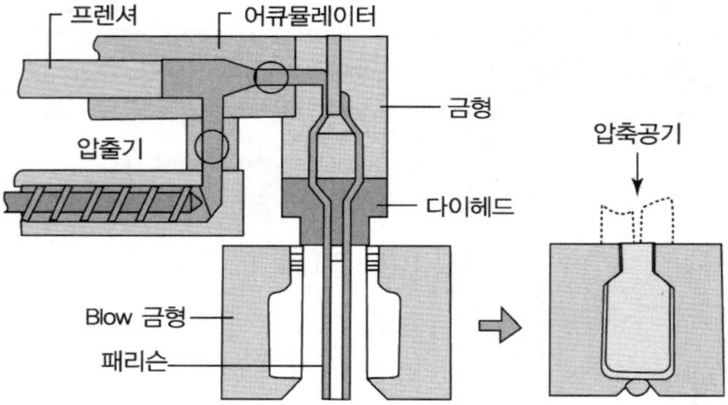

그림 1 · 6 블로성형

1.2.7 캘린더 성형

캘린더 성형(calendering)이란 그림 1 · 8과 같이 혼련롤 또는 압축기에서 나온 성형재료를 주철제 롤을 평행하게 설치하여 조립한 캘린더 사이를 가압시키면서 통과함으로써 두께가 일정한 매우 얇은 시트, 필름, 바닥재 등의 제품을 연속적이고 고속도로 성형하는 방법이다. 즉, 다수개의 가열 롤을 배열한 압연기계이다. 롤의 배열방식에 따라 직렬형, 경사형, L형, 역 L형, Z형, 경사 Z형의 등의 형식이 있다. 압연 시에 캘린더에 걸리는 큰 힘이나 열팽창에 의한 롤의 힘 등에 의한 변형에 대하여 미리 롤의 중앙부를 보정한다.

수지는 가소화 온도의 범위가 넓은 염화비닐수지, 메타크릴수지, ABS수지, 내충격성 폴리스티렌 등이 사용된다. 그림 1 · 7에 몇 가지의 캘린더 형식을 나타내었는데, 염화비닐수지 가공에는 역 L형, Z형, 직립 2개형 등이 사용된다. 역 L형은 필름, 시트 등에, Z형은 두께 정밀도가 높은 필름, 시트에, 직립 2개형은 아스베스토스(asbestos) 타일제조에 각각 적용된다.

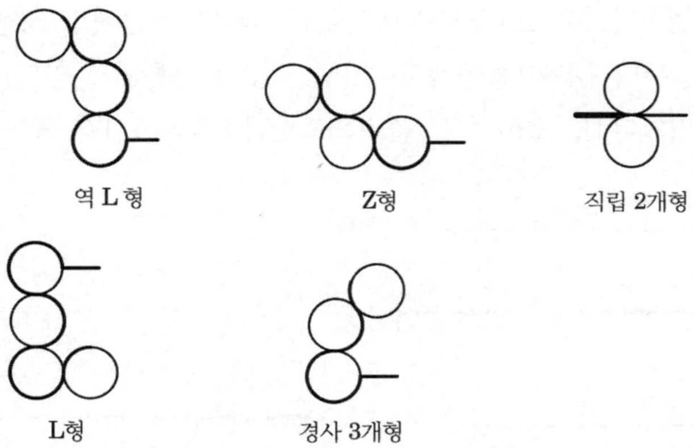

그림 1 · 7 캘린더의 형식

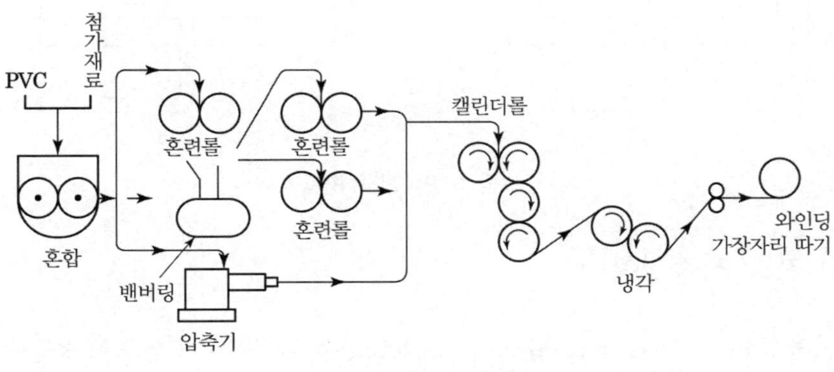

그림 1 · 8 캘린더 성형

1.2.8 진공성형

진공성형(vacuum forming)은 그림 1 · 9와 같이 형에 설치된 조그마한 구멍 혹은 가

느다란 홈을 통하여 시트와 형면에 둘러싸인 공간을 진공으로 하고, 시트를 형에 부착시켜서 성형하는 방법이다. 즉, 열가소성 플라스틱의 판 및 필름을 가열하여 연화시켜 형과 소재판 사이의 공기를 형 중에 뚫은 작은 구멍에서 배제하여 소재판을 형으로 밀착시켜 성형하고, 이것을 그대로 냉각해서 원하는 형상을 얻는 방법이다. 시트 혹은 필름을 사용하기 때문에 면적에 비해 얇은 성형품을 만드는데 적합하다. 진공 성형품에서 가장 비중을 차지하는 것은 포장분야이며, 대형 성형품으로서는 냉장고의 내장, 간판 등이 있으며, 소형품으로서는 계란상자 등 각종 포장재료가 만들어지고 있다.

진공성형은 진공상태에서, 다시 말하면 대기압과의 차압에 의해 시트를 형에 압착시키는 것이며, 그 성형압력은 1kgf/cm² 이하이다. 따라서, 금형도 성형압력에 견디어야 하며, 주로 주조 알루미나형이나 에폭시수지형이 많이 사용되고 있다. 사용재료는 경질염화비닐수지, 폴리스티렌, ABS수지, 폴리프로필렌, 폴리에틸렌 등이 있다.

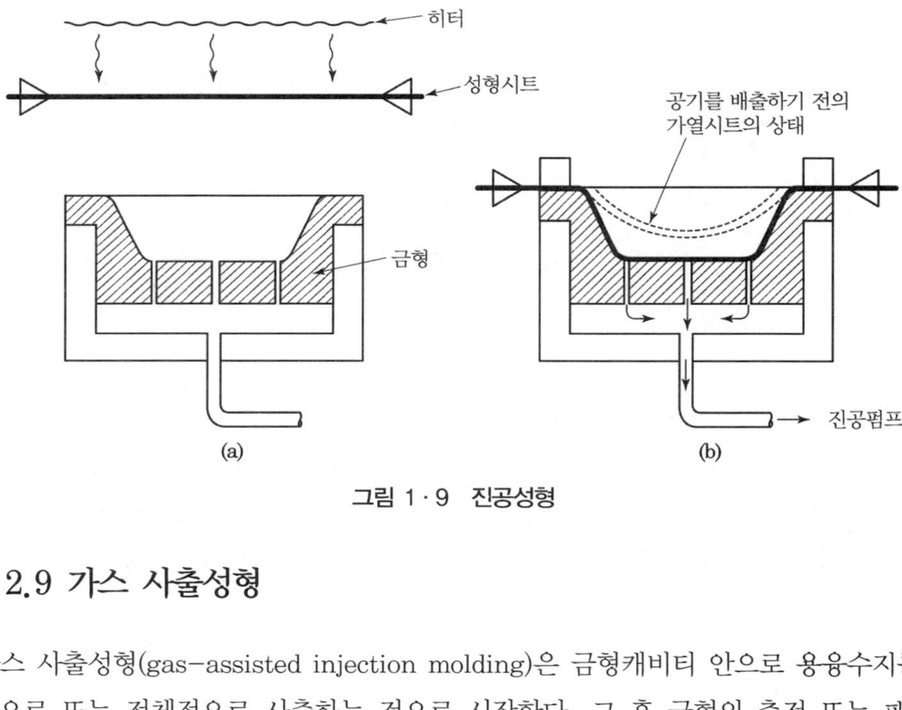

그림 1·9 진공성형

1.2.9 가스 사출성형

가스 사출성형(gas-assisted injection molding)은 금형캐비티 안으로 용융수지를 부분적으로 또는 전체적으로 사출하는 것으로 시작한다. 그 후 금형의 충전 또는 패킹을 돕기 위하여 압축된 가스를 용융수지의 코어쪽으로 사출한다. 가스 사출성형에 대한 기본 특허가 1995년 만료됨에 따라 가스 사출성형 방식은 해마다 사용이 증가하고 있다. 선진국들은 이미 오래전부터 가전, 자동차 업계를 중심으로 많은 부품을 가스성형으로 제품화하고 있다. 우리나라에서도 현장에서 제품화는 괄목할 만큼 성장하였지만 아직도 이 분야에 대한 연구가 필요한 실정이다. 가스 사출성형의 핵심기술은 채널 및 가스 주입구 선정기술이다. 가스흐름 방향 예측에 의한 채널 및 주입구 선정 기술을 포함한 금형 설계기술은 일반사출의 개념에서는 해결될 수 없는 기술이다. 일반사출에서 살 두께를 두껍게 해야 하는 상황에서, 가스사출에서는 그 반대로 살두께를 줄여야 하는 경우가 많다. 이러한 새로운 개념이 도입되지 않는 사출현장에서는 기술자들이 매우 고심하며 실패하는 경우가 많다. 이 채널 주입구 및 최적공정 조건 선정기술의 확립은 시간이 걸리며, 그 전파에도 많은 시간이 소요될 것으로 예상된다.

일반 사출성형법은 치수 안정성이 부족하고, 변형을 일으키는 단점이 있어서 외장재를 만드는 공법으로는 부적합하였다. 그러나 가스 사출 성형법은 치수 안정성이 우수하고, 휨 현상을 줄일 수 있어, 많은 업체가 이 기술을 도입하고 있다. 가스 사출 성형기술은 종래의 사출성형이 가지고 있는 기술적 장벽을 뛰어넘는 획기적인 기술로서, 용융 수지가 먼저 들어가고, 뒤이어 질소 등의 불활성기체가 주입되는 기술이다. 고압가스 대신에 액체의 사용도 시도되고 있다. 이것은 사출되는 용융재료에 노즐로부터 액체를 주입하여, 용융재료의 열로 액체를 증발시켜 공동을 만드는 방식이다. 이 방법의 특징은 액체의 주입시간, 양에 따라 중공체의 성형도 가능하다. 가스 사출성형을 하려면 기존의 사출기에 가스를 주입할 수 있는 별도의 가스 유닛을 추가로 장착하여야 한다. 가스사출성형은 많은 경우 발포성형을 대신할 수 있는데, 가스사출성형이 발포성형과 다른 점은 기체와 플라스틱이 혼합되지 않으므로 표면상태가 양호하다는 것이다. 가스사출 기술은 사출기 발명 이후 가장 혁신적인 기술로 인정되고 있으며, 이 기술은 급격한 성장기에 있으므로 가스사출성형의 미래는 매우 유망하다.

가스 사출성형을 하면 부품 가운데 존재하는 가스가 수축 보상 작용을 하여 보스나 리브 혹은 다른 두꺼운 부분에 싱크를 전혀 남기지 않게 된다. 그 장점을 보면, 재료비 절감, 일체 성형이 가능하여 부품 숫자 감소, 금형제작비 감소, 사이클 타임 감소, 치수 안정, 왜곡 현상 최소화, 단위 무게당 강도 증가, 사출 형체력 감소, 사출압력 감소, 리브 숫자 감소, 싱크마크 감소 등이다. 따라서, 제품의 외관이 우수하여 품질과 원가면에서 종래의 사출성형과 비교 시 큰 이윤을 얻을 수 있다.

가스 사출성형 시 발생하는 문제점으로는 가스 노즐이 막혀서 터지는 현상, 가스 비침투 현상, 가스 퍼짐, 가스가 들어가서 생긴 결함으로 하중이 걸릴 때 깨지는 현상, 가스와 수지가 섞여서 표면 불량, 핀높이 불량에 의한 웰드라인, 제팅에 의한 표면불량, 가스가 금형에 들어가기 직전 새는 문제 등이 있다. 가스 사출성형 시 가스 흐름 방향에 대한 이해가 되어야만 가스 채널 설계 및 가스 주입구 선정을 할 수 있다. 가스채널 설계 및 가스 주입구 선정이 잘못된 경우 원치 않는 곳에 가스가 들어가는 현상이 일어난다. 여기에서 가스 침투 현상(fingering)이 나타나고, 이것은 기계적인 강도를 떨어뜨리거나 표면불량의 원인이 되기도 한다. 가스 채널 설계 및 주입구 선정 기술은 가스 사출성형의 핵심기술이다. 이 문제를 해결하려면, 가스방향과 압력, 가스방향과 점도(온도), 가스방향과 캐비티 길이, 가스방향과 캐비티 두께 등에 대하여 검토하여야 한다.

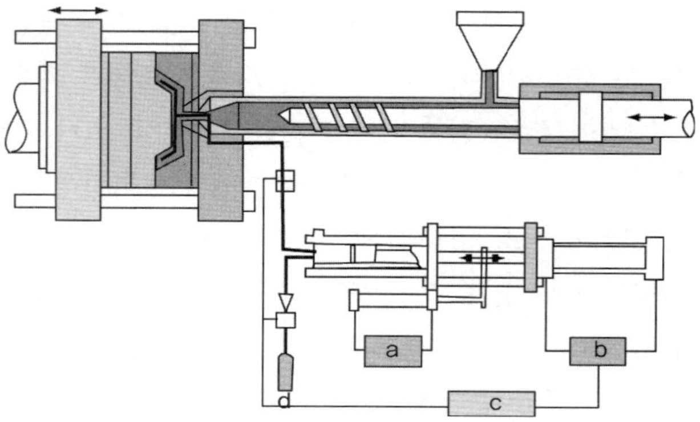

그림 1 · 10 가스 사출성형

가스사출성형은 TV와 컴퓨터 하우징, 냉장고 부품, 세탁기 부품, 자동차 부품 등 국내외에서 이미 광범위하게 적용되고 있다. 가스 어시스트에 의한 사출성형은 중공부가 필요한 성형품, 리브 등 편육부의 싱크마크 방지 등에서부터 L/t 가 크고 두께가 얇고 리브가 있는 성형품에 효과가 있다. 가스는 고압가스, 저압가스형태로 사용되며 고압이 좋은 결과가 얻어진다. 일반적으로 두꺼운 부분의 싱크마크가 문제가 되는 성형품의 재료는 범용 플라스틱이다. 엔지니어링 플라스틱을 사용하는 성형부품은 기구부품으로 사용하는 경우가 많아, 두꺼운 부분에 공동이 생기면 단면적의 감소를 일으켜, 초기의 강도를 유지하기가 불가능해진다. 가스 사출의 경우, 공동부분의 단면적을 고려하여 강도 계산을 할 필요가 있다. 성형품이 강도에 무관한 부품으로서 사용되는 경우는 대단히 효과가 있는 성형법이다. 가스의 주입은 노즐부와 금형 파팅부가 실용화되어 있는데, 성형품의 범용성을 고려한다면 금형파팅부가 효과적이다.

1.2.10 특수 성형

1) 저압 사출성형

기능성 플라스틱의 개발에 따라 스크루 단면적과 사출 피스톤의 단면적과의 비가 큰 고압성형(500kgf/cm² 이상)이 대부분을 차지하고 있다. 그러나 고압성형을 하면 게이트에 가까운 부분은 플래시가, 게이트에서 먼 곳은 충전부족(short shot)이 발생하기 쉽다. 이 경우 플래시를 방지하기 위하여 일반적으로 수지온도나 금형온도를 낮게 하여 성형한다. 이때의 형내압은 게이트 부근이 높고, 먼 곳은 낮다. 따라서, 편압에 의한 밀도차를 일으켜 냉각, 왜곡 등에 의해 비틀림, 굽힘, 주름이 발생한다. 이에 비하여 저압 사출성형(low-pressure injection molding)은 기본적으로 일반적인 사출성형의 최적화된 방법으로서, 사출성형기의 형체력과 금형 내압(100kgf/cm² 내외)을 크게 낮춘 성형법이다. 금형 또는 노즐에 근접하여 압력센서를 부착하여 사출속도와 압력 설정이 가능하도록 개발되었다. 저압 사출성형은 수축이나 변형 개선, 탄화 방지, 형체력 감소, 금형 비용 절감, 얇은 제품 성형 등의 이점이 있다. 저압 사출성형에 사용되는 성형기는 스크루 지름을 바꾸지 않고 다단 사출 실린더를 갖춘 사출 성형기이다.

2) 복합 성형

복합 성형(composite molding)은 2종류 이상의 서로 다른 재료로 성형품을 만드는 방법이다. 사출성형 분야에서의 전형적인 것은 2색 성형과 동일한 방법에 의한 이재질 성형이다. 또한 복합 성형이라고 하는 것은 예전의 insert, outsert 성형의 내용을 고도화하고 공정을 자동화해서 응용범위를 넓힌 것으로서, 금속부품 등을 하나 또는 복수의 수지로 주조해서 일체화한 부품을 만드는 성형법이다. 이들 복합 성형은 각기 상당한 고유기술을 필요로 하는 난이도가 높은 성형으로서, 2종 재료의 열팽창률이 서로 다른 것에 유의해야 한다. 사출성형은 열간가공이므로 수축과 변형이라는 문제가 항상 존재한다. 인서트 성형을 주제로 하는 복합성형은 주로 복수의 재료를 조합하여 각각 재료의 강한 기능을 살린 구조부품을 만들기 위하여 사용되었다. 그러나 다기능, 복합 사출시스템 및 고품질, 부가가치 성형이 점점 요구되는 가운데 간단한 이재질의 일체 성형시스템이 완성된 기술로서 많이 채용되고 있다. 2색 성형으로 확립한 성형기술, 풍부한 경험을 기초로 하여 보다 고도의 이재질 및 복합 성형에 대응한 사출성형기와 그 기구를 개발하여 난이도가 높은 이재질 동시성형을 가능하게 하였다. 2색 및 이재질용 사출성형에는 복잡한 금형 동작 및 기계동작의 프로그램이 필요하게 되므로, 임의로 설정 프로그램을 할 수 있는 제어장치가 필요하다. 이재질 성형은 2차 가공없이 성형할 경우, 금형이 복잡해지고 대형화되는 경향이 있다. 여러 가지 수지의 이재질 성형에 대응할 수 있도록 가소화 실린더는 모듈 구조로 되어 있고, 많은 수지에 대응할 수 있는 다기능성도 갖추어야 한다. 이재질 성형을 경제적으로 효율 있게 성형하는 방법은 금형 회전장치가 필요하다. 따라서 응용 범위와 금형 설계에 다양성이 있으므로, 여러 가지 이재질 성형에 응용할 수 있다. 최근 이재질 성형의 요구가 늘고 있으므로, 요구에 적합한 사출성형기, 금형 기술 및 경험이 필요하다.

복합성형은 전자, 자동차, 시계, 카메라 등의 정밀 성형품을 만드는 데에 활용되어 비용절감, 품질과 기능의 향상, 납기의 단축 등에 공헌하고 있다. 이 성형법은 금속부품 등을 주로 금형 속에 장전해서 성형하므로 위치 안정성을 고려하여 수직형 사출 성형기를 사용한다.

3) 인 몰드(in-mold) 사출

인몰드 사출은 제품 외관의 pattern에 적용하거나 인쇄 및 그래픽 사양이 복잡한 부품에 적용하는 것으로서, 특별히 인쇄된 필름(film)을 금형 내부의 정해진 위치에 배치하여 사출성형하는 방식이다. 기존에 각각의 공정으로 진행되던 플라스틱 휴대폰 케이스 사출 및 인쇄, 일부 코팅 과정을 사출공정 하나로 압축시킨 것이다. 인몰드 사출을 적용하면 공정이 줄어들어, 원가 경쟁력이 강화되고 다양한 디자인 구현이 가능하다. 장점으로는 사출성형 공정만으로 다양한 색상 표현, 도금, 증착, 인쇄 효과를 얻을 수 있으며, 고광택 및 무광 처리가 가능하다. 단점으로는 소량생산에 부적합하고, 불량 발생 시 신속한 대응이 어렵고, 불량률이 다소 높은 편이다. 적용 부품은 세탁기, 에어콘, 휴대폰 등의 판넬부에 적용하는 사례가 많다.

4) 밀봉 성형

반도체 등의 전자부품 밀봉성형은 지금까지 주로 열경화성 에폭시수지를 이용해서 이송성형에 의해 행해지고 있다. 그러나 전자부품 등의 밀봉성형에서는 밀봉되는 소자가 변형이나 단선을 일으키지 않고 생산 자동화가 가능해야 한다는 제약조건들이 있었다. 최근에 폴리페닐렌설파이드, 액정 폴리머, 사출성형이 가능한 에폭시수지 등이 개발됨과 동시에 저압밀봉 사출성형 기술이 개발되어 주목받고 있다.

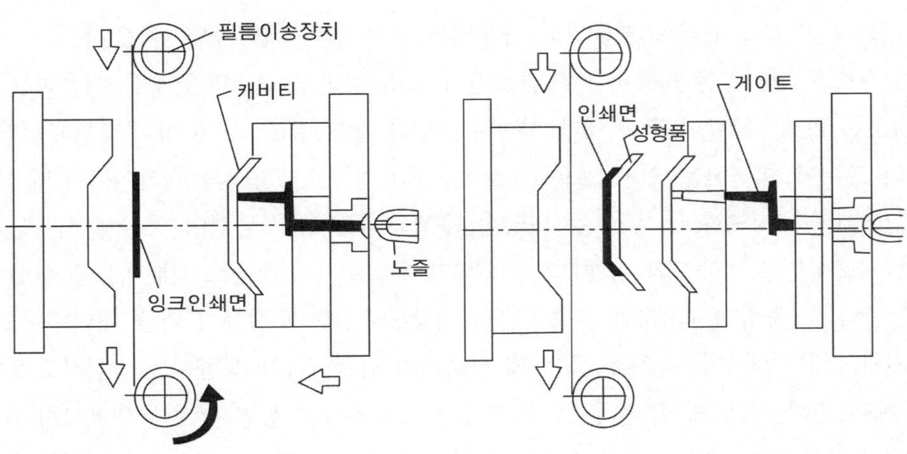

그림 1 · 11 인몰딩

5) 다중 사출성형(co-injection molding/sandwich molding)

다중 사출성형은 서로 다르지만 호환성있는 두 용융수지를 캐비티에 순차적 또는 동시적으로 사출하는 방법이다. 재료들은 각각 층을 형성하여 고화된다. 이 공정은 표면재료의 층 사이에 둘러싸인 코어재료를 가진 층구조의 제품을 생산한다. 이 혁신적인 공정은 각 재료의 최적 물성을 사용하거나 성형품의 물성을 수정할 수 있는 본질적인 유연성을 제공한다. 이중사출성형(double-shot injection molding)은 다성분 사출성형(multi-component injection molding)의 한 부분으로서, 그동안 중소형 제품에 간간히 적용되어 왔다. 최근에 다시 각광받는 이유는 정밀도 문제로 각종 불량을 유발하기 쉬운 공법이었으나, 높은 정밀도의 금형가공기술 및 사출성형기술을 바탕으로 비교적 대형 제품에 적용하기 시작하면서, 고품질 제품에 크게 기여하고 있기 때문이다. 이중 사출 성형은 주로 두 가지 종류의 색상 또는 성형 재료로 구성되어 있는 제품을 하나의 금형에서 생산하는 기술을 이중 사출 성형이라 한다. 이중 사출 성형은 일반적으로 고가의 이중 사출 성형기를 보유하고, 아울러 금형도 성형기에서 작동시키기 위해 설계 구조가 복잡하고 정밀도가 높아야 하기 때문에 통상 높은 초기 투자 비용이 요구되며, 성형 재료가 다를 경우에는 수축률 차이로 인한 성형 불량 등의 문제가 발생한다. 이중사출 성형기술은 조립공정, 후처리 공정, 인쇄공정의 합리화를 이루어 생산성을 향상시킬 수 있으며, 정밀하게 성형될 부분과 덩어리로 성형이 가능한 부분을 나누는 분할성형이 가능해, 원가절감은 물론 치수의 정밀성을 기대할 수 있다. 또한 조립이 필요없는 이중사출 성형의 특성상 외부조건이나 기상상태에도 안정적인 품질을 발휘할 수 있으며, 방수기능이 필수적으로 요구되는 제품에도 사용되어 고객 만족도를 높일 수 있다.

이중사출은 인서트를 사용하는 트랜스퍼(transfer) 방식, 2개의 금형을 이용하는 로터리(rotary) 방식, 금형 하측 전체가 회전하는 턴테이블(turn table) 방식, 그리고 필요한 부분의 코어만 회전하는 인덱스코어(index core) 방식, 금형내의 슬라이드가 움직이는 방식, 코어백(core-back) 방식 등 다양한 구조의 이중사출 금형이 양산에 사용된다.

일반사출성형은 사출부와 형체부가 각각 1개씩 있고 1회 사출로 1개 제품을 성형할 수 있다. 만약, 사출성형기 2대와 금형 2벌로 이중사출성형과 같은 효과를 내려면, 첫번째 사출기와 금형으로 1차 사출 후, 두번째 사출기와 금형에 1차 성형품을 삽입하고 2차 성형을 해야 한다. 이렇게 할 경우, 2차 사출시 고온의 2차 성형 수지에 의해 1차 성형품 표면에서 온도차가 생겨 변형과 수축이 발생하며, 2차 사출압에 의한 1차 성형품에 크랙이 발생할 가능성이 있는 등 불량의 소지가 많다. 또한, 1차 성형품과 2차 성형품과의 계면에서의 접착성도 저하되는 등 기능상의 불량도 문제가 될 수 있다.

이중사출은 1차 사출 후 성형품이 냉각되기 전에 금형이 열리고, 가동측에 붙어있는 그대로 회전하여 2차 수지가 성형되고, 한편으로 새로운 1차 사출이 동시에 진행된다. 1차 사출한 제품이 캐비티 내에 있는 상태에서, 2차 사출수지에 의해 덮여지기까지 장시간이 소요되지 않기 때문에 1차 성형품의 수축과 변형이 심하지 않아서 양품을 생산할 수 있다. 휴대폰 케이스와 같은 소형제품이 이중사출성형의 적용이 용이하지만, TV 캐비넷 프런트(cabinet front) 등과 같이 대형제품에 적용하기에는 어려움이 있다. 소형제품은 사출성형기의 고정판이 넓지 않아도 되지만, 대형제품의 경우에는 제품의 면적이 사출성형기의 고정판보다 작다고 하더라도 캐비티 2개가 하나의 형판에 존재하는 형판회전 방식을 사용하려면 사출성형기가 감당할 수 있을 정도로 넓은 면적의 회전 형판이 필요하기 때문이다. 따라서, 일반적인 형판 회전 방식이 아니라 특별한 방식을 사용해야만 한정된 크기의 사출성형기에서 이중사출성형이 가능하다.

용도는 컴퓨터의 키보드 및 버튼, 장식용 커버, 각종 케이스류, LED TV 등으로 점차 그 이용 범위를 넓혀가고 있다. 이중사출에서 성형 두께를 1mm 이하로 유지하는 이중사출 공법을 구현하여, 초슬림 모바일 단말기기 및 전자 제품 시장에서 가장 부합한 공법이라고 평가받고 있다. 두께의 장점을 비롯하여 여러 개의 부품을 일체화시키는 새로운 제조공법들이 적용되어 기존 공법 대비한 원가 절감을 가능하게 한다. 샌드위치 사출성형은 두개의 열가소성 수지가 차례대로 캐비티 안으로 사출되어, 핵심성분과 스킨성분을 형성한다. 예를 들면, 핵심성분은 섬유강화 열가소성 물질로 구성하여, 부품에 고강도 내구성과 낮은 열팽창을 제공한다. 이러한 프로세스로 두 성분의 물성과 특성를 조정하여 만드는 것이 중요하다.

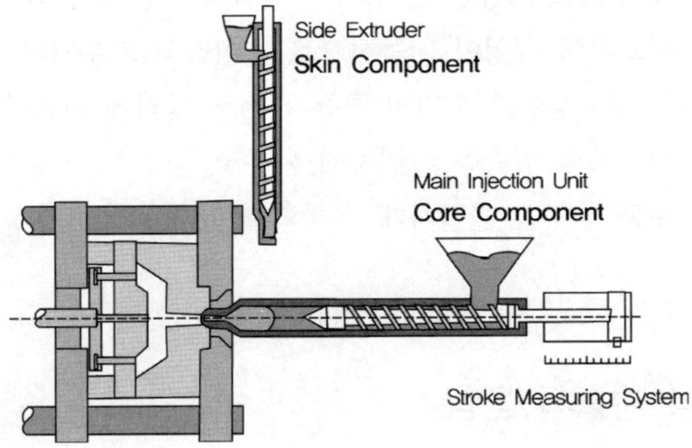

그림 1 · 12 샌드위치 성형

6) 사출 압축 성형

사출 압축 성형(injection compression molding)은 1960년대 중반에 영국의 Rolinx사가 종래보다 낮은 압축력에 의해 큰 제품을 성형하는 방법으로 개발하였다. 이 성형방식은 사출성형 공정에 있어서 최초 형체력보다 낮은 압력으로 금형을 닫고 용융재료를 사출한 다음 충전에 따라 자연스럽게 열리게 하며, 완전히 충전된 시점에서 재료를 가압하면서 금형을 닫아 최종 형체력에 도달시키는 것이다. 즉, 낮은 형체력을 유지하며 압축스트로크만큼 열린 금형공간에 용융수지를 충전한 후 형체력이나 금형 내의 코어를 이용하여 수지를 재압축하는 방법으로서, 이는 수지의 가압을 게이트나 러너를 통한 보압을 통해 행하는 일반 사출성형법과 다른 점이다. 일반 사출성형 시 사출압력보다 사출압축 성형을 적용하면 필요 압력의 저감효과를 얻을 수 있다. 사출압축은 일단 형체를 한 후, 형체력을 내린 형체상태에서 수지가 들어와 형이 밀려 열리게 된다. 형이 지나치게 열리면 플래시가 발생하므로 적당한 기회를 가늠하여, 재차 고압으로 체결하는 방법이 일반적이다. 그 외에 미리 금형을 임의의 위치에 열어두고 그 안으로 충전하는 방법도 있다. 성형품의 형상과 수지의 고화속도에 따라 다르지만 형개량은 최대라도 0.2mm 정도가 한계이며, 이 이상 열면 플래시가 발생한다. 성형품의 유동 배향과 잔류응력의 완화로 균질한 성형품을 얻을 수 있다. 가스 배출 효과가 좋아서 가스배기 불량에 의한 가스 탄화를 방지할 수 있고, 웰드라인과 수축을 줄일 수 있다. 배향현상은 압축성형에 의해 얻어진 것과 같이 작고, 치수안정성이 좋은 균질의 성형품이 얻어진다. 높은 성형압력을 요하지 않으므로 대형성형도 가능하다. 사출 압축성형은 금형의 구조상 약간의 제한이 있고, 초기에는 수지 등에 대한 기초연구가 부족하여 주목을 받지 못하였다. 그러나 최근에 열가소성 수지를 이용한 광디스크, 플라스틱 렌즈 등의 정밀성형에 많이 적용되고 있고, 다른 재료와의 성형이 가능하므로 성형품의 고부가가치화와 생산성 향상에 효과가 있다. 사출 압축성형은 수지의 종류나 적용 목적에 따라 구체적인 성형 프로세스는 다소 다르지만, 특히 압축공정에 중점을 두고 있으며, 사출 성형기의 구조, 금형, 성형조건 등에 대한 연구가 활발하게 진행되고 있다.

1.3 사출성형 기술의 동향

최근의 사출 성형의 발전 형태는 단순한 사출 형태를 탈피하여 사출, 후가공(도장+인쇄), 조립, 자동 취출, 자동 부품인식 컨베이어 등 한 사이클내에서 동시에 이루어지는 복합공정화되는 추세이다. 복합공정화 뿐만 아니라 7색 사출기까지 상용화되는 다색 성형화, 무인 자동화 등으로 원가절감형 공법 위주로 하이사이클 성형화되고 있다. 플라스틱 성형품을 만들기 위해 필요한 3요소는 플라스틱 재료, 성형가공설비, 금형이다.

플라스틱 재료측면에서 보면, 석유화학 공업의 발전에 따라 여러 가지의 합성수지가 생산됨으로써 각종 공업용, 구조용 재료로 많이 사용되고 있다. 현재 플라스틱 산업은 원료생산 부문과 가공부문 및 관련부문으로 구성되어 있다. 원료생산 부문은 플라스틱 합성과정이며, 전형적인 장치산업(裝置産業)이다. 가공부문은 플라스틱의 가소성(可塑性)을 이용하여 제품을 성형가공하는 분야이며, 관련부문은 성형기와 부속기계의 제조부문 및 금형이 제조부문으로 분류된다.

어떠한 성형재료를 선택할 것인가에 대해서는, 첫째 부품으로서의 기능을 이해하고, 제품의 사용목적을 명확히 한다. 둘째 주위 환경, 독성, 공해 등을 고려한 부차적인 성능을 확인한 다음에 성형재료의 물성을 충분히 파악한다. 또한 재료의 시험방법, 기계적 성질 등 관련 데이터를 이해하고 성형품이 요구하는 성능, 디자인, 재료 특성 등을 다각도로 검토하여, 그 성형품에 가장 적합한 수지 및 등급을 선정하여야 하며, 환경보전의 측면에서도 정해진 각종 규격이나 기준을 조사하여 선택하여야 한다. 셋째로 사용 환경의 최악 조건을 찾고, 재료의 성형성, 가공성과 후가공을 고려하여야 하며, 폭넓은 성형조건을 갖는 재료를 선택 하는 것이 경제적이다.

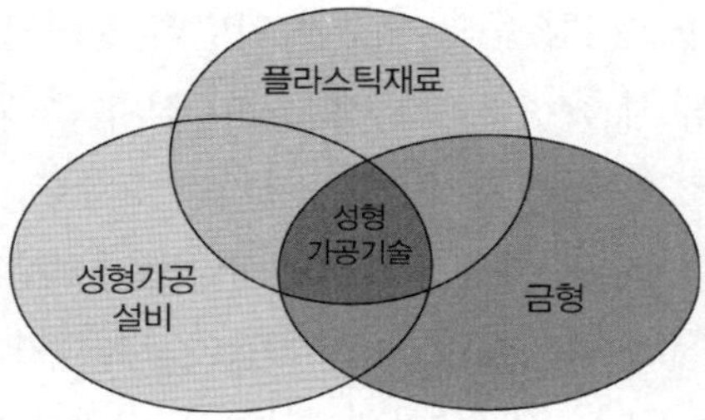

그림 1 · 13 사출성형 3 요소

최근 들어 서로 다른 재료와 다른 색상의 재료를 한 사이클에서 성형하는 복합성형이 상용화되면서, 플라스틱 성형재료와 사출성형 기술은 서로 더욱 밀접한 관계가 되고 있다. 따라서, 사출성형 기술에 대한 지식과 성형재료의 개발동향을 이해할 필요가 있다. 여기에는 새로운 polymer alloy의 개발, 후가공을 없앤 고광택 및 고강도 수지인 강화 플라스틱 등 엔지니어링 플라스틱의 실용화가 있다. polymer alloy는 2종류 또는 몇 종류의 다른 특성을 갖는 폴리머를 어떤 방법으로 조합해서 원하는 특성을 갖는 폴리머를 말한다. 이 가운데 엔지니어링 플라스틱을 사용한 제품에 대한 요구가 증대되고 있으므로 고기능성과 고정밀도 성형이 가능한 엔지니어링 플라스틱은 모든 분야에서 사용이 늘어나고 있는 추세이다. 그리고 엔지니어링 플라스틱은 주로 기능부품에 많이 적용되므로 정적 및 동적 정밀도가 중요하다. 이와 같은 요구조건을 충족시켜 양산화 수준까지 성형을 실현하기 위해서는 엔지니어링 플라스틱의 기본적인 물성과 한계를 충분히 알아두는 것이 필요하다. 근본적으로 엔지니어링 플라스틱은 금속소재에 비하여 물성 측면에서 떨어지는 면이 많으나, 사용 환경을 완화시키면 금속부품을 대체할 수 있다. 따라서, 정밀도와 안정성을 갖춘 정밀성형, 즉 고정밀 성형은 엔지니어링 플라스틱에 대한 특성을 충분히 파악한 후 요구제품의 특성을 실현할 수 있는 재료의 선정, 금형제작 기술과 성형기술이 종합화되어야만 달성될 수 있다.

기술개발 동향은 환경변화에 따라 고객의 요구가 다양화됨으로써 이에 대응 발전하는 관계를 유지하고 있다. 주변기기에는 금형온도 조절기, 건조기, 금형교환 설비, 취출 로봇, 반송적재 설비, 분쇄기, 호퍼로더, 착색기 등이 있다. 사출 성형기에서는 가소화의 균일, 계량정도의 향상, 가소화 재료의 정밀사출, 기계의 내구성과 정밀도 향상, 온도관리, 압력 및 속도관리의 고정도화, 신뢰성 향상 등이 요구된다. 사출성형기술의 기본목표는 정밀성형이며, 생산성을 고려한 high cycle이 가미되고 있다. 또한, 성형품의 강도 향상, 경량화, 공정의 간략화를 통하여 사출성형에 대응하는 가스 사출성형, 사출 압축성형, 이중 사출성형, 러너리스 성형 등의 연구가 활발히 진행되고 있다. 아울러 유압방식의 단점을 해결하는 전동식 사출 성형기가 개발되어 점차 큰 용량으로 변화되어 가고 있다. 광학용 렌즈, 초박육 성형부품, 미세성형, 다기능 휴대폰, 3D TV 등 높은 기술력을 요구하는 시장이 점점 확대되어 감에 따라 이에 대한 기술개발이 활발히 전개되고 있다.

최근의 사출성형업계에서는 자체적인 독자기술을 보유하여 가격, 품질, 단납기 대응능력 등의 측면에서 경쟁국 또는 경쟁업체와 차별화되지 않으면 살아남을 수 없기 때문에, 신기술 개발, 생산성 향상 및 품질개선 활동에 끊임없는 노력을 경주해야만 한다. 이러한 측면에서 플라스틱 산업계가 대응해야 할 방법은, 첫째 비용절감을 위한 기술개발, 둘째는 고품질화를 위한 기술개발, 마지막으로 환경문제를 고려한 재료의 재활용에 대한 기술개발을 지속적으로 하여, 고부가가치 금형과 성형기술을 확보하는 것이 절실하게 되었다. 한편, 사출성형 기술에서 최근 중요한 위치를 차지하고 있는 것은 CAE에 의한 해석이라고 할 수 있다. MOLDFLOW를 비롯한 많은 해석 S/W가 성형품 설계와 금형설계의 신뢰성 향상과 능률화에 많은 도움을 주고 있다. 사출성형 CAE는 성형품 설계를 위시하여 물성, 성형수축, 변형, 충전제 배향, 강도예측, 잔류응력 예측 등의 영역까지 범위를 넓혀 가고 있으며, 다양한 소재와 또 다른 성형법에의 적용을 시도하고 있다. 성형기술의 최종적인 평가는 단지 성형품을 제작하는 단계에서뿐만 아니라 실제로 제품을 사용한 상태에서의 성능 및 내구성에서 찾아야 할 것이다. 따라서, 성형재료의 선택에서부터 성형품 설계, 금형설계, 사출성형, 측정 및 평가에 이르는 공정을 시스템화하여 그 사이클을 줄이는 것이 중요하다.

지금까지의 성형기술의 대부분은 시행착오를 반복한 경험적인 요소가 많이 작용했지만, 지금부터는 성형 데이터를 축적하고 정리하여 체계화시킴으로써, CAD/CAM/CAE 등의 컴퓨터 지원 시스템을 적절히 이용하여야만 정밀성형이 고도화될 수 있다. 더 나아가서 이제는 기획에서 설계, 구매, 제작, 유통, 영업에 이르는 전 과정을 네트워킹해서 실시간으로 정보가 교환되고, 동시에 수행되는 체제가 구축되어야 무한 경쟁에서 상대적 우위를 확보할 수 있을 것이다. 성형기술은 성형가공 설비, 플라스틱 금형, 성형재료 기술이 복합적으로 작용하여 성형품을 만들어 내는 기술이기 때문에 자동차, 전기전자, 정보통신, 항공기 등의 산업에 막대한 영향을 미치는 기술이다. 특히, 각종 산업의 고도화로 제품의 경량화, 저가화, 외관품질의 미려, 정밀성형, 수지의 재생화 등의 요구가 다양해짐에 따라 사출성형 관련 기술개발의 중요성이 더해 가고 있는 현실이다.

1.4 사출금형의 구조

1.4.1 사출금형의 기본구조

1) 사출성형의 원리

사출성형이란 플라스틱 성형법 중의 한 방법으로서, 열가소성수지를 가열해서 유동상태로 되었을 때 금형의 공동부(空洞部)에 가압 주입하여 금형내에서 냉각시킴으로서, 금형의 공동부에 상당하는 성형품을 만드는 방법이다. 그림 1 · 14는 사출성형의 원리를 나타낸 것으로서, 잘 건조한 수지를 사출성형기의 호퍼(hopper)에 넣어 일정량 만큼씩 가열하여 실린더 안으로 보내어져 용융된다. 용융된 수지는 플런저(plunger)에 의하여 노즐을 거쳐 스프루(sprue), 러너, 게이트를 통해 캐비티(cavity)를 채우게 된다. 수지는 금형 안에서 냉각, 고화(固化)되며, 위의 과정이 끝나면 그림 1 · 15와 같이 플런저가 후퇴하고, 금형이 분할면을 따라 열리면 스프루 로크핀(sprue lock pin)이 스프루를 잡아 당겨 스프루 부시로부터 빠져 나오게 함과 동시에 이젝터핀(ejector pin)이 금형으로부터 성형품을 밀어내어 빠지게 한다. 금형이 열려 있는 동안 재료는 가열실린더에 공급되고, 다시 위와 같은 과정이 반복된다. 이러한 공정을 1 사이클이라 한다.

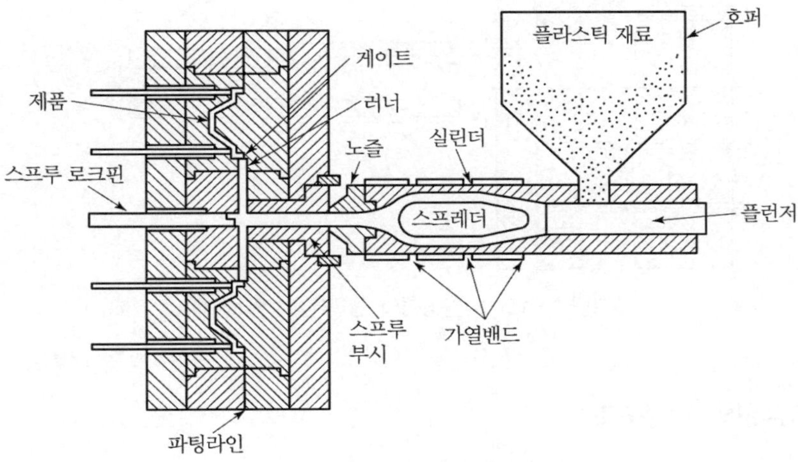

그림 1 · 14 사출성형의 원리(닫혀 있을 때)

2) 사출금형의 특성 및 필요 조건

사출성형 장치에서 금형의 역할은 성형재료의 가소화 및 사출장치와 형죔부의 중간에 위치하여 용융되어서 형상을 갖고 있지 않은 액체상의 수지에 형상을 부여하고 굳혀서 제품으로 만드는 중요한 기능을 하는 중추적 부분이다. 따라서 금형이 잘못 제작되면 다른 조건들이 충분히 갖추어져도 원하는 성형품을 만들 수 없다. 사출금형의 특징은 3차원 형상이 많아 가공이 어렵고 전사성(轉寫性)이 좋아 금형표면의 다듬질 정도가 그대로 제품의 외관면이 되므로 표면거칠기가 좋아야 한다. 또한 형체력과 사출압력 등 고압이 작용하므로 내압강도가 중요하고, 재료마다 다른 수축률을 고려하여 금형치수를 결정해야한다. 사출금형에 있어서 필요한 조건을 요약하면 다음과 같다.

① 성형품에 알맞는 형상과 치수정밀도를 유지할 수 있는 금형구조이어야 한다.
② 성형능률, 생산성이 높은 구조이어야 한다.
③ 성형품의 다듬질 또는 2차 가공이 적어야 한다.
④ 고장이 적고, 수명이 긴 금형구조이어야 한다.
⑤ 제작기간이 짧고, 제작비가 싼 구조이어야 한다.

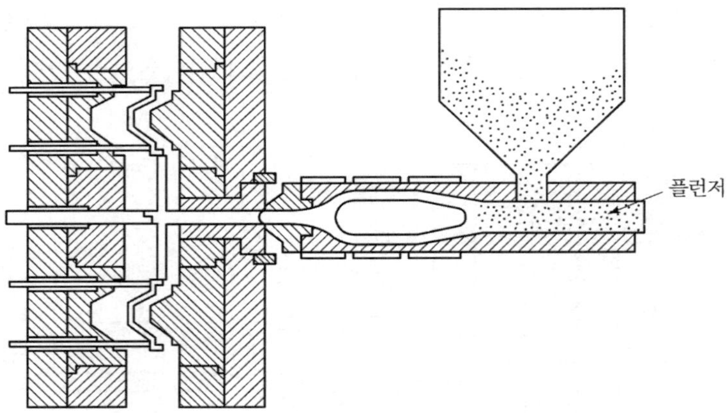

그림 1 · 15 사출성형의 원리(열려 있을 때)

3) 사출금형의 기본구조

금형의 구조는 성형품 형상, 재질, 사출성형기의 사양 및 금형공작법 등의 여러 가지 조건을 고려하여 정해지며, 그 주요부는 형판 및 캐비티, 유동 및 주입기구, 이젝팅 기구, 금형의 온도조절기구 등으로 이루어진다. 그림 1 · 16에서는 플라스틱 금형의 각부 명칭을 나타내었고, 그림 1·16에서 그림 1·25까지는 사출금형의 대표적인 형식을 보여준다. 플라스틱 금형에 사용되는 각종 부품에 대한 규격을 보면 고정측형판, 가동측형판, 스트리퍼 플레이트, 받침판은 KS B 4151, 가이드핀은 KS B 4152, 이젝터핀은 KS B 4153, 리턴핀은 KS B 4154, 가이드핀 부시는 KS B 4155, 로케이트링은 KS B 4156, 스프루 부시는 KS B 4157, 이젝터 슬리브 KS B 4159, 앵귤러핀은 KS B 4162 등으로 규정되어 있다.

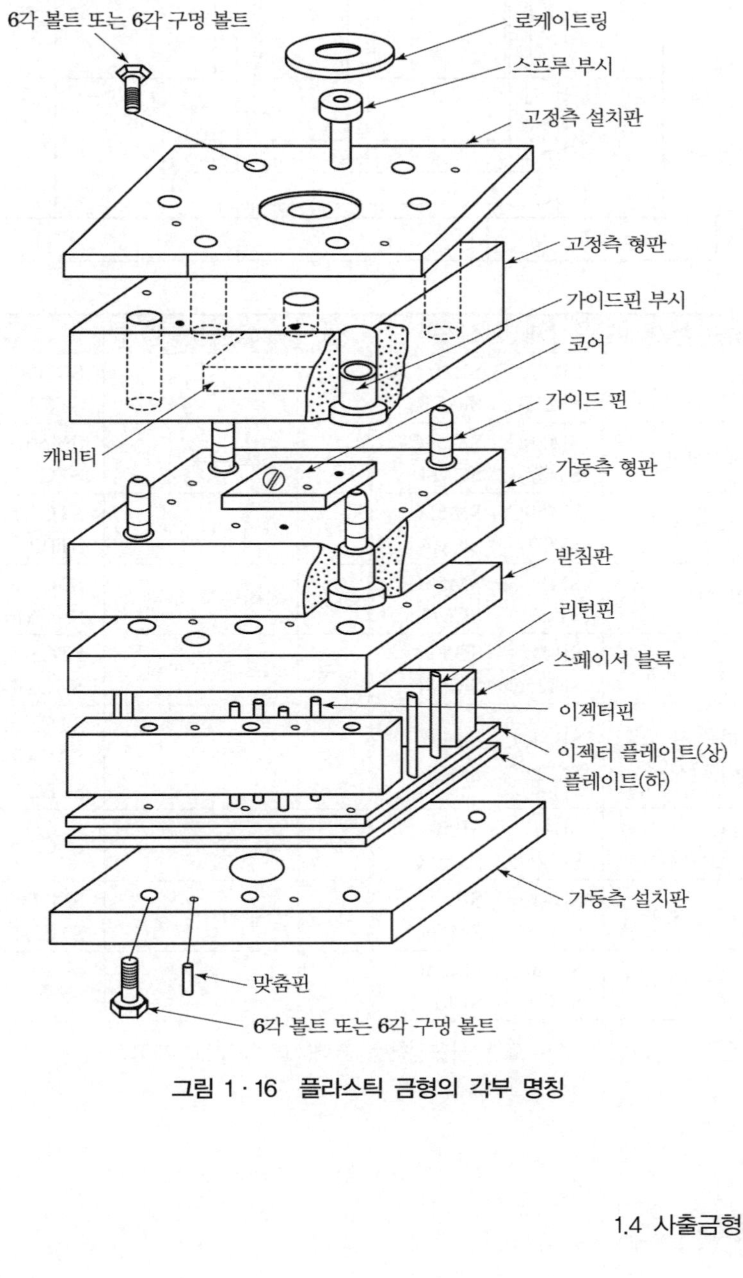

그림 1·16 플라스틱 금형의 각부 명칭

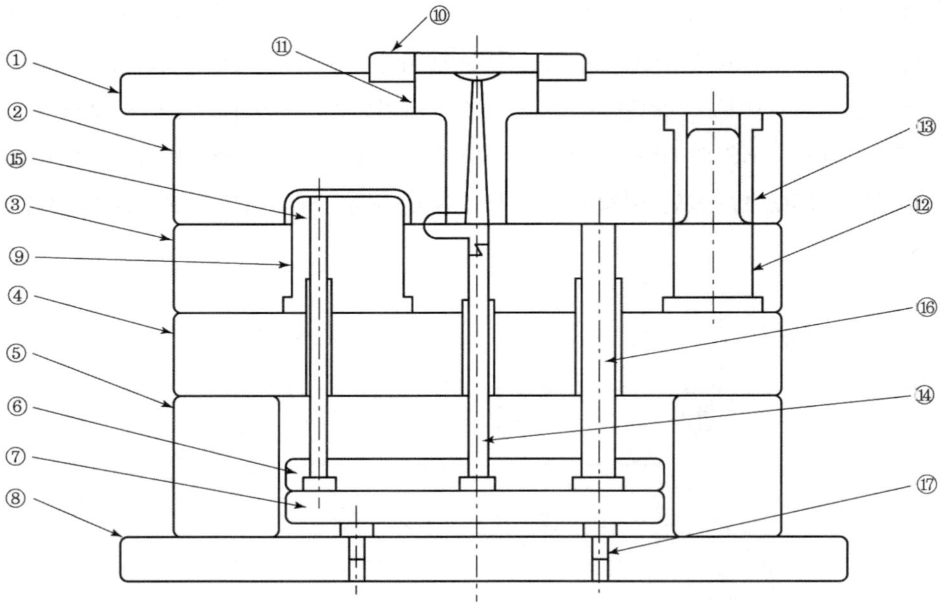

No.	금형 부품명	재질기호(KS)	No.	금형 부품명	재질기호(KS)
1	고정측 설치판	SB41, SB50 SM25C, SM55C	10	로케이트링	SM50C, SM55C STC7
2	고정측 형판	SM50C, SM55C STC7, SCM4	11	스프루 부시	SM50C, SM55C STC5-7, SCM4
3	가동측 형판	SM50C, SM55C STC7, SCM4	12	가이드핀	STC3-5, STS2-3 STB2
4	받 침 판	SM50C, SM55C STC7, SCM4	13	가이드핀 부시	STC3-5, STS2-3 SACM645
5	스페이서 블록	SB41, SB50 SM25C, SM55C	14	스프루 로크핀	STC3-5, STS2-3 SACM645
6	이젝터 플레이트(상)	SB41, SB50 SM25C, SM55C	15	이젝터핀	STC3-5, STS2-3 SACM645, STB2
7	이젝터 플레이트(하)	SB41, SB50 SM25C, SM55C	16	리턴핀	STC3-5, STS2-3
8	가동측 설치판	SB41, SB50 SM25C, SM55C	17	스톱핀	SM25C, SM55C STC3-5
9	코 어	SM50C, SM55C STC7, SCM4			

그림 1 · 17 표준 사출성형용 금형(A형 : 사이드 게이트식)

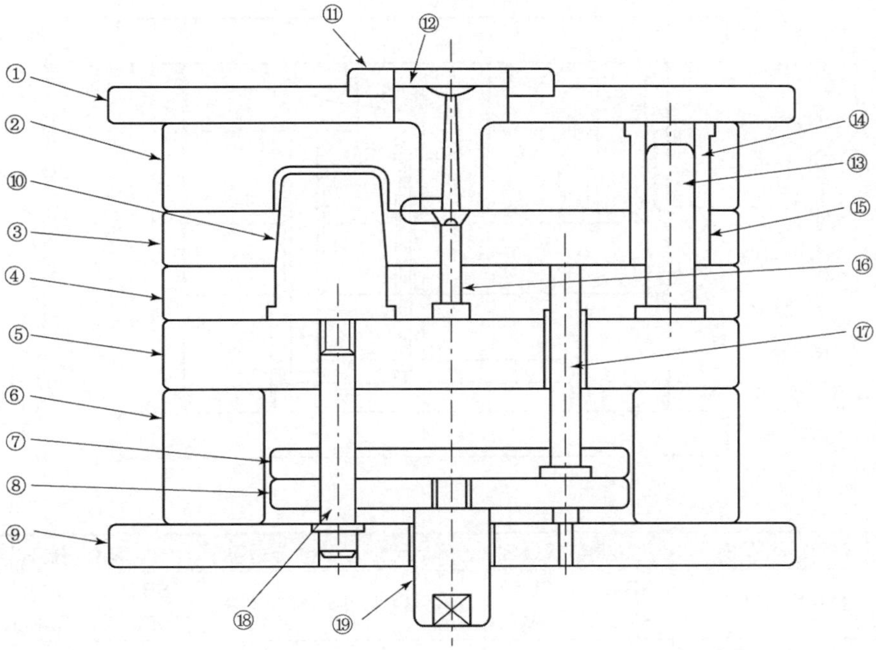

No.	금형 부품명	재질기호(KS)	No.	금형 부품명	재질기호(KS)
1	고정측 설치판	SB41, SB50 SM25C, SM55C	10	코 어	SM50C, SM55C STC7, SCM4
2	고정측 형판	SM50C, SM55C STC7, SCM4	11	로케이트링	SM50C, SM55C STC7
3	스트리퍼 플레이트	SM50C, SM55C STC7, SCM4	12	스프루 부시	SM50C, SM55C STC5-7, SCM4
4	가동측 형판	SM50C, SM55C STC7, SCM4	13	가이드핀	STC3-5, STS2-3 STB2
5	받 침 판	SM50C, SM55C STC7, SCM4	14 15	가이드핀 부시	STC3-5, STS2-3 SACM645
6	스페이서 블록	SB41, SB50 SM25C, SM55C	16	스프루 로크핀	STC3-5, STS2-3 SACM645
7	이젝터 플레이트(상)	SB41, SB50 SM25C, SM55C	17	리턴핀	STC3-5, STS2-3
8	이젝터 플레이트(하)	SB41, SB50 SM25C, SM55C	18	이젝터 플레이트 가이드핀	STC3-5, STS2-3 STB2
9	가동측 설치판	SB41, SB50 SM25C, SM55C	19	이젝터 로드	SM25C, SM55C

그림 1 · 18 표준 사출성형용 금형(B형 : 스트리퍼 플레이트식)

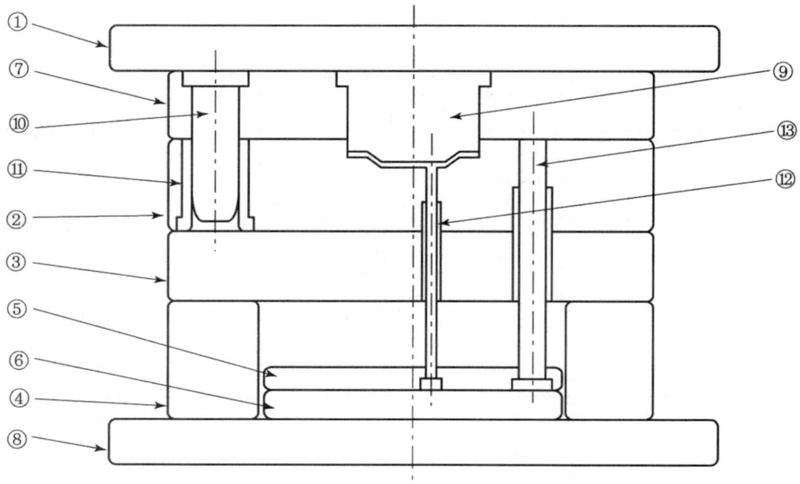

No.	금형 부품명	재질기호(KS)	No.	금형 부품명	재질기호(KS)
1	고정측 설치판	SB41, SB50 SM25C, SM55C	8	가동측 설치판	SB41, SB50 SM25C, SM55C
2	가동측 형판	SM50C, SM55C STC7, SCM4	9	코 어	SM50C, SM55C STC7, SCM4
3	받 침 판	SM50C, SM55C STC7, SCM4	10	가이드핀	STC3-5. STC2-3, STB2
4	스페이서 블록	SB41, SB50 SM25C, SM55C	11	가이드핀 부시	STC3-5, STS2-3 SACM645
5	이젝터 플레이트(상)	SB41, SB50 SM25C, SM55C	12	이젝터핀	STC3-5, STS2-3 SACM645, STB2
6	이젝터 플레이트(하)	SB41, SB50 SM25C, SM55C	13	리턴핀	STC3-5, STS2-3
7	고정측 형판	SM50C, SM55C STC7, SCM4			

그림 1 · 19 표준 압축성형용 금형(2매)

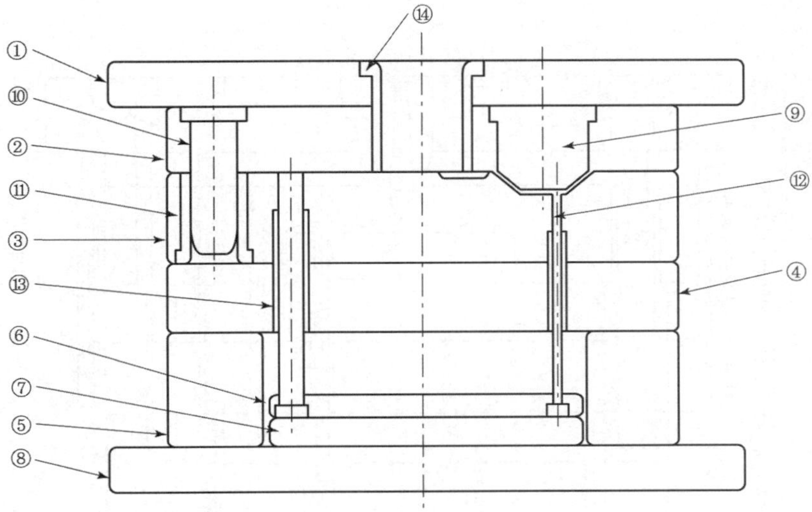

No.	금형 부품명	재질기호(KS)	No.	금형 부품명	재질기호(KS)
1	고정측 설치판	SB41, SB50 SM25C, SM55C	8	가동측 설치판	SB41, SB50 SM25C, SM55C
2	고정측 형판	SM50C, SM55C STC7, SCM4	9	코 어	SM50C, SM55C STC7, SCM4..
3	가동측 형판	SM50C, SM55C STC7, SCM4	10	가이드핀	STC3-5 STS2-3, STB2
4	받 침 판	SM50C, SM55C STC7, SCM4	11	가이드핀 부시	STC3-5, STS2-3 SACM645
5	스페이서 블록	SB41, SB50 SM25C, SM55C	12	이젝터핀	STC3-5, STS2-3 SACM645, STB2
6	이젝터 플레이트(상)	SB41, SB50 SM25C, SM55C	13	리턴핀	STC3-5 STS2-3
7	이젝터 플레이트(하)	SB41, SB50 SM25C, SM55C	14	트랜스퍼 포트	SM50C, SM55C STC7

그림 1 · 20 이송성형용 금형(2매)

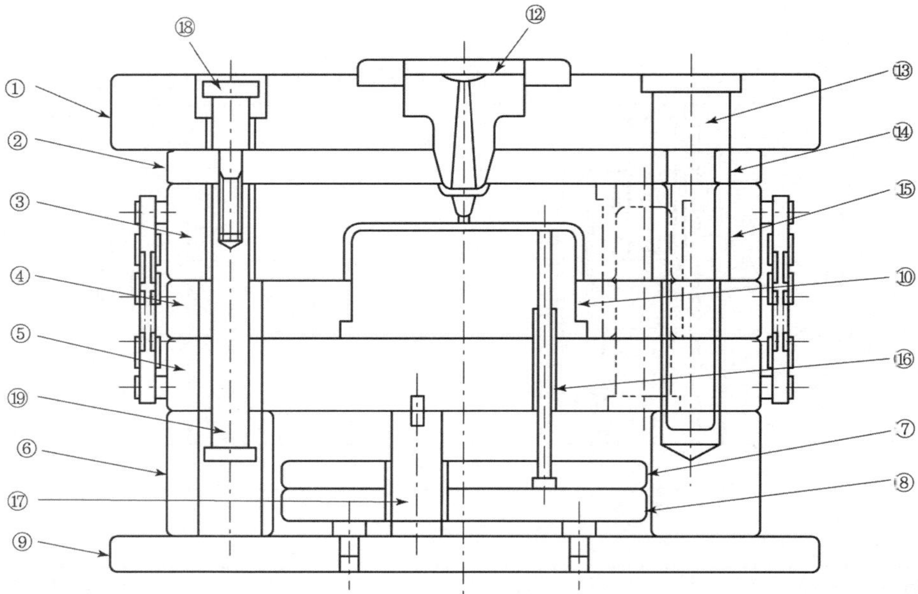

No.	금형 부품명	재질기호(KS)	No.	금형 부품명	재질기호(KS)
1	고정측 설치판	SB41, SB50 SM25C, SM55C	11	로케이트링	SM50C, SM55C STC7
2	러너 스트리퍼 플레이트	SM50C, SM55C STC7, SCM4	12	스프루 부시	SM50C, SM55C STC5-7, SCM4
3	고정측 형판	SM50C, SM55C STC7, SCM4	13	서포트핀	SM25C, SM25C
4	가동측 형판	SM50C, SM55C STC7, SCM4	14 15	가이드핀 부 시	STC3-5, SACM645 STS2-3
5	받 침 판	SM50C, SM55C STC7, SCM4	16	이젝터핀	STC3-5, STB2 STS2-3, SACM645
6	스페이서 블록	SB41, SB50 SM25, SM55C	17	서포트	SM25C, SM55C
7	이젝터 플레이트(상)	SB41, SB50 SM25C, SM55C	18	스톱볼트	SM25C, SM55C
8	이젝터 플레이트(하)	SB41, SB50 SM25C, SM55C	19	풀러볼트	SM25C, SM55C
9	가동측 설치판	SB41, SB50 SM25C, SM55C	20	체 인	SB41, SB50 SB25C, SM55C
10	코 어	SM50C, SM55C STC7, SCM4			

그림 1 · 21 3매 사출금형(체인 개폐식)

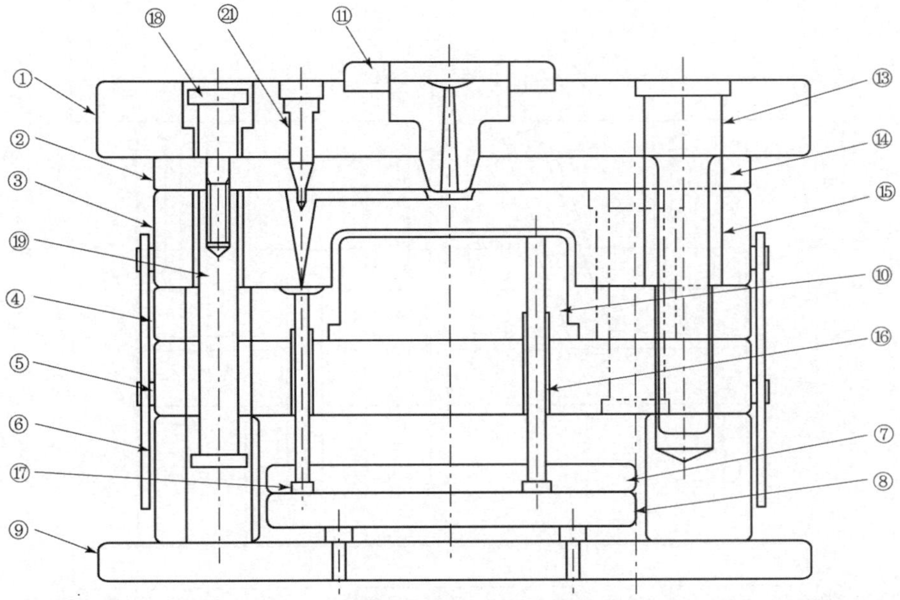

No.	금형 부품명	재질기호(KS)	No.	금형 부품명	재질기호(KS)
1	고정측 설치판	SB41, SB50 SM25C, SM55C	12	스프루 부시	SM50C, SM55C STC5-7, SCM440
2	러너 스트리퍼 플레이트	SM50C, SM55C STC7, SCM4	13	서포트핀	SM25C, SM55C
3	고정측 형판	SM50C, SM55C STC7, SCM4	14 15	가이드핀 부시	STC3-5, STS2-3 SACM645
4	가동측 형판	SM50C, SM55C STC7, SCM4	16	이젝터핀	STC3-5, SACM645 STS2-3, STB2
5	받 침 판	SM50C, SM55C STC7, SCM4	17	러너 이젝터핀	STC3-5, STS2-3 SACM645
6	스페이서 블록	SB41, SB50 SM25C, SM35C	18	스톱볼트	SM25C, SM55C
7	이젝터 플레이트(상)	SB41, SB50 SM25C, SM55C	19	풀러볼트	SM25C, SM55C
8	이젝터 플레이트(하)	SB41, SB50 SM25C, SM55C	20	스톱핀	SM25C, SM55C STC3-5
9	가동측 설치판	SB41, SB50 SM25C, SM55C	21	러너 로크핀	STC3-5, SACM645 STS2-3
10	코 어	SM50C, SM55C STC7, SCM4	22	인장 링크	SB41, SB50 SM25C, SM55C
11	로케이트링	SM50C, SM55C STC7			

그림 1 · 22 3매 사출금형(인장 링크 개폐식)

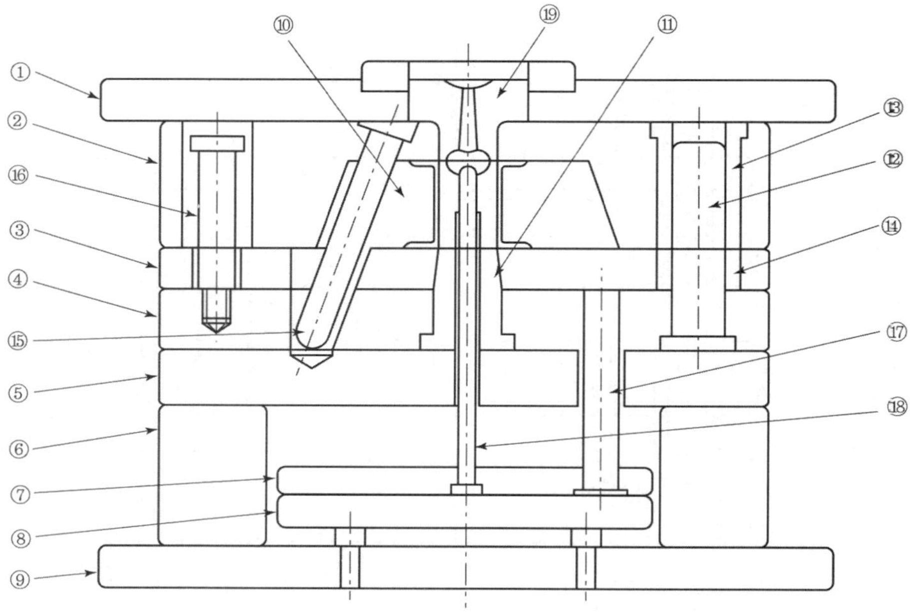

No.	금형 부품명	재질기호(KS)	No.	금형 부품명	재질기호(KS)
1	고정측 설치판	SB41, SB50 SM25C, SM55C	11	코 어	SM50C, SM55C STC7, SCM440
2	고정측 형판	SM50C, SM55C STC7, SCM4	12	가이드핀	STC3-5, STB2 STS2-3
3	스트리퍼 플레이트	SM50C, SM55C STC7, SCM4	13 14	가이드핀 부시	STC3-5, STB2-3 SACM645
4	가동측 형판	SM50C, SM55C STC7, SCM4	15	앵귤러핀	STC3-5, STB2 STS2-3
5	받 침 판	SM50C, SM55C STC7, SCM4	16	스톱볼트	SM25C, SM55C
6	스페이서 블록	SB41, SB50 SM25, SM55C	17	리턴핀	STC3-5 STS2-3
7	이젝터 플레이트(상)	SB41, SB50 SM25C, SM55C	18	스프루 로크핀	SM50C, SM55C STC5-7, SCM4
8	이젝터 플레이트(하)	SB41, SB50 SM25C, SM55C	19	스프루 부시	SM50C, SM55C STC5-7, SCM4
9	가동측 설치판	SB41, SB50 SM25C, SM55C	20	로케이트링	SM50C, SM55C STC7
10	분할형 캐비티 블록	SM50C, SM55C STC7, SCM4			

그림 1 · 23 분할형 사출금형(앵귤러핀 방식)

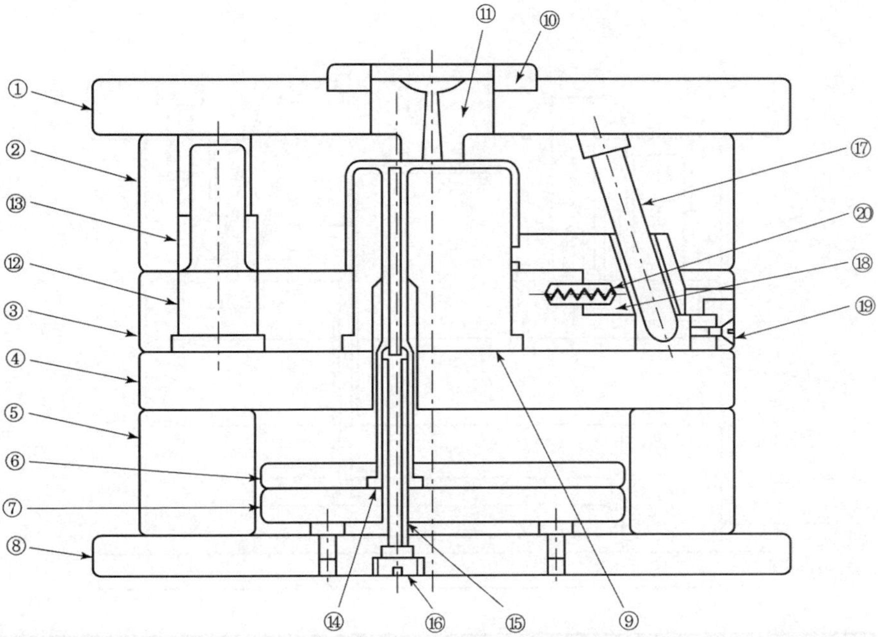

No.	금형 부품명	재질기호(KS)	No.	금형 부품명	재질기호(KS)
1	고정측 설치판	SB41, SB50 SM25C, SM55C	11	스프루 부시	SM50C, SM55C STC5-7, SCM4
2	고정측 형판	SM50C, SM55C STC7, SCM4	12	가이드핀	STC3-5 STS2-3, STB2
3	가동측 형판	SM50C, SM55C STC7, SCM4	13	가이드핀 부시	STC3-5, STS2-3 SACM645
4	받 침 판	SM50C, SM55C STC7, SCM4	14	이젝트 슬리브	STC3-5 STS3, STB2
5	스페이서 블록	SB41, SB50 SM25C, SM55C	15	코어핀	STC3-5, STS2-3 SACM645
6	이젝터 플레이트(상)	SB41, SB50 SM25C, SM55C	16	스톱핀	SM25C, SM55C STC3-5
7	이젝터 플레이트(하)	SB41, SB50 SM25C, SM55C	17	앵귤러핀	STC3-5, STB2 STC2-3
8	가동측 설치판	SB41, SB50 SM25C, SM55C	18	사이드 코어	SM50C, SM55C STS3, STC3-7 SCM435-445
9	코 어	SM50C, SM55C STC7, SCM4	19	스트리퍼	SM50C, SM55C STS3, STC3-7 SCM435-445
10	로케이트링	SM50C, SM55C STC7	20	코일 스프링	SWP, SUP

그림 1 · 24 슬라이드 코어 사출금형(가동측 코어식)

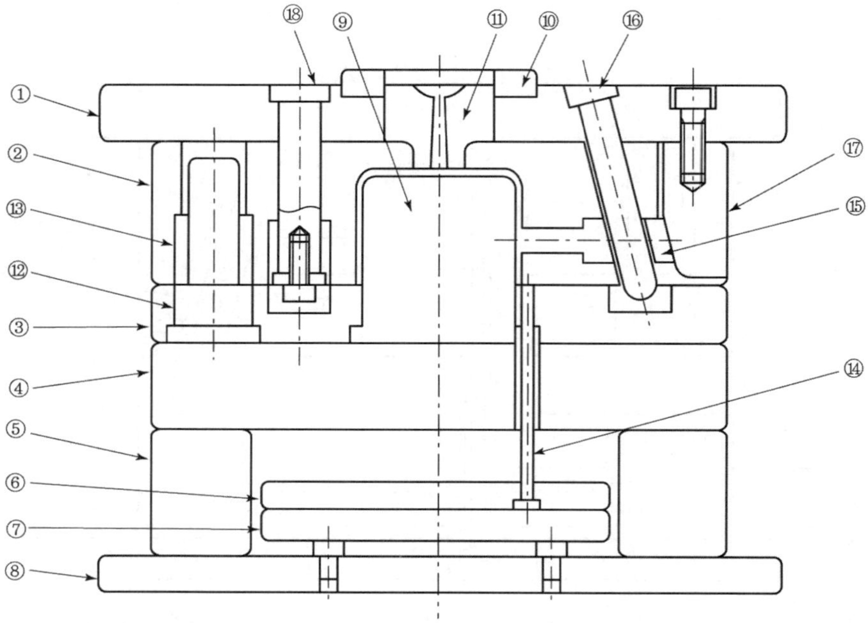

No.	금형 부품명	재질기호(KS)	No.	금형 부품명	재질기호(KS)
1	고정측 설치판	SB41, SB50 SM25C, SM55C	10	로케이트링	SM50C, SM55C STC7
2	고정측 형판	SM50C, SM55C STC7, SCM4	11	스프루 부시	SM50C, SM55C STC5-7, SCM4
3	가동측 형판	SM50C, SM55C STC7, SCM4	12	가이드핀	STC3-5. STS2-3, STB2
4	받 침 판	SM50C, SM55C STC7, SCM4	13	가이드핀 부시	STC3-5, SACM645 STS2-3
5	스페이서 블록	SB41, SB50 SM25C, SM55C	14	이젝터핀	STC3-5, SACM645 STS2-3, STB2
6	이젝터 플레이트(상)	SB41, SB50 SM25C, SM55C	15	사이드 코어	SM50C, SM55C STC3-7, STS3 SCM435-445
7	이젝터 플레이트(하)	SB41, SB50 SM25C, SM55C	16	앵귤러핀	STC3-5, STS2-3 STB2
8	가동측 설치판	SB41, SB50 SM25C, SM55C	17	로킹블록	SM50C, SM55C STC3-5
9	코 어	SM50C, SM55C STC7, SCM4	18	스톱볼트	SM25C, SM55C

그림 1·25 슬라이드 코어 사출성형 금형 (고정측 코어식)

1.4.2 사출금형의 분류

사출성형작업의 생산성을 향상시키고, 높은 정밀도의 제품을 균일한 품질로 양산하면서, 열가소성이나 열경화성수지에 따르는 다양한 형상의 성형품을 생산하는 사출금형의 종류는 그만큼 복잡해지고, 여러 형태의 종류가 되어진다. 사출금형은 구조나 사용목적에 따라 여러 가지 분류방법이 있으나 일반적으로 다음과 같다.

- 사출금형
  - 보통금형
    - 2매 금형(two plate mold)
    - 3매 금형(three plate mold)
  - 특수금형
    - 분할금형(split mold)
    - 슬라이드 코어금형(slide core mold)
    - 나사금형(screw mold)
    - 스택금형(stack mold)
    - 전열금형(electrically heated mold)
    - 스팀금형(steam mold)

1) 2매 금형(二枚 金型)

2매 금형은 가장 간단하게 고정측 형판과 가동측 형판으로 구성되어 있는 금형으로서 파팅라인에 의하여 고정측과 가동측으로 분할되고, 고정측은 사출성형기의 고정측 다이플레이트에 부착되어 수지가 사출되는 측이 된다. 가동측은 사출성형기의 가동측의 다이플레이트에 부착되어 일반적으로 이 측에 성형품이 남도록 하므로 밀어내는 기구가 부속하게 된다. 취출 메카니즘의 작동은 금형의 가동측이 열리면서 stopper에 닿아 작동되거나 유압에 의한 이젝터 로드에 의해 작동된다. 이젝팅 요소는 금형이 닫히는 동안 스프링 또는 리턴 핀에 의해 원위치로 되돌아간다. 그림 1 · 26은 2매 금형의 작동원리를 나타내고 있다.

2매 금형의 장 단점은 다음과 같다.

① 구조가 간단하고, 취급이 쉽다.

② 금형값이 비교적 저렴하다.

③ 고장이 적고 내구성이 우수하며, 성형사이클을 빨리할 수 있다.

④ 게이트의 형상과 위치를 비교적 쉽게 수정할 수 있다.

⑤ 성형품과 게이트는 성형 후 절단 가공을 해야 한다.

⑥ 다이렉트 게이트(direct gate) 이외에는 특별한 공작을 하지 않는 한 게이트의 위치는 성형품의 측면에 한정되어진다.

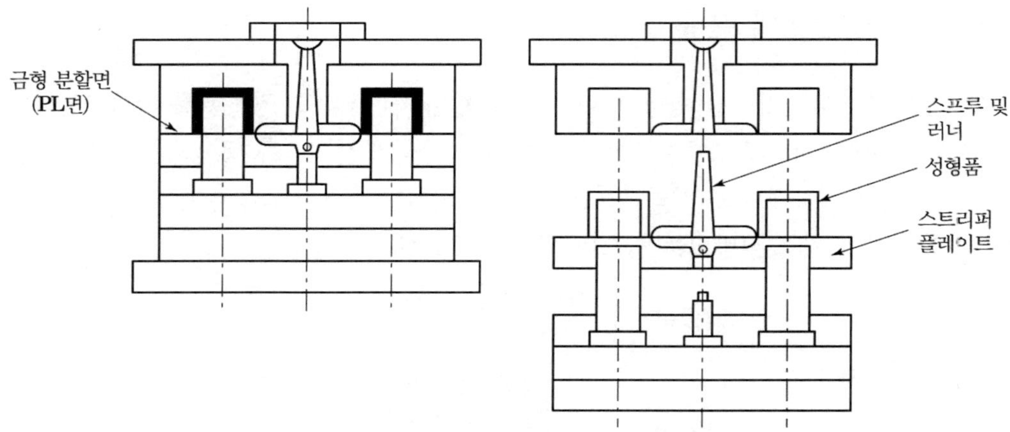

그림 1 · 26　2매 금형의 작동원리

2) 3매 금형(三枚 金型)

고정측 설치판과 고정측 형판 사이에 또 다른 1장의 플레이트(러너 스트리퍼 플레이트라 함)가 있고, 이 플레이트와 고정측 형판 사이에 러너가 있으며, 고정측 형판과 가동측 형판 사이에 캐비티가 있도록 구성된 금형이다. 이 금형의 작동원리는 그림 1 · 27에 나타난 것과 같이 고정측 설치판과 고정측 형판 사이에 러너 스트리퍼 플레이트를 설치하여 고정측 설치판만 사출성형기의 고정측 다이플레이트에 부착한 후 고정측 형판과 러너 스트리퍼 플레이트는 가이드 핀의 위를 섭동하도록 되어 있다. 이 금형은 중앙에서 사출해야 하는 성형품과 게이트 자국이 거의 없어야 하는 성형품에 사용된다. 성형품과 스프루는 금형상의 다른 평면에 위치하고 파팅면이 순차적으로 열리면 성형품과 스프루가 금형내에서 분리된다. 따라서 스프루가 성형품으로부터 먼저 분리되어 있다가 성형품이 취출된 후 금형에서 이젝팅된다.

3매 금형의 장단점은 다음과 같다.

① 게이트의 위치를 성형품의 중앙에 잡을 수 있다.

② 핀 포인트 게이트 사용이 가능하다.

③ 핀 포인트 게이트, 터널게이트(tunnel gate)를 채용하면 게이트 제거에 일손이 필요하지 않다.

④ 성형품과 스프루, 러너, 게이트를 따로따로 빼내어야 한다.

⑤ 금형값이 비교적 고가이다.

⑥ 금형을 열기 위해 스트로크(stroke)가 큰 성형기가 필요하다.

⑦ 구조가 복잡하여 고장 요인이 많아지므로 내구성이 떨어진다.

⑧ 성형사이클이 길어진다.

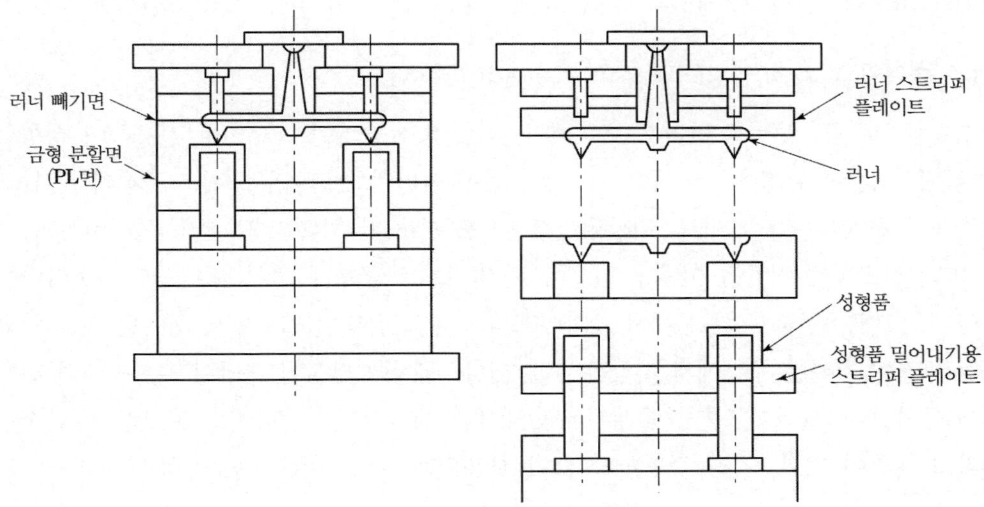

그림 1·27 3매 금형의 작동원리

3) 특수 금형 (特殊 金型)

특수한 구조를 가진 사출성형용 금형에는 분할 금형, 슬라이드 코어(slide core)금형, 나사 금형, 스택 금형 등이 있다. 이들의 대부분은 사출성형기의 왕복운동을 이용하여 기어나 경사핀으로 작동시키는데, 유압장치나 공압장치를 금형 내에 설치하여 작동시키는 경우도 있다. 특수 금형의 특징은 다음과 같다.

① 보통 금형에서는 만들 수 없는 형상의 제품을 만들 수 있다.

② 성형사이클이 길어질 수 있다.

③ 금형값이 비싸진다.

④ 고장이 나기 쉽다.

⑤ 부속장치가 필요하다.

(1) 분할 금형(分割 金型)

성형품의 외부를 형성하는 캐비티(cavity)부를 2개 이상의 부분으로 나누어서 이동시켜 외부의 언더 컷(under cut)부를 성형할 수 있는 금형이다. 분할 캐비티는 주로 가로방향에 언더컷을 가진 형상에 적용되며, 금형 상하의 어느 한쪽에 설치하여 안내된다. 금형의 열림이 진행되는 동안 상측 슬라이드는 최종 위치로 이동되어 나온다. 금형이 닫히면 슬라이드는 원위치로 되돌아간다. 분할 캐비티의 경사각도는 10~15°이다. 이 보다 각도가 작을 때에는 수용하는 플레이트에 끼일 우려가 있고, 각도가 15°보다 클 때에는 여는 힘이 증가한다. 분할 캐비티의 안내는 더브테일, T홈 등에 의해 이루어진다.

(2) 슬라이드 코어 금형(slide core mold)

성형품 외부의 일부가 언더컷으로 되어 있는 것을 슬라이드 코어를 사용하여 성형하는 금형이다. 이 금형에는 가동측에서 움직이는 슬라이드 코어형[그림 1·24 참조]과 고정측에서 움직이는 슬라이드 코어형[그림 1·25 참조]이 있다. 대부분의 언더컷은 금형이 열리는 방향에 직각을 이루고 있으며, 슬라이드는 금형에 설치되었을 때 사출압력에 견딜 수 있어야 한다. 성형품에서 슬라이드의 취출은 금형이 열리면서 개시될 수도 있고 열림 동작이 끝나는 구간에서 시작될 수도 있다. 금형이 닫히면 슬라이드는 원래의 위치로 되돌아간다. 슬라이드를 작동시키는 방법에는 앵귤러 핀, 슬라이드 안내홈, 유압작동 슬라이드 등이 있다. 가장 간단하고 많이 사용되는 것이 앵귤러 핀 방식이다.

(3) 나사 금형(screw mold)

나사붙이 성형품용 금형은 나사의 특성이나 생산방식 등 많은 요인에 의해 간단하게도 되고 복잡하게도 된다. 이들 요인에 의한 처리 대책으로는 금형의 나사부를 고정 코어, 금형의 나사, 성형품을 회전시키는 방법 등이 있다. 나사금형에서는 나사산을 성형하는 부분이 금형의 이형방향으로 있으므로 취출시 회전운동을 한다. 성형품을 고정하고 취출이 이루어지기 때문에 원리적으로는 두 가지 방법이 있다. 첫 번째 방법은 금형의 나사부분이 회전하여 길이방향으로 운동하기 때문에 취출되는 동안 성형품이 금형으로부터 빠져 나온다. 이 때 성형품은 고정되어 회전하지 않도록 해야 하며, 나사의 위치결정이 복잡하다. 두 번째 방법은 나사산을 성형하는 금형부분이 회전하고 동시에 해당 나사 피치를 가진 성형품으로부터 제거된다. 이 경우 성형품은 고정되어 있어야 하고, 나사산을 성형하는

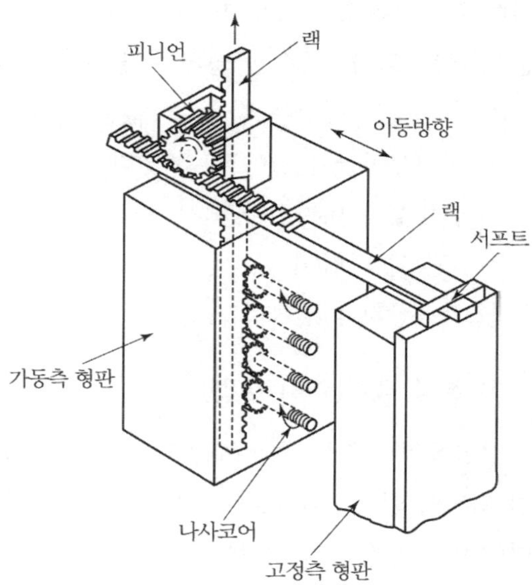

그림 1·28 나사금형

금형부분은 안내나사에 의해 안내되며, 안내나사의 피치는 성형품의 피치와 같다. 전 취출과정 동안 성형품이 금형과 접촉하므로 고정은 기어장치에 의해 수행될 수 있다. 그림 1 · 28은 랙과 피니언 기어에 의한 나사빼기 예이다.

(4) 스택 금형(stack mold)

캐비티의 성형품을 형체결 방향으로 포개놓는 방식이며, 금형구조는 파팅면이 복수가 된다. 이점은 성형품의 투영면적이 커지지 않으므로 성형기가 대형이지 않아도 된다. 접시와 같은 얇고 투영면적이 큰 성형품은 긴 형개 스트로크보다는 큰 형체력을 필요로 하기 때문에 형체 능력을 배가시켜 성형할 수 있도록 개발된 금형으로서, 대개 세 부분으로 구성되어 있다. 즉 체결용 설치판을 향하여 마주 보는 두 개의 이젝팅 부분이 있고, 스프루 시스템은 중앙에 설치된다. 개발 초기에는 반경방향의 러너를 사용하였으나, 오늘날에는 핫러너 방식을 채용하여 사용한다. 이 핫러너는 가열된 주러너에 의해 용융수지가 공급되고, 고정측 금형의 이젝터 부분을 통하여 가소화장치의 노즐과 연결되어 있다. 금형의 중간부분에 핫러너가 있어서 무게가 무겁기 때문에 보통의 가이드 포스트로는 지탱하기 곤란하다. 따라서 금형은 타이 바보다 높거나 낮은 위치에서 안내된다. 스택 금형은 충전, 이젝팅, 금형의 작동 등의 측면에서 여러 가지 기술적 애로 사항을 안고 있는 복합금형이며, 특허로 보호되고 있어, 공개된 것은 일부분이다. 일반적인 금형과 다른 점은 이동측과 고정측 사이에 center plate가 있다는 점이다. 그러므로 설계시에 center plate에 중점을 두고 설계를 한다. 설계시 고려사항으로는 center section에서 냉각수와 전기배선 공급, 제품 취출, 가이드 방법, center plate 지지, 핫러너 시스템의 적용 등이다.

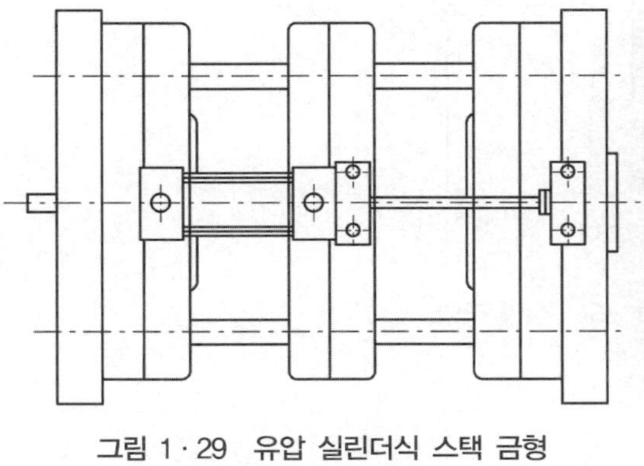

그림 1 · 29 유압 실린더식 스택 금형

그림 1 · 30 랙과 피니언식 스택 금형

(5) 전열 금형(electrically heated mold)

일반사출성형에서는 수지가 캐비티 내를 흐르면서 냉각에 따른 점도의 상승으로 전사성이 급격히 나빠지기 때문에 미세패턴을 가진 성형품을 제작하는데, 많은 어려움이 따른다. 이를 해결하는 방법으로 금형온도를 용융된 수지온도 수준까지 순간적으로 표면만을 가열하여 성형시킨 후 급속히 냉각하는 다양한 순간 금형가열방식이 있고, 그 중에서 전열가열방식인 전열금형이 있다. 특히, 마이크로 · 나노 부품 성형에 적합한 전열금형설계에 있어서 열선(heating line)의 배치는 금형의 온도 제어 및 균일한 온도 분포에 절대적인 영향을 미치므로, 최적화된 열선의 배치가 필수적이다. 마이크로 히터와 센서를 이용하여 금형의 표면을 가열하는 전열금형기술을 적용하여 전사성을 개선할 수 있다. 이를 위하여 전열금형기술의 핵심인 이동가열코어(movable heated core)가 설치된 금형의 설계, 제작이 뒷받침되어야 한다. 수지의 전사성과 유동성은 금형온도가 증가함에 따라 향상되고, 특히 유리전이 온도 이상에서 크게 상승한다. 그 절차는 3D CAD 프로그램을 사용하여 전열금형을 설계하고, 해석 프로그램을 사용하여 메시(mesh)를 생성한 다음, 금형의 초기온도에서 수지의 용융온도까지 가열하는데 걸리는 시간과 냉각시키는데 걸리는 시간 등을 모사한 후 설계와 제작이 이루어져야 한다. 전열금형의 특징은 미세부품 성형, 무도장(no-painting), 고광택 표면의 실현, 사이클 타임 감축, 노 웰드(no-weld), 플로마크와 제팅 등을 방지하는데 효과가 있다.

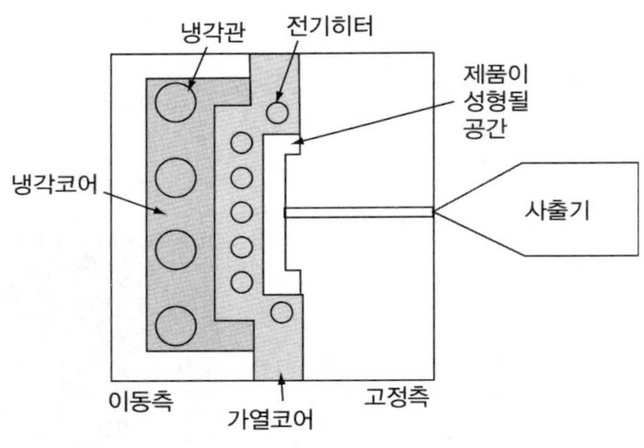

그림1 -31 전열 금형

(6) 스팀 금형(steam mold)

플라스틱 사출성형에서 안정적인 제품을 생산하기 위해서는 금형온도를 일정하게 조절해야 된다. 금형의 온도를 조절한다는 것은 제품외관 표면, 전기적 특성, 잔류응력, 수축률, 이형성, 치수안정성 등에 상당한 영향을 준다. 금형온도조절은 주로 사용 원료의 특성에 따라 하고 있다. 사출 금형은 일반적으로 기름이나 물을 이용하여 가열 또는 냉각을 할 수 있도록 냉각수 통로를 이용하여 일정한 온도를 유지하고 있다. 수지의 종류에 따라 금형온도를 60℃~175℃정도 범위에서 작업을 하는데, 일반적으로 그 원료의 열변형 온도보다10℃~15℃정도 낮은 온도를 사용한다. 웰드라인(weld line)이란 뜨거운 합성수지가 완전히 융합되지 않아 제품의 외관에 나타나는 실 모양의 가는 접합선으로서, 금형 온도가 낮거나 사출성형 속도가 느릴 때 발생하는 흠결이다. 외관 결함을 감추기 위해서는 수작업을 통해 웰드를 지워야 하며, 페인트칠과 고광택 아크릴시트를 붙이는 번거로운 후가공이 필요하기도 한다. 하지만 초정밀 금형기술인 스팀금형은 고온의 수증기를 이용해 원료의 열변형 온도 이상으로 올려 사출성형하기 때문에 웰드가 발생하지 않아 표면이 매끄럽다.

스팀 금형은 기존의 금형온도 제어 개념과 다른 점이 있는데, 매 사이클마다 금형의 온도를 열변형 온도보다 높게 가열한 상태로 만들어 사출하고 사출 후 제품의 치수 변형 온도 즉 취출 가능한 온도 이하로 냉각한 후 제품을 취출하는 일련의 과정으로 되어있다. 이러한 가열과 냉각공정이 정해진 사이클 이내에 급속하게 이루어지지 않을 경우 사이클 타임이 과도하게 길어지는 문제, 용융된 수지가 사출기 실린더내에 체류하는 시간이 길어짐에 따라 수지의 저질화(degradation) 및 가스발생 등과 같은 생산성 관련 문제가 난제로 된다. 이와 같이 급속가열과 냉각이 가능할 경우 외관제품의 경우 플라스틱 사출성형의 가장 큰 문제인 외관품질을 완벽하게 제거하여 무도장(no-painting) 성형으로, 외관제품의 품질을 고급화하고 원가절감 효과가 크게 된다. 사출성형에서 성형물의 표면에 나타나는 웰드라인(weld line), 플로마크(flow mark), 표면 광택 차이, 전사성 등의 결함들은 필수적으로 나타나게 되지만 이의 방지에 기여할 수 있다.

사출 성형시 금형 내에서 수지의 유동상태는 일반적으로 분수형 흐름을 형성하면서 캐비티내로 충전된다. 용융온도 보다 현저하게 낮은 온도의 금형에서 유동 메커니즘을 보면 용융 선단부의 용융수지가 조금씩 식으면서 표피(frozen skin) 층을 형성하고, 뒤에서 연속적으로 흘러오는 뜨거운 수지에 의하여 연속된 흐름을 만들어 길게 늘어나면서 점차적으로 캐비티 벽면에 부착된다. 그와 동시에 고화가 시작되어 길게 늘어난 흐름

상태에서 냉각되어 중앙부 유동 층과의 사이에 전단력이 발생한다. 여기서 발생한 전단력과 냉각 속도의 차이가 여러 가지 불량의 원인이 된다. 특히 플라스틱 원료의 특성상 용융상태에서 수지의 용융점도(melting viscosity)가 온도에 따라 크게 차이가 있으며, 이것에 의하여 흐름의 정도를 결정하는 유동성에 영향을 미친다. 이에 따라 용융된 수지를 금형에 사출하기 전에 금형의 스킨코어 부분의 온도를 열 변형온도 정도까지 가열하여 충전하면 수지의 유동성이 향상되고, 금형표면의 형상에 대한 전사성이 좋아져서 품질 개선 효과를 얻을 수 있다.

스팀 금형에 사용하는 가열매체로서 기존의 산업용 보일러를 사용하는 경우에는, 물을 가열하여 발생되는 증기(steam)를 모아 가열매체로 사용하는 경우와 가압열수 방식으로 물을 압축하여 물의 비등점을 높여 가열한 다음 여기서 발생되는 열매체를 순환하며 가열하는 방식이 있다. 그러나 이러한 경우 열매체의 온도는 높으나 그 압력이 낮기 때문에 금형내부에 설치한 미세한 가열용 홀을 통과하는 유속이 느려지기 때문에 가열시간이 길어지게 되며, 즉 설정온도까지 상승시키기 위하여 계속적으로 열을 가하면 가열해야 되는 부분 이외의 다른 부분까지 가열되게 되어 오히려 성형제품의 치수안정성과 변형의 원인이 되기도 한다. 또한 제품의 크기가 큰 대형제품의 경우 스팀의 입구와 출구 쪽의 온도 차이로 인한 문제가 대두된다. 또한 보일러 방식의 경우는 한번 가열한 스팀은 재생되지 않고 배기라인을 통하여 버려지므로 보일러에서 스팀을 계속 생산하여야 되기 때문에 에너지가 많이 소모되는 단점이 있다.

그러므로 가열실린더 내에서 에어를 전기적 에너지로 가열하고 상온의 물을 압축하여 미세한 노즐을 통하여 분무하면, 물 분자들이 미세한 입자(particle)로 분무되는 순간 가열된 공기와 접촉하여 증기가 되는 원리를 이용할 수 있다. 즉 따뜻한 공기가 분무되는 물 입자를 포집하여 증기화한다. 물을 직접 가열하는 것과 에어를 가열하는데 소요되는 에너지는 가열해야 하는 매체의 질량(mass)에 비례하기 때문에 큰 차이가 있다. 또한 물을 기화(vaporization)시키는데, 물 분자들을 미세한 입자로 쪼개어 기화시키는 것이 보다 유리하며, 특히 물을 압축하여 직접 가열하는 방식과 비교하면 상당한 에너지의 차이가 있을 것이다. 이러한 원리를 이용하여 발생된 증기는 온도와 압력에서 기존의 보일러와 비교할 수 없는 차이가 있다. 제품을 성형하기 위해서 사출성형기에서 설정온도까지 가열을 단시간에 할 수 있다는 것은 형개, 취출, 형폐에 걸리는 시간과 거의 동일하게 이루어지기 때문에 사이클의 손실이 없이 가능하다는 것이다. 물론 가열을 가장 효율적으로 하기 위해서는 금형에서 가열 구멍이 효율적으로 되어야 한다는 전제 조건에서 출발한다.

일반적으로 가열시간을 최소화 하기 위해서는 가열매체의 온도가 높아야 되고 압력도 높아야 되는데, 압력을 높이는 것은 상당히 어려운 문제이다. 즉 가장 짧은 시간에 금형의 온도를 원하는 설정온도까지 가열하기 위해서는 사용하는 열매체의 온도와 압력이 중요한 요인이며, 금형 전체에 보다 균일한 온도 분포를 얻기 위해서는 공급되는 열매체의 순간 유속이 최대한 빨라야 한다. 열매체의 온도는 기본적으로 200℃ 이상 유지해야 하고, 그 압력은 25kgf/cm² 이상에서 가열을 시작하며, 대형제품인 경우에는 스팀의 입구와 출구의 온도편차가 최소화되어야 안정적인 양산에 효과가 크다.

이와 같이 생산된 고온 고압의 스팀을 효율적으로 사용하기 위하여 스팀 출구 쪽 배기라인을 제어하는 독자적인 제어시스템이 필요하다. 대기 중으로 방출(discharge)될 때, 에너지를 잃게 되면 즉 압력이 대기압 상태로 내려가면 온도가 떨어져서 물방울이 되어 떨어지는 현상이 나타난다. 한정된 용기에서 단순한 가열을 목적으로 순간적으로 발생한 스팀으로는 투여된 에너지가 작다. 예를 들어 물을 가압하여 가열하는 방식의 경우는 물의 중량으로 인하여 엄청난 에너지를 보유하게 되고, 특히 가열한 후에 그 물을 회수하여 순환시키는 폐회로 시스템으로 리크(leak)가 발생되면 내부에 저장된 물 전체가 방출되기 전까지 보수를 할 수 없는 단점이 있다. 따라서 에어를 가열한 다음 물을 분무하여 스팀을 발생하는 시스템은 기존의 기름이나 도시가스를 이용하는 보일러와 비교하면 에너지 비용 면에서 현저한 차이가 있는 에너지 절감형 시스템이다. 또한 일반 보일러의 경우 스팀배관을 설치하여 필요한 곳으로 에너지를 이동하도록 되어있으므로 에너지의 소모량이 크고 압력편차에 따라 가열시간이 변하게 된다.

그림 1-32 스팀 금형

Chapter 2

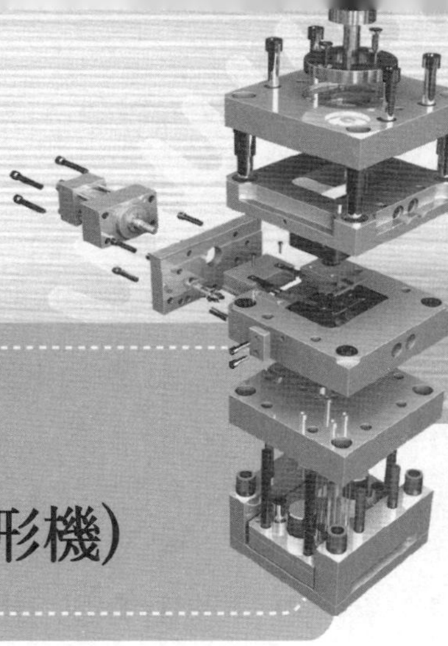

사출성형기(射出成形機)

2.1 사출성형기의 구조와 종류

2.1.1 사출성형기의 구조

사출성형기는 플라스틱재료에 열과 압력을 가하여 용해시킨 다음에 적당한 유동상태로 만든 것을 폐쇄된 금형내에 고속으로 유입시킨 후 고화시켜서 성형품을 생산하는 기계이다. 사출성형기는 1872년 John과 Isiah Hyatt에 의해 고안되어 셀룰로이드(celluloid)제품 생산에 사용된 이후 오늘날에 이르러서는 다양한 수지의 개발과 함께, 경제성있는 사출성형을 할 수 있는 성형기가 계속적으로 개발 보급되고 있다. 사출성형기(injection molding machine)는 사출장치, 형체(型締)장치, 프레임, 유압구동부, 전기제어부 등으로 구성되어 있다. 여기에서는 많이 사용되고 있는 인라인 스크루 방식에 대하여 설명한다.

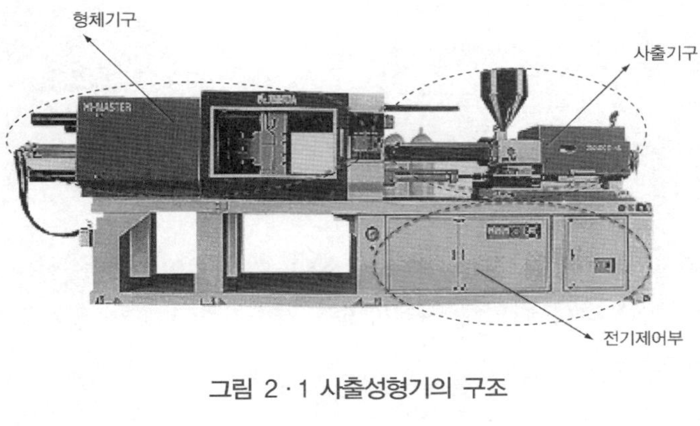

그림 2·1 사출성형기의 구조

1) 사출장치(injection system)

사출장치는 수지를 용융하고, 금형에 사출하는 장치로서, 계량, 사출, 보압의 3가지 공정을 담당하고 있다. 계량 공정은 수지의 일정량을 가소화하며, 사출공정은 용융된 수지를 금형에 주입하여 공간부를 수지로 충전한다. 보압 과정에서는 수지가 냉각 및 고화하는 과정의 수축을 보충하기 위해 압력을 부가하여 수지를 보충한다. 사출장치의 중요 구조는 그림 2 · 2와 같이 호퍼(hopper), 가열실린더(heating cylinder), 노즐(nozzle), 유압실린더(hydraulic injection cylinder) 등으로 구성되어 있다. 플런저식 사출성형기에서는 매회의 사출에 필요한 재료를 계량하여 가열실린더로 보내는 재료 공급장치(feeder)가 있다.

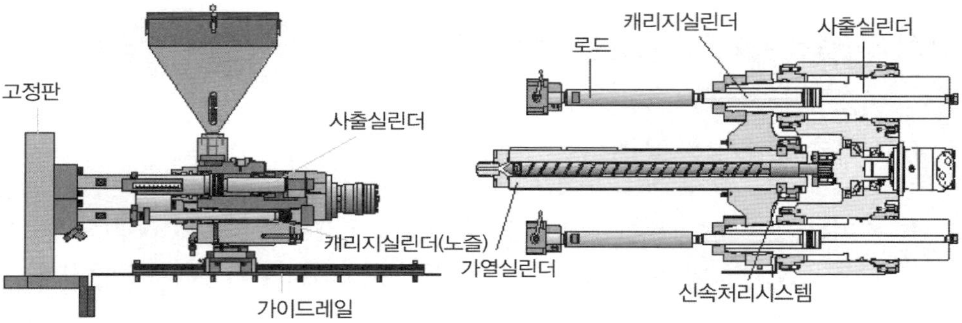

그림 2 · 2 사출장치 구조

스크루식(screw type)일 경우 스크루의 형상은 그림 2 · 3과 같이 공급부(feed zone), 압축부(compression zone), 계량부(metering zone) 등으로 이루어져 있다.

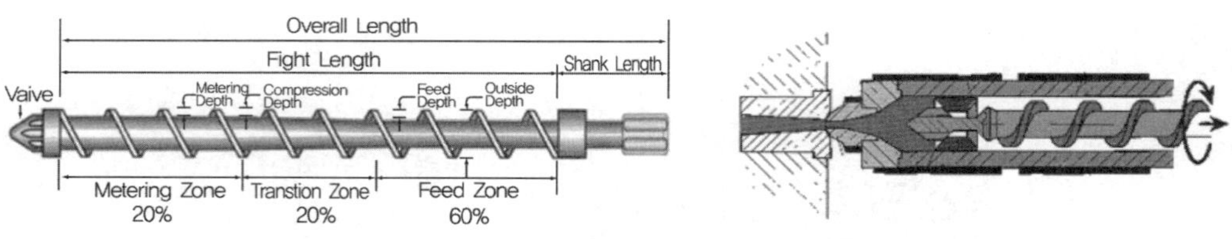

그림 2 · 3 스크루의 형상

① 공급부 : 다른 부위보다 스크루 내경이 작아 수지가 이동하기 용이하다. 호퍼로 부터 투입된 수지를 밴드히터에 의해 예열하면서 가소화하기 위해 압축부까지 수지를 공급시키는 역할을 한다.

② 압축부 : 스크루의 중앙부분에 해당되며, 내경이 점진적으로 커진다. 공급부에서 넘어온 불완전 유동상태의 재료를 완전한 유동상태로 만들어 종착지인 계량부로 이송시키는 역할을 한다. 수지는 압축부에서 완전히 유동화시키기 위해서 스크루를 공급부에서 압축부로 갈수록 골 깊이가 서서히 작아지도록 만들어서 강하게 압축될 수 있도록 한다.

③ 계량부 : 압축부에서 이송되어온 가소화 완료된 용융 수지의 체류장소이며, 매 쇼트마다 이 부분에 있는 수지가 사출압력에 의해 금형 내로 유입되어 성형을 하게 된다.

2) 형체장치(mold clamping system)

사출시에 금형이 열리지 않도록 강력한 형체력으로 금형을 닫고, 사출된 수지가 고화하면 금형을 열고 성형품을 빼낼 수 있도록 한 장치로서, 금형설치판(mold plate), 타이바(tie bar 또는 tie rod), 형체 실린더(clamping cylinder), 이젝터(ejector), 안전문(safely door) 등으로 되어 있다. 형체장치는 직압식, 토글식, 토글 직압식 등의 3가지로 분류할 수 있다. 타이바의 수는 2개 또는 4개가 사용되지만 최근에는 금형의 평행 정밀도를 높이기 위해 4개가 많이 적용되고 있다. 가동측설치판은 타이바의 안내를 받으며 작동하지만 작동부위에 부시를 삽입시키고 윤활유를 공급하여 원활한 이동이 가능하도록 되어 있다. 직압식 형체장치는 왕복동형 피스톤(램)에 유압을 가하여 전진하거나 후퇴시킨다.

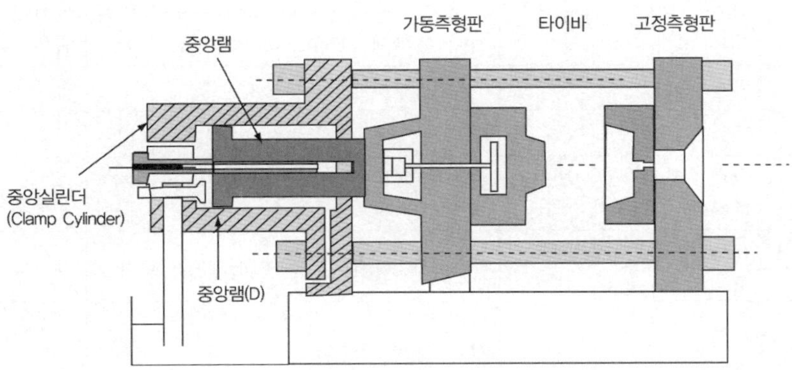

그림 2·4 직압식 형체장치

금형의 열림 행정에서는 큰 힘은 필요하지 않지만 고속이 바람직하며, 반대로 금형을 닫고 체결할 때는 속도가 거의 0에 가깝게 하고 큰 힘을 발생시키는 것이 필요하다. 토글식 형체장치는 토글 링크가 형체실린더에 연결되어 작동한다.

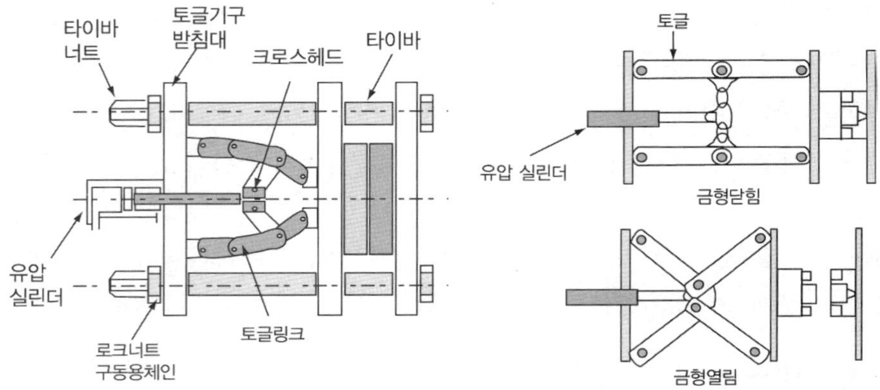

그림 2·5 토글식 형체장치

표 2·1 금형의 형체장치 비교

형식 / 항목	직 압 식	토 글 식	토글 직압식
가 격	중간 정도	싸다.	비싸다.
금형 체결력	면적×유압 이상을 기대하기 어렵다.	사출시에 형체결력 이상의 유지력이 발생하기 때문에 플래시가 발생하기 어렵다.	직압식과 같다.
개폐속도	고속은 어렵다.	빠르다.	매우 빠르다.
조 정	가장 쉽다.	오래 걸린다.	쉽다.
저속닫힘	압력을 내리면 속도가 느리게 된다.	스트로크 중의 위치에 따라 속도가 변화하기 때문에 조정에 요령이 필요하다.	설계에 관해서는 매우 유효하다.
보수(保守)	가장 쉽다.	윤활유 관리에 주의해야 한다.	쉽다.
소요동력	대	소	소
스트로크	금형두께에 따라 변하기 때문에 주의해야 한다.	금형두께와는 관계가 없으므로 최대 스트로크를 확보할 수 있다.	토글식과 같다.
금형이 열리는 힘	보통 형체결력의 20% 정도.	매우 크며 형체결력을 올려 커지게 한다.	직압식과 같다.
내 구 력	크다.	평행도가 불량한 금형을 사용하면 작게 된다.	직압식과 같다.

3) 프레임(frame)

사출장치, 형체결장치, 유압구동부 등이 조립되어 있는 기계의 토대로서, 기계 각 부가 발생하는 힘을 받아서 진동에 견디고 오랫동안 정밀도를 유지하도록 충분한 강도와 강성을 가져야 한다. 일반적으로 형체결장치, 사출장치는 프레임의 상부에 설치하고, 유압장치, 전기제어장치는 프레임의 내부에 설치되어 있다.

4) 유압 구동부(hydraulic power system)

사출성형기의 동작원은 전기이지만 각종 실린더의 작동이나 스크루 회전 등의 구동장치에는 유압장치를 사용하고 있다. 유압장치는 각종 실린더, 유압 펌프, 유압 모터, 각종 제어밸브, 기름 탱크, 배관 등으로 구성되어 있다. 유압 기술의 발전에 따라 작동속도나 압력의 미세한 조정이 부드럽게 행하여 지고 취급도 용이하다는 측면에서 사출성형기의 구동은 유압장치가 채용되어 왔다. 그러나 최근에는 유압장치를 사용하지 않은 사출성형기가 개발되고 있지만 아직도 연구가 활발히 진행중이다. 여기에는 가소화공정, 형체공정, 사출공정 등의 제어에 마이크로 컴퓨터를 이용하여 정밀제어가 도입되었고, 전기 서보 모터에 의해 구동되는 사출성형기가 출현하기에 이르렀다.

5) 전기 제어부(electerical control system)

사출장치나 형체장치의 동작과 가열실린더 및 노즐의 온도를 제어한다. 그 구성은 전동기나 히터에 동력을 공급하는 동력 회로부분과 각 동작을 단독 또는 연속적으로 하게 하는 동작제어회로 부분과 실린더 각 부분 및 노즐의 온도를 검출하고 히터의 전류를 제어함으로써, 이들을 설정온도로 유지하는 가열 제어회로 부분으로 이루어져 있다. 최근에는 대부분의 사출성형기 운전이 전자동화되어 있어서 무인운전이 가능하도록 되어 있다. 또한 사출성형공정제어에 시퀀스제어, 피드백제어, 프로그램제어, 적응제어 등이 채용되어 성형사이클의 각 공정을 자동적으로 진행시키는 것은 물론이고 품질에 영향을 미치는 프로세스량을 검지기에 의해 검출하여 최적상태를 유지하며 성형할 수도 있다.

2.1.2. 사출성형기의 종류

1) 작동방향에 의한 분류

(1) 수평식(horizontal type)

형체장치는 금형의 개폐방향, 사출장치는 플런저 또는 스크루의 운동방향이 모두 수평으로 조합된 것으로서 가장 많이 사용되는 방식이며, 특징은 다음과 같다.

① 성형품을 빼내기 쉽고 자동운전에 적합하다.
② 금형의 설치 및 조정이 쉽다.
③ 가열실린더나 노즐의 조정 및 수리가 용이하다.
④ 고속화가 용이하고 생산성이 높다.
⑤ 기계의 높이가 낮으므로 원료공급이나 보수에 편리하다.

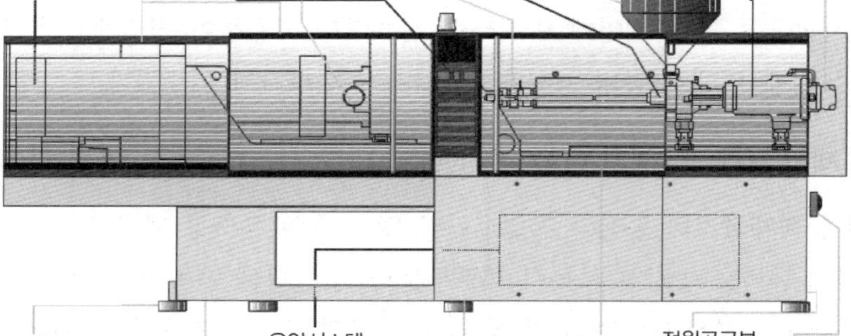

그림 2·6 수평식 사출성형기

(2) 수직식(vertical type)

형체장치와 사출장치가 모두 수직으로 조합되어 있고 양자의 중심선이 일직선상에 있으며, 특징은 다음과 같다.

① 인서트(insert)를 사용할 때 조립한 인서트의 안정도가 좋아 움직이는 일이 적다.
② 기계의 설치면적이 적다.
③ 금형의 부착공간이 커서 비교적 큰 금형을 설치할 수 있다.
④ 중력의 작용 방향으로 운동하므로 무거운 금형을 부착해도 안정성이 좋다.
⑤ 가열실린더의 온도의 불균일이나 수지 흐름이 불균일이 적다.

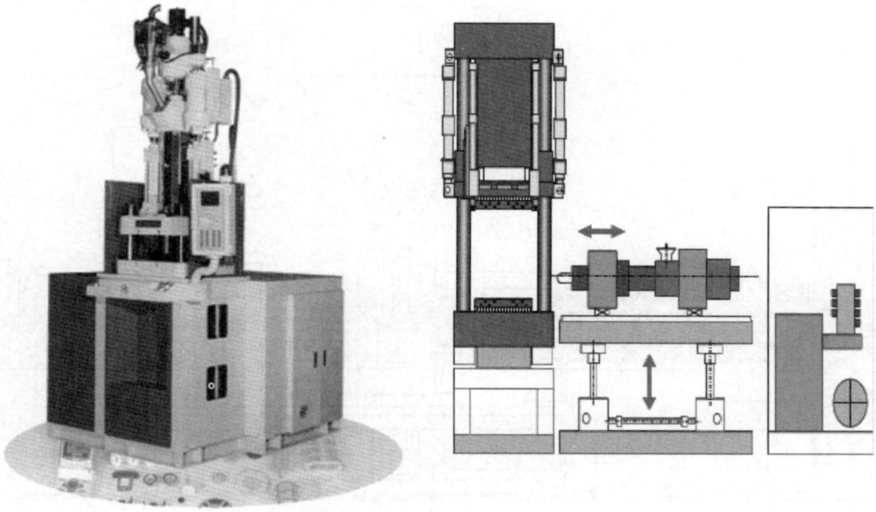

그림 2·7 수직식 사출성형기

2) 수지의 가소화와 사출방식에 의한 분류

(1) 스크루식(screw type)

1개의 스크루를 수지의 가소화와 사출에 사용한다. 즉, 재료의 가소화(plasticization)를 스크루에 의해 하고 용융수지를 가열실린더 앞부분에 모아서 사출시에는 스크루가 전진해서 사출한다. 호퍼에서 자체 무게에 의하여 가열실린더내로 낙하된 수지는 스크루의 회전에 의해 혼합이 이루어지면서 스크루홈을 따라 실린더의 선단부로 보내어진다. 이 때 수지는 가열실린더의 히터와 스크루의 혼련작용에 의해 발생하는 마찰열로 인하여 비교적 균일한 가소화가 이루어진다. 스크루의 선단부분에서 용융재료를 저장함에 따른 반발력에 의해 스크루는 후방으로 되돌려진다. 그 후퇴량을 리밋스위치로 규제하여 스크루의 회전을 일정한 위치에서 정지시킴으로써 1 사이클의 사출량을 결정한다. 스크루식은 플런저식과 프리플러식에 비하여 구조도 간단하고 유지가 쉬우므로 사출성형기의 주류를 이루고 있다. 그 특징은 다음과 같다.

① 가소화 능력이 크다.

② 재료의 혼련(混練)작용이 양호하고 사출압력이 적어도 된다.

③ 유동성이 나쁜 재료의 성형이 용이하다.

④ 재료의 체류장소가 좁기 때문에 분해하기 쉬운 재료에 적합하다.

⑤ 재료의 색상 바꿈이 쉽다.

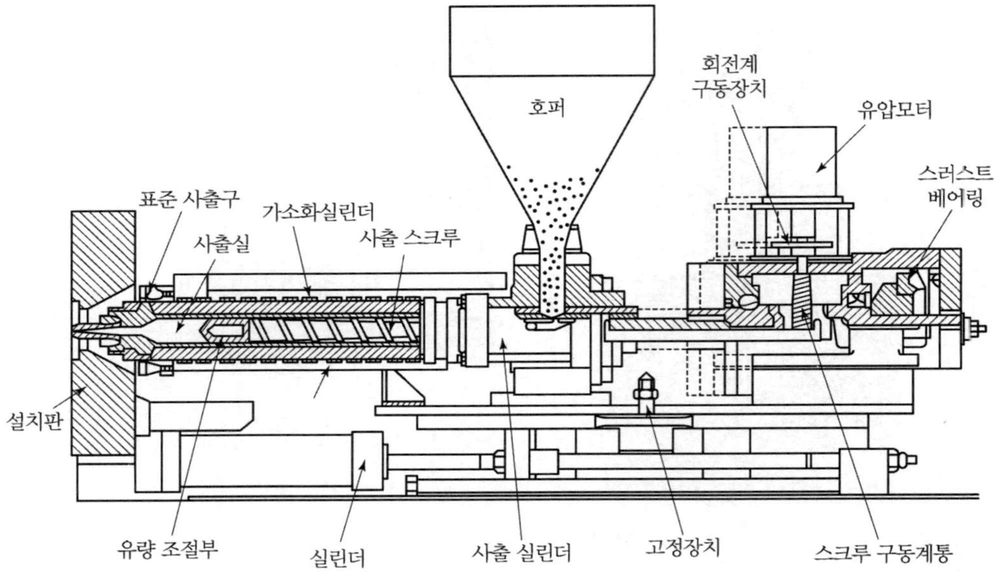

그림 2·8 스크루식 사출성형기

(2) 플런저식(plunger type)

토피도(torpedo)를 내장하는 가열실린더와 사출플런저로 구성되어 있으며, 성형기의 값이 저렴하고 소형의 고속사출성형이 가능하다. 호퍼내에 저장된 성형재료는 자체 무게 때문에 계량부에 낙하한다. 계량부의 공급 플런저는 사출플런저와 연동하여 일정량의 재료를 feeder에 의해 가열실린더에 공급한다. 계량이 끝나고 사출플런저가 다시 전진하면 재료는 가열실린더의 외부에 설치된 밴드히터에 의해 가열되면서 앞쪽으로 보내어진다. 그후 토피도와 가열실린더 내벽의 좁은 통로를 통과하면서 가소화된 용융수지는 노즐에서 캐비티로 고압 사출된다.

플런저식 사출성형기는 초창기에 일반적으로 널리 이용되었으나 스크루식에 비해 재료의 가소화와 균일성 측면에서 떨어지며 사출압력의 손실도 크기 때문에 최근에는 특수한 용도를 제외하고는 거의 사용하지 않는다. 이와 같은 결점을 해결하기 위하여 개발된 것이 수지의 가소화와 사출을 각각의 프로세스에 의해 예비 가소화 방식을 택한 프리플러식이다. 특징은 다음과 같다.

① 성형기의 값이 저렴하다.

② 소형으로 고속 사출성형이 가능하다.

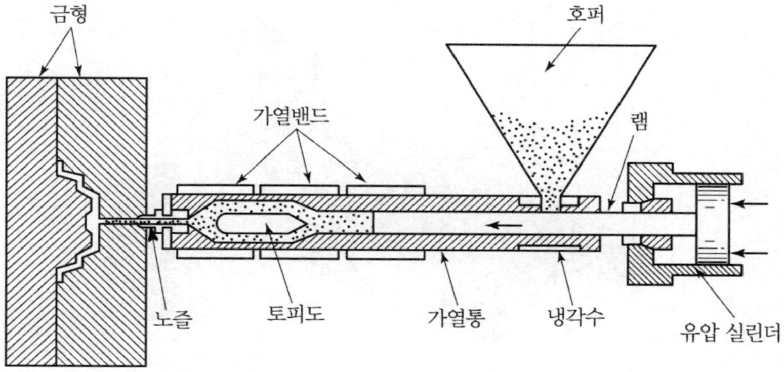

그림 2·9 플런저식 사출 성형기

(3) 프리플러식(preplasticizing type)

재료의 가소화와 사출이 각각의 다른 실린더에 의해 이루어지는 방식으로서, 조합하는 방법에 따라 여러 가지 방식이 있다. 프리플러식 사출성형기는 성형을 하고 있는 사이에도 프리플러용 가열실린더에서 재료의 가소화를 병행할 수 있기 때문에 스크루식 사출성형기보다 가소화능력을 크게 하는 이점이 있다. 이 때문에 폴리에틸렌이나 폴리프로필렌과 같은 열분해를 일으킬 우려가 적은 수지를 빠른 성형사이클로 성형하고자 할 때 사용하는 경우가 있다.

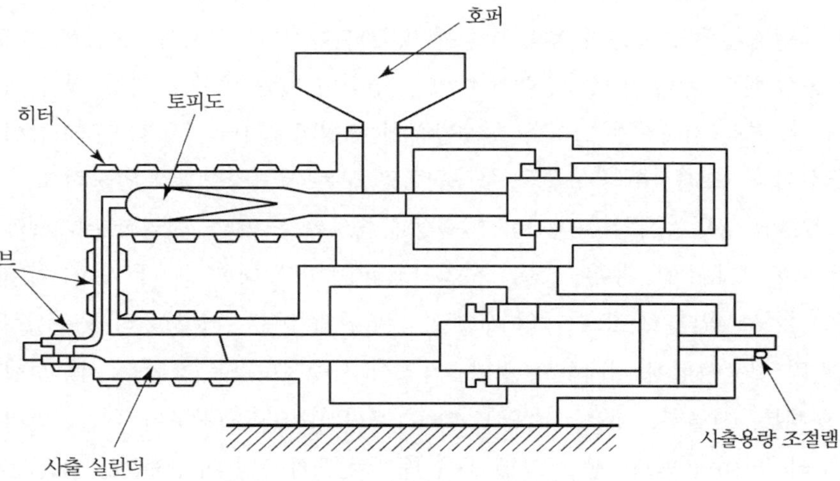

그림 2·10 프리플러식 사출장치

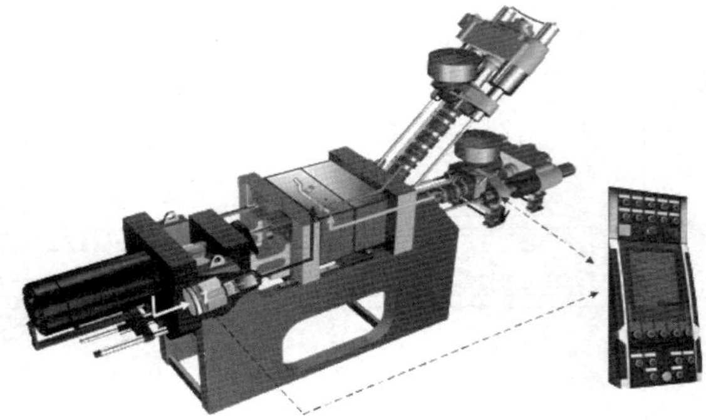

그림 2·11 2 스테이지 플런저 프리플러식 사출장치

3) 형체방식에 의한 분류

직압식(直壓式)은 금형의 개폐를 유압실린더에 의해 행하는 형식이며, 토글식(toggle system)은 금형의 개폐를 토글기구에 의해 행하는 형식이다. 토글 직압식은 전용실린더가 토글기구를 움직여 금형의 개폐를 행하고, 다음에 형체실린더가 작동하여 형체결을 한다. 이밖에도 타이바가 없는 타이바리스(tiebarless) 사출성형기와 사출속도 300㎜/s 이상의 고속 사출성형기, 2색 사출성형기 등이 있다.

4) 구동방식에 의한 분류

사출성형기를 구동하는 원동력 방식에 따라 분류하면, 기계식, 유압식, 수압식, 공압식, 전동식 등이 있다. 이상과 같이 다양한 형식이 있는 중에서 가장 널리 사용되고 있는 것은 수평식 사출성형기로서, 형체방식이 직압식이거나 토글식, 사출방식은 인라인 스크루식이다. 오래전부터 유압을 구동원으로 하는 사출성형기가 압도적으로 많이 사용되어 왔으나, 유압방식의 사출기는 형, 개폐 속도가 느리고, 정밀한 위치제어가 어려우며, 많은 에너지 소모, 누유, 소음, 설치면적과 높이에 대한 공간을 많이 차지하는 등의 단점을 가지고 있다. 서보 모터의 개발로 1980년대 후반부터 전동식 사출성형기가 출현하여 정밀 사출성형에 기여하고 있다. 전동식 사출성형기는 유압식 사출성형기와 유사하게 형체부, 사출부, 제어부, 프레임으로 구성된다. 형체기구에 유압실린더 대신 AC 서보 모터, 타이밍 벨트, 볼 스크루 등을 매개로 형체측의 이동형판을 이동시켜, 주어진 형체력을 발휘한다. 각 동작은 NC프로그램에 의하여 제어되기 때문에 매끄러운 동작과 자유로운 속도 설정, 스트로크 및 속도의 전환점이 정밀하게 설정되어 실현되므로, 광학용 렌즈, 초박육 성형 등 복잡하고 높은 기술력을 요구하는 제품의 정밀성형에 사용된다. 사출과 개량에 있어서도 독립된 AC 서보 모터를 사용하기 때문에 사출기구가 단순하게 되고 내구성과 응답성이 크게 향상되었다. 또한 유지 보수가 간단하고 누유로 인한 환경오염이 없으며, 경량화, 저소음, 에너지절감 측면에서 우수성을 지니고 있다. 전동식 사출 성형기는 계량과 사출, 사출장치 이동과 형체장치 이동, 이젝팅 등에 유압 모터가 아닌 서보모터를 이용하여 작동유가 필요 없으므로, 청정 사출환경에 적합하여 의료용 제품 생산 등에 활용된다. 또한 고정밀, 고속 사이클이 가능하므로 소형 정밀 성형품의 생산에 많이 적용된다.

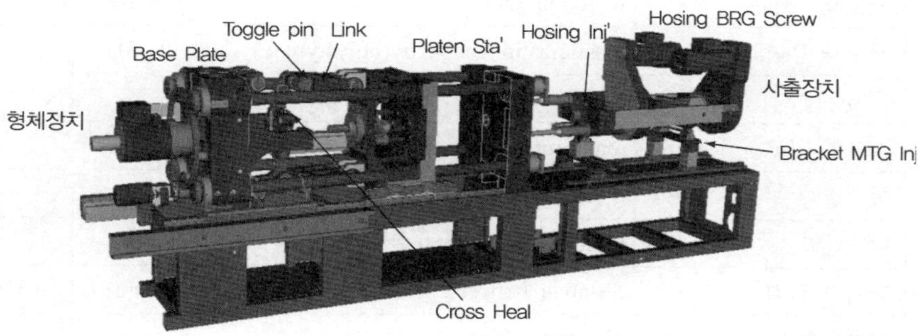

그림 2 · 12 전동식 사출성형기 구조

전동식 사출성형기의 특징은 아래와 같다.

① 서보모터의 회전운동을 직선운동으로 변환하기 위한 다양한 동력전달기구 사용.

② 유압 구동원(전동 모터, 유압펌프)을 대체한 AC 서보 모터 사용.

③ 각 구동별로 서보모터를 부착하여 개별 동작이 가능하며 동시 동작 가능.

④ 서보모터의 정확한 속도 및 위치제어로 뛰어난 응답 특성.

⑤ 저소음 및 에너지 절감

⑥ 작동유가 필요없으므로 친환경적

⑦ 고속 성형 및 정밀 박육 성형품 성형에 적합.

표 2 · 2 유압식과 전동식 사출성형기의 주요 사양 비교

구분	유압식	전동식
동 작	전동모터와 유압모터 결합	서보 모터
동력원	작동유 및 유압밸브	서보 모터
구동장치(actuator)	유압실린더	볼 스크류
사출압력 제어	작동유의 회로압력 측정	로드셀
시스템 압력 제어	작동유의 회로압력 측정	서보 모터 토크
속도 제어	비례밸브에 의한 유량 조절	서보모터 회전수 조절

표 2·3 사출 성형기의 사양 예

<table>
<tr><th colspan="3">항 목</th><th colspan="2">item</th><th>단 위</th><th>제 원</th></tr>
<tr><td rowspan="28">사
출
형
태</td><td colspan="2">스크루 지름</td><td colspan="2">screw diameter</td><td>mm</td><td>36</td></tr>
<tr><td colspan="2">이론사출 용적</td><td colspan="2">theoretical injection volume</td><td>cm^3</td><td>112</td></tr>
<tr><td rowspan="2">사출 용량</td><td>PS</td><td rowspan="2">injection capacity</td><td>polystylene</td><td>g(oz)</td><td>103(3.6)</td></tr>
<tr><td>PE</td><td>polyethylene</td><td>g(oz)</td><td>82(2.2)</td></tr>
<tr><td colspan="2">사출압력</td><td colspan="2">injection capacity pressure</td><td>kgf/cm^2</td><td>1570</td></tr>
<tr><td colspan="2">사출률</td><td colspan="2">injection rate</td><td>cm^3/sec</td><td>72</td></tr>
<tr><td colspan="2">가소화 능력</td><td colspan="2">plasticization capacity(polystyrene)</td><td>kgf/hr</td><td>20</td></tr>
<tr><td colspan="2">호퍼용량</td><td colspan="2">hopper capacity</td><td>l</td><td>50</td></tr>
<tr><td colspan="2">스크루 최고회전 속도</td><td colspan="2">maximum screw rotation speed</td><td>rpm</td><td>124</td></tr>
<tr><td colspan="2">형체결력</td><td colspan="2">mold clamping force</td><td>ton</td><td>75</td></tr>
<tr><td colspan="2">형개방력</td><td colspan="2">mold opening force</td><td>ton</td><td>3.6</td></tr>
<tr><td colspan="2">타이바 간격</td><td colspan="2">distance between tie bar(H×W)</td><td>mm</td><td>310×260</td></tr>
<tr><td colspan="2">형판치수</td><td colspan="2">die plate dimension(H×W)</td><td>mm</td><td>460×410</td></tr>
<tr><td colspan="2">형체결 행정</td><td colspan="2">mold clamping stroke</td><td>mm</td><td>270</td></tr>
<tr><td rowspan="2">형판최대 간 격</td><td>공간 무</td><td rowspan="2">daylight</td><td>without spacer</td><td>mm</td><td>550</td></tr>
<tr><td>공간 유</td><td>with spacer</td><td>mm</td><td>450</td></tr>
<tr><td colspan="2">최소금형 두께</td><td colspan="2">minimum mold thickness</td><td>mm</td><td>180/280</td></tr>
<tr><td rowspan="2">형체속도</td><td>고속</td><td rowspan="2">mold closing speed</td><td>high</td><td>m/min</td><td>22.7</td></tr>
<tr><td>저속</td><td>low</td><td>m/min</td><td>3.1</td></tr>
<tr><td rowspan="2">형개속도</td><td>고속</td><td rowspan="2">mold closing speed</td><td>high</td><td>m/min</td><td>19.4</td></tr>
<tr><td>저속</td><td>low</td><td>m/min</td><td>2.7</td></tr>
<tr><td colspan="2">압출력</td><td colspan="2">ejection force(hydraulic)</td><td>ton</td><td>2.2</td></tr>
<tr><td colspan="2">압출행정</td><td colspan="2">ejection stroke</td><td>mm</td><td>55</td></tr>
<tr><td rowspan="5">공
통</td><td colspan="2">사용유량</td><td colspan="2">amount of oil required</td><td>l</td><td>200</td></tr>
<tr><td colspan="2">펌프용 전동기</td><td colspan="2">electrical requirements of pump motors</td><td>kW</td><td>11</td></tr>
<tr><td colspan="2">히터용량</td><td colspan="2">heater capacity</td><td>kW</td><td>4.83</td></tr>
<tr><td colspan="2">기계크기</td><td colspan="2">machine dimensions(L × W × H)</td><td>m</td><td>3.6×0.9×1.4</td></tr>
<tr><td colspan="2">기계중량</td><td colspan="2">machine weight</td><td>ton</td><td>3.5</td></tr>
</table>

2.1.3. 사출성형기의 명세

사출성형기의 능력을 표시하는 항목에는 사출량, 가소화 능력, 사출압력, 사출률 및 노즐 밀착력 등이 있다. 이들 항목은 서로 밀접한 관계가 있기 때문에 기계의 성능을 비교할 경우에는 어느 한 항목만을 하는 것보다는 복합적인 수치로 평가하는 것이 바람직하다. 사출성형기의 사양서에는 표 3-2의 예에서와 같이 성형능력과 기계의 크기를 나타내는 수치가 기재되어 있다. 이 중에서 중요한 사항에 대하여 설명하기로 한다.

1) 사출용량(shot capacity : cm³, g)

1쇼트의 최대량을 나타내는 값으로, 형체력과 함께 사출성형기의 능력을 대표하는 수치이다. 여기에는 이론 사출용적(theoretical injection volume : cm³)과 사출 중량(shot weight : g, oz.)이 있는데, 사출용적V(cm³)는 계산값으로 나타내는 것이 일반적인 표시 방법이다.

사출플런저 또는 스크루의 직경을 D(cm), 스트로크를 S(cm)라 하면

$$V = \frac{\pi}{4} D^2 \cdot S \qquad (2 \cdot 1)$$

그러나 플런저식에서는 플런저의 스트로크 전부가 사출에 유효한 것은 아니므로 이식은 적용되지 않는다. 사출 중량에는 노즐에서 사출되는 수지의 최대중량과 성형 가능한 최대중량의 두 가지가 있는데, 후자가 실용적인 수치라고 생각되지만 수지종류, 금형, 성형조건, 측정방법 등의 기준이 없다. 또한 사출량은 사용하는 수지에 따라서 달라지므로 어느 것을 표시기준을 할 것인가를 정할 필요가 있다. 과거에는 셀룰로스 아세테이트 수지가 기준이었으나, 현재는 일반용 폴리스티렌 수지로 한다.

이 외에도 기계의 가열, 사출특성 등이 영향을 미치므로, 정확한 값은 측정으로 구해야만 한다. 사출량의 단위로는 미터법의 그램(g), 인치계의 온스(oz)가 사용되고 있다. 사출용적과 사출량의 관계는 사출량 W(g), 사출용적 V(cm³)라 하면,

$$W = V \cdot \rho \cdot \eta \qquad (2 \cdot 2)$$

윗 식에서 ρ는 용융수지의 밀도로서 charge할 때의 온도와 압력에 따라 다르다. 예를 들면 상온(常溫), 상압(常壓)에서 밀도 1.055인 GP폴리스티렌은 200℃, 140kgf/cm²에서는 0.99가되고, 같은 상태에서 0.93인 폴리에틸렌의 밀도가 180℃, 5kgf/cm²에서는 0.76로 감소한다.

그러나 각 수지에 대하여 여러 가지 온도와 압력에 있어서의 밀도가 명확하게 된 것은 아니므로 측정해서 구해야만 한다. η는 사출효율로서 스크루 또는 플런저의 스트로크가 수지의 사출에 유효하게 작용하는 비율을 말하며, 가열실린더와의 틈에서 사출시 수지가 누설해서 역류하면 효율은 저하한다. 역류방지 밸브가 있는 스크루라도 밸브가 닫힐 때까지는 누설하므로 100%라고 할 수 없다.

2) 가소화능력(plasticization capacity : kg/hr)과 회복률(recovery rate : cm²/sec)

(1) 가소화 능력(可塑化 能力)

가소화는 수지를 고체에서 유체상태로 변화시키는 것으로서, 가소화 능력은 가열실린더가 매시간마다 어느 정도의 성형재료를 가소화할 수 있는지를 나타낸다. 일반적으로 성형사이클과 관계없이 능력을 최대로 발휘하였을 때의 수치로 표시한다. 가소화 능력은 스크루식에서는 스크루의 직경과 길이, 플런저식에서는 플런저의 직경과 사출램의 스트로크에 의해 결정되기 때문에 사출용량과 성형사이클에 적합한 가소화 장치를 선정할 수 있다. 스크루의 길이 L과 스크루의 직경d의 비가 충분히 크고 스트로크가 작으면 문제가 없으나, L/d가 작거나 사출량이 클 경우에는 스크루의 후퇴에 따른 가소화 능력이 저하하며 수지의 용융온도 또는 혼련상태에 차질이 발생하는 경우가 있다. 그러나 프리플러식은 스크루의 전 길이가 유효하게 사용되기 때문에 균일한 가소화가 이루어진다.

사출량과 마찬가지로 이 값은 플라스틱 수지에 따라 다르고, 열가소성수지에서는 GP 폴리스티렌, 열경화성수지는 페놀 수지의 경우를 나타내지만, 사용하는 수지, 제품형상, 금형구조, 성형조건 등에 따라 다르다.

(2) 회복률(回復率)

회복률이란 가소화 능력을 최적 조건에서 최대값으로 표시하는 것은 적합하지 않아 여러가지 조건별로 구한 그래프로 표시해야 한다는 전제하에 인라인 스크루식(in-line screw type)을 대상으로 하여 미국에서 제정되었다. 이것은 규정된 수지를 일정한 온도로 유지하면서 같은 시간 간격으로 가소화와 공사출(空射出)을 반복하여 사출량과 스크루회전 시간의 비로 가소화 성능을 구하고, 이것을 사출량이나 배압, 스크루 회전수 등과 관계지어서 표현하려고 하는 것이다. 이와같은 그래프가 있으면 여러가지 조건에서 가소화 성능이 구해지며, 실제로 견적, 생산계획, 작업개선 등에 크게 도움이 된다.

3) 사출압력(injection pressure : kgf/cm²)과 사출력(total injection pressure : ton)

사출플런저 또는 스크루의 끝면에서 수지에 작용하는 단위 면적당의 힘과 전체 힘의 최대값을 말한다. 이것은 힘의 발생원에 해당하는 유압 실린더의 용량으로 정해지는데, 실린더의 지름 D_0(cm), 유압 P_0(kgf/cm²), 플런저 또는 스크루 지름 D(cm)라고 하면 사출압력 P(kgf/cm²)와 사출력 $\boldsymbol{P}$(ton)는

$$\boldsymbol{P} = \frac{\pi}{4} D_0^2 \cdot P_0 \cdot 10^{-3} \tag{2 · 3}$$

$$P = 10^3 \cdot \frac{\boldsymbol{P}}{\frac{\pi}{4} D^2} = P_0 \cdot \frac{D_0^2}{D^2} \tag{2 · 4}$$

플런저식의 사출압력은 1400kgf/cm²정도가 보통이며, 이 압력으로 재료 펠릿(pellet)을 눌러도 가열실린더내에서의 손실이 많으므로 용융수지에 유효하게 작용하는 것은 30-50%정도로 감소한다.

인라인 스크루식의 성형기에 있어서는 플런저식과 같이 가열실린더내에서의 압력 손실이 거의 없으므로 사출압력도 적다. 일반적으로 1000kgf/cm²정도의 사출압력으로 성형하나 기계가 높은 압력을 낼 수 있으면 성형성이 나쁜 재료도 처리할 수 있고, 낮은 성형온도, 높은 사출속도, 러너리스 성형 등에 의해 사이클을 빨리할 가능성도 증가하므로, 플런저식과 같은 정도의 압력이 요구되는 경우도 있다.

4) 사출률(injection rate : cm³/sec)

노즐에서 사출되는 수지의 속도를 나타내며, 단위시간에 사출하는 최대용적으로 표시한다. 사출률은 스크루의 전진 속도를 일정하게 하면 스크루의 직경이 클수록 커진다. 사출플런저 또는 스크루의 직경을 D(cm²), 사출속도 v(cm/sec), 사출시간 t(sec), 유압 실린더의 직경 D_0(cm), 작동유의 유량 Q_0(cm³/sec)라 하면 사출률 Q(cm³/sec)는

$$Q = \frac{\pi}{4} D^2 \cdot v \quad \text{또는} \quad Q = \frac{V}{t} \tag{2 · 5}$$

식 (3 · 1)에서 사출용적은

$$V = \frac{\pi}{4} D^2 \cdot S$$

그리고 사출시간은 $t = \dfrac{S}{v}$ 이므로

$$v = \frac{Q_0}{\frac{\pi}{4}D_0^2}$$

윗식에서 사출률 Q는 다음 식과 같다.

$$Q = Q_0 \cdot \frac{D^2}{D_0^2} \qquad (2 \cdot 6)$$

이것은 플런저 또는 스크루 선단부에 있어서의 수지의 속도로서, 노즐에서 사출될 때의 것은 아니다. 플런저식 기계에서는 재료 펠릿에 가해진 압력이 반용융 및 용융수지에 작용되어 사출이 되므로 플런저 선단부와 노즐에서 수지의 속도는 다르다. 그러나 프리플러식은 용융이 끝난 수지를 밀어내므로 그 차이는 극히 작다. 사출성형에서는 금형의 충전을 가급적 단시간에 끝내는 것이 바람직하므로 사출률은 클수록 좋다. 특히 나일론이나 폴리스티렌과 같이 응고하기 쉬운 수지나, 얇고 깊은 성형품은 성형시에 사출된 수지가 금형 내에서 냉각하여 급속히 유동성을 잃고 충전부족(short shot)이 되는 수가 있다. 이러한 때에 사출률이 크면 수지 냉각이 진행되기 전에 충전을 완료할 수가 있어서 성형품이 균질이고 뒤틀림이나 변형이 적어진다.

한편, 경질 PVC와 같이 열안정성이 적은 수지의 경우는 높은 사출률로 사출하면 수지의 유동저항에 의하여 과열하고 블랙 스트리크(black streak) 등의 불량 현상을 일으키는 경우도 있으므로 어느 정도 속도를 낮추어야 한다.

5) 플런저 또는 스크루의 직경과 스트로크(plunger or screw diameter and stroke)

사출플런저 또는 스크루의 직경과 왕복운동 길이는 여러 성능과 상관 관계가 있다. 즉, 지름이 클수록 사출용량, 사출률이 크고, 사출 압력은 작아지며, 가소화 능력은 증가하는 경향이 있다. 스트로크가 길면 사출용량이 증가하나, 플런저식은 수지의 공급이 감쇄되어 비례적으로 증대하지는 않는다.

6) 스크루 회전수(screw speed : r.p.m)와 스크루 구동출력(screw motor power : KW)

어느 것이나 가소화 성능을 좌우하는 중요한 요소이며, 회전수는 변속 가능한 범위로, 출력은 최대 출력으로 표시한다. 회전수는 변속 범위가 넓고, 변속 단계가 많은 편이 좋으나 변속방법이 쉬운 것도 필요하다. 스크루의 구동은 그것에 맞는 충분한 구동출력이 요구되며, 구동하는 힘(torque)이 부족하면 회전수 부족으로 가소화 능력은 저하된다. 스크루의 구동에는 전동기와 유압모터의 2가지 방법이 있는데, 전동기는 출력일정, 유압

모터는 토크일정 등의 출력 특성이 다르며, 전동기는 KW, 유압모터는 kgf · m의 단위로 표시한다. 출력과 토크 관계를 나타내면 다음과 같다.

$$\text{출력}(\text{kW}) = \text{토크}(\text{kgf} \cdot \text{m}) \times \text{회전수}(\text{rpm}) \times \frac{1}{974} \qquad (2 \cdot 7)$$

7) 히터 용량(heater capacity : KW)

가열실린더와 노즐에 감기는 히터의 전용량을 표시한다. 실린더 부분의 가열은 시동시 소정의 온도까지 상승시키는 것과 성형중에 재료를 용융, 보온하는 것의 2가지 목적이 있는데 이에 맞도록 히터용량이 정해진다. 플런저식은 실린더의 전열(傳熱)에 의해 재료를 용융하므로 히터용량은 가소화 능력에 큰 영향을 미친다. 스크루식에서는 스크루의 회전에 의한 전단작용이 가소화에 큰 역할을 하며, 히터는 2차적이며 시동시의 승온을 위한 용량으로 충분하다. 일반적으로 성형온도까지 도달하는데 소형 성형기에서 30분, 대형 성형기에서는 1 시간 이내가 좋다.

8) 호퍼 용량(hopper capacity : kg)

호퍼는 가열실린더에 공급하는 수지를 저장해 두기 위한 것으로서, 성형 재료가 호퍼에 저장될 때의 최대 저장량으로 나타내며, 용적(l)과 중량(kg)의 2가지 단위가 사용된다. 호퍼의 용량은 성형기의 가소화 능력을 고려하여야 하며, 호퍼 용량이 너무 작으면 수지의 공급 회수가 많아지고, 너무 크면 수지가 흡습을 일으키거나 저장량의 변동으로 공급 상태에 변화를 일으킬 우려가 있다. 부피 비중은 성형재료의 입도(粒度)에 따라 다르나 보통 수지는 0.5~0.6로 한다.

$$\text{중량}(\text{kg}) = \text{용적}(l) \times \text{부피비중} \qquad (2 \cdot 8)$$

9) 형체력(mold clamping force : ton)과 성형 면적(projected molding area : cm²)

금형을 체결하는 힘의 최대값과 성형 가능한 최대의 투영 면적을 말한다. 수지가 사출되어 충전되면 캐비티내의 수지압력은 금형을 열려고 하는 작용을 하지만 형체력이 그보다 크면 금형이 열리지 않는다. 금형 캐비티내의 단위 면적당 평균압력을 $\overline{P}$(kgf/cm²)로 하고, 캐비티의 투영면적을 A(cm²), 형체력을 $\boldsymbol{F}$(ton)라 하면(그림 2 · 13)

$$\boldsymbol{F} \geq \overline{P} \cdot A \cdot 10^{-3} \qquad (2 \cdot 9)$$

위의 식과 같이 되면 금형은 열리지 않는다. 따라서 형체력이 크면 클수록 투영 면적이 큰 제품의 성형이 가능해진다

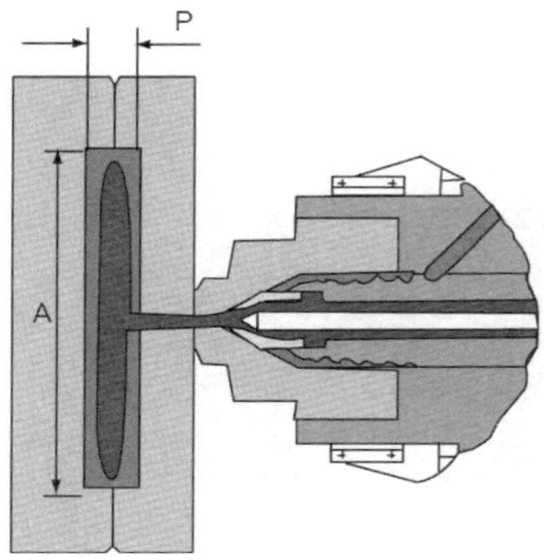

그림 2 · 13 형체력과 성형면적

또한 최대 투영면적 Amax는 식 (2 · 9)를 등식으로 하여 형체력 F가 정해져 있으므로 금형내의 평균압력 $\overline{P}$만 알면 대입해서 구할 수 있다. 여기에서 수지에 가해진 사출압력이 금형을 충전할 때 까지 가열실린더, 노즐, 스프루, 러너, 게이트 등에서 어느 정도 감쇄되는지와 캐비티내의 압력분포가 어떻게 되는지를 알면 $\overline{P}$의 값은 계산될 수 있으나, 실제로는 압력의 손실정도나 캐비티내의 압력 분포는 수지의 종류, 실린더 구조 및 치수, 캐비티의 형상, 성형조건 등에 의하여 변하므로 각각의 경우에 대하여 계산으로 구하거나 측정하기가 쉽지 않다.

개략적인 기준으로서 플런저식 성형기로 폴리스티렌을 사용하여 비교적 간단한 형상의 것을 성형할 경우에 사출 압력이 플런저, 캐비티 간의 압력 손실에 의해 경험적으로 30~50%정도 감소하므로 $\overline{P}$=350~475kgf/cm²정도로 한다. 인라인 스크루식의 경우에는 가열실린더내의 압력 손실이 적고, 수지의 용융도 균일하여 충분히 이루어지므로, 유동성이 좋아 낮은 사출압력으로 성형이 가능하다. 따라서 금형내의 평균압력 $\overline{P}$도 250~300kgf/cm²정도로 취하면 된다.

10) 형 개방력(mold opening force ; ton)

성형이 끝나고 제품을 꺼낼 때 금형을 열기 위하여 가할 수 있는 최대의 힘을 말한다. 실제로 형을 여는데 필요한 힘은 수지의 성질, 금형 표면의 다듬질 정도, 성형품의 고화상태, 제품형상 등에 따라 다르지만 성형기의 개방력이 이보다 커야 금형을 열 수 있다. 금형을 여는 순간 캐비티내에 생기는 틈새에 일시적으로 부압(負壓)이 걸려 형 열기를

방해한다. 직압식 형체장치에서의 개방력은 형체력과 마찬가지로 유압의 크기에 램의 유효면적을 곱한 값으로서 스트로크에 관계없이 일정하며, 형체력의 1/10~1/15 정도가 보통이다. 토글식에서의 개방력은 형체력과 마찬가지로 스트로크에 따라 변화하며, 금형이 열리기 시작할 때는 크지만 형 열기가 진행됨에 따라 속도는 증가하는 반면 개방력은 감소한다.

11) 다이 플레이트 치수 (die plate size : mm×mm)와 타이 바 간격(space between tie-bars : mm×mm)

그림 3-13과 같이 다이 플레이트의 바깥치수와 타이바의 안쪽 치수를 각각 수평 및 수직의 치수로 나타낸다. 다이 플레이트의 치수는 $H_1 \times V_1$, 타이바의 치수는 $H_2 \times V_2$로 나타내며, 이것은 금형을 부착할 수 있는 크기를 나타낸다. 금형의 설치 공간은 금형치수, 형체력, 투영면적 등과 관련해서 성형품의 크기를 제한한다. 실제로 형체력은 충분하여도 금형에 부착되지 않는다든가 또는 그 반대로 되는 경우도 있다. 사출성형기는 큰 치수를 갖는 것이 좋지만 코스트가 높아지는 문제가 있다.

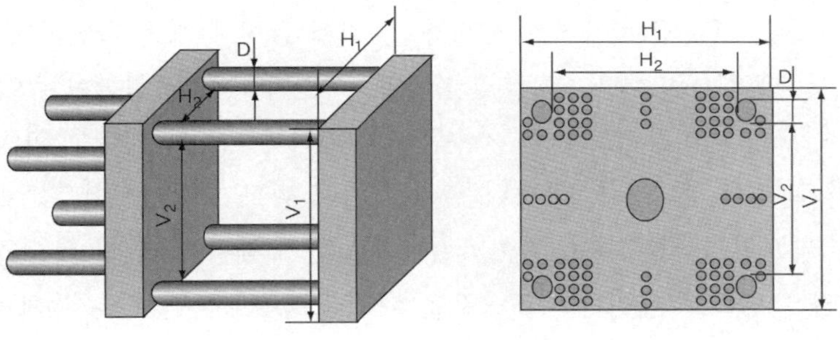

그림 2·14 금형 부착판

12) 형체 스트로크(mold clamping stroke : mm)

금형을 개폐하기 위한 최대 이동 거리로서 성형품의 최대 깊이를 결정한다. 따라서 형체 스트로크가 큰 것일수록 깊은 제품을 성형할 수 있다. 일반적으로 성형품의 최대 깊이는 스트로크 길이의 1/2 이하로 하는데, 이것은 스트로크가 제품 깊이의 2배 이상이면 제품을 용이하게 꺼낼 수 있기 때문이다. 이 관계는 스프루, 러너의 형상 및 치수, 금형구조, 제품의 이젝팅 방법 등에 따라 다르고 슬라이드 코어를 사용한 특수 금형에서는 기계의 스트로크와 같은 정도의 깊이까지 성형할 수 있다.

13) 최대 다이 플레이트 틈새(daylight opening : mm)와 최대 · 최소 금형두께 (max./min. mold thickness : mm)

성형기에 부착 가능한 금형의 두께를 직접 또는 간접적으로 표시하는 수치로서 형체 방식에 따라 표현을 달리한다.

(1) 최대 다이 플레이트 틈새와 최소 금형두께

직압식 경우에 사용되며, 최소 금형두께는 최소 다이 플레이트 틈새이고 부착 가능한 가장 얇은 금형을 말한다. 다이 플레이트는 고정측과 이동측이 있다. 이동 플레이트의 뒤편에는 이젝터 기구가 장착되어 있다. 데이라이트오픈이란 이동측 다이 플레이트를 최대로 후퇴시켰을 때, 이동측과 가동측 다이 플레이트의 거리를 일컫는다. 최대 · 최소 다이 플레이트 틈새란 형체램의 전진 한도와 후퇴 한도 내에서의 이조정확대하기 위하여 형체 램과 이동 다이 플레이트 사이에 스페이서(spacer)를 끼운다. 이 때 최대 다이 플레이트 틈새는 스페이서를 제거하였을 때이고, 최소 다이플레이트 틈새는 스페이서를 부착하였을 때의 값이다.

사출금형 설계를 할 때 사출기를 선정하고, 최소 금형 두께를 확인하게 되는데, 데이라이트 오픈은 확인을 잘 하지 않는다. 하지만, 사출기 톤수에 비하여 깊이가 깊은 성형품일 경우, 반드시 데이라이트 오픈 치수를 확인해야 한다. 이 치수를 확인하지 않으면, 이젝팅 거리 확보가 안되거나, 금형이 열리는 거리 확보가 불가능할 경우도 있다. 일반적으로 금형의 오픈 거리는 제품 깊이의 2배수로 잡기 때문에, 깊이가 깊은 형상의 제품을 성형할 경우 반드시 데이라이트 오픈을 확인한 후, 부족할 경우 형체력보다 기계를 큰 것으로 선택해야 한다.

(2) 최대 · 최소 금형두께

토글식에서 최대 형체력은 토글 링크가 뻗은 위치, 즉 형체 스트로크의 전진한에서만 발생하므로 직압식과 같이 스트로크의 임의점에서 조여도 된다는 것은 아니고 금형두께가 바뀌면 형체가 완전히 전진한 상태에서 금형이 닫히도록 조정한다. 그러므로 형체 완료시의 다이 플레이트 틈새가 최소일 때 최소 금형 두께, 최대일 때 최대 금형두께이다. 이것이 금형두께 조정 장치의 조정 범위내에 들어가는 금형이면 부착 가능하다.

14) 형 개폐속도(mold opening and closing speed : m/min)

형체램의 전진 후퇴속도의 최대값를 표시하며, 직압식 또는 유사한 형체기구에 사용한다. 형개폐 공정의 처음과 끝은 금형이나 제품의 보호를 위해 저속으로, 중간은 가급적 급속운동시키도록 조절한다. 일반적으로 중소형은 50m/min, 대형은 30m/min 이상을 고속이라 한다. 토글식에서는 금형의 개폐 스트로크 중에 항상 속도가 변하므로 이러한 표시는 어렵다.

15) 이젝팅 힘(ejecting force : ton)과 이젝팅 스트로크(ejecting stroke : mm)

성형품 밀어내기에 이용되는 힘과 밀어낼 수 있는 길이의 최대값를 말하며 스트로크는 형체 스트로크에 따라 정해진다. 이젝팅 힘은 직압식일 때는 형 개방력과 같고, 스트로크중의 속도도 일정하나, 토글식은 힘의 속도와 동작 위치에 따라서 변한다.

16) 노즐 밀착력(nozzle sealing force : ton)

사출되는 수지가 새지 않도록 성형기의 노즐을 금형의 스프루 부시에 꼭 눌러서 밀착시키는 힘의 최대값을 말한다. 노즐의 선단과 스프루 부시의 접촉이 나쁠 때 그 사이로 샌 수지는 노즐을 후퇴시키는 작용을 하고, 또 금형의 캐비티에 충전된 수지도 높은 압력을 발생시켜, 같은 작용을 한다. 노즐 터치력은 이들에게 견딜 만큼의 충분한 크기로 한다. 특히 well type 노즐은 사용시 수지압력이 작용하는 면적이 커지므로 보통의 스프루 부시 보다 큰 노즐 터치력이 요구된다.

한편 금형의 스프루 부시와 사출성형기 노즐과의 접촉부로부터 수지가 새는 것을 방지하기 위하여 구면(球面) 접촉하도록 되어 있으며, 스푸루 부시 구면의 R치수가 성형기 노즐 선단 구면의 R치수보다 크게 되어야 한다.

17) 드라이 사이클 타임(dry-cycle time : sec)

성형재료를 공급하지 않고 성형기를 공운전할 때 1 사이클의 운전 · 동작시간의 최소값을 말한다. 사출성형의 생산성은 수지의 용융, 제품의 냉각 및 고화, 기계의 동작 등의 속도에 의해 정해진다. 이러한 모든 속도 성능을 나타내는 것이 드라이 사이클 타임이다. 여기에는 이론 드라이 사이클 타임과 실제 드라이 사이클 타임이 있다.

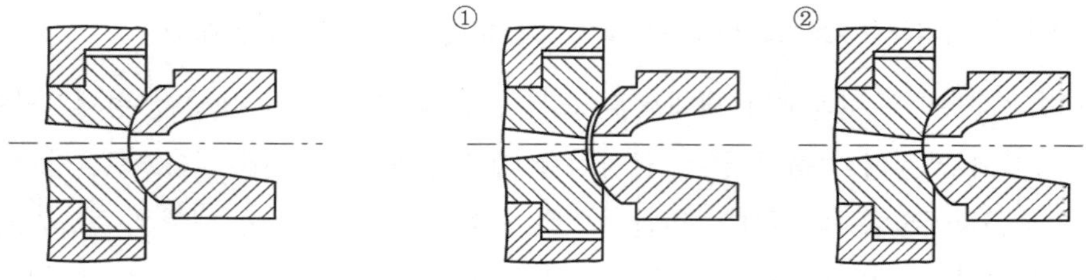

(a) 양호 (b) 불량

그림 2 · 15 노즐터치의 양부

이론 드라이 사이클 타임은 계산으로 구한 1 사이클의 공운전시간이며, 실제 드라이 사이클타임은 성형기를 실제로 무부하 최고 속도로 공운전할 때 1 사이클에 요하는 시간을 말한다. 실제시간과 이론시간이 다른 것은 각 동작의 연결시 생기는 릴레이나 밸브의 절환 시간의 지연, 공정 말단에서 쇼크를 줄이기 위한 감속 등 실제 운전상 필요한 추가 시간이 포함된다. 토글식에서는 금형의 개폐속도를 표시할 수 없으므로 드라이 사이클로 표시하지만 직압식은 속도만을 표시하는 경우가 많은데, 이는 이론 드라이 사이클타임의 계산으로 용이하게 구할 수 있다.

2.2 사출성형기의 운전

2.2.1. 사출성형 공정

사출성형기는 큰 형체력이 작용하고 수지를 고온으로 용융시켜 사출시키기 때문에 매일 매일 안전장치를 점검하고 기계를 올바르게 조작함으로서 안전사고를 미연에 방지하여야 한다. 따라서 성형기의 구조, 기능 및 안전사항에 대하여 충분히 교육을 받은 후에 운전에 임해야 한다. 사출성형의 가공공정, 즉 성형재료로부터 완성 제품에 이르는 성형 순서를 도시하면 다음과 같다.

성형재료 → 준비 → 칭량 → 공급 → 가소화 → 사출 → 부형 → 고화 →

꺼내기 → 후처리 → 제품

그림 2·16 사출성형 공정도

1) 준비(preparing)

성형재료는 그대로 성형기에 공급될 경우도 있으나 재료에 따라서는 수분을 없애기 위해 건조하거나 균일한 가열을 위해 예열을 하는 경우가 있다. 또한 재료에 충전제 또는 첨가제를 넣을 경우 이 공정에서 잘 혼합하여야 한다. 금형과 사출성형기의 설치면을 깨끗이 닦고 금형을 설치한다. 냉각수 온도를 확인하고 순환펌프를 작동한다. 성형조건을 입력하고 가열실린더의 온도를 확인한다. 다음에는 수동운전과 반자동운전으로 성형 사이클을 점검한다.

2) 칭량과 공급(measuring and feeding)

일정한 성형 가공속도에 대하여 매 쇼트마다 일정량의 성형재료를 공급하기 위해 자동적으로 칭량하여 기계로 보내게 되며, 이 칭량과 공급 두 공정을 조합해서 하는 경우가 많다.

3) 가소화(plasticizing)

고체의 분상(粉狀) 또는 입상(粒狀)의 성형 재료를 소요의 형으로 부형하는데 좋은 유동 상태로 하는 공정이다. 성형재료를 가열해서 어느 온도 이상으로 되면 유동성을 나타내는데, 일정한 성형속도에 부합하고 또 가열상태에서도 변질하지 않고 균일하게 유동화시키려고 하면 간단한 가열만으로는 충분하지 않다. 따라서 스크루 등이 사용된다.

4) 사출과 부형(injection and forming)

가소화되어서 유동상태로 된 플라스틱을 노즐에서 정해진 형상의 캐비티내에 고압으로 충전하는 공정이다. 가급적 빨리 그리고 균일한 상태로 금형 내에 충만시키기 위해서는 상당히 높은 압력을 필요로 하고 또 금형의 유로라든가, 공기배출 등이 알맞게 설계되어져야 한다.

5) 고화(solidifying)

금형내에 충만한 수지를 가급적 빨리 연속적으로 균일하게 고화시키기 위해서는 열가소성 플라스틱에 대해서는 냉각방법을, 열경화성 플라스틱에 대해서는 가열방법을 신중히 고려할 필요가 있다. 그리고 재료에 따라서는 금형온도가 낮으면 성형품 표면이 여러 가지 불량 상태로 되고, 너무 높으면 수축이 증가하거나, 고화 시간이 길어져서 생산성이 저하되므로 적당한 금형온도를 설정하는 것이 중요하다.

6) 꺼내기와 후 처리(take up and after treatment)

금형내에 고화된 성형품을 자동적으로 금형에서 꺼내기 위하여 이젝터핀이 사용된다. 그리고 금형에서 꺼낸 성형품의 불필요한 부분, 즉 게이트, 러너, 스프루 및 거스러미 등을 제거하는 공정이 필요하며, 성형재료에 따라서는 성형한 채로 잔류하는 내부응력 등을 제거하기 위하여 어닐링(annealing)공정을 추가하기도 한다.

2.2.2. 사출성형기의 동작

사출성형기의 동작은 금형이 닫히는 것부터 시작하여 성형품을 빼낼 때 까지를 1사이클이라 하여 계속적으로 반복된다. 운전 방법에는 수동운전, 반자동운전, 전자동운전 등이 있다. 30분 이상 일시적인 운전 정지시에는 노즐을 금형에서 분리시키고 가열실린더 온도를 조금 낮춘다. 운전 완료시에는 가열실린더내에 수지가 용융된 상태로 장시간 방치되지 않아야 하며, 토글식에서는 형체결 상태에서 장시간 방치하지 말아야 한다. 또한 호퍼로부터 수지 공급을 막고 스크루를 이송시킨 뒤 5~회 반복하여 사출한다. 1 사이클을 이루는 각 동작은 사출성형기의 종류에 따라 다소 차이는 있지만 기본동작은 거의 같으며, 여기에서는 일반적으로 많이 사용되고 있는 인라인 스크루식 사출성형기의 각 동작에 대해서 설명한다. 성형사이클의 표준 동작을 시퀀스(sequence)선도로 표시하면 다음과 같다.

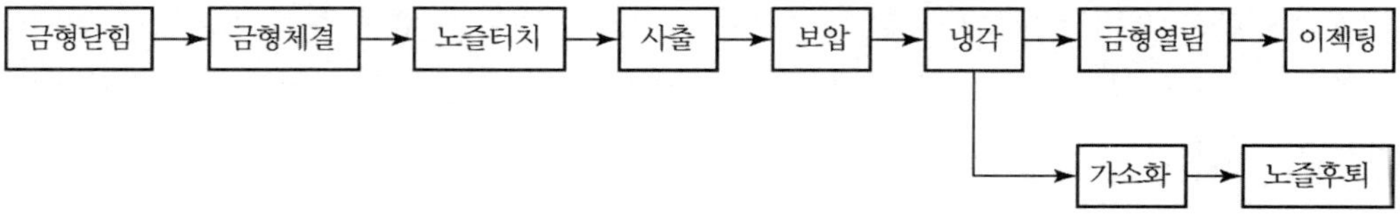

그림 2·17 성형기의 동작 시퀀스

1) 금형 닫힘(mold closing)과 금형 체결 (mold clamping)

금형의 닫힘은 저속 발진-고속 전진-저속 형체, 금형의 체결은 저속 형개-고속 후퇴-저속 이젝팅의 동작 순서로 진행된다. 이들 일련의 동작은 주로 리밋 스위치와 도그의 조정에 의해 제어되며 적정 위치에서 자동적으로 변환된다.

실제로는 직압식과 토글식의 형체는 제어 방법이 다르다. 직압식은 작동 유량이나 동작 실린더의 변환에 의해 변속하나, 토글식은 토글 기구의 특성에 따라 속도가 변한다.

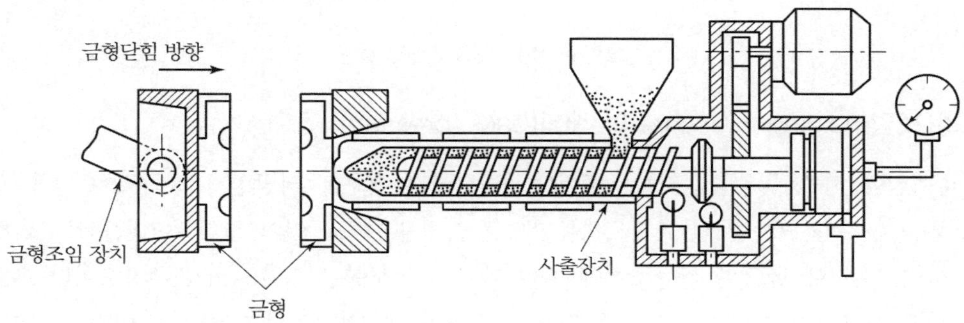

그림 2 · 18 금형닫힘

2) 노즐 터치(nozzle touch)와 사출(injection)

사출장치 전체의 동작은 매 사이클마다 금형에 접촉했다 떨어지는 노즐 터치와 보수를 위해 노즐을 완전히 후퇴시키는 경우가 있다. 그 움직임 량은 리밋 스위치와 도그(dog) 조정에 의해 제어되고, 자동 사이클 중에서는 다른 동작과 연관해서 이루어진다. 먼저 인젝션 타이머가 타임 아웃(time out)해서 사출이 완료되면 스크루가 계량을 개시함과 동시에 형체측은 쿨링 타이머(cooling timer)가 작동하며 그 사이에 금형은 폐쇄되어 제품은 금형안에서 고화한다.

쿨링 타이머가 타임 아웃하면 금형이 열리는데, 이 때 노즐(사출장치전체)을 후퇴시켜서 금형에서 떨어지게 한다. 이 동작은 스프루를 노즐로 부터 떨어지게 하는데 유효하며 스프루 브레이크(sprue break)라고 한다. 일단 분단된 노즐은 다음 사이클에서는 형체와 동시에 금형에 터치한다. 이 동작을 노즐 터치 또는 벡 시스템(beck system)이라고 한다. 노즐 터치가 끝나면 스크루가 피스톤 역할을 하여 실린더내의 용융수지를 캐비티 안으로 사출한다.

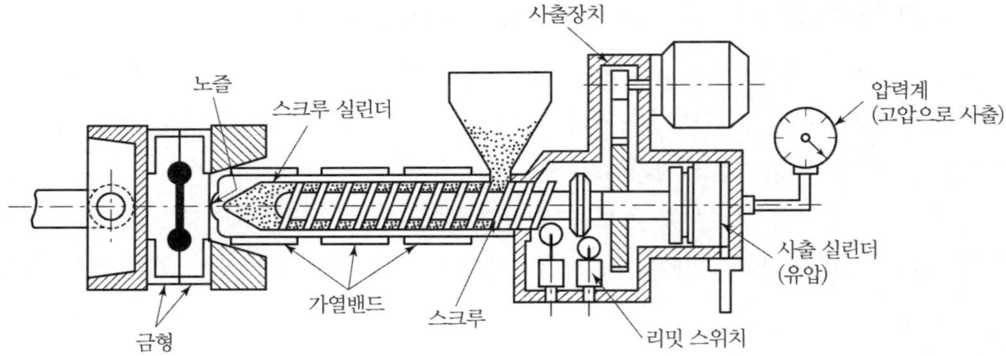

그림 2·19 노즐터치와 사출

3) 보압(holding pressure)과 배압(back pressure)

금형안에 사출된 용융수지는 고압으로 충전되기 때문에 역방향으로 압력이 작용되므로 용융 수지가 고화될 때 까지 강한 힘으로 압력을 가해주어야 한다. 이 압력을 보압이라 하며, 수지에 합당한 성형조건에 따라 다르지만 보통은 5~15kgf/cm²정도이다. 보압을 해주면 금형의 캐비티안에 사출된 용융 수지가 냉각될 때 체적 감소에 의한 부족량을 보충하여 주는 역할을 하여 주므로 수축에 의한 불량을 막아준다. 이 압력은 필요에 따라서 조정할 수 있으므로 조정압력이라고도 하며, 사출압력을 1차 압력, 보압을 2차 압력이라고도 한다. 1차(충전)에서는 최초로 사출이 개시될 때, 텅 빈 금형의 캐비티(cavity)에 비교적 빠른 속도로 수지가 유입되는 과정을 말한다. 2차(보압)에서는 어느 정도 수지가 유입되어 금형의 캐비티가 수지로써 충만해지면, 수지의 움직임이 매우 둔화되어 거의 멈춰 버리게 된다. 움직임이 둔화되는 때에 즉시 사출압력을 빼버리게 된다면 성형품은 미완성품이거나 수축이 생기는데, 이는 꼭 필요한 보압을 유지시켜 주지 않고 빼버렸기 때문이다. 성형이 100%된 상태라도 사출압력을 곧장 빼지 말고 꾸준히 유지시켜 미량의 수지가 캐비티 내부에 지속적으로 공급 및 유지가 가능하도록 사출시간을 그에 맞게 설정해 주면 양호한 성형품을 얻을 수 있다. 보압으로 옮겨지는 시간은 스크루 전진 스트로크의 끝부분에서 리밋 스위치로 제어하거나 타이머로 제어한다. 이 보압 절환점(switchover point)은 사출에서 보압단계로 변환되는 시점을 말한다. 성형품의 과충전을 방지하고, 금형 손상을 예방하기 위하여 성형품 전체 용량의 98%를 충전한 후 보압으로 절환한다. 간단한 성형품은 1단으로 설정하지만 복잡한 성형품이나 정밀 성형품은 다단 보압을 실행한다. 너무 빠른 보압 절환은 충전부족, 성형품 중량 감소, 플로마크 발생 등의 현상이 나타난다. 또한 너무 느린 보압 절환은 불필요한 압력이 상승하고, 플래시가 발생하는 등의 현상이 나타난다. 보압시간의 결정은 성형품의 무게가 더 이상 증가하지 않을 때를 보고 판단한다.

배압은 다음 사출을 위해 수지가 가소화된 상태에서 스크루가 후퇴할 때, 스크루의 후퇴운동을 억제하게 작용하는 압력이다. 크기는 수지의 종류, 가열 실린더의 온도, 스크루의 회전수 등에 따라 다르게 적용하지만, 보통 5~20kgf/cm² 범위에서 설정한다. 배압의 목적은 용융수지의 가소화와 혼련 효과를 높이고, 수지의 정밀한 계량과 수지속의 공기나 가스를 배출시키는데 있다. 이 때 호퍼에서 공급받은 수지 속의 공기량보다도 많은 양의 공기가 유입되게 되면, 성형품의 불량으로 이어지게 된다. 이를 방지하기 위해 스크루의 계량공정 진행 중에 후퇴하는 스크루에 브레이크(brake)를 걸어줌으로써, 양질의 성형품을 얻을 수 있다. 배압이 부족하여 생기는 불량현상인 은줄(silver streak)은 공기가 유입된 채로 성형되었을 경우와 수지의 건조 불량이 원인이며, 성형품에 은백색의 줄이 생긴다. 배압의 기대효과는 건조 상태가 미흡한 수지의 건조효과를 노릴 수 있고, 호퍼로부터 공급된 공기가 포함된 수지에서 공기가 다시 호퍼쪽으로 빠져나가도록 공기를 배출시키고, 분자밀도를 높여 성형품의 중량을 증대시킨다. 또한 수지의 혼합(mixing)을 잘 시켜줌으로써 성형품의 품질을 향상시킨다. 또한 성형품의 두께가 특히 두꺼운 부분에 생기는 기포(void)를 제거해준다.

4) 냉각(cooling) 및 가소화(plastification)

금형의 캐비티안에 있는 수지의 냉각이 충분하지 못한 상태에서는 성형품을 빼내기가 어렵다. 따라서 일정한 시간 동안 성형품은 캐비티 안에서 고화되는데, 이것을 큐어링(curing)이라 한다. 고화가 시작되면 형체력은 적어도 되기 때문에 금형이 닫혀진 상태에서 형체 실린더는 저압으로 된다, 이 큐어링 시간을 이용하여 사출 장치는 다음 사이클의 준비로서 수지를 용융시키기 위하여 가소화 공정에 들어간다. 이 공정은 스크루를 전동기 또는 유압 모터로 회전시켜 행한다. 스크루가 회전하면 새로운 재료는 호퍼로부터 스크루에 떨어지고, 떨어진 재료는 스크루의 골을 통해 노즐 쪽으로 보내어진다. 보내는 동안에 압축 또는 밴드 히터에 의해 가열 용융되어 노즐 부분에 저장된다.

용융된 수지가 한곳에 모이기 때문에 그 압력에 의해 스크루는 후퇴하며 수지 계량용 리밋 스위치를 누르기까지 후퇴가 계속된다. 이것을 계량 스트로크라고 하며, 사출량은 이 스트로크로 결정된다. 즉 계량용 리밋 스위치는 전후로 이동할 수 있도록 되어 있으며, 캐비티의 용적에 맞추어 조정한다.

5) 노즐 후퇴(nozzle retraction)와 금형 열림(mold opening)

가소화가 완료된 사출장치는 그대로 금형에 접촉하고 있으면 노즐이 냉각되어 노즐속의 수지가 고화될 우려가 있으므로 사출장치가 후퇴한다. 이와 병행해서 사출 성형기의 이동측 형판이 후퇴하며 금형이 열린다.

6) 이젝팅(ejecting)

금형 열림이 완료되면, 그림 2·20과 같이 이젝터 로드에 의해 성형품을 밀어낸다. 성형품의 이젝팅이 끝나면 다시 금형 닫힘이 시작되어 새로운 사이클을 시작하게 된다.

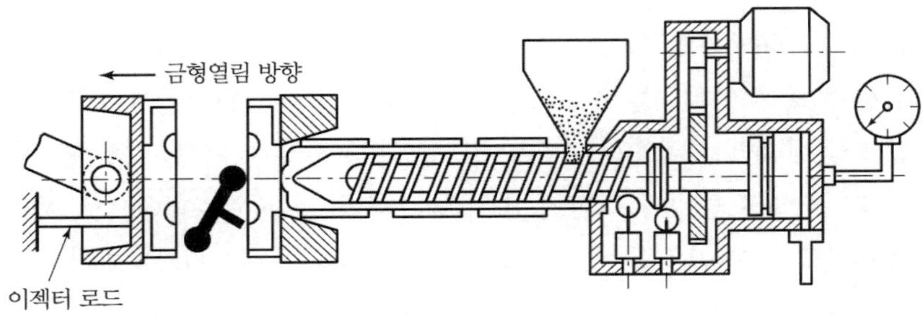

그림 2·20 금형열림 및 이젝팅

2.2.3. 사출성형기의 규격

사출성형기에 관련된 한국공업규격(KS)으로는 KS M 3000의 플라스틱 용어와 KS B 4151의 플라스틱 금형의 부품 기준이 있다.

1) 플라스틱 용어

사용되는 용어에는 원료 수지, 성형 가공기계, 금형, 성형 가공업 등의 이질(異質)업종에서 사용되는 용어가 포함된 이외에도 제2차 세계대전 후 급속히 성장하여 독자적인 관용어나 현장 용어를 사용하는 경향이 있다. 용어의 채택에 대해서는 ISO규격에 준하고 있으나, ISO규격에 없는 것이라도 현장용어로서 정착해 있는 것은 실정에 맞추어 채택되어 있다.

2) 사출성형기의 금형 관련 치수

우리나라에서의 사출성형기의 설비 댓수는 수천 대를 헤아리게 되었으나, 금형의 부착 관계 치수가 각 성형기 제작회사에 따라 다르기 때문에 금형을 제작회사가 다른 사출

성형기에 부착할려고 하였을 때 호환성이 결여되어 왔다. 이와 같은 불편을 해소하기 위하여 KS에 그 규격을 제정하여 놓았다.

(1) 적용 범위

형체력 20~800ton의 사출성형기

(2) 각부의 명칭

가로형 사출성형기와 세로형 사출성형기에 대하여 규정하고 있다.

(3) 타이바 간격 치수

금형은 사출성형기의 타이바 사이에 넣어 설치하므로 타이바 간격 치수는 금형치수에 영향을 미친다. 타이바의 간격 치수는 H2×V2로서, 표 2 · 4와 같이 정해져 있다.

표 2 · 4 타이바의 간격치수

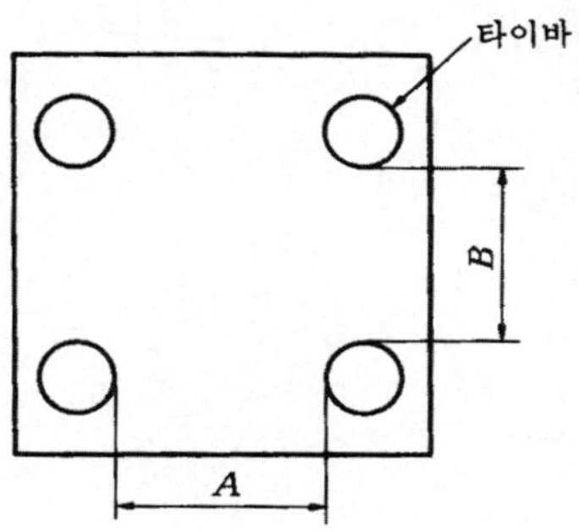

호칭	A, B의 기본치수	호칭	A, B의 기본치수
100	110	500	560
100	160	600	610
200	210	600	660
200	260	700	710
300	310	800	820
300	360	900	920
400	410	1000	1020
400	460	1000	1120
500	510	1000	1220

(4) 이젝터 로드 구멍

이젝터 로드 구멍의 배치는 그림 2 · 21과 같이 하고, 이젝터 로드의 지름은 30mm 또는 5Omm로 규정되어 있다.

(5) 노즐

금형의 스프루 부시와 사출성형기의 노즐은 서로 접촉하여 수지가 원활히 캐비티내로 사출되기 위하여 스프루 부시 선단의 구면 반경과 노즐 선단의 구면 반경이 접촉하게 된다. 수지가 새지 않기 위해서는 스프루 부시의 구면 반경을 성형기 노즐의 구면 반경 치수보다 크게 하고, 스프루 부시의 구멍 역시 노즐의 구멍보다 크게 한다. 노즐의 선단은 구상(球狀)으로 그림 2 · 22에 표시한 곡률 반지름 R은 10mm, 15mm, 20mm, 30mm로 한다. 구상부의 범위 H는 5mm 이상으로 하고, 노즐 구멍의 지름 d는 2mm, 2.5mm, 3mm, 4mm, 6mm, 8mm, 10mm로 하며 밀어내기 치수 E는 5mm 이상으로 규정되어 있다.

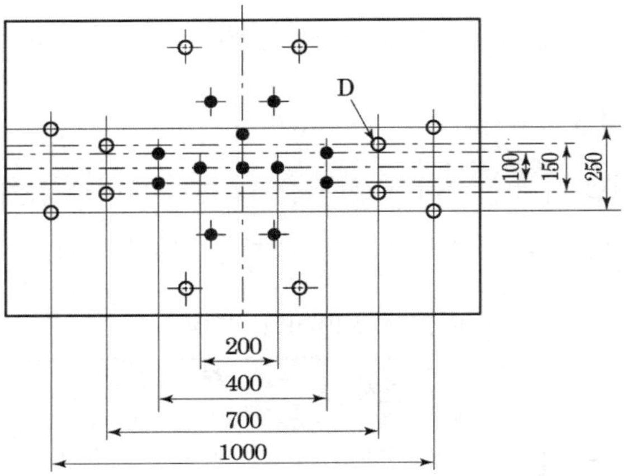

그림 2 · 21 이젝터 로드구멍의 배치(단위 : mm)

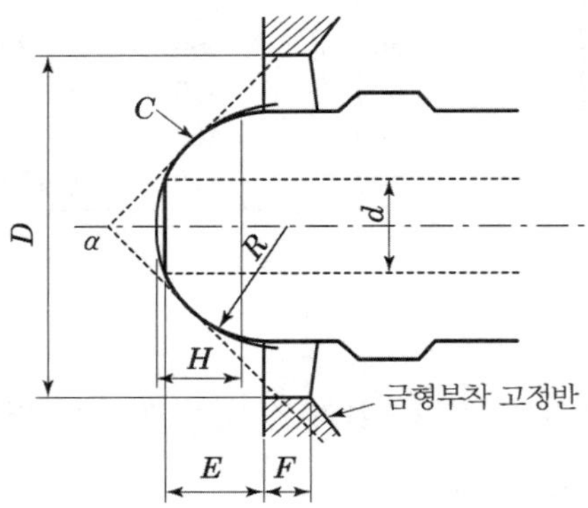

그림 2 · 22 노즐 선단부의 형상

(6) 로케이트링용 구멍

금형의 스프루 중심과 사출성형기의 노즐 중심을 일치시키기 위하여 로케이트링이 있으며, 성형기의 설치판에는 구멍이 뚫려 있다. 로케이트링의 직경은 성형기 고정판에 있는 구멍에 정확히 끼워 맞도록 하면 스프루 중심과 노즐의 중심은 자동적으로 일치한다.

그림 2 · 22에 표시된 로케이트링용 구멍의 지름 D는 60mm, 100mm, 120mm, 150mm로 하고, 로케이트 링용 구멍의 깊이 F는 15mm(D=60mm일 때는 10mm)로 정해져 있다.

(7) 금형 부착반의 부착 구멍과 볼트

금형 부착 볼트는 M12, M16, M20, M24로 하고, 부착 볼트와 형체력의 관계는 표 2 · 5와 같이 정해져 있다. 또 부착 구멍의 배치는 그림 2 · 23과 같이 하고, 다이 플레이트의 중심에서 75mm, 125mm, 175mm, 250mm, 325mm, 425mm, 525mm의 위치에 있는 교차선상의 교점에 두도륵 정해져 있다. 단, 부착 볼트 M12의 경우는 다이 플레이트 중심에서 50mm, 100mm, 150mm의 위치에 있는 교차선상의 모든 교차점에 위치하는 것이 허용되고 있다.

표 2 · 5 금형부착 볼트와 형체력의 관계(단위 : ton)

금형부착 볼트	M12	M16	M20	M24
형체력	30 미만	30 이상 300 미만	300 이상 600 미만	600 이상

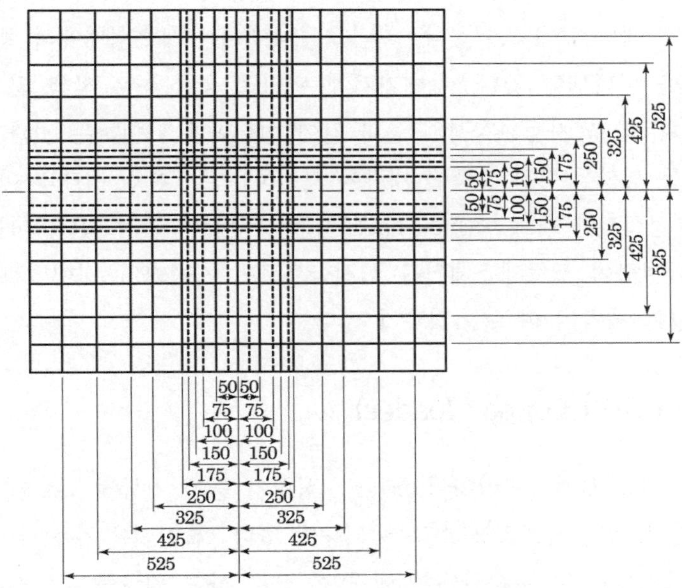

그림 2 · 23 금형부착 구멍의 배치(단위 : mm)

2.2.4. 사출성형기의 구비 요건

① 사이클마다 작동에 변동이 없을 것.
② 정확한 재현성(再現性)이 있을 것.
③ 사출압력이 높고 2차 압력의 조정이 정확하게 될 것.
④ 형체기구의 강성이 크고 휨이 적을 것.
⑤ 균일한 가소화와 사출량의 정확한 조절이 가능할 것.
⑥ 무인운전이 가능할 것.

2.3 사출성형기의 주변기기

사출성형작업에서는 자동화, 무인화를 위해서 사출성형 뿐만 아니라 전후 공정, 즉 사출성형기에의 원료 투입에서 부터 성형품의 빼내기, 뒷처리까지를 포함한 모든 공정에 걸쳐 자동화를 생각해야 한다. 자동화와 무인화는 생산성을 향상시키고 제품원가를 인하시키는 것도 당연하지만 품질과 치수정밀도의 향상 등 작업자의 숙련도에 따른 개인차를 방지하는 일에도 크게 기여한다. 그림 2 · 24에서는 사출성형에서 합리화기기를 조립한 제조공정을 나타내고 있다. 주변기기에는 원료 공급장치, 착색 및 칭량혼합장치, 제품 빼내기장치, 금형 자동교환장치 등과 같이 성력화에 기여하는 것과 온도조절장치, 금형냉각장치 등 생산성 향상과 품질 개량에 기여하는 것, 운전 상태의 이상을 감지해서 경보를 내거나 성형기에 피드 백(feed back)하는 감시장치 등이 있다. 이들 기기의 생산라인을 집중 감시하여 프로세스제어를 실시함으로써 자동화가 진행되지만 생산품목과 공장 규모로 인한 제약이 따르는 경우가 많다.

2.3.1. 호퍼 로더(hopper loader)

호퍼 로더는 원료 탱크, 드라이어(dryer), 성형기 등에 자동적으로 재료를 반송하는 장치로서, 흡인식, 압송식, 코일 스크루식 등이 있다. 흡인식은 수송관의 출구 부근에 흡입 블로어를 설치하고 수송관내를 대기압이하로 하여 원료를 흡입하는 방식으로, 장치가 간단하고 설치와 사용이 용이하며 단거리 수송에 가장 많이 사용되고 있다.

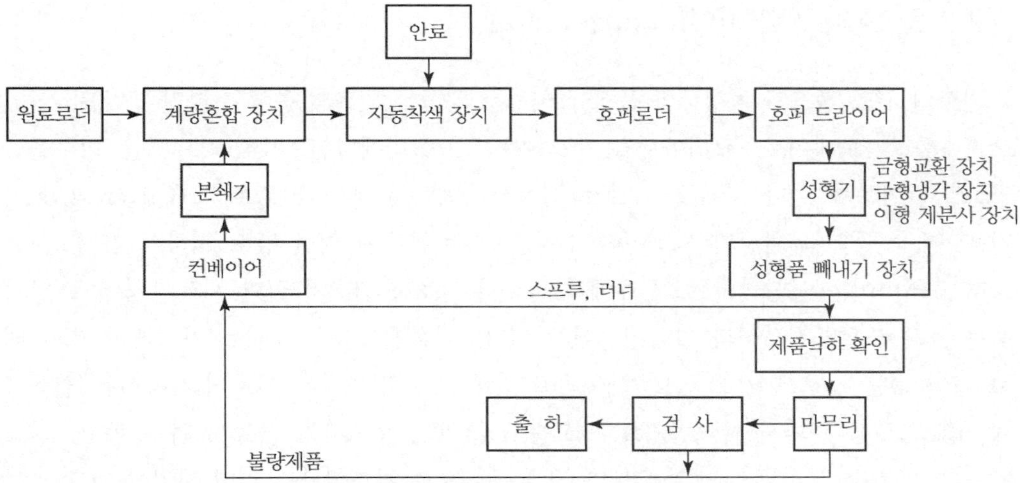

그림 2 · 24 사출 성형품의 제조공정

그러나 재료 수송 후의 재료와 에어의 분리가 필터로 행해지기 때문에 필터의 눈막힘이 문제가 된다. 이에 대한 해결책으로서 팬의 역회전이나 압축 공기의 분사 등으로 소제하며 이 때 분진(粉塵)에 의한 환경 오염도 동시에 고려하는 것이 필요하다.

압송식은 수송관 입구 부근에 공기 압축기를 설치하고 공기로 원료를 보내는 방식으로, 많은 기계에의 분배 수송이 쉽고 대용량을 장거리 수송할 수 있으며, 분체(粉體)에 의한 필터의 눈막힘이 없다. 이 방법도 분진 발생에 대한 충분한 대책이 있어야 한다. 코일 스크루식은 공기를 사용하지 않는 수송기기로서, 필터의 눈막힘이나 배풍(排風)에 의한 분진의 우려가 없으므로 열경화성수지 등의 분체 원료 수송에 사용된다. 그러나 수송거리가 어느 정도 제한된다. 그림 2 · 25는 흡인식과 압송식 로더에 의한 원료공급 시스템 예를 표시한다.

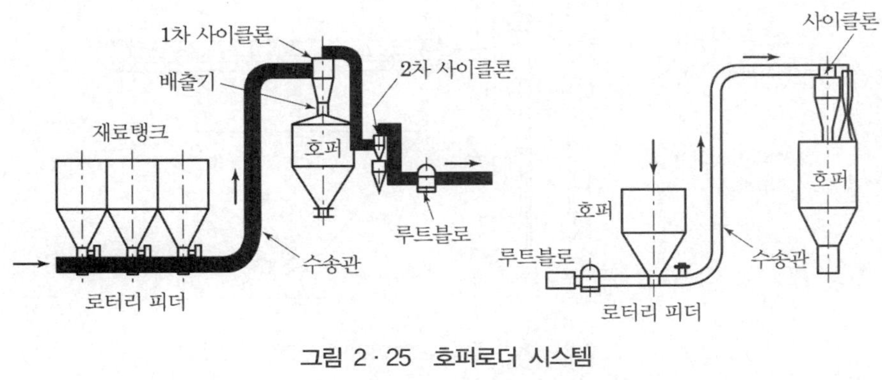

그림 2 · 25 호퍼로더 시스템

2.3.2. 호퍼 드라이어(hopper dryer)

원료의 건조 정도가 성형품의 품질에 미치는 영향은 원료의 종류에 따라 큰 차이가 있으며, 폴리카보네이트, 폴리아세탈, 폴리아미드, 폴리에틸렌프타레이트 등은 함수율을 극소로 억제해야 한다. 흡수한 재료로 성형하면 성형품에 실버 스트리크(silver strike), 기포, 태움 등의 외관상의 불량이나 수지의 가수 분해에 의한 강도 저하를 가져 온다. 호퍼 드라이어는 성형기의 호퍼 내에서 원료의 건조나 건조가 끝난 재료의 흡습을 방지하는 것으로 열풍건조식과 탈습건조식이 있다. 열풍건조식은 대기를 가열하여 호퍼 내로 불어 넣는 것으로 가장 많이 사용되고 있다. 탈습건조식은 건조에 사용하는 열풍을 제습(除濕)해서 순환시키는 방법으로 고습도 분위기 중에서의 건조 효과가 높고, 건조 조건이 안정되며, 비교적 낮은 온도와 적은 풍량으로 건조되므로 소비 전력이 적고 효율적이다.

① 열풍 배출구 ② 열풍관 ③ 열풍 분출구 ④ 재료 빼내기 구멍 ⑤ 관찰창 ⑥ 열풍관 부착 플랜지 ⑦ 호퍼 상하 죄기 볼트 ⑧ 호퍼 히터 박스 부착 플랜지 ⑨ 히터 박스 ⑩ 팬 ⑪ 에어필터 ⑫ 조작반 ⑬ 파일럿 램프(좌측부터 전원, 팬, 히터, 보조히터) ⑭ 서도 스타트(열풍 온도 제어용) ⑮ 서모스타트(과열 방지용) ⑯ 온도계 ⑰ 푸시 버튼 스위치(좌측부터 팬, 히터, 보조 히터)

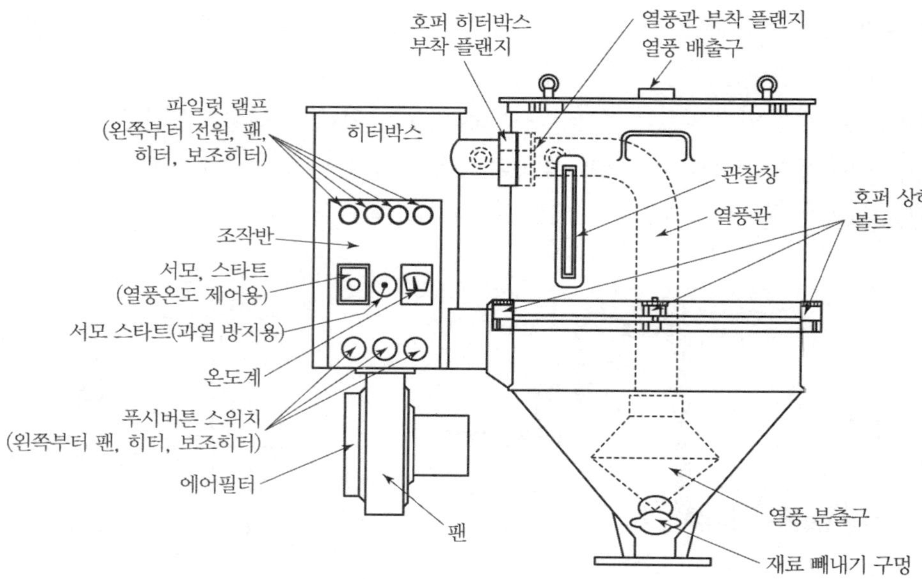

그림 2·26 호퍼 드라이어의 구조

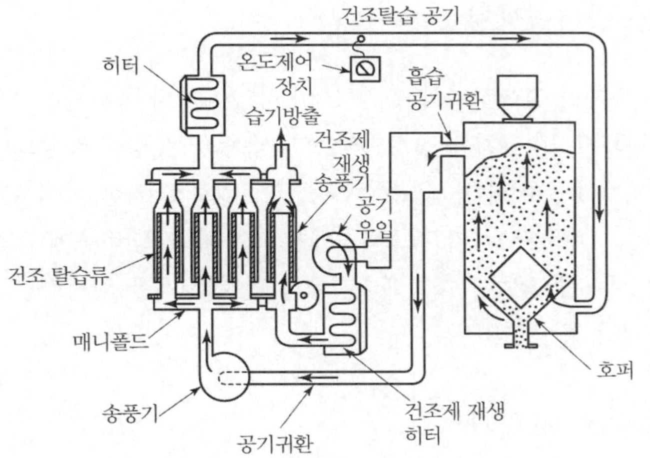

그림 2 · 27 탈습 건조기의 구조

2.3.3. 분쇄기

제품의 성형 후에 발생되는 스프루, 러너, 불량제품 등을 재사용하는데 편리한 형상으로 분쇄하기 위한 장치이다. 플라스틱의 분쇄에는 재료의 종류나 분쇄물의 용도에 따라서 각종 분쇄기가 선택된다. 일반적으로 취약성을 갖는 재료에는 충격식 분쇄기가 사용되고, 유연성을 갖는 재료는 전단식 분쇄기가 이용된다. 플라스틱의 유연성은 온도 의존성이 크고, 분쇄할 때 발열에 의한 재융착이나 변질이 일어나기 쉽기 때문에 통수나 통풍에 의해서 분쇄기를 냉각시킨다.

2.3.4. 계량 혼합장치

원재료, 안료 및 재생 재료를 임의의 비율로 혼합시켜 주는 장치로서, 종래에는 손작업에 의존하는 경우가 많았으나 자동화에 대한 관심이 높아지면서 각종 자동계량장치와 혼합장치가 개발되어 사용된다. 자동계량기기에는 단순계량형, 잔량제어계량형, 정량제어형 등이 있다. 단순계량형은 계량호퍼에 투입된 피계량물의 양을 읽는 형식이고, 잔량제어계량형은 점도가 높은 액체나 부착성이 높은 분체를 계량호퍼로부터 완전배출이 곤란한 경우에 사용하며, 정량제어형은 필요한 계량치를 설정하여 일정량을 자동적으로 계량하여 배출하는 것이다. 혼합장치는 스테인레스 강재의 원통형 또는 각형의 텀블러(tumbler)가 주로 사용되지만 자동계량장치, 자동컬러링장치 등과 하나의 시스템을 이루어서 자동화와 신뢰성 향상에 기여하고 있다.

2.3.5. 자동 컬러링장치

일반적으로 자동계량 혼합장치와 조합하여 사용한다. 자동계량 혼합장치를 성형기 밖에 설치하고, 자동 컬러링장치를 성형기의 호퍼상에 놓는 방식이 많으나 양자를 조합해서 성형기의 호퍼상에 설치할 수 있는 것도 있다. 안료로 액상 착색제를 사용하여 성형기의 호퍼에 직접 적하(滴下)시켜 가소화중에 스크루의 혼련 작용에 의해 분산 착색시키는 리퀴드 칼러 시스템 방법과 미착색수지에 분말 착색제를 일정량씩 공급하여 혼합시키는 드라이 칼러법 등이 있다.

2.3.6. 금형온도 조절기

금형온도 조절기는 성형중인 금형온도를 일정하게 유지하고, 품질을 고르게 하기 위하여 사용된다. 또한 냉각능력을 향상시켜 성형사이클을 단축하고 성형가공비의 인하를 가능하게 한다. 일반적으로 금형온도조절의 필요성을 느끼면서도 성형조건만으로 성형사이클 단축을 도모하려고 하거나 치수정밀도를 높이려고 하는 경향이 있으나, 제품의 정밀도와 생산성의 향상을 위해 금형온도조절은 필수적인 요소이다. 이 온도조절기는 열매(熱媒)탱크, 열매가열용 히터와 열매 냉각장치, 열매 순환펌프 등으로 구성된다. 사용 온도가 100℃ 이하인 것에는 물을 사용하며, 100℃를 넘는 것에는 비등점이 높은 오일계 열매가 사용된다. 온도제어는 열매의 온도를 일정하게 유지하는 것이 일반적이나 더욱 높은 정밀도로 온도를 제어하기 위해 금형의 온도를 측정하고 이를 일정하게 유지하도록 순환되는 열매의 유량을 변화시키기도 한다. 폴리스티렌이나 폴리에틸렌 사출성형에는 생산속도를 높이기 위하여 냉각기가 부착된 온도조절기에 의해 금형온도를 0~10℃로 유지시키기도 한다. 엔지니어링 플라스틱에서는 충전을 쉽게 한다든지 치수안정성 및 물성을 향상시킬 목적으로 히터 부착 온도조절기를 사용하여 금형온도를 80℃ 이상으로 조절한다.

한편, 금형냉각장치는 용융 잠열이 큰 재료의 성형이나 두꺼운 성형, 발포 성형 등 큰 냉각 능력을 필요로 할 경우에 사용된다. 시스템의 구성은 그림 2·27과 같이 수냉식의 칠러(chiller)와 칠러에의 냉각수를 식히는 쿨링 타워(cooling tower)로 이루어지고, 금형에의 냉각수는 칠러로 식혀진 저온수를 순환시키고, 그외는 쿨링 타워로 냉각한 것을 사용한다.

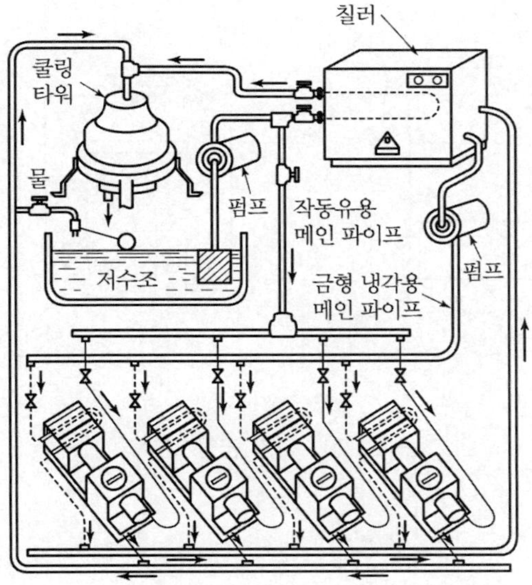

그림 2 · 28 냉각장치의 시스템 개념도

2.3.7. 금형 교환장치

사출성형작업에서 금형교환은 완전한 시간 낭비이므로, 이에 요하는 시간은 가급적 단축해서 성형기의 정지 시간을 적게 하는 것이 가동률의 향상에 직결된다. 금형 교환작업에는 성형기를 정지시키고 행하는 작업과 성형기를 가동시에 준비하는 작업이 있다. 전자에는 형떼내기, 금형과 설치판의 중심맞추기, 금형부착 등이 있고 후자에는 냉각수 체크, 금형 예열 등이 있다. 금형교환의 합리화 방법으로 여러가지가 시도되고 있으며, 이 중에는 금형 두께의 통일에 의한 형개폐 제어의 고정화, 퀵 조인트(quick Joint)에 의한 금형온도조절기 배관의 원 터치화, 위치결정 지그나 고정구의 개량에 의한 금형 부착 시간의 단축, 금형의 예비가열에 의한 온도 상승때의 성형불량 감소 등이 있다. 금형교환에 따르는 수지 바꿈이나 색바꿈도 성력화에 대한 중요한 문제이다. 왜냐 하면 성형기의 제어 기술이 향상되고, 성형품의 불량품이 낮아지는 추세이기 때문에 수지 바꿈, 색바꿈을 위해 소비되는 시간과 재료는 성형중의 가장 큰 부분을 차지하고 있다.

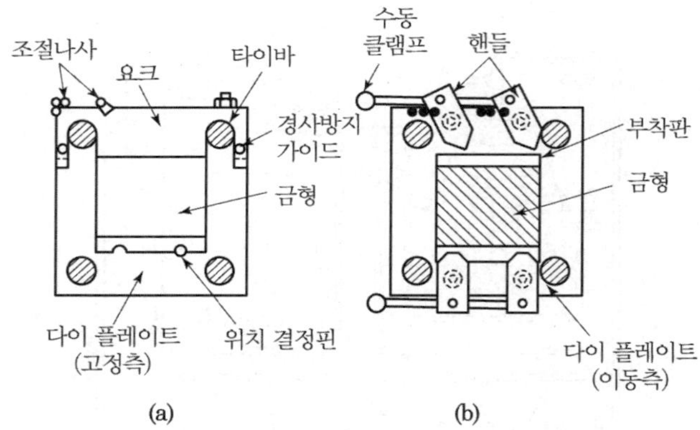

그림 2·29 신속 금형교환 장치

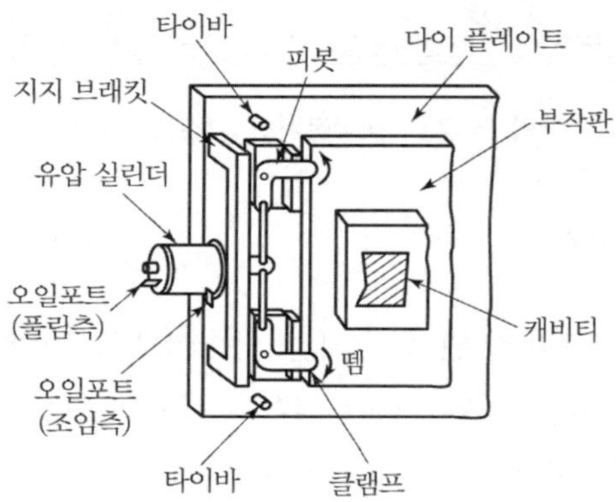

그림 2·30 금형자동 클램프 장치

2.3.8. 성형품의 빼내기장치

성형품의 빼내기에 이용되는 합리화 기기에는 성형기내의 성형품을 확실히 낙하시키기 위한 보조 수단으로서 사용되는 제품 자동낙하장치, 성형품을 성형기의 외부까지 반출시키는 제품 빼내기 장치가 있다. 근래에는 복잡한 형상의 성형품을 스프루, 러너로 각각 따로 꺼내서 가르는 장치가 개발 보급되고 있다. 또 컨베이어 시스템과 연결시켜서 제품 라인과 스프루, 러너 회수 라인을 따로 해서 회수한 스프루, 러너를 분쇄기를 거쳐 호퍼에 연동시켜 생산 효율을 높이고 있다. 성형품의 처킹(chucking)에는 기계식, 진공식, 흡입식 및 가압식 등이 있고, 각각 성형품의 형상에 따라 적합한 전용척이 사용되고 있다. 최근에는 성형품을 꺼내는 취출 로봇이 자동화에 대한 시대적 요구와 부합하면서 비약적인 발전이 이루어졌다. 취출 로봇은 성형품을 생산하는 과정에서 작업자를 대신하여 취출, 가능한 범위의 다듬질, 운반, 적재 등을 실행하며, 그 구성은 본체, 주행부, 전후진부, 하강부, chucking unit, 대기 위치부, 제어부로 이루어져 있다.

2.3.9. 자동 낙하확인장치

성형품이 금형에서 완전히 이형하여 아랫쪽의 슈터(shooter)나 컨베이어 위에 낙하한 것을 확인하는 장치로서 충격식, 중량식, 광전관식, 계수식, 정전식 등의 여러가지가 있다.

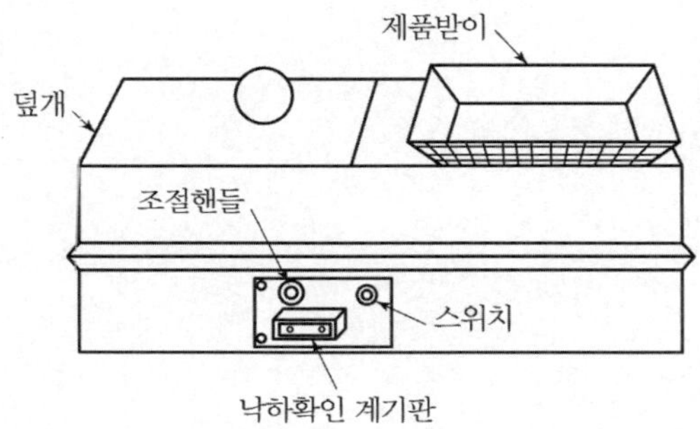

그림 2 · 31 칭량식 낙하확인 장치

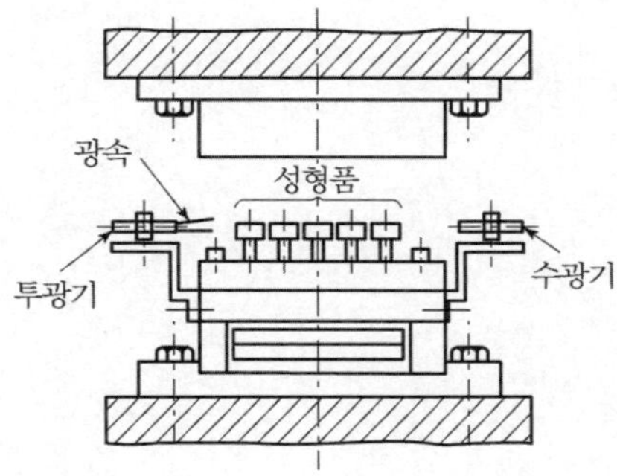

그림 2 · 32 광전관식 낙하확인 장치

충격식은 성형품의 낙하에너지를 이용하는 것으로 값이 저렴하고 부착은 간단하지만 검출 가능한 중량에 한계가 있다. 중량식은 성형품의 무게를 칭량(稱量)하여 낙하를 확인하는 것으로 정확히 계량되므로 다수개 빼기의 낙하 확인에 적합하나 검출에 시간을 요하여 성형사이클이 그만큼 길어지고 고가이다. 광전관식은 투광기와 수광기의 빔(beam)을 차단 했느냐 안했느냐로 검출하며 검출이 빨라 다수개 빼기에도 응용이 가능하고 편리한 장치이지만 값이 비싸다. 계수식은 낙하한 제품의 개수를 헤아려 전수낙하를 확인하는 것이다. 정전식은 플라스틱 특유의 대전성을 이용한 것으로, 성형품에 대전한 정전기를 감지하여 금형내의 제품 유무를 확인하기 때문에 무접촉으로 다수개 빼기 검출이 가능하다.

Chapter 3

사출 성형품의 설계

3.1 플라스틱 특성을 고려한 성형품설계

3.1.1. 제품 개발

제품을 계획하고 생산해서 시장에 내다 파는 과정을 생각해보면 여러 가지 문제점들에 봉착하게 된다. 그 중에서 중요시해야 할 것은 디자인과 기술의 접목이다. 디자인과 기술을 서로 적절하게 조화시키지 못하면 훌륭한 제품을 만든다는 것은 곤란하다. 먼저 설계자는 계획단계에서는 사전에 충분한 기술지식과 관련 데이터가 준비되어야 한다. 여기에는 수지, 성형, 금형가공 등에 관한 모든 사항이 포함된다. 이것들을 알고 있으면 그것을 기초로 하여 새로운 시도가 가능하고 다른 분야의 사람들 즉, 사용자, 금형설계자, 제작담당자 등과 의견을 나눠 보다 나은 제품의 개발이 가능하다. 성형품의 모양은 사용 목적과 제품의 기능에 적합하고 사용재료나 성형가공법에도 적합해야 한다. 여기에는 기능, 물성, 단가, 생산, 시장, 사용환경, 수량 등이 포함되며, 수많은 세부 항목까지를 망라한 품질을 평가할 수 있는 점검표가 필요하다.

새로운 제품 개발을 결정할 때 시장의 상황을 알고 경쟁회사에 대한 파악, 새제품의 무단 복제에 대한 보호도 가능한 한 빨리 적용되어야 하며 신속하게 특허를 출원하는 것이 요구된다. 제품 개발은 계획단계, 구상단계를 거치면서 아이디어는 구체화되고 제품설계는 시작된다. 제품개발의 절차는 정밀도가 높고 형상이 복잡한 제품은 더 많은 개발단계를 필요로 하며, 만일 쉽게 성형되는 제품일 경우에는 간단한 단계를 거쳐 금형설계와 제작으로 이어질 수 있을 것이다.

표 3·1 제품개발

계획단계	시장동향, 필요 또는 요구사항, 생산량
	기술협의, 자료수집

⇓

구상단계	사용목적과 기능, 색상, 형상, 대체기술
	특허출원, 경제성 분석

⇓

제품설계	살두께 결정, 제품구조설계, 사용수지 선정, 공정설정
	형상정의, 모델링, 시제품 제작, RP
	CAE, 성능 및 기능시험, 최적화, DB 구축
	최종형상 및 재료결정, 가격결정
	제작사양 작성, 금형발주

3.1.2. 사출금형과 성형품

성형품을 제작하기 위해서는 수지, 성형기 및 금형이 필요하다. 이것은 절삭가공에 비유하면 피절삭 재료, 공작기계 및 공구와 같은 것으로서 피절삭재료에 맞는 공작기계와 적합한 공구가 필요할 것이다. 그러나 적합한 재질, 적합한 형상의 커터가 있다고 하더라도 도면 및 가공조건이 맞지 않으면 제품은 가공하지 못할 뿐만 아니라 이들에 의해서 커터의 형상이 변경될 수도 있다. 이상의 예에서 알 수 있듯이 성형품을 만들려고 할 경우는 전술한 3가지 외에도 제품도, 성형조건 등 요구되는 사항들이 많다. 사출성형품을 설계할 때는 성형품에 요구되는 성능에 맞추어서 다음의 기본적 사항을 고려한다.

① 제품의 사용 조건 : 사용목적과 기능, 사용상태, 치수정밀도, 내구성

② 재료 특성 : 기계 및 전기적 특성, 열적 및 화학적 특성, 안정성, 성형가공성

③ 금형 설계 : 금형 제작법, 금형구조

④ 성형 가공 : 성형조건, 외관, 후 가공

⑤ 경제성 : 성형품 중량, 재료 가격, 생산량

사출성형품의 품질은 성형공정의 여러 가지 요인과 밀접하게 관련되고, 성형품의 품질에 대한 성형공정의 영향에 관한 많은 사례가 알려져 있다. 그러나 성형품의 형상이 다양하여 요인이 복잡하게 뒤얽히므로, 성형공정에서 발생하는 현상을 정량적으로 파악하는 것은 어려운 경우가 많다. 따라서 성형품의 형상에 많은 유형의 사례와 경험을 축

적하여 설계를 하는 것이 바람직하다. 성형품의 품질에 밀접한 관련을 갖고 있는 성형공정은 대략 사출유입 공정, 충전 공정, 게이트 실(gate seal) 공정, 냉각 공정, 이형(離型) 공정 등의 5공정으로 나누어 생각할 수 있다.

사출 유입 공정에서는 수지가 층류 상태로 유입하면, 유입 속도는 금형 캐비티의 양벽면의 중심에서 최대가 되므로, 나중에 유입하는 수지는 먼저 유입한 수지의 심부(芯部)에 포함되도록 유입해서 금형의 캐비티를 채운다.

성형품의 표층은 사출공정 초기에, 심부는 나중에 유입한 수지로 형성되므로 성형공정의 초기에 유입하는 수지가 성형품의 외관에 큰 영향을 준다. 수지의 흐름이 분리되었다 합류하면, 합류의 궤적, 웰드 라인(weld line), 단열 압축에 의한 태움(black spots) 등이 발생하여 외관 불량이 될 뿐만 아니라 성형품의 강도가 떨어진다. 특히 충전재가 들어 있는 재료에서는 그 저하가 현저하다.[그림 3·2 참조]

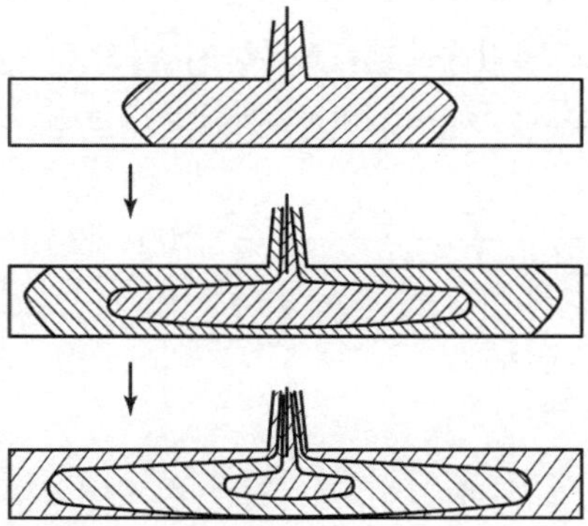

그림 3·1 캐비티에의 충전공정

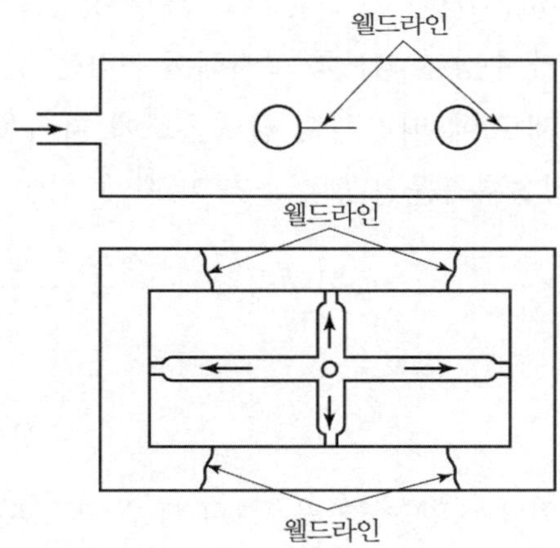

그림 3·2 용융수지의 분류와 합류에 의한 웰드라인

사출 유입 중인 수지는 냉각을 받으면서 유입하므로 금형 캐비티 내의 단면이 흐름방향으로 급격히 변화하면 수지의 탄성 전단변형의 회복에 의한 팽창, 유속(流速)의 급변이 일어나 플로 마크(flow mark), 광택 얼룩, 주름 등이 발생한다. 금형 캐비티의 살두께의 불균일이나 금형온도의 불균일에 의해 수지의 냉각 속도에 차이가 있으면, 냉각이 늦은 두꺼운 부분에 열수축이 집중해서 싱크 마크(sink mark), 기포를 발생하고 성형품에 냉각 불균일에 의한 잔류 변형을 남긴다. 냉각속도가 균일하지 않으면, 성형 수축량이 불균일하게 되어 성형품에 뒤틀림이 생긴다. 특히 결정성 수지에서는 현저하다.

3.1.3. 성형수축률

성형수축은 사출성형공정에서 열, 압력의 변화를 받아서 생기는 것으로, 재료의 특성에 따라 성형수축의 범위가 정해진다. 이것은 재료의 흐름방향에 방향성이 있고, 성형품의 형상이나 성형조건에 따라 재료 고유의 성형수축률의 범위가 결정된다. 성형수축을 일으키는 요인으로서는 열적 수축, 탄성회복에 의한 팽창, 재료의 결정화에 의한 수축, 분자 배향의 완화에 의한 수축을 생각할 수 있다.

성형수축에 대한 재료 고유의 특성으로서는 비정성재료에 비해 결정성재료의 성형수축률이 크고 게다가 성형품의 형상, 성형조건에 따라 성형수축률의 변동폭도 크다. 또한 유리섬유 등의 충전재를 함유한 재료는 성형수축률이 작아지고, 게다가 폭도 좁아지므로 치수정밀도를 요구하는 용도에 적합하다. 성형수축률은 여러 가지 요인이 뒤얽히므로, 금형의 캐비티 치수를 정하기 위한 예상 성형수축률은 유사한 형상의 자료를 참고하여 정하는 것이 좋으나, 특히 대형 성형품이고 또한 결정성재료가 사용될 경우에는 금형치수의 수정이 되도록 고려해서 정하는 것이 좋다. 성형품의 형상과 재료선택(특히 결정성재료)에 따라서는 금형온도에 차이를 두고 냉각속도를 조절하지 않으면 성형품의 성형수축률의 밸런스가 나쁘게 되어 성형품에 뒤틀림이 발생하는 경우도 있다.

$$\text{성형수축률} = \frac{\text{상온 금형 치수} - \text{상온 성형품 치수}}{\text{상온 금형 치수}} \times 100(\%)$$

$$\text{상온 금형 치수} = \frac{\text{상온 성형품 치수}}{1 - \text{성형 수축률}}$$

그러나 성형수축률은 1보다 매우 작기 때문에, 다음과 같이 근사식으로 금형치수를 계산하기도 한다.

$$\text{상온금형 치수} \fallingdotseq \text{상온성형품 치수}(1 + \text{성형 수축률})$$

표 3·2 주요 성형재료의 선팽창 계수와 성형 수축률

성 형 재 료				선팽창 계수 (10^{-5}/℃)	성형 수축률 (%)
		수 지 명	충전제(강화제)		
열가소성 수지	결정성	폴리에틸렌(저밀도)	–	10.0~20.0	1.5~5.0
		폴리에틸렌(중밀도)	–	14.0~16.0	1.5~5.0
		폴리에틸렌(고밀도)	–	11.0~13.0	2.0~5.0
		폴리프로필렌	–	5.8~10.0	1.0~2.5
		폴리프로필렌	유리섬유	2.9~5.2	0.4~0.8
		나일론 6		8.3	0.6~1.4
		나일론 6-10		9.0	1.0
		나일론	20~40% 유리섬유	1.2~3.2	0.3~1.4
		폴리아세탈		8.1	2.0~2.5
		폴리아세탈	20% 유리섬유	3.6~8.1	1.3~2.8
	비결정성	폴리스티렌(일반용)	–	6.0~8.0	0.2~0.6
		폴리스티렌(내충격용)	–	3.4~21.0	0.2~0.6
		폴리스티렌	20~30% 유리섬유	1.8~4.5	0.1~0.2
		AS	–	3.6~3.8	0.2~0.7
		AS	20~33% 유리섬유	2.7~3.8	0.1~0.2
		ABS(내충격용)	–	9.5~13.0	0.3~0.8
		ABS	20~40% 유리섬유	2.9~3.6	0.1~0.2
		메타크릴	–	5.0~9.0	0.2~0.8
		폴리카보네이트	–	6.6	0.5~0.7
		폴리카보네이트	10~40% 유리섬유	1.7~40	0.1~0.3
		경질 PVC	–	5.0~18.5	0.1~0.5
열경화성 수지		페 놀	유리섬유	0.8~1.6	0.01~0.4
		요 소	a' 셀룰로오스	2.2~3.6	0.6~1.4
		멜라민	a' 셀룰로오스	4.0	0.5~1.5
		디알릴프탈레이트	유리섬유	1.0~3.6	0.1~0.5
		에폭시	유리섬유	1.1~3.5	0.1~0.5
		폴리에스테르	유리섬유(프리믹스)	2.0~3.3	0.1~1.2

1) 성형 수축률의 변동 요인

(1) 캐비티내 수지압력

1개 뽑기 금형에 있어서 성형기의 노즐로부터 금형의 캐비티까지의 사이에서 일어나는 압력손실은 사출압력과 관계없이 일정하기 때문에 일반적으로 성형수축률의 변동요인으로 사출압력을 들고 있지만 실제로 문제가 되는 것은 캐비티내의 수지압력이다. 캐비티내의 수지압력이 높을수록 수축률은 작아진다. 따라서 다수개 뽑기의 금형에서는 각 캐비티에 균일하게 압력이 걸리도록 하는 것이 필요하다.

사출압력이 영향을 주는 정도는 수지의 종류에 따라 다르지만, 그림 3 · 3에 나타낸 것처럼 유동성이 좋지 않은 폴리아세탈(POM)에 있어서는 살두께에 비해 게이트의 크기가 너무 작을 경우에는 살두께에 대한 적정한 게이트 크기와 비교해서 사출압력이 수축률에 미치는 영향은 대단히 크게 나타나고 있다. 성형수축률의 변화는 비결정성수지는 직선으로, 결정성수지는 곡선적으로 감소한다. 그림 3 · 4는 HI 폴리스티렌에 대해, 그림 3 · 5는 ABS, 그림 3 · 6은 노릴(noryl), 그림 3 · 7은 PP에 관한 사출압력과 수축률을 나타낸 것이다.

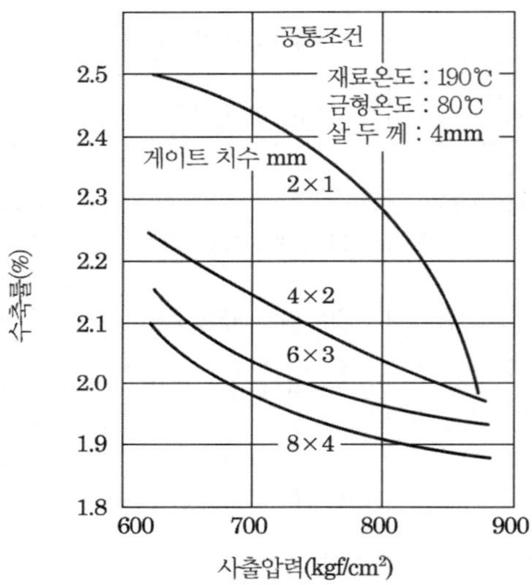

그림 3 · 3 수축률, 사출압력과 게이트 치수

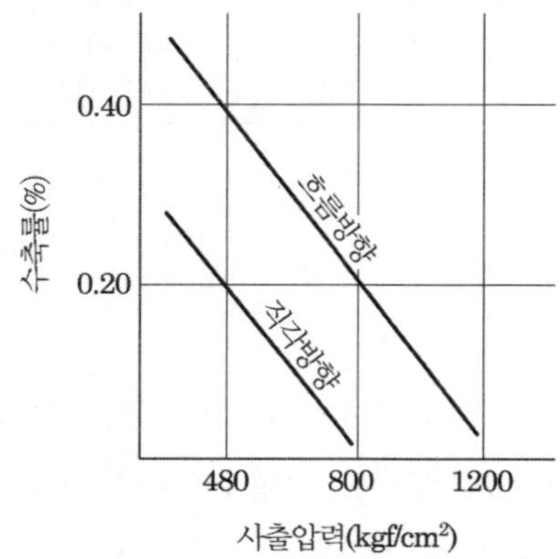

그림 3 · 4 HI 폴리스티렌의 사출압력과 수축률

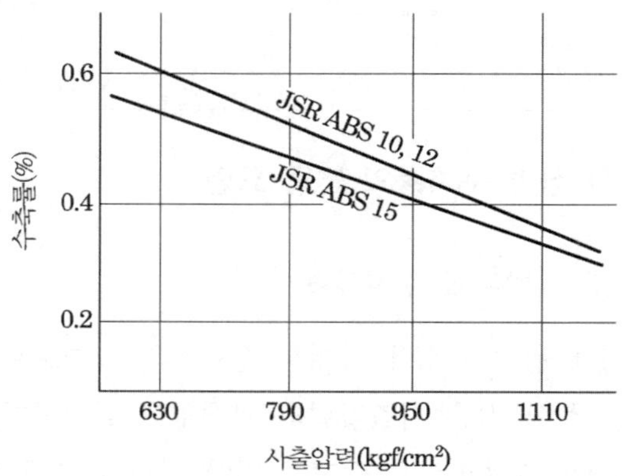

그림 3 · 5 ABS의 사출압력과 수축률

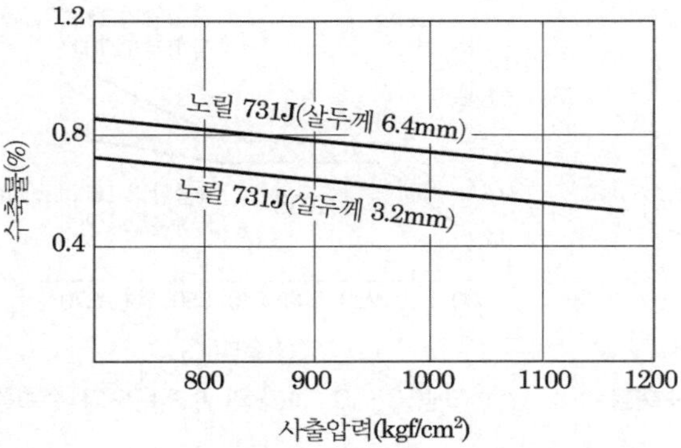

그림 3·6 노릴의 사출압력과 수축률

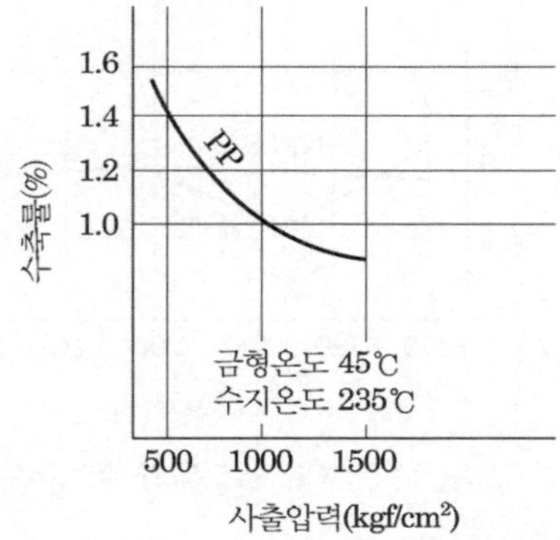

그림 3·7 PP의 사출압력과 수축률

(2) 수지온도

수지온도가 높아지면, 수지의 종류에 따라 어느 정도의 차이는 있지만 수지의 유동성은 좋아진다. 따라서 금형내에서의 수지의 충전 상태는 개선된다. 또 수지온도가 높게 되면 금형내에서의 냉각시간이 길어져 금형내의 수지는 치밀하게 되므로 성형수축은 이 점에 대해서만은 작아진다. 그러나 이에 반해 수지온도가 높으면 열적 수축률이 크게 되어 냉각후의 수축량은 커지게도 된다. 결국은 이 요인들의 종합된 결과가 나타나는 것이다.

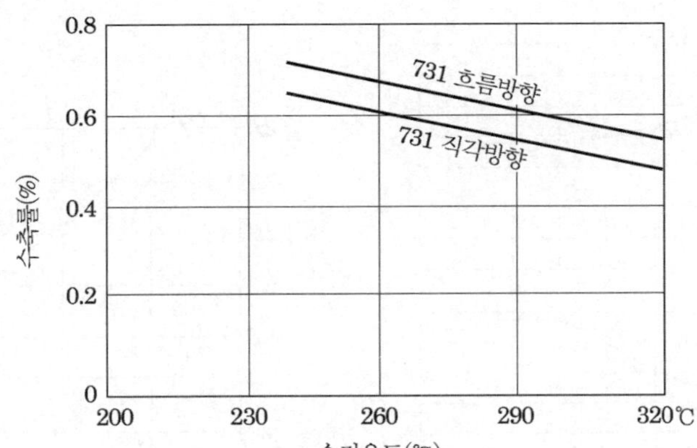

그림 3·8 노릴의 수지온도와 수축률

수지의 종류, 성형압력, 게이트의 치수, 제품의 살두께 등에 따라서 정반대되는 경향을 나타내는 수도 있다. 그림 3·8은 노릴에 관해서, 그림 3·9는 GP 스티롤, 그림 3·10은 ABS에 관한 수지온도와 수축률의 관계를 나타낸 것이다.

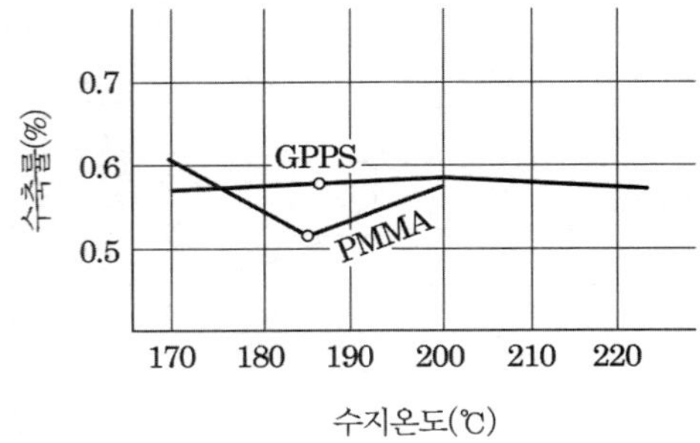

그림 3 · 9 GP 스티롤의 수지온도와 수축률

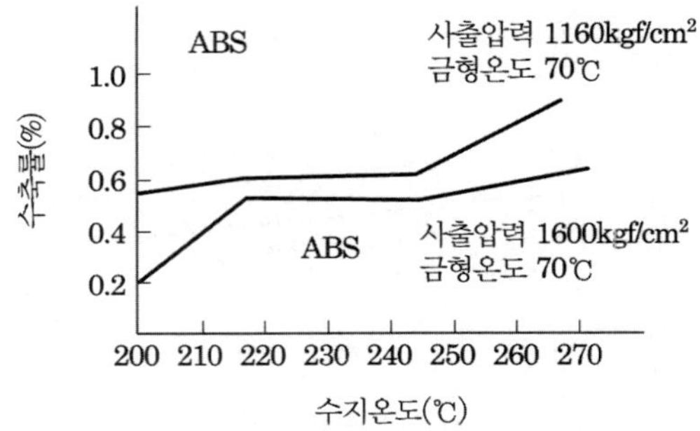

그림 3 · 10 ABS의 수지온도와 수축률

(3) 스크루 전진시간

스크루 전진시간은 게이트가 고화되어 있지 않는 한, 캐비티내의 수지를 계속 압축하고 있는 시간으로서 그림 3 · 11에 폴리아세탈(POM), 그림 3 · 12에 나일론66에 관해 나타낸 것처럼, 게이트의 고화시간까지 스크루가 전진을 계속한다면 수축률은 최소로 되고, 제품중량은 최대로 된다. 그러나 게이트가 고화되기 전에 스크루의 전진이 정지되면, 수축률은 커지는 동시에 치수의 변동도 크게 된다. 성형수축률을 최소로 하고 또한 치수 변동범위를 극소화하기 위해서 스크루 전진시간을 게이트의 고화시간 보다 짧게 해서는 안 된다.

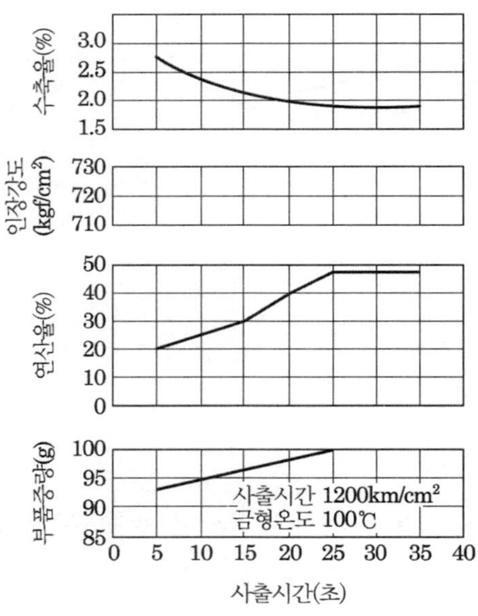

그림 3 · 11 폴리아세탈수지의 사출시간과 수축률, 연신율

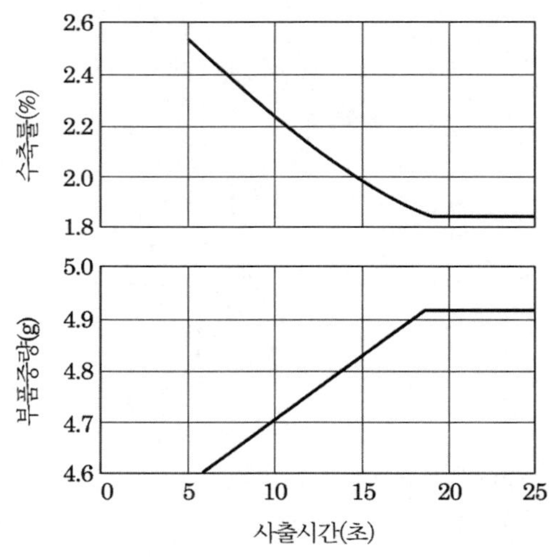

그림 3 · 12 나일론의 사출시간과 수축률, 제품중량

(4) 금형온도

열가소성수지에 있어서 금형온도는 성형성, 치수품질, 변형, 외관 품질, 물성에 영향을 미친다. 금형온도가 높아지면 일반적으로 성형수축률은 크게되는 경향을 나타낸다. 금형온도가 높으면 냉각이 늦어지기 때문에 사출성형압력이 충분이 걸리기 쉽게되어 금형내의 수축은 적게되고, 금형으로부터 빼낸 후의 탄성회복도 커져 이 점으로 보아서는 성형수축률은 크게되어 이것들의 종합된 결과가 영향으로서 나타나는 것이다. 같은 열가소성수지 일지라도 결정수지와 비결정수지와는 금형온도의 영향에 큰 차이가 있다.

그림 3 · 13은 GP스티롤, 그림 3 · 14는 나일론에 대한 금형온도와 수축률의 관계를 나타낸 것이다. 결정성수지의 경우는 금형온도가 높아지면 서냉되어지는 것으로 되어 수축률은 크게 된다. 즉, 결정수지는 비결정수지보다 금형온도의 영향을 크게 받는다.

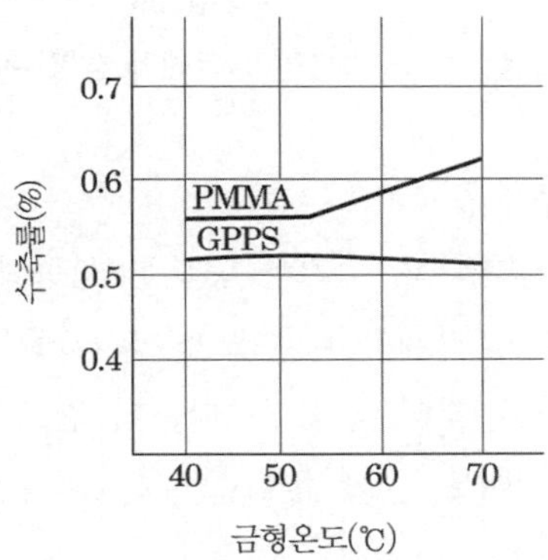

그림 3 · 13 GP 스티롤의 금형온도와 수축률

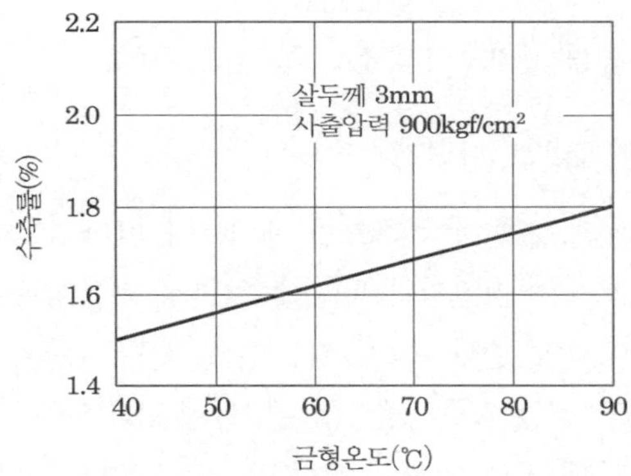

그림 3 · 14 나일론의 금형온도와 수축률

(5) 냉각시간

냉각시간이 길면 냉각이 균일하게 되어, 금형내의 수지는 충분히 고화되기 때문에 금형으로부터 빼내어진 성형품의 치수는 금형치수에 더욱 가깝게 되므로 성형수축률은 작게 된다. 결정성수지는 결정화가 천천히 진행되어, 결정화도가 높아지기 때문에 성형수축률은 크게된다. 그러나 실제에 있어서는 성형품의 살두께, 수지의 온도, 금형온도, 결정화의 진행 등의 영향을 받기 때문에 그 경향은 획일적이지 못하다. 비결정수지에 있어서는 일반적으로 수축률은 작아지는 경향이지만 그 정도는 매우 작다.

(6) 성형품의 살두께

그림 3 · 15는 PE, 그림 3 · 16은 PP에 대한 살두께와 수축률의 관계를 나타낸 것이

다. 결정성수지에서는 살두께가 커지면 서냉되어 결정화도가 높게 되므로 수축률은 크게 된다. 비결정성수지에서는 수지의 종류에 따라 경향의 차이가 있으며, 살두께에 거의 관계가 없는 것과 살두께가 커짐에 따라 수축률이 커지거나 작아지는 것 등이 있다.

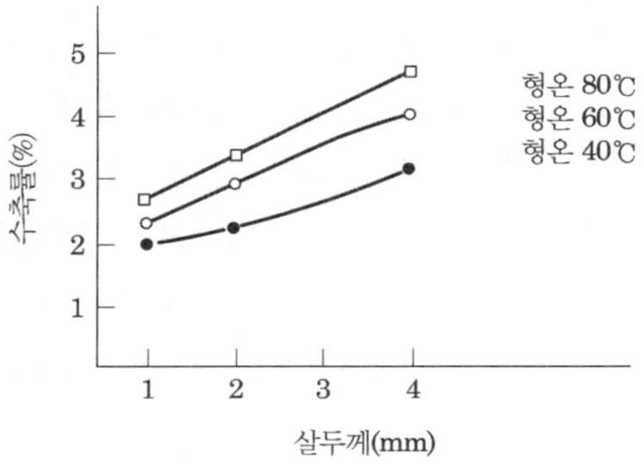

그림 3 · 15 PE의 살두께와 성형 수축률

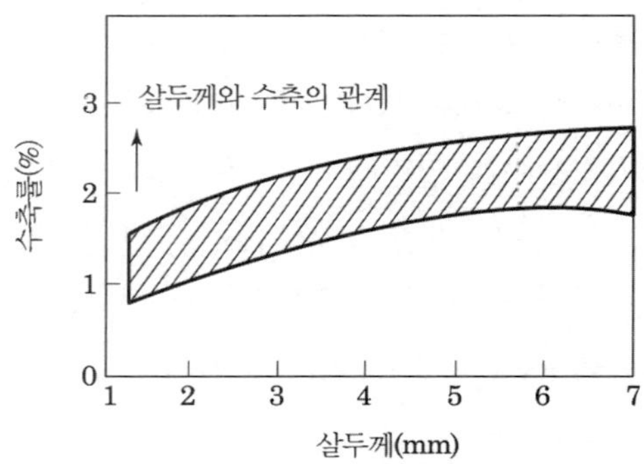

그림 3 · 16 PP의 살두께와 성형 수축률

(7) 게이트 단면적

게이트 단면적이 작으면 게이트가 먼저 고화하여 금형내의 수지에 충분한 성형압력이 걸리기가 여려워지기 때문에 일반적으로 성형수축률이 크게 된다. 또 실험적으로 게이트부에서의 주입속도가 빠를수록 성형수축률이 크다는 것이 입증되었다. 이 점으로 보아서도 동일 사출량을, 동일시간에 충전하는 데는 게이트 단면적이 클수록 주입속도는 낮아지게 되므로 성형수축률은 작게 된다.

(8) 강화재 함유율과 배향성

유리섬유가 든 수지에 있어서는 함유율에 의해 수축률은 변화한다. 살두께가 얇을 경우에 는 흐름방향의 수축률은 함유율이 높아짐에 따라 작게 되지만 횡방향의 수축률도 작게 된다. 성형과정에서 일어나는 수지의 분자 배향이나 유리섬유 또는 충전재 및 강화재에 의한 배향이 성형수축률에 방향성을 주는 원인이 되어 유동방향과 직각 방향과는 상당히 큰 차이를 나타내게 된다.

표 3 · 3은 폴리아세탈(POM)에 대한 이방성을 나타낸 것으로 사출압력, 금형온도, 살두께에 따라 이방성이 크게 변화한다는 것을 나타내고 있다. 표 3 · 4는 안료에 의한 성형수축률의 변화 예를 나타냈다.

표 3·3 POM 성형 수축률의 이방성(단위 : %)

사출압력(kgf/cm²) \ 금형온도(℃) / 두께(mm)	30				80			
	1	2	3	4	1	2	3	4
500		8.3	0.1	-1.1		3.0	-2.7	-1.5
625		5.7	-3.0	-1.7		4.2	-2.8	-3.5
750	15.3	2.7	-3.2	-4.2	11.9	2.9	-2.2	-2.9
875	12.8	3.0	-3.9		7.5			
1000	11.1				5.9			
평 균	13.0	4.9	-2.5	-2.3	8.4	3.3	-2.6	-2.6

표 3·4 폴리에틸렌의 성형 수축률과 안료

안 료	착색량	수축률(%)		수축비
	(PHR)	유동방향	직각방향	유동방향/직각방향
원재료(PE)	-	2.26	1.60	1.41
티탄 화이트	0.5	2.51	1.52	1.65
카드뮴 옐로우	0.5	2.59	1.78	1.46
카드뮴 렛	0.5	2.56	1.60	1.60
산 화 철	0.5	2.53	1.45	1.74
시아닝 그린	0.5	2.75	1.13	2.43
시아닝 블루(1)	0.2	1.80	1.49	1.21
시아닝 블루(2)	0.2	2.85	1.10	2.59
시아닝 블루(3)	0.5	2.92	1.07	2.74
군 청	0.5	2.67	1.42	1.88
카본블랙	0.5	2.67	1.60	1.67

2) 경시적 치수변화

플라스틱 성형품의 치수는 성형되어 제품으로 된 후에도 여러 가지 요인에 의해 치수 변화를 일으킨다. 경시적 치수변화의 영향을 가능한 한 작게 하여 성형후의 치수 안정성을 좋게 할 목적으로 열처리, 고온 금형으로 성형, 조습처리 등의 후처리가 실시된다. 성형품의 치수변화를 일으키는 요인을 보면 다음과 같다.

① 내부 응력에 의한 치수변화

② 결정화의 진행에 의한 치수변화

③ 온도에 의한 치수변화

④ 습도에 의한 치수변화

3.1.3. 성형품의 치수정밀도와 금형과의 관계

성형품의 치수정밀도는 제품의 코스트와 직접 관련이 있고, 기능상 필요 이상의 치수정밀도를 요구하는 것은 바람직하지 못하다. 사출성형은 용융된 수지를 금형의 캐비티에 압입하고 고화된 후에 빼내는 방식인데, 이 과정에서 체적팽창 또는 체적수축이라는 물리적 변화와 점탄성체라는 특수성과 금형의 가공오차 등의 문제가 발생하게 된다. 이것이 일반의 기계가공과의 큰 차이이며, 더구나 가공오차에 관해서도 그 요인이 매우 많아 단순하게는 해석되지 않는 것이 많다. 이와 같은 사출성형의 특수성 때문에 제품의 치수정밀도에는 한계가 있고, 금속가공과의 차이를 꼭 알아두어야 한다.

1) 성형품 치수오차 발생의 요인

사출성형은 수지, 금형, 사출성형기 및 성형조건 등의 요인으로 성형품의 치수오차가 발생한다. 일반적으로 성형품의 치수오차의 발생 요인을 정리하면 표 3 · 5와 같다. 치수정밀도의 오차 트러블에 관해서 일반적으로 금형만이 크게 거론되는 경향이 있는데, 표 3 · 5와 같은 다른 요인에 대해서도 대책을 강구하여야만 한다.

표 3 · 5 성형품 치수오차의 발생요인

요인의 분류	요인의 세목
금형에 직접 관련하는 요인	1) 금형의 형식 또는 기본적인 구조 2) 금형의 가공 오작(誤作) 3) 금형의 마모, 변형, 열팽창
수지에 관련하는 요인	1) 수지의 종류에 의한 표준 수축률의 대소 2) 수지의 로트마다의 성형 수축률, 유동성, 결정화도의 흩어짐 3) 재생수지의 혼합, 착색제 등 첨가제의 영향 4) 수지 중의 수분 또는 휘발, 분해가스의 영향
성형공정에 관련하는 요인	1) 성형조건의 변동에 의한 성형 수축률의 흩어짐 2) 성형조작의 흩어짐에 의한 영향 3) 이형, 밀어낼 때의 소성변형, 탄성회복
성형 후의 경시변화에 관련하는 요인	1) 주위의 온도와 습도에 의한 치수변화 2) 수지의 소성변형, 외부력에 의한 크리프, 탄성회복 3) 잔류변형, 잔류응력에 의한 변화

2) 금형설계제작 오차의 대책

금형에 직접 기인하는 치수정밀도의 오차 대책으로서 다음과 같은 것이 있다. 표 3 · 6은 금형 구조상의 정밀도 기준 예를 나타내 보여주며, 표 3 · 7은 특별한 지정이 없는 성형품의 일반 공차 예를 표시한다.

표 3·6 금형 구조상의 정밀도 적용기준

<table>
<tr><th>금형 부분</th><th>해당 자리</th><th>조 건</th><th colspan="2">표 준 값</th></tr>
<tr><td rowspan="7">형 판</td><td>두께</td><td>평행</td><td colspan="2">300에 대하여 0.02 이내</td></tr>
<tr><td>조립한 총두께</td><td>평행</td><td colspan="2">300에 대하여 0.1 이내</td></tr>
<tr><td rowspan="3">가이드핀 구멍</td><td>구멍의 지름이 정확</td><td colspan="2">H7</td></tr>
<tr><td>고정측, 가동측 위치</td><td colspan="2">±0.02 이내</td></tr>
<tr><td>직각</td><td colspan="2">100에 대하여 0.02 이내</td></tr>
<tr><td rowspan="2">이젝터핀
리턴핀</td><td>구멍의 지름이 정확</td><td colspan="2">H7</td></tr>
<tr><td>직각</td><td colspan="2">끼워넣기 길이에 대하여 0.02 이내</td></tr>
<tr><td rowspan="4">가이드핀</td><td>압입부의 지름</td><td>연삭 다듬질</td><td colspan="2">K6, K7, m6</td></tr>
<tr><td>취동부의 지름</td><td>연삭 다듬질</td><td colspan="2">f7, e7</td></tr>
<tr><td>진 직 도</td><td>굽음이 없을 것</td><td colspan="2">100에 대하여 0.02 이내</td></tr>
<tr><td>경 도</td><td>담금질 및 템퍼링</td><td colspan="2">HRC 55 이상</td></tr>
<tr><td rowspan="4">가이드핀
부 시</td><td>바깥지름</td><td>연삭 다듬질</td><td colspan="2">K6, K7, m6</td></tr>
<tr><td>안지름</td><td>연삭 다듬질</td><td colspan="2">H7</td></tr>
<tr><td>내외 반지름의 관계</td><td>동심</td><td colspan="2">0.01</td></tr>
<tr><td>경 도</td><td>담금질 및 템퍼링</td><td colspan="2">HRC 55 이상</td></tr>
<tr><td rowspan="4">이젝터핀
리턴핀</td><td rowspan="2">취동부의 지름</td><td rowspan="2">연삭 다듬질</td><td>2.5~5</td><td>-0.01
-0.03</td></tr>
<tr><td>6~12</td><td>-0.02
-0.05</td></tr>
<tr><td>진 직 도</td><td>굽힘이 없을 것</td><td colspan="2">100에 대하여 0.1 이내</td></tr>
<tr><td>경 도</td><td>담금질, 뜨임, 질화</td><td colspan="2">HRC 55 이상</td></tr>
<tr><td rowspan="2">이젝터
플레이트</td><td>이젝터핀 구멍</td><td rowspan="2">구멍과 형판의 치수</td><td colspan="2">±0.3</td></tr>
<tr><td>리턴핀 구멍</td><td colspan="2">±0.1</td></tr>
<tr><td rowspan="2">사이드 코어기
구가 있을 때</td><td>취동부의 끼워맞춤</td><td>거침없이 미끄러울 것</td><td colspan="2">H7, e6</td></tr>
<tr><td>경 도</td><td>담금질</td><td colspan="2">HRC 55~55</td></tr>
</table>

① 금형 제작법의 선택을 고려한 금형설계를 추진한다.

② 금형의 변형, 휨, 편심에 대한 대책을 세운다.

③ 형재의 변형 교정, 형의 구조와 강도와의 관계를 고려한다.

④ 섭동부의 안정성과 복원성을 고려한다.

⑤ 금형가공의 정밀도, 달라붙기 정밀도의 확보 대책을 세우며, 금형 정밀도는 성형품 도면 공차의 1/3~1/2 이내로 억제해야 한다.

⑥ 형재의 선택시 내구성, 경도의 향상 대책을 세운다.

⑦ 고장이 적은 메카니즘을 택한다.

표 3·7 성형품의 일반공차

치수구분(mm)	고정밀급(A)	중정밀급(B)	보 통 급(C)
3까지	±0.14	±0.18	±0.25
10까지	±0.18	±0.25	±0.40
30까지	±0.25	±0.40	±0.60
80까지	±0.40	±0.60	±0.90
180까지	±0.50	±0.80	±1.30
310까지	±0.65	±1.00	±1.60
500까지	±0.80	±1.30	±2.00
700까지	±1.00	±1.50	±2.50
900까지	±1.15	±1.80	±3.10
1200까지	±1.30	±2.20	±3.80
대상제품	기계공업 부품 정밀전기 부품	일반전기 부품 차량관계 부품 일반공업 부품	일반잡화 제품

3) 성형품 치수의 종류

성형품의 치수는 금형에 의해 직접 정해지는 치수와 직접적으로 정해지지 않는 치수가 있다. 이 관계를 충분히 이해하여 고정밀도를 요구하는 성형품에서는 잘 활용할 필요가 있다. 금형 각부의 제작상의 정밀도는 매우 중요한 요소이지만, 각 부품의 끼워맞춤 방법, 분할선의 위치, 가이드핀의 위치, 이젝터 플레이트의 작동방법, 성형시의 변형 등 고려할 사항이 많다.

표 3·8 성형품 치수의 종류

종 별		적 용 예
금형에 의해 직접 정해지는 치수(A)	일반치수	상자류의 안쪽, 바깥쪽의 가로세로치수, 컵 등의 내외 지름
	곡률반지름	코너부의 둥글기(R)
	중심간격 : 성형 그대로의 것 쇠붙이가 있는 것	같은 쪽에 있는 구멍의 중심간격, 또는 블록부나 홈부의 간격 매설 쇠붙이의 중심간격
금형에 의해 직접 정해지지 않는 치수(B)	형개방향에 있는 치수(파팅라인과 직각방향의 치수)	상자류, 컵 등의 바깥쪽 높이 또는 바닥부의 살두께
	측벽두께 및 이에 속하는 방법	웅형과 자형과의 관계 또는 사이드 코어 등의 관계로 정해지는 치수
그 밖의 치수(C)	평행도 및 편심	중공 원통의 내외 중심선의 흔들림, 동심원의 어긋남
	굽음, 휨 및 비틀림	
	각 도	다이얼의 눈금각도, 경사부분의 각도

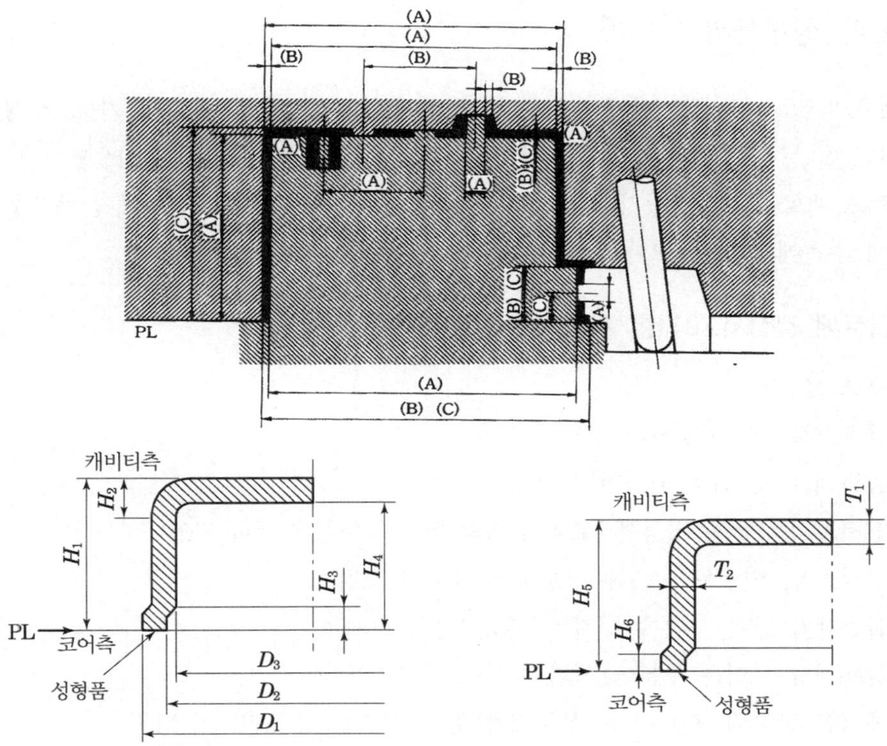

(a) (b)

그림 3·17 금형에 의해 직접 정해지는 치수와 정해지지 않는 치수

4) 성형품의 치수정밀도를 향상시키는 방법

① 성형조건의 영향이 적게 가능한 한 단순형상으로 하고 리브나 맞춤핀 등을 작게 하여 수축의 복잡한 요인을 줄인다.
② 가능한 한 대칭형으로 하고, 균일한 두께로 한다.
③ 인서트(insert)는 수축을 줄여 높은 정밀도를 얻지만 성형변형이 남는 결점도 있다.
④ 웰드라인은 응력이 커지게 하므로 비교적 영향이 적은 위치가 되도록 게이트 위치를 배려한다.
⑤ 성형품의 치수측정이 필요한 개소와 측정방법을 설계시에 고려한다.
⑥ 금형가공은 기계작업에 의해 행하여지도록 하고, 복잡한 요철과 언더컷(under cut)이 없어야 한다.
⑦ 성형품 설계에서 금형의 구조와 제작방법, 열처리 등을 고려한다.
⑧ 성형품의 조립방법을 연구하고, 고정밀부분은 금속 인서트 등을 사용한다.

3.1.4. 성형품의 살두께

성형품의 살두께는 균일하게 하는 것이 원칙이지만 성형품의 용도 및 기능, 성형조건, 재료의 성질 등을 고려하여 평균 살두께를 결정한다. 이 때 살두께가 얇으면, 성형시간이 빠르고 재료비도 절감되지만, 큰 성형압력이 필요하며, 반대로 살두께가 두꺼우면 냉각될 때 수축에 의해 싱크마크 또는 기포가 발생한다.

1) 살두께 결정시 고려할 사항

① 구조상의 강도
② 금형으로부터 이형시의 강도
③ 충격에 대한 힘의 균등한 분산
④ 인서트의 균열방지(성형재료와 금속의 열팽창 차이에 의한 균열)
⑤ 구멍, 창, 인서트에 의해 발생하는 웰드의 보강
⑥ 살두께가 얇은 부분에 생기는 연소현상의 방지
⑦ 살두께가 두꺼운 부분에 생기는 싱크 마크의 방지
⑧ 예리한 모양의 부분 또는 살두께가 얇아 생기는 충전부족의 방지

2) 살두께 설정시의 설계기준

① 가공 생산성과 성형품 물성과의 균형을 취하기 위한 적정 살두께는 1.5~3.5mm정도로 한다.

② 두께는 가능한 한 균일하게 하고, 불연속적인 두께변화가 있지 않도록 한다.[그림 3 · 18참조]

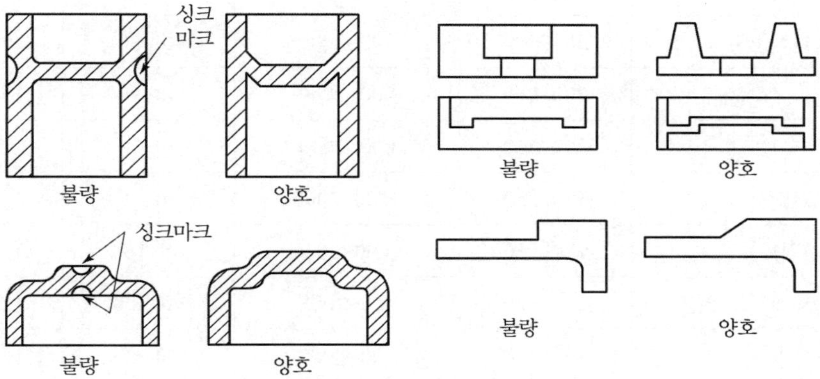

그림 3 · 18 균일한 살두께

③ 게이트 부근은 어느 정도 두껍게 하고, 거리가 멀어짐에 따라 약간 얇게 한다.

④ 부품의 기능상 두께에 변화를 주어야 할 때는 그 부분에 코너 R을 가능한 크게 한다.(R은 최저 0.3mm)

⑤ 인서트 외주의 살두께는 $\geq$인서트의 바깥지름$\times \frac{1}{2}$

⑥ 힌지부의 살두께는 0.3~0.5mm로 한다.

⑦ 유동 길이(L)와 살두께(t)와의 비(L/t)가 과대하게 되지 않도록 게이트 수 또는 살두께를 결정한다. 설계시 L/t의 수치가 표 3 · 9의 표준치수 이내에 있으면 좋지만, 게이트에서 먼 위치일수록 달라지기 때문에 실제로는 그렇지 못하는 경우가 많다. L/t의 한계치수는 금형 내에서 수지가 더 이상 유동할 수 없을 때의 수치가 된다(표 3 · 9).

표 3 · 9 성형재료의 살두께

수 지 명	수지온도(℃)	사출압력(kgf/cm²)	금형온도(℃)	살두께(mm)
폴리에틸렌(PE)	300~360	600~1500	40~60	0.9~4.0
폴리프로필렌(PP)	160~260	800~1200	55~65	0.6~3.5
폴리아미드(PA)	200~320	800~1500	80~120	0.6~3.0
폴리아세탈(POM)	180~220	1000~2000	80~110	1.5~5.0
폴리스티렌(PS)	200~300	800~2000	40~60	1.0~4.0
AS	200~260	800~2000	40~60	1.0~4.0
ABS	200~260	800~2000	40~60	1.5~4.5
메타크릴(PMMA)	180~250	1000~2000	50~70	1.5~5.0
PVC(경질)	180~210	1000~2000	45~160	1.5~5.0
폴리카보네이트(PC)	280~320	400~2000	90~120	1.5~5.0
셀룰로오스	160~250	600~2000	50~60	1.0~4.0

표 3 · 10 L/t 와 사출압력

수 지 명	사출압력(kgf/cm²)	L/t
폴리에틸렌	1500	280~250
	500	140~100
폴리프로필렌	1200	280~240
	700	240~200
폴리스티렌	900	300~280
폴리아미드(나일론)	900	320~200
폴리아세탈(데를린)	1000	210~110
	1300	170~130
	1200	160~120
경질 PVC	900	140~100
	700	110~ 70
연질 PVC	900	280~200
	700	240~160
폴리카보네이트	1300	160~120
	1200	150~120
	900	130~ 90

3.1.5. 보강과 변형 방지

1) 보강(補强)

(1) 모서리의 보강

① 성형품의 모서리 부분은 내부응력이 집중되어 균열 또는 변형을 일으키는 원인이 되므로 R을 준다.

② 내면 구석에 살두께의 $\frac{1}{2}$을 R을 주어 응력집중을 감소시키고, 살두께를 증가시킨다.[그림 3 · 20(a) 참조]

③ 외측 모서리에는 살두께의 1.5배의 R을 준다.[그림 3 · 20(b) 참조]

④ PS, AS, ABS수지에 대해서는 내면 구석에 $\frac{1}{4}T$ 이상의 R을 주고, 외측모서리에는 $1\frac{1}{4}T$ 이상의 R을 준다.[그림 3 · 21 참조]

⑤ 실제로 부품의 기능상 요구되는 경우 금형의 복잡성 등의 원인으로 이상적인 R을 줄 수 없을 경우에는 최소한 0.3mm 이상의 R을 주어야 한다.

⑥ 유리섬유 강화품종의 수지는 빼내기 구배 및 캐비티면의 모서리의 R도 보통의 스티렌계 수지보다 크게 한다.

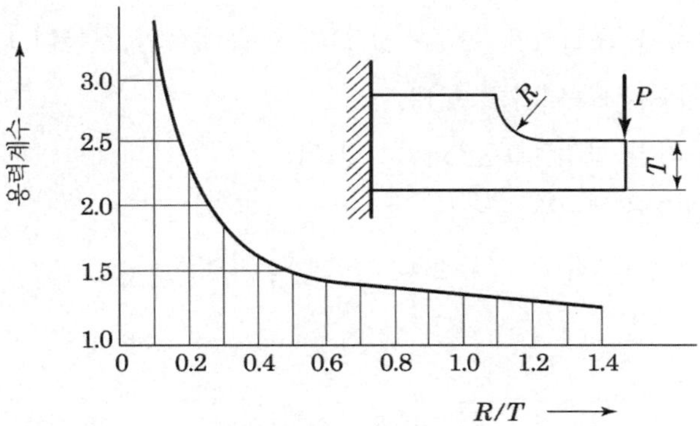

그림 3 · 19 R/T와 응력집중

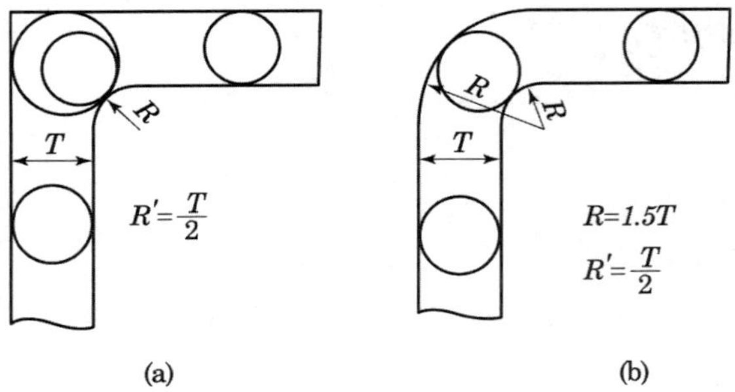

그림 3 · 20 구석부의 설계

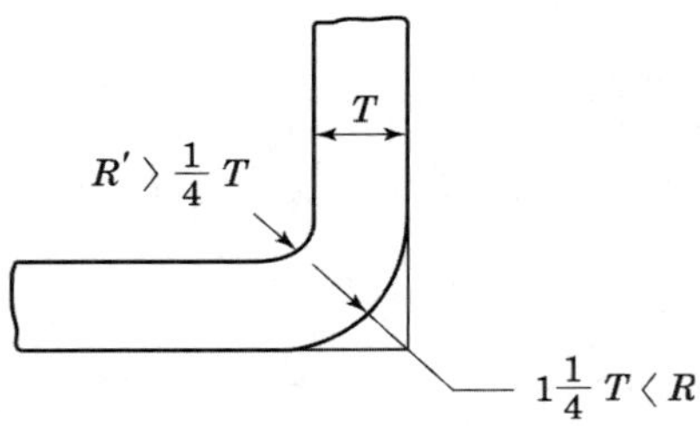

그림 3 · 21 AS, PS, ABS 수지에 대한 구석부의 *R*

(2) 살붙이기와 형상변화에 의한 보강

측벽 및 둘레에 강성을 주는 방법으로서 많이 사용되고, 변형에 견디는 강도와 살두께가 다른 부분의 수축을 균일하게 할 수 있으며, 용융재료의 흐름이 나쁜 경우에 흐름이 잘되도록 하기 위하여 사용되기도 한다.

① 측벽 및 테두리의 보강.[그림 3 · 22 참조]

② 평판의 보강.[그림 3 · 23 참조]

③ 바닥부분의 보강.[그림 3 · 24 참조]

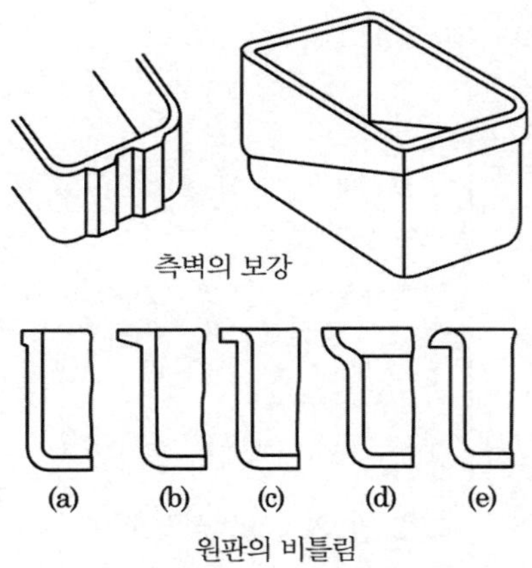

그림 3 · 22 측벽 및 테두리의 보강

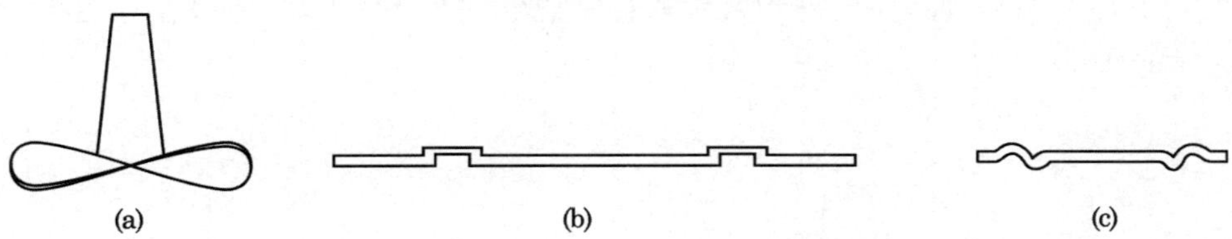

그림 3 · 23 평판의 보강과 변형방지

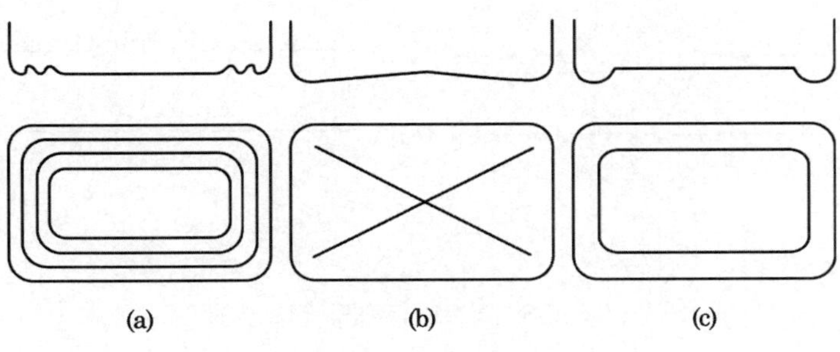

그림 3 · 24 용기바닥 부분의 보강

(3) 리브(rib)에 의한 보강

리브는 성형품에서 길게 돌출한 부분으로서, 성형품의 장식, 보강, 휨방지와 얇은 두께로 강도를 증가시키므로 성형품의 경량화를 기할 수 있다. 또한 리브는 탄성율이 대체로 낮은 플라스틱 재료에 대하여 두께에 의하지 않고 효과적으로 강도 향상이 이루어지므로 설계시 자주 이용된다.

① 일반적인 리브설계(그림 3 · 25)

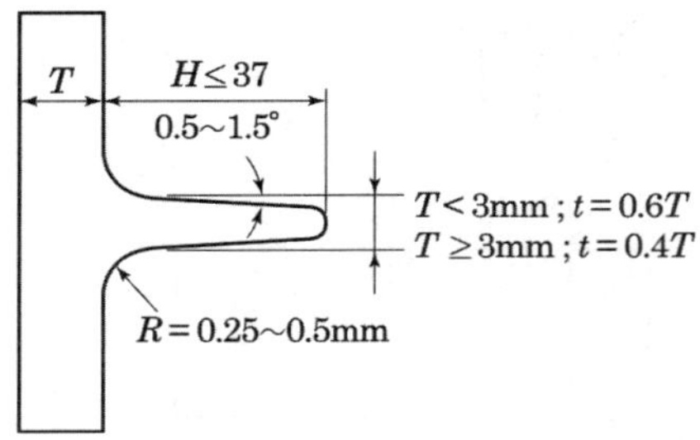

그림 3 · 25 일반적인 리브

② 리브의 두께와 접촉부의 면적은 수축을 유발할 수도 있으므로, 리브를 두껍게 하는 것보다는 수를 증가시키는 것이 좋다(그림 3 · 26).

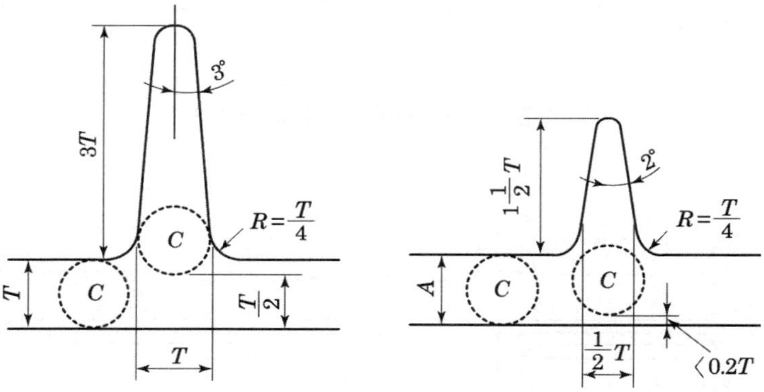

(a) (b)

그림 3 · 26 리브의 두께와 접촉부의 면적

③ 세로방향 리브의 구배는 일반적으로 측벽과 바닥두께에 의해서 A, B의 치수가 정해지며 구배는 다음과 같은 식을 적용한다(그림 3 · 27).

$$\frac{0.5(A-B)}{H}=\frac{1}{500}\sim\frac{1}{200}$$

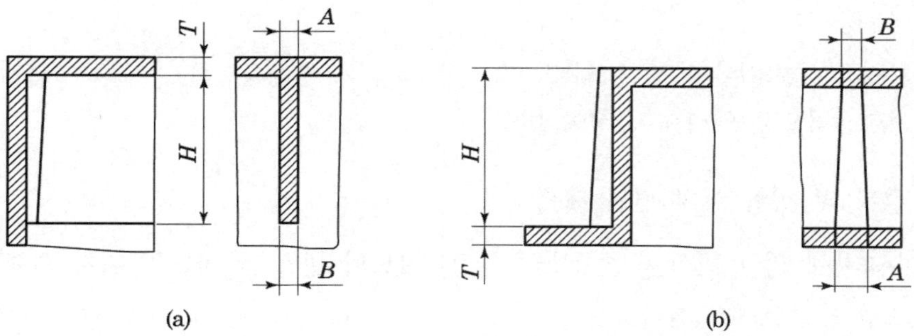

그림 3 · 27 세로방향 리브의 구배

④ 바닥 리브의 구배(그림 3 · 28)는 세로방향 리브와 같은 방법으로 설계된다.

$$\frac{0.5(A-B)}{H}=\frac{1}{150}\sim\frac{1}{100}$$

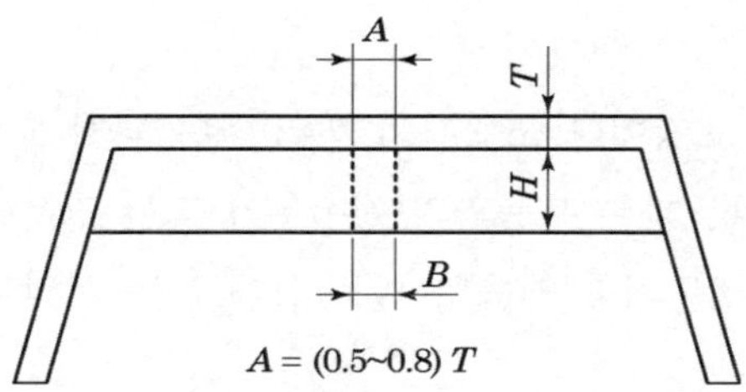

그림 3 · 28 바닥 리브의 구배

⑤ 리브의 설치방향은 금형 내에서의 수지가 흐르는 방향으로 한다.

⑥ 리브에 다른 부품을 조립하는 것은 피한다.

2) 변형방지

변형은 고정밀도를 요구하는 성형품에 있어서 성형수축과 함께 부득이 나타나는 현상으로서, 그 변형량을 어떻게 작게 하느냐가 중요하다. 또한 변형은 대부분이 각 부위의 냉각속도 혹은 유동배향에 의한 성형수축률의 이방성에 기인하는 내부응력에 의해 발생한다.

(1) 변형의 발생요인

① 각 부위의 냉각속도 차

② 유동방향에 의한 성형수축의 이방성(異方性)

③ 내부응력
④ 코어가 쓰러짐으로 편육(偏肉)
⑤ 성형압력으로 인하여 금형이 변형

(2) 설계 및 성형 상의 변형 대책

① 수축차에 의한 변형은 살두께의 변경, 리브의 설치, 게이트의 위치 변경, 냉각의 조정 등으로 해결한다.
② 비틀림 변형은 잔류응력을 작게 하는 방향으로 성형조건을 설정한다.
③ 금형구조상 냉각이 불균일하지 않도록 해야 한다.
④ 코어의 온도가 캐비티의 온도보다 높으면 코어쪽으로 끌려 들어가는 방향으로 변형하므로 이를 고려한다.

3.1.6. 보스(boss)

보스는 성형품 구멍의 보강이나 조립시의 끼워맞춤, 나사 조임용 구멍 등의 목적으로 사용되는 돌기부를 말하며, 다른 부품과의 접촉부가 되는 경우가 많으므로, 보스의 설계 위치, 형상 치수 및 수 등은 최종 제품의 사용 상태, 사용시의 기능 등을 충분히 고려해야 한다.

1) 일반적인 보스 설계

① 보스의 바닥부를 강화시키기 위하여 보강 리브를 설치한다.
② 원활한 체결 방법과 만족한 나사결합을 위한 작업기준은 표 3 · 11과 같다.
③ 금속 인서트 보스 설계시 보스 설계의 작업기준은 그림 3 · 29와 같다.

표 3 · 11 나사결합을 위한 작업기준

항 목	HIPS	ABS	유리섬유 강화 AS
나사 바깥지름-보스구멍 안지름	0.5mm	0.5mm	0.3mm
보스상부의 두께	나사골 지름 이상	나사골 지름×⅔ 이상	나사골 지름 이상
나사끼움 토크	약 5kgf · cm	약 7kgf · cm	약 10kgf · cm

※ 이 조건은 GPPS는 적용 불가능하고, AS는 가급적 적용하지 않는다.

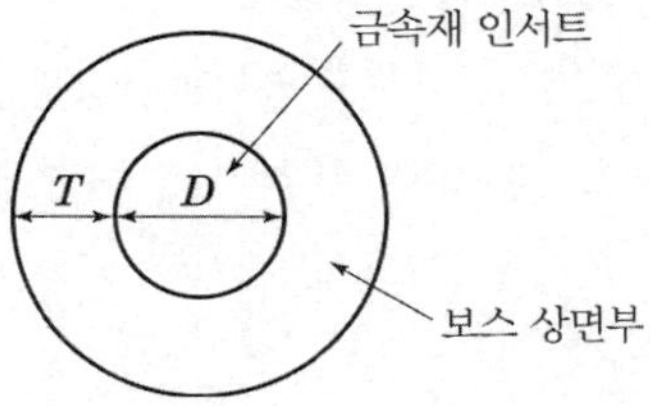

수지의 종류	$(T/D)\times 100\%$
HIPS, AS 및 강화품	70
ABS수지	50

그림 3 · 29 금속 인서트

2) 보스의 구배

① 셀프 태핑 스크루(self tapping screw)용의 빼기구배는 $0.5(D-D')/H=1/30\sim1/20$로 한다.

② 보스의 높이가 30mm 이상이며, 강도를 필요로 하는 경우는 다음과 같이 한다.

고정측 : $0.5(d-d')/H=1/50\sim1/30$

가동측 : $0.5(D-D')/H=1/100\sim1/50$

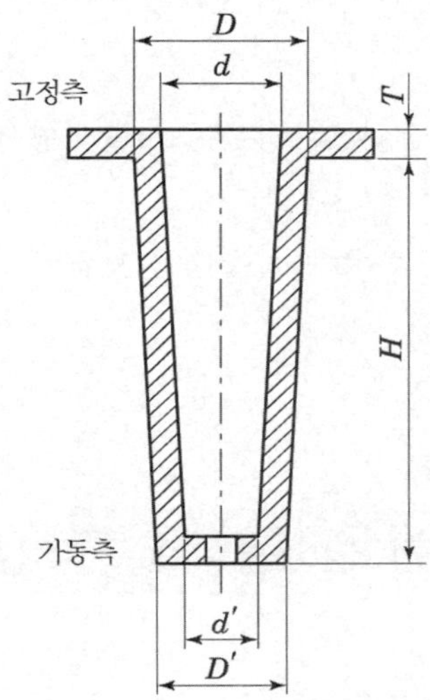

그림 3 · 30 보　　스

3) 보스설계시 유의사항

① 등이 높은 보스는 가스가 빠지지 않거나 충전부족을 일으키기 쉬우므로 피하는 것이 좋다.

② 등을 높게 할 경우에는 보스의 측면에 리브를 붙여서 재료의 흐름을 좋게 하고 보강을 한다(그림 3 · 31).

③ 살두께가 두꺼우면 싱크마크의 원인이 되므로 고려한다.

④ 보스는 안쪽으로 위치하도록 하고 자리는 0.3~0.5mm 나오도록 한다(그림 3 · 32).

⑤ 보스 또는 다리의 수가 4개 이상의 경우는 보스의 높이를 맞추기가 어려우므로 3개로 한다(그림 3 · 33).

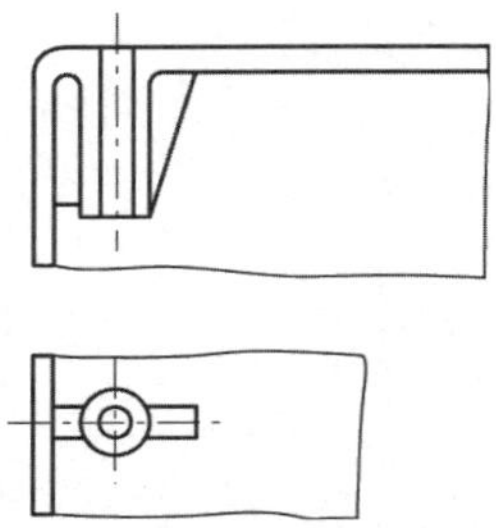

그림 3 · 31 보스의 보강

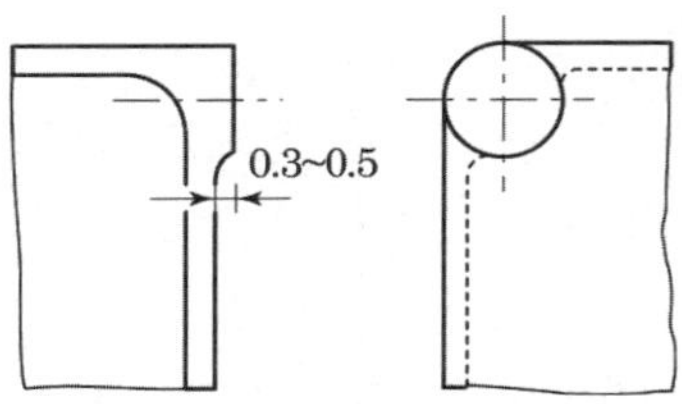

그림 3 · 32 보스의 위치

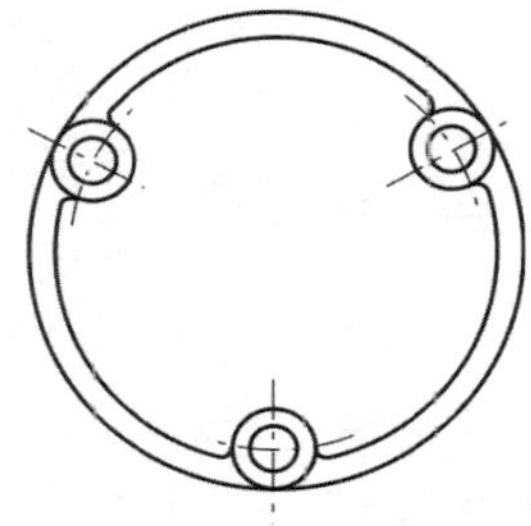

그림 3 · 33 보스의 수

⑥ 관통구멍의 보스는 반드시 그 주변에 웰드라인이 발생하는 것을 고려해야 한다.

⑦ 보스의 구멍과 구멍의 간격, 구멍과 성형품 단과의 간격은 적어도 구멍의 지름 이상으로 해야 한다.

⑧ 두껍고 높은 보스를 설치해야 할 경우는 사출성형시에 수지의 압력전달이 충분한, 게이트에 비교적 가까운 위치로 한다.

⑨ 보스 바닥부에 코너 R를 부여하지 않으면 보스가 파단하기 쉽고, 코너 R가 너무 크면 싱크마크가 발생하기 쉽다.

3.2 금형설계를 고려한 성형품설계

3.2.1. 분할선(parting line)

금형에 충전하여 고화된 성형품, 러너 및 게이트를 금형으로부터 이형시키기 위해 고정측 형판과 가동측형판이 열릴 때, 성형품의 어느 위치에서 금형이 열리느냐 하는 것이 결정 되어야 한다. 이 열림의 기준선을 파팅라인 또는 분할선이라한다. 파팅라인 결정이 성형품의 상품가치와 금형가격에 큰 영향을 미치므로 금형설계시 파팅라인의 위치와 방법을 잘 고려하여야 한다. 이 파팅라인을 결정하는데는 다음과 같은 사항을 고려하여야 한다.

① 눈에 잘 띄지 않는 위치 또는 형상으로 한다.[그림 3 · 34 참조]

② 금형 열림 방향에 수직인 평면으로 한다.[그림 3 · 35 참조]

③ 언더컷(under cut)을 피할 수 있는 곳을 택한다.

④ 마무리가 잘 될 수 있는 위치 또는 형상으로 한다.[그림 3 · 37 참조]

⑤ 빼기구배에 관계되지 않는 한, 성형품은 한쪽에서만 성형되도록 한다.

⑥ 금형의 공작이 용이하도록 위치를 정한다.[그림 3 · 38 참조]

⑦ 게이트의 위치 및 형상을 고려한다.

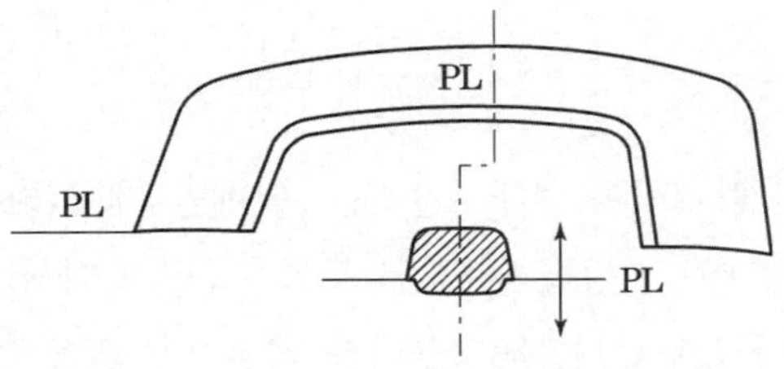

그림 3 · 34 전기 다리미의 손잡이

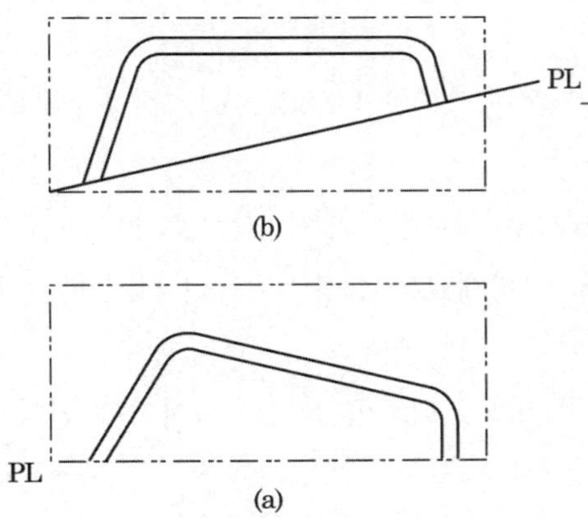

그림 3 · 35 수직 파팅라인과 경사진 파팅라인

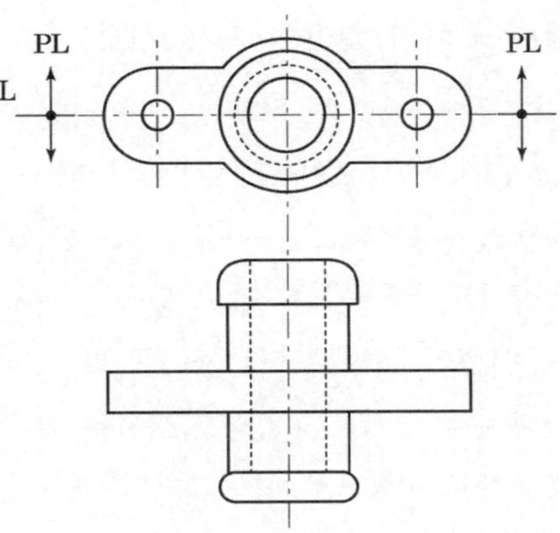

그림 3 · 36 호스이음

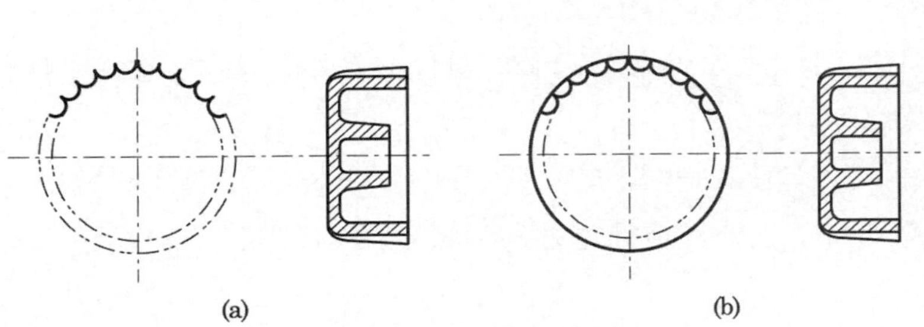

그림 3 · 37 물결모양 제품의 파팅라인

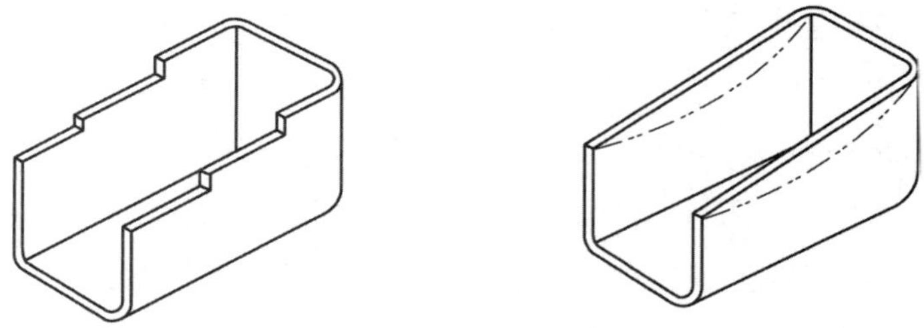

(a) (b)

그림 3 · 38 단이 있는 성형품

3.2.2. 빼기 구배

금형에서 성형품을 쉽게 빼내기 위해서는 빼기 구배를 가능한 한 크게 하는 것이 좋으나, 성형품의 형상, 성형재료의 종류, 금형의 구조, 표면의 다듬질 정도 및 다듬질 방향 등에 따라 빼기구배를 다르게 준다. 빼기구배가 적당하지 않을 경우에는 형개가 곤란하거나 성형품에 밀어내기 변형, 균열, 긁힘 등의 불량이 발생하기 쉽다.

1) 빼기 구배의 일반적 설계 기준

① 성형품 수직벽의 구배는 일반적인 경우에 1/30~1/60(2°~1°), 실용 최소한도는 1/240(1/4°)의 구배를 주어야 한다.
② 성형품에 무늬가 있는 경우에는 0.25mm에 대해 1°의 구배를 준다.
③ 유리섬유, 탄산칼슘, 탈크 등을 충전한 성형재료는 성형수축률이 작기 때문에 성형시 이형이 어려우므로 가능한 한 구배를 크게 한다.
④ 스티렌계 수지는 통상 2°/25mm이어야 하고, 최소한 1°/25mm이어야 한다.
⑤ 리브는 0.5°정도로 하되, 벽에 붙은 세로 리브는 0.25°로 한다.
⑥ 싱크마크를 방지하기 위하여 리브 밑바닥은 벽 살두께의 ½로 하고 앞끝 두께는 금형 제작상 최저 1mm 이상으로 하는 것이 좋다.
⑦ 창살의 피치는 3mm 이상으로 하고, 창살부 전체의 길이가 길수록 빼기구배를 5° 이상으로 한다.
⑧ 창살 높이가 높을 때(약 8mm 이상) 창살은 사다리꼴 모양으로 한다.
⑨ 성형품 높이에 대한 구배의 변화량은 표 4 · 13과 같다.

2) 상자 또는 덮개의 빼기구배 설정요령

① H가 50mm까지의 것은 $S/H = 1/30 \sim 1/35$로 한다.

② H가 100mm 이상의 것은 $S/H = 1/60$ 이하로 한다.

③ 얇은 가죽 무늬가 있는 것은 $S/H = 1/5 \sim 1/10$로 한다.

④ 컵과 같은 제품은 고정측 형판(컵의 바깥쪽 성형부)보다 가동측 형판(컵의 안쪽 성형부)에 빼기구배를 약간 많이 주는 것이 좋다.

표 3 · 13 성형품 높이에 대한 구배의 변화량(단위 : mm)

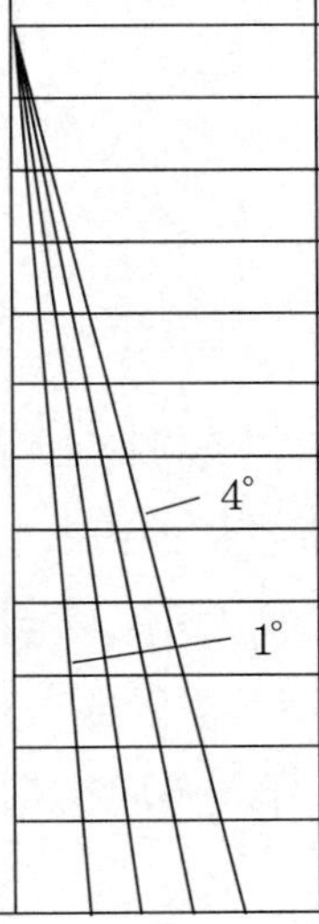

높이	1/4°	1/2°	1°	2°	3°	4°	5°
0							
	0.11	0.22	0.44	0.87	1.31	1.74	2.19
50	0.22	0.44	0.88	1.75	2.62	3.50	4.37
	0.33	0.65	1.31	2.62	3.93	5.24	6.56
100	0.44	0.87	1.75	3.49	5.24	7.00	8.75
	0.55	1.09	2.19	4.36	6.55	8.74	10.94
150	0.66	1.31	2.63	5.24	7.86	10.49	13.12
	0.77	1.52	3.06	6.11	9.17	12.22	15.31
200	0.99	1.74	3.50	6.98	10.48	13.98	17.50
	0.99	1.96	3.94	7.85	11.79	15.73	19.68
250	1.10	2.18	4.38	8.73	13.10	17.88	21.87
	1.21	2.39	4.81	9.60	14.41	19.22	24.06
300	1.32	2.61	5.25	10.47	15.72	20.97	26.24

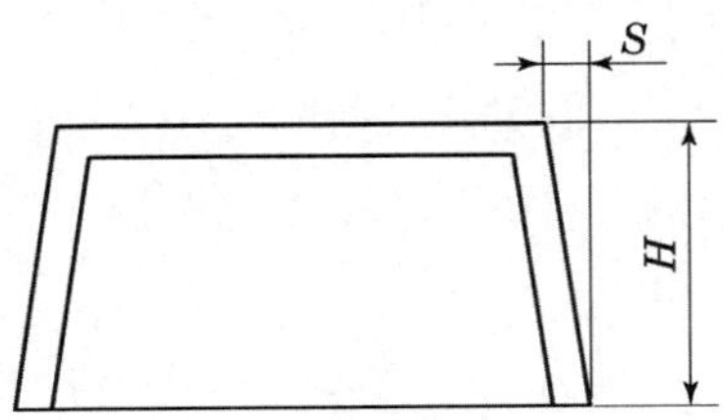

그림 3 · 39 상 자

3) 창살의 빼기구배 설정기준

① 창살의 형상치수 및 창살부 전면적의 치수에 따라 빼기구배를 약간 달리 선정하는 것이 좋다.

② 일반적인 구배는 $0.5(A - B)/H = 1/12 \sim 1/14$로 한다.

③ 창살의 피치가 4mm 이하일 때는 구배를 1/10 정도로 한다.

④ 창살부의 C의 치수가 클수록 구배를 많이 주는 것이 좋다.

⑤ 창살의 높이 H가 8mm 이상이거나, C의 치수가 큰 경우에 구배를 크게 줄 수 없다면, 그림 3·40(b)와 같이 캐비티 창살의 $\frac{1}{2}H$ 이하의 창살을 붙여서 성형품을 가동측 형판에 남도록 한다.

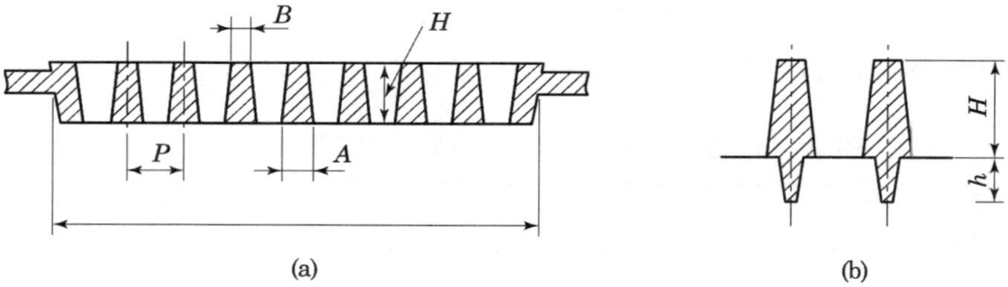

그림 3·40 창 살

3.2.3. 성형품의 구멍(hole)

성형품의 구멍은 게이트의 반대측에 웰드 라인이 생겨 강도가 감소되므로, 강도상의 문제가 되는 경우에는 구멍을 후가공하는 것이 바람직하다. 이형방향의 구멍 설계는 금형 구조상 용이하지만, 가로방향의 구멍을 성형하기 위해서는 일반적으로 슬라이드 코어(slide core)를 설정하여야 하므로, 제품의 구조 설계상 허용하는 범위에서 슬라이드 코어를 사용하지 않는 구조로 하는 것이 요망된다. 구멍의 설계시 고려해야 할 사항은 다음과 같다.

① 구멍과 구멍의 중심거리는 구멍직경의 2배 이상으로 한다.[그림 3·41(a) 참조]

② 구멍 주변의 살두께는 두껍게 한다.[그림 3·41(b) 참조]

③ 구멍과 제품 끝과의 거리는 구멍직경의 3배 이상으로 한다.[그림 3·41(c) 참조]

④ 성형재료의 흐름방향에 직각으로 막힌 구멍에서 가는 핀이 휘어질 염려가 있을 경우, $\phi D < 1.5$mm일 때 $L \leq D$, $\phi D > 3$mm일 때 $L < 2D$로 한다.[그림 3·41(d)]

⑤ 핀으로 제품의 중간에서 맞대는 구멍의 경우, 상하 구멍이 편심될 우려가 있으므로 어느 한쪽의 구멍을 크게 잡는다.[그림 3·41(e) 참조]

⑥ 다수의 구멍을 성형하는 경우, 웰드 라인 및 내부응력을 고려하여 재질 및 성형조건에 따라 구멍의 위치 및 간격은 표 3·14에 따른다.

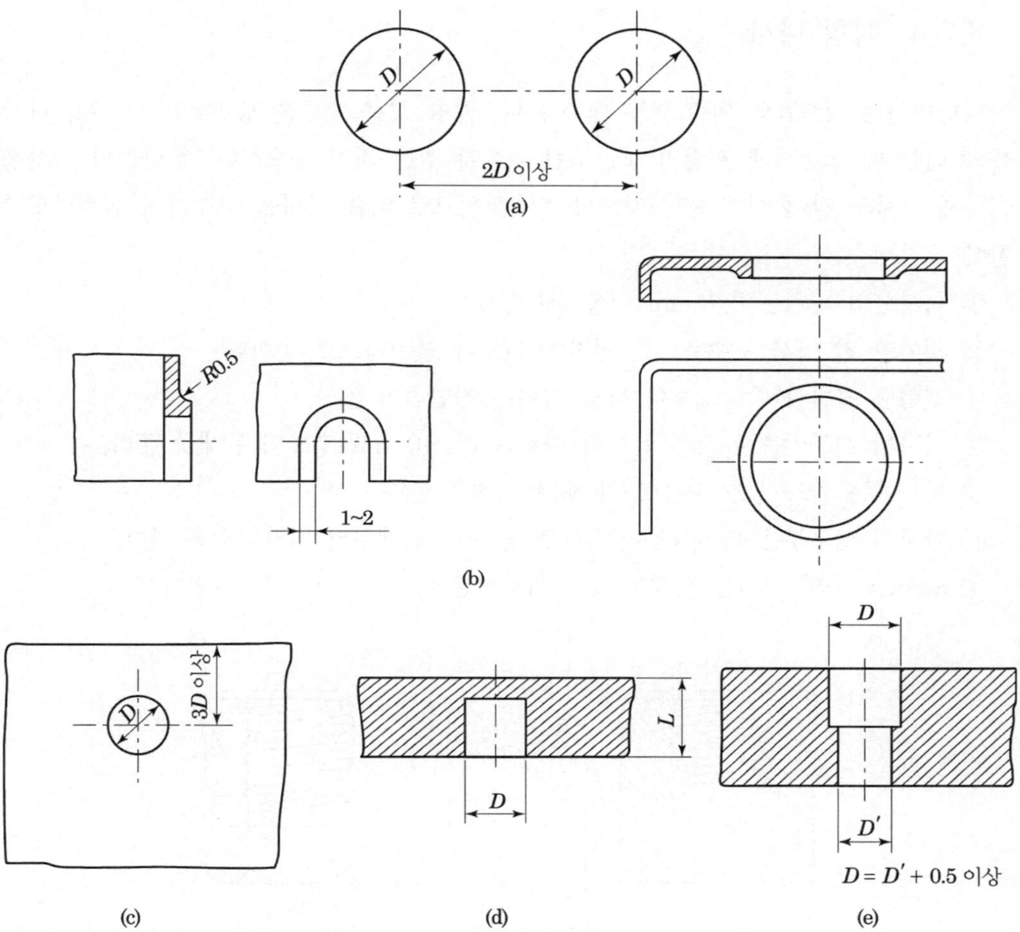

그림 3 · 41 구멍의 설계

표 3 · 14 구멍의 크기 및 간격

구멍 지름	단에서 구멍까지의 거리	두 구멍간의 거리
1.5	2.5	3.5
2.5	3.0	5.0
3.0	4.0	6.5
5.0	5.5	8.5
6.5	6.5	11.0
8.0	8.0	14.0
10.0	10.0	18.0
12.5	12.5	22.0

3.2.4. 성형 나사

성형나사는 성형품의 외측 또는 내측에 나사부를 갖는 제품을 성형하는 것이며, 나사를 조립할 때 느슨하게 조립되도록 조립 여유가 있는 것이 중요하다. 플라스틱 나사를 금속제 나사와 같이 설계하면, 강도상 불충분하므로 다음 사항을 고려하여 설계하도록 한다.

① 나사산의 피치는 0.75mm 이상으로 한다.
② 길이가 긴 나사는 수축으로 인하여 피치가 틀려지므로 피한다.
③ 성형품 공차가 수축값보다 작을 경우는 적합하지 않다.
④ 나사의 끼워맞춤은 지름에 따라 다르나 0.1~0.4mm정도의 틈새를 준다.
⑤ 나사에는 반드시 1/15~1/25의 빼기 구배를 준다.
⑥ 나사의 끝부분은 나사상부에서 0.8~1.0mm 아래부터 시작되도록 한다.
⑦ 8mm 이하의 나사는 탭핑(tapping)을 하든지, 금속으로 인서트한다.

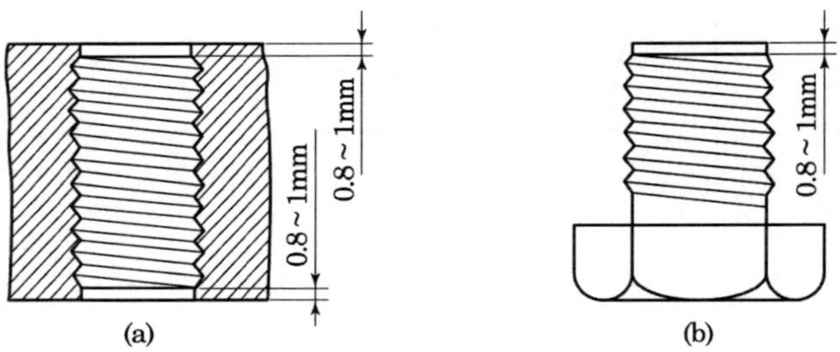

그림 3 · 42 성형나사

3.2.5. 금속 인서트

인서트란 나사 또는 체결 구멍 등 성형품 조립시 작용하는 집중하중을 흡수하고 또는 접합할 수 없는 성형품을 조립하기 위해 성형공정 중에 금속제품을 삽입하는 것을 말한다. 그러나 인서트 공정이 있어 성형능률이 떨어지므로, 가능한 한 인서트를 피하며, 셀프 탭핑 또는 접착방법으로 하는 것이 바람직하다. 인서트 설계시 유의할 사항은 다음과 같고, 그 고정방법은 그림 3 · 43과 같다.

① 인서트 물에 룰렛(roulette) 혹은 언더컷 등을 주어서 인서트가 기계적 구속력을 갖도록 한다.
② 수지의 흐름 방향에 의해 웰드라인, 잔류응력에 의한 휨, 수축률 등에 의하여 국부

적인 변화가 일어나지 않도록 한다.

③ 인서트를 중심으로 축의 중심이 편심 혹은 기울어짐이 일어나지 않도록 한다.

④ 인서트 밑부분의 두께는 인서트 외경의 1/6 이상으로 한다.

⑤ 인서트의 간격은 3mm 이상으로 하고 인서트와 플라스틱의 열팽창계수가 다르므로 5~6%정도의 안전율을 고려해야 한다.

⑥ 금형의 온도 변화에 주의를 요한다.

⑦ 인서트 물의 변형 및 축간거리 등에 주의를 요한다.

⑧ 인서트 부위의 외경은 재료에 따라 다르지만 일반적으로 인서트 물 직경의 2배 이상으로 한다.

⑨ 예리한 각 부분이 있는 제품은 인서트하지 않는다.

⑩ 볼트나 나사를 인서트하는 경우에는 나사부가 제품에 들어가지 않도록 한다.

⑪ 인서트 보스 주위에는 가능한 한 보강용 리브를 설치한다.

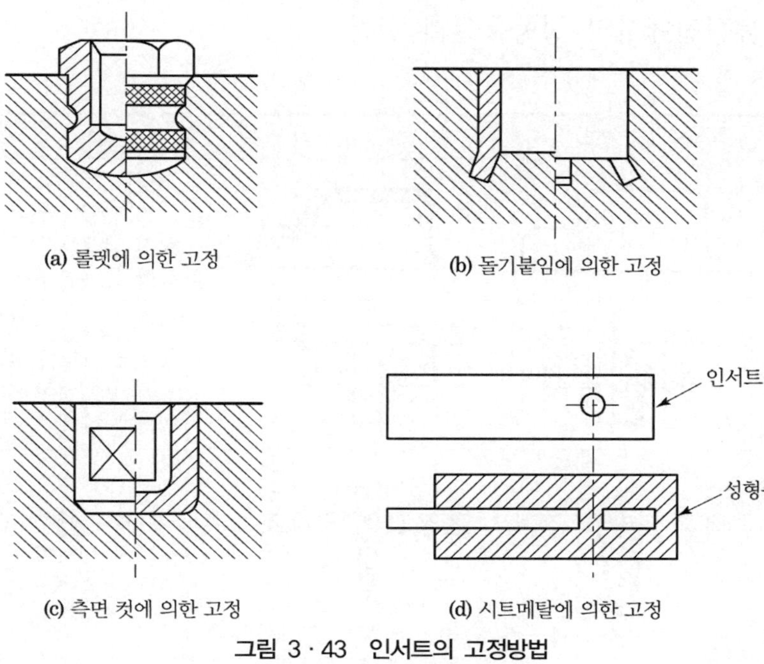

그림 3 · 43 인서트의 고정방법

3.3 성형성을 고려한 성형품설계

성형품의 설계는 대상으로 하는 부품의 요구 성능에 대해, 재료의 물성과 성형재료의 유동성 및 금형 설계상의 각종 제약이나 성형기의 성능 등과의 종합적인 밸런스를 도모하면서 신중히 진행시켜야 한다. 가능하다면 최종 제품의 설계가 플라스틱 부품의 특징을 살리고, 결점을 막도록 배려하는 것이 가장 바람직하다고 할 수 있다. 그런데 실제로는 위에서 설명한 각종 요인이 완전히 해명되고 체계화되어 있어야 비로소 합리적인 성형품의 설계가 가능하게 되는데, 다른 재료에 비해 역사가 짧은 플라스틱 재료에 있어서는 충분히 해명되지 않은 사항도 많으므로 경험에 의한 설계를 행하는 경우도 적지 않다. 다음은 성형품 설계에 있어서 성형성과 각종 트러블 요인에 대해 합리적인 설계를 위한 제품의 형상 변경 예를 보여준다.

3.3.1. 품질면에서의 성형품설계 변경

항목	그　림	설　명
살두께	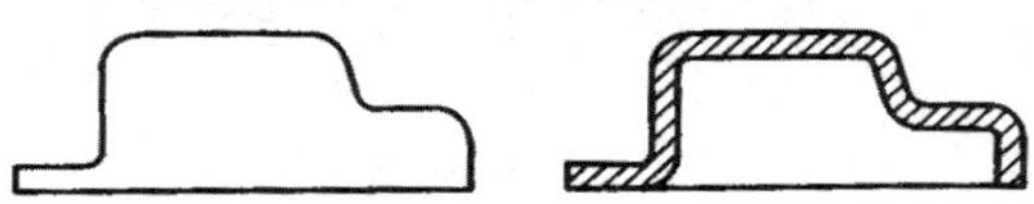	성형품 두께가 일정하지 않으면 냉각 불균일로 수축불량이 발생한다. 살두께는 가능한 한 균일하게 한다.
살두께	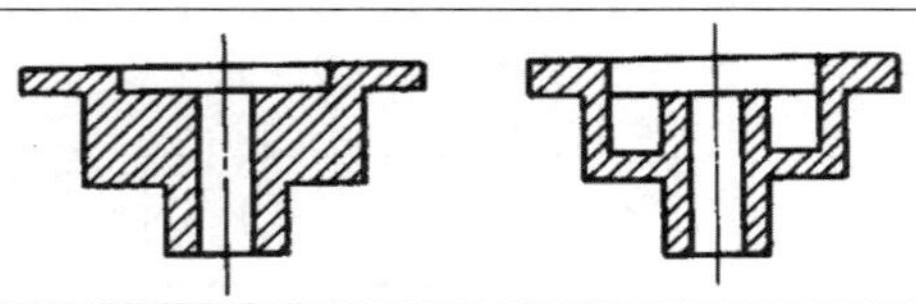	단면 살두께가 두꺼운 곳은 리브로 강도를 유지할 수 있도록 변경하여 살두께를 균일하게 한다.
리브	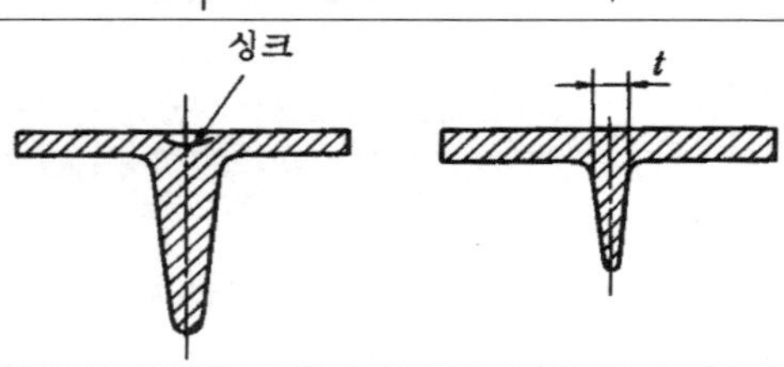	리브의 두께가 성형품의 살두께에 비하여 두꺼우면 리브 이면에 싱크가 발생한다.
리브	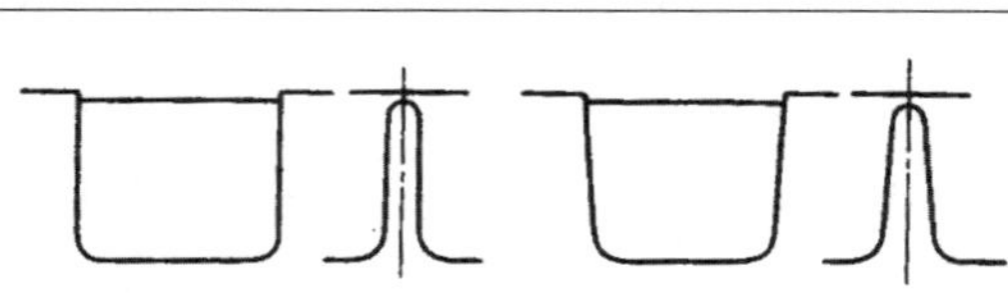	깊은 리브를 잘 빼기 위하여 가능한 크게 구배를 준다.

리브	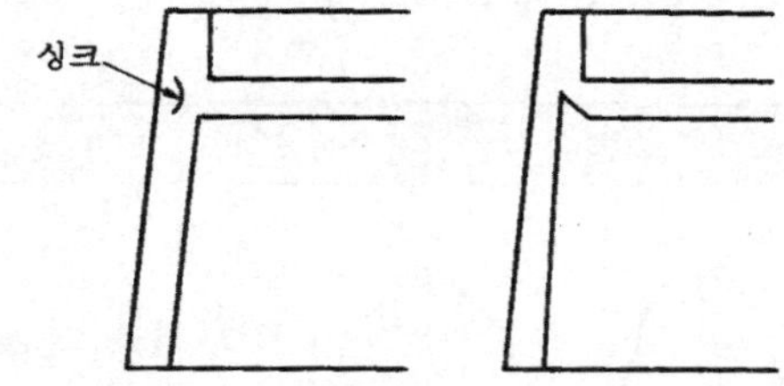	단면이 T형으로 연결된 부분은 싱크마크가 생기므로 코어측에 에지를 만들어 살두께를 적게 한다.
성형품	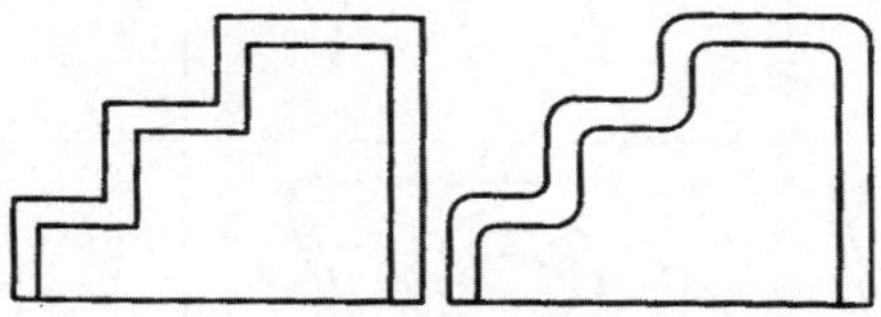	성형품 모서리 부분에 응력집중과 유동성을 고려해서 가능한 큰 R를 준다
성형품	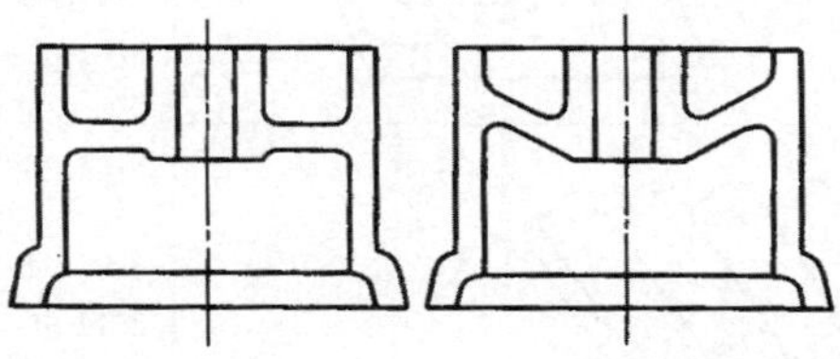	고정측 코어쪽 보다는 가동측 코어쪽에 접촉면적이 많도록 설계변경을 하면 수지수축 저항으로 제품은 가동측에 남는다.
살두께	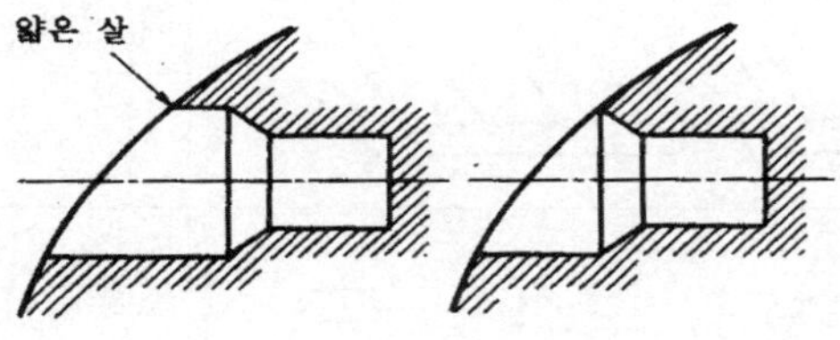	살이 얇은 단면부분은 재료의 충전부족, 응력집중이 되기 쉽다.
보 스	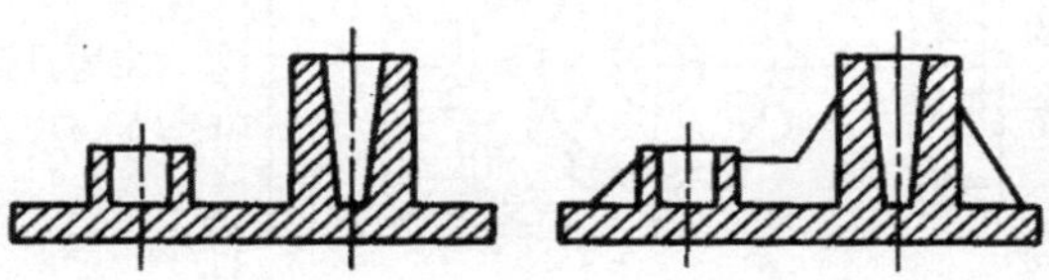	보스의 강도를 보강하기 위해 리브를 만들고 보스부의 모서리에 R를 준다
인서트	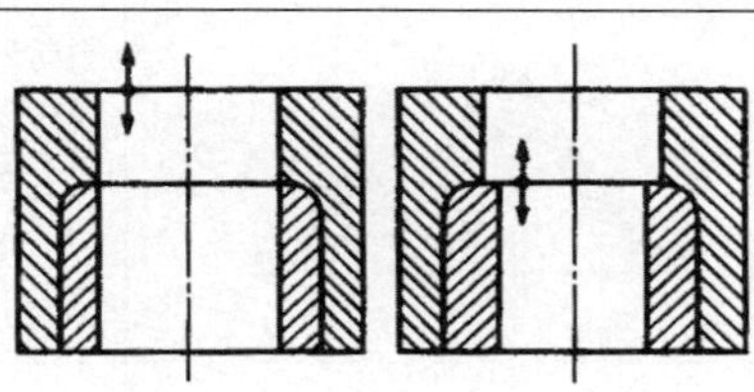	성형시 인서트 물을 확실하게 고정시킬 수 있도록 인서트의 끝면에서 코어핀을 분할하여 인서트가 움직이지 않도록 누름 여유를 준다.

3.3.2 가공성을 고려한 성형품 설계변경 예

항목	그　　　림	설　　명
성형품 형　상	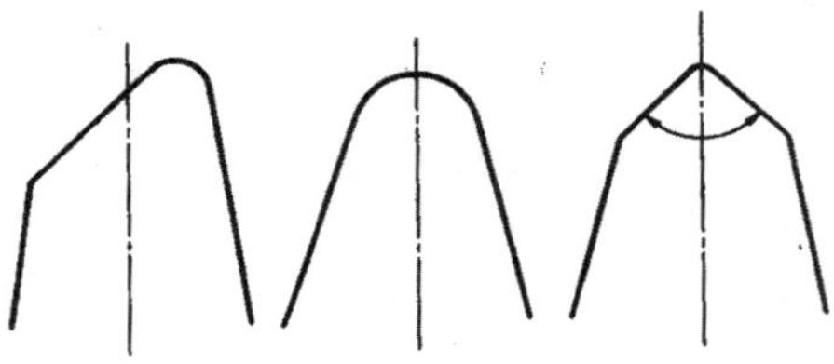	파고 들어갈 때 좌우대칭의 형상은 가공이 쉽다.
문　자	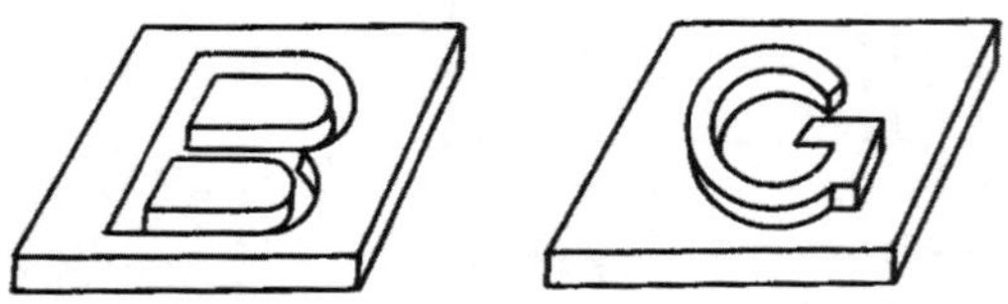	오목한 문자는 볼록한 문자보다 가공이 어렵다. 그러나 호빙가공은 이와 반대가 된다.
성형품 형　상	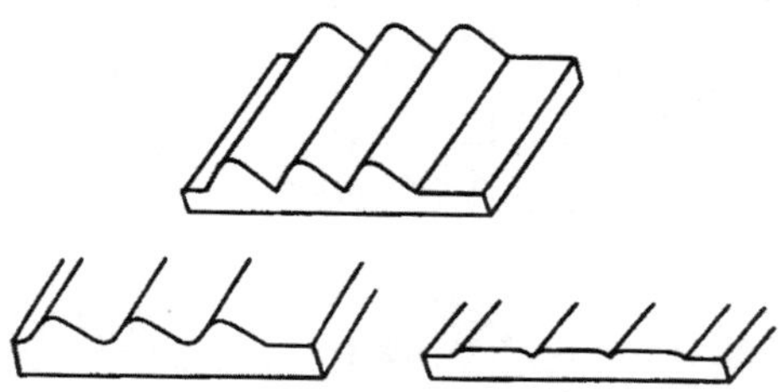	물결 모양 이음부의 골각은 금형으로 예각이 되지 않도록 한다.
성형품 형　상	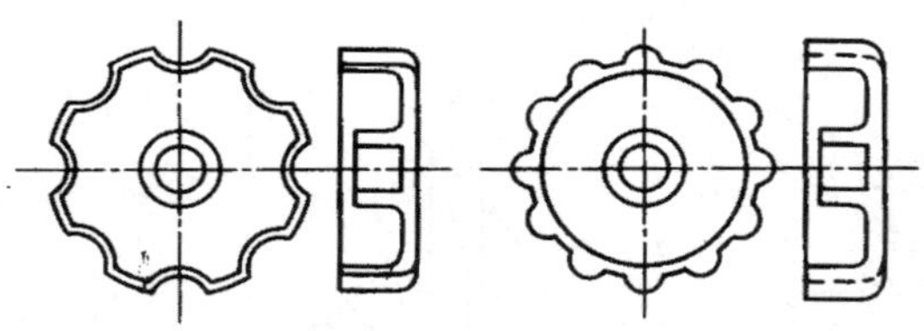	오목 들어간 부분보다 볼록 나온 부분이 절삭가공이 쉽다. 호빙가공은 마스터를 만들게 되므로 반대로 된다.
파　팅 라　인	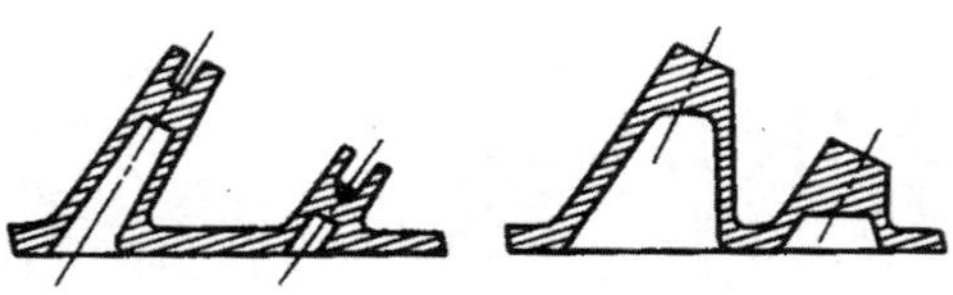	기울어진 보스 또는 모양은 금형의 구조가 복잡 또는 대형화가 되므로 파팅라인에 대하여 직각이 되도록 한다.
구　멍	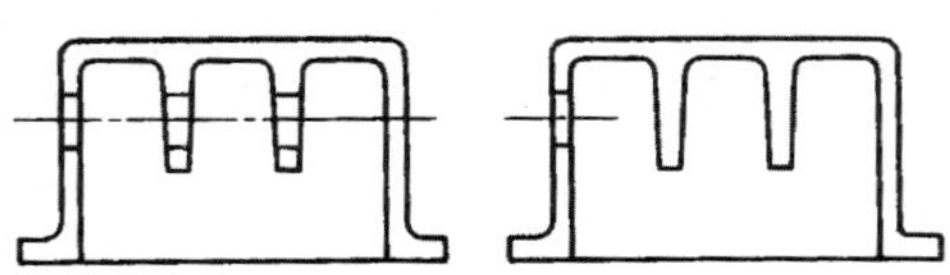	내부의 브라켓에 구멍을 뚫으려고 할 때에는 경제성을 고려하여 복잡한 금형구조를 피하여야 한다.

코 어	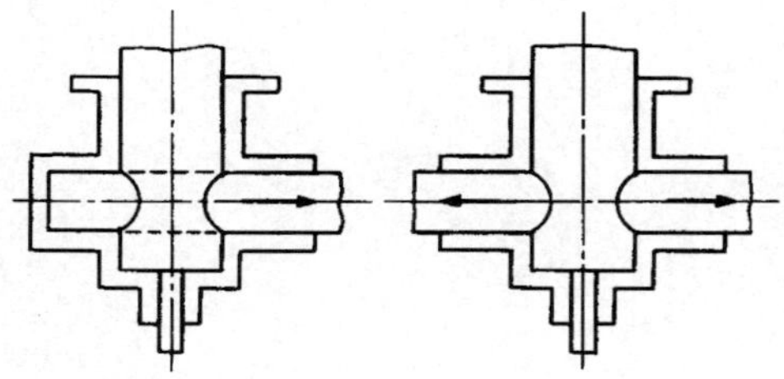	코어부에 비교적 큰 사이드 코어를 관통시키면 고장원인이 되기 쉬우므로 두 방향의 2개 사이드 코어를 사용한다.
성형품 형 상	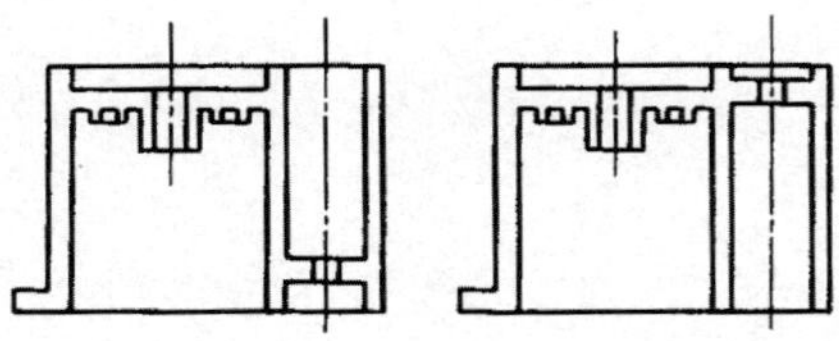	성형품의 깊이가 가능한 한 한쪽 방향으로 붙도록 한다.
구 멍	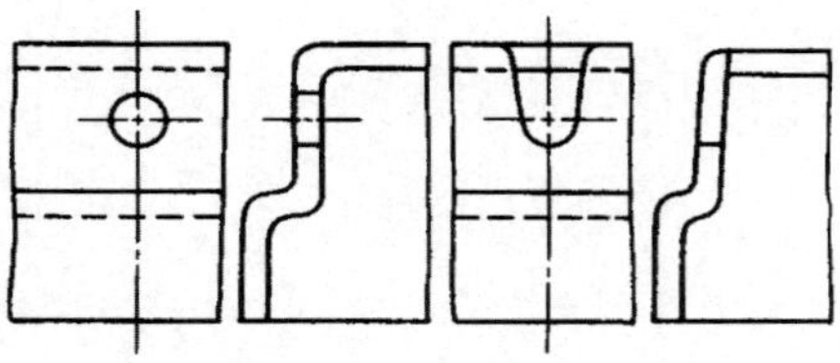	측면의 구멍을 가능한 사이드 코어로 하지 않는 것이 좋다.
구 멍	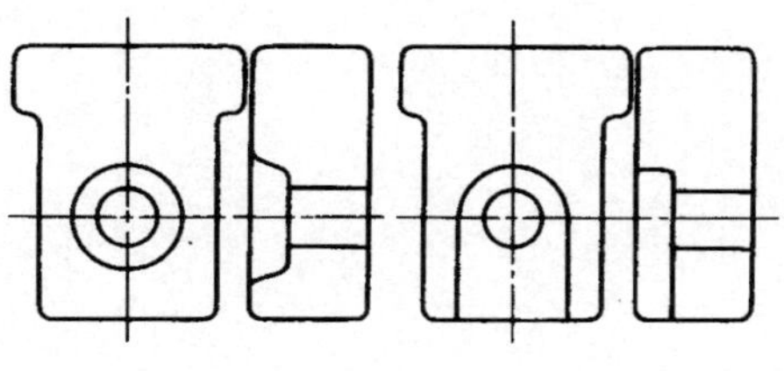	살두께가 얇은 벽이나 언더컷 일부를 없애기 위해 U형으로 구멍을 늘린다.

Chapter 4

사출금형의 설계

4.1 금형의 구조설계

성형품설계란 아이디어를 구체화하는 첫걸음이고, 금형설계 및 제작은 아이디어를 대량 생산화하는 수단이다. 따라서 성형품설계와 금형설계는 매우 밀접한 관계가 있다. 그러므로 성형품설계자와 금형설계자간의 자세한 검토와 확인이 무엇보다 필요하고, 확인 누락에 의한 여러 가지 트러블의 발생이 없도록 금형 계획을 세우고 순서에 따라 작업을 진행해야 한다.

4.1.1. 금형 계획과 발주 사양서

사용자가 금형을 발주할 때는 하루라도 납기를 빨리 하고, 품질이 좋고 트러블이 없는 금형을 바라는 것은 당연하다. 그러나 단지 구두(口頭)나 샘플 제시, 또는 성형품 설계도만의 발주로는 타합의 불비, 의사의 소통이 없는 등으로 트러블의 요인이 된다. 이것을 방지하기 위해서는 금형 발주 사양서 및 금형 체크리스트를 준비하는 것이 중요하다. 이 사양서에 기재하는 사항은 많을수록 좋으나, 반면 금형설계 기술의 응용에 제한이 붙으므로 발주 사양서와 체크 리스트를 따로따로 준비하면 편리하다. 표 4 · 1에 간단한 경우의 금형 발주 사양 예를 나타내었다.

4.1.2. 금형설계 순서

금형설계 순서는 금형제작사의 규모나 특질에 따라 여러 가지 방식이 있으므로 탄력적으로 생각해야 한다. 그림 4 · 1에 금형설계 및 제작의 흐름도를 나타내었는데, 물론 이 순서는 절대적인 것이 아니고, 때로는 병행적으로 또는 반복하면서 진행시켜야 한다. 특히 대형 금형에서 설계상의 잘못은 되돌이킬 수 없는 큰 손실을 가져오므로, 그 점을 명확히 해둬야 할 필요가 있다. 금형의 중요성에 대해서는 다시 강조할 필요도 없으며, 설계자는 성형품의 용도를 충분히 이해하고, 기본순서에 의거하여 설계로 들어간다. 성형품의 중요한 점을 모르고 설계된 금형에서 좋은 성형품은 나오지 않으며, 성형업자의 의도를 모르고 제작된 금형도 좋을 리가 없다. 사출성형용 금형설계시 검토하여야 할 사항은 다음과 같다.

1) 사출 성형기의 선택

① 몇 온스기를 사용하는가(1온스 = 28.4g).

② 형체력은 몇 톤의 성형기를 사용하는가(플런저형은 단위면적당 400~500kgf/cm², 스크루형은 단위면적당 250~450kgf/cm²가 표준이다).

③ 사출압력은 어느 정도인가.

④ 타이바 간격, 다이 플레이트의 치수, 금형부착 구멍이 적당한 위치에 있는가.

⑤ 이젝터 로드의 구멍 위치가 성형품의 밀어내기에 밸런스가 잡혀 있는가.

⑥ 형체 스트로크 및 다이 플레이트 간격의 최대, 최소 치수는 적정한가.

⑦ 어느 형체 방식이 적당한가(토글식, 직압식, 전동식).

⑧ 로케이트링의 바깥지름 치수

⑨ 노즐구멍 지름과 노즐의 R(노즐구멍) 지름 D_n과 스프루 부시(금형)의 구멍 지름 D_s는 $D_n < D_S$이고, 노즐의 볼록구면 반지름 R_n과 스프루 부시의 오목구면 반지름 R_s는 $R_n < R_s$이어야 한다.

표 4·1 금형발주 사양서

주문처	주문처 주소			형번	도번	담당자	(인)
	주문처 회사명						
	납입 장소						(인)
성형품	품명			기타	금형납기		
	사용수지명				시험사출장소		
	성형수축률		/ 1000		금형가격		
	색상	투명성	무색, 투명, 반투명		성형품개수		
		색명			금형구조형식		2매, 3매, 러너리스
	1개의 중량		g		캐비티수		개
	투영면적		cm^2		파팅라인지정		
성형기	제작회사명			금형구조	이젝터방식	핀	핀, 단붙이핀, 접시머리핀
	형식					스트리퍼판	바(bar), 링크, 체인
	사출용량		cm^2			슬리브	슬리브, 특수 슬리브
	형개 스트로크		mm			공기	
	형체력		ton			병용	
	타이바 간격 및 플레이트 치수	가로	cm × cm		러너	방식	보통, 러너리스
		세로	cm × cm			형상, 치수	원, 반원, 사다리꼴, 기타
	이젝터로드 구멍지름		ϕ		노즐방식		연장, 반단열, 완전단열, 내부단열
	사용금형두께	최대	mm		게이트	종류 위치 형상 치수	별지에 상세하게 기입한다.
		최소	mm				
	로케이트링 구멍지름		ϕ		언더컷처리	종류	사이드 코어형, 분할형
						처리기구 구조	경사핀, 경사캠, 유압, 공기압
	노즐구멍지름		ϕ		냉각가열방식		
	노즐 − R		R mm				
	플레이트 캡 구멍피치		mm		특수가공유무		방전, 전주, 고속 가공
지급품			성형품 견본		도금		유무
			성형품 설계도		주요재료		
			모델, 조각원도		열처리		유무, 경도
			성형기 사양서		기타사항		

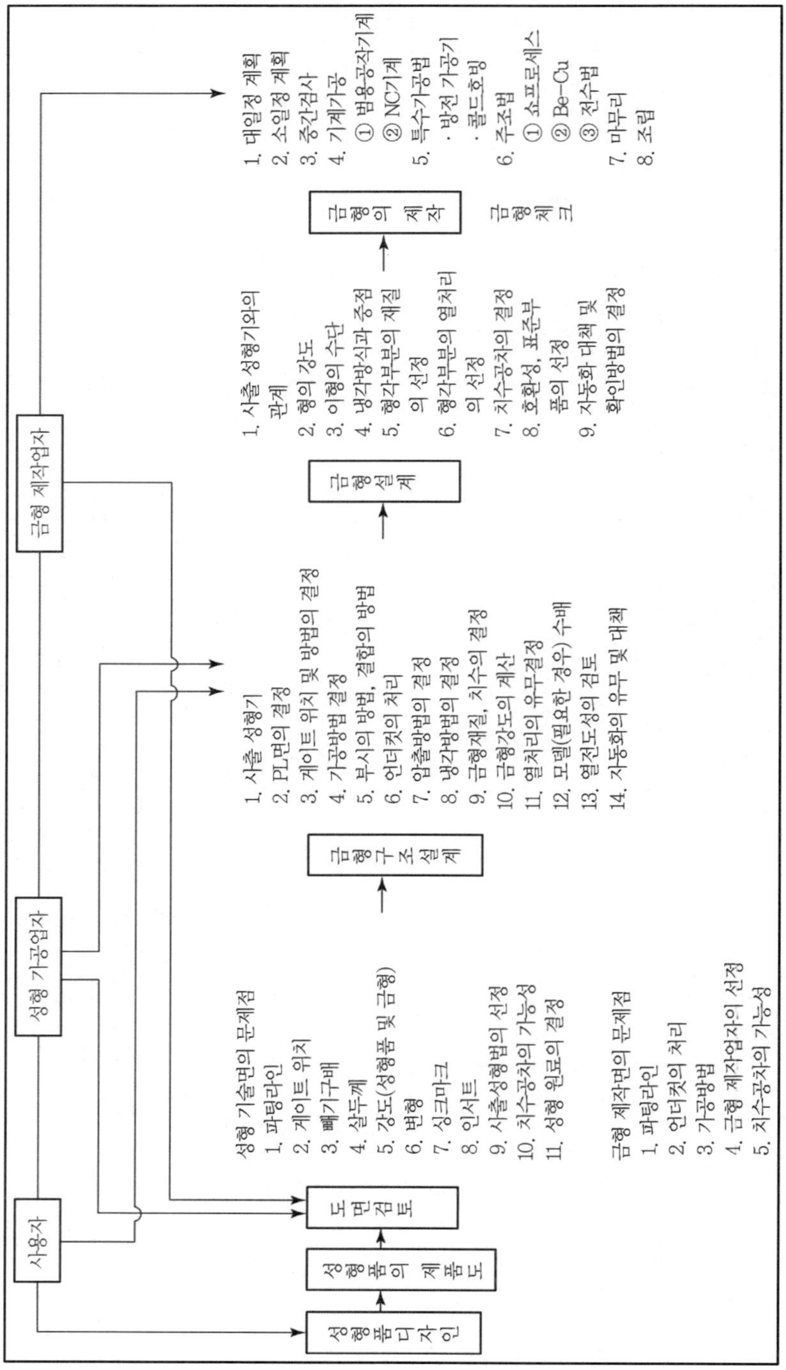

그림 4·1 성형품 설계에서 금형설계 · 제작의 흐름도

2) 플라스틱 재료

① 성형품에 요구되는 물성(기계적성질, 전기적성질, 내열도, 내약품성, 내후성 등 적정성 검토)

② 성형수축률의 결정(금형온도, 성형압력, 온도, 습도 등에 따라 다르므로 성형업자와 협의)

③ 빼기구배의 결정(일반적으로 1° 이상 필요)

3) 금형의 구조

① 성형품의 생산 수에 적당한 캐비티 배치를 정한다.

② 수지를 고려해서 금형의 재질과 캐비티의 외주 치수를 정한다.(강도 계산)

③ 금형의 파팅 라인, 슬라이드 방향, 방법 등의 기본적인 금형 형식을 정한다.

④ 성형품의 밀어내기 방법을 정한다.(핀, 플레이트, 슬리브, 에어, 기타)

⑤ 게이트, 러너, 스프루 형식, 위치, 치수를 정한다.(러너 지름은 2온스까지 $\phi 4$, 3~8온스까지 $\phi 4 \sim 8$, 12온스 이상은 $\phi 8 \sim 12$를 표준)
(스프루 테이퍼는 일반적으로 4°로 하고, 3~8온스는 5°, 12온스 이상은 6°정도)

⑥ 냉각구멍의 면적, 치수, 분포와 금형 가열방법을 검토한다.

⑦ 구멍과 언더컷부를 빼는 기구는 적당한가.(사이드 코어, 분할형, 언더컷핀, 랙과 피니언, 에어 실린더, 유압 실린더 등의 위치, 작동을 고려)

4) 설계 제도

(1) 조립도

① 금형의 크기는 낭비가 없고, 적당한 내구력을 갖고 있어야 한다.

② 조립도의 배치, 합리적인 단면도가 작성되어야 한다.

③ 각 부품의 배치는 적정하고 조립 위치, 방법의 명시가 되어 있어야 한다.

④ 필요한 부품이 빠지지 않도록 기입한다.

⑤ 필요한 주의사항, 표준란, 사양란을 빠짐없이 기입한다.

(2) 도법

① 도면은 현장 작업에 보기 쉽도록 그린다.(3D는 색상으로 표현)

② 현장에서 복잡한 계산을 하지 않도록 한다.

③ 숫자는 적정한 위치에 명료하게 기입한다.
④ 불명확한 부분은 부분적으로 상세도나 입체도를 병기한다.
⑤ CAD/CAM/CAE 데이터가 서로 호환되도록 한다.

(3) 부품도

① 부품, 명칭을 명확하게 하고, 이미지가 다른 명칭은 피한다.
② 부품 번호와 조립도 번호가 틀리지 않도록 한다.
③ 부품의 개수, 재질, 처리 방법, 필요 기간 등을 기입한다.
④ 필요 치수의 기입 누락, 치수 지시의 불명확, 치수 기준의 위치 등 치수 기입법에 불합리가 없도록 한다.
⑤ 허용 치수에 무리가 없는지, 가공상, 성형상의 관점에서 검토한다.
⑥ 빼기구배 및 제품의 치수 구배에 대해서는 기준면으로부터의 각도를 기입한다.
⑦ 제품 치수와 금형제작 치수는 색상으로 구별하도록 한다.
⑧ 사내 제작, 시판품 구입, 사내 재고 등의 구별을 기입한다.
⑨ 지장이 없는 한 표준 부품의 이용을 고려한다.
⑩ 주요 부위의 정밀도, 끼워맞춤 기호 기입은 특히 주의한다.
⑪ 필요 이상의 정밀도의 지시는 하지 않는다.
⑫ 주요 부위의 열처리, 표면처리의 지시는 잊지 않도록 한다.
⑬ 가공 기준면의 지시, 맞추기 개소, 조립에 관한 주의 사항을 명시한다.
⑭ 냉각 회로가 복잡한 경우는 회로 및 회로마다 입출구을 명확히 한다.

5) 성형품

① 석고, 플라스틱 판재, RP 등으로 시제품 모델을 제작한다.
② 외관적으로 보아 숨는 부분이라든가, 보기 어려운 부분 등 형상적인 문제(게이트 위치, 압출 핀의 위치, 파팅 라인의 위치 등)
③ 웰드 라인 위치의 작성
④ 응력의 집중 여부
⑤ 빼기구배는 지장이 없는 범위내에서 크게 잡는다.
⑥ 상대 부품이 있을 경우는 부착 방법, 끼워 맞춤, 검사 방법 등 검토
⑦ 허용치수, 실용상, 조립상 문제가 없는 부분은 가능한 한 큰 허용치수를 잡는다.
⑧ 성형품의 마무리 또는 후 가공이 적도록 한다.(도장, 도금, 접착 등)

⑨ 마무리 정도의 결정(플래시 발생 부분의 도피법)
⑩ 투명 성형품의 경우에는 취급 방법의 결정

6) 금형상의 검사

① 쇼트는 몇 분인가(사출시간, 냉각시간 등)
② 충전부족의 가능성이 있는 장소를 고려하여, 시험 후 게이트, 러너의 수정.
③ 성형품의 빼내기 방향, 빼내기 방법을 생각한다.
④ 성형 직후의 변형을 고려하여 금형에 리브를 붙여서 방지할 수 없는가?

7) 금형 가공

① 캐비티 가공을 부싱 구조로 하는가, 일체로 제작하는가?
② 캐비티의 가공 방법-공작 기계의 선정
③ 슬라이드부, 플래시가 발생할 가능성이 있는 개소의 경도 및 재질을 고려한다.
④ 금형의 강도는 충분한가, 특히 응력이 모이는 코너부는 에지를 피한다.
⑤ 성형품의 표면 및 사용 부분 이면 등의 연마 정도를 정한다.
⑥ 특수가공의 유무(호브, 베릴륨 동, 방전가공, 도금, 담금질 등)
⑦ 조립, 운반에 편리한 위치에 적당한 크기의 매달기 볼트 구멍을 고려한다.
⑧ 담금질할 경우에, 변형이 최소가 되도록 고려한다.
⑨ 조립 분해가 쉽게 되도록 홈, 빼기 구멍, 호칭 나사의 가공을 지시한다.

4.2 형판 · 캐비티 기구의 설계

4.2.1. 표준 몰드 베이스

금형의 주요 부품은 KS에 형상과 재질이 규정되어 있고, 이것을 기본으로 하여 여러 가지 기능 부품을 짜 넣은 몰드베이스(mold base)가 시판되고 있다. 이 몰드 베이스를 잘 사용하면 금형의 단가 인하, 납기 단축을 할 수 있다.

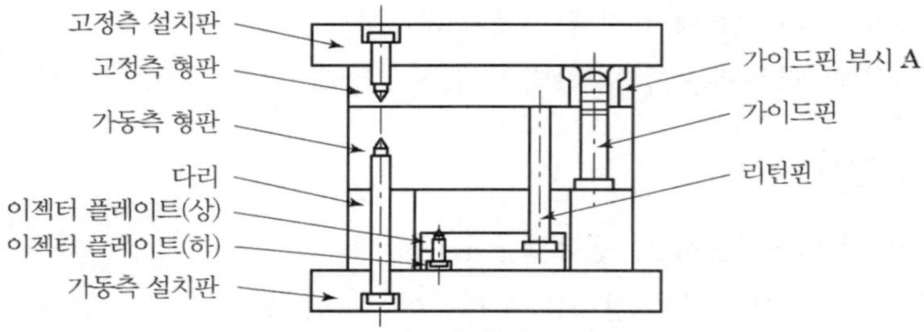

받침판 없는 표준형

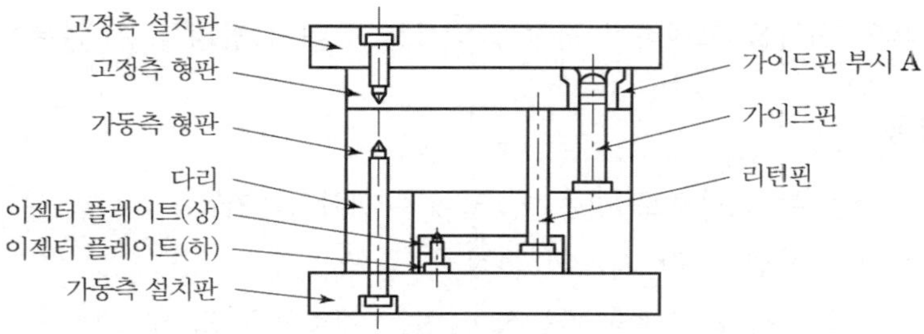

받침판 없는 표준형

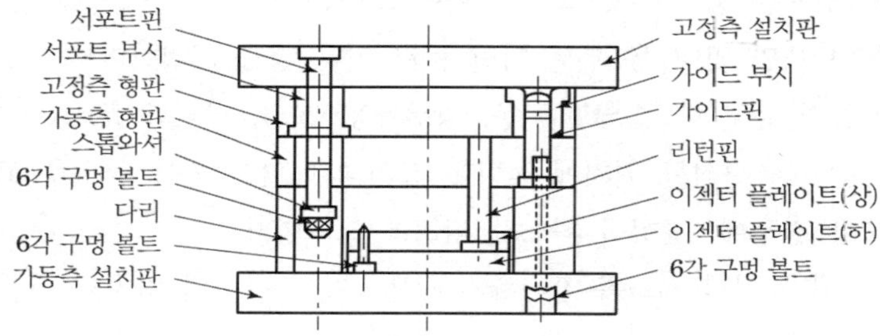

고정측 형판 작동 받침판 없는 것

그림 4·2 표준몰드 베이스(side gate type)

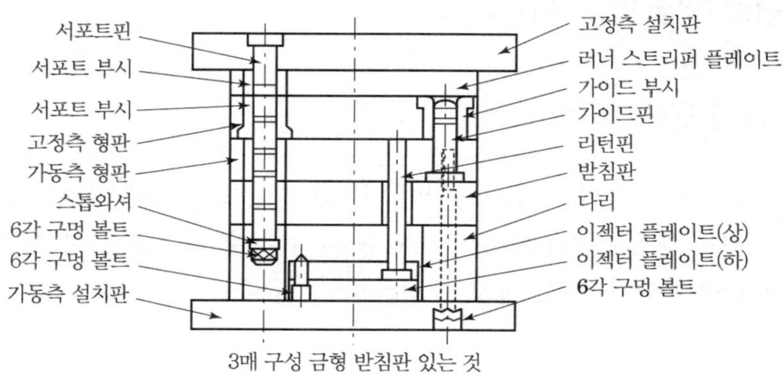

3매 구성 금형 받침판 있는 것

그림 4·3 표준몰드 베이스(pin point gate type)

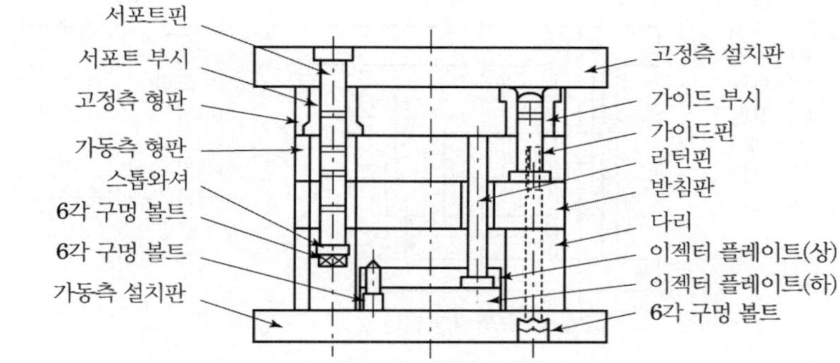

고정측 형판 작동 받침판 있는 형

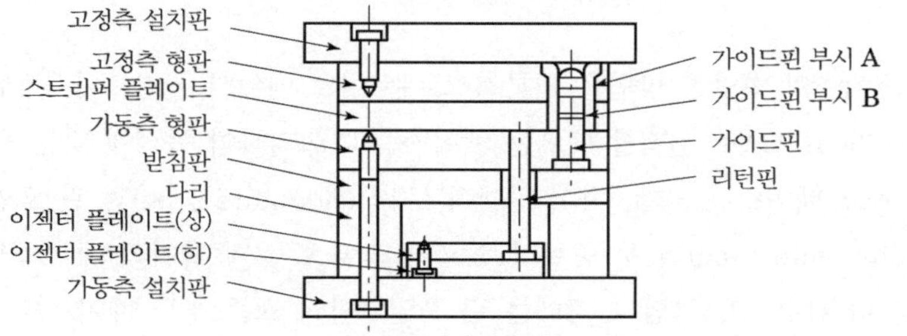

스트리퍼 이젝터 방식 표준형

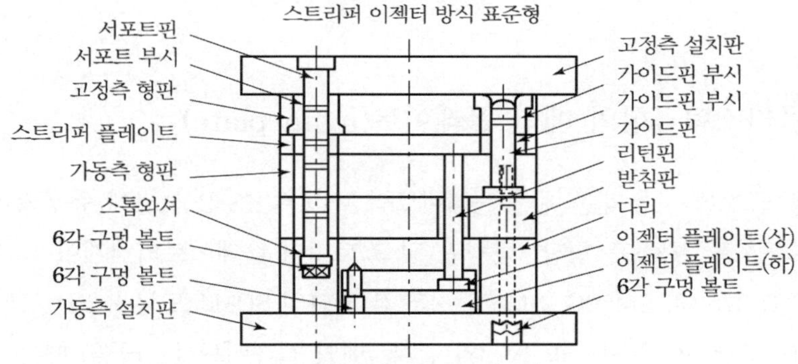

고정측 형판 작동 스트리퍼형

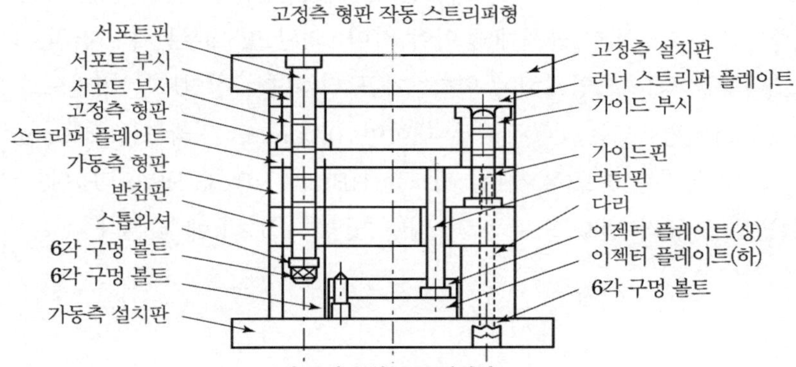

3매 구성 금형 스트리퍼형

그림 4 · 3 (계 속)

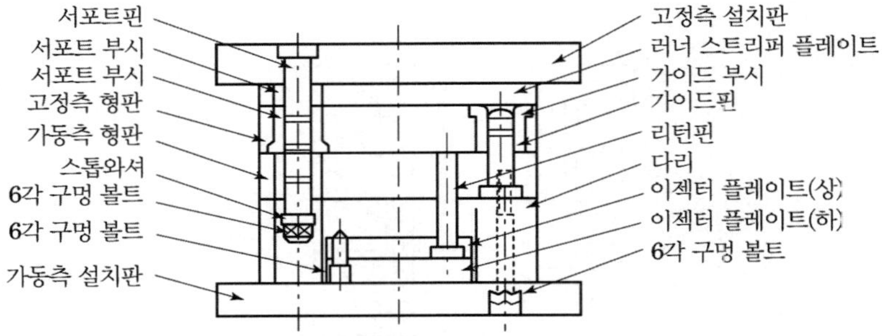

3매 금형 받침판 없는 것

그림 4 · 3 (계 속)

표준 몰드 베이스의 짜맞춤 방법은 기본적으로는 어느 메이커나 같으나, 세부적인 것은 약간씩 차이가 있으므로 선택할 때에는 메이커측과 협의하여 목적에 맞는 형식을 선택해야 한다. 몰드 베이스는 크게, 사이드 게이트방식(side gate type)과 핀 포인트 게이트방식(pin point gate type)의 두 종류가 있으며 그림 4 · 2에 사이드 게이트방식 표준 몰드 베이스를 나타내었고, 그림 4 · 3에는 핀 포인트방식 표준 몰드 베이스를 나타내었다.

4.2.2. 플라스틱금형의 메인 플레이트(main plate)

플라스틱용 금형에 사용되는 메인 플레이트의 규격은 KS B 4151에 규정되어 있으며, 대상은 고정측 형판, 가동측 형판, 받침판 및 스트리퍼 플레이트의 4개이다. 재질은 원칙적으로 KS D 3752의 SM50C, SM55C, KS D 3711의 SCM4 또는 KS D 3751의 STC7로 되어 있다. 모양 및 치수는 표 4 · 2와 같다. 메인 플레이트를 가공할 때는 반드시 세 평면을 기준면으로 가공하여 표시해 놓아야 하며, 외관 및 내부는 흠, 터짐, 녹, 기타 결함이 없고, 다듬질 정도가 양호해야 한다. 가공 기준면의 정밀도는 평면도가 300mm에 대하여 0.02mm, 평행도는 300mm에 대하여 0.02mm, 직각도는 300mm에 대하여 0.02mm, 표면거칠기는 6.3S로 하며, 경도는 HB183~HB235(HS28~HS35)로 한다. 부품의 호칭 방법은 규격 번호 또는 규격 명칭 및 A×B×h에 따른다.

표 4 · 2 플라스틱 금형의 메인 플레이트(단위 : mm)

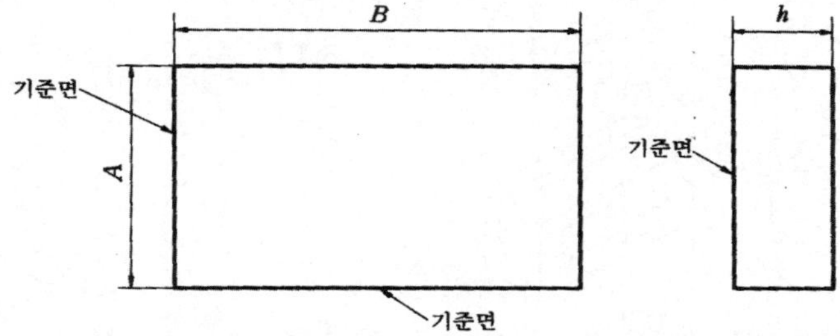

A	*B*	*h*
150	100 150 200 250 280 300 320 350	20 25 30 35 40 45 50
180	180 200 220 250 300 350 400	20 25 30 35 40 45 50
200	200 220 230 250 270 300 350 400 450	20 25 30 35 40 45 50 60
250	230 240 250 270 300 350 400 450 500	20 25 30 40 50 60 70 80
300	290 300 320 350 400 450 500 550	20 25 30 40 50 60 70 80 90
350	330 350 400 450 550 600	25 30 40 50 60 70 80 90 100
400	330 400 450 500 550 600 650 700	30 40 50 60 70 80 90 100
450	330 450 500 550 600 650 700 800	30 40 50 60 70 80 90 100 120 140
500	330 500 550 600 650 700 800	30 40 50 60 70 80 90 100 120 140
600	600 700 800	40 50 60 70 80 100 120 140 160
700	700 800 900	50 60 70 80 100 120 140 160
800	800 900 1000	60 80 100 120 140 160

※ 표 중의 치수 허용공차는 KS B 0412의 1급을 적용한다.

4.2.3. 코어 및 형판

캐비티를 형성하는 방법에는 일체식과 인서트 방식이 있다. 일체식 방법은 고정측 형판과 가동측 형판에 의해 캐비티를 이루는 방식으로 소형이며, 한 개 뽑기 금형용에 사용된다.

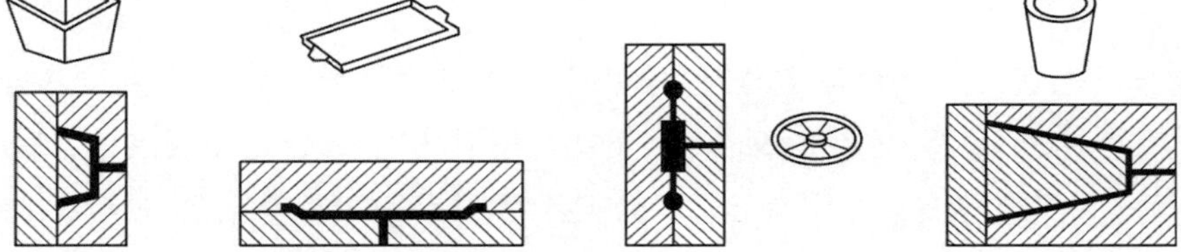

(a) 사각용기 금형 (b) 얇은 상자 금형 (c) 핸들금형 (d) 원형용기 금형

그림 4 · 4 일체식 형판

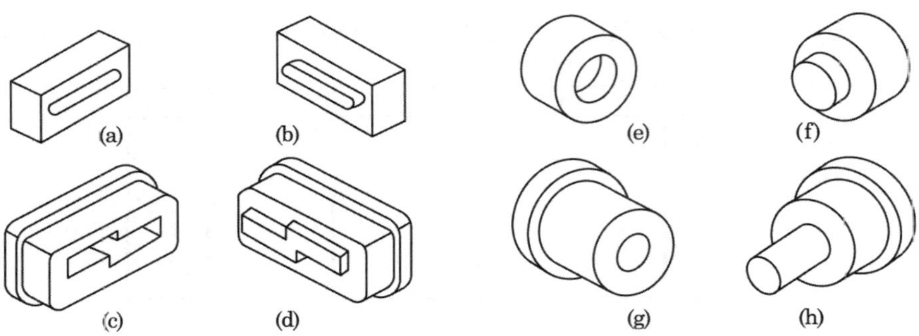

(a, b) 사각형 : 나사로 고정
(c, d) 사각형 : 플랜지로 고정
(e, f) 원형 : 나사로 고정
(g, h) 원형 : 플랜지로 고정

그림 4 · 5 인서트 형상

인서트 방식은 기계가공을 간단하게 하기 위하여 원형 또는 4각형으로 인서트를 만들어, 형판에 끼워맞춤하여 캐비티를 형성하도록 한 것이다. 그림 4 · 5는 간단한 인서트 형상예를 표시한 것이다. 한편 캐비티는 기계가공이나 다듬질가공을 쉽게 하기 위하여 분할하거나 부분 입자를 쓰는 경우가 많다. 그림 4 · 7은 물통을 만들기 위한 금형으로서 캐비티 아래 부분만을 인서트로 한 것이다.

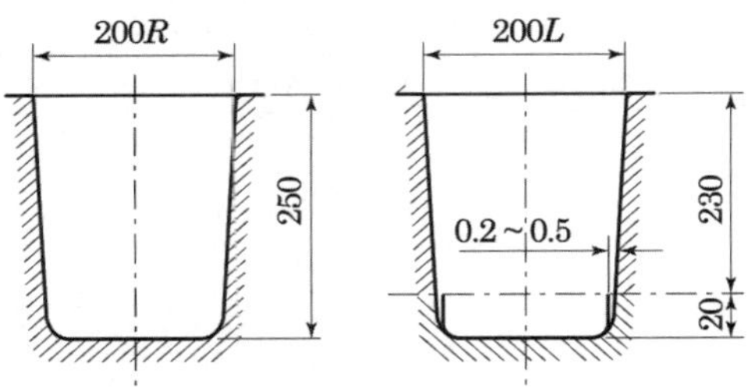

(a) 일체식 (b) 분할식

그림 4 · 6 캐비티의 분할

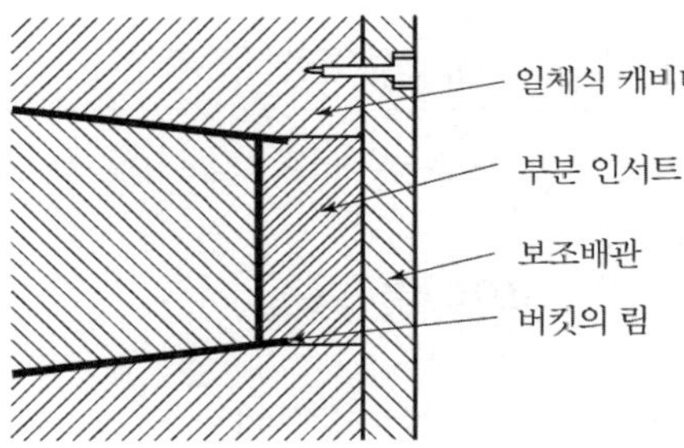

그림 4 · 7 부분 인서트

4.2.4. 성형품의 빼기 수와 배열

정밀도가 높은 사출성형품을 얻기 위해서는 1개의 금형에서 한 종류의 성형품을 성형하고, 빼는 수도 될 수 있는 대로 적은 것이 바람직하다. 또한 금형의 수명, 트러블, 성형사이클, 가공 정밀도, 가격 등 어느 것이든 간에 적을수록 좋은 결과를 기대할 수 있다. 그러나 정밀도 상이나 성형기의 능력, 생산성 등의 관계로 인해 다수개 빼기로 할 경우도 많다. 이러할 때 캐비티의 배열에 있어서 다음과 같은 주의를 해야 한다.

① 형판에서 캐비티가 한쪽으로 치우치지 않도록 한다. 특히 다종 동시 성형인 경우에는 배치를 충분히 검토한다.

② 스프루에서 게이트까지의 거리가 가능한 한 같도록 한다. 부득이하여 같지 않을 때는 게이트의 크기를 조절하여 보완되도록 한다.

4.2.5. 가이드 핀과 가이드 핀 부시

가이드 핀은 고정측과 가동측에의 안내와 금형 보호 역할을 목적으로 하고 있다. KS B 4152에서는 A형, B형의 2종을 규정하고 있으며, 기름 홈을 만들어서 H_RC 55 이상으로 열처리되어 있다. 가이드부의 길이는 일반적으로 지름의 1.5~2배 정도로 한다. 재질은 STC3~5, STS2~3 또는 STB2로 규정되어 있으며, 그림 4 · 8과 그림 4 · 9는 A형, B형 가이드 핀의 형상과 치수를 보여주고 있다. 또한, 그림 4 · 10은 플라스틱금형에서 가이드 핀의 적용 예를 나타낸다. 한편, 충분히 고려하여 결정한 파팅라인이나 빼기구배, 치수정밀도도 연속 운전되고 있는 동안에 고정측과 가동측의 맞춤이 어긋나게 되면 성형품의 외관은 물론 치수 및 그 밖의 트러블이 많아진다. 이들 금형의 어긋남 발생의 요인으로서 다음과 같은 것을 생각할 수 있다.

① 연속 운전에 의한 맞춤 기구의 마모
② 금형의 자체 중량에 의한 휨으로 특히 대형 금형에 많다.
③ 금형온도를 상승시킬 경우의 열팽창의 영향
④ 성형압력에 의한 피로와 강도 부족
⑤ 플래시 발생에 의한 금형 손상
⑥ 성형기의 이상

이러한 금형의 어긋남의 대책으로, 가이드핀과 가이드핀 부시를 생각할 수 있으나, 취동하는 부분은 반드시 마모가 발생하기 때문에 테이퍼 맞춤을 한다. 테이퍼 맞춤면의 각도는 10~20°가 효과적이고, 높이는 15mm 이상으로 한다. 테이퍼 부분은 열처리하거나 담금질 비스를 셋트하여 사용한다. 그림 4 · 11은 가이드핀의 강화 예와 테이퍼맞춤에 의한 형 어긋남 방지를 나타낸 것으로, (a)는 가이드핀 만으로 마모에 의해 편심이 생길 수 있으며, (b)와 (c)는 테이퍼맞춤을 설치한 것으로서, (c)쪽이 합리적이다. (d)는 테이퍼부의 상세도를 나타낸다. 금형의 중심 어긋남 및 코어의 성형압력에 의한 편심 요인을 가이드 핀과 가이드 부시만으로 대처하면, 정밀, 박육, 대형의 성형품에는 매우 위험한 요소를 포함하고 있다. 그것은 가이드핀은 취동하는 것으로서 취동하는 부분에는 반드시 마모가 생기기 때문이다. 따라서 이들 중심이 어긋나는 요인을 가이드 핀에 전면적으로 의지하지 않는 방법으로서 테이퍼맞춤이 있다. 가이드 핀 부시는 KS B 4155에 A형과 B형으로 규정하고 있으며, 재료는 원칙적으로 KS D 3751의 STC3~STC5, KS D 3753의 STS2, STS3 또는 KS D 3525의 STB2로 한다. 그림 4 · 12는 가이드 핀 부시의 형상과 치수를 나타내며, 그림 4 · 13은 그 적용 예를 나타낸다.

A형

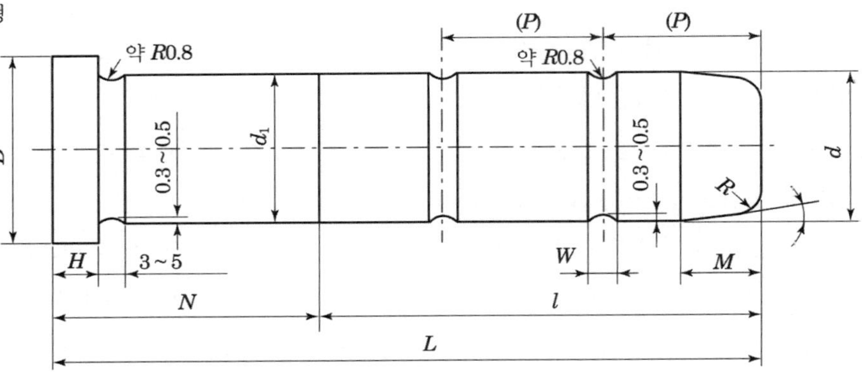

호칭 치수	d 치수	d 치수차(기호)	d_1 치수	d_1 치수차(기호)	D	H	M	R	W	P
20	20	-0.020 -0.041 (f7)	20	+0.015 +0.002 (k6)	25	6	10	2.5	3	20
25	25	-0.020 -0.041 (f7)	25	+0.015 +0.002 (k6)	30	8	12	2.5		25
30	30	-0.010 -0.061 (f7)	30	+0.015 +0.002 (k6)	35	8	15	3		30
35	35	-0.050 -0.075 (e7)	35	+0.018 +0.002 (k6)	40	8	15	3	4	30
40	40	-0.050 -0.075 (e7)	40	+0.027 +0.002 (k7)	45	10	20	4		40
50	50	-0.050 -0.075 (e7)	50	+0.034 +0.009 (n7)	56	12	25	5		50
60	60	-0.060 -0.090 (e7)	60	+0.041 +0.011 (n7)	66	15	25	5		50

비고 1. L 및 N은 사용자가 지정한다.
2. 허용차의 기입이 없는 치수의 허용차는 KS B 0412의 2급을 적용한다.
3. l 부에는 가이드핀의 미끄럼을 쉽게 하기 위해 기름홈을 파서 사용한다.

그림 4 · 8 가이드핀의 형상과 치수(A형, 단위 : mm)

B형

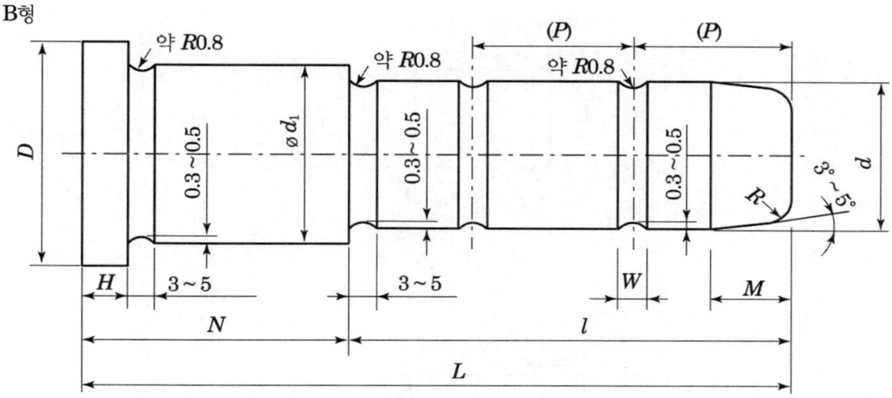

<table>
<tr><th rowspan="2">호칭 치수</th><th colspan="2">d</th><th colspan="2">d_1</th><th rowspan="2">D</th><th rowspan="2">H</th><th rowspan="2">M</th><th rowspan="2">R</th><th rowspan="2">W</th><th rowspan="2">P</th></tr>
<tr><th>치수</th><th>치수차(기호)</th><th>치수</th><th>치수차(기호)</th></tr>
<tr><td>20</td><td>20</td><td>-0.020
-0.041 (f7)</td><td>30</td><td>+0.015
+0.002 (k6)</td><td>35</td><td>8</td><td>10</td><td>2.5</td><td rowspan="3">3</td><td>20</td></tr>
<tr><td>25</td><td>25</td><td>-0.020
-0.041 (f7)</td><td>35</td><td>+0.018
+0.002 (k6)</td><td>40</td><td>8</td><td>13</td><td>2.5</td><td>25</td></tr>
<tr><td>30</td><td>30</td><td>-0.010
-0.061 (f7)</td><td>42</td><td>+0.027
+0.002 (k7)</td><td>47</td><td>10</td><td>15</td><td>3</td><td>30</td></tr>
<tr><td>35</td><td>35</td><td>-0.050
-0.075 (e7)</td><td>48</td><td>+0.027
+0.002 (k7)</td><td>54</td><td>10</td><td>15</td><td>3</td><td rowspan="4">4</td><td>30</td></tr>
<tr><td>40</td><td>40</td><td>-0.050
-0.075 (e7)</td><td>55</td><td>+0.041
+0.011 (m7)</td><td>61</td><td>12</td><td>20</td><td>4</td><td>40</td></tr>
<tr><td>50</td><td>50</td><td>-0.050
-0.075 (e7)</td><td>70</td><td>+0.041
+0.011 (m7)</td><td>76</td><td>15</td><td>25</td><td>5</td><td>50</td></tr>
<tr><td>60</td><td>60</td><td>-0.060
-0.090 (e7)</td><td>80</td><td>+0.041
+0.011 (m7)</td><td>86</td><td>15</td><td>25</td><td>5</td><td>50</td></tr>
</table>

비고 1. L 및 N은 사용자가 지정한다.
2. 허용차의 기입이 없는 치수의 허용차는 KS B 0412의 2급을 적용한다.
3. l 부에는 가이드핀의 미끄럼을 위해 기름홈을 파서 사용한다.

그림 4·9 가이드핀의 형상과 치수(B형, 단위 : mm)

A형

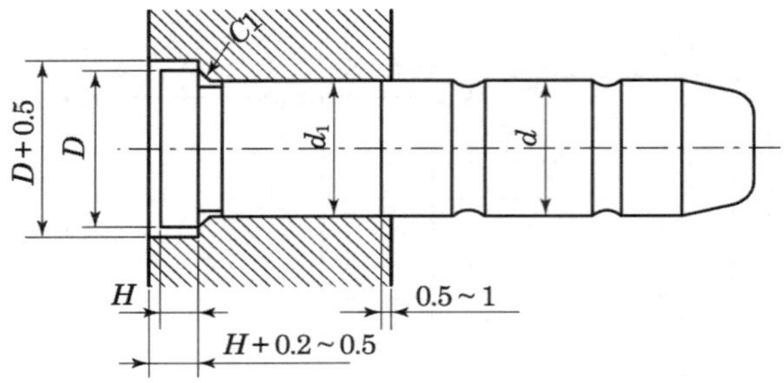

B형

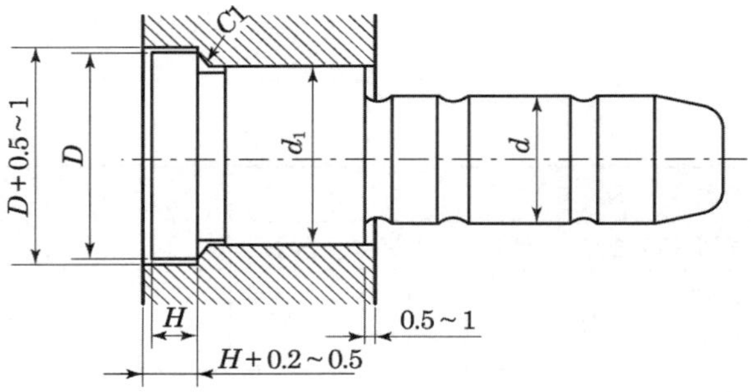

호칭 치수 d	A형				B형			
	d_1		D	H	d_1		D	H
	치수	치수차(H7)			치수	치수차(H7)		
20	20	$^{+0.021}_{0}$	25	6	30	$^{+0.021}_{0}$	35	8
25	25	$^{+0.021}_{0}$	30	8	35	$^{+0.025}_{0}$	40	8
30	30	$^{+0.021}_{0}$	35	8	42	$^{+0.025}_{0}$	47	10
35	35	$^{+0.025}_{0}$	40	8	48	$^{+0.025}_{0}$	54	10
40	40	$^{+0.025}_{0}$	45	10	55	$^{+0.030}_{0}$	61	12
50	50	$^{+0.025}_{0}$	56	12	70	$^{+0.030}_{0}$	76	15
60	60	$^{+0.030}_{0}$	66	15	80	$^{+0.030}_{0}$	86	15

그림 4 · 10 가이드핀의 적용

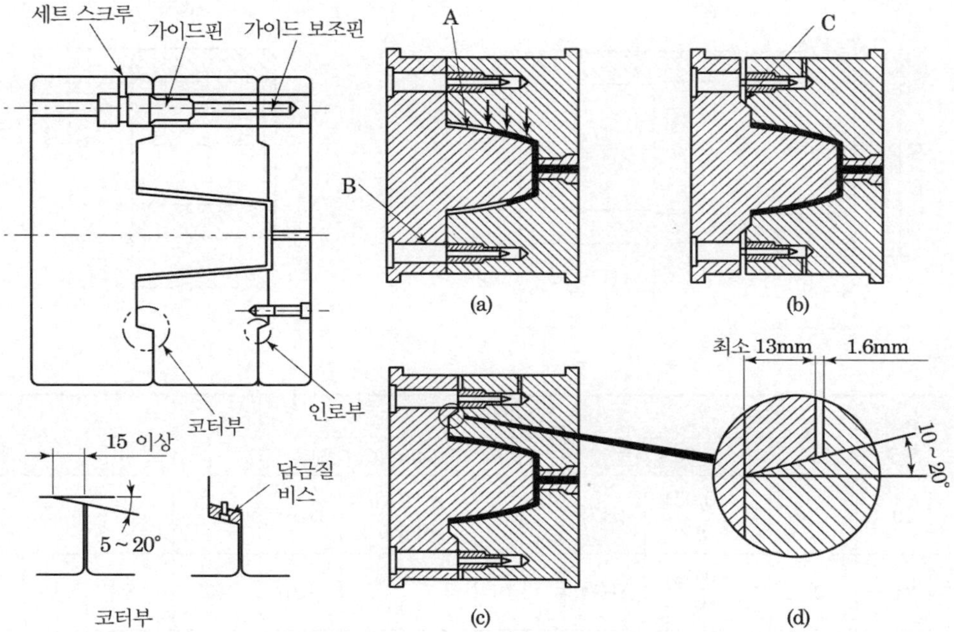

그림 4 · 11 가이드 보조핀과 테이퍼 맞춤

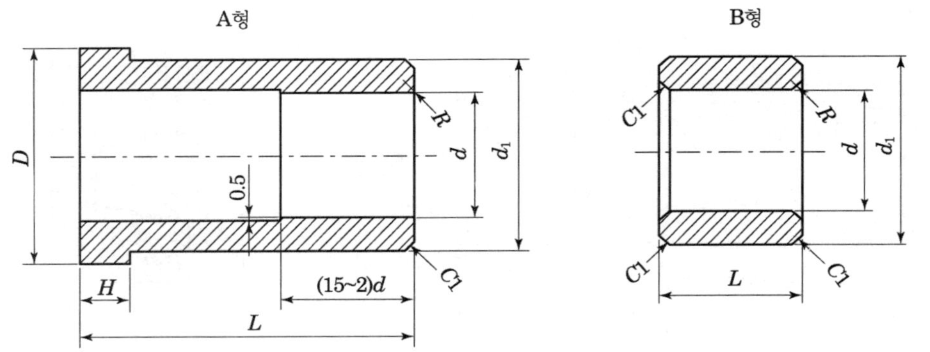

호칭 치수	d			d_1			D	H	R
	치수	치수차(기호)		치수	치수차(기호)				
20	20	+0.021 0	(H7)	30	+0.015 +0.002	(K6)	35	8	3
25	25	+0.021 0	(H7)	35	+0.018 +0.002	(K6)	40	8	3
30	30	+0.021 0	(H7)	42	+0.027 +0.002	(K7)	47	10	3
35	35	+0.025 0	(H7)	48	+0.027 +0.002	(K7)	54	10	4
40	40	+0.025 0	(H7)	55	+0.041 +0.011	(m7)	61	10	4
50	50	+0.025 0	(H7)	70	+0.041 +0.011	(m7)	76	12	4
60	60	+0.030 0	(H7)	80	+0.041 +0.011	(m7)	86	12	4

비고 1. L 및 L1은 사용자가 지정한다.
2. 허용차가 기입되지 않은 치수의 허용차는 KS B 0412의 2급을 적용한다.

그림 4 · 12 가이드핀 부시의 형상과 치수(단위 : mm)

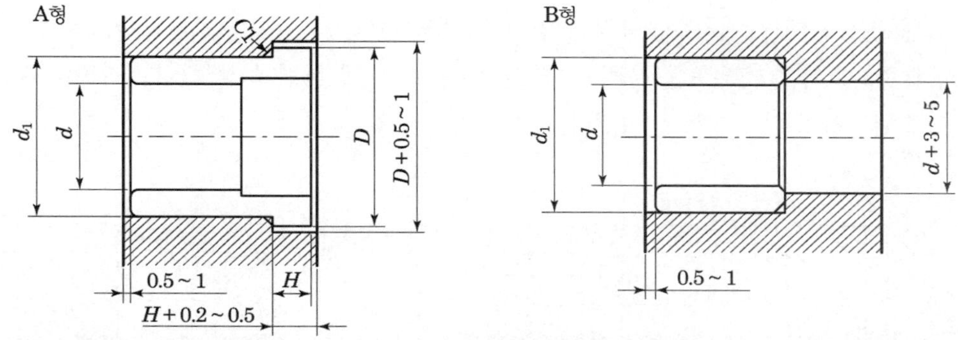

호칭 치수	d	d_1		D	H	호칭 치수	d	d_1		D	H
		치수	치수차(H7)					치수	치수차(H7)		
20	20	30	+0.021 0	35	8	40	40	55	+0.030 0	61	10
25	25	35	+0.025 0	40	8	50	50	70	+0.030 0	76	12
30	30	42	+0.025 0	47	10	60	60	80	+0.030 0	86	12
35	35	48	+0.025 0	54	10						

그림 4 · 13 가이드핀 부시의 적용(단위 : mm)

4.2.6. 에어 벤트(air vent)

캐비티에 용융 수지를 집어넣어 채울 때 캐비티안의 공기 또는 수지의 휘발가스를 금형 밖으로 배출해야 하며, 이 배출 통로를 에어 벤트 또는 배기 구멍이라고 한다. 에어 벤트는 캐비티 설계에서 중요한 항목의 하나이며, 이 설계가 나쁘면 다음과 같은 결함이 생긴다.

① 캐비티내에 있는 공기저항으로 공기가 빠지는 속도보다 수지의 충전속도가 빠르면 공기의 압축으로 급속히 온도가 상승하면서 수지의 태움현상이 생긴다.

② 폐쇄된 캐비티내의 공기저항으로 용융수지의 충전이 저지되어 충전불량의 원인이 된다.

③ 캐비티내의 가스가 사출된 용융수지에 밀려 금형의 분할면을 벌려 플래시 발생의 원인이 된다.

④ 에어와 수지가 혼합되어 기포, 은줄(silver streak), 흐림 등의 성형불량과 소형 정

밀 성형품에서는 치수불량의 원인이 되기도 한다.

⑤ 금형온도와 수지온도를 올리고, 사출속도를 느리게 하면 이들 불량은 일어나지 않으나, 사이클이 대폭 연장된다.

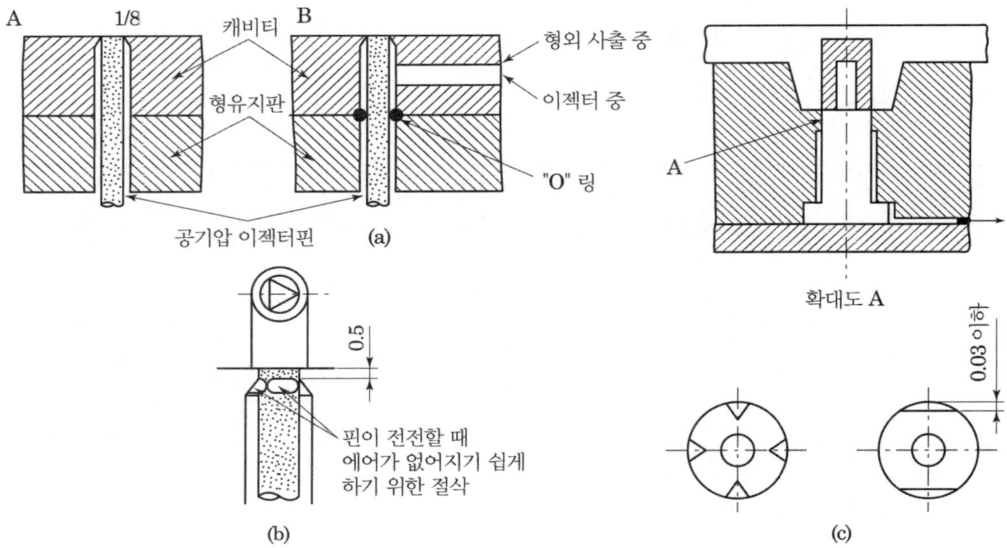

그림 4 · 14 이젝터핀을 이용한 에어벤트

이러한 결함을 방지하기 위한 에어 벤트를 취하는 방식으로는 다음과 같은 방법이 있는데 중요한 것은 반드시 금형의 바깥까지 공기를 유도해 주는 일이다.

① 공기의 고이는 곳이 없으면, 파팅 라인에서 도피시키는 것이 가장 일반적이고 간단하다.

② 이젝터핀과 이젝터핀 구멍의 틈새를 이용하는 것으로 틈새는 핀 지름 5~10mm에서는 0.02~0.03mm, 이보다 적은 지름에서는 0.01~0.02mm가 좋다.

③ 제품 일부에 높은 보스나 리브가 있을 때는 이젝터핀을 이용하거나 맞춤부의 틈새를 이용하여 뺀다.

④ 가스 빼기핀을 세워서 빼거나, 진공펌프를 이용하여 가스를 빼낸다.

⑤ 소결합금을 이용한 것으로 성형압력에 의한 변형에 주의한다.[그림 4 · 15 참조]

표 4 · 3 수지별 에어벤트의 깊이

수 지 명	에어벤트 깊이(mm)	수 지 명	에어벤트 깊이(mm)
ABS	0.01~0.03	PBT	0.005~0.015
폴리아세탈	0.01~0.02	폴리아미드	0.005~0.015
PPO(변성)	0.02~0.03	폴리카보네이트	0.02~0.03
PPS	0.01~0.03		

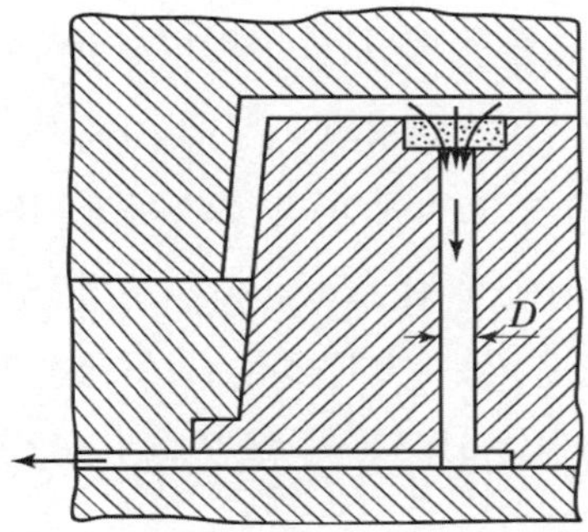

그림 4 · 15 소결합금을 이용한 에어벤트

4.2.7. 금형의 강도 계산

사출성형용 금형을 설계할 때는 금형에 가해지는 성형압력 및 성형기의 형체력에 견딜 수 있도록 고려해야 한다. 금형의 강도 계산을 하기 위해서는 사출된 성형재료가 성형부에 미치는 압력을 추정하는 것이 필요하다. 성형부내의 압력은 성형품 살두께, 수지의 종류, 성형조건에 따라 다르지만 강도 계산의 경우에는 여유를 주어 500~700 kgf/cm^{2}로 하는 것이 일반적이다. 그러나 캐비티 자체는 가는 핀, 구멍, 홈, 노치 등 응력집중이 발생하기 쉬운 형상으로 이루어지며, 상당히 가혹한 조건에 있다고 할 수 있다. 금형설계에 있어서 충분한 안전값을 부여하여 강도를 계산하지 않으면, 제작한 금형이 파괴되거나 변형이 발생한다.

일반적으로 매 금형설계시마다 금형의 강도 계산을 실행하는 경우는 많지 않고, 이미 확보된 유사한 계산 자료를 활용한다. 금형 캐비티부의 설계 계산에서는 탄성 변형량을 어느 정도로 상정하느냐가 중요하다. 즉, 가압력이 없어지면 그 변형이 없어진다고 하지만 힘이 가해진 사출성형의 경우에는 용융된 성형재료가 금형 캐비티내에 사출된 상태에서는 캐비티의 벽면이 일순간에, 사출압력에 의해서 변형되고, 부품 구성에 따라서는 약간이기는 해도 빈틈이 발생한다. 이 빈틈에 용융수지가 침입하면, 성형품 주위의 플래시가 될 뿐만 아니라 성형품을 캐비티에서 꺼낼 때, 저항이 일어나기 때문에, 변형은 용융 수지가 침입할 수 없을 정도의 빈틈이 생기는 범위가 되도록 설계해야 한다. 또한 수만에서 수 십만번 반복 가압되는 성형용 금형에서는, 소성변형이 발생할 수 있고, 변형이 축적되면 마침내는 파괴되기 때문에 바람직하지 않은 현상이다. 따라서, 소성 변형이 일어나지 않도록 설계하는 것이 필수적이다. 소성변형이 발생하는 범위는 탄성변형의 상한을 넘은 부분이며, 이러한 단위 면적당 힘이 가해지는 조건은 피하는 것이 당연하다. 그러나 변형에 대하여 여유를 가지고 싶다면 탄성변형의 한계가 가능한 한, 높은 금형 소재를 선택하지 않으면 안된다. 금형의 각부에 가해지는 힘은 일정한 크기로 계속되는 것이 아니라, 항상 여러 가지 요인에 따라 변동하고, 또한 다양한 힘이 존재하고 있다. 게다가 사출성형용 금형의 형상에는 노치, 홈, 구멍, 급격한 단면의 변화 등이 있는데, 이들이 국부적 힘의 집중을 일으킨다. 한편으로 금형 부품은 기계가공에 의해서 생기는 툴 마크, 불균일한 열처리, 도금 등이 트러블의 원인이 되기도 한다.

1) 강도 계산시 고려사항

(1) 온도 영향 및 응력분포

일반적으로 수지의 성형온도는 100~350℃(FEP는 450℃), 금형온도는 20~140℃(FEP는 210℃)정도인데, 열이 강재에 주는 영향은 대단히 크다. 어떠한 재질이나 경도에서도 영향을 받으며, 특히 쐐기 모양의 노치는 그 영향이 크고 경도가 높은 강재일수록 예민한 반응을 일으킨다. 차가운 금형 캐비티내에 뜨거운 수지가 순간적으로 닿을 때 일어나는 열 쇼크가 반복되면, 국부적으로 발생하는 작은 팽창, 수축이 분자 수준의 왜곡이라도 금형 재료속에 축척되어, 결국은 취성 파괴의 계기가 된다.

(2) 표면 다듬질 및 형조립

형상이 불규칙한 성형품은 단순한 팽창, 수축이 있어도 각부에서 불균일한 변화가 일어나기 때문에, 왜곡이 축적되는 경향이 있다. 금형재료가 어떠한 재질, 경도라도 그 영향을 받고, 특히 쐐기상의 가공자국이나 홈이 있는 경우에는 영향이 크다. 또한 플라스틱 성형품의 외관은 금형 표면의 다듬질상태에 따라 영향을 받으므로 성형품이 요구하는 정밀도로 가공할 필요가 있다. 연마에 의한 자국, 흠이라도 하중 방향으로 있을 경우에는 영향이 현저하게 나타난다. 더욱이 이것을 반복하여 성형하므로서 유동수지는 연마작용 상태가 되고, 실제의 성형압력보다 높은 내부압력으로 되기 때문이다. 금형은 전부 일체로 제작되는 것이 아니고, 볼트에 의한 조이기, 압입 등에 의해서 조립되고 있다. 이 조립에서도 조이기 힘의 불균형에 의해서 약간의 비뚤어짐이 생기고, 사출압력이나 가열, 냉각의 영향을 받아 나쁜 방향으로 성장할 때도 있으므로 조립에 주의를 해야 한다.

(3) 금형의 내부 압력

가열실린더내에서 용융된 수지를 사출할 때 압력손실을 무시할 경우의 성형사이클에 대하여 생각한다면, 성형사이클은 캐비티내에 용융수지의 온도와 압력이 시간의 함수로 표시된다고 할 수 있다. 성형작업중 압력과 시간의 관계를 보면, 피스톤이 전진하기 시작할 때 용융수지는 캐비티에 사출이 시작되지만 캐비티에 충만할 때까지는 실질적으로 압력이 상승하지 않는다. 다음에 압력이 급격히 상승하여 최고값에 이른다. 여기에서 캐비티에 주입된 수지는 냉각되고 밀도는 증가하며, 성형기의 피스톤이 일정한 유압을 유지함에 따라 압력도 거의 일정하게 유지한다. 피스톤이 후퇴하고 금형내의 압력은 감소한다.

2) 금형강도 계산의 조건

금형설계를 하면서 강도를 계산할 경우에 충전되는 수지가 캐비티의 측벽에서 어느 정도의 압력이 작용하는가를 먼저 고려하여야 한다. 캐비티내에 작용하는 유효 평균 사출압력은 수지의 점성, 치수정밀도, 성형품과 유동기구의 설계 여하에 따라 다르다. 금형이 실제로 사용되는 단계에서 중요한 것은 용융된 성형재료가 금형 캐비티내에 사출될 때, 그 압력에 의해서 생기는 캐비티 부분의 변형이 성형된 제품에 악영향을 주지 않도록 하는 것이다. 그 때문에 필요한 것은 그 변형량이 어떠한 값보다도 작아지는 것인데, 여기에는 2개의 조건이 있다. 첫째는 금형 부품의 변형으로 인하여 발생한 빈틈에 용융한 성형재료가 침입하여 플래시가 만들어지지 않도록 한다. 용융재료가 들어갈 수 있는 빈틈의 크기는, 성형재료에 따라 다른데 유동성이 좋은 나일론(polyamide)에서는 0.025mm정도, 유동성이 중간 정도인 폴리스티렌(polystyrene), 폴리에틸렌(polyethylene)에서는 0.03~0.08mm. 흐르기 어려운 폴리아세탈(polyacetal), 경질 염화비닐에서는 0.1~0.2mm정도이기 때문에, 변형에 의한 빈틈이 이 수치 이하가 되도록 금형부품을 설계한다.

두 번째는 성형재료의 수축률과 변형량의 비교이다. 금형 캐비티 측벽의 변형량이 성형품의 냉각, 고화로 일어나는 수축량 보다도 작아야 한다. 성형품을 금형으로부터 꺼낼 때는 캐비티 측벽과 성형품 사이에 빈틈이 만들어진다. 따라서, 캐비티로부터 성형품을 밀어내는 경우에 양자간에는 마찰같은 저항이 존재하지 않기 때문에, 돌출이 용이하고, 긁힘 발생 등의 문제는 생기지 않는다. 이것이 일반적인 상태이고, 금형부품의 변형량이 성형품의 수축량보다도 작아지도록 캐비티 측벽의 두께를 설계한다. 성형 수축률이 큰 폴리에틸렌, 폴리아세탈에 대해서는 다소 얇은 금형부품을 사용해도 되지만, 유리섬유 등으로 강화한 성형 수축률이 작은 재료에 사용하는 금형에서는 단단한 금형부품을 사용하지 않으면 안된다. 그러나 캐비티 측벽의 변형이 크면 성형품의 두께가 커지고, 수축하더라도 원래 캐비티의 간격보다 두껍게 되어 성형품의 돌출을 어렵게 한다. 정밀한 치수 정밀도가 요구되는 경우에는, 금형부품의 변형량을 성형품의 수축률에 맞추거나, 약간 크게 하는 설계가 필요하다.

(1) 하중과 응력 상태

금형이 닫히고 압축될 때는, 형판, 받침판, 스페이서 블록 및 설치판에 압축압력이 가해진다. 그리고 성형재료의 사출이 이루어지면, 그 사출압력도 힘으로서 가해진다. 따라서, 이 양쪽 압력에 견디는 강도가 필요하게 된다. 압축력P가 작용하는 경우, 내부에 생기는 응력σ와의 관계는 다음과 같이 표시된다.

$$\sigma = \frac{P}{A}(kgf/cm^2) \qquad (4.1)$$

A는 압력이 작용하는 방향으로 수직인 금형부품의 단면적이 된다. 이 식에 의해서 계산된 내부응력이, 그 부품에 사용하는 재료의 강도보다 작으면, 그 부품은 파손되지 않는다. 계산한 내부응력이, 그 부품의 항복점 강도보다 큰 경우에는 파손될 위험이 있으므로, 부품의 단면적을 증가시키고 내부응력을 감소시켜야 한다. 금형에 작용하는 응력은 정적인 것이 아니고, 항상 여러 가지 요인에 의해 변동하며, 또한 다양한 응력을 받고 있다. 금형의 대부분은 노치, 나사, 홈, 구멍, 급격한 단면의 변화 등으로 이루어져 있다. 한편, 기계 가공에 의해 생기는 툴 마크(tool mark)나 다듬질, 열처리, 도금 등에 기인하는 문제점도 많다. 이들 금형의 강도에 나쁜 영향을 주는 요인을 보면 다음과 같다.

① 불규칙한 형상 또는 재질에 따른 응력집중
② 온도의 영향
③ 표면 다듬질의 영향
④ 볼트 또는 압입에 의한 형 맞춤의 영향

(2) 성형압력에 의한 굽힘량

① 굽힘에 의해 플래시가 발생할 우려가 없을 때 : 0.1~0.2mm

② 굽힘에 의해 플래시가 발생할 우려가 있을 때 : 0.05~0.08mm(PA 이외), 0.025mm(PA 경우)

③ 고급 정밀금형의 굽힘량은 다음의 경험식을 사용한다.

굽힘량=성형품 평균 살두께×성형 수축률

3) 직사각형 캐비티의 측벽 계산

강도 계산을 정확히 한다는 것은 매우 어려우므로 개략 계산에 의할 수밖에 없다. 여기에는 각각의 측벽을 양단 고정보로써 생각하거나, 각각의 측벽을 양단 단순 지지보로 생각하거나, 사각판으로 생각하여 계산한다. 실제로 측벽의 양단지지 상태는 완전한 고정이 아니고, 단순지지도 아니어서 사각판으로 계산하는 것이 실제에 가깝다고 생각되지만 계산이 복잡하고 실용적이지 않다. 또 단순지지보로 해서 계산하는 것은 측벽이 너무 두껍게 되므로, 양단 고정보로 해서 계산하여 어떤 안전계수를 넣어 주는 것이 바람직하다.

(1) 캐비티의 바닥이 일체가 아닌 경우

그림 4 · 16에서

P : 성형압력(kgf/cm²)

h : 캐비티 측벽의 두께(mm)

l : 캐비티 안쪽 길이(mm)

a : 성형압력을 받는 측벽 높이(mm)

b : 캐비티 바깥쪽 높이(mm)

E : 탄성계수(강의 경우 2.1×106kgf/cm²)

δ : 허용 굽힘량(mm)

이라 할 때 양단고정의 균일 분포하중을 받는 보로 생각하면, 다음의 계산식이 성립한다.

$$\delta = \frac{Wl^3}{384EI} \text{에서 } W = P \times a \times l, \quad I = \frac{bh^3}{12} \text{이므로 } \delta = \frac{12 \cdot Pal^4}{384Ebh^3}$$

$$\therefore h = \sqrt[3]{\frac{12Pal^4}{384Eb\delta}} \qquad (4 \cdot 2)$$

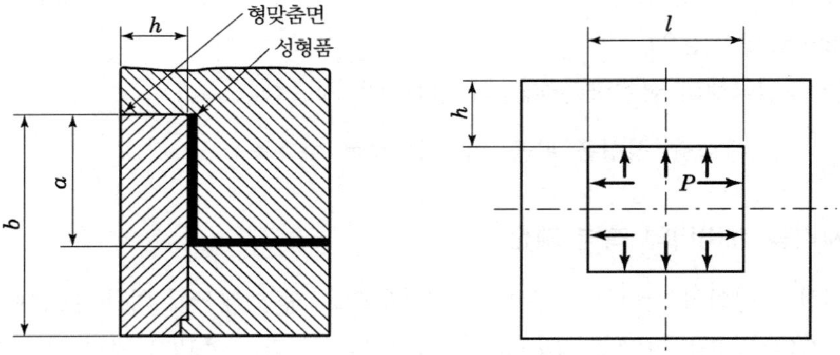

그림 4 · 16 캐비티 바닥이 일체가 아닌 경우

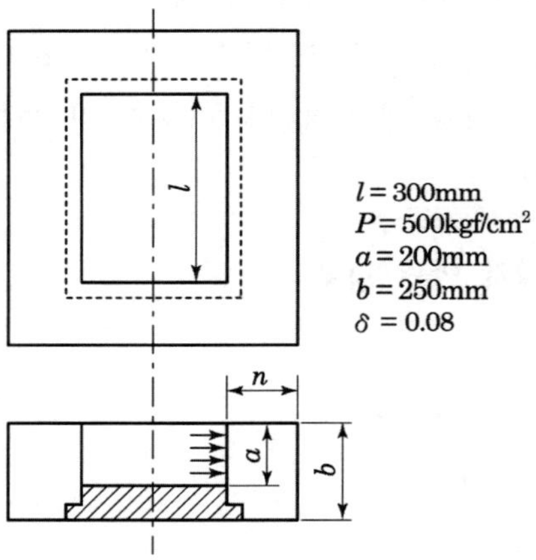

그림 4 · 17 캐비티 바닥이 일체가 아닌 경우의 예제

예제 4.1 $P = 500\,\text{kgf/cm}^2$, $l = 300\,\text{mm}$, $a = 200\,\text{mm}$, $b = 250\,\text{mm}$, $\delta = 0.08\,\text{mm}$ 일 때, 캐비티 바닥이 일체가 아닌 경우의 측벽을 계산하라.

풀이 식 (4 · 2)로부터

$$h = \sqrt[3]{\frac{12Pal^4}{384Ed\delta}} = \sqrt[3]{\frac{12 \times 500 \times 200 \times 300^4}{384 \times 2.1 \times 10^6 \times 250 \times 0.08}} = 84.46 \fallingdotseq 85\,\text{mm}$$

(2) 캐비티바닥이 일체인 경우

그림 4 · 18에서

P : 성형압력(kgf/cm²)

h : 캐비티 측벽의 두께(mm)

l : 캐비티 안쪽 길이(mm)

a : 성형압력을 받는 측벽높이(mm)

δ : 허용 굽힘량(mm)

E : 탄성계수(강의 경우 2.1×106kgf/cm²)

C : l/a에 의해서 정해지는 상수라고 하면, h는 다음 식에 의해 구해진다.

$$h = \sqrt[3]{\frac{C \cdot P \cdot a^4}{E \cdot \delta}} \qquad (4 \cdot 3)$$

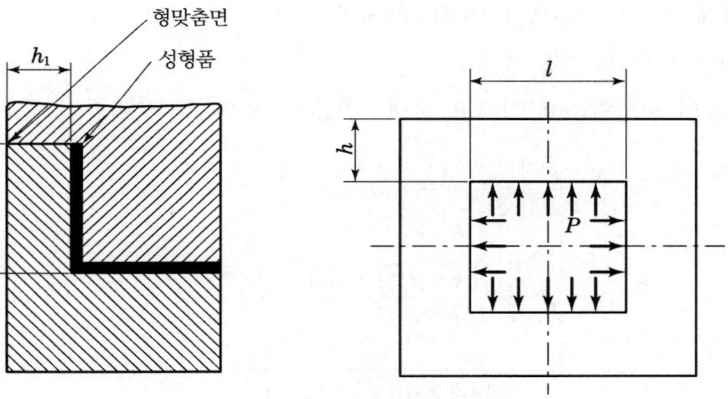

그림 4 · 18 캐비티 바닥이 일체인 경우

표 4 · 4 정수 C의 값

l/a	C	l/a	C	l/a	C
1.0	0.004	1.5	0.084	2.0	0.111
1.1	0.053	1.6	0.090	3.0	0.134
1.2	0.062	1.7	0.096	4.0	0.140
1.3	0.070	1.8	0.102	5.0	0.142
1.4	0.078	1.9	0.106		

예제 4.2 $P = 500\text{kgf/cm}^2$, $l = 300\text{mm}$, $a = 200\text{mm}$, $\delta = 0.08\text{mm}$일 때 캐비티 바닥이 일체가 아닌 경우의 측벽을 계산하라.

풀이 $l/a = 1.5$이므로 표 4 · 4에서 $C = 0.084$이다. 위의 식 (4 · 3)로부터

$$h = \sqrt[3]{\frac{C \cdot P \cdot a^4}{E \cdot \delta}} = \sqrt[3]{\frac{0.084 \times 500 \times 200^4}{2.1 \times 10^6 \times 0.08}} = 73.68 ≒ 74\text{mm}$$

4) 원형 캐비티의 측벽 계산

그림 4 · 19에서

P : 성형압력(kgf/cm²)

r : 원통 캐비티 안쪽 반지름(mm)

R : 원통 캐비티 바깥쪽 반지름(mm)

E : 탄성계수(강의 경우 2.1×106kgf/cm²)

m : 프아송 비(강의 경우 0.25)

δ : 내반경의 굽힘량(mm)이라고 하면, 원통형 캐비티에서 바닥이 뚫린 경우는

$$\delta = \frac{r \cdot P}{E}\left[\frac{R^2 + r^2}{R^2 - r^2} + m\right]$$

$$R = r \cdot \sqrt{\frac{E\delta + r \cdot P(1-m)}{E\delta - r \cdot P(1+m)}}$$

$$\therefore R = r \cdot \sqrt{\frac{(2.1 \times 10^6\delta) + (0.75r \cdot P)}{(2.1 \times 10^6\delta) - (1.25r \cdot P)}} \qquad (4 \cdot 4)$$

원통형 캐비티의 두께 $h = R - r$ 로 계산되며, δ 값은 0.02mm 이하로 억제하는 것이 좋다.

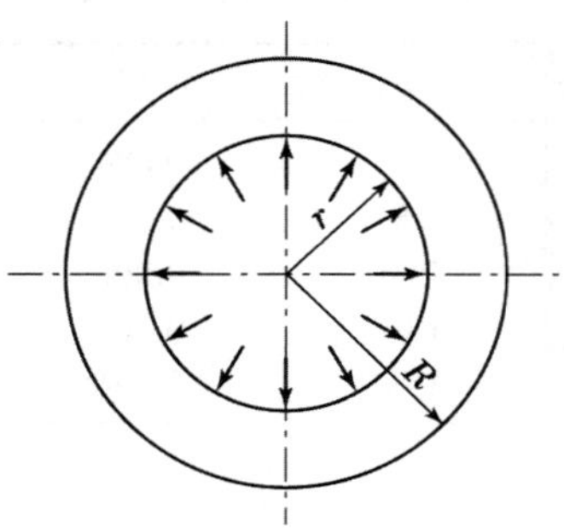

그림 4 · 19 원형 캐비티

예 제 4.3 $r = 75\text{mm}$, $P = 630\text{kgf/cm}^2$, $\delta = 0.05\text{mm}$일 때 원형 캐비티의 측벽을 계산하라.

풀이 위의 식 (4 · 4)으로부터

$$\therefore R = r \cdot \sqrt{\frac{(2.1 \times 10^6 \delta) + (0.75r \cdot P)}{(2.1 \times 10^6 \delta) - (1.25r \cdot P)}}$$

$$= 75\sqrt{\frac{(2.1 \times 10^6 \delta \times 0.05) + (0.75 \times 75 \times 630)}{(2.1 \times 10^6 \delta \times 0.05) - (1.25 \times 75 \times 630)}} = 131.135 \fallingdotseq 131\text{mm}$$

$$\therefore h = R - r = 131 - 75 = 56\text{mm}$$

5) 코어 받침판의 두께

그림 4 · 20에 나타낸 것과 같이 코어는 받침판에 의해서 받쳐지고, 받침판은 양단에서 스페이스 블록에 의해 지지되어 있다. 이 때 코어 형판은 성형압력을 받아 굽힘이 발생되고, 굽힘이 크게 되면 성형품의 살두께가 변하며, 파팅면에서 플래시가 발생한다. 따라서 굽힘량이 0.1mm 이상이 되지 않도록 해야 하며, 굽힘량이 많을 때는 서포트 블록으로 받친다.

(1) 서포트 블록이 없는 경우

그림 4 · 20에서

h : 받침판의 두께(mm)
P : 성형압력(kgf/cm²)
L : 스페이서 블록의 간격(mm)
l : 성형압력을 받는 길이(mm)
b : 성형압력을 받는 폭(mm)
B : 금형의 폭(mm)
δ : 받침판의 굽힘량(mm)
E : 탄성계수(강의 경우 2.1×106kgf/cm²)라고 하면, 균일 분포하중 P를 받는 단순지지보라 하면 굽힘량 δ는

$$\delta_{\max} = \frac{5WL^3}{384EI} \text{에서} \quad W = Pbl, \ I = \frac{Bh^3}{12}, \ l \fallingdotseq L \text{이라면}$$

$$\delta_{\min} = \frac{5PbL^4}{384EBh^3}$$

$$\therefore h = \sqrt[3]{\frac{5PbL^4}{32EB\delta}} \qquad (4 \cdot 5)$$

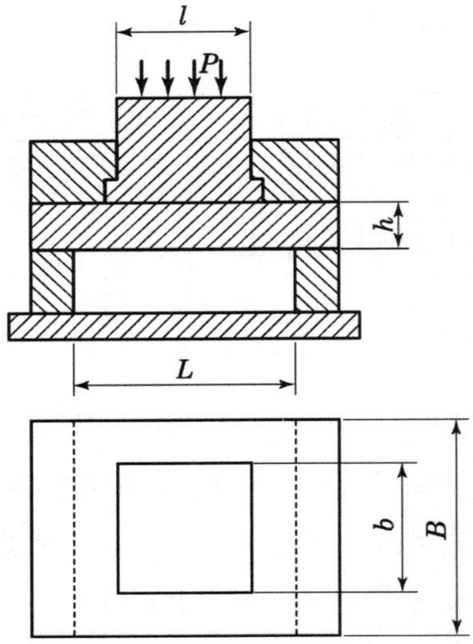

그림 4 · 20 코어 받침판의 두께

(2) 스페이서 블록 사이에 n개의 서포트를 같은 간격으로 넣은 경우

$$h_n = \sqrt[3]{\frac{5Pb\left(\frac{L}{n+1}\right)^4}{32EB\delta}} = \sqrt[3]{\frac{1}{(n+1)^4}} \cdot \sqrt{\frac{5PbL^4}{32EB\delta}}$$

$$= \sqrt[3]{\frac{1}{(n+1)^4}} \cdot h \qquad (4 \cdot 6)$$

n이 1개일 때는 $h_1 ≒ \frac{1}{2.52}h$ (4 · 7)

n이 2개일 때는 $h_2 ≒ \frac{1}{4.33}h$ (4 · 8)

n이 3개일 때는 $h_3 ≒ \frac{1}{6.35}h$ (4 · 9)

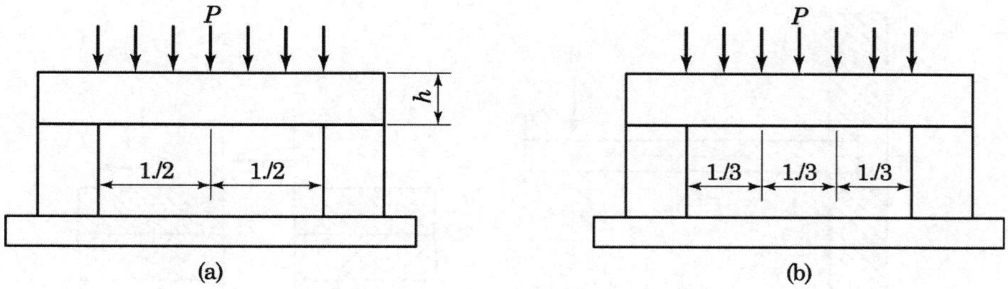

그림 4 · 21 n개 서포트를 넣은 경우

예 제 4.4 $L=120\text{mm}$, $b=130\text{mm}$, $l=100\text{mm}$, $P=500\text{kgf/cm}^2$, $B=220\text{mm}$, $\delta=0.08\text{mm}$인 경우의 받침판의 두께를 서포트가 없는 경우와 서포트가 중앙에 1개 있는 경우를 각각 구하라.

풀이 ① 서포트가 없는 경우(l/L이라 하면)

$$h=\sqrt[3]{\frac{5PbL^4}{32EB\delta}}=\sqrt[3]{\frac{5\times500\times130\times120^4}{32\times2.1\times10^6\times220\times0.08}}=38.5\text{mm}$$

② 서포트가 중앙에 1개 있는 경우

$$h\fallingdotseq\frac{h}{2.52}\fallingdotseq\frac{38.5}{2.52}\fallingdotseq15.3\text{mm}$$

6) 핀류와 볼트의 강도 계산

(1) 핀류의 강도 계산

금형을 조립할 때는 각종 핀과 볼트가 사용되고 있으며, 금형이 불량으로 되는 원인 중에는 핀 종류의 굽힘, 파손 등의 경우가 많다. 이것은 지름에 비해서 길이가 길어서 긴쪽에 직각방향으로, 강한 압축응력이 작용하므로 굽힘이 발생하고, 부러지게 된다. 가는 핀의 길이가 지름의 2.5배 이상이면 굽힘이 발생하기 쉽다.

① 외팔보 선단에 하중 W가 작용할 경우의 굽힘을 최소로 하기 위한 핀의 지름

그림 4 · 22의 ⓐ에서 $\delta=\dfrac{Wl^3}{3EI}$

$$D=\sqrt[4]{\frac{64\,Wl^3}{\pi\ 3E\delta}} \qquad (4\cdot10)$$

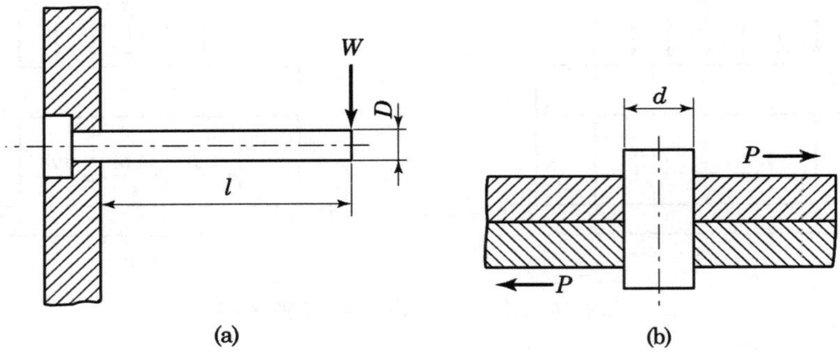

그림 4 · 22 핀 종류의 응력

여기서 δ : 핀의 굽힘량(mm)

W : 하중(kgf)

l : 핀의 노출 길이(mm)

D : 핀의 지름(mm)

E : 세로 탄성계수(강은 2.1×106kgf/cm²)

I : 단면 2차 모멘트

② 전단응력에 대해 필요한 핀의 지름

그림 4 · 22의 ⓑ에서 $\tau = \dfrac{4P}{\pi d^2}$

$$d = \sqrt{\frac{4P}{\pi \tau_p}} \qquad (4 \cdot 11)$$

여기서 τ : 전단응력(kgf/cm²)

d : 핀의 지름(mm)

P : 성형압력(kgf/cm²)

τ_p : 핀 재질의 허용응력(kgf/cm²)

③ 이젝터 핀의 강도 계산

$$P = A \times \sigma$$

이젝터 핀에 작용하는 응력 = 형개방력 $\div (A_1 \times n_1) + (A_2 \times n_2) \cdots$

최소 핀에 작용하는 하중 = A × 이젝터 핀에 작용하는 응력 ……(a)

최소 핀의 길이가 l일 경우의 한계하중은

$$Pcr = n\pi^2 \times (\frac{EI}{l^2})$$

Pcr : 한계 하중(kgf)

E : 탄성계수(강의 경우 2.1×106kgf/cm²)

I : 단면 2차 모멘트(원형 $I = \frac{\pi d^4}{64}$)

l : 길이(mm)

n : 고정계수(한쪽지지＝2)

위 식에서 Pcr을 구하여 (a)치수보다 적게 나오면 휨이 발생한다.

$$\therefore l^2 = n\pi^2 \times E \times I / Pcr \quad \cdots\cdots\cdots \text{(b)}$$

(2) 볼트의 강도 계산

금형의 조립에는 각종 볼트가 사용되고 있다. 일반적으로 볼트는 인장응력을 받고 있으며, 이 볼트의 지름을 결정하는 식은 다음과 같다.

$$d = \sqrt{\frac{4W}{\pi\sigma}} \qquad (4 \cdot 12)$$

여기서 d : 볼트의 지름(mm)

W : 하중(kgf)

σ : 허용응력(kgf/cm²)

4.3 유동 기구의 설계

4.3.1. 스프루, 러너, 게이트 시스템의 중요성

플라스틱 금형에 수지를 사용하여 제품을 성형할 때는 성형기의 노즐에서 스프루→러너→게이트→캐비티의 순서로 용융수지가 흘러간다. 용융상태의 수지가 흘러가는 홈이나 통로 또는 수지의 흐름을 유도하거나 제한하는 요소들을 유동기구라 한다. 이 유동기구는 금형설계에서 매우 중요한 항목이며, 이 시스템의 양부에 따라 외관, 물성, 치수정밀도, 성형 사이클 등에 많은 영향을 미친다.

용융수지는 금형내의 스프루, 러너 및 게이트를 통과하는 동안의 마찰에 의해 압력은 저하하면서 캐비티를 채운다. 이 러너와 게이트는 성형성이나 내부 변형, 성형품의 품질 등을 좌우하는 중요한 역할을 하고 있음에도 불구하고, 실제로는 성형품의 형상 크기, 수지의 특징 등에 따라 단순히 결정하는 경우가 많다. 이것은 수지가 금형에 압입됨으로써 유동성이 좋아지고 또 러너, 게이트 등의 마찰에 의한 근소한 온도 상승이 간단한 계산식으로 표시되지 않기 때문이다.

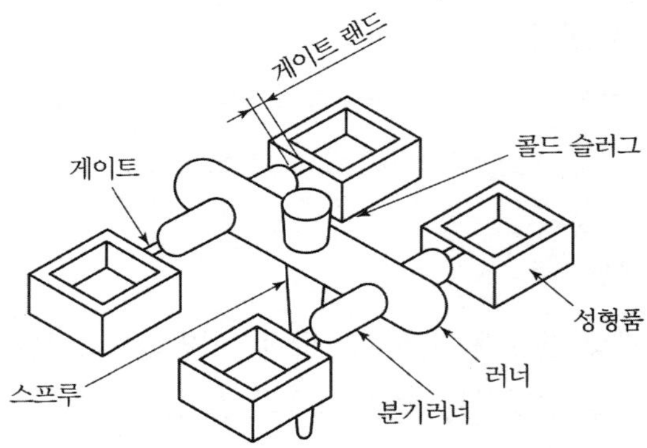

그림 4 · 23 유동기구

러너와 게이트를 금형설계의 중요한 부분으로 취급할 뿐만 아니라 제품설계 때에 러너, 게이트 방식을 고려해서 설계함으로써 기구적으로 가장 잘 맞는 방식을 선택할 수 있을 것이다. 이들에게 공통되는 기본 요소는 노즐에서 사출된 용융수지의 온도와 압력을 저하시키지 않고 캐비티에 압입 충전하는데 적합한 기구라야 한다. 그러기 위해서는 스프루, 러너, 게이트는 될 수 있는 대로 "굵고 짧게"하여야 한다. 그러나 성형기의 사출용량, 가소화 능력, 성형품의 외관, 뒷마무리, 치수정밀도, 성형사이클 등을 고려하여 금형온도를 적정하게 유지하기 위해서는 "가늘고 짧게"해야만 한다.

4.3.2. 게이트

1) 게이트의 역할

사출성형기의 노즐에서 사출된 용융수지는 1개 빼내기 금형일 경우는 스프루에서 직접 캐비티에 충전되지만, 여러개 빼내기 금형일 경우는 스프루에서 분기된 러너를 통하여 캐비티에 충전된다. 이 때 캐비티 입구는 가늘고 좁게 이루어져 있는데 이것을 게이트라고 한다. 게이트는 러너의 종점이고, 캐비티의 입구이다. 게이트의 위치, 개수, 형상 및 치수는 성형품의 외관이나 성형 효율 및 치수 정밀도에 큰 영향을 준다. 따라서 게이트는 성형품 형상으로 정하는 것이 아니고, 캐비티 내의 용융수지가 흐르는 방향, 웰드 라인의 생성, 게이트의 처리 등을 고려하여 정한다. 게이트는 다음과 같은 역할을 한다.

① 충전되는 용융수지의 흐름 방향과 유량을 제어함과 동시에 성형품이 충분한 고화 상태로 될 때까지 캐비티내에 수지를 봉입하여 러너측에의 역류를 막는다.

② 스프루, 러너를 통과하여 차가워진 수지는 가는 게이트를 지남으로써 마찰열이 발생한다. 이 열에 의해 수지온도를 상승시켜 플로우 마크나 웰드 라인을 경감한다.

③ 러너와 성형품의 절단을 쉽게 하고, 마무리 작업을 간단하게 한다.

④ 다수개 빼기나 다점 게이트의 경우는 폭, 길이의 조정에 의해 캐비티에의 충전밸런스를 맞출 수 있다.

⑤ 성형품과 게이트가 만나는 부근의 잔류응력을 경감하여, 성형품의 균열, 스트레인, 휨 등의 결점을 방지한다.

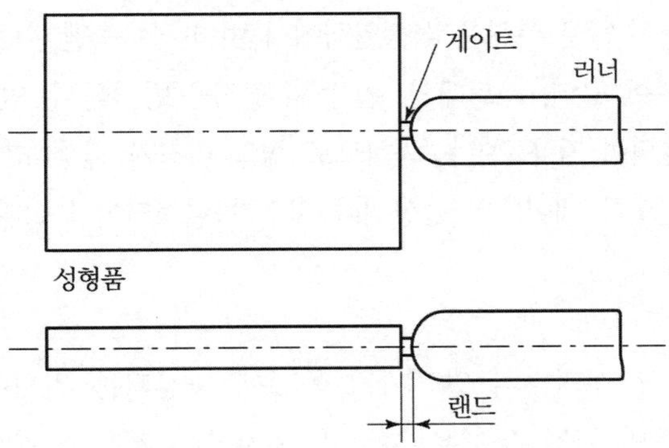

그림 4·24 게 이 트

게이트는 응력집중을 완화하고, 배향에 의한 변형이 적은 형상과 크기를 선택해야 하며, 게이트에 의해 발생하는 문제점은 다음과 같다.

① 용융 수지가 유동저항이 증가하여 흐름이 어려워진다.

② 게이트 부근에 싱크 마크가 발생되기 쉽다.

2) 게이트 실(gate seal)

그림 4·25에 나타난 바와 같이 용융수지는 게이트를 통과할 때는 매우 빠른 속도로 흐르기 때문에 이 동안은 고화되지 않으나 캐비티 속에 수지가 충전되어 흐름이 멈추면 금형에 열을 빼앗겨 금형에 접촉된 부분부터 점차로 냉각되기 시작하여 점점 중심까지

고화하게 된다. 이 때 게이트부는 캐비티보다 두께가 얇기 때문에 캐비티부의 중앙이 굳기 전에 게이트부가 먼저 굳어진다. 이 현상을 게이트 실이라고 한다. 이것은 게이트의 중요한 역할로서 게이트부가 먼저 고화하면 성형기의 플런저 또는 스크루가 가하고 있는 성형압력은 게이트부에서 차단되어 캐비티까지는 미치지 않는다.

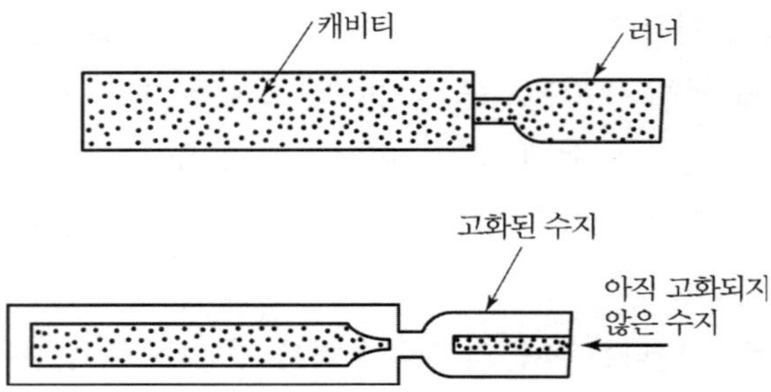

그림 4 · 25 게이트실

이로 인하여 아직 굳지 않은 부분은 성형압력에서 벗어나 수축할 수 있으므로, 응력이 없는 상태에서 굳어지기 때문에 균열, 스트레인, 휨 등의 결점을 방지할 수 있다. 그러나 한편으로는 성형압력으로부터 개방되어 자유로이 수축하므로 싱크 마크가 발생하기 쉽다. 따라서 양쪽의 밸런스가 취해질 수 있도록 게이트의 형상이나 치수가 결정되어야 한다.

3) 게이트의 위치

① 게이트 위치는 각 캐비티의 말단까지 동시에 충전되는 위치에 설치한다.
② 게이트는 성형품의 가장 두꺼운 부분에 설치하는 것을 원칙으로 한다.
③ 상품의 가치상 눈에 띄지 않는 곳 또는 게이트의 마무리가 간단하게 되는 부분에 설치한다.
④ 웰드라인 생성되기 어려운 곳에 설치한다.
⑤ 가는 코어나 리브, 핀이 가까운 곳 또는 유동압력에 의해 편육하고 쓰러질 우려가 있는 방향은 피한다.
⑥ 가스가 고이기 쉬운 방향의 반대쪽에 설치하고, 그 반대쪽에 에어 밴트를 설치한다.
⑦ 큰 힘이나 충격하중이 작용하는 부분에는 게이트를 붙이지 않는다.
⑧ 제팅(jetting)이 발생하지 않는 부분에 설치한다.
⑨ 성형품의 기능, 외관을 손상하지 않는 부분에 설치한다.
⑩ 인서트 기타의 장애물을 피할 수 있는 곳을 선택한다.

4) 게이트의 크기와 수

게이트가 클수록 충전시간은 짧아지고 고속성형이 가능하며 물성, 외관, 싱크마크, 공동(空洞), 치수정밀도 측면에서 고품질의 성형이 기대된다. 또한 외부 압력의 작용이 오래 유지되기 때문에 충전변형, 응력이 강하게 잔류하게 되어 성형품이 약해진다. 반면에 게이트가 작으면 주입 저항이 커지고 무리하게 사출을 증대시키면 게이트부에 마찰열이 증가하거나 jetting현상이 발생될 수 있다. 그러나 게이트의 직경이 살두께보다 작으면 성형품 단면 중앙부가 고화하기 전에 게이트가 고화하기 때문에 냉각과정 중에는 외부로부터 힘이 작용하지 않으므로 잔류응력, 휨, 변형 등이 감소한다.

한편, 게이트의 수는 유동길이와 살두께와의 비(L/t)에 따라 일점 게이트로 할 것인가, 다점 게이트로 할 것인가를 결정한다. 사출성형에서 변형, 뒤틀림, 불균일한 살두께, 기하학적으로 대칭성이 부족한 것 등의 관점에서 볼 때 일점 게이트보다는 다점 게이트를 채택하는 것이 영향을 적게 할 수 있다. 그러나 다점 게이트로 하면 웰드 라인의 생성 원인이 되므로 고려해야 한다.

5) 게이트의 분류

게이트는 일반적으로 게이트가 급속하게 굳어지도록 게이트의 단면적을 제한하는 제한 게이트와 그렇지 않은 비제한 게이트로 분류한다.

비제한 게이트 : 다이렉트 게이트

제한 게이트 : 표준 게이트, 오버랩 게이트, 핀 포인트 게이트, 서브마린 게이트, 터브 게이트, 링 게이트, 디스크 게이트 등

(1) 비제한 게이트

① 압력 손실이 적다.
② 수지량이 절약된다.
③ 금형의 구조가 간단하고, 고장이 적다. 단, 스프루의 다듬질을 충분히 해야 한다.
④ 스프루의 고화시간이 비교적 길기 때문에 사이클이 길어지기 쉽다.
⑤ 게이트의 후 가공이 필요하다.
⑥ 잔류응력, 압력 및 충전 변형이 생기기 쉽고, 게이트 크랙이 발생하기 쉽다.

(2) 제한 게이트

① 게이트 부근의 잔류응력과 변형이 감소된다.

② 성형품의 변형, 크랙, 뒤틀림, 굽힘 등이 감소된다.
③ 게이트의 고화시간이 짧으므로 사이클을 단축시킬 수 있다.
④ 다수개 뽑기, 다점 게이트일 때 게이트 밸런스를 맞추기 쉽다.
⑤ 게이트의 제거가 간단하다.
⑥ 게이트 통과시 압력 손실이 크다.
⑦ 수지가 게이트를 통과할 때 온도가 상승하여 유동성이 개선된다.

6) 게이트의 종류

(1) 다이렉트 게이트(direct gate)

원추 형상의 게이트로서 스프루가 그대로 게이트가 되므로 스프루 게이트(sprue gate)라고도 한다. 성형품의 표면 또는 이면에 게이트의 위치를 정하기 때문에 게이트 절단 및 후가공이 필요하게 되어 외관상 게이트의 자국이 남게 되므로 위치 선정에 주의하지 않으면 안 된다.

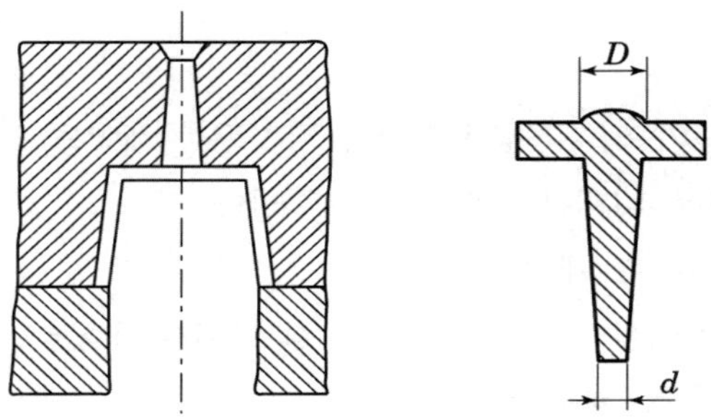

그림 4 · 26 다이렉트 게이트

다이렉트 게이트의 특징은 다음과 같다.
① 스프루의 싱글 캐비티 금형으로 성형이 쉽다.
② 성형기 플런저의 압력이 직접 캐비티에 전해져 압력 손실이 적다.
③ 성형성이 좋고 모든 사출성형재료에 적용할 수 있다.
④ 스프루의 고화시간이 길므로 사이클이 길어진다.
⑤ 잔류응력이 또는 배향이 일어나기 쉬우므로 게이트 주변에 링 모양의 리브를 돌려서 보강하는 것이 좋다.

다이렉트 게이트의 설계기준은 다음과 같다.
① 스프루 입구 지름은 노즐 구멍 지름보다 0.5~1mm 정도 크게 한다.

② 스프루의 테이퍼는 2°를 최소로 하되, 고점도 수지에서는 조금 굵게, 저점도 수지에서는 조금 가늘게 한다.

③ 게이트의 치수는 사용하는 수지 및 성형품 중량에 따라 차이가 있지만 일반적으로 사용되고 있는 치수 표준은 표 4 · 5와 같다.

표 4 · 5 다이렉트 게이트의 치수

재료 \ 스프루 지름 \ 제품중량	3온스 이하		12온스 이하		대 형	
	d	D	d	D	d	D
폴리스티렌	2.5	4	3	6	4	8
폴리에틸렌	2.5	4	3	6	4	8
ABS 수지	2.5	5	4	7	5	8
폴리카보네이트	3	5	4	8	5	10

(2) 표준 게이트(standard gate)

소형에서 중형에 이르기까지의 성형품에 많이 사용되며, 성형품의 측면에 주입하므로 사이드 게이트(side gate) 또는 에지 게이트(edge gate)라고도 한다.

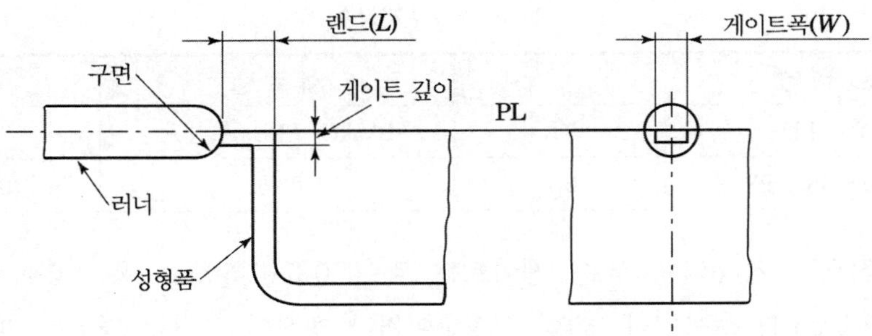

그림 4 · 27 표준 게이트

이것은 게이트에 의해서 충전량을 제한하고, 게이트부에서 급속히 고화시켜서 사출압력의 손실을 막는 방식으로서 그 특징은 다음과 같다.

① 단면 형상이 간단하므로 가공이 용이하다.

② 게이트의 치수를 정밀하게 가공할 수 있고 치수의 수정이 쉽다.

③ 캐비티에의 충전속도는 게이트 고화와 관계없이 조절할 수 있다.

④ 거의 모든 수지에 적용할 수 있다.

⑤ 성형품의 외관에 게이트 흔적이 남는다.

일반적으로 다수개 빼기에 사용되지만, 특수한 성형품의 경우에는 1개 빼기에도 사용된다. 표준 게이트의 설계기준은 다음과 같다.

① 게이트 직경 또는 깊이는 성형품 두께의 1/2정도로 한다.

② 게이트 랜드는 게이트 직경 또는 깊이와 같게 하는 것이 바람직하다.

③ 게이트 폭과 깊이의 비율은 3 : 1을 표준을 하고, 폭이 지름보다 클 때는 팬게이트를 사용한다.

④ 게이트의 깊이와 폭은 다음과 같은 경험식에 의해 계산한다.

$$h = n \times t$$

$$W = \frac{n \times \sqrt{A}}{30}$$

여기서 h : 게이트 깊이(mm)

t : 성형품 살두께(mm)

n : 수지상수

W : 게이트 폭(mm)

A : 성형품 바깥쪽의 표면적(mm^2)

표 4 · 6 수지상수

재 료 명	n	재 료 명	n
PS, PE	0.6	PVAC, PMMA, PA	0.8
POM, PC, PP	0.7	PVC	0.9

⑤ 일반적으로 사용되는 표준 게이트는 깊이 0.5~1.5mm, 폭 1.5~5mm, 랜드 1.5~2.5mm가 보통이다. 대형 성형품이거나 형상이 복잡할 경우는 게이트 높이 2.0~2.5mm(제품 두께의 70~80%정도), 폭 7~10mm, 랜드 2.0~3.0mm정도이다.

(3) 오버랩 게이트(over lap gate)

그림 4 · 28에서 보는 바와 같이 표준 게이트와 기본적으로는 같지만, 이 게이트는 성형품의 측면이 아닌 평면부에 설치한다. 그러므로 성형품에 플로우마크가 발생하는 것을 방지할 수 있으나, 게이트 자국이 파팅면에 남게 되므로 게이트 제거 및 후가공에 유의하여야 한다. 스트레이트 톱 게이트(straight top gate)라고도 하며, 설계시 게이트의 치수 결정식은 다음과 같다.

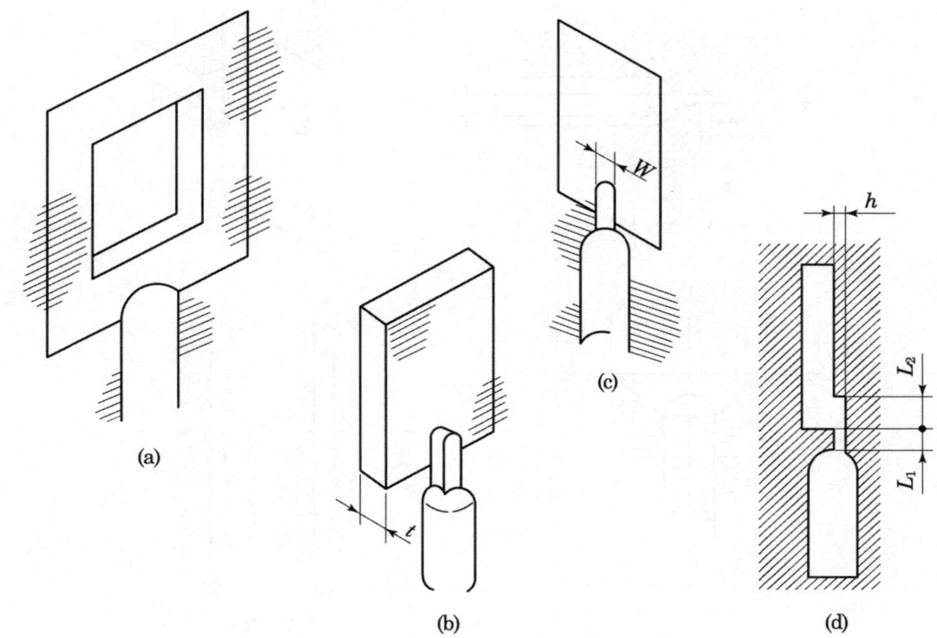

그림 4 · 28 오버랩 게이트(over lap gate)

① 랜드의 길이$(L_1)= 2 \sim 3\text{mm}$
② 랜드의 폭$(W)= \dfrac{n \times \sqrt{A}}{30}\text{mm}$
③ 게이트의 높이$(h)= \dfrac{n}{t}\text{mm}$
④ 게이트의 길이$(L_2)= h + \dfrac{W}{2}\text{mm}$

(4) 팬 게이트(fan gate)

큰 평판상의 면 및 얇은 단면에 매끄럽게, 또한 균일하게 충전하는 데에 적합한 게이트로서, 게이트 부근의 결함을 최소로 하는 데에 가장 효과가 있는 게이트이며, 경질 PVC 이외의 범용 수지에 사용된다. 그림 4 · 29와 같이 캐비티를 향하여 충분히 넓게 한 장방형의 게이트이다. 게이트의 단면적은 러너의 단면적보다 커지지 않도록 한다. 러너에 연결되는 부분은 러너의 직경과 같게 한다. 또한 랜드부의 길이는 게이트 중앙부와 게이트 말단부에서 서로 다르기 때문에 압력손실, 충전속도 역시 다르다. 이것을 동일하게 하기 위하여 그림 (b)와 같이 게이트의 양끝을 깊게 한다.

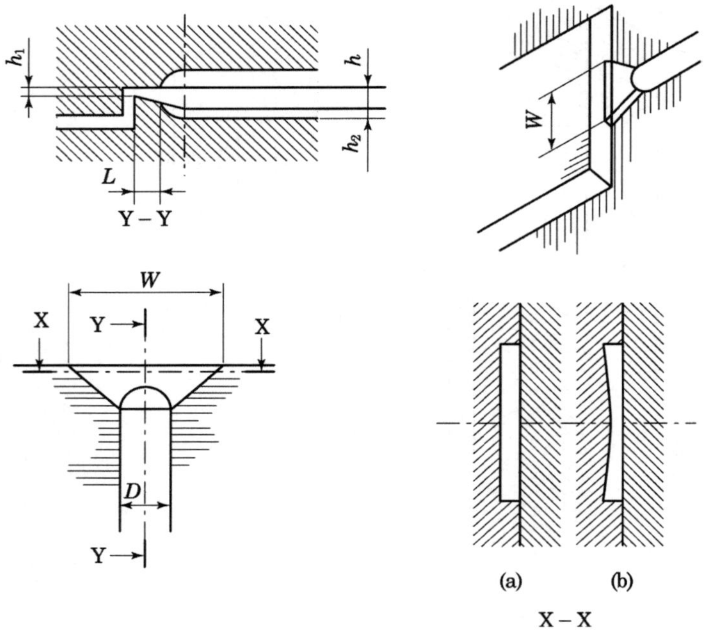

그림 4 · 29 팬게이트

게이트 위치의 선정은 성형성 및 후가공을 고려하여 결정한다. 팬 게이트 설계기준은 다음과 같다.

① 게이트 랜드(L)는 표준 게이트보다 약간 길게 6mm 전후로 한다.

② 랜드의 폭$(W)=\dfrac{n\times\sqrt{A}}{30}$mm

③ 게이트 깊이$(h_1)=n\times t$mm

④ 게이트 입구부의 길이$(h_2)=\dfrac{W\times h_1}{D}$mm

(5) 필름 게이트(film gate)

그림 4 · 30에 나타낸 것 같이 성형품에 평형으로 러너를 설치하고, 성형품과의 사이에 게이트를 설치한다. 게이트의 두께가 얇으므로 플래시 게이트(flash gate)라고도 한다. 일반적으로 성형품의 폭 전체에 걸쳐 게이트를 설치하는 수가 많지만, 짧게 해도 만족할 수 있으면, 후가공을 고려해서 짧게 하는 것이 바람직하다. 이 게이트는 평판상 성형품의 수축 변형을 최소로 억제하려고 하는 경우에 사용되며, 경질 PVC 이외의 범용수지에 사용된다. 성형품의 폭과 게이트 폭은 같은 길이로 하고, 두께는 0.2~1mm, 랜드는 1mm 정도로 한다.

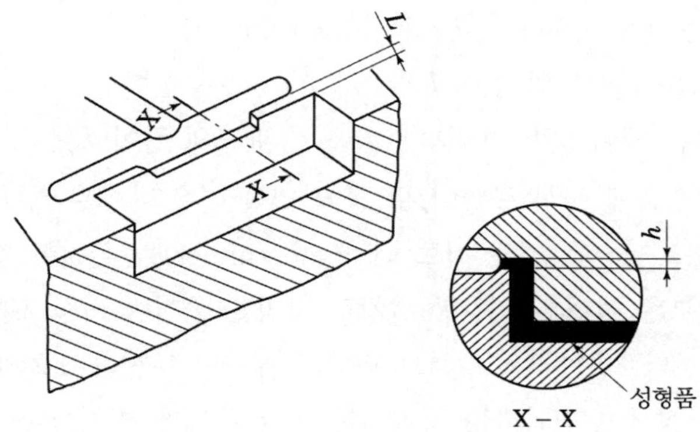

그림 4 · 30 필름 게이트(film gate)

(6) 디스크 게이트(disk gate)

어느 정도 성형품의 형상에 제약을 받으며, 성형품의 원형구멍에 게이트를 배치한 것으로 다이어프램 게이트라고도 한다. 얇은 원판상의 게이트이며, 웰드마크를 방지하기 위하여 사용된다. 그림 4 · 31(a)와 같이 게이트가 설치되는 경우에는 내경에 게이트 자국이 남게 되므로, 내경이 중요할 때는 (b)에서 처럼 단면에 랩(lap)형상으로 게이트를 설치할 필요가 있다.

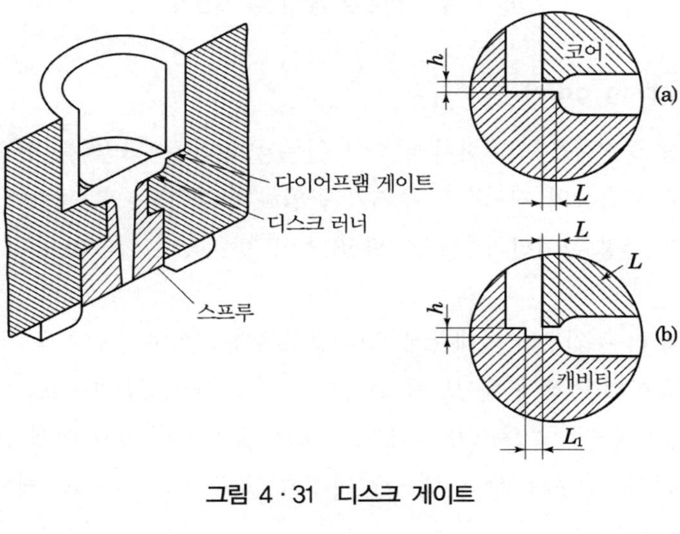

그림 4 · 31 디스크 게이트

이 게이트는 2매 구성 금형의 1개 빼기 원통형에 일반적으로 사용되고 있지만, 3매 구성 금형 및 러너리스금형의 다수개 빼기에도 사용된다. 경질 PVC 이외의 범용 수지의 사용이 가능하다. 디스크 게이트의 설계기준은 다음과 같다.

① 게이트 깊이는 0.2~1.5mm, 랜드는 0.7~1.2mm가 좋다.

② 일반용(a)에서는 게이트의 깊이$(h)=0.7\times n\times t$로 한다.

③ 정밀용(b)에서는 게이트의 깊이$(h_1)=n\times t$, 랜드의 길이(L)는 $L_1=h_1$으로 한다.

그림 4·32는 성형품에 원형 구멍이 두 군데 있을 경우의 예로서, (a)는 디스크 게이트부, (b)는 웰드마크 방지를 위해 서브 러너(sub runner)를 설치한 것이다. 이들의 게이트 및 서브 러너부는 성형후에 원형 펀치로 구멍을 뚫거나 탁상 드릴링 머신 등으로 기계가공하여 제거한다. 일반적으로 서브 러너의 게이트 두께는 0.2~1.5mm 정도로 하며, 대형인 것으로 형상이 변화하는 것에서는 조금 두껍게 설치한다.

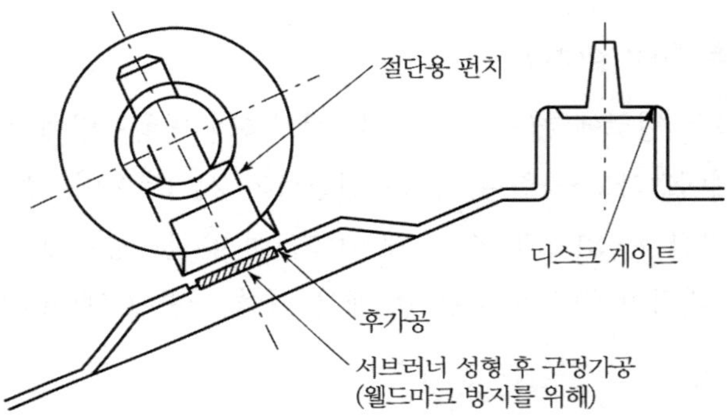

그림 4·32 디스크 게이트와 서브러너

(7) 링 게이트(ring gate)

원통형의 소형 성형품을 성형하기 위하여 원통상의 외주에 러너를 링으로 돌려서 그 러너로부터 얇은 원판상의 게이트로 수지가 균일하게 주입되므로 웰드마크가 방지되고 사출압력에 의한 금형 코어핀의 쓰러짐(편심) 등도 방지되어 살두께가 균일한 성형품이 얻어진다.

이 게이트는 러너 주입구의 반대측에 오버 플로우를 설치하여 균형을 잡아 준다. 디스크 게이트는 원통상의 안쪽에 게이트를 설치하는 데에 대해, 링 게이트는 원통상의 외주에 설치한다. 일반적으로 스트리퍼 플레이트 또는 슬리브에 의해 이젝팅되므로 러너는 사다리꼴이 채용되는 경우가 많다. 랜드 길이(L)는 0.7~1.2mm이고, 게이트의 깊이(h)는 $0.7\times n\times t$로 한다.

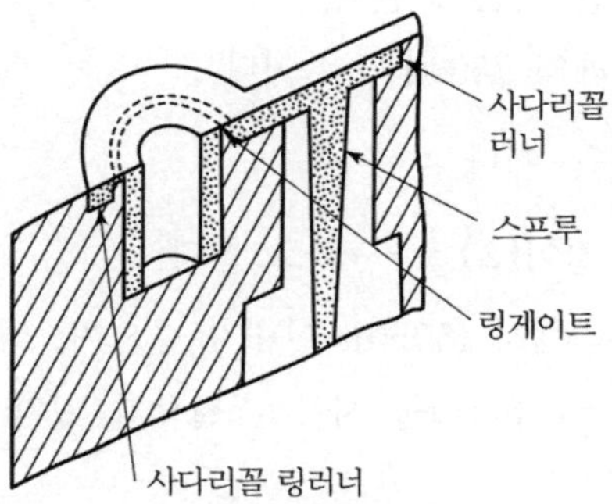

그림 4 · 33 링게이트(ring gate)

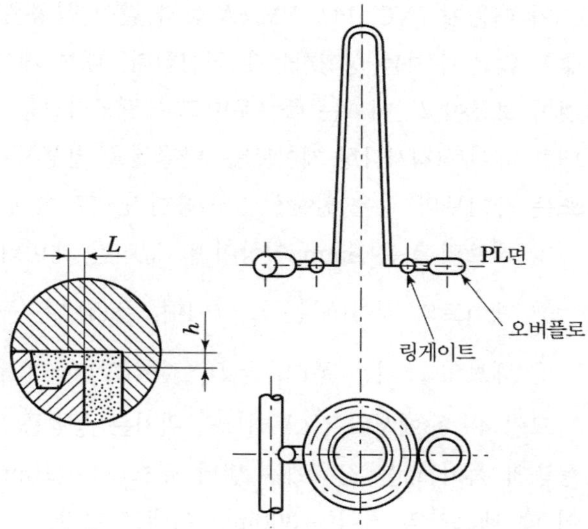

그림 4 · 34 오버플로

(8) 태브 게이트(tab gate)

태브 게이트는 오버랩 게이트의 변형으로 성형품에 직접 게이트를 붙일 수 없는 경우 또는 게이트부에 변형이 생기기 쉬운 수지를 성형할 때 성형품에 태브를 만들어 여기에 게이트를 붙인다. 그림 4 · 35와 같이 게이트를 통과한 수지가 태브에 모였다가 캐비티에 충전된다. 수지는 게이트를 통과할 때 마찰열에 의해 재가열되고 태브에서 성형압력을 완충시켜 원활한 흐름으로 캐비티에 충전되므로, 잔류응력이나 변형이 없는 성형품을 얻을 수 있으며, 사출압력에 의한 과충전이나 게이트 부근의 싱크마크를 막을 수 있다.

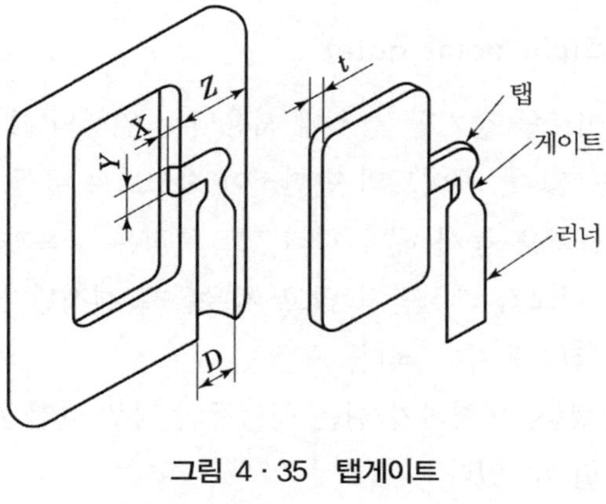

그림 4 · 35 탭게이트

이 때문에 PVC, PC, PMMA 등과 같이 성형온도의 폭이 좁고, 열안정성과 유동성이 좋지 않은 수지를 성형하는데 적합하다. 태브 게이트는 러너에 대해서 직각으로 붙이는 것이 보통이고, 태브는 플로우마크나 웰드마크를 피하기 위해 두꺼운 부분에 설치한다. 태브 게이트(직사각형 게이트)는 마찰열을 발생시키기 위하여 약간 작게 정하며, 크기는 표준 게이트와 같은 산출식을 사용한다. 그 설계기준은 다음과 같다.

① 태브의 폭은 6mm 이상이며, 깊이는 캐비티 두께의 75%가 표준이다.

② 게이트의 깊이(h)는 $n \times t$이며, 폭(W)은 $\frac{n \times \sqrt{A}}{30}$이다.

③ 태브의 크기는 폭(Y) = D, 깊이(X) = $0.9 \times t$, 길이(Z) = $1\frac{1}{2}D$로 한다.

그림 4 · 36에서와 같이 태브의 위치는 성형품 테두리에서 150mm 이내가 좋으며, 성형품의 폭이 넓을 경우에는 멀티 태브 게이트(multi tab gate)를 사용할 필요가 있다. 이 때 태브간의 거리는 300mm 이내로 한다.

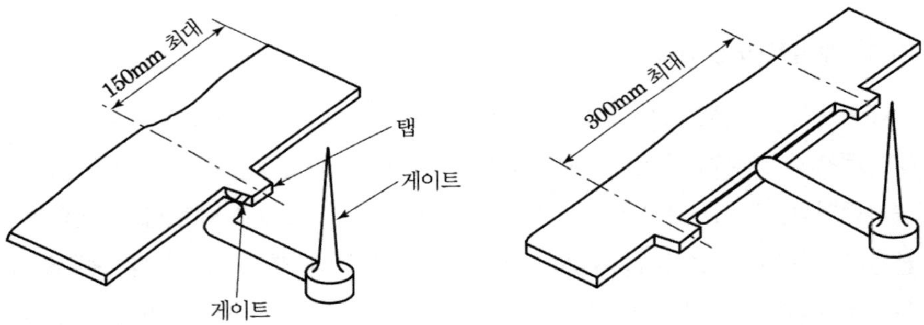

(a) 싱글탭 게이트 (b) 멀티탭 게이트

그림 4 · 36 싱글 탭게이트와 멀티 탭게이트

(9) 핀 포인트 게이트(pin point gate)

성형품의 중앙에 게이트를 설치할 경우에 사용되는 원형의 제한 게이트로서 다점 게이트로 이용되는 경우도 많다. 게이트의 단면적이 작으므로 유동저항이 크고, 저점도 수지를 사용하거나 사출압력을 높게 해야 한다. 그 특징은 다음과 같다.

① 게이트의 위치가 비교적 제한받지 않고 자유롭게 결정된다.

② 게이트 부근에서 잔류응력이 적다.

③ 투영면적이 큰 성형품, 변형하기 쉬운 성형품의 경우 다점 게이트로 하므로서 수축 및 변형을 적게 할 수 있다.

④ 게이트부는 절단하기 쉬우므로 금형을 3매 구성 금형으로 하면 형개력(型開力)에 의해 자동 절단이 가능해지고, 성형품과 러너를 따로 따로 꺼낼 수 있다.

⑤ 핀 포인트 게이트를 채용할 때는 3매 구성 금형, 핫 러너(hot runner)금형, 웰타입(well type)노즐 달린 2매 구성 금형 중 어느 것을 사용해야 한다.

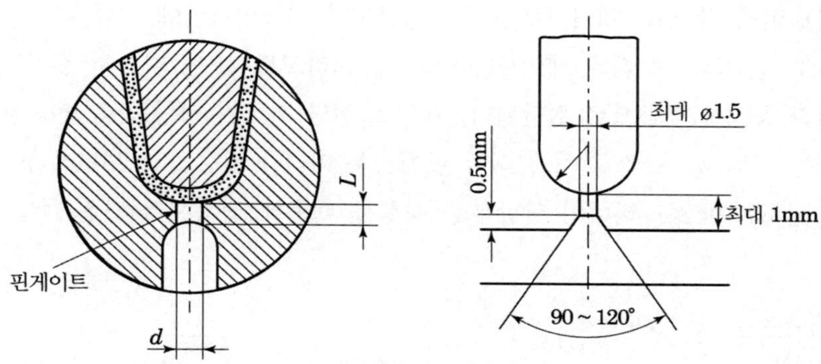

그림 4 · 37 핀포인트 게이트

그리고 핀 포인트 방식은 러너를 꺼내는 장치가 필요하므로, 사출성형기의 최대 다이 플레이트의 간격을 유효하게 사용하며, 러너 플레이트의 러너 뽑기부 스페이스를 넓게 취하는 것이 좋다. 게이트의 설계기준은 다음과 같다.

① 랜드의 길이는 0.8~1.2mm로 하며, 될 수 있는 대로 짧게 한다.

② 게이트의 지름(d)는 $d=n\times C\times \sqrt[4]{A}$로 한다.

단, 살두께 0.7~2.5mm에 적용하며, 웰 타입 노즐에서는 30%작게 한다. 여기서 n: 수지계수 [표 4 · 6 참조], A : 캐비티의 표면적(mm²), C : 살두께 상수[표 4 · 7 참조]

③ 러너가 교차하는 부분 R은 둥글게 하여 수지의 저항이 적도록 한다.

④ 비교적 큰 성형품이나 성형성이 좋지 않은 수지일 때는 게이트의 직경d의 값을 크게 하지만 게이트의 자국 역시 커지기 때문에 외관적으로 지장이 없는 위치 또는 뒷면인 경우에 한정된다.

표 4 · 7 살두께 상수(단위 : mm)

t	0.80	0.90	1.30	1.50	1.80	2.00	2.30	2.50
C	0.036	0.041	0.047	0.055	0.051	0.058	0.062	0.065

(10) 서브마린 게이트(submarine gate)

게이트 방식은 핀 포인트 게이트와 큰 차이가 없으나 핀 포인트 게이트처럼 성형품 표면에 게이트 자국을 남기지 않고 측면 또는 이면에 만들 수 있으므로 외면에 게이트 자국을 남기고 싶지 않을 때 사용되며, 2매 구성 금형에서도 사용된다. 그림 4 · 38과 같이 러너는 파팅면에 만들고, 게이트부는 고정형판이나 이동형판안에 터널식으로 파고 들어가 캐비티로 주입되므로 터널 게이트(tunnel gate)라고도 한다. 따라서 게이트는 성형품이 돌출함과 동시에 자동으로 절단된다. 게이트 절단 자국이 성형품 측면에 남아서는 안 될 경우에는 그림 4 · 39와 같이 이젝팅 핀에 2차 러너를 가공하고 2차 러너에 서브마린 게이트를 설치하여 2차 러너의 말단부를 성형품 내측에 접속시켜 간접 주입시킨다.

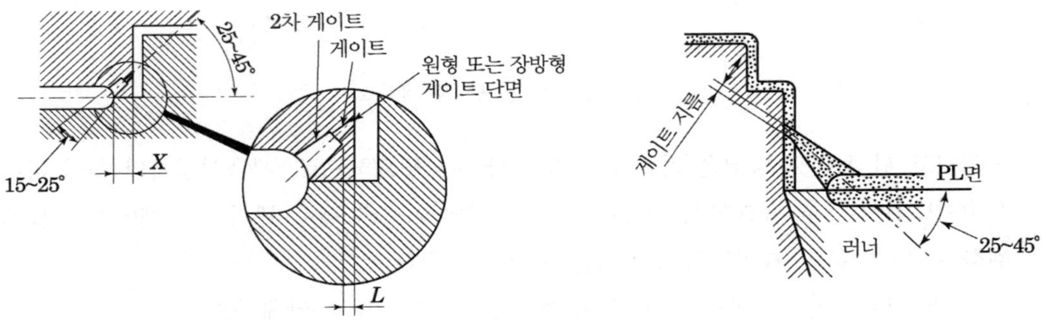

(a) 서브마린 게이트 시스템 (b) 표면의 서브마린 게이트

그림 4 · 38 서브마린 게이트

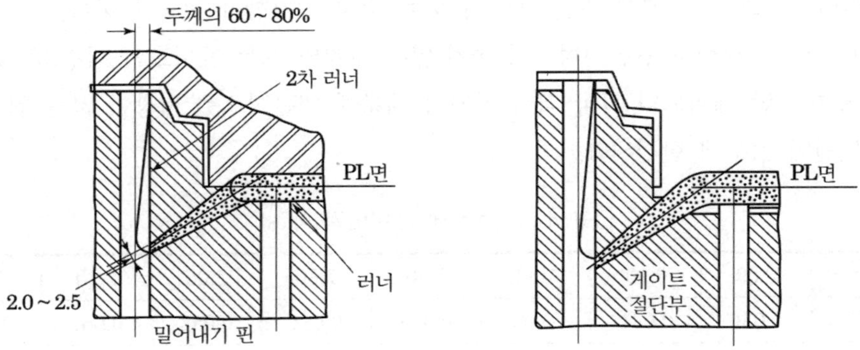

(a) 금형의 닫힌 상태 (b) 게이트의 절단상태

그림 4 · 39 러너붙이 서브마린 게이트

이 때 압력 손실이 크게 되어 사출성형기의 사출압력을 크게 할 필요가 있다. 게이트 설계기준은 다음과 같다.

① 파팅면과 게이트 입구의 경사각은 25°~45°로 한다.

② 터널 부분의 테이퍼는 15°~45°로 한다.

③ 게이트의 지름(d)은 $n \times C \times \sqrt[4]{A}$ 로 한다.

4.3.3. 러너(runner)

1) 러너의 역할과 단면 형상

러너는 스프루와 캐비티를 잇는 용융수지의 흐르는 길이며, 가급적 유동저항이 적고, 쉽게 냉각되지 않는 것이 바람직하다. 따라서 러너는 될 수 있는 대로 굵게 그리고 단면 형상은 진원에 가까운 형상이 좋다. 그러나 굵게 하면 성형성은 향상되지만, 수지량의 증가 및 러너의 고화시간이 길어지므로 단가 상승을 가져오는 결점이 있다.

러너 설계에서는 단면 형상, 크기, 레이 아웃(lay out) 등에 유의해야 한다. 러너의 단면형상은 그림 4 · 40과 같이 여러 종류의 것이 있으며, 수지의 온도를 일정하게 유지하여 캐비티까지 가도록 하기 위하여 유동저항이 적고 열손실이 적어야 한다. 이런 조건을 만족하기 위해 러너는 압력 전달면에서는 단면적이 커야 하고, 열전도면에서는 외주(外周)가 최소이어야 한다. 즉 단면적에 대한 외주의 비가 러너의 효율을 나타낸다. 스프루에서 게이트까지 흐르는 러너의 단면 형상은 원형, 사다리꼴이 가장 바람직하다. 러너의 직경은 수지, 러너의 길이, 성형품의 치수 등에 따라 다르지만 일반적으로 $\phi 5 \sim \phi 10$의 것이 많이 사용된다. $\phi 5$ 이하가 되면 온도저하가 커지며 압력강하를 일으킨다. 그러나 소형일 경우는 $\phi 3 \sim \phi 4$가 사용된다.

그림 4 · 41은 주요 단면 형상의 효율을 나타내고 있다. 이것에 의하면 원형과 사각형은 러너의 빼내기가 어렵다. 이 때문에 실제로는 약 5°~10°경사를 준 사다리꼴이 많이 사용된다. 러너에 용융수지가 흐르면, 찬 금형벽에 닿는 부분은 곧 온도가 저하해서 고화한다. 이 고화한 수지의 단열작용으로 중심부의 수지는 용융된 상태로 원활히 흐른다. 이상적으로는 게이트와 러너의 중심은 일직선상에 있는 것이 수지의 흐름 온도와 압력 유지면에서 바람직하다.

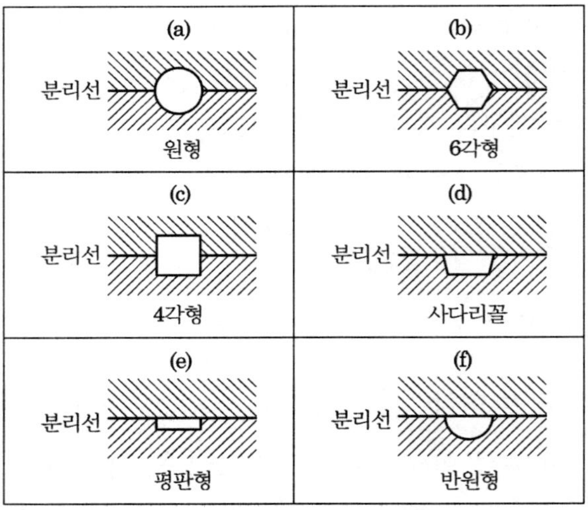

그림 4 · 40　러너의 단면형상

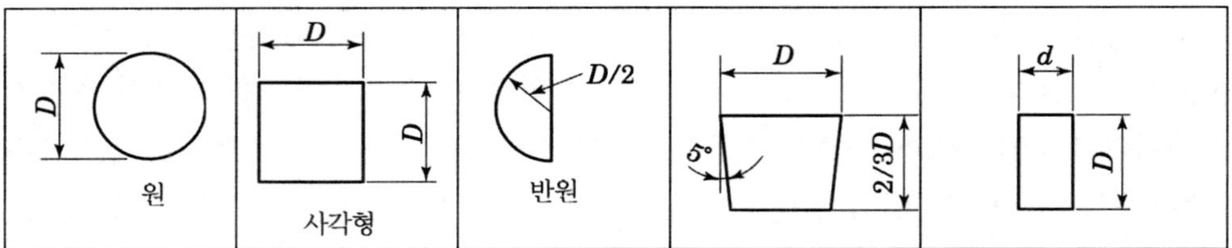

원	사각형	반원	사다리꼴	직사각형
$0.25D$	$0.25D$	$0.153D$	$0.195D$	$d=D/2$: $0.166D$ $d=D/4$: $0.1D$ $d=D/6$: $0.071D$
효율 $= \dfrac{\text{면적}}{\text{둘레}}$				

그림 4 · 41　러너의 단면형상에 따른 효율

그림 4 · 42에서 (a)의 원형 러너는 게이트와 일직선상에 있으므로 수지의 흐름이 원활하지만, (b)의 사다리꼴 러너에서는 한번 꺾여서 게이트로 유입되기 때문에 유동저항이 커져 흐름이 원활하지 못하다. 이 밖에도 러너 단면의 선정은 이형과 가공문제를 고려해야 한다. 2매 구성 금형의 경우 파팅면이 평면일 때는 원형 러너가 사용되나, 파팅면이 복잡하고 양면에 러너를 가공하기가 힘들 경우나 3매 구성 금형은 사다리꼴이나 반원형 러너가 많이 사용되고 있다. 가공 측면에서 보면 반원형이나 사다리꼴은 원형이나 사각형, 육각형보다 러너 효율은 떨어지지만 한쪽면만 가공되므로 유리하다.

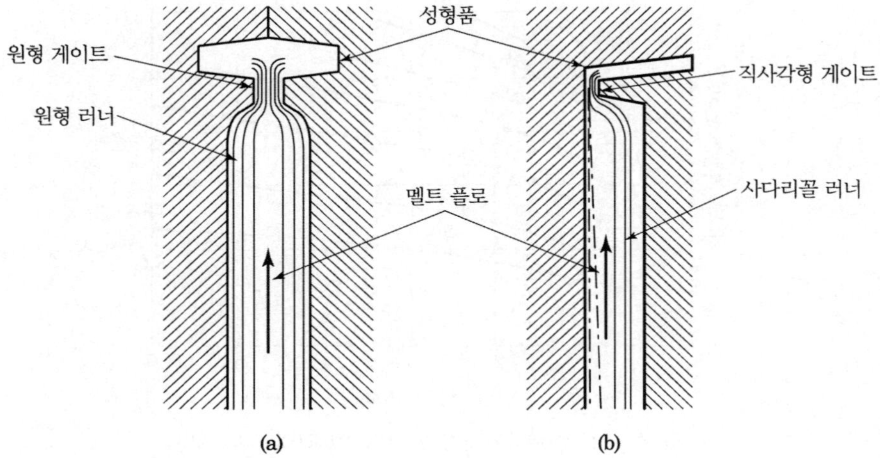

그림 4 · 42 러너의 형상과 흐름

2) 러너의 치수

러너의 치수를 결정할 때 고려할 사항은 다음과 같다.

① 성형품의 살두께 및 중량, 주 러너 또는 스프루에서 캐비티까지의 거리, 러너의 냉각, 금형 제작용 커터의 범위, 사용수지 등에 대해 검토한다.

② 러너의 굵기는 성형품의 살두께보다 굵게 한다. 러너의 굵기가 가늘면 성형품보다 러너가 먼저 고화하므로 수축이 보정되지 않아 싱크마크나 공동(空洞)이 발생되기 쉽다. 따라서 $\phi 3.2$ 이하의 러너는 보통 길이 25~30mm의 분기 러너에 한정된다.

③ 러너의 길이가 길어지면 유동저항이 커진다.

④ 러너의 단면적은 성형사이클을 좌우하는 것이어서는 안 된다. 대부분의 수지에 대해서는 $\phi 9.5$보다 큰 러너는 좋지 않으나, 경질 PVC나 PMMA에서는 $\phi 13$정도까지도 사용된다.

⑤ 금형 제작시에는 표준 커터가 사용될 것.

⑥ 살두께가 3.2mm 이하이고, 중량 200g까지의 성형품에 대한 러너의 직경을 결정시 경험식은 다음과 같다.

$$D = \frac{\sqrt{W} \times \sqrt[4]{L}}{8} \qquad (4 \cdot 13)$$

D : 원형 러너의 지름(mm)

W : 성형품의 중량(g)

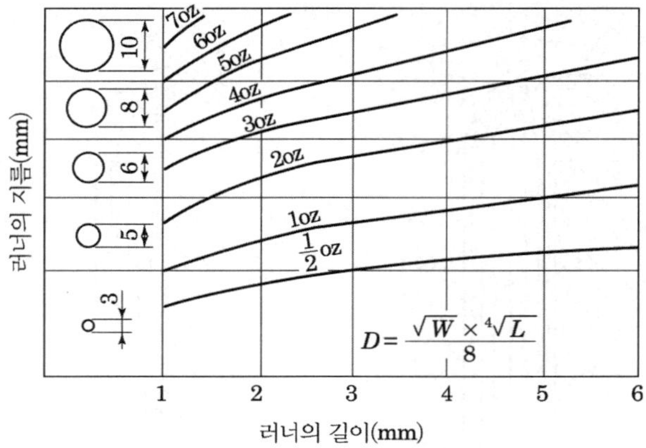

그림 4 · 43　살두께가 3.2mm 이하일 때의 러너 지름

단, D는 $\phi3.2 \sim \phi9.5$까지이며, 경질 PVC와 PMMA에서는 25% 가산한다.[그림 4 · 43 참조]

표 4 · 8은 수지별로 권장하는 러너 지름을 표시하며, 표 4 · 9와 표 4 · 10은 성형품의 중량과 투영 면적에 대한 러너 지름의 관계를 표시한다. 또한 표 4 · 11은 러너 단면 형상에 따른 주요 설계치수이다.

3) 러너의 배치

다수개 빼기 금형에서 러너와 성형품 배치와의 관계는 성형품 형상, 게이트의 수, 플레이트의 구성 및 게이트 형식에 따라 좌우되므로 러너의 레이 아웃 설계시 다음 사항을 고려해야 한다.

① 압력 손실과 유동수지의 온도 저하를 막기 위하여 러너의 길이와 수는 가장 적어지는 유동선으로 해야 한다.

② 러너 시스템은 유동 배분을 고려해서 균형을 유지하도록 한다. 러너 밸런스는 스프루에서 각 캐비티까지의 거리를 동일하게 하는 것을 의미하며, 고정밀도 성형에서는 매우 중요한 것이다.

그림 4 · 44는 캐비티 개수에 따른 러너의 배치 예로서, 균형잡힌 러너를 배치하기 위하여 게이트 밸런스를 함께 고려하여 설계해야 한다. 그림 4 · 45는 캐비티 배열을 나타내고 있으며, 정밀 성형용 배치에는 원형 배열이 가장 바람직하지만 원형 성형품 이외에는 금형 가공상 바람직하지 못하다. 각형 성형품의 경우에는 4개 빼기로 하여 H형 배열로 하는 것이 좋다.

표 4·8 성형 재료별 권장 러너 지름(단위 : mm)

재 료	러너 지름	재 료	러너 지름
ABS, SAN	1.6~10	열가소성 폴리에스테르	무강화 3.1~8
아세탈	3.2~10		강화 1.6~10
아세테이트	1.6~11	PE, LD-HD형	1.6~10
아크릴	8~10	폴리아미드	1.6~10
내충격 아크릴	8~13	PP	1.6~10
나일론	1.6~10	PS-일반용-내충격용	3.2~10
폴리페닐렌옥사이드	6.4~10	PVC	3.1~10
폴리페닐렌설파이드	6.4~13	PVC경질	6.4~10
폴리알로머	1.6~10	폴리우레탄	6.4~8
폴리카보네이트	1.6~10		

표 4·9 중량과 러너 지름

러너 지름(mm)	성형품 중량(g)
4	소 물 품
6	80 이하
8	300 이하
10	300 이상
12	대 형 품

표 4·10 투영면적과 러너 지름

러너 지름(mm)	성형품 투영면적(mm^2)
6	10 이하
7	50 이하
(7.5)	200 이하
8	500 이하
9	800 이하
10	1200 이하

표 4·11 러너형상의 치수(단위 : mm)

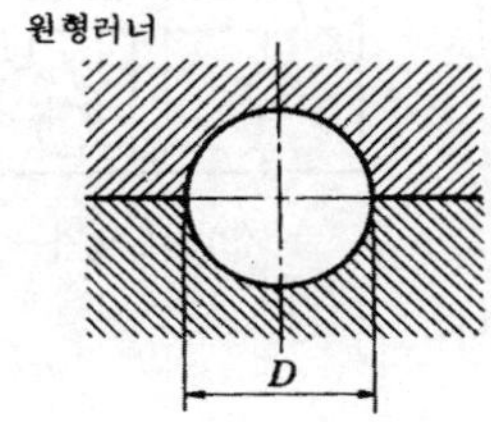

(a) 원형러너

호칭치수	4	6	(7)	8	(9)	10	12
D	4	6	7	8	9	10	12

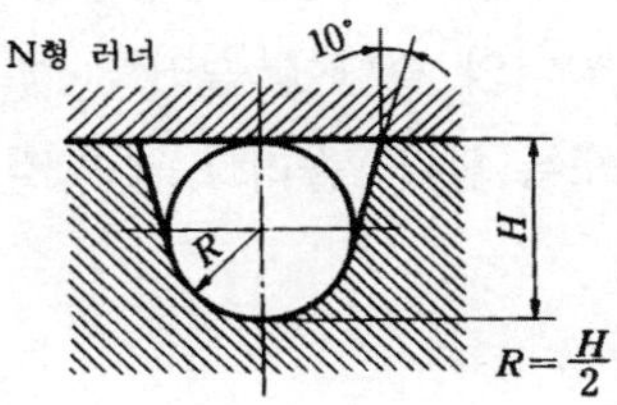

(b) N형 러너

호칭치수	4	6	(7)	8	(9)	10	12
R	2	3	3.5	4	4.5	5	6
H	4	6	7	8	9	10	12

표 4 · 11(계속)

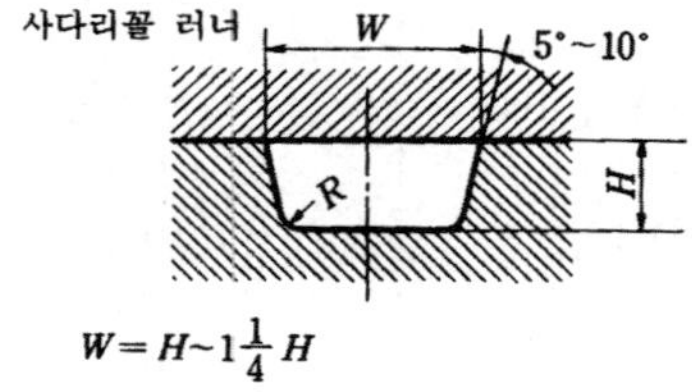

(c) **사다리꼴 러너**

호칭치수	4	6	(7)	8	(9)	10	12
R	4	6	7	8	9	10	12
H	4	4.0	5	5.5	6.0	7	8

※ 주 1. (　)안의 치수는 가급적 사용하지 않는다.
주 2. $H≒2/3W$로 한다.

노즐로부터 사출된 용융수지는 금형에서 냉각되어 고화된 후 금형을 열어 성형품을 빼내고 다음 성형공정으로 옮겨지는데, 이 때 최초로 금형에 들어 갈 수지나 노즐의 선단에 조금씩 부착되어 있는 고화된 수지가 성형품속에 들어가면 성형불량의 원인이 된다.

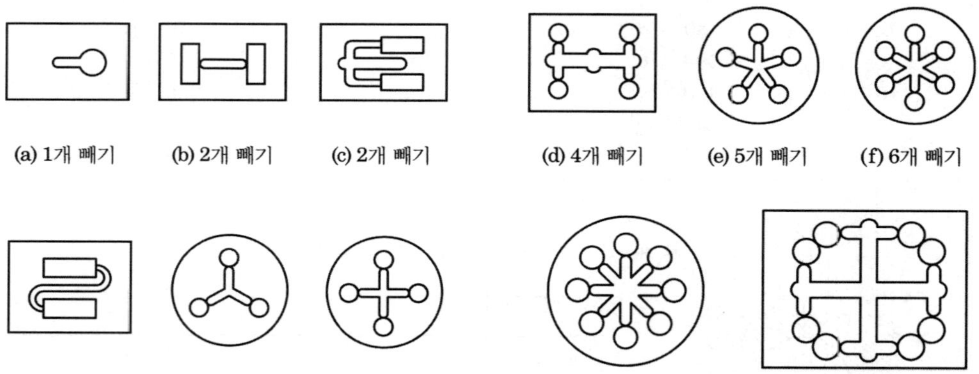

(a) 1개 빼기 (b) 2개 빼기 (c) 2개 빼기 (d) 4개 빼기 (e) 5개 빼기 (f) 6개 빼기

(g) 2개 빼기 (h) 3개 빼기 (i) 4개 빼기 (j) 8개 빼기 (k) 8개 빼기

그림 4 · 44 캐비티 개수에 따른 러너의 배치

이 냉각된 성형재료를 콜드 슬러그(cold slug)라 하며, 이것으로 인한 성형불량을 방지하기 위하여 그림 4 · 46과 같이 스프루의 하단이나 러너의 말단에 슬러그 웰(slug well)을 만들어 콜드 슬러그가 성형품속으로 들어가지 않도록 한다. 슬러그 웰의 길이는 일반적으로 러너 직경의 1.5~2배로 한다.

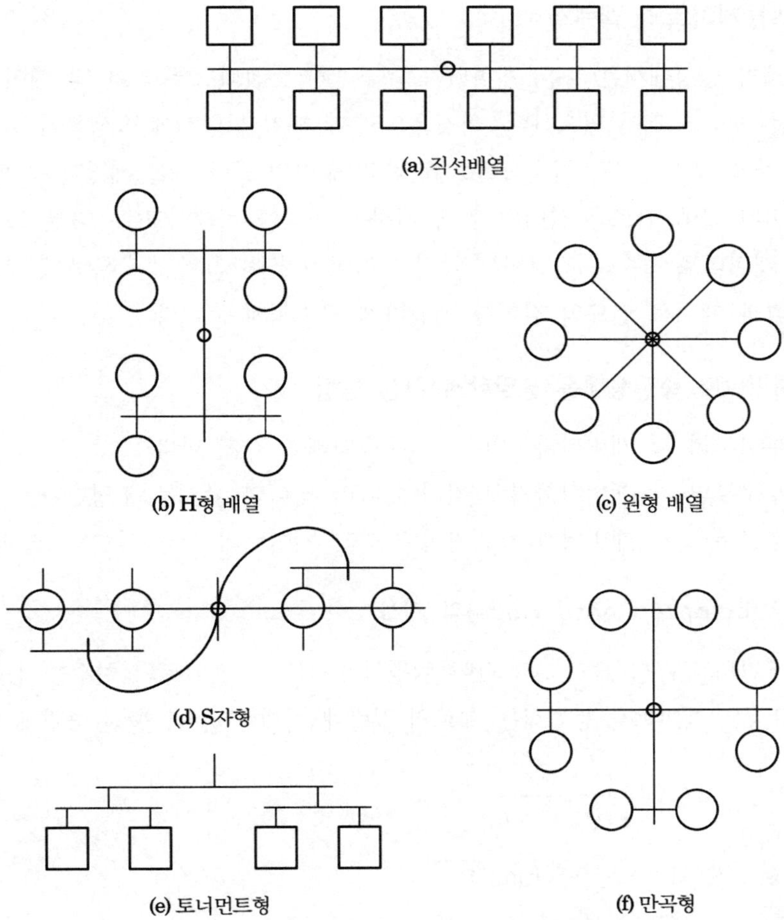

그림 4 · 45 캐비티의 배열

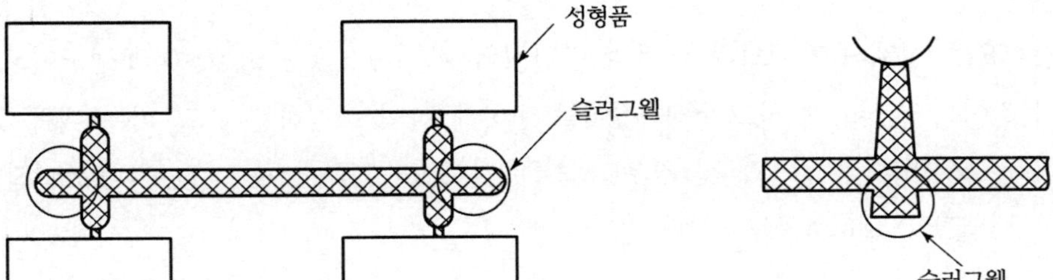

그림 4 · 46 슬러그웰

4) 러너와 게이트의 밸런스

다수개 빼기 금형에서는 모든 캐비티가 균일하게 충전되도록 러너 및 게이트에 의하여 밸런스를 맞추는 것이 필요하다. 이것은 다수개 빼기 성형시에 발생하기 쉬운 플로우 마크, 싱크마크, 쇼트 쇼트, 치수정밀도 오차 및 중량의 불량 등을 해결할 수 있다. 스프루에서 캐비티 끝에 이르는 사이의 압력 저하는 거리와 비례하므로, 다른 조건이 같을 경우에 먼 캐비티로 갈수록 전달되는 압력은 작아진다. 따라서 스프루로 부터의 거리가 증가함에 따라 게이트 랜드의 길이를 적당하게 감소시켜야 한다.

(1) 각 캐비티의 충전상태를 균일하게 하는 방법

① 스프루로부터 각 캐비티까지의 수지 유동거리를 같게 한다.

② 스프루로부터 각 캐비티까지의 거리에 따라 러너의 굵기를 조정한다.

③ 스프루로부터 각 캐비티까지의 거리에 따라 게이트의 폭과 깊이를 조정한다.

(2) B.G.V(balanced gate value)의 계산

다수개 빼기의 경우에 B.G.V의 값이 일정하게 되도록 게이트의 치수를 정하는 방법으로서 B.G.V는 게이트를 통과하는 재료의 질량에 비례한다. 즉 충전 중량에 비례한다.

$$\mathrm{BGV} = \frac{S_G}{\sqrt{L_R} \times L_G} \qquad (4 \cdot 14)$$

S_G : 게이트의 단면적(mm²)

L_R : 러너의 길이(mm)

L_G : 게이트의 길이(mm)

S_R : 러너의 단면적(mm²)

일반적으로 설계시 게이트와 러너의 단면적의 비(S_G/S_R)는 0.07~0.09정도이고, 게이트의 길이는 일정하게 하고 폭과 깊이를 변하게 하여 조정하는데 그 비는 대략 3 : 1 정도이다. 또 러너의 길이가 길 경우(스프루에서 300~400mm)는 125~200mm 길어질 때마다 랜드를 0.13mm 짧게 한다.

예 제 4.5 그림 4 · 47과 같이 동일 성형품 10개 빼기의 러너 배치도에서 러너 지름 10 mm, 게이트의 랜드 길이 2mm로 일정하게 할 때, 게이트 밸런스를 취하기 위한 게이트 치수를 결정하라.

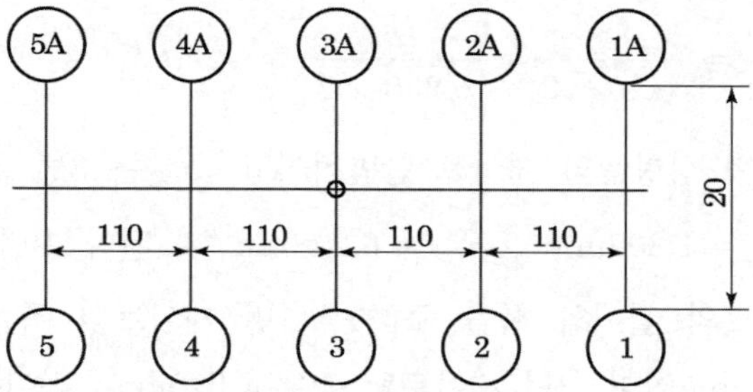

그림 4 · 47 게이트 밸런스

풀이 빼기수는 10개이지만 배치조건에서 보면 2 · 2A와 4 · 4A는 같은 치수를 적용하며 3 · 3A와 5 · 5A도 같은 치수를 적용하므로, 1 · 1A의 치수와 다른 2개의 치수만을 계산하면 된다.

러너의 단면적 S_R는

$$\frac{\pi}{4}\times 8^2 = 50.24\,\text{mm}^2$$

이고,

$$\frac{S_G}{S_R} = 0.09$$

라고 하면, 게이트의 단면적 S_G는 $S_G = S_R \times 0.09 = 50.24 \times 0.09 = 4.5216(\text{mm}^2)$이다. 일반적으로 게이트의 폭과 깊이의 비가 3 : 1이므로 깊이를 h로 하면, 폭은 $3h$가 된다. 따라서, 게이트 단면적에서

$$S_G = 3h^2 = 4.5216\text{mm}^2$$

$$\therefore \text{ 깊이 } h = 1.227\text{mm}$$

$$\therefore \text{ 폭 } 3h = 1.227 \times 3 = 3.681\text{mm}$$

이 치수의 게이트를 2 · 2A 및 4 · 4A의 게이트에 적용하면 게이트 밸런스 BGV는 2 · 2A 및 4 · 4A의

$$\text{BGV} = \frac{S_{G2}}{\sqrt{L_{R2}} \times L_{G2}} \frac{4.5216}{\sqrt{120} \times 2}$$

이것은 1 · 1A, 3 · 3A 및 5 · 5A의 BGV도 같게 해야만 한다. 따라서

$$\frac{4.5216}{\sqrt{120}\times 2}=\frac{S_{G1}}{\sqrt{10}\times 2}=\frac{S_{G3}}{\sqrt{230}\times 2}$$

여기에서 S_{G1}은 1번 성형품의 게이트 단면적이고, S_{G3}는 3번 성형품의 단면적이다. 윗식을 계산하면 $S_{G1}=1.302\text{mm}^2$, $S_{G3}=6.248\text{mm}^2$가 된다. 2번 게이트와 같은 방법으로 1번, 3번 게이트의 깊이와 폭을 구하면, 1번 게이트의 폭은 1.976mm, 깊이는 0.6587mm, 랜드는 2mm이며, 3번 게이트의 폭은 4.329mm, 깊이는 1.443mm, 랜드는 2mm를 얻는다. 이것을 정리하면 표 4 · 12와 같다.

표 4 · 12 게이트 치수(단위 : mm)

캐비티 번호 / 게이트 치수	1 · 1A	2 · 2A	3 · 3A	4 · 4A	5 · 5A
폭	1.976	3.68	4.329	3.68	4.329
길 이	0.658	1.227	1.443	1.227	1.443
랜 드	2	2	2	2	2

(3) 서로 다른 성형품의 다수개 빼기일 때 게이트의 밸런스

다수개 빼기 금형에서 충전량이 서로 다른 경우 B.G.V는 충전량에 비례하므로

$$\frac{W_a}{W_b}=\frac{\dfrac{S_{Ga}}{\sqrt{L_{Ra}}\times L_{Ga}}}{\dfrac{S_{Gb}}{\sqrt{L_{Rb}}\times L_{Gb}}}=\frac{S_{Ga}}{S_{Gb}}\times\frac{\sqrt{L_{Rb}}\times L_{Gb}}{\sqrt{L_{Ra}}\times L_{Ga}} \qquad (4 \cdot 15)$$

단, 게이트가 사각인 경우 폭과 깊이의 비는 3 : 1이고, 게이트 단면적과 러너 단면적의 비는 0.07~0.09 정도로 한다.

여기서 W_a, W_b : a, b 캐비티의 충전량(g)

S_{Ga}, S_{Gb} : a, b 캐비티의 게이트 단면적(mm^2)

L_{Ra}, L_{Rb} : a, b 캐비티의 러너 길이(mm)

L_{Ga}, L_{Gb} : a, b 캐비티의 게이트 랜드(mm)

4.3.4. 스프루(sprue)와 스프루 부시(sprue bush)

스프루는 금형의 입구부에 위치하여 용융된 수지를 러너 혹은 캐비티에 보내는 역할을 한다. 스프루는 그림 4 · 48과 같이 원추형상을 하고 있고, 한쪽은 성형기의 노즐에 연결되고 다른 한쪽은 금형의 러너 또는 성형품에 붙어 있다. 일반적인 형상은 그림 4 · 49와 같이 외형은 부시가 되고, 다른 쪽은 고정측 형판 또는 러너 플레이트에 끼워 맞추어진다. 스프루 부시는 성형압력을 받으므로 이것을 지탱하기 위하여 로케이트 링을 단붙이기로 하여 누르고 있다. 수지의 손실을 적게 하기 위하여 스프루의 크기는 가능한 한 작게 한다. 한편, 내부는 스프루 부시 R부에서 끝퍼진 테이퍼로 되어 있으며, 이 테이퍼는 클수록 스프루의 빼기가 쉬워진다.

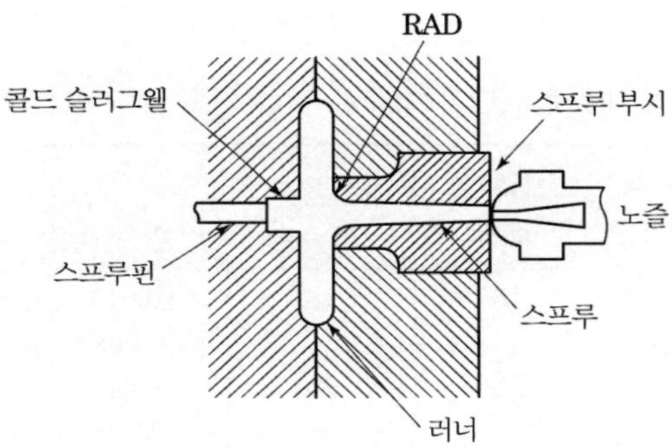

그림 4 · 48 스프루와 스프루 부시

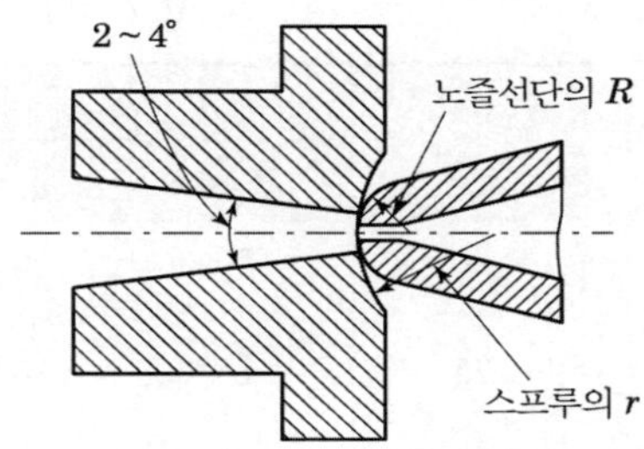

그림 4 · 49 스프루와 노즐

스프루 부시의 형상은 A, B, C, D, E형이 있으며, 그림 4 · 50에는 가장 많이 사용되는 A형과 B형을 보여주고 있다. A형은 주로 사이드 게이트용으로 쓰이며, B형은 주로 다이렉트 게이트용으로 쓰이고 있다. 표 4 · 13은 A형과 B형의 스프루 부시의 호칭치수와 공차 규정을 나타낸다.

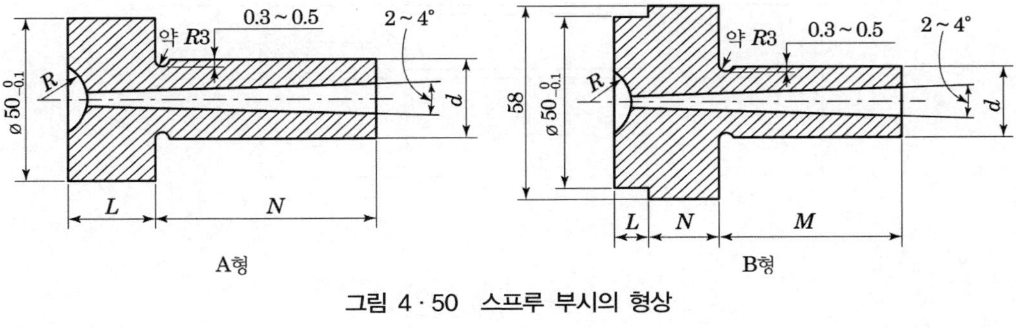

그림 4 · 50 스프루 부시의 형상

스프루 부시의 설계시 고려할 사항은 다음과 같다.

① 스프루 부시 R은 노즐 선단 r보다 1mm정도 크게 한다.

② 스프루 입구의 지름 D는 노즐 구멍 지름 d보다 0.5~1.0mm정도 크게 한다.

③ 스프루 길이는 될 수 있는 대로 짧은 편이 좋으며, R은 사용자가 지정해 주는 경우가 많다.

④ 스프루 구멍의 테이퍼는 2~4°로 한다.

⑤ 스프루 부시는 HRC40 이상으로 열처리한다.

⑥ 스프루 부시의 내면 거칠기는 1~6S로 하고, 끝다듬질할 때 길이 방향으로 하여야 한다.

⑦ 러너 스트리퍼의 스프루 부시의 취동부에 5~15°의 각도를 부여하면 안정성이 좋고, 작동이 원활하다.

표 4·13 스프루 부시의 치수(단위 : mm)

호칭치수 (A형)	d	
	치 수	공 차
20	20	+0.013 -0.008
25	25	+0.013 -0.008
35	35	+0.015 -0.010

호칭치수 (B형)	d	
	치 수	공 차
16	16	+0.013 -0.008
20	20	+0.013 -0.008
25	25	+0.013 -0.008
35	35	+0.015 -0.010

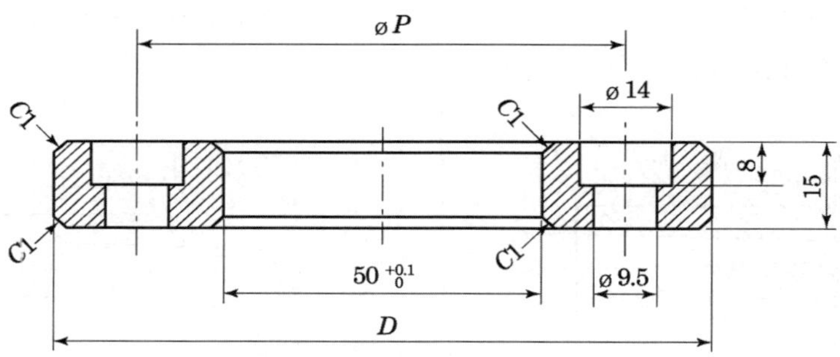

호칭치수	D		P	호칭치수	D		P
	치수	치수차			치수	치수차	
90	90	-0.2 -0.4	80	※125		-0.2 -0.4	90
100	100		80	(127)			90
(101.6)	(101.6)		80	150			120
※110	110		80	(152.4)			120
120	120		90	※175			120

그림 4 · 51 로케이트링의 모양과 치수

4.3.5. 로케이트 링(locate ring)

로케이트 링은 성형기의 노즐과 금형의 스프루 부시의 위치를 잡아주는 역할을 하며, 표준형인 A형과 여러 가지 특수한 형상이 있다. 재료는 원칙적으로 KS B 3752의 SM50C, SM55C 또는 KS D 3751의 STC7로 하고, 외관에 흠, 터짐, 녹 등의 결함이 없어야 하며, 거칠기는 6.3S로 한다. 그림 4 · 51은 KS B 4156에 규정된 표준형 로케이트 링이며, 그 모양과 치수를 표시한다. ( )를 친 치수는 가급적 잘 쓰지 않는 치수이며, ※ 표시는 KS에 규정되어 있지 않은 것이나, 잘 쓰이고 있는 것이므로 표시하였다.

그림 4 · 52는 로케이트 링 A형의 적용 예를 나타내고 있으며, (a)는 가장 일반적으로 사용되며 고정측 설치판이 파져 로케이트 링이 스프루 부시의 위치를 잡아주고 있다. (b)는 스프루 부시의 머리쪽을 단이지게 하여 눌러서 스프루 부시의 빠짐 방지를 겸한 사용 예이며, (c)는 고정측 설치판에 파져 있는 부위를 생략한 것으로 가장 간단한 사용 예이다. (d)는 로케이트 링에 따라 스프루 부시를 눌러 빠짐방지를 겸한 사용 예이다.

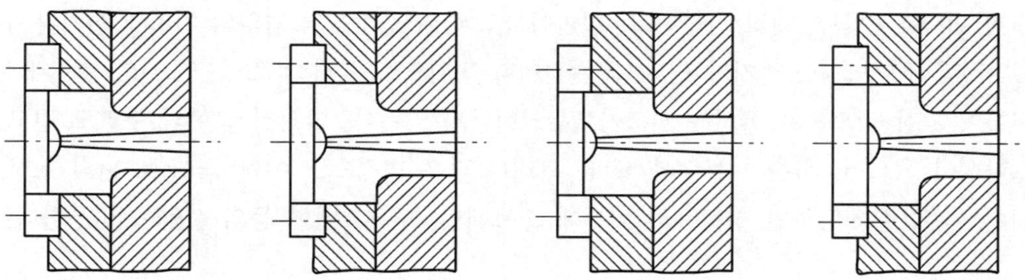

(a) (b) (c) (d)

그림 4 · 52 A형 로케이트링의 적용

4.4 이젝터 기구의 설계

사출성형작업에서 성형품의 이젝터(ejector)는 성형품의 품질을 일정하게 유지하고, 또한 자동성형을 가능하게 하는 중요한 역할을 한다. 이젝터 방법의 결정은 사용하는 수지나 제품의 형상, 게이트의 종류, 상품의 가치, 금형의 구조 등에 의해 결정되지만, 원칙적으로 성형품에 변형이나 흠, 균열을 주지 않고 확실하면서도 신속하게 이형이 되며, 고장이 적고, 보수가 간단히 되는 것이어야 한다.

용융수지가 금형의 캐비티에 충전이 끝나고, 고화된 성형품은 이젝터 기구에 의해서 빼내어 진다. 이 경우 가동형은 파팅 라인을 경계로 해서 스트로크만큼 열리고 가동형에 조립되어 있는 이젝터 기구가 성형기에 고정되어 있는 이젝터 로드에 의해 작동되어지는 구조로 되어 있다. 또한, 성형품의 형상에 따라 고정형에 성형품이 남을 경우도 있으며, 이 때는 고정형에 이젝터 기구를 설치해서 이젝터 플레이트를 가동측과 로드(rod), 핀(pin), 체인(chain), 와이어(wire) 등으로 연결하여 작동시키든지, 독자적인 유압 및 공압 실린더를 설치하여 작동시키는 방법 등이 있다. 이 때 형판으로부터 확실하게 성형품을 빼내고, 형이 닫혀질 때 다른 부품과 간섭을 일으키지 않고 원 위치로 복귀해야 한다. 이 복귀 동작은 특별한 경우를 제외하고는 이젝터 플레이트에 고정되어 있는 4개의 리턴 핀(return pin)에 의해서 행하여진다.

4.4.1. 이젝터 방식의 종류

1) 이젝터 핀에 의한 방식

핀 이텍터 방식은 가장 간단하고, 밀핀이라고 하며 성형품의 임의의 위치에 설치할 수 있다. 핀 구멍도 가공하기가 쉽고, 끝손질이나 정밀도도 쉽게 얻을 수 있으며, 밀어내기 저항이 가장 적으므로 긁히는 사고가 잘 일어나지 않는다. 따라서 금형의 수명도 길고, 호환성이 좋으며, 파손시 보수가 쉽다. 그러나 작은 면적으로 이젝팅되므로 핀의 형상, 위치, 수가 부적당하면 성형품의 일부에 스트레인, 균열, 백화 등의 불량이 발생한다.

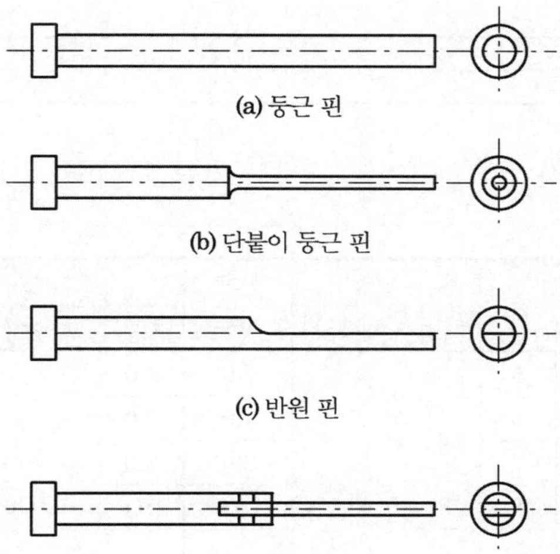

(a) 둥근 핀

(b) 단붙이 둥근 핀

(c) 반원 핀

(d) 사각 핀

그림 4 · 53 이젝터핀의 종류

핀의 종류에는 그림 4 · 53과 같이 여러 가지 형상이 있으며, 재료는 원칙적으로 KS D 3751의 STC3~STC5, KS D 3753의 STS2, STS3 또는 KS D 3756의 SACM1로 한다. 둥근 핀은 $\phi 2 \sim \phi 15$까지 규격에 따라 치수가 결정되어 있으므로 이 규격을 기초로 하여 각종 길이를 가진 핀이 시판되고 있다. 각형 또는 판상의 핀은 그 자체의 가공 및 열처리에 있어서 어려운 점은 없으나 구멍가공은 매우 어렵기 때문에 방전가공 등의 특수한 가공이 필요하다. 또한 작동 저항도 원형핀에 비하여 크고 좌굴을 일으킬 수 있으므로 가능하면 사용하지 않는 것이 좋다.

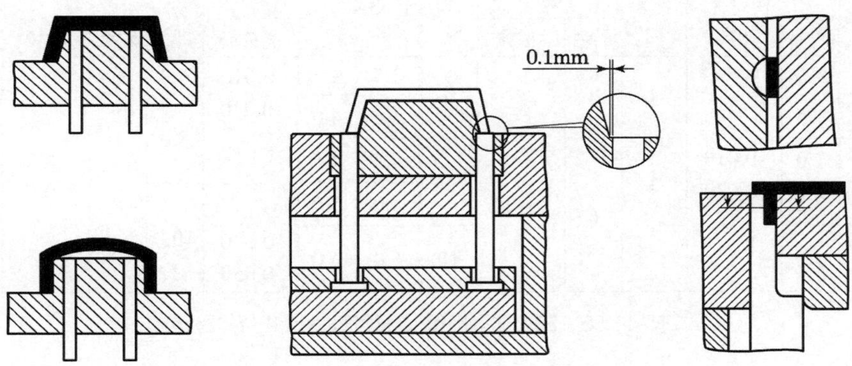

(a) (b) (c)

그림 4 · 54 이젝터핀의 올바른 사용

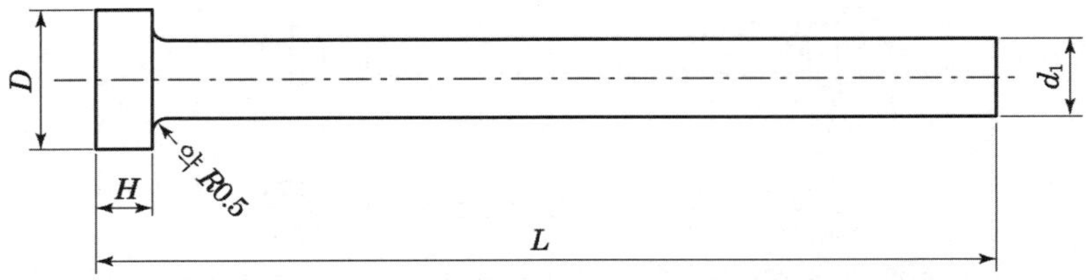

호칭 치수	d 치수	d 치수차	D	H 치수	H 치수차	호칭 치수	D 치수	D 치수차	D	H 치수	H 치수차
2.5	2.5	-0.010 -0.030	6	4	0 -0.1	6.0	6.0	-0.020 -0.050	10	6	0 -0.1
3.0	3.0		6			7.0	7.0		11		
3.5	3.5		7			8.0	8.0		13	8	
4.0	4.0		8			10.0	10.0		15		
4.5	4.5		8	6		12.0	12.0		17		
5.0	5.0		9								

그림 4 · 55 A형 이젝터핀의 모양과 치수(단위 : mm)

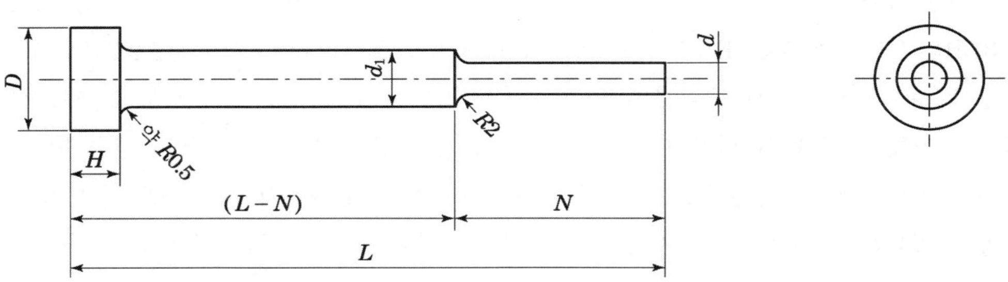

호칭 치수	d 치수	d 치수차	d_1	H 치수	H 치수차	D	호칭 치수	d 치수	d 치수차	d_1	H 치수	H 치수차	D
1.0	1.0	-0.010 -0.030	3	4	0 -0.1	6	3.5	3.5	-0.010 -0.030	6.0	6	0 -0.1	10
1.5	1.5						4.0	4.0		8.0	8		13
2.0	2.0		4	6		8	4.5	4.5					
2.5	2.5						5.0	5.0		10.0			15
3.0	3.0					10	6.0	6.0	-0.020 -0.050				

그림 4 · 56 B형 이젝터핀의 모양과 치수(단위 : mm)

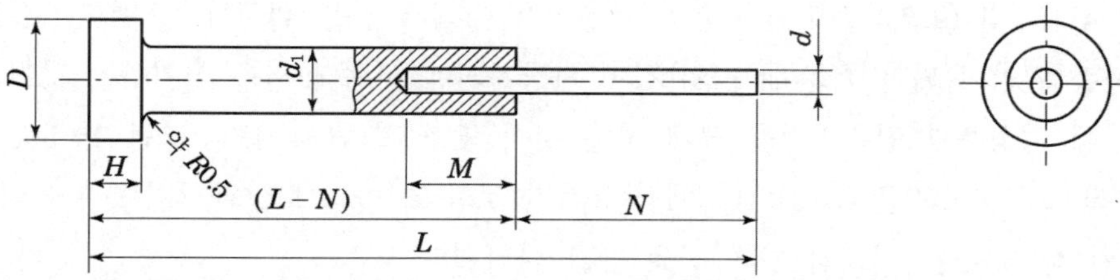

<table>
<tr><th rowspan="2">호칭 치수</th><th colspan="2">d</th><th rowspan="2">d_1</th><th colspan="2">H</th><th rowspan="2">D</th><th rowspan="2">M</th><th rowspan="2">호칭 치수</th><th colspan="2">d</th><th rowspan="2">d_1</th><th colspan="2">H</th><th rowspan="2">D</th><th rowspan="2">M</th></tr>
<tr><th>치수</th><th>치수차</th><th>치수</th><th>치수차</th><th>치수</th><th>치수차</th><th>치수</th><th>치수차</th></tr>
<tr><td>1.0</td><td>1.0</td><td rowspan="6">-0.010
-0.030</td><td rowspan="4">6.0</td><td rowspan="6">6</td><td rowspan="6">0
-0.1</td><td rowspan="4">10</td><td rowspan="4">6</td><td>2.4</td><td>2.4</td><td rowspan="6">-0.010
-0.030</td><td>7.0</td><td>6</td><td rowspan="6">0
-0.1</td><td>11</td><td>10</td></tr>
<tr><td>1.2</td><td>1.2</td><td>2.8</td><td>2.8</td><td rowspan="5">8.0</td><td rowspan="5">8</td><td rowspan="5">13</td><td rowspan="5">15</td></tr>
<tr><td>1.4</td><td>1.4</td><td>3.0</td><td>3.0</td></tr>
<tr><td>1.6</td><td>1.6</td><td>3.4</td><td>3.4</td></tr>
<tr><td>1.8</td><td>1.8</td><td rowspan="2">7.0</td><td rowspan="2">11</td><td rowspan="2">10</td><td>3.8</td><td>3.8</td></tr>
<tr><td>2.0</td><td>2.0</td><td>4.0</td><td>4.0</td></tr>
</table>

그림 4 · 57 C형 이젝터핀의 모양과 치수(단위 : mm)

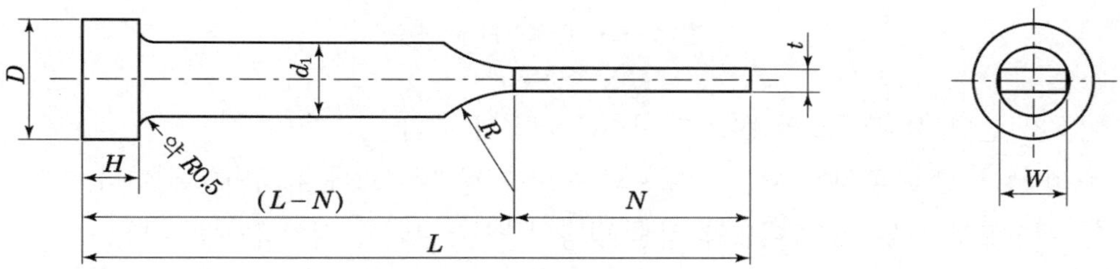

(a) 깍아내기형

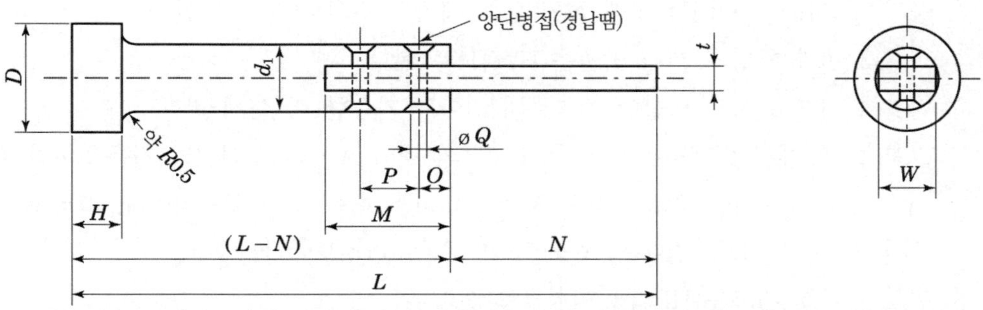

d_1	M	O	P	Q	d_1	M	O	P	Q
8	15	4.5	6	3	15	20	5	8	4
12	15	4.5	6	3	20	20	5	8	4

그림 4 · 58 D형 이젝터핀의 모양과 치수(단위 : mm)

그림 4 · 54의 (a)와 같이 성형품의 상부에만 이젝터 핀을 설치하면, 백화(白化)현상 등의 불량 원인이 되기 때문에 (b)와 같이 가장자리에 이젝터 핀을 설치하는 것이 좋으며, 이 때 성형품과 접촉면적을 크게 하는 것이 좋다. 그림 4 · 55, 그림 4 · 56, 그림 4 · 57 및 그림 4 · 58은 KS B 4153에서 규정한 것과 그 밖의 모양과 치수를 나타내었으며, 그림 4 · 59에는 이젝터 핀의 적용 예를 나타낸다.

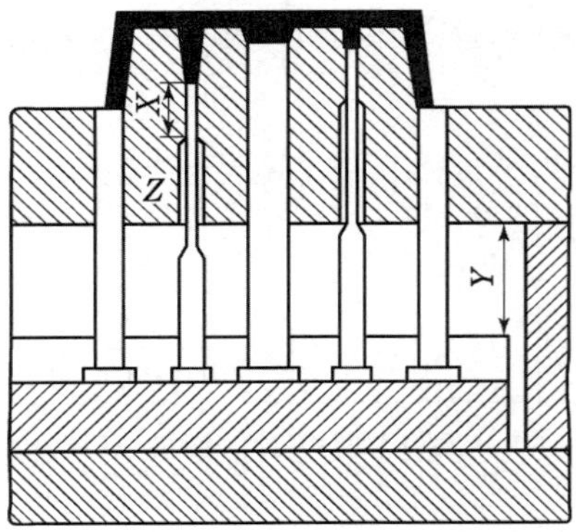

그림 4 · 59 이젝터핀의 적용

이젝터 핀의 설계시 고려해야 할 사항은 다음과 같다.

① 이젝터 핀을 배치할 때는 성형품의 이형 저항 밸런스가 유지되도록 한다.

② 게이트의 하부 및 게이트와 직선 방향의 밑 부분에는 설치하지 않는다.

③ 상품의 가치를 해치지 않는 곳에 설치한다.

④ 공기 및 가스가 모이는 곳에 설치하여, 에어 벤트의 대용으로 한다.

⑤ 이젝터 핀과 구멍의 끼워 맞춤은 H7정도로 한다.

⑥ 단붙이 이젝터 핀의 단붙이 지름부의 길이는 가능한 한 짧게 한다.

⑦ 그림 4 · 59에서 이젝터핀의 끼워 맞춤부의 길이 X는 이젝터핀의 지름을 d라 할 때 $X = 1.5d \sim 2d$로 하고, 최소 $X \geq 15\text{mm}$로 하는 것이 일반적이다. 그리고 단붙이 지름부의 표준 길이는 $X + Y + (5 \sim 6)\text{mm}$ 정도이다.

⑧ 핀의 담금질 경도는 HRC55 이상으로 한다.

⑨ 끼워맞춤부의 거칠기는 3S로 한다.

⑩ 핀의 끝과 성형품은 될 수 있는 대로 많이 접촉하도록 한다.[그림 4 · 60 **참조**]

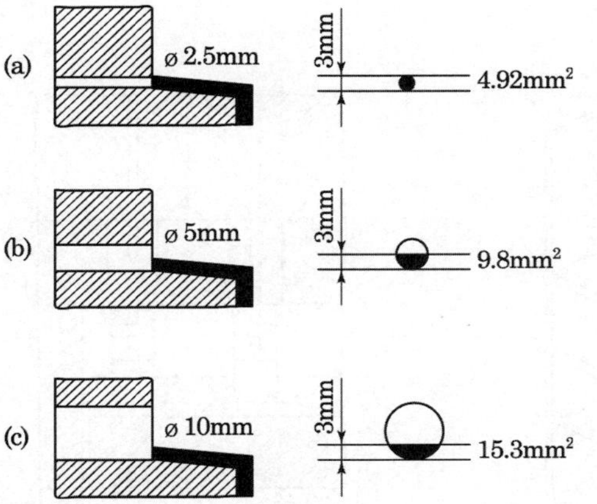

그림 4 · 60 핀의 접촉면적에 따른 효과

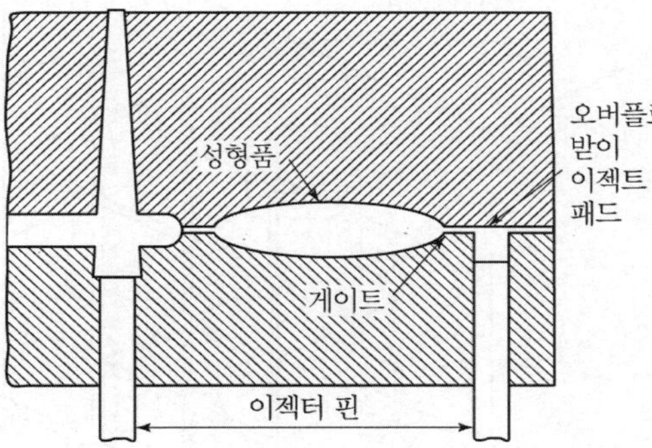

그림 4 · 61 오버플로받이 이젝터

⑪ 성형품에 이젝터 핀 자국이 있어서는 안될 경우에 그림 4 · 61과 같이 오버플로우 받이를 설치하고, 이 오버플로우 받이부를 이젝터부로 한다. 이것은 콜드 슬러그 웰 역할도 하며 에어 벤트, 웰드 방지 등에도 이용된다.

⑫ 이젝터 핀은 보통 ϕ12~ϕ16정도가 한도이며, 그 이상의 지름으로 이젝팅할 경우는 이젝터 핀의 선단을 접시 모양으로 만든 핀을 사용한다.[그림 4 · 62 참조]

⑬ 얇은 플레이트 상의 성형품에 대해서는 그림 4 · 63과 같이 블레이드 핀이 가장 효과적이다.

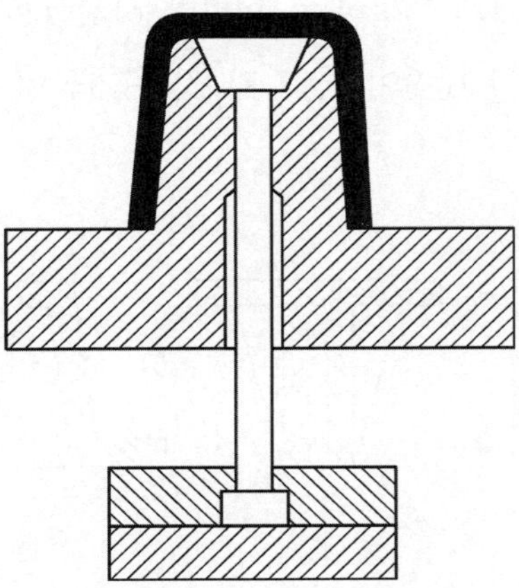

그림 4 · 62 접시머리핀에 의한 이젝팅

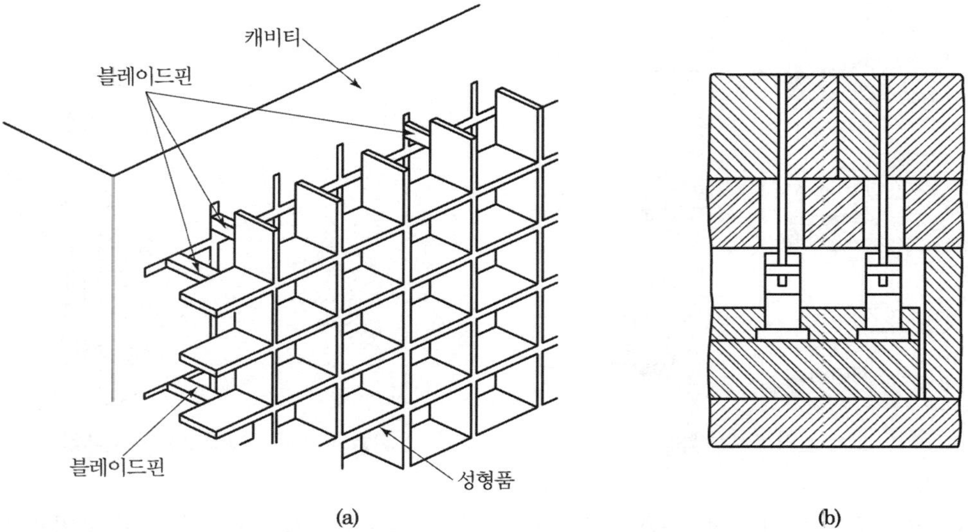

그림 4 · 63 블레이드핀에 의한 이젝팅

2) 슬리브 이젝터(sleeve ejector) 방식

슬리브에 의한 밀어내기는 그림 4 · 64와 같이 중앙에 긴 구멍이 뚫려있는 부시 모양의 성형품, 구멍이 뚫려있는 보스, 빠지기 어려운 가늘고 긴 코어가 있는 성형품 등에 사용된다. 이것은 슬리브의 단면으로 주위를 고르게 밀어내므로 핀 이젝터보다 성형품에 균열이나 백화현상이 발생하기 어렵고, 원활한 이젝팅을 할 수 있다. 슬리브의 가공성은 비교적 좋으나 슬리브의 내경이 작고 긴 것은 가공이 어렵고 살두께가 얇은 것은 사용중 균열되기 쉽다.

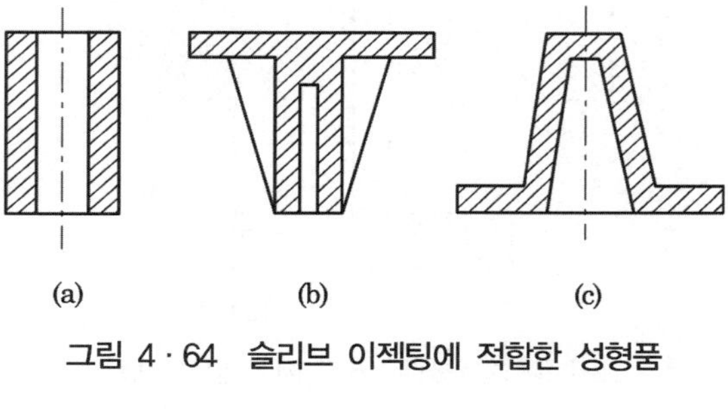

그림 4 · 64 슬리브 이젝팅에 적합한 성형품

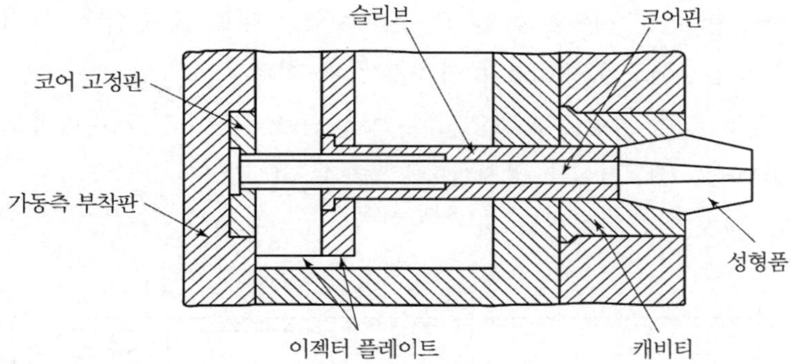

그림 4 · 65 슬리브 이젝터 기구

슬리브 이젝터는 내외 지름 모두 원활한 취동이 필요하다. 따라서 내외 지름의 끼워맞춤 정밀도, 강재의 선정 및 열처리는 신중히 검토하지 않으면 긁힘이 발생한다. 일반적으로 슬리브는 그림 4 · 65에서와 같이 이젝터 플레이트에 부착하고, 성형품에 구멍을 만드는 코어 핀은 코어 고정판에 고정시킨다. 재료는 KS D 3751의 STC3~STC5, KS D 3753의 STS3, KS D 3525의 STB2, KS D 3756의 SACM645로 하며, KS B 4159에 규정하고 있다. 그림 4 · 67 및 그림 4 · 68은 이젝터 슬리브 A형, B형의 모양과 치수를 나타내며, 그림 4 · 69는 A형의 적용 예를 나타낸다.

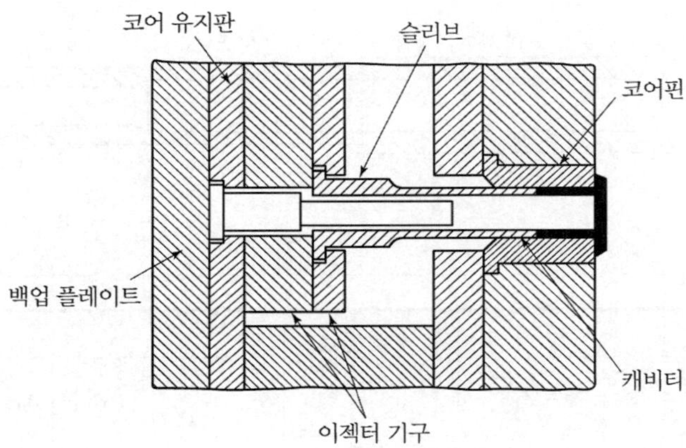

그림 4 · 66 단붙이 슬리브

슬리브 이젝터의 설계시 고려할 사항은 다음과 같다.

① 슬리브의 살두께는 1.5mm 이상이 좋으며, 가늘 경우에는 그림 4 · 66과 같은 단붙이 슬리브로 한다.

② 담금질 경도는 HRC55 이상으로 하고 질화 또는 경질크롬 도금을 하는 것이 좋다.

③ 슬리브와 코어 핀의 끼워맞춤 길이는 될 수 있는 대로 짧게 한다. 그러나 슬리브가 제일 많이 전진해도 7~8mm의 여유를 갖게 한다.

④ 관통 구멍이 있는 성형품에 있어서의 코어 핀은 선단부가 캐비티형으로 지지되도록 설계하여, 코어 편심을 방지한다.[그림 4 · 70 참조]

⑤ 끼워맞춤부는 연삭 다듬질로 하여 거칠기는 3S로 한다.

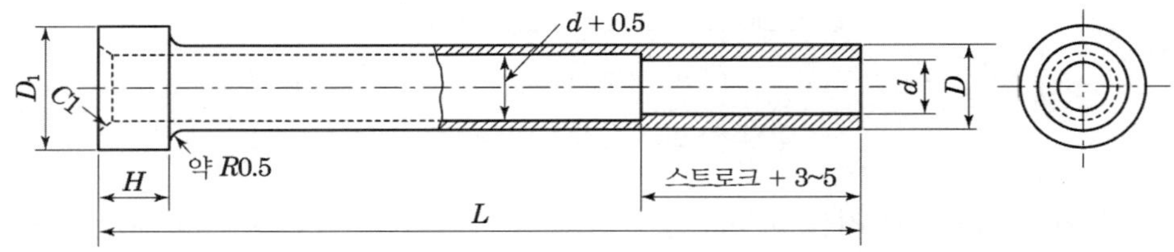

호칭치수	d 치수	d 치수차(H7)	D 치수	D 치수차	D_1	H 치수	H 치수차	호칭치수	d 치수	d 치수차(H7)	D 치수	D 치수차	D_1	H 치수	H 치수차
3.0	3.0	+0.009 0	6.0	-0.020 -0.050	10	6	0 -0.1	8.0	8.0	+0.015 0	12.0	-0.020 -0.050	17	8	0 -0.1
4.0	4.0	+0.012 0	7.0		11			10.0	10.0		14.0		19		
5.0	5.0		8.0		13	8		12.0	12.0	+0.018 0	17.0		22		
6.0	6.0		10.0		15										

그림 4 · 67 A형 이젝터 슬리브의 모양과 치수(단위 : mm)

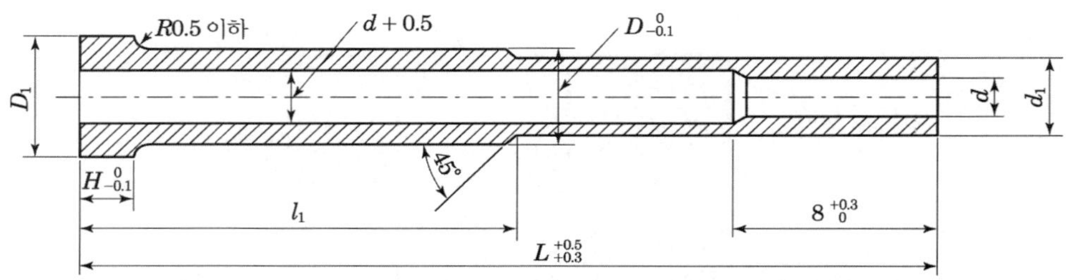

호칭치수	d 치수	d 치수차(H7)	d_1 치수	d_1 치수차	D_1	D	H	호칭치수	d 치수	d 치수차(H7)	d_1 치수	d_1 치수차	D_1	D	H
3.5	3.5	+0.012 0	7	-0.020 -0.050	15	10	8	5	5	+0.012 0	8	-0.020 -0.050	15	10	8
4	4		7		15	10					9		17	12	
			8		15	10		6	6		9		17	12	
											10		17	12	
4.5	4.5		8		15	10		8		+0.015 0	12		20	15	

그림 4 · 68 B형 이젝터 슬리브의 모양과 치수(단위 : mm)

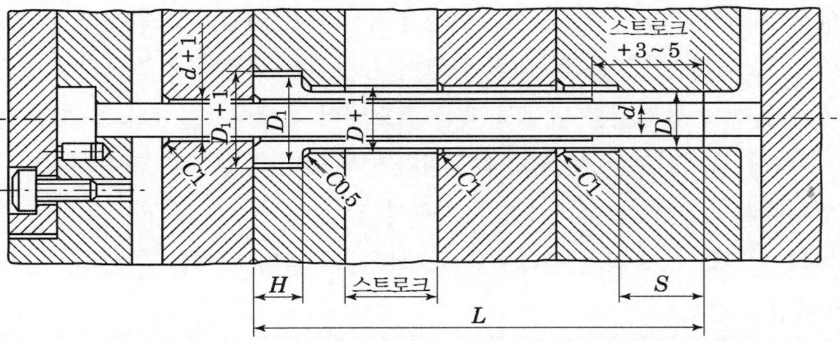

호칭 치수	D 치수	D 치수차 (H7)	$d+1$	$D+1$	D_1+1	S	호칭 치수	D 치수	D 치수차 (H7)	$d+1$	$D+1$	D_1+1	S
3.0	6.0	+0.012 0	4	7	11	10	8.0	12.0	+0.018 0	9	13	18	20
4.0	7.0	+0.015 0	5	8	12	15	10.0	14.0		11	15	20	
5.0	8.0		6	9	14								
6.0	10.0		7	11	16		12.0	17.0		13	17	23	25

그림 4 · 69 A형 이젝터 슬리브의 적용(단위 : mm)

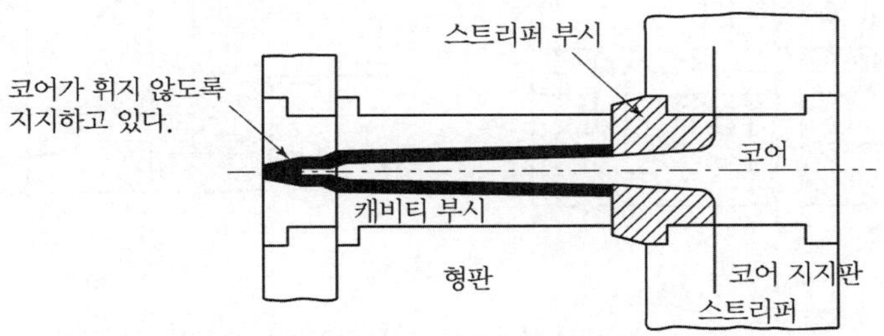

그림 4 · 70 코어편심 방지

3) 스트리퍼 플레이트 이젝터(stripper plate ejector) 방식

성형품의 전둘레를 파팅라인에 두고 균일하게 밀어내는 방식으로서 살두께가 얇고, 이젝터 핀의 사용이 성형품에 나쁜 영향을 줄 경우, 밀어낼 때 측벽에 큰 저항이 있는 상자 모양이나 원통 모양의 성형품에 많이 사용된다. 스트리퍼 플레이트 이젝터는 가장 넓은 면적으로 밀어내므로 성형품의 변형, 균열, 백화 등이 생기지 않는다. 또 외관상도 이젝터 자국이 거의 남지 않으므로 투명 성형품에는 특히 중요시 되고 있다. 스트리퍼 플레이트는 플레이트나 코어의 가공이 비교적 용이하지만 핀과 비교하여 기계가공 및 작동면의 끼워맞춤 가공에 많은 시간이 필요하며, 작동면에 긁힘이 일어나는 경우가 있기 때문에 열처리가 요구된다. 또한 호환성을 부여하기 어렵고 보수에 많은 공정수를 필요로 한다. 스트리퍼 플레이트의 내면과 코어의 주위가 정밀하게 조립되지 않으면 그 사이로 수지가 들어가 플래시를 발생시킨다. 스트리퍼 플레이트를 작동할 때는 그림 5-71과 같이 이젝터 플레이트에 연결하여 장치하거나 이젝터 로드로 작동시킨다. 스트리퍼 플레이트 이젝터의 설계시 유의사항은 다음과 같다.

① 코어의 외주와 스트리퍼 플레이트의 안쪽과의 긁힘 방지를 위해 3~10°의 구배 맞춤이 필요하다.
② 코어와 스트리퍼 플레이트의 틈새는 0.02mm 정도로 한다.
③ 긁힘과 마모 방지를 위해 반드시 담금질하여 HRC55 정도로 한다.
④ 성형품의 파팅면이 복잡한 경우, 스트리퍼 플레이트의 대용으로 그림 4·71의 (b)와 같이 링을 사용하는 방법도 있다.

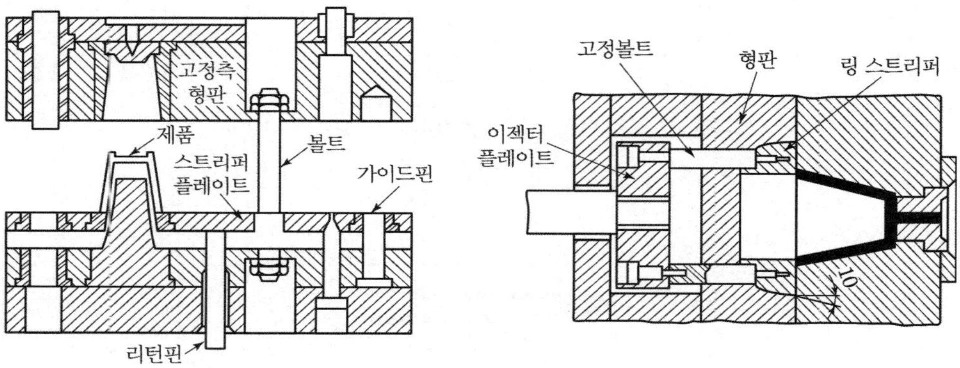

(a) (b)

그림 4·71 스트리퍼 플레이트 이젝터와 링 스트리퍼 이젝터

4) 공기압 이젝터 방식

물통이나 컵과 같이 깊고 얇은 성형품은 이젝터 핀이나 스트리퍼 플레이트로 이젝팅하면 성형품이 좌굴을 일으키고, 또 성형품과 코어 사이가 진공 상태가 되어 빼내기가 어렵고 성형품이 파손되기 쉽다. 특히 폴리에틸렌(PE)이나 폴리프로필렌(PP) 등의 연질 재료를 사용하여 성형할 경우에는 이러한 현상은 더욱 두드러지게 나타난다. 이런 경우에 에어 이젝터 방식이 적합하다. 또한 에어 이젝터는 성형품의 자동 낙하가 용이하고, 에어 밸브를 리밋 스위치(limit switch)로 제어하면 자동 성형작업이 가능해진다. 에어 이젝터 방식에 의한 이점과 문제점은 다음과 같다.

① 이젝터 플레이트 조립 기구가 필요없으므로 금형 구조가 간략화 된다.
② 코어형, 캐비티형 어느 것에도 사용된다.
③ 형개(型開)중의 임의의 위치에서 밀어내기가 된다.
④ 균일한 공기의 힘이 성형품의 밑부분에 고르게 작용하므로 변형이 적다.
⑤ 성형품과 코어 사이의 진공에 의한 문제점을 해소해 준다.
⑥ 설치가 간단하고, 공기가 누설되어도 성형품을 더럽히지 않으며, 작업상의 문제도 없다.
⑦ 성형품의 형상에 제약이 있으며, 다른 이젝터 방식과 병행하여 보조 수단으로서의 사용가치가 높다.[그림 4 · 73 참조]
⑧ 공기가 금형 속을 지남으로써 냉각작용도 겸하는 효과가 있어, 특히 냉각회로를 설치할 수 없는 가는 코어에 공기를 내뿜어 이젝터 보조와 냉각을 겸하면 그 효과가 크다.
⑨ 압축 공기의 압력은 5~6kgf/cm² 정도로 한다.
⑩ 에어 밸브의 리턴은 리턴 핀이 사용되지 않으므로, 에어 실린더나 스프링을 이용한다.
⑪ 공기의 도피 회로가 있으면 이젝터 힘은 크게 감소한다.
⑫ 에어 밸브의 금형 접촉면은 비교적 넓어 강력한 성형압력을 받으므로 이에 대한 강도의 배려를 해야 한다.

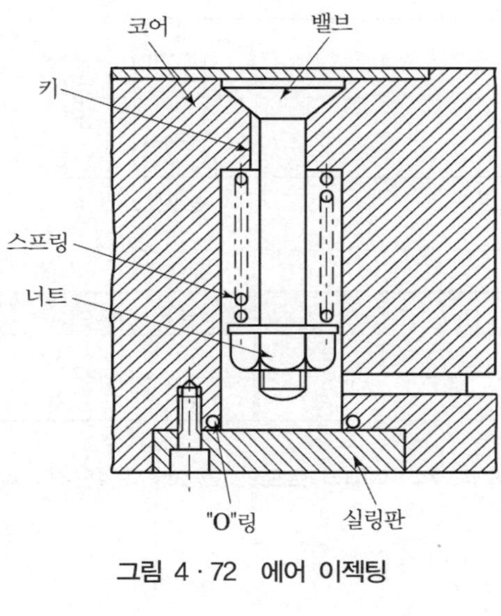

그림 4 · 72 에어 이젝팅

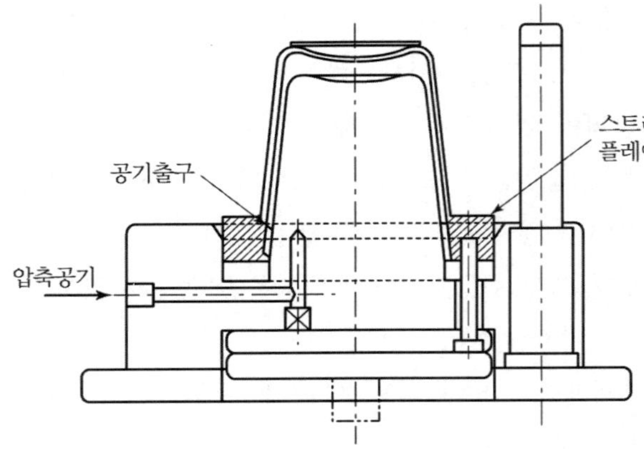

그림 4 · 73 압축공기 병용의 스트리퍼 플레이트

4.4.2. 이젝터 플레이트와 스트리퍼 플레이트의 작동 방식

1) 이젝터 로드(ejector rod)에 의한 방식

이젝터 로드는 금형이 열릴 때 이젝터 플레이트를 밀어 올리기 위하여 금형의 이젝터 플레이트와 성형기를 연결시키는 역할을 하는 것으로서, 재료는 SM25C~SM 55C가 사용되며, 그림 4 · 74와 같은 형상과 치수를 가지며, 그림 4 · 75는 그 적용 예를 나타내었다.

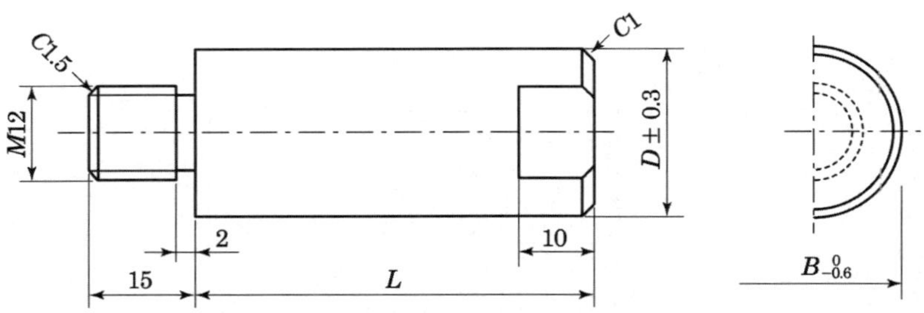

호칭치수	*D*	*B*	*L*	호칭치수	*D*	*B*	*L*
20	20	17	지시치수	30	30	26	지시치수
25	25	21		40	40	32	

그림 4 · 74 이젝터 로드의 모양과 치수(단위 : mm)

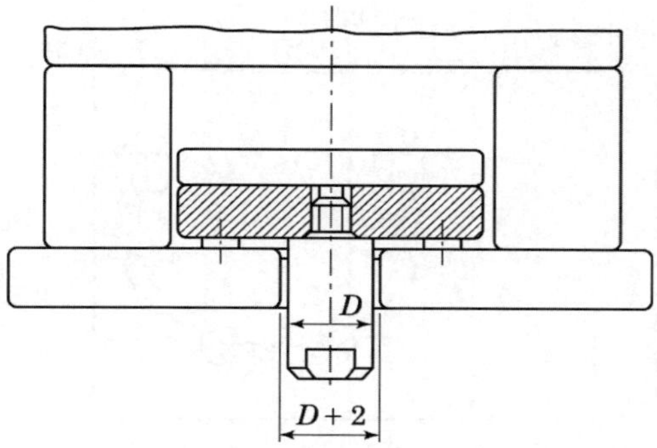

그림 4·75 이젝터 로드의 적용

2) 인장 타이로드에 의한 방식

스트리퍼 플레이트는 금형내에 짜넣어진 인장봉(引張棒)에 의해 잡아 당겨진다. 그림 4·76의 ②에서 스트리퍼 플레이트가 움직일 수 있는 스트로크는 $(X+Y)$로서, 깊은 성형품에는 한도가 있다. ①은 신축식으로 한 것으로, 상당히 큰 스트로크 $(X+Y+Z)$가 얻어진다. 이 인장 타이로드는 제품 빼내기 및 작동 낙하의 장애가 되지 않는 위치에 설치한다. 여기에서는 가동형에 스트리퍼 플레이트가 있는데, 고정측에 있어도 방식은 같다.

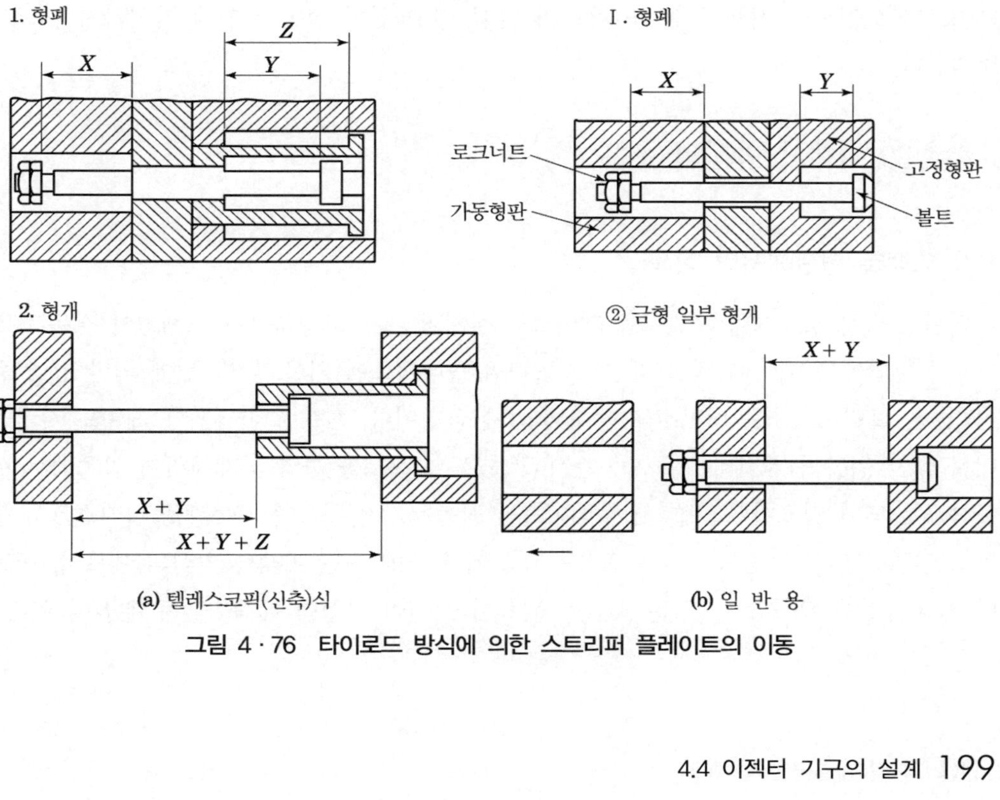

그림 4·76 타이로드 방식에 의한 스트리퍼 플레이트의 이동

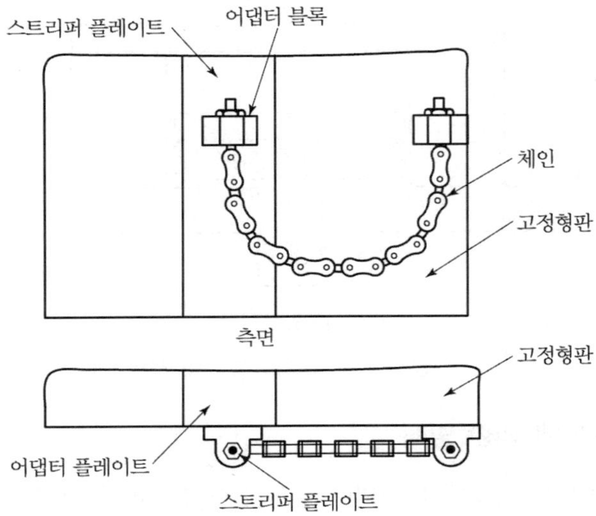

그림 4 · 77 체인에 의한 작동방법

3) 체인이나 링크에 의한 방법

인장 타이로드 대신 체인이나 링크를 사용하는 방법으로 그림 4 · 77에 예를 들었다. 체인은 스트리퍼 플레이트와 고정측 형판에 각각 연결하여 금형이 열릴 때 스트리퍼 플레이트가 인장되어 작동한다. 또 금형이 닫힐 때 체인이 형판 사이에 들어가지 않도록 주의한다.

4.4.3. 이젝터 방식의 응용

1) 고정측 형판에서의 이젝터

외관상의 문제로 성형품 안쪽에 게이트를 설치할 때는 고정측에서 이젝팅할 경우가 있다. 이 방법에는 에어 이젝팅 방법, 스트리퍼 플레이트에 의한 방법, 핀에 의한 방법 등이 있다. 그림 4 · 78은 장난감 자동차의 몸체 금형이다. 성형품의 외관에 게이트 자국을 내지 않기 위하여 캐비티부를 가동측에 만들고, 스프루를 중앙에 배치하여 안쪽에서 사출하도록 되어 있으며, 스트리퍼 플레이트를 작동시키기 위하여 가동측을 텔레스코픽 볼트로 연결하였다. 그림 4 · 79는 고정측 형판에서 핀에 의한 이젝팅 방식의 예로서, 이젝터 플레이트가 작동할 수 있는 공간이 필요하게 되어 금형이 대형화되는 결점이 있다.

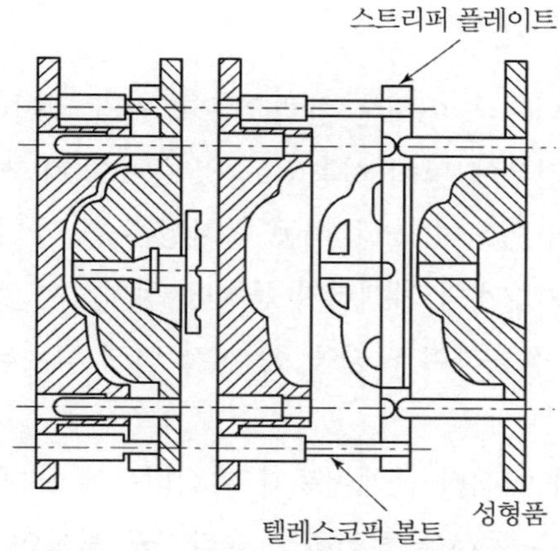

그림 4 · 78　고정측 형판에서 스트리퍼 플레이트에 의한 이젝팅

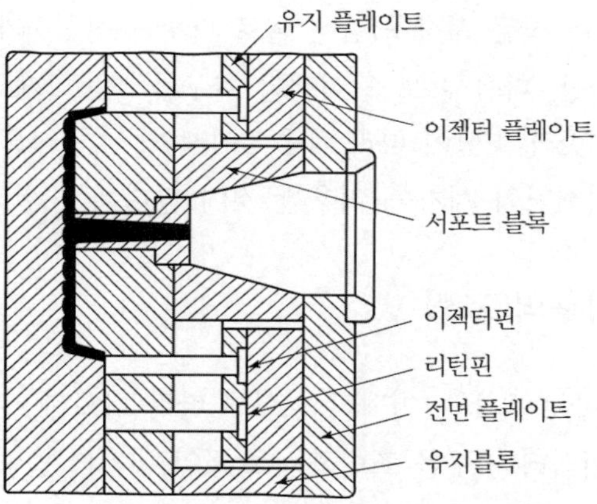

그림 4 · 79 고정측 형판에서 핀에 의한 이젝팅

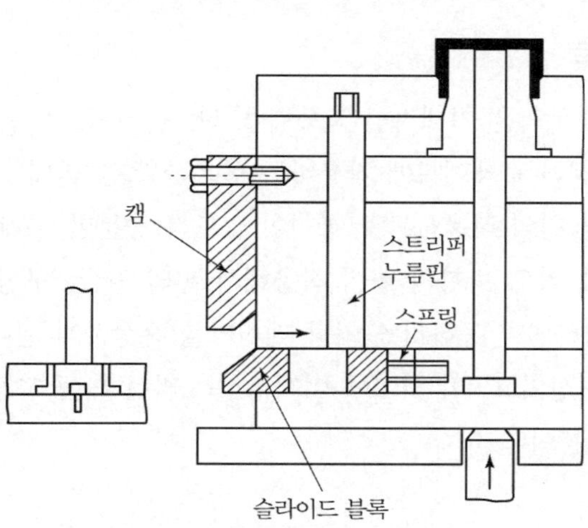

그림 4 · 80　2단 작동 정지형 이젝터 기구

2) 2단 이젝터 방식

한번 밀어낸 성형품을 다시 밀어내는 방법으로 한번의 밀어내기로는 빠지지 않는다든지, 자동 낙하하지 않는 경우에 많이 사용되고 있다. 2단 이젝터 방식에는 2단 작동 정지형과 2단 작동 개시형이 있으며, 2단 작동 정지형은 한 개의 이젝터가 작용하고 이어서 다른 이젝터가 작용하여 2개의 이젝터가 동시에 정지하는 것이고, 2단 작동 개시형은 두 개의 이젝터가 동시에 작동하여 도중에 한 개가 먼저 정지하고, 다른 하나는 계속 전진하여 성형품을 밀어낸다.

그림 4 · 80에서와 같이 이젝터 플레이트가 이젝터봉에 의해 작동이 시작되면 스트리퍼 플레이트와 이젝터 핀은 동시에 전진하고 슬라이드 블록이 캠에 의해 작동되면 스트리퍼 플레이트 누름핀은 정지하고 이젝터 핀만이 계속 전진하여 성형품을 완전히 밀어낸다. 2단 작동 개시형은 작동 시작 시간을 둘로 나누어 작동하게 한 것으로, 중요 이젝터 기구가 작등하고 나면, 다음에 보조 이젝터 기구가 작동하게 한 것이다. 2단 이젝터 방식은 성형품에 언더 컷의 형상에 따라 채용되어지며, 기법적으로는 앞에서 기술한 이젝터 방식의 조합과 이젝팅의 시차를 이용한 것이 많다.

4.4.4. 이젝터 기구의 조립

이젝터 기구를 구성하는 요소는 이젝터 방식에 따라 다르다. 여기서는 이젝터 방식에 구애받지 않고, 일반 이젝터 기구를 조립하는 요소인 이젝터 플레이트, 이젝터 플레이트의 조립, 이젝터 플레이트의 리턴, 스톱 핀 등에 대해 설명한다.

1) 이젝터 플레이트

이젝터 플레이트의 목적은 기계적인 작동력을 핀, 슬리브, 스트리퍼를 거쳐 성형품에 전달하는 것이다. 이젝터 플레이트에 작용하는 힘은 최초에 최대 작용력을 필요로 하며, 또 반복해서 충격적인 힘이 작용하므로 굽힘이 없도록 충분한 두께를 필요로 한다. 굽힘이 발생하면 이젝터에 가로 방향의 힘이 작용해서 핀의 좌굴, 구멍의 편(偏)마모가 증가하며, 이것이 너무 심하면 작동하지 않거나 캐비티를 손상하게 된다. 이젝터 플레이트는 보통 상하 2장으로 구성되고, 이 사이에 이젝터 핀, 리턴 핀을 고정시키고, 상하 플레이트는 볼트 고정이 보통이다.

2) 이젝터 플레이트의 가이드 핀

조립된 이젝터 플레이트는 성형품의 밀어내기에 충분한 스트로크를 유지하며 움직인다. 따라서 이 중량을 이젝터 플레이트 핀만으로 지지하면 위험하다. 이 때문에 그 중량에 따라 취동 가이드와 자중(自重)이 필요하다. 또한 금형이 크고 이젝터 핀의 수가 많아질수록, 이젝터 플레이트가 불균형하게 가동되는 경우가 있으므로, 이젝터 플레이트를 원활하게 가동시키기 위하여 이젝터 플레이트 가이드 핀을 사용한다.

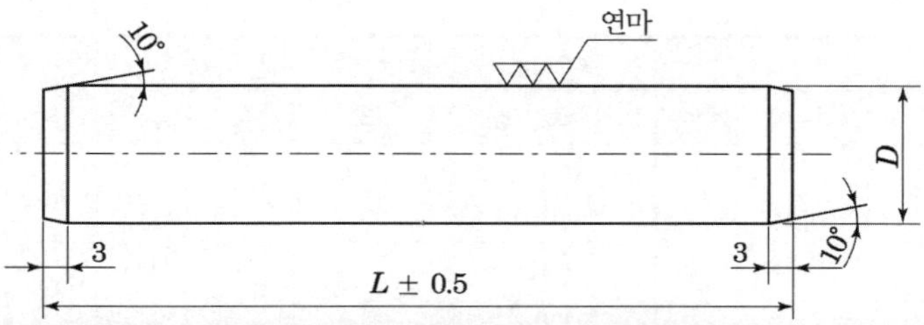

호칭 치수	D		L	호칭 치수	D		L
	치 수	치수차(e7)			치 수	치수차(e7)	
15	15	-0.032 -0.050	지시 치수	30	30	-0.040 -0.061	지시 치수
20	20	-0.040 -0.061		35	35	-0.050 -0.075	
25	25						

그림 4 · 81 이젝터 플레이트의 A형 가이드핀의 모양과 치수(단위 : mm)

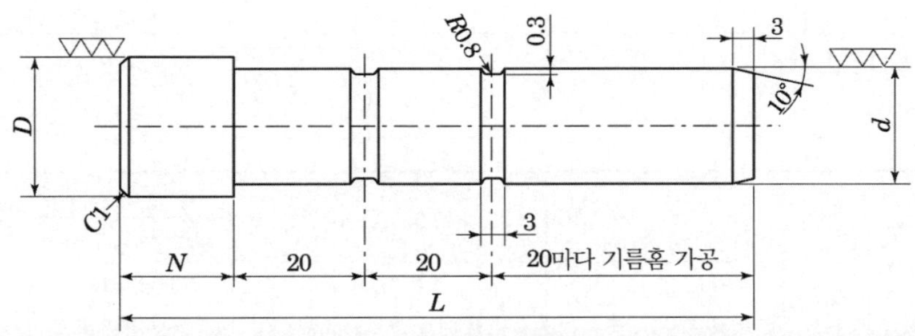

호칭 치수	d		D		호칭 치수	d		D	
	치수	치수차	치수	치수차		치수	치수차	치수	치수차(K6)
15	15	-0.01 -0.03	15	+0.012 +0.001	25	25	-0.01 -0.03	25	+0.015 +0.002
20	20		20	+0.015 +0.002	30	30		30	

※ L 및 N은 사용자가 지정한다.

그림 4 · 82 이젝터 플레이트의 B형 가이드핀의 모양과 치수(단위 : mm)

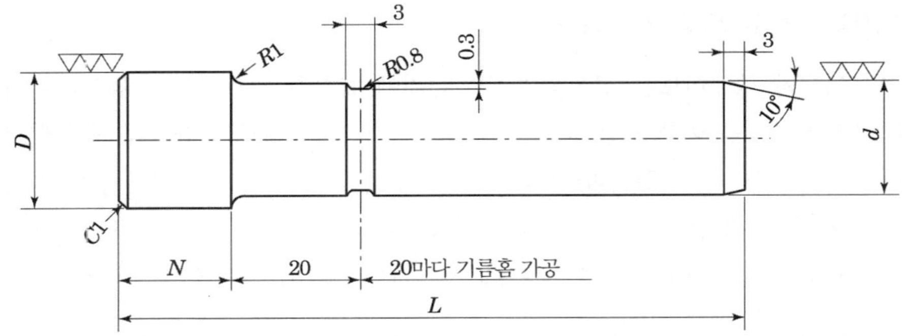

호칭 치수	d		D		호칭 치수	d		D	
	치수	치수차	치수	치수차(Kb)		치수	치수차	치수	치수차(Kb)
15	15	-0.01 -0.03	17	+0.012 +0.001	25	25	-0.01 -0.03	28	+0.015 +0.002
20	20		23	+0.015 +0.002	30	30		34	+0.018 +0.002

※ L 및 N은 사용자가 지정한다.

그림 4 · 83 이젝터 플레이트의 C형 가이드핀의 모양과 치수(단위 : mm)

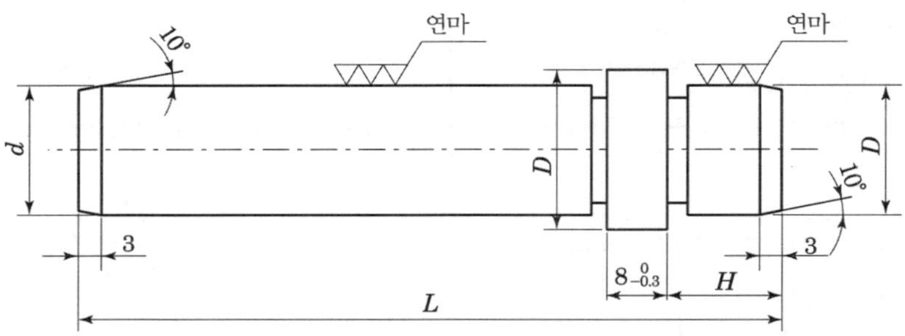

호칭 치수	*d*		*D*	*H*	호칭치수	*d*		*D*	*H*
	치수	치수차(*e*7)				치수	치수차(*e*7)		
15	15	-0.032 -0.050	20	10	30	30	-0.040 -0.061	35	15
20	20	-0.040 -0.061	25	10	35	35	-0.050 -0.075	40	15
25	25		30	15					

※ *L*은 사용자가 지정한다.

그림 4 · 84 이젝터 플레이트의 D형 가이드핀의 모양과 치수(단위 : mm)

재료는 원칙적으로 KS D 3751의 STC3~STC5 KS D 3525의 STB2, STB3로 한다. 끼워맞춤부는 연삭 다듬질로 하며, 거칠기는 3S로 한다. 또한 열처리 경도는 HRC55 이상으로 한다. 종류는 KS B 4160에 A형을 규정하고 있으며 그 밖에도 B형, C형 및 D형이 있고 그림 4 · 81, 그림 4 · 82, 그림 4 · 83 및 그림 4 · 84에 각형의 모양과 치수를 나타내고 있다. 그림 4 · 85는 A형의 적용 예를 나타내었다.

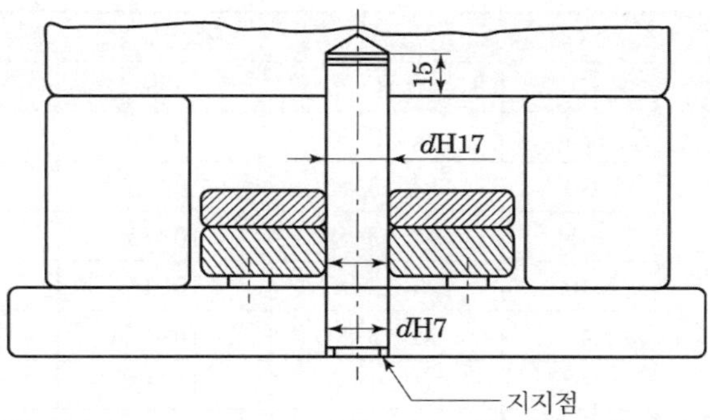

호칭 치수	d		D	호칭 치수	d		D
	치 수	치수차(H7)			치 수	치수차(H7)	
15	15	+0.018 0	20	30	30	+0.021 0	35
20	20	+0.021 0	25	35	35	+0.025 0	40
25	25		30				

그림 4 · 85 이젝터 플레이트의 A형 가이드핀의 적용(단위 : mm)

3) 받침봉(support)

금형의 캐비티에는 매우 큰 성형압력이 반복해서 작용한다. 이 때문에 형판이 휨과 변형을 일으키는 원인이 된다. 이를 방지하기 위해 가동측 부착판과 받침판 사이에 서포트(support)를 설치함으로써, 금형의 두께를 줄일 수 있고, 금형의 강도를 보강하고, 이젝터 플레이트의 가이드 역할을 한다. 받침봉의 직경은 가능하면 크게 하고 일반적으로 중앙에 1~2개를 사용하며, 특수한 경우에는 4개를 사용한다. 재료는 SM25C~SM55C를 사용한다. 받침봉에는 A형과 B형이 있고, 그림 4 · 86에는 그 모양과 치수를 나타내었으며, 그림 4 · 87에는 그 적용 예를 표시하였다.

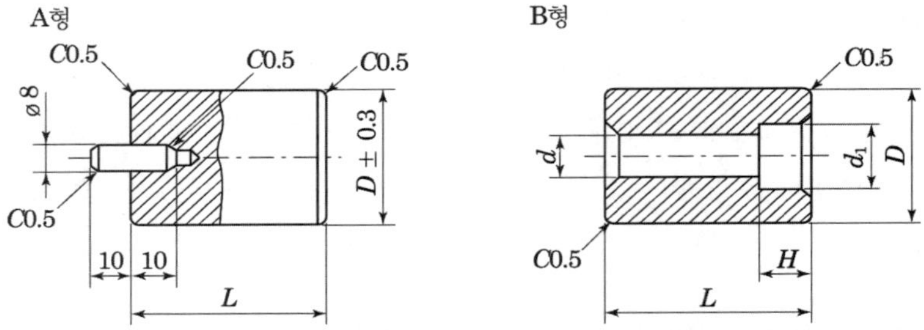

A형		B형				
D	L	D	d	d1	H	L
25	지시치수에 의함	25	M 3~8	10~15	12	지시치수에 의함
30		30	M 3~8	10~15	12	
35		35	M 3~8	10~15	12	
40		40	M 3~8	10~15	12	
45		45	M 3~8	10~15	12	
50		50	M 3~8	10~15	12	
60		60	M 8~10	14~20	15	
80		80	M 10~12	18~26	18	

그림 4 · 86　받침봉의 모양과 치수(단위 : mm)

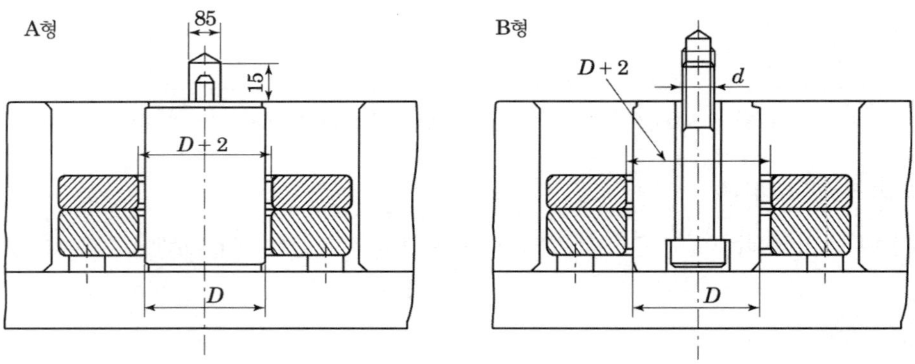

그림 4 · 87　받침봉의 적용

4) 이젝터 플레이트 부시와 이젝터 로드

이젝터 플레이트 부시는 가동측 설치판에 압입하여 이젝터 로드의 길을 안내하며, 이젝터 로드는 성형기와 연결시켜 이젝터 플레이트가 움직일 수 있도록 하며, 재료는 SM25C~SM55C로 한다. 그림 4 · 88은 이젝터 플레이트의 리턴 시스템을 보여 주며, 그림 4 · 74와 그림 4 · 75에 이젝터 로드의 모양과 그 적용 예를 나타내었다.

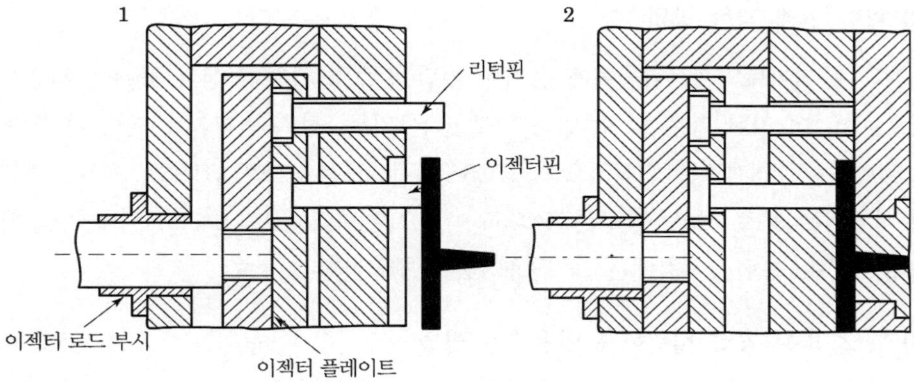

그림 4 · 88 이젝터 플레이트의 리턴방식

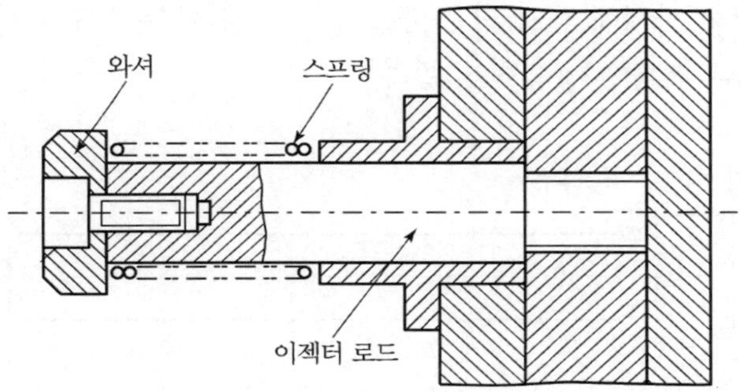

그림 4 · 89 스프링에 의한 리턴

5) 이젝터 플레이트의 리턴 방식

이젝터 플레이트는 금형 닫힘에 따라 후퇴 위치로 되돌아가야 한다. 스트리퍼 플레이트 이젝터 방식에서는 금형 닫힘에 의해 스트리퍼 플레이트가 되돌아간다. 그러나 핀 이젝터나 슬리브 이젝터에서는 접촉면적이 작고 강도가 약하므로 구부러져 변형될 위험이 있다. 핀이나 슬리브 이젝터의 보호를 위해 다음과 같은 리턴 기구를 설치한다.

(1) 스프링에 의한 방법

복귀 저항이 적을 경우나 인서트 성형시에는 이 방법이 간편하다. 그러나 이젝터 스트로크가 큰 경우에는 적합하지 않다. 또 스프링에 의한 복귀의 언밸런스를 경감하기 위해 강한 스프링을 적게 설치하는 것보다 약해도 많이 설치하는 편이 효과적이다.[그림 4 · 89 참조]

(2) 리턴 핀에 의한 방법

이젝터 플레이트의 네 귀퉁이에 설치된 리턴 핀으로 금형 닫힘과 동시에 리턴시키는 방법으로서, 이 리턴 핀은 될 수 있는 대로 굵은 지름, 접촉 면적이 큰 형상이 좋다. KS B 4154에 규정된 재료는 원칙적으로 STC3~STC5 또는 STS2, STS3로 하며, 끼워맞춤부의 거칠기는 3S로 하고, 경도는 HRC55 이상으로 한다. 그림 4 · 90에 모양 및 치수를 나타내었으며, 그림 4 · 91에는 그 적용 예를 나타내었다.

(3) 유압 또는 공압 실린더를 이용하는 방법

이젝터 플레이트의 양끝을 연장하고, 이것에 유압 또는 공압 실린더의 로드를 고정해서 강제적으로 이젝터의 리턴을 행한다. 이 때 복동식의 실린더를 채용하고, 실린더는 가동플레이트나 금형 자체에 설치 또는 내장한다. 사용 예는 적으나 이젝터 리턴이 연속해서 되므로 자동화 성형에 채용되고 있다.

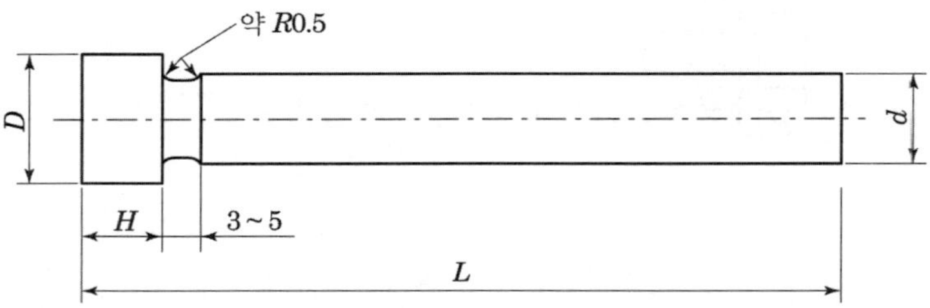

<table>
<tr><th rowspan="2">호칭 치수</th><th colspan="2">d</th><th rowspan="2">D</th><th colspan="2">H</th><th rowspan="2">호칭 치수</th><th colspan="2">d</th><th rowspan="2">D</th><th colspan="2">H</th></tr>
<tr><th>치수</th><th>치수차</th><th>치수</th><th>치수차</th><th>치수</th><th>치수차</th><th>치수</th><th>치수차</th></tr>
<tr><td>12</td><td>12</td><td>-0.032
-0.050</td><td>17</td><td rowspan="3">8</td><td rowspan="3">0
-0.1</td><td>25</td><td>25</td><td>-0.040
-0.061</td><td>30</td><td rowspan="3">8</td><td rowspan="3">0
-0.1</td></tr>
<tr><td>15</td><td>15</td><td>-0.032
-0.050</td><td>20</td><td>30</td><td>30</td><td>-0.040
-0.061</td><td>35</td></tr>
<tr><td>20</td><td>20</td><td>-0.040
-0.061</td><td>25</td><td>35</td><td>35</td><td>-0.050
-0.075</td><td>40</td></tr>
</table>

그림 4 · 90 리턴핀의 모양과 치수(단위 : mm)

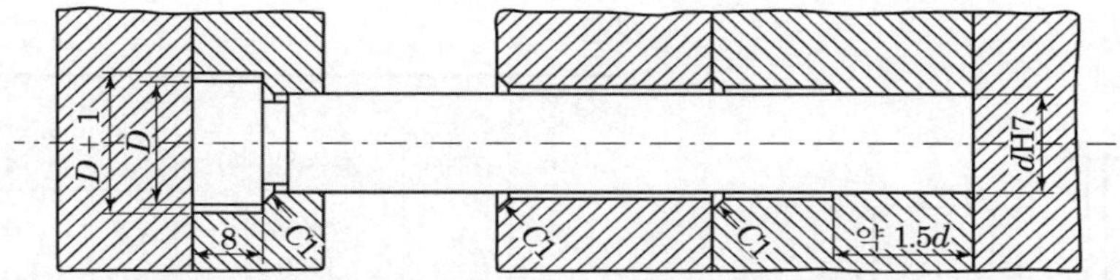

호칭 치수	d		d+1	D+1	약 1.5d	호칭 치수	d		d+1	D+1	약 1.5d
	치수	치수차(H7)					치수	치수차(H7)			
12	12	+0.018 0	13	18	18	25	25	+0.021 0	26	31	38
15	15	+0.018 0	16	21	23	30	30	+0.021 0	31	36	45
20	20	+0.021 0	21	26	30	35	35	+0.025 0	36	41	53

그림 4 · 91 리턴핀의 적용(단위 : mm)

6) 스톱 핀(stop pin)

서포트 블록의 위치나 금형의 성형기에의 부착 방향에 따라 또는 주위의 환경에 따라서 이젝터 플레이트와 가동측 설치판 사이에 이물질(異物質)이 들어갈 가능성이 있다. 이물질이 끼면 크던 작던 간에 금형에 트러블을 일으켜, 정상적인 작동과 기능이 저해된다. 이것을 해소하기 위하여 그림 4 · 92와 같이 스톱 핀을 설치하면 효과적이다. 재료는 SM25C~SM55C, STC3~STC5로 하고, 담금질경도는 HRC55 이상으로 한다. 그림 4 · 93은 스톱 핀의 모양과 치수를 나타낸다.

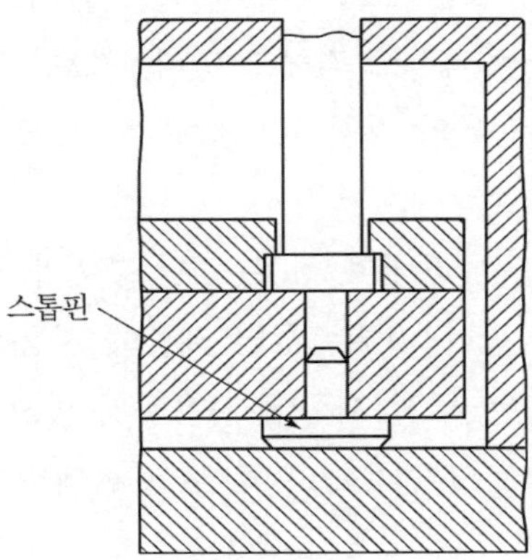

그림 4 · 92 스톱핀의 사용

A형

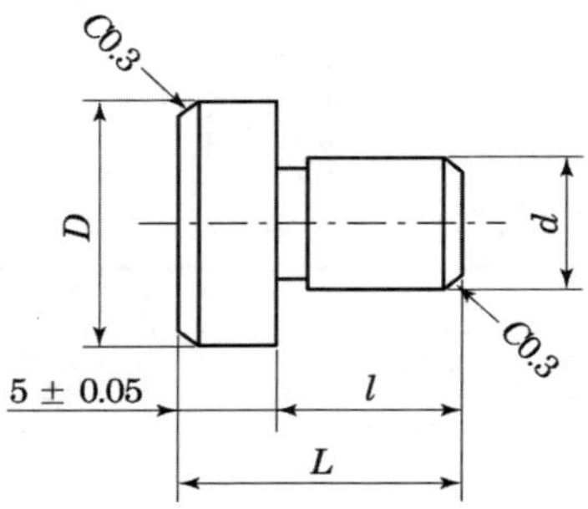

A형

호칭 치수	d		D	l	L
	치수	치수차(P6)			
8	8	+0.024 +0.015	16	11	16
10	10	+0.012 +0.001	19	14	19

B형

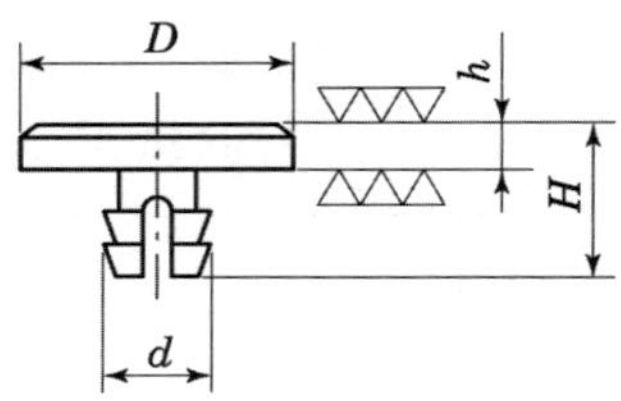

B형

d	D	h	H
8	16	3	11
	25		

그림 4 · 93 스톱핀의 모양과 치수

4.4.5. 스프루와 러너의 이젝터 기구

1) 스프루 로크 핀(sprue lock pin)

스프루 로크 핀은 이형시 스프루 부시에서 스프루를 빼내기 위하여 있으며, 그림 4 · 94에서와 같이 선단부의 언더 컷 형상에 따라 A형, B형, C형이 있다. 언더 컷의 치수는 0.5~1.0mm정도이며, 스프루 로크 부분은 콜드 슬러그 웰 부분이 되어 노즐 랜드에 있던 냉각된 수지를 모으는 역할도 겸하고 있다. 재료는 STC3~STC5, STS2, STS3 또는 SACM1로 하며, 끼워맞춤부의 거칠기는 3S로 하고, 열처리 경도는 HRC55 이상으로 한다.

그림 4 · 95는 그 적용 예를 나타내며, (a)는 Z핀 부위가 자동 낙하되도록 설치하여야 하며, 주로 투명 제품에 설치한다. (b)는 투명 제품에 사용하지 않으며, 가동측 형판에 홈부의 가공이 필요하다. (c)는 투명 제품에 사용하지 않으며 가동측 형판에 역테이퍼 가공이 필요하다. (d)는 러너 로크 핀을 스프루 로크 핀에 사용한 경우로서, 스트리퍼 플레이트를 채용할 때 사용한다.

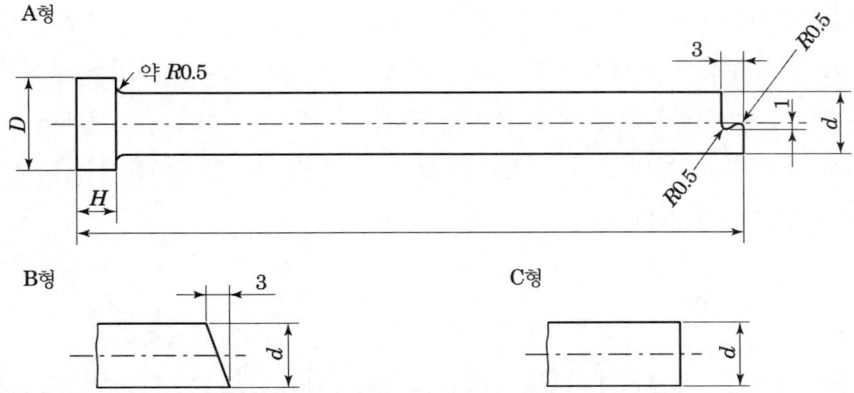

호칭 치수	d 치수	d 치수차	D	H 치수	H 치수차	호칭 치수	d 치수	d 치수차	D	H 치수	H 치수차
6.0	6.0	-0.02	10	6	0	10.0	10.0	-0.02	15	8	0
8.0	8.0	-0.05	13	8	-0.1	12.0	12.0	-0.05	17		-0.1

그림 4 · 94 스프루 로크핀의 모양과 치수(단위 : mm)

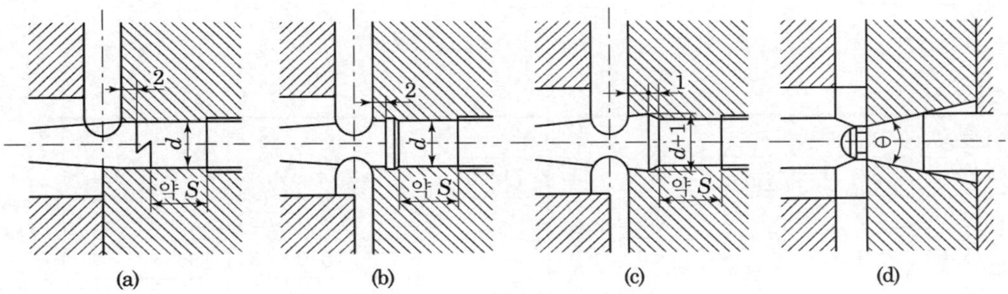

그림 4 · 95 스프루 로크핀의 적용

2) 러너 로크 핀(runner lock pin)

러너 로크 핀은 3매 구성 금형에서 핀 포인트 게이트를 채용할 때 러너를 인장하고, 성형품과 게이트를 떼기 위하여 사용된다. 언더 컷의 치수는 0.2~0.4mm정도가 적당하다. 선단의 형상에 따라 그림 4 · 96과 같이 A형, B형, C형이 있으며, 재료는 STC3~STC5, STS2, STS3 또는 SACM1로 하고, 선단부를 열처리할 경우의 경도는 HRC50 이상으로 한다. 그림 4 · 97은 그 적용 예를 나타내며, (a)는 가장 일반적인 사용 방법으로 M5 나사는 금형 운반중에 러너 로크핀의 낙하방지용이다. (b)는 러너 로크 핀을 스트리퍼 플레이트에 짜넣은 예이며, (c)는 다이 플레이트의 금형 조여붙이기용 나사

구멍에 맞을 경우에 사용되며, (d)는 일반적인 사용방법으로 ϕd H_7부는 축쪽을 $f_{6\sim7}$, 구멍쪽은 H_7로써 사용하는 것이 좋다. (e)는 러너 로크 핀과 러너 스트리퍼 플레이트의 취동부는 그림과 같이 핀쪽이 들어가서는 안 된다. 이 때 러너 스트리퍼 플레이트에 러너가 붙어서 낙하하지 않는다. (f)는 러너 로크 핀을 스트리퍼 플레이트에서 나오게 한 것으로서 0~0.5정도가 좋다.

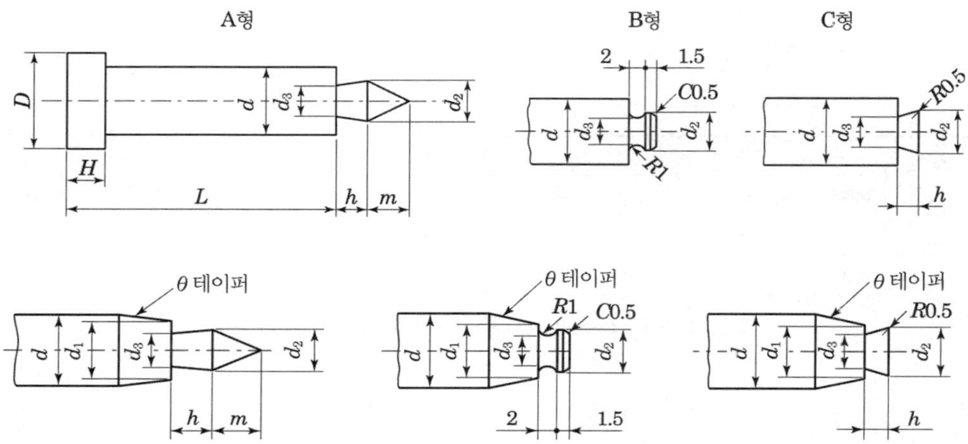

호칭 치수	d		D	H		d_1	d_2	d_3	h	m	
	치수	치수차(m6)		치수	치수차						
4.0	4.0	+0.012 +0.004	8.0	6.0	0 -0.1	3.0	2.8	2.3	2.5	5.0	10°
5.0	5.0		9.0			3.5	3.3	2.8	3		
6.0	6.0		10.0			4.0	3.8	3.0	3	7.0	
8.0	8.0	+0.015 +0.006	13.0	8.0		5.0	4.8	4.0	4		20°
10.0	10.0		15.0			6.0	5.8	4.8	5		
12.0	12.0	+0.018 +0.007	17.0			8.0	7.2	6.2	5		

그림 4 · 96 러너 로크핀의 모양과 치수(단위 : mm)

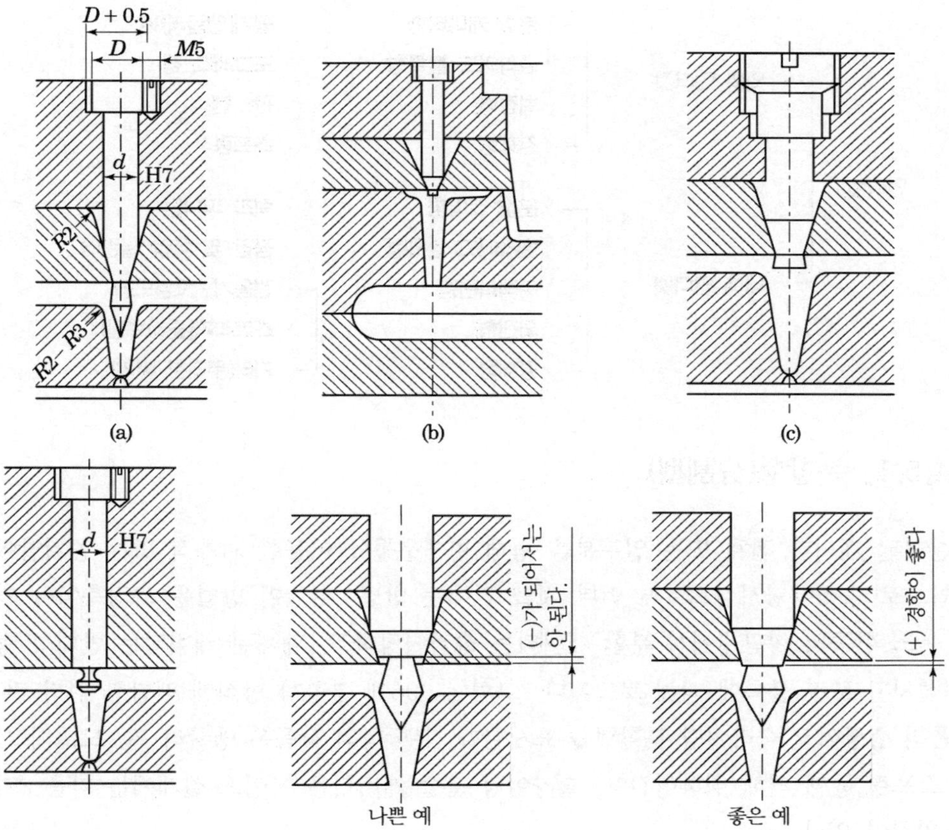

그림 4 · 97 러너 로크핀의 적용

4.5 언더 컷 처리 기구의 설계

사출성형기의 형체 형개 방향의 운전만으로는 성형품을 빼낼 수 없는 요철부분을 언더 컷(under cut)이라 한다. 이 언더 컷은 일반적으로 금형의 구조가 복잡해지고 이형이 어렵게 되며, 성형불량, 금형 파손, 성형사이클의 지연 등에 영향을 미치므로 성형품을 설계할 때는 가능한 한 피하는 것이 바람직하다. 그렇지만 한 공정으로 완성품이라는 사출성형의 특징을 살리기 위한 응용 방법이나 처리 방법도 많다. 경우에 따라서는 언더 컷이 있어도 수지의 탄성을 이용하여 이형이 용이하게 할 수도 있다. 언더 컷 성형품의 처리 방법은 다음과 같다.

- 언더컷
  - 외측 언더컷
    - 분할 캐비티형
    - 슬라이드 블록형
    - 회전형
    - 강제형
  - 내측 언더컷
    - 분할 코어형
    - 슬라이드 블록형
    - 이젝터핀형
    - 회전형
    - 강제형

- 핑거(앵귤러)판
- 도그레그 캠
- 판 캠
- 스프링
- 랙과 피니언
- 공압 및 유압 실린더
- 전동기 · 오일모터
- 스트리퍼(슬리브핀)
- 기타(무리한 빼기)

4.5.1. 분할형(分割型)

분할된 캐비티 전체 또는 일부분을 형체 형개운동을 이용한 기계적 또는 공기압이나 유압으로 슬라이딩시킴으로써 언더 컷을 없애는 방법이다. 이 방법은 고정측이나 가동측 어느 한쪽의 형판내에서 분할 캐비티는 슬라이딩하고, 폐쇄된 캐비티는 반대측 형판에 설치된 로킹 블록에 의해 로크된다. 그림 4 · 98에 분할형 방식에 적합한 언더 컷 성형품의 형상이고 슬라이딩 분할형을 표시한다. 분할형의 작동은 앵귤러 핀, 도그레그 캠 및 스프링 등에 의해 행하여진다. 슬라이딩 분할 캐비티용 가이드 설계에는 다음 3가지의 원칙이 있다.

① 분할 캐비티는 항상 같은 위치에서 합치되도록 슬라이딩 운동한다.

② 가이드 시스템의 전 부품은 분할 캐비티의 금형중량을 받을 수 있는 강도로 한다.

③ 2개의 분할 캐비티는 다른 금형 요소에 영향을 받지 않고 원활하게 운동한다.

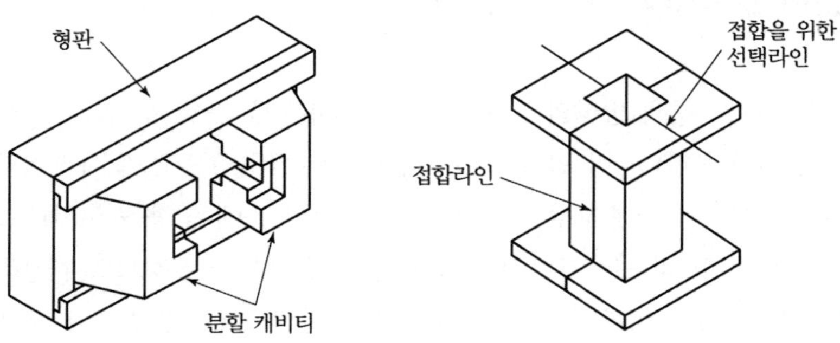

(a) 분할 캐비티형 금형　　(b) 성 형 품

그림 4 · 98 분할 캐비티형

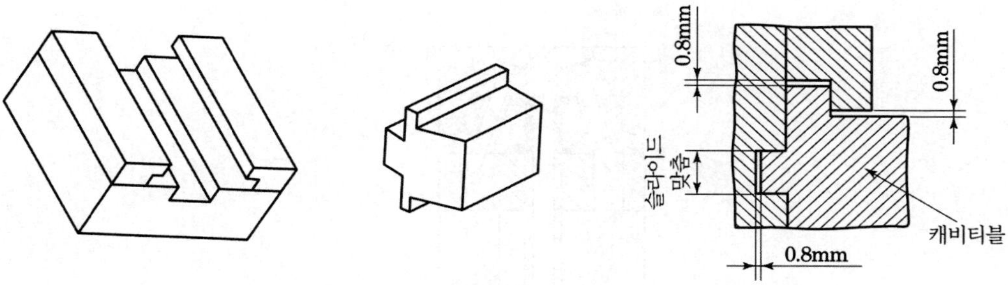

(a) 형 판 (b) 캐비티 블록 (c) 형상치수

그림 4 · 99 분할 캐비티형의 취동 가이드 설계

1) 형판의 설계

일반적으로 형판에 정밀 가공된 홈을 설치하고, 이 홈속을 분할 캐비티는 슬라이딩한다. 이와 같은 슬라이딩 운동에 대해 측면의 여유를 적게 하는 공차가 필요하다. 형판에 붙이는 슬라이딩용 가이드는 T홈형이 많으며, T홈 제작에는 그림 4 · 99의 방식을 주로 사용한다. 기계 가공으로 (a)와 같이 별개의 가이드를 붙여서 T홈으로 하는데, 이 경우에 볼트와 맞춤핀으로 정확하고 단단히 체결해야 한다.

2) 앵귤러 핀(angular pin)에 의한 작동 방식

금형의 작동순서는 사출성형이 끝나면 형열림에 의하여 먼저 로킹 블록이 자유롭게 되며, 앵귤러 핀에 안내되어 형이 이동하고 이젝터 플레이트가 전진하여 성형품이 돌출하게 된다. 이것은 구조가 간단하고 작동이 확실하지만 분할 캐비티의 이동량 M이 긴 경우 또는 금형이 열리기 이전에 분할 캐비티를 작동시켜야 하는 경우에는 사용할 수 없다. 그림 4 · 100은 경사핀을 이용하여 분할 캐비티를 작동시키는 예이다. 분할 캐비티는 금형 열림과 동시에 경사핀에 의해 양측으로 움직인다. 이 때 주의할 것은 금형의 닫힘이 완료된 후 분할 캐비티의 슬라이드 방향 힘은 고정측 형판에 있는 돌기부가 받고 있는 것으로서 앵귤러 핀이 아니다. 앵귤러 핀은 KS B 4162에 규정되어 있으며, A형, B형, C형의 세 종류가 있다. 그림 4 · 101, 그림 4 · 102, 그림 4 · 103에 각각 그 모양과 치수를 나타내고 있다. 여기에서 L과 N은 사용자가 지정한다. 또한 그림 4 · 104는 주요부의 설계 예를 보여 준다. 재료는 원칙적으로 KS D 3751의 STC3~STC5, KS D 3753의 STS2 및 KS D 3525의 STB2로 한다. 끼워맞춤부의 거칠기는 3S로 하고, 경도는 HRC55 이상으로 한다.

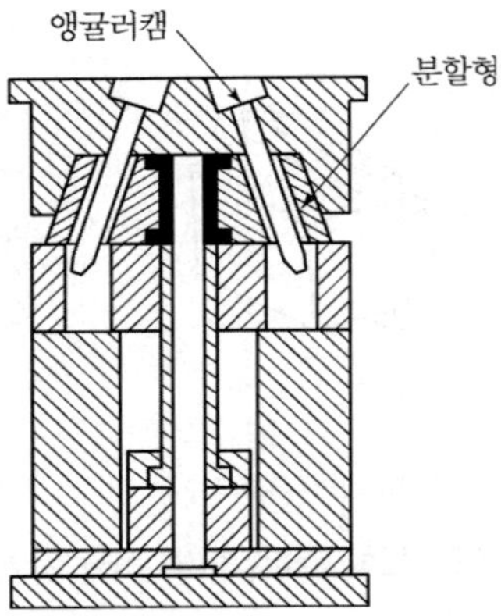

그림 4 · 100 앵귤러핀의 작동방식

분할 캐비티의 운동량 M 및 앵귤러 핀의 길이 L_α는 다음 식에 의해 계산한다. 그림 5-105에서 M : 분할 캐비티의 운동량(mm), L_α : 앵귤러 핀의 작용길이(mm), ϕ : 앵귤러 핀의 경사 각도(°), c : 틈새(mm)라고 하면 관계식은 다음과 같다.

$$M = L\sin\phi - \frac{c}{\cos\phi} \tag{4 · 16}$$

$$L_\alpha = \frac{M}{\sin\phi} + \frac{2c}{\sin 2\phi} \tag{4 · 17}$$

틈새 c는 형체결상태에서 앵귤러 핀에의 성형압력의 경감과 형개 개시시의 분할형이 작동하기까지의 지연 역할을 한다. 분할형의 구멍과 앵귤러 핀과의 틈새c는 0.5~1.0mm정도로 한다. 경사각도 ϕ는 일반적으로 10°가 적당하지만 앵귤러 핀이 길 때는 25°까지 증가시킬 수 있다. 또 앵귤러 핀 선단부의 모따기 각도는 보통 $\phi+5°$ 이며, 로킹 블록의 각도는 ϕ보다 2~3°작게 한다.

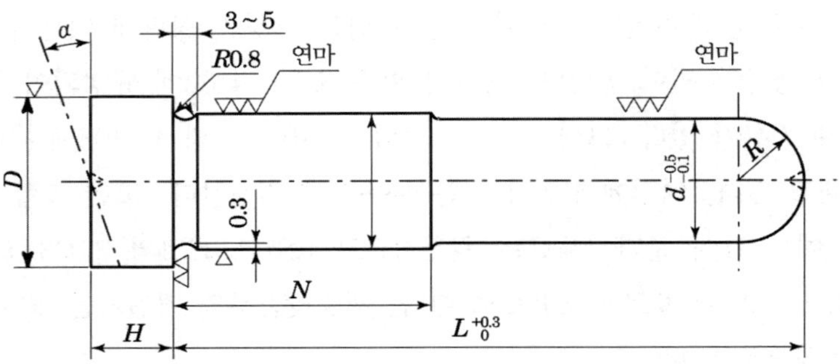

호칭 치수	d		D	H	호칭 치수	d		D	H
	치수	치수차(K6)				치수	치수차(K6)		
12	12	+0.012 +0.001	17	10	30	30	+0.015 +0.002	25	20
15	15		20	12					
20	20	+0.015 +0.002	25	15	35	35	+0.018 +0.002	40	20
25	25		30	15	40	40		45	25

그림 4 · 101 A형 앵귤러핀의 모양과 치수(단위 : mm)

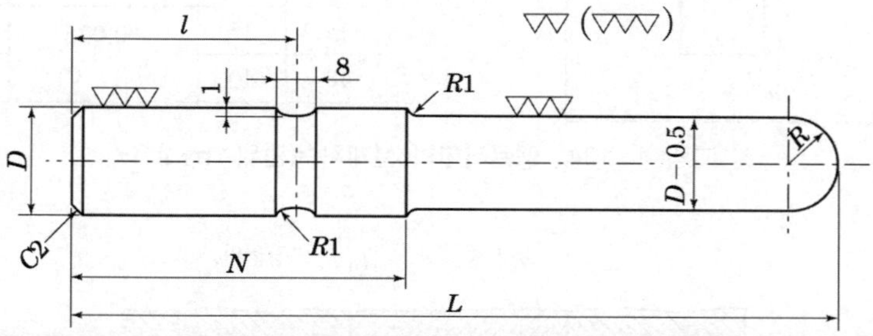

호칭 치수	D		l	호칭 치수	D		l
	치수	치수차			치수	치수차	
10	10	0 -0.02	15	25	25	0 -0.02	30
15	15		20	30	30		35
20	20		25	35	35		45

그림 4 · 102 B형 앵귤러핀의 모양과 치수(단위 : mm)

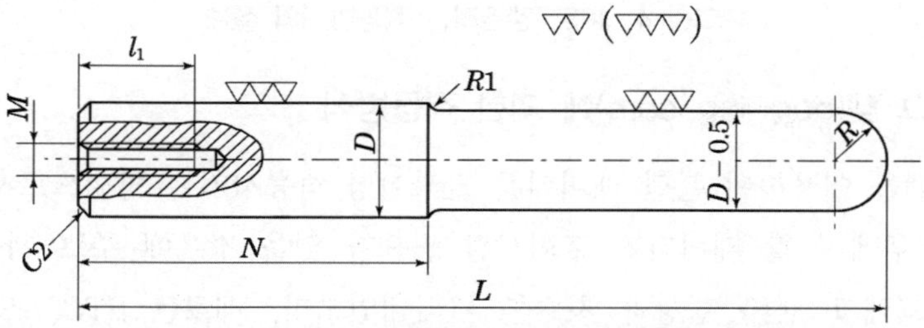

호칭 치수	D		l	호칭 치수	D		l
	치수	치수차			치수	치수차	
10	10	0 -0.02	M 6×12	25	25	0 -0.02	M 10×18
15	15		M 8×15	30	30		M 12×22
20	20		M 10×18	35	35		M 12×22

그림 4 · 103 C형 앵귤러핀의 모양과 치수(단위 : mm)

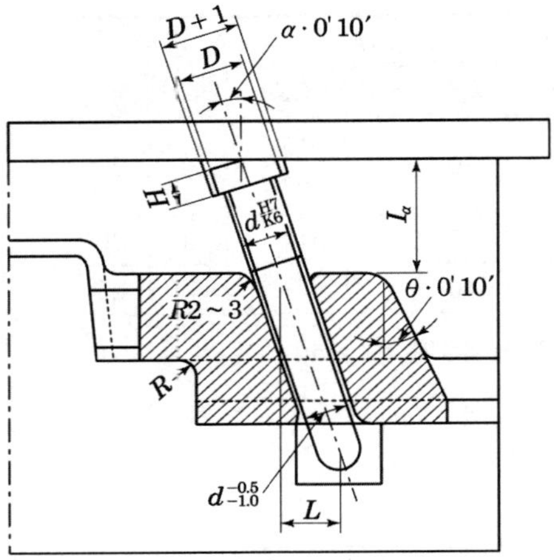

호칭 치수	d		D	H
	치수	치수차(H7)		
12	12	+0.018 0	17	10
15	15		20	12
20	20	+0.021 0	25	15
25	25		30	15
30	30		35	20
35	35	+0.025 0	40	20
40	40		45	25

그림 4 · 104 앵귤러핀의 설계치수(단위 : mm)

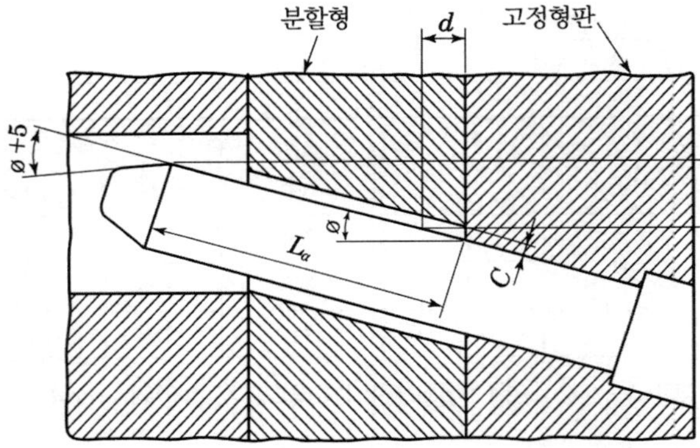

그림 4 · 105 앵귤러핀 작동방식의 설계

3) 도그레그 캠(dog-leg cam)에 의한 작동방식

도그레그 캠을 이용하여 분할 캐비티를 슬라이딩 작동시키는 방법으로서, 어느 정도 금형이 열린 후에 분할 캐비티를 후퇴시킬 필요가 있을 경우에 주로 사용된다. 그림 4 · 106에 도그레그 캠의 형상과 치수를 나타내었으며, 재료는 STC3~STC5, STC2, STC3 및 STB2를 사용하며, 경도는 HRC55 이상으로 한다. 그림 4 · 107에는 도그레그 캠의 작동방식을 표시한다. 한편, 그림 4 · 107에는 도그레그 캠 작동방식에서 주요부의 설계 예를 표시하며, 그림에서 M : 각 분할 캐비티의 운동량(mm), L_α : 캠경사부의 길이(mm), L_s : 캠 직선부의 길이(mm), ϕ : 캠의 각도(°), c : 틈새(mm), D : 지연량(mm), e : 구멍 직선부의 길이(mm)라고 하면 관계식은 다음과 같다.

$$M = L_\alpha \tan\phi - c \tag{4 · 18}$$

$$L_\alpha = \frac{(M+c)}{\tan\phi} \tag{4 · 19}$$

$$D = (L_s - e) + \left(\frac{c}{\tan\phi}\right) \tag{4 · 20}$$

캠의 단면 치수는 소형 금형에서 13mm×19mm정도가 대표적이며, 경사각도 φ는 보통 10°정도로 하고, 금형의 두께를 줄이기 위해서는 ϕ를 크게 하되 25° 이상으로 하는 것은 바람직하지 못하다. 로킹 블록의 경사각 β는 ϕ+2°정도로 한다. 도그레그 캠의 끝부분은 10°의 테이퍼로 모따기하거나 라운드로 한다.

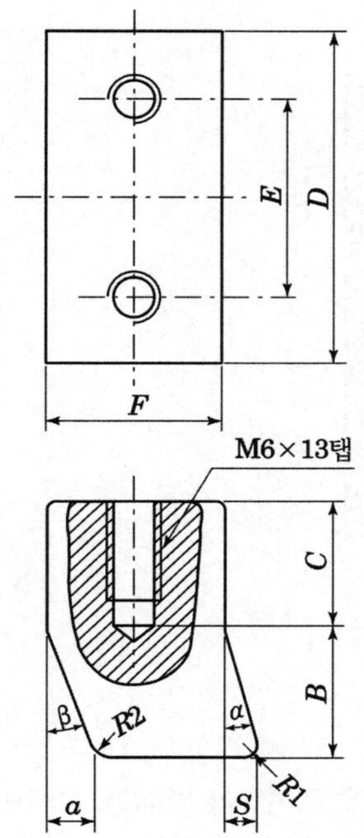

S	$\alpha°$	$\beta°$	a	B	C
3	15	20	4.08	11.2	15
	18	23	3.92	9.23	15
	20	25	3.84	8.24	15
5	15	20	6.79	18.66	15
	18	23	6.53	15.39	15
	20	25	6.41	13.74	15
8	15	20	10.87	29.86	20
	18	23	10.45	24.62	20
	20	25	10.25	21.98	20

그림 4 · 106 도그레그 캠의 모양과 치수

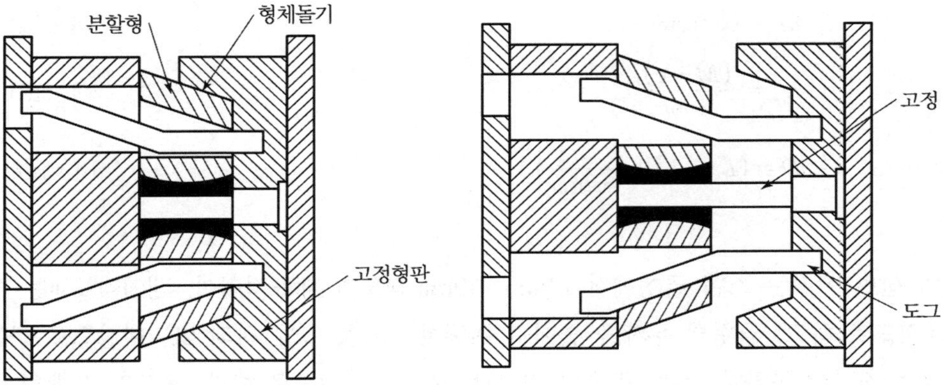

(a) 형체상태 (b) 형개개시 상태

그림 4 · 107 도그레그 캠의 작동방식

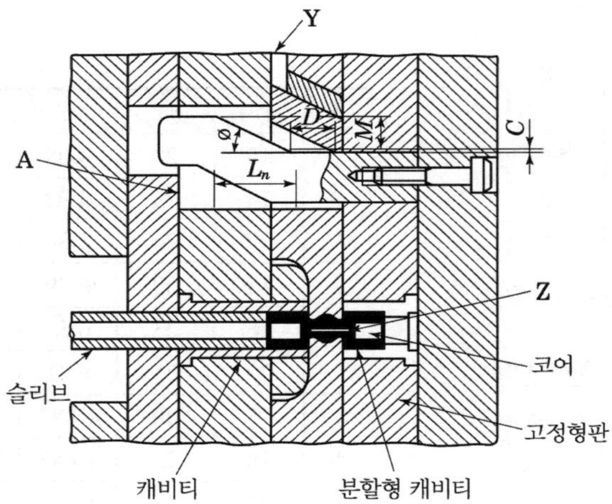

그림 4 · 108 도그레그 캠의 설계

4) 판 캠(plate cam)에 의한 작동방식

그림 4 · 109에 앵귤러 캠의 A형과 B형의 모양을 나타내었으며, 이 방식은 슬라이딩 가이드 홈이 있는 판 캠을 앵귤러 캠에 고정하고, 이 슬라이딩 홈에 연동해서 분할형이 이동한다. 여기에서 로킹 각도 α_1은 $\beta - 2°$를 원칙으로 하며, α_2는 40° 이하를 원칙으로 한다. 판 캠과 가동측 형판 사이에 1.5~2.0mm의 틈새를 준다. 분할 캐비티의 운동량이 많은 경우에는 앵귤러 캠에 1단, 2단의 경사각을 주는 방법을 사용한다. 처음에는 작은 경사각을 줌으로서 큰 힘을 얻을 수 있고, 다음에는 큰 경사각을 주어 큰 이동량을 얻을 수 있다. 재료는 SM50C~SM55C로 한다. 그림 4 · 110에는 판 캠 작동 금형의 구조와 그 주요

부의 설계 예를 나타내었다. 그림 (b)에서 M : 각 분할 캐비티의 운동량(mm), L_α : 캠 경사부의 길이(mm), L_s : 캠 직선부의 길(mm), ϕ : 캠 경사부의 각도(°), c : 틈새(mm), D : 지연량(mm), r : 보TM의 반지름(mm)이라고 하면 관계식은 다음과 같다.

$$M = L_\alpha \cdot \tan\phi - c \tag{4·21}$$

$$L_\alpha = \frac{(M+c)}{\tan\phi} \tag{4·22}$$

$$D = L_s + \frac{c}{\tan\phi} + r\left(\frac{1}{\tan\phi} - \frac{1}{\sin\phi}\right) \tag{4·23}$$

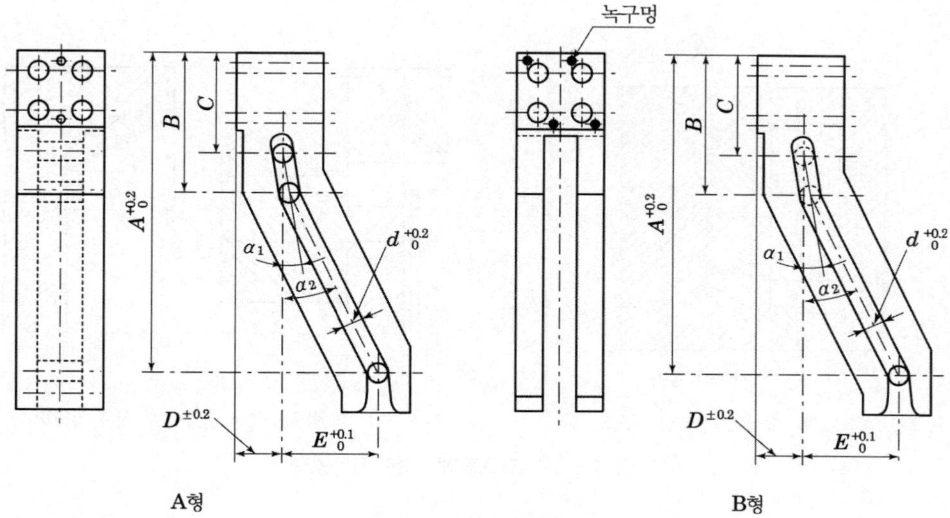

그림 4 · 109 앵귤러캠

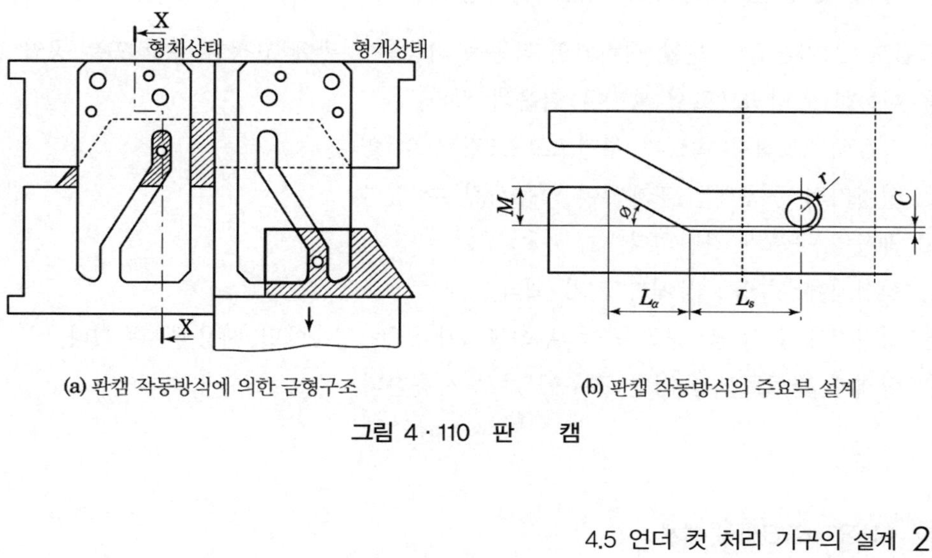

그림 4 · 110 판 캠

5) 스프링에 의한 작동방식

소형금형에 응용되고 있는 방식으로, 스프링의 힘에 의하여 분할 캐비티를 슬라이딩 시킨다. 그림 4 · 111에 일례를 표시하며, 그림 4 · 111(b)에서는 주요부의 설계도를 나타낸 것으로서 관계식은 다음과 같다.

M : 각 분할형 캐비티의 운동량(mm), H : 로킹블록의 높이(mm), ϕ : 로킹블록의 테이퍼 각도(°)라고 하면,

$$M = \frac{1}{2} H \tan\phi \qquad (4 \cdot 24)$$

여기에서 ϕ는 일반적으로 20~25° 이고, 이것을 윗식에 넣으면 $M = 0.2H$가 된다.

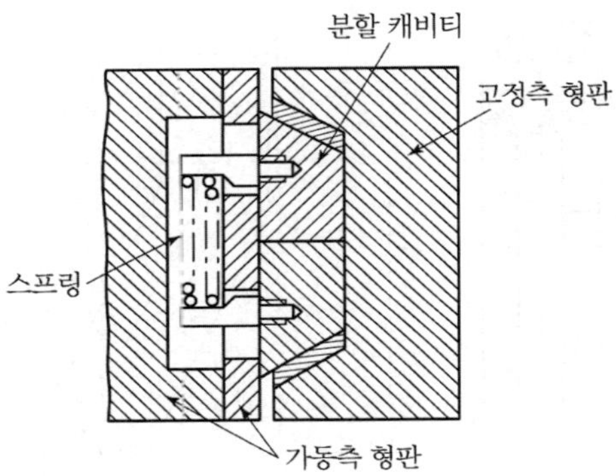

(a) 스프링 작동방식에 의한 금형구조

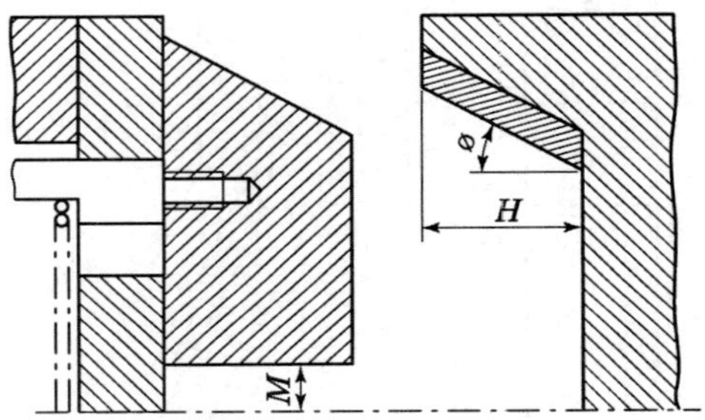

(b) 스프링 작동방식의 주요부 설계 설명도

그림 4 · 111 스프링에 의한 작동방식

6) 유압 및 공압 실린더에 의한 작동 방식

그림 4 · 112와 같이 분할 캐비티의 작동을 가동측 형판에 고정한 유압 또는 공압 실린더를 이용하는 방법으로서 특징은 다음과 같다.

① 작동력 및 작동 속도가 무단으로 조정될 수 있다.

② 성형기의 구동과는 관계없이 작동시킬 수 있다.

③ 금형의 구조가 간단하다.

④ 성형기에 부착시 장애가 되기 쉽다.

⑤ 성형기에 유압 및 공압 구동 부속장치가 있는 경우에만 사용될 수 있다.

⑥ 형개폐 스트로크가 작을 경우에 주로 사용한다.

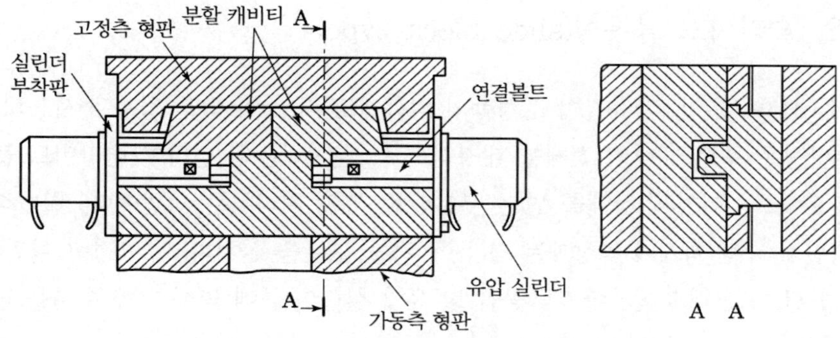

그림 4 · 112 유압 실린더에 의한 작동방식

7) 분할형의 로킹 방법

분할 캐비티는 성형압력에 의해 열려질 우려가 있으므로 이것을 방지하는 방법이 필요하다. 일체 로킹 판을 사용할 경우 그림 4 · 113과 같이 분할형과 접촉된 부분은 담금질에 의해 경화된 강판을 붙인다. 로킹부의 높이는 그림 4 · 114에서와 같이 분할형 두께의 3/4 이상으로 해야 하며, 각도는 핑거 핀의 각도보다 5° 이상 크게 한다.

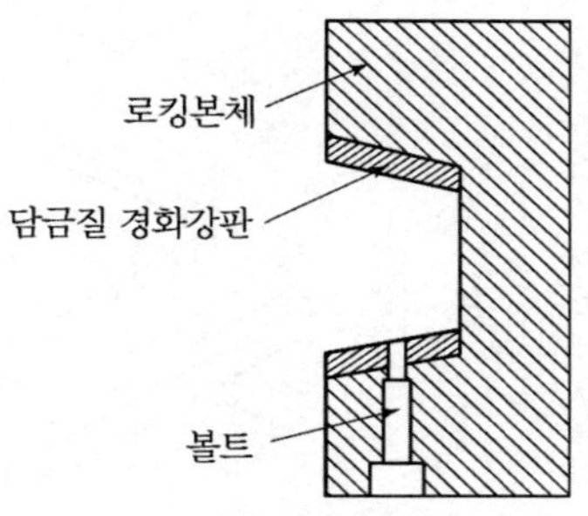

그림 4 · 113 일체 로킹판

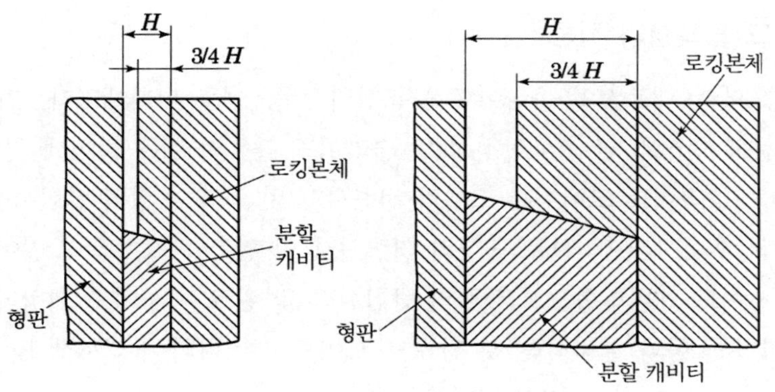

그림 4 · 114 로킹부의 높이

4.5.2. 슬라이드 블록형(slide block type)

그림 4 · 115에 보인 것과 같이 성형품의 외측에 언더 컷이 있을 경우에 사용되는 방법으로, 분할형은 주로 캐비티 전체를 대칭적으로 2분할하는데 비하여 슬라이드 블록형은 언더컷부분 또는 이형시 장애를 받는 부분만을 분할 처리하는 방법이다. 일반적으로는 가동측형판의 측면(형개폐 방향과는 직각)에 가동 부분을 설치하고, 고정측 형판에 고정된 앵귤러 핀, 도그레그 캠, 판 캠, 공압 및 유압 실린더 등에 의해 가동 부분을 작동시킨다. 이 가동 부분은 가동 코어, side core, side cavity, side block, slide core, slide cavity, slide block 등의 여러 가지 명칭으로 불리어지고 있으나, 주로 슬라이드 블록이라고 호칭한다. 슬라이드 블록형은 다른 금형에 비해 구조가 복잡하고, 고장이 나면 수리가 어려우므로 강도가 크고 구조가 간단하며 작동이 확실하도록 설계해야 한다.

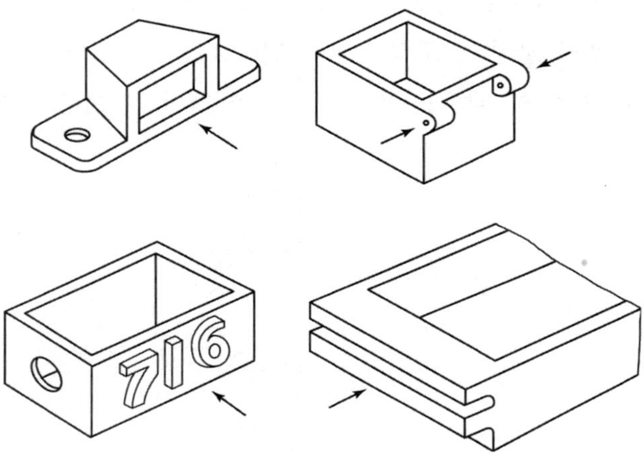

그림 4 · 115 바깥쪽에 언더컷이 있는 성형품

1) 슬라이드 블록형의 작동

그림 4 · 116에는 대표적인 슬라이드 블록형의 작동 예를 나타내었다. 기본적인 작동 순서는 성형품의 형상과 금형의 안정성 및 슬라이드 블록의 취동 방식에 의해 정해진다. 그림에서 (a)의 슬라이드 코어형은 코어의 전진시작 및 완료 → 형의 닫힘시작 및 완료 → 성형 → 코어의 후퇴시작 및 완료 → 형의 열림시작 및 완료 → 성형품의 밀어내기 순으로 되며, (b)는 사이드 캐비티형으로서 형의 닫힘시작 및 완료 → 사이드 캐비티의 전진시작 및 완료 → 성형 → 형의 열림시작 및 완료 → 사이드 캐비티의 후퇴시작 및 완료 → 성형품의 밀어내기 순으로 행하여진다.

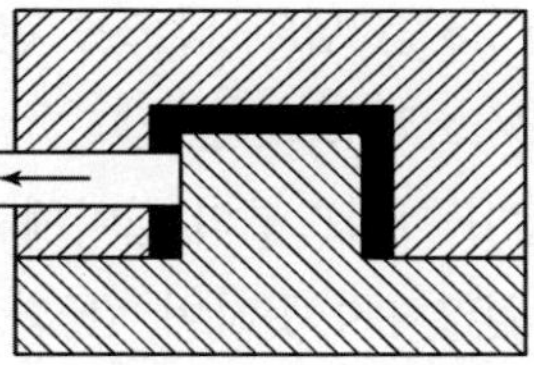

(a) 사이드 코어형

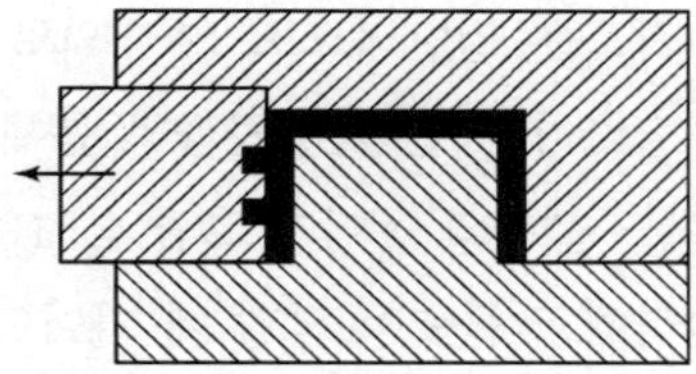

(b) 사이드 캐비티형

그림 4 · 116 슬라이드 블록형

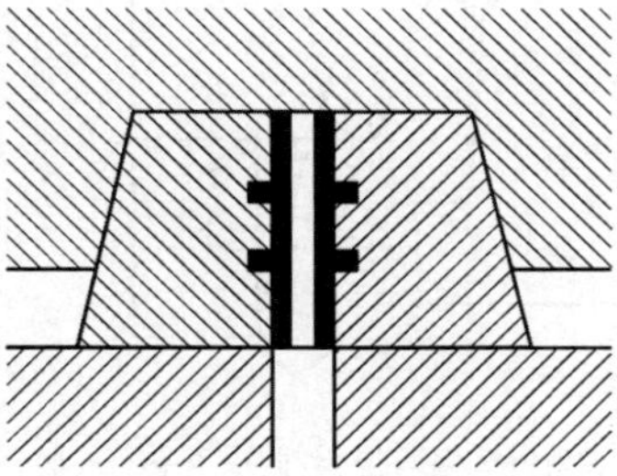

(a) 분할형

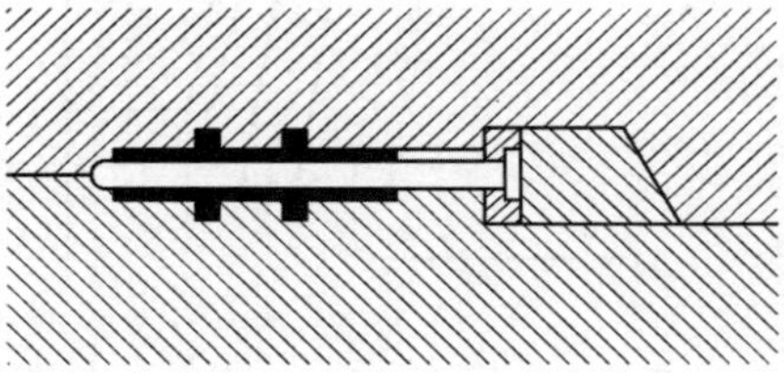

(b) 슬라이드 블록형

그림 4 · 117 분할형과 슬라이드 블록형의 비교

그림 4 · 117은 동일한 성형품의 언더컷 처리도 파팅 라인의 취하기에 따라서 (a)와 같이 분할형으로도 할 수 있고, (b)와 같이 슬라이드 블록형으로도 할 수 있다. 이러한 경우에 슬라이드 블록형으로 한다. 다음과 같은 특성을 고려하여 성형품 형상에 따라 설계하도록 한다.

① 긴 구멍의 코어는 선단이 형판으로 받혀지므로 코어의 보호상 유리하다.

② 성형품의 깊이가 얕아지므로, 형두께나 형열림 스트로크는 대폭 감소한다.

슬라이드 블록형의 작동 방법은 분할형과 같으므로, 여기서는 작동에 관한 사항에 대해서만 알아본다.

(1) 앵귤러 핀에 의한 작동 방식

사이드 코어의 반대 방향에 있는 핀을 경사지게 하여 조립하고, 형개폐력을 이용하여 사이드 코어를 이동시키는 방법이다. 이 방법은 구조가 간단하고 작동이 확실하지만 스트로크가 길거나 형이 열리기 이전에 슬라이드 코어를 작동시켜야 할 경우에는 사용할 수 없는 결점이 있다. 앵귤러 핀의 작동 예는 그림 4 · 100과 같으며, 사용할 때 주의해야 할 사항은 다음과 같다.

① 핀의 각도는 일반적으로 10°내외로 하고, 최대 25°를 넘지 않도록 한다.

② 핀과 슬라이드 블록 구멍과의 틈새는 0.3~0.8mm정도로 한다.

③ 슬라이드 블록의 높이가 그림 4 · 118의 (a)와 같이 가이드부의 길이에 비해 높을 경우 슬라이드 블록이 닫힐 때 가이드의 작동이 원활하지 못하며, (b)와 같이 슬라이드 블록의 경사진 조립 부분의 높이를 낮게 하여 L/H가 2 이하가 되도록 한다.

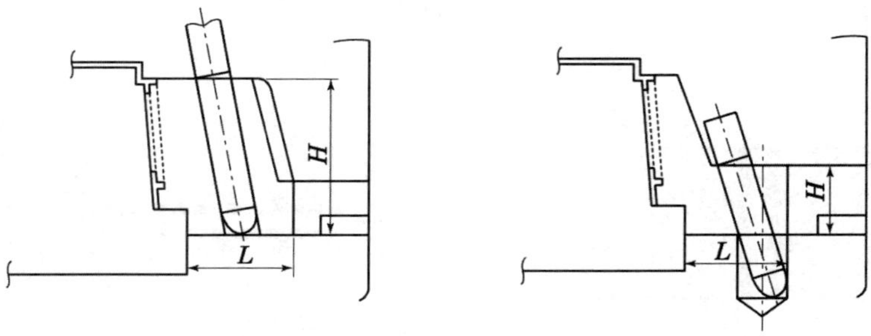

(a) 슬라이드 블록이 높은 경우 (b) 슬라이드 블록을 낮게 한 경우

그림 4 · 118 슬라이드 블록의 높이

(2) 도그레그 캠에 의한 작동 방식

앵귤러 핀 대신에 도그레그 캠을 형판에 고정하여 슬라이드 블록을 전진 또는 후퇴시키는 방식으로서 그림 4 · 107에 그 적용 예를 나타내었다. 이것은 어느 정도 금형이 열린 후에 슬라이드 블록을 후퇴시킬 필요가 있을 경우에 사용된다.

(3) 판 캠(핑거 플레이트)에 의한 작동 방식

그림 4 · 110과 같이 고정측 형판에 캠 플레이트를 설치하고, 홈을 취동하는 핀에 의해 슬라이드 블록을 후퇴시켜 언더 컷을 처리하는 방법으로서 처음에는 작은 경사각을 줌으로써 큰 힘을 얻을 수 있고, 그 다음에 큰 경사각을 주어 큰 이동량을 얻을 수 있다.

(4) 스프링에 의한 작동 방식

그림 4 · 111과 같이 스프링의 장력을 이용하여 슬라이드 블록을 후퇴시키는 방법으로서, 슬라이드 블록의 인장력과 거리를 크게 할 수 없기 때문에 소형 금형에서 응용된다.

(5) 공압 및 유압 실린더에 의한 작동 방식

슬라이드 블록의 작동을 유 · 공압 실린더의 작용력에 의해서 행하는 방법으로서, 그림 4 · 119는 공압 실린더에 의한 슬라이드 코어 핀의 작동 예를 나타낸다. 특징을 보면 슬라이드 블록의 스트로크가 커도 관계가 없으며, 사출성형기의 사이클에 관계없이 슬라이드 블록의 전후진이 가능하다. 또한 구조가 간단하고 설계 및 제작이 용이하지만 사출성형기에 전기회로를 조립하여야 하고 금형을 조립할 때 비교적 장시간이 요구되는 결점이 있다. 사이드 블록과 캐비티 내에 작용하는 유효 평균 사출압력은 250~450kgf/cm² 정도이지만 정밀 제품 및 성형재료에 따라 1000kgf/cm²가 되는 경우도 있다. 에어 실린더를 이용하여 금형을 열기 전에 사이드 코어를 후퇴시킨 뒤 금형을 연다. 이 경우에 로킹 블록을 붙이는 것이 곤란하기 때문에 성형시에 사이드 코어에 큰 압력이 걸리지 않는 경우에만 사용한다.

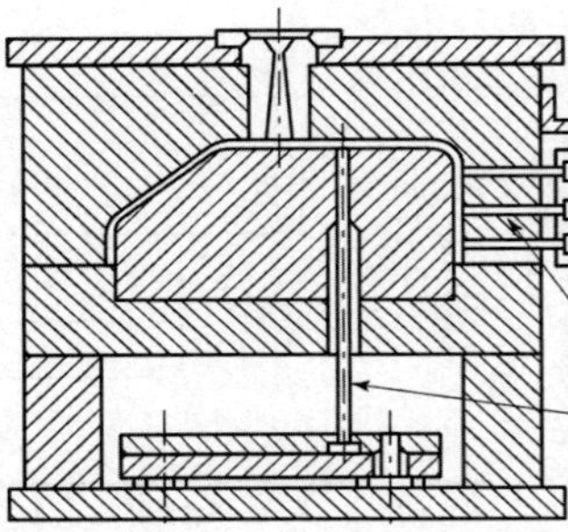

그림 4 · 119 공기압 실린더를 이용한 작동방식

(6) 래크와 피니언에 의한 작동 방식

고정측 형판에 래크를 설치하고 가동측 형판에 설치한 피니언과 슬라이드 래크에 의해 슬라이드 코어를 직선 왕복 운동시켜 언더컷부를 처리한다. 그림 4 · 120은 구부러진 파이프 성형을 할 때 유압 실린더의 힘을 래크와 피니언에 의해 슬라이드 블록 회전으로 바꿔주는 예를 보여 준다.

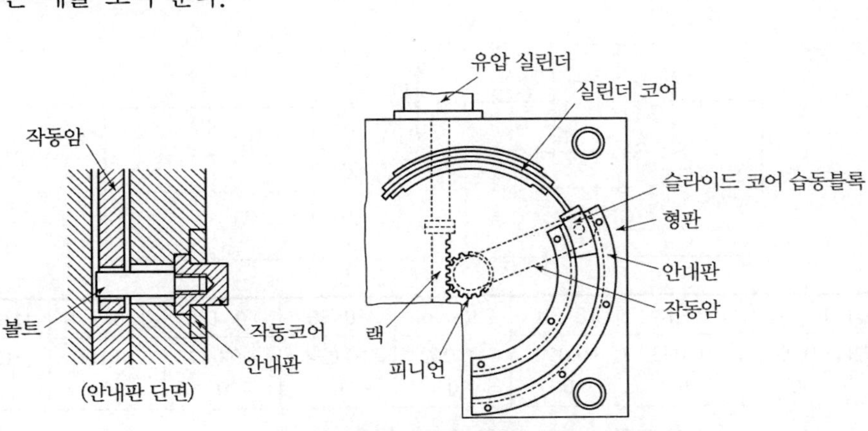

그림 4 · 120 회전 슬라이드 코어에 의한 언더컷 처리

2) 슬라이드 블록의 설계

(1) 취동부

취동부는 판에 닿아 취동하는 부분이며, 그림 4 · 121은 슬라이드 블록의 형상과 취동부 B에 대한 C 및 D의 치수를 나타내었다. 슬라이드 블록의 재질은 SM50C~SM55C로 하고, 열처리 경도는 HRC40 이상으로 한다. 또한 그림 4 · 122, 그림 4 · 123 및 그림 4 · 124에는 슬라이드 홀더 A형, B형 및 C형을 표시하고, A형은 사이드 코어의 폭이 작을 때 사용되고, B형 및 C형을 보조적인 홀더이다.

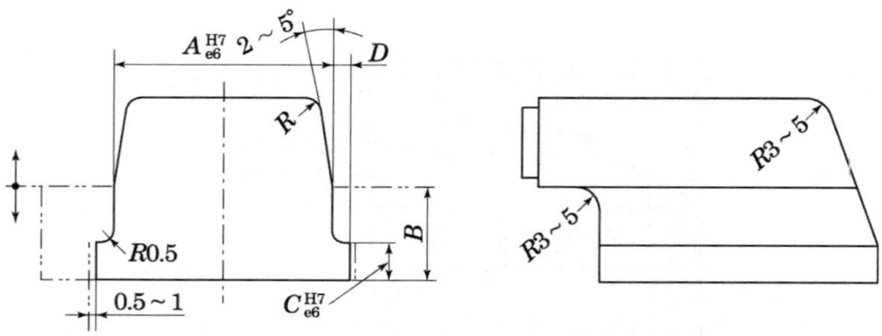

B	30 이하	30~40	40~50	50~65	65~100	100~160
C	8	10	12	15	20	25
D	6	8	10	10	12	15

AC	10 이하	10~18	18~30	30~50	50~80	80~120	120~180	180~250	250~315	315~400	400~500
치수차 (e6)	-0.025 -0.034	-0.032 -0.043	-0.040 -0.053	-0.050 -0.066	-0.060 -0.079	-0.072 -0.094	-0.085 -0.110	-0.100 -0.129	-0.110 -0.142	-0.125 -0.161	-0.135 -0.175

※ 취동부의 치수차

그림 4 · 121 슬라이드 블록 취동부의 모양과 치수(단위 : mm)

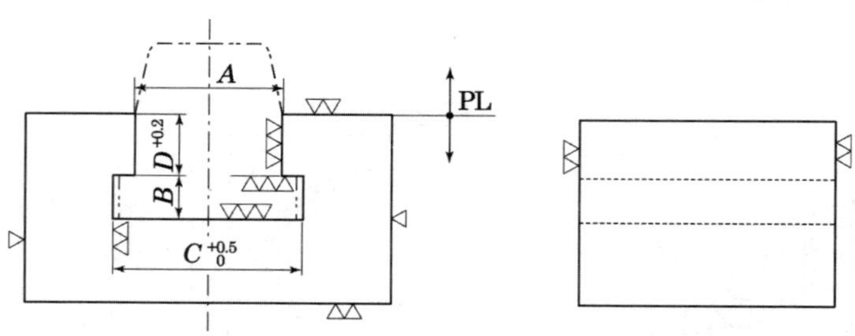

AB	10 이하	10~18	18~30	30~50	50~80	80~120	120~180	180~250
치수차 (H9)	+0.036 0	+0.043 0	+0.052 0	+0.062 0	+0.074 0	+0.087 0	+0.100 0	+0.115 0

그림 4 · 122 A형 슬라이드 홀더(단위 : mm)

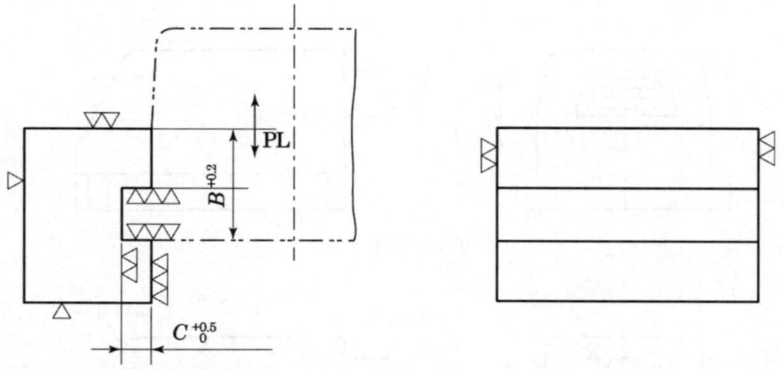

A	10 이하	10~18	18~30	30~50
치수차 (H7)	+0.015 0	+0.018 0	+0.021 0	+0.025 0

그림 4 · 123 B형 슬라이드 홀더(단위 : mm)

(2) 슬라이드 블록의 종류

슬라이드 블록의 종류는 그림 4 · 125와 같으며, (a)는 성형품부와 취동부가 일체로 가공되어 있고, 성형품부의 형상이 그다지 복잡하지 않고 가공이 간단할 때 널리 쓰인다. (b)는 성형품부를 따로 만들어 인서트한 형식으로서, 성형품부가 복잡하고 큰 것일 경우에 사용된다. (c)는 특수한 것으로서 취동부에 담금질한 라이너를 붙여 취동 부분에 긁힘과 플래시를 방지하는데 사용된다. 라이너의 재료는 보통 STS3~STS5로서 담금질 경도는 HRC53~55정도이다.

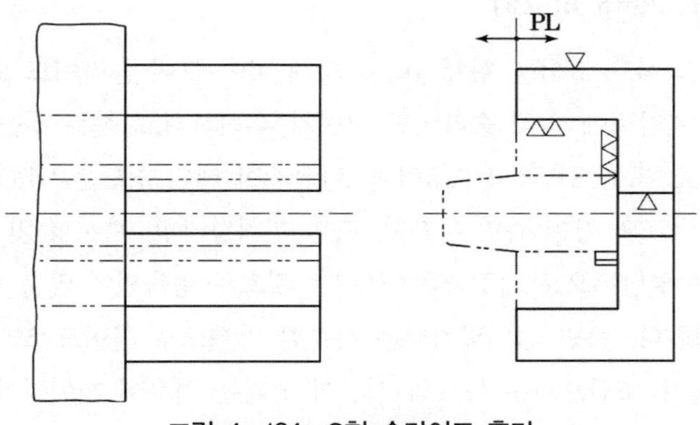

그림 4 · 124 C형 슬라이드 홀더

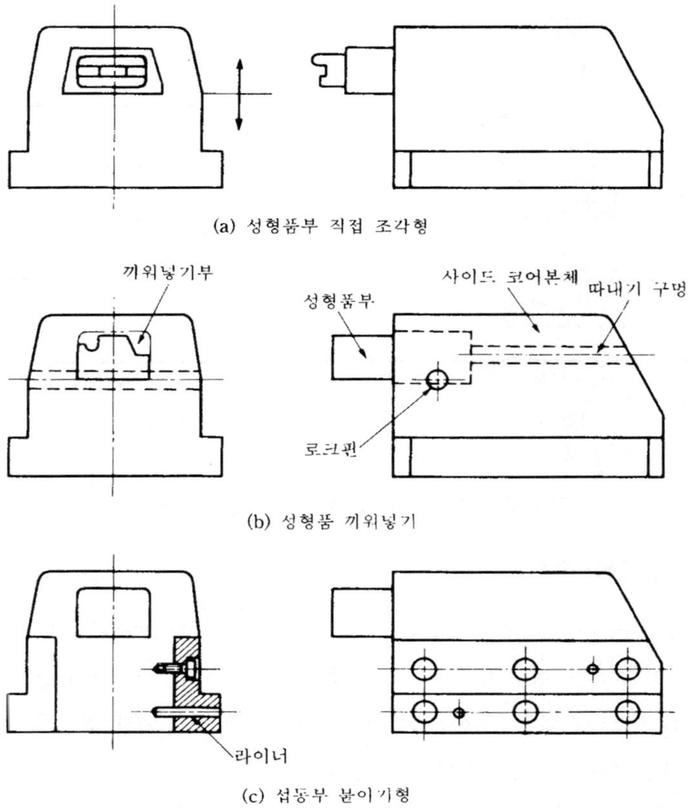

그림 4 · 125 슬라이드 코어의 종류

(3) 로킹 블록(locking block)

로킹 블록은 슬라이드 코어를 형체결력에 의해 밀어 붙여 슬라이드 코어의 위치를 결정하는 동시에 수지압력에 의해 슬라이드 코어가 후퇴하려고 하는 것을 방지한다. 재료는 SM50C~SM55C 또는 STC3~STC5이며, 담금질할 때의 경도는 HRC52~56정도이다. 종류에는 그림 4 · 126과 같이 측면 부착형, 측면 끼워넣기형, 부시형 및 테이퍼핀형이 있으며, 측면 부착은 일반적으로 가장 많이 쓰이는 것으로 형측면에 맞춤 핀으로 위치를 정하고 볼트로 고정한다. 측면 끼워넣기형은 특수한 방식으로 사이드 코어에 가해지는 사출압력이 크며, 볼트 조임으로는 볼트의 신장이 생기는 경우에 끼워넣기식으로 한다. 부시형은 메인 플레이트 안에 부시방식으로 끼워 넣는 것으로, 측면 부착형보다 큰 압력에 견디며 슬라이드 코어의 폭이 큰 것에 적합하다. 테이퍼 핀 방식에 의한 로킹 블록은 맞춤 가공이 다른 것에 비하여 쉽기 때문에 부시 방식의 대용으로 많이 쓰인다. 그림

4 · 127은 앵귤러 핀의 슬라이드 코어 작동 및 로킹방법을 나타내며, (a)는 작동 스트로크가 작고 슬라이드 코어에 가해지는 힘이 클 때 사용되며, (b)는 슬라이드 코어 성형품부의 높이 및 폭이 크고 로킹의 소요 면적을 많이 잡을 경우에 사용되고, (c)는 작동 스트로크가 작고 슬라이드 코어에 가해지는 힘이 그다지 크지 않을 때 많이 사용되며, (d)는 작동 스트로크가 작고 슬라이드 코어의 폭이 넓은 경우에 적당하다.

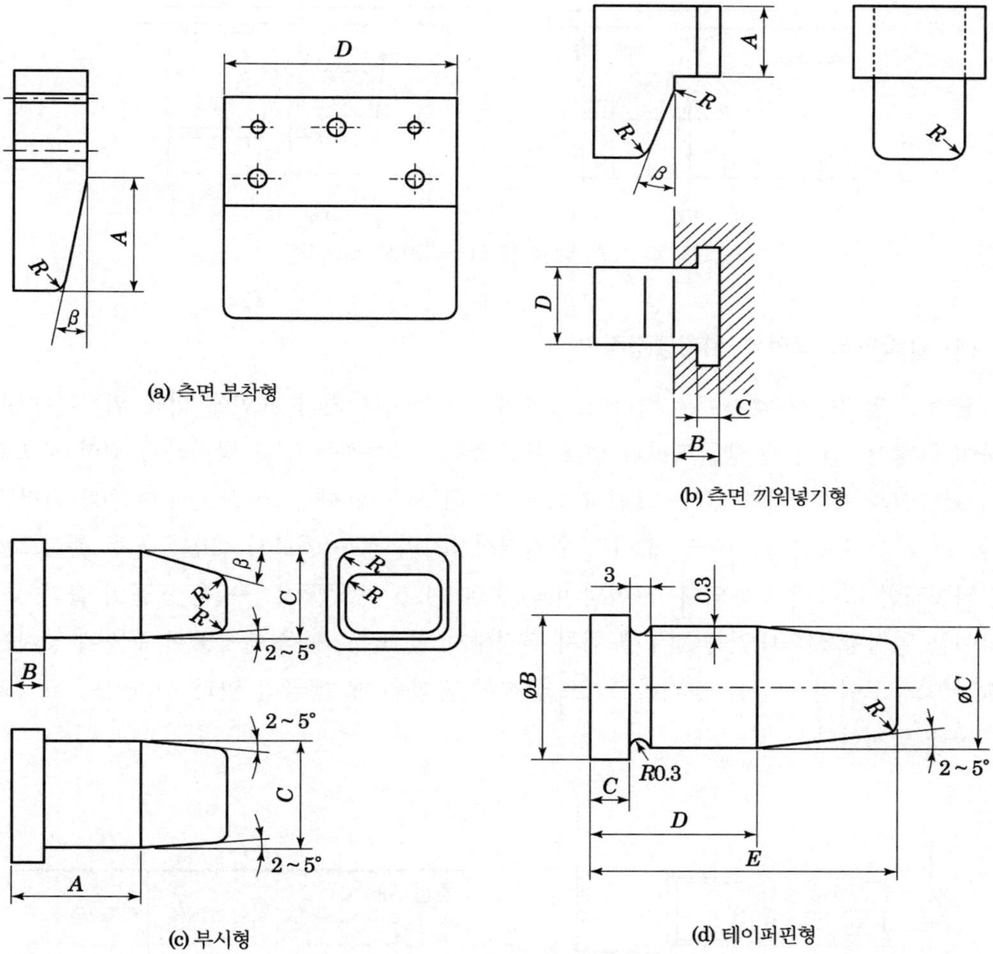

(a) 측면 부착형

(b) 측면 끼워넣기형

(c) 부시형

(d) 테이퍼핀형

그림 4 · 126 로킹블록의 종류

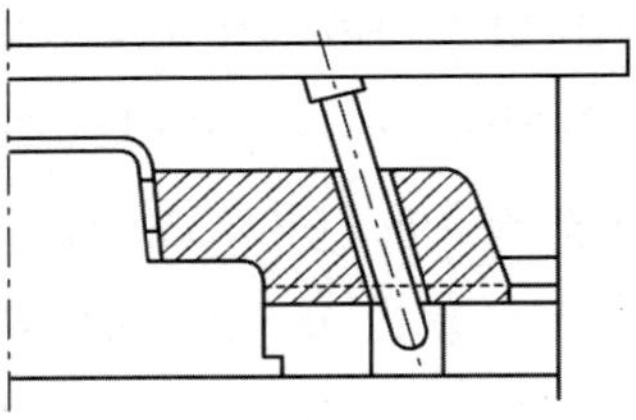

(a) 직접 조각형

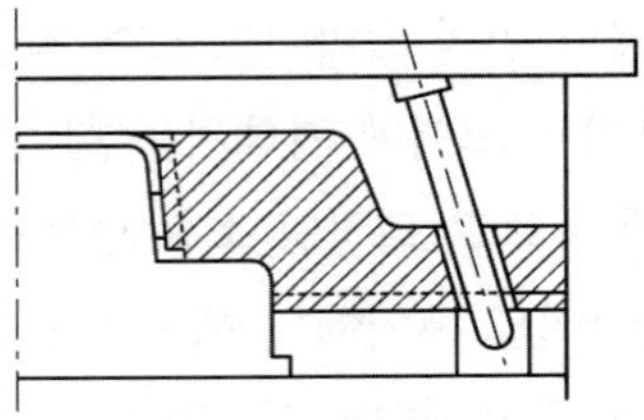

(b) 직접 조각형

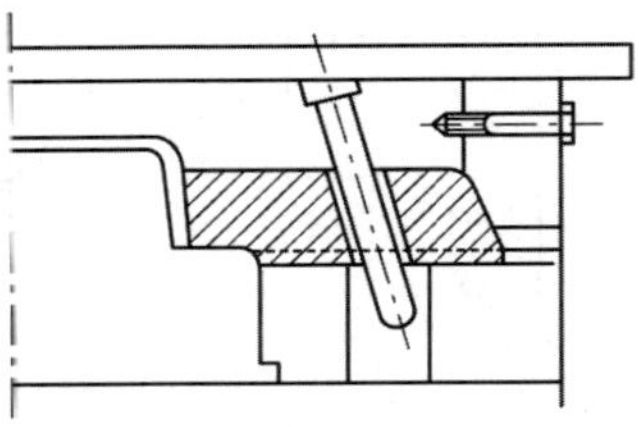

(c) 부착형

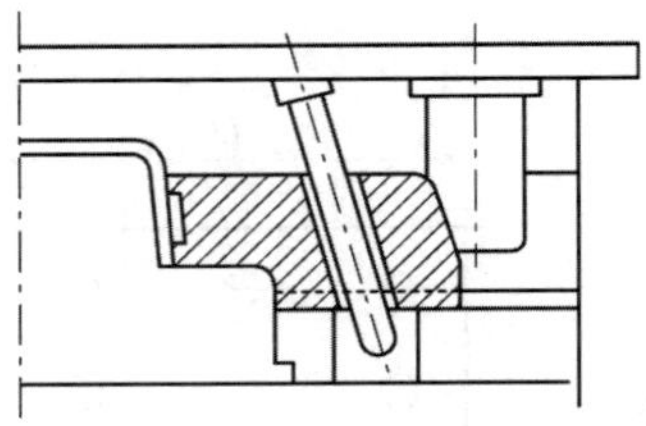

(d) 부시형

그림 4 · 127 앵귤러핀의 슬라이드 코어작동

(4) 슬라이드 코어의 위치결정장치

금형이 열리면서 빠져나온 슬라이드 코어가 진동이나 가타 요인에 의해 위치가 변화하여 금형이 닫힐 때 앵귤러핀과 슬라이드 코어가 충돌하는 것을 방지하기 위한 것으로서 핀방식과 볼 방식이 있다. 그림 4 · 128과 그림 4 · 129에는 그 모양과 치수를 나타낸다. 그림 4 · 130은 슬라이드 코어의 위치결정장치의 적용 예로서, (a)는 좌우 측면으로 슬라이딩할 경우에 사용되며, 코어의 바닥에 90~120° 송곳뚫이 구멍을 만들어 슬라이드 코어를 일정량 끌어내었을 경우에 위치 결정하기 핀 또는 볼을 송곳뚫이 구멍에 넣어서 슬라이드 코어의 이동을 방지하고, 또 금형이 닫혔을 때 앵귤러 핀과 슬라이드 코어의 충돌을 방지한다.

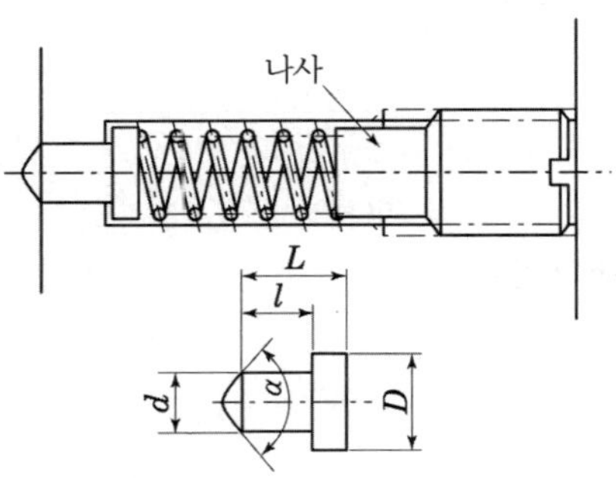

호칭 지름 (d)	D	l	L	α
6	7.5	3	7	90~120°
8	10.5	4	9	90~120°
10	13.0	5	11	90~120°

그림 4 · 128 슬라이드 코어의 위치결정 장치(핀방식)

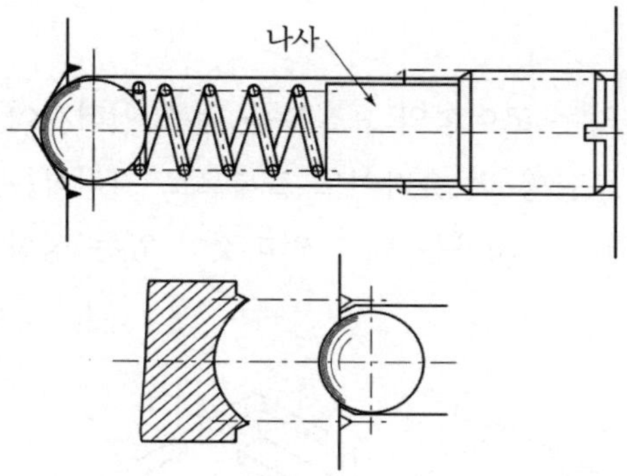

호칭 지름 (강구 지름)	세트 스크루 지름	아래구멍 지름	코일 스프링 $(d\times D\times L\times n)$
9/32 (7.1438)	3/8	7.9	1×6×30×8
	10	8.4	
13/32 (10.3188)	1/2	10.9	1.2×8×40×8
	14	12.0	
17/32 (13.4938)	5/8	13.5	1.5×11×50×8
	16	13.7	

그림 4 · 129 슬라이드 코어의 위치결정 장치(볼방식)

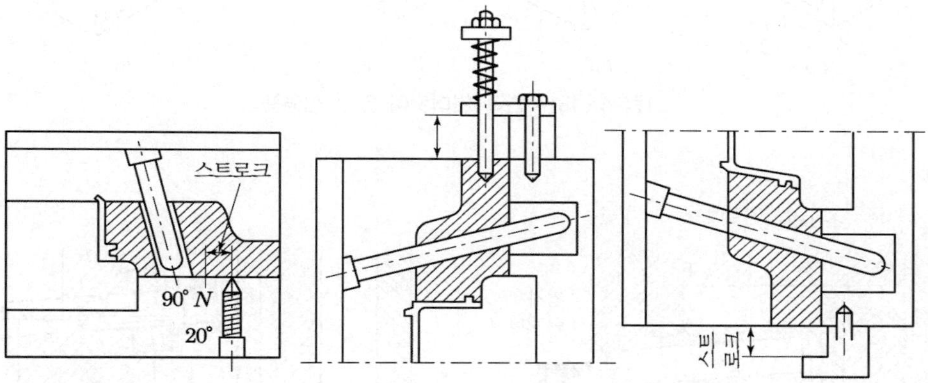

(a) 위치결정볼에 의한 방식 (b) 코일 스프링에 의한 방식 (c) 스토퍼에 의한 방식

그림 4 · 130 슬라이드 코어의 위치결정 장치의 적용

(b)는 윗쪽으로 슬라이드 코어를 빼낼 경우에 사용되며, 코일 스프링으로 슬라이드 코어의 자중을 밀어 올려서 끌어당기는 양을 일정하게 유지한다. 이것은 앵귤러 핀과 슬라이드 코어의 충돌을 방지한다. 사용되는 스프링의 강도는 자중의 1.5~2배로 한다. (c)는 아래쪽으로 코어를 이끌어 낼 경우에 사용되며, 금형이 열린 후에 앵귤러 핀에서 코어가 빠져도 슬라이드 코어가 떨어지지 않도록 판으로 고정시킨것이다. 스트로크는 블록 높이 또는 받침판에 스톱퍼(stopper)를 끼워 조정하는 수도 있다. 그러나 형 사용시 상하를 바뀌지 않도록 주의해야 한다. 상향 인발과 하향 인발은 장치가 서로 다르기 때문에 잘못 구분하면 금형이 파손을 일으킴으로 세심한 주의가 필요하다.

4.5.3. 내측 언더컷 처리기구

성형품의 내측, 즉 형개폐 방향에서는 빠지지 않는 코어형의 요철부를 내측 언더컷이라고 한다. 다만 관통하고 있는 가로 구멍 등은 분할형 및 슬라이드 블록으로 처리하는 편이 간단하여 내측 언더컷에서 제외하였다. 그림 4 · 131에는 내측 언더컷이 있는 성형품 예를 표시한다.

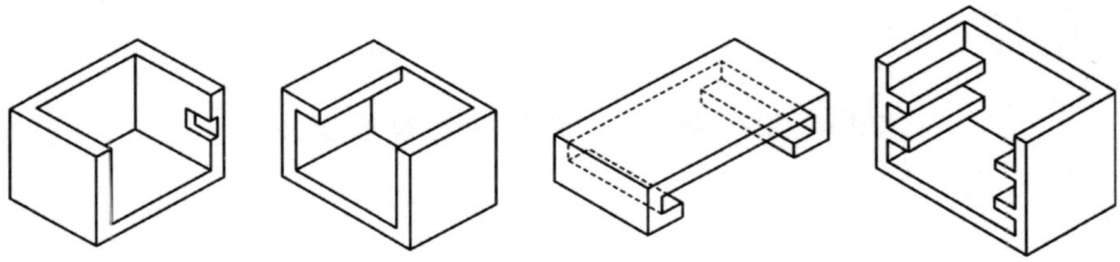

(a) (b) (c) (d)

그림 4 · 131 안쪽 언더컷이 있는 성형품

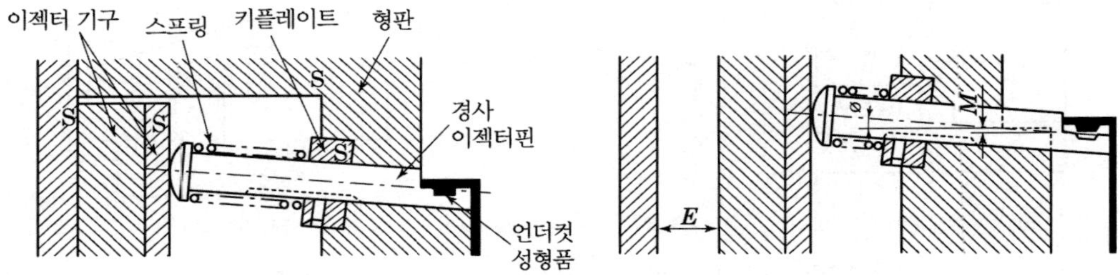

(a) 성형위치 (b) 이젝터 위치

그림 4 · 132 경사 이젝터핀에 의한 언더컷 처리

1) 경사 이젝터 핀에 의한 작동 방식

그림 4 · 132에 경사 이젝터핀에 의한 언더컷 처리의 예를 나타낸다. 이것은 언더컷 부분을 형성하고 있는 각도 ϕ만큼 기울어진 경사 이젝터핀이 있고, 이 핀은 스프링에 의해 이젝터 플레이트에 접촉해 있다. 금형이 열린 후 이젝터 플레이트가 전진하면 경사 이젝터 핀의 가로 방향 운동에 의해 언더 컷을 벗어난다. 가로 방향의 운동량은 다음 계산식에 의해 구한다. 여기서 M :가로방향의 운동량(mm), E : 이젝터의 스트로크(mm), ϕ : 이젝터핀의 경사각도(°)

$$M = E\tan\phi \qquad (4 \cdot 25)$$

2) 분할 코어에 의한 작동 방식

그림 4 · 133에 분할 코어 작동의 예를 나타낸 것으로서 (a)는 경사 이젝터 핀과 비슷하나 언더컷부는 슬라이딩하는 분할 코어에 있다. 가이드 핀의 경사각 ϕ는 코어의 접촉면 경사각 θ보다 작게 한다. (b)는 양측면에 언더컷이 있을 경우이며, 가이드 핀에 의해 분할 코어는 전진시켜지고 그 전진 한계는 2조(組)의 코어가 접촉 및 간섭하는 위치이다. 최대 전진량은 경사 가이드핀의 각도 ϕ와 코어의 폭 G에 의하여 결정된다.

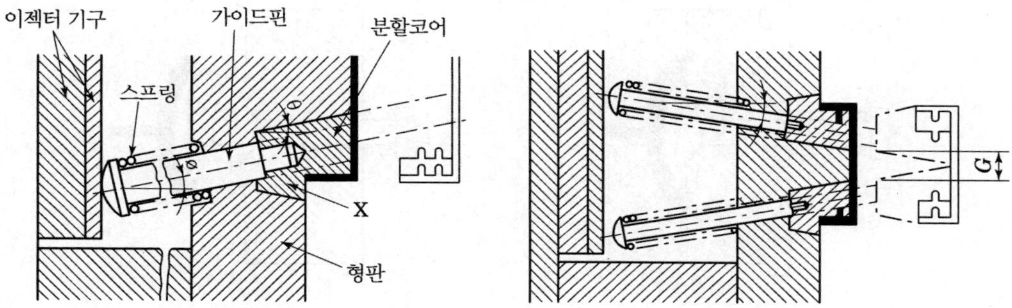

(a) 내측 언더컷을 분할코어로 처리 (b) 2곳의 내측 언더컷을 분할코어로 처리

그림 4 · 133 분할코어의 작동

3) 슬라이드 블록에 의한 작동 방식

내측 언더컷 성형품에도 앞에서 설명한 외부 언더컷 성형품에서와 같이 슬라이드 블록을 이용해서 빼내는 방법이다.

4) 강제(stripping) 언더컷 처리

강제 처리 방식은 내외측 언더컷을 불문하고 간단하고도 효과적으로 언더컷을 처리하는 방식이다. 밀어내기 도중에 언더컷부의 반대 방향으로 넓어질 수 있는 형상인지, 사용수지와 관련하여 그 탄성의 발휘 정도를 검토하여야 하며, 변형 후는 반드시 원형으로 복귀하여야 한다. 스트리핑 이젝터 방법에는 스트리퍼 플레이트가 가장 많이 사용되고, 그 외에도 밸브 이젝터 등이 있다. 그림 4 · 134와 같은 성형품의 형상에 채용되며, 사용되는 수지는 탄성이 많은 PE, PP 등이 사용된다. 그림 4 · 135는 밸브 이젝터에 의한 강제 언더컷처리의 예이며, 이 때 밸브의 선단은 강도가 허용하는 한 큰 편이 좋다.

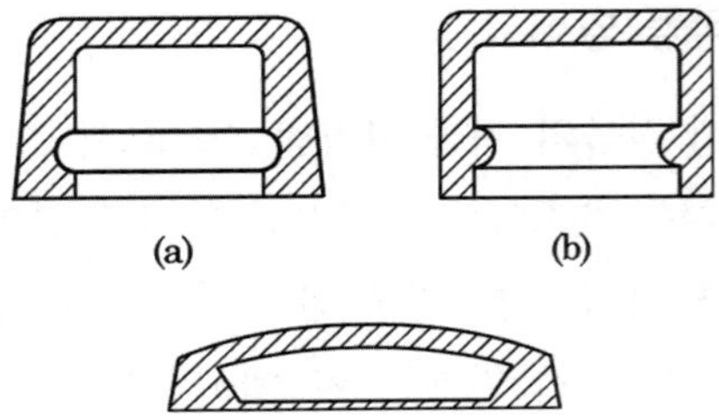

그림 4 · 134 강제 언더컷 처리품

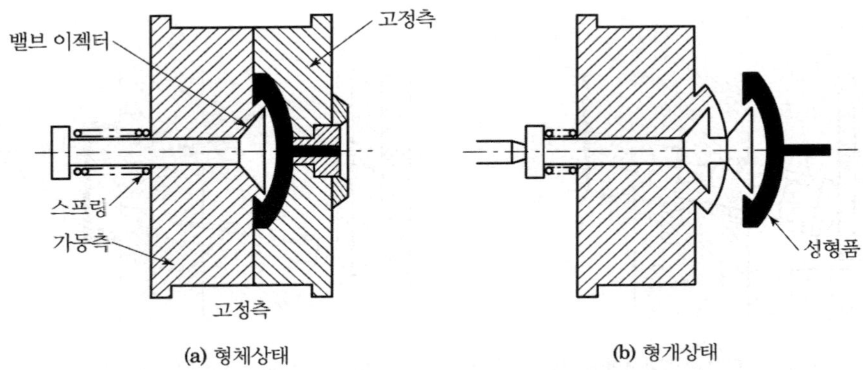

그림 4 · 135 밸브 이젝터에 의한 강제 언더컷 처리

4.5.4. 나사붙이 성형품의 빼내는 방식

나사붙이 성형품용 금형은 나사의 특성이나 생산 방식 등 매우 많은 요인에 의해 간단하게도 되고 복잡하게도 된다. 나사는 언더컷으로 될 경우가 많고, 더구나 그 처리 방법이 일반적인 언더컷과는 다른 경우가 많다. 나사붙이 성형품용 금형을 설계할 때는 나사의 종류, 나사의 형상, 피치(pitch), 줄, 수, 크기, 나사의 강도, 사용 수지, 이젝팅 방법 등의 각종 요인에 대해 충분한 파악이 필요하다. 또한 외측 나사와 내측 나사는 처리 방법이 기본적으로는 꼭 같다.

1) 내측나사의 처리기구

(1) 고정나사 코어 방식

금형이 열린 후 코어에 남은 성형품을 작업자가 손으로 돌려서 빼낸다.

(2) 강제 빼기(stripping) 방식

스트리퍼 플레이트에 의해 코어에서 빼내는데, 나사의 형상은 지름에 비해 나사 높이가 낮고, 둥근나사로서 탄성이 풍부한 수지와 강제 빼기의 변형을 흡수할 수 있는 형태와 살두께가 필요하다.

(3) 고정 코어 방식

성형품의 이젝팅 동작시 나사 코어는 성형품과 함께 밀어내어지고 다음에 손 또는 치공구를 사용하여 성형품과 코어를 분리한다. 나사 코어는 2개 이상 만들어 두고 교환 착탈식으로 한다. 가장 간단한 방법이지만 성형할 때 코어를 매번 떼었다 붙였다 하게 되어 생산성이 대단히 나쁘기 때문에 최근에는 거의 사용하지 않는다. 시험제작, 극소량의 생산 또는 강도상의 문제로 자동나사 빼기 장치를 할 수 없을 경우에 사용되며, 그림 4 · 136에 고정 코어 방식에 의한 나사 성형품의 처리를 나타내었다.

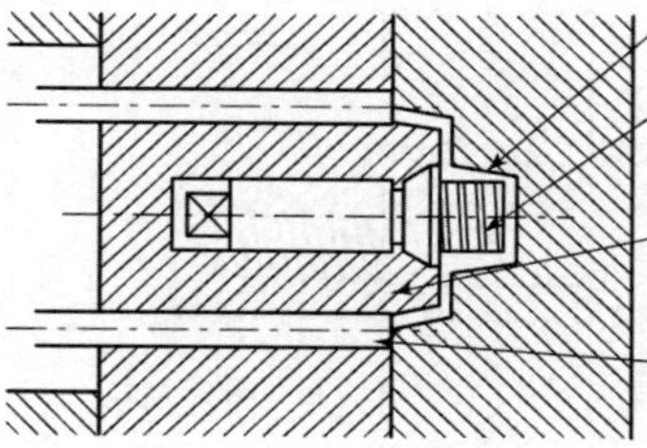

(a) 성형시

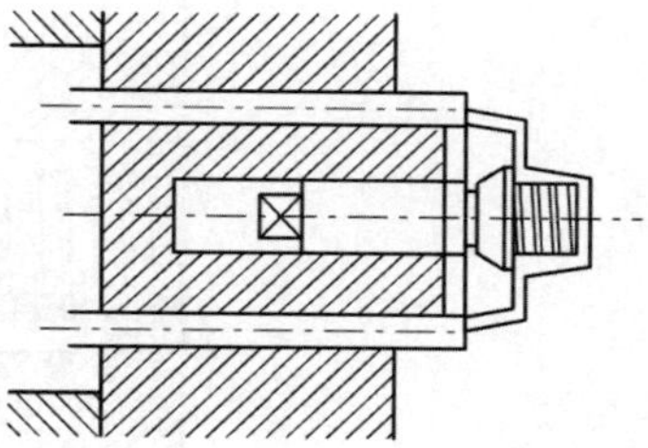
(b) 이젝팅 중

그림 4 · 136 고정코어 방식에 의한 나사빼기

(4) 회전나사 코어 캐비티 방식

자동적으로 나사붙이 성형품을 빼내기 위해서는 코어 또는 캐비티를 회전시켜야 한다. 이 경우 3가지 방법을 생각할 수 있다. 첫째는 그림 4 · 137과 같이 나사 코어는 다만 회전만으로 성형품을 빼낸다. 이 때 성형품의 외형은 회전 방지를 하는 형상이 아니면 미끄러져 버리며, 나사부의 길이는 캐비티 깊이보다 약간 짧은 것이 좋고, 얕으면 다른 이젝터 기구가 필요하게 된다. 반대로 관통하고 있는 상태에서 나사의 길이가 캐비티 깊이보다 길 경우는 성형품이 완전히 벗어나지 않는다. 둘째로 나사 코어는 회전하면서 후퇴한다. 그림 4 · 138에는 나사 코어 회전으로 후퇴하는 원리를 표시하며, 후퇴용 나사는 4각나사가 많이 사용되고 있다. 또한 성형품을 빼낸 후는 나사 코어를 역전시켜서 원래의 위치로 되돌려야 한다. 셋째로 캐비티를 회전시키는 것으로 그림 4 · 139에 동작 원리를 표시한다. 이 방식은 게이트를 성형품의 내측에 잡을 경우나, 가늘고 긴 나사 코어를 회전시키면 강도적으로 문제가 일어나기 쉬울 경우에 채용되고 있다.

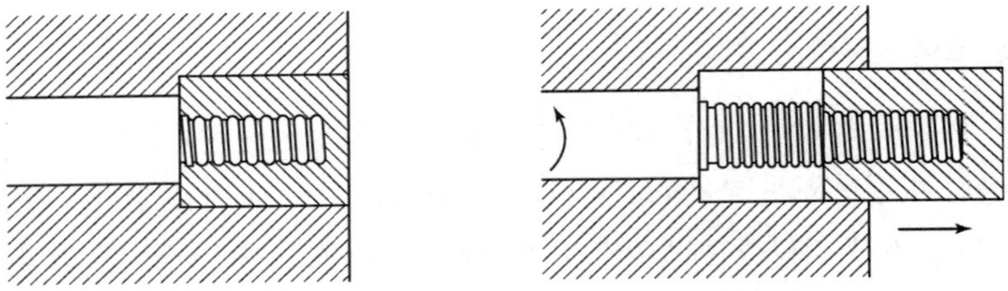

(a) 성형시의 상태 (b) 밀어낼 때의 상태(코어회전)

그림 4 · 137 나사코어 회전만으로 성형품 빼내는 기구

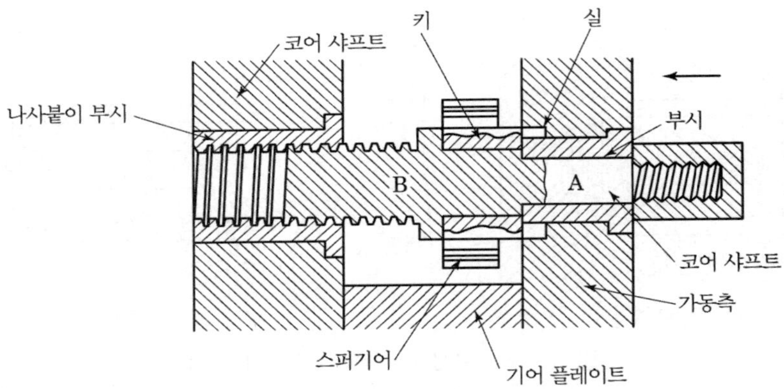

그림 4 · 138 나사코어의 회전으로 후퇴하는 원리

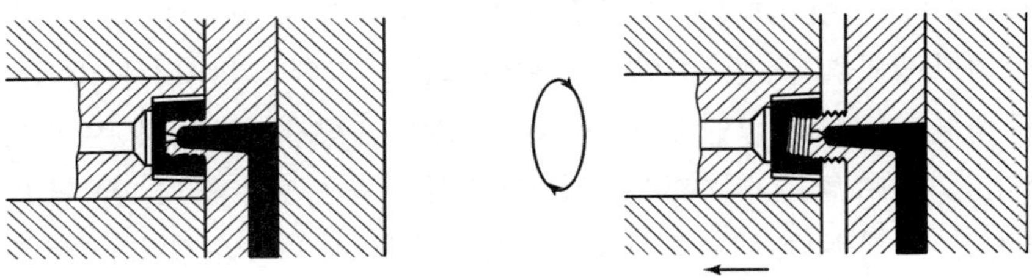

(a) 성형시의 상태 (b) 캐비티 회전상태

그림 4 · 139 캐비티 작동방식의 원리

2) 외측 나사의 처리 기구

(1) 나사붙이 분할형 방식

나사부에 파팅라인이 있어도 성형품의 기능에 지장이 없는 경우에 채용되며, 비연속 나사일 경우에는 나사부를 피한 곳에 파팅라인이 오도록 한다. 정밀도와 플래시 발생을 고려한다면 분할형으로 할 필요가 없으며, 2매 구성 금형으로도 성형이 가능하다.

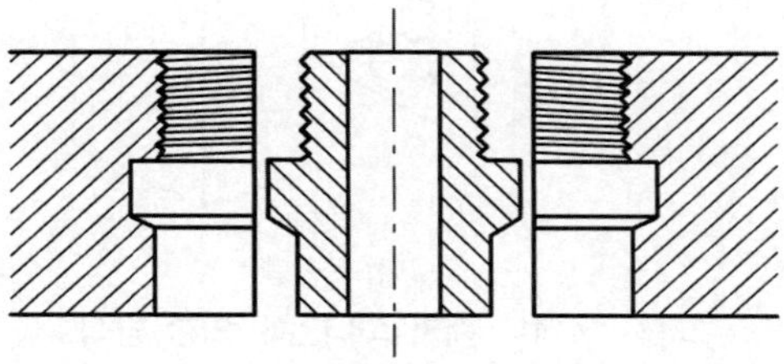

그림 4 · 140 나사부의 분할방법

(2) 고정 나사 캐비티 방식

가장 간단한 방식으로 금형이 열린 후 캐비티에서 성형품을 손 또는 치공구를 사용해서 빼낸다. 이 때 빼내기를 쉽게 하기 위하여 성형품에 세레이션(serration)을 부착하거나 4각 또는 6각 구멍을 뚫어서 치공구가 되도록 한다.

(3) 강제 빼기 방식

암나사 방식과 동일하다.

(4) 고정 코어(캐비티) 방식

암나사 방식과 동일하지만 캐비티를 고정 코어로 한다.

(5) 회전나사 캐비티 코어 방식

암나사의 방식과 동일하다.

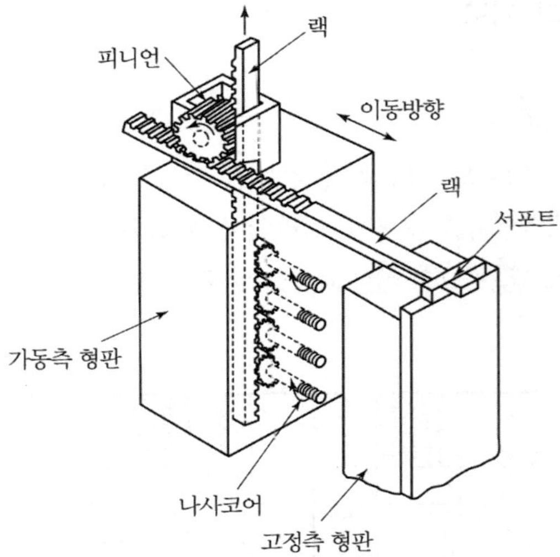

그림 4 · 141　랙과 피니언에 의한 방식

3) 회전 구동 방식

회전 코어 캐비티 방식에 의한 나사붙이 성형품의 금형설계에서는 어느 것이나 회전 구동기구가 필요하게 된다. 캐비티의 배열도 이 회전 구동 방식에 의해 한정된다. 회전 구동 방식은 수동식, 기계식, 유공압식 및 전기식 등이 있으며, 여러 가지 구동기구들에 의해 짜맞춤되어 진다. 그림 4 · 141은 래크와 피니언에 의한 구동방식이며, 그림 4 · 142는 고정측 형판 또는 설치판에 고정된 래크에 물리는 피니언과 다시 그 피니언에 물리는 가로 방향의 래크에 의해 회전되는 회전 코어축의 피니언으로 구성된다. 일반적으로 회전기구에 의해 나사를 빼는 경우는 나사 코어와 성형품이 일체가 되어 회전되지 않도록 하는 미끄럼 방지 대책을 세워야 한다. 그림 4 · 143은 서로 맞물려 작동하는 베벨기어와 래크, 피니언으로 이루어진 구동 방식이다.

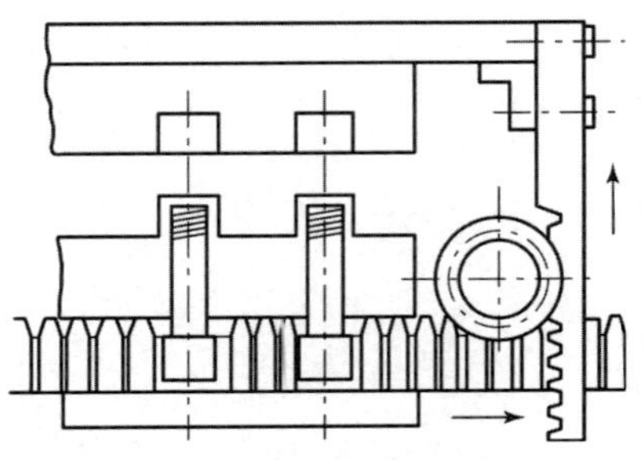
그림 4 · 142　랙과 피니언에 의한 구동방식

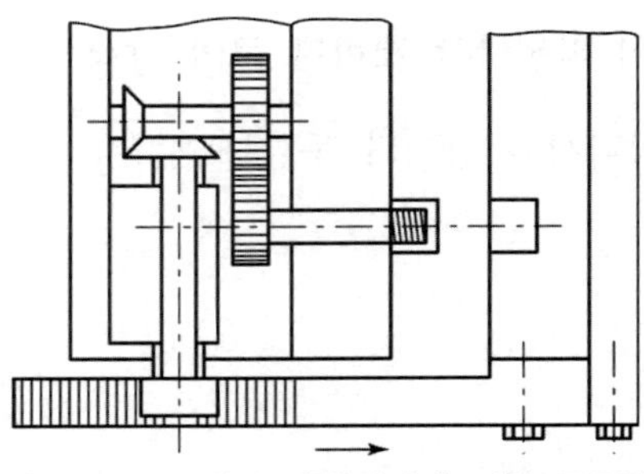
그림 4 · 143　랙과 베벨기어에 의한 구동방식

4.6 금형온도 제어기구의 설계

4.6.1. 온도 제어의 목적

사출성형 현장에서 발생되고 있는 문제점과 생산성이 하락하는 원인은 환경온도(냉각수, 실내), 금형온도, 사출압력, 수지온도, 사이클 타임의 변화 등이다. 여러 가지 사출성형 조건 변화 중에서 금형의 온도변화가 일정하게 관리되지 않아 다른 성형조건들이 변화되는 상관관계의 원인이 되고 있다. 사출성형은 온도관리에 승, 패가 좌우될 만큼 온도관리가 대단히 중요한다. 품질은 금형온도가 결정하고, 제품가격은 생산능력으로 결정된다. 사출성형을 흔히 초단위의 작업이라고 한다. 즉 성형사이클의 단축이 강력히 요청된다. 성형사이클 중에 냉각시간이 차지하는 비중이 크다. 또한 금형의 온도 제어는 성형품의 성형성, 성형능률, 품질 등에 큰 영향을 미치므로 금형설계시에 충분히 검토해야 할 필요가 있다. 일반적으로 금형의 온도를 저온으로 유지하고 쇼트(shot)수를 올리는 것이 바람직하나 성형품의 형상(금형의 구조), 성형재료의 종류에 따라서는 성형성 향상을 위해 금형온도를 높여 충전하지 않으면 안 되는 경우도 있다. 금형의 온도제어는 매우 중요하며, 성형품의 냉각은 단지 빠르면 된다는 것은 아니다. 그것에는 금형온도 제어 목적에 적합한 냉각 구조가 바람직하며, 경우에 따라서는 금형온도를 올려야 한다. 이 처럼 성형품의 기능과 요구 조건, 사용 수지, 성형기의 능력, 스프루, 러너, 게이트 시스템 등을 고려해서 냉각 효과가 우수한 구조가 필요하게 된다.

최근에는 금형온도조절기의 보급이 빠르게 이루어지고 있다. 이것은 성형품의 용도가 다양해지고, 외관이나 치수정밀도도 점점 정밀한 것이 요구되고 있기 때문에 당연하다고 할 수 있다. 이 온도조절기는 금형온도를 상승시키기 위해서 사용되는데, 여기에서 중요한 것은 금형온도를 극히 정확하게 조절하며, 수온이나 외기 온도에 영향을 받지 않고 항상 일정 온도를 유지할 수 있어야 품질 높은 성형품이 얻어진다. 표 4 · 14는 플라스틱 재료의 성형온도와 금형온도와의 관계를 나타내며, 금형온도 제어의 목적은 다음과 같다.

① 성형사이클의 단축

② 성형성의 개선

③ 성형품의 표면 상태 개선

④ 성형품의 강도 저하 및 변형의 방지

⑤ 성형품의 치수정밀도 향상

표 4 · 14 플라스틱 재료의 용융온도와 금형온도

재 료 명	용융온도(℃)	사출압력(kgf/cm²)	금형온도(℃)
폴리에틸렌	150~300	600~1500	40~60
폴리프로필렌	160~260	800~1200	55~65
폴리아미드	200~320	800~1500	80~120
폴리아세탈	180~220	1000~2000	80~110
3불화염화에틸렌	250~300	1400~2800	40~150
스티롤	200~300	800~2000	40~60
AS	200~260	800~2000	40~60
ABS	200~260	800~2000	40~60
아크릴	180~250	1000~2000	50~70
경질 염화비닐	180~210	1000~2500	45~60
폴리카보네이트	280~320	400~2200	90~120
셀룰로오스 아세테이트	160~250	600~2000	50~60

4.6.2. 금형온도 제어의 필요성

성형품의 외관, 물성 및 성형사이클은 금형의 온도에 따라 현저하게 영향을 받는다. 또한 변형방지를 위한 온도제어는 수지의 특성에 따른 문제이며 여기서 요구되는 것은 균일한 냉각속도이다. 만일 냉각속도가 너무 짧으면 일부는 경화하고 일부는 연화되는 부분이 있을 경우에, 불균일한 수축에 의하여 변형이 발생하는 것을 방지할 수 있다. 즉 냉각으로 인한 변형은 적정한 온도제어에 의해서 개선될 수 있다. 금형을 설계할 때는 슬라이드 코어, 이젝터핀, 부시 등의 관계로 인하여 장애가 많고 냉각구멍을 분리시킬 수 없는 경우도 있다. 이런 경우에는 급속히 냉각하는 부분을 온수 등으로 가열하여 캐비티 각 부분의 냉각속도가 균일하게 되도록 제어한다. 그러나 열이 있는 물체에서 다른 물체로 열이 이동하는데는 시간이 걸리고, 사출성형기는 그 자체가 열을 공급하는 것처럼 운전되기 때문에 금형의 캐비티 표면온도를 일정하게 유지한다는 것은 거의 불가능하다. 성형품의 품질에 영향을 미치는 원인은 여러 가지가 있으며, 이들 중에서 금형의 온도와 관계가 있는 성형불량은 표 4 · 15와 같다.

표 4·15 금형온도와 성형불량

금형온도	성형불량	현 상
지나치게 높을 때	싱크마크	살두께가 두꺼운 리브 또는 돌기부 이면에 생기는 오목한 부분은 냉각되기 쉬운 위치가 먼저 경화하고, 냉각되기 어려운 수지가 그 위치로 이동하기 때문에 발생한다.
	플래시	금형의 틈새에서 발생하는 불량으로서 캐비티 내의 수지점도가 저하하여 쉽게 유동하므로 극히 작은 틈새에서도 발생한다.
지나치게 낮을 때	충전불량	금형 내에서 수지가 완전히 충전되지 않은 상태로 경화하는 현상이다. 금형온도가 낮으면 캐비티 내의 수지점도가 높아지게 되어 유동하지 못하기 때문에 이 현상이 발생한다.
	웰드라인	유동이 2개의 방향 이상으로 분할되어 있고 어떤 거리를 유동한 다음에 다시 합류하는 영역에서 모발형태의 미세한 선으로 나타나는 것이며, 금형온도가 낮을 때 발생한다.
	표면광택 불량	금형온도가 낮을 때 표면광택이 충분히 나오지 못하는 경우가 있다.
조절이 불충분할 때	기계적 성질 불량	폴리아미드, 폴리아세탈, 폴리프로필렌 등의 결정성 수지는 금형온도가 지나치게 낮거나 조절이 불충분할 경우에는 결정화도가 불충분하고 기계적 성질이 떨어진다.

4.6.3. 금형온도 제어

금형 온도차가 발생하는 원인은 금형 표면에서 냉각수 구멍까지 어느 정도 거리가 떨어져 있기 때문에 열이 전도되는 시간이 소요되고, 그로 인하여 온도차가 발생된다. 사이클타임을 단축시키게 되면 시간당 쇼트(shot)수만큼의 열량이 금형 표면에 입력되어 온도가 상승될 수밖에 없다. 매체온도관리형 온도 조절기는 냉각수가 입력되는 관의 크기가 작아 금형 내에서 발생되는 열을 충분히 교환할 수 없도록 구성되어 있다. 왜냐하면 관 직경이 크게 되면 탱크 내부로 냉각수가 입수될 때, 많은 양이 입수되므로 탱크 내부의 물 온도가 급 하강하게 되고, 하락된 물을 히터로 가열하더라도 시간이 소요되어 온도 편차가 크게 발생되므로 급수되는 냉각수 양을 미세하게 입수되도록 시스템이 구성되어 있다. 매체 온도를 제어하지만 주위 환경 온도, 사이클타임의 변화에 금형 온도가 수시로 변하고, 냉각수 통로에 스케일이 발생되면 실제 금형의 온도도 변화가 온다. 금형 표면의 온도는 생산을 중단하고 실측하지 않으면 알 수 없고 금형 표면의 온도 변화가 급속도로 진행되기 때문에 실측하여도 정확한 금형 온도 값을 알 수 없을 것이다.

금형 내부 냉각수 통로가 막히거나 입구와 입구, 출구와 출구 호스 연결, 밸브 잠금으로 매체가 흐르지 않는 경우가 있으므로 사전 검토가 필요하다.

1) 열전도와 열이동

사출성형에서 금형이 일정한 열적 평형조건으로 유지되는 상태란 금형에 유입되는 열량과 금형에서 방출되는 열량이 같아야 한다. 수지의 사출, 냉각 및 형개가 있는 캐비티 부근을 제외하고는 항상 일정한 온도를 유지하고 있으며, 캐비티 표면이 완전히 같은 온도에서 사출이 반복되어야 한다. 금형에서 수지의 사출이 반복되기 때문에 캐비티 표면에서는 항상 온도의 오르내림이 일정하게 유지될 수는 없다. 이러한 온도의 변동을 없애는 것은 불가능하므로 금형의 온도 조건을 일정하게 하려면 단위시간에 들어오는 열량을 맞추면 문제를 해결할 수 있다. 성형사이클은 일정한 것으로, 캐비티 표면에서는 온도 변화가 반콕되고, 표면에 전파된 열은 수지의 약 200배에 달하는 강철의 양호한 열전도와 2배에 상당하는 용적 비열에 의해 급속하게 주변으로 전도 또는 흡수되기 때문에 온도의 변화 폭은 감소되어 없어지고, 마침내는 일정한 기울기가 된다. 열전도식은

$$\lambda = Q \times s / (\Delta\theta \times A) \qquad (4 \cdot 26)$$

λ : 열전도 계수(W/m · K)

Q : 흐르는 열량(W)

$\Delta\theta$: 온도차(K)

s : 열이 흐른 거리(m)

A : 흐름 단면적(m^2)

1W = 860cal/hr, 1K = 1℃에 의해 이동하는 열량이 일정할 때, 온도차는 일정하게 된다. 온도 기울기를 나타내는 선은 도체가 균일할 때 직선이 된다. 금형으로의 열 이동이 같을 때, 금형의 열 이동 밸런스가 유지된다면, 금형 중에서 산출되는 온도 기울기는 일정하며, 온도도 안정적이다. 이것이 금형 온도가 제어되고 있는 이상적인 상태인데, 금형의 온도분포 즉, 열 이동 밸런스를 깨뜨리는 가장 많은 외란(外亂)은 실온의 변화이다. 실온이 변함에 따라 제품에 영향이 미치는 것은 주지의 사실이다. 금형의 표면 온도는 실온과 항상 차가 있기 때문에, 그 표면에서는 대류, 복사에 의한 열의 이동이 일어나고 있으며, 그 열량 손실을 식으로 표현하면

열전도 손실

$$Q_{loss} = \alpha \times A \times \Delta\theta \qquad (4 \cdot 27)$$

여기에서

A : 표면적(m^2)

α : 전열 계수(공기는 약 $8W/m^2 \cdot K$)

$\Delta\theta$: 금형 표면과 공기 온도의 차(K)

실온의 변화가 일어나면 표면 열손실량은 변동하고, 캐비티의 평균 금형온도가 변함에 따라 품질의 불량이 발생한다. 금형 내의 온도 분포를 항상 일정하게 유지하기 위해서는 외란에 따른 보정 동작이 가해져야 한다. 금형에 유입된 열이 금형을 통해 냉각 구멍에 도달, 매체에 옮겨져 운반되어가는 과정을 바르게 이해하기 위해서는, 모든 현상에 기초한 정량적인 실제 상황의 인식이 필요하다. 매체로는 일반적으로 물을 사용한다.
금형에서 이동 열량은

$$Q = S_h \times C_p \times (t_1 - t_0) \qquad (4 \cdot 28)$$

Q : 이동열량(Kcal/hr)

S_h : 매시간당 쇼트수

C_p : 수지의 비열(Kcal/kgf℃)

t_1 : 용융수지의 온도(℃)

t_0 : 성형품을 꺼낼 때의 온도(℃)

소요 전열면적은

$$A = \frac{Q \times \Delta t}{h_w} \qquad (4 \cdot 29)$$

A : 소요 전열면적(m^2)

Δt : 금형과 냉매와의 평균 온도차(℃)

위에서 냉각 또는 가열 액체의 접촉 전열면적을 생각하는데 있어서, 외기에의 방열, 금형 플레이트가 노즐로부터 흡수하는 열량 등은 무시한다.

2) 냉각수의 수량

금형내에 적정량의 물이 흐르는 수로가 있으면 적정한 온도와 적정한 냉각용 수량에 대하여 생각해야 한다. 물의 유량은 중요한 것으로서, 유량이 불충분하면 금형에 유입되는 온도와 금형으로부터 방출되는 온도의 차이가 커지게 되고, 품질에 영향을 준다. 따라서 필요 유량은 금형으로 유입되는 열량을 받아도 물의 온도 변화가 허용범위 이내로 되는 데 필요한 만큼의 유량을 확보하여야 한다. 냉각력, 유량, 압력 저항으로부터 필요한 능력을 갖춘 시스템이 되어야 하는데, 금형에서 회수된 물의 온도차는 유량이 많을수록 좋지만, 생산현장에서 현실적으로 기계 구조상 유량을 크게 하는 한계가 있다. 금형에서 나온 온수를 재순환시킬 경우는 금형 입구 온도까지 되돌리기 위한 냉각수 온도조절기 또는 열교환기의 선택이 필요하고, 또 열을 흡수하는데 필요한 충분한 수량을 공급하지 않으면 안 된다. 냉각수는 금형내를 통과하는 사이에 열에 의하여 온도는 상승한다. 이 온도 상승은 금형온도의 부분적 불균형을 발생시키는 원인이 된다.

$$W = \frac{W_p\,[C_p(T_P - T_M) + L]}{K\,(T_{wo} - T_{wi})} \qquad (4 \cdot 30)$$

W : 통과하는 냉각수량(l /hr)

W_p : 매시의 사출용량(cm³/hr)

C_p : 수지의 비열(kcal/kgf · ℃)

T_P : 수지의 용융온도(℃)

T_M : 금형의 온도(℃)

L : 수지의 용융잠열(kcal/kgf)

K : 냉각수에의 열전도 효율(캐비티 : 0.64, 배관 : 0.50)

T_{wo} : 냉각수의 배수온도(℃)

T_{wi} : 냉각수의 급수온도(℃)

윗 식에서 핫 러너 및 노즐로부터 금형이 흡수하는 열량 및 금형이 대기중이나 성형기로 빼앗기는 열량은 무시한다. 냉각수량에는 냉각수 온도조절기 또는 펌프 등에서 오는 경제적인 한계가 있다. 표 4 · 16은 냉각수의 한계 순환 수량이다.

표 4 · 16 냉각수로의 한계순환 수량

냉각수로 지름(mm)	유량(l/min)	냉각수로 지름(mm)	유량(l/min)
8	3.8	19	38
11	9.5	24	76

3) 금형의 냉각시간

사출시간 종료 후 즉시 냉각시간이 개시되는데, 성형품의 냉각과 고화를 담당하는 시간이다. 작업자가 임의로 설정이 가능하며, 성형품의 두께가 두꺼우면 다소 긴 시간, 얇으면 짧은 시간으로 설정한다. 실제 냉각은 사출개시 전부터 이미 진행되고 있는데, 금형냉각이란 작업자가 임의로 냉각수 공급을 차단하지 않는 이상, 작업을 하든 안 하든 간에 계속 돌아가고 있기 때문이다. 냉각시간을 짧게 설정하여 생산능률을 높이고 싶어도, 계량공정이 끝나지 않으면 설정 자체가 무의미하다. 변형이 많은 성형품의 변형을 없애거나 약화시키기 위해 냉각시간을 길게 설정하는 이유는 금형 내의 구속효과를 기대하기 때문이다. 냉각시간은 성형품의 최대 살두께부에 따라 정해진다.

$$S = \frac{-t^2}{\pi^2 \alpha} \cdot \ln\left[\frac{\pi}{4} \cdot \left(\frac{T_X - T_M}{T_p - T_M}\right)\right] \tag{4 · 31}$$

$$\alpha = \frac{R}{\rho \times C_p} \tag{4 · 32}$$

S : 냉각에 요하는 최소시간(sec)
t : 성형품의 살두께(mm)
α : 수지의 열방산율
T_X : 수지의 열변형 온도(℃)
R : 수지의 열전도율(kcal/m · hr · ℃)

4) 금형 가열 히터의 용량

PC, PET, PPO 등의 고점도 수지는 유동성이 나쁘므로 금형온도를 상승시켜서 성형한다. 이들의 금형온도 조절에는 금형온도 조절기를 사용하는 것이 합리적이다. 그러나 기름 순환식이며 설비비도 비싸므로 히터가 많이 사용되고 있다. 히터는 흡열작용이 없기 때문에 금형을 설계할 때는 연속운전에 의하여 히터를 끊어도 상승하지 않도록 고려한다. 필요한 히터의 용량은 다음식으로 구한다.

$$P = \frac{M\,C\,(t_1 - t_2)}{860\,\eta\,T} \tag{4 · 33}$$

P : 히터용량(kW)
M : 제어부의 금형중량(kgf)
C : 금형재료의 비열(kcal/kgf · ℃)

t_1 : 희망 상승온도(℃)
t_2 : 대기의 온도(℃)
T : 희망 상승시간(hr)
η : 히터효율(%)

4.6.3. 냉각 구멍의 분포 및 냉각 효과

냉각 구멍의 분포를 정하는 데는 외부에서 공급되는 열량이 많은 곳에 많게 하고, 적은 곳에 적게 한다. 즉, 외부에서 용융수지가 가지고 오는 열에너지에 비례해서 배치하여야 한다. 이 열에너지는 수지가 스프루에서 캐비티의 말단까지 흐르는 사이의 온도 강하를 무시하면 성형품의 중량 분포와 같게 되므로 냉각구멍의 이론적 분포는 스프루 부근을 제외한 성형품의 중량 분포에 비례시키면 된다 그러나 실제로는 슬라이드 코어나 이젝터 핀 등의 복잡한 관계로 인하여 이상적인 배치가 되지 않는 경우가 많다. 그래서 배치가 적당한지의 여부를 조사하는 방법으로서 시험 성형때 소요 냉각 시간을 단축시켜서 성형했을 때의 고화상태, 예를 들면 성형품 표면의 주름 등을 검사하여 냉각속도가 균일한지의 여부를 판단한다. 성형사이클을 단축하는 데는 성형품의 살두께를 될 수 있는 대로 얇게 또한 균일하게 한다는 설계상의 고려도 필요하지만, 최종적으로는 냉각 효과가 우수한 구조를 연구해야 한다.

그림 4 · 144는 동일 형상을 한 성형품의 경우로 5개의 큰 냉각구멍을 가진 금형(a)와 2개의 작은 냉각구멍을 가진 금형(b)를 표시한다. (a)는 열전달 경로가 고르게 분포되어 캐비티 표면에 대하여 균일한 냉각효과를 가지지만 (b)는 열전달 경로가 경사되어 균일하지가 못한 것을 나타낸다. 그림 4 · 145는 캐비티와 냉각구멍 표면간의 온도구배를 표시한 개략 등온선이다. (a)는 큰 냉각구멍에 59.83℃의 물을 순환시킨 경우이고, 캐비티 표면은 사이클간에 60~60.05℃로 되어 온도차가 작게 되지만 (b)는 작은 냉각수 구멍으로 45℃의 물을 순환시키면 캐비티 표면은 53.33~60℃로 온도차가 크게 된다. 즉 (a)와 같이 크고 균일하게 냉각수 구멍을 분포시키면 캐비티 표면에서의 온도 변화는 적어서 균일한 냉각 효과를 기대할 수 있으나, (b)와 같은 경우는 성형품에 미치는 냉각 효과가 균일하지 못하여 좋지 않다.

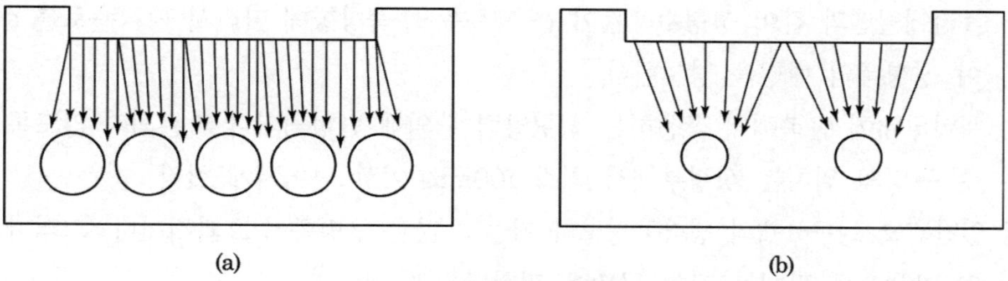

그림 4 · 144　금형의 열전달 경로

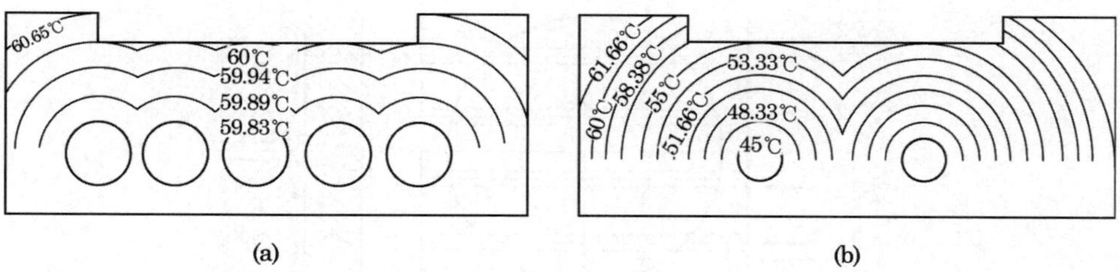

그림 4 · 145　금형의 온도구배

4.6.4. 냉각수 구멍의 설계

1) 냉각수구멍 설계시 유의 사항

① 고정측 형판과 가동측 형판은 각각 독립해서 조정되도록 한다.

② 금형의 레이 아웃을 설계할 때는 이젝터핀, 기타의 핀, 볼트 등의 배치와 더불어 온도조절용 냉각구멍의 배치도 함께 검토해야 한다. 일반적으로 냉각회로는 이젝터 구멍보다 우선한다.

③ 냉각회로는 스프루나 게이트 등 금형온도가 제일 높은 곳에 냉매가 우선 유입하도록 설계한다.[그림 4 · 146 참조]

④ 냉매 입구온도와 출구온도의 차는 적어지는 편이 바람직하다. 특히 정밀성형 금형에서 여러개 뽑기의 경우는 2℃ 이하로 한다.

⑤ 고정측 형판은 수열량(受熱量)과 방열면적이 커서 가동측 형판보다 냉각수량을 많이 필요로 한다.

⑥ 공급하는 수량이 일정할 경우, 냉각구멍이 크면 유속이 떨어져 열전도가 나빠지므로 수량 증가 또는 구멍을 조절해서 냉각수의 흐름을 난류로하여 냉각효과를 높인다.

⑦ 냉각구멍의 방청을 고려하고 또한 청소가 간편한 구조이어야 한다.

⑧ 폴리에틸렌과 같이 성형수축률이 큰 재료는 수축방향에 따라서 냉각수로를 설치하여 성형품의 변형을 방지한다.

⑨ 캐비티내에 반복해서 작용하는 성형압력에 의해 변형되거나 파손되지 않도록 냉각수 구멍의 위치는 성형부에서 최소 100mm 이상 떨어지게 한다.

⑩ 일반적으로 큰 1개의 냉각구멍보다 가늘고 많은 구멍쪽이 효과적이다. 그러나 물때의 발생으로 막히는 가는 구멍은 피한다.

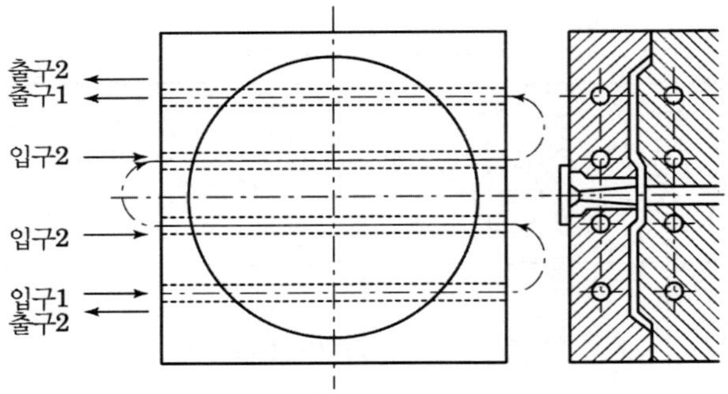

그림 4 · 146 냉각회로 배열방식

2) 냉각수 구멍의 길이

금형의 냉각에 있어서 냉각수 구멍을 설계할 때는 열량 이동을 고려해야 한다. 즉, 수지에서 금형으로 이동하는 열량과 금형에서 냉각수로 들어가는 열량사이에는 등가의 경우가 성립하며, 이 때 열량은 냉각수가 갖는 열량과도 동일하게 된다. 또한 수지의 결정 잠열 또는 다른 부분으로부터 열 흡수 또는 금형이 대기중이나 성형기로 빼앗기는 열량이 없다고 가정하면 단위 시간당 수지로부터 금형으로 이동하는 열량 Q는

$$Q = \frac{P_1}{S} \times C_p \times \Delta T \qquad (4 \cdot 34)$$

$$Q' = W \cdot C_w \cdot \rho_w \cdot (T_{wo} - T_{wi}) \qquad (4 \cdot 35)$$

$$Q'' = \pi d \times L \times h_w \times (T_M - T_{wm}) \qquad (4 \cdot 36)$$

여기에서 냉각수의 평균온도를 $T_{wm} = \frac{1}{2}(T_{wi} + T_{wo})$ 라면 $Q = Q' = Q''$ 이므로, 식 (4 · 35)과 식 (4 · 36)에서

$$\frac{1}{2}(T_{wo}-T_{wi})=\frac{Q}{2W\cdot C_w\cdot \rho_w}$$

$$T_M-\frac{1}{2}(T_{wi}+T_{wo})=\frac{Q}{\pi dLh_w}$$

$$\therefore T_M-T_{wi}=\frac{Q}{\pi dLh_w}+\frac{Q}{2W\cdot C_w\cdot \rho_w} \qquad (4\cdot 37)$$

$T_M-T_{wi}=T$라 놓으면

$$T=\frac{Q}{\pi dLh_w}+\frac{Q}{2W\cdot C_w\cdot \rho_w}\cdot\frac{Q}{\pi dLh_w}=T-\frac{Q}{2W\cdot C_w\cdot \rho_w}$$

$$\frac{1}{L}=\frac{\pi d h_w}{Q}\left(T-\frac{Q}{2W\cdot C_w\cdot \rho_w}\right)$$

$$\therefore L=\frac{2Q\cdot W\cdot C_w\cdot \rho_w}{\pi d h_w(2T_M\cdot C_w\cdot \rho_w-Q)} \qquad (4\cdot 38)$$

여기서 P_1 : 수지의 중량(kgf)

S : 시간(sec)

C_p : 수지의 비열(kcal/kgf · ℃)

W : 냉각수량(m^3/hr)

T_{wo} : 물의 배수온도(℃)

T_{wi} : 물의 급수온도(℃)

C_w : 냉각수의 배열(kcal/kg · ℃)

ρ_w : 냉각수의 밀도

d : 냉각수 구멍의 지름(mm)

L : 냉각수 구멍의 길이(mm)

h_w : 냉각 구멍막 전열계수(kcal/m^3 · hr · ℃)

T_M : 금형온도(℃)

T_{wm} : 냉각수의 평균온도(℃)

3) 냉각수 구멍의 직경

냉각수 구멍의 직경은 8~25mm가 일반적이고, 가능한 한 8~12mm로 하는 것이 바람직하다. 금형 냉각 시스템에서는 성형품의 두께에 따라 다음과 같은 값이 권장된다.

성형품의 평균 두께 2mm까지 : 8~10mm

성형품의 평균 두께 4mm까지 : 10~12mm

성형품의 평균 두께 6mm까지 : 12~14mm

4.6.5. 냉각 및 가열회로

금형의 온도제어에 관한 가장 좋은 냉각방식 및 위치를 선정하는 것이 금형설계에서 중요하다. 냉각회로는 금형내에 사출된 수지를 냉각, 경화시켜 필요한 형상, 치수, 강도를 갖는 품질 좋은 성형품을 성형하기 위하여 금형을 적당한 온도로 유지하는 것이다. 냉각수 구멍 또는 홈이 반드시 냉각수를 통과시킨다고는 할 수 없으며, 성형을 시작하기 전에는 금형을 상온에서 적정한 온도까지 예열 또는 국부적으로 온도를 높이기 위하여 온수, 온유 등을 통과시키는 경우도 있다. 그러나 일반적으로는 용융수지의 열에 의한 금형의 온도를 저온으로 유지하기 위하여 냉각수를 직선, 나선, 소용돌이, U선회, 분류(噴流) 등의 방법으로 이동시키며, 특수한 경우에는 형재 변화, 에어, 이종 재료의 삽입, 용접 등의 방법이 사용된다. 여기에서는 각종 냉각회로에 대해 그림을 중심으로 하여 나타내었다. 냉각 회로의 기본은 직류식, 순환식, 분류식, 나선식 등이 있으며, 그 가공법은 직접 형판 또는 부시에 가공하는 것, 냉각부만을 따로 만들어 세트한 것, 구리 파이프 등을 묻은 것, 용접한 것 등이 있다. 그림 4 · 147은 직류식 냉각방법으로서 고정측 형판에 직선으로 냉각구멍을 뚫어 양 끝에 플러그를 부착한 것이다. 이 방법은 가장 많이 사용되는 냉각회로로서, 가공이 용이하고 성형품의 형상이 각형이며 크기가 작은 것에 적합하다.

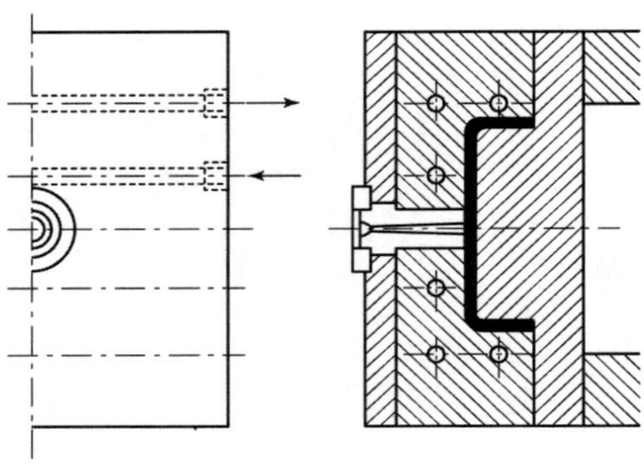

그림 4 · 147 직류식 냉각방법

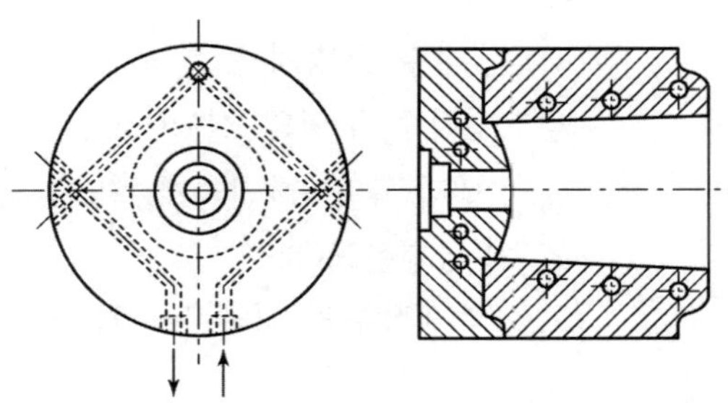

그림 4 · 148 직류 순환식 냉각방법

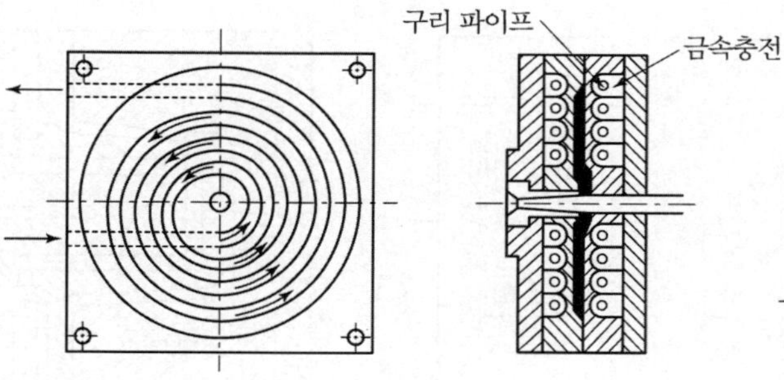

그림 4 · 149 나선식 냉각방법

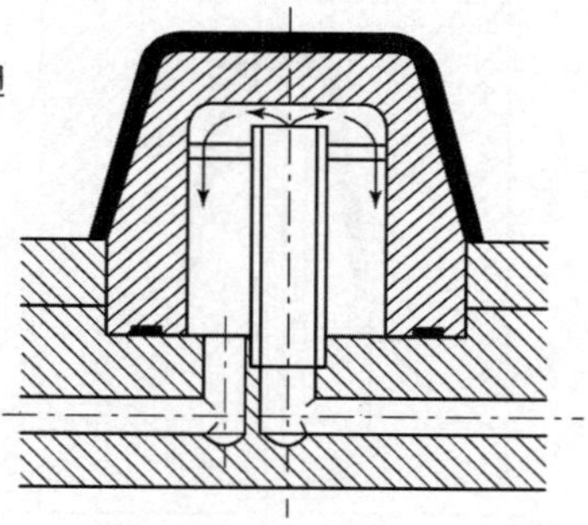

그림 4 · 150 분류식 냉각방법

그림 4 · 148은 직류순환식 냉각방법으로서 원통형 성형품의 바깥둘레를 따라 냉각구멍을 가공한 예이다. 직류식은 가공이 간단하지만 성형품의 형상에 따라 냉각효과가 충분하지 못하다. 그러나 이 방법은 냉각효과를 좋게 하기 위하여 가능한 한 성형품의 형상에 구멍을 가공하고 냉각수가 금형내에서 순환하도록 한 것이지만 가공하는 구멍에 정지하는 부분이 있거나 냉각수를 순환시키기 위하여 밀봉용 O 링을 사용하므로 구조는 비교적 복잡하게 된다.

그림 4 · 149는 나선식 냉각방법으로 평면형 성형품의 상하 형판에 나선형의 냉각회로를 설계하였으며, 동 파이프 위에 저용융합금을 충전시켜 냉각효과를 높인다. 그림 4 · 150은 분류식 냉각방법으로 성형품이 원통형인 경우에 외측 둘레를 링모양의 회로로 하여 냉각시키고 코어는 분류식으로 하여 게이트 부근을 냉각하는 경우이다. 주로 높이가 높은 코어의 냉각에 사용되는 방법으로서 코어에 구멍을 가공하고 그 속에 가스 파이프를 세운 것이며, 냉각수를 파이프로부터 분출하여 상면을 먼저 냉각시키고 낙하하면서 주위의 벽을 냉각하도록 한 것이다. 이 회로를 사용할 경우 주의해야 할 것은 코어의 강도이다. 냉각효과만을 생각하여 지나치게 구멍을 크게 하여 벽두께를 얇게 하면 사출압력에 의하여 코어가 변형되는 경우가 있으므로 냉각효과와 강도가 균형을 유지하도록 한다.

그림 4 · 151은 직류순환식 냉각방법으로 코어부에 구멍을 가공하고 버플러 플레이트를 설치함으로써 코어부를 냉각할 수 있다. 그림 4 · 152도 직류순환식 냉각방법으로 성형품의 형상에 따라 고정측 형판과 코어에 직선 냉각구멍을 설계한 예이다. 이것은 원형 캐비티로서 원통형 성형품의 외주에 냉각회로를 배치한 것이다.

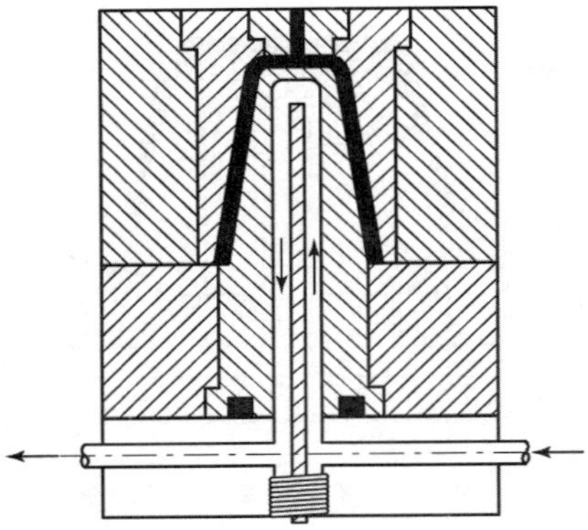

그림 4 · 151 직류 순환식 냉각방법

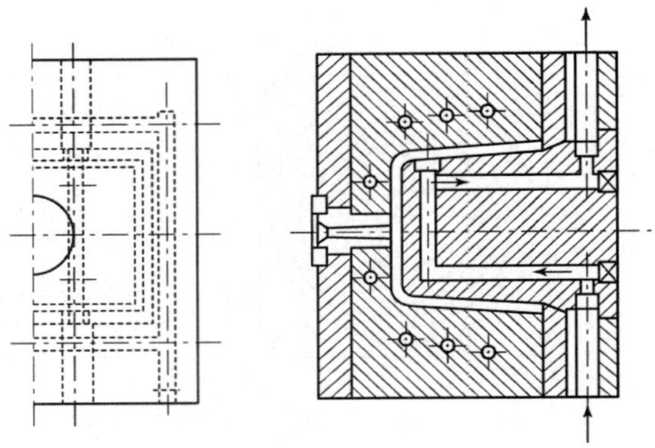

그림 4 · 152 직류 순환식 냉각방법

4.7 러너리스(runnerless) 금형

지금까지 러너 게이트 시스템은 성형할 때 스프루와 러너가 성형품과 동시에 형성되어 성형 능률이 떨어지고, 경제적으로 무익할 뿐만아니라 자동운전의 경우에도 부적합한 것이었다. 이 때문에 스프루와 러너를 제거하거나, 있어도 매 쇼트마다 빼낼 필요가 없는 성형방법이 연구되어 왔다. 러너리스 성형방식이란 사출성형기에서 금형의 캐비티에 이르는 수지의 유동 부위를 적절한 방법으로 수지가 항상 녹아있도록 하여 스프루나 러너의 생성없이 계속적으로 성형할 수 있는 방식을 말한다. 이 방법을 채용하는 경우에는 금형의 온도조절 및 성형재료의 특성 또는 성형품의 형상 등을 충분히 고려할 필요가 있다.

4.7.1. 러너리스 성형의 장단점

1) 러너리스 성형의 장점

① 자동화 성형작업을 할 수 있으므로 작업자 1명이 여러대의 기계운전을 할 수 있다.

② 스프루나 러너의 재처리에 따르는 비용이 절감된다.

③ 일반적으로 스프루 및 러너는 제품부에 비하여 경화시간이 길지만, 러너리스성형을 하게 되면 성형사이클이 단축된다.

④ 성형사이클의 균일성으로 성형품의 수축률, 중량의 편차를 줄일 수 있다.

⑤ 수지온도, 압력 등의 조건이 동일한 수지를 사출하므로 싱크마크, 플로마크를 줄일 수 있고 수지의 열변형을 최소화한다.
⑥ 재생 원료의 사용이 없으므로 제품의 외관이나 물리적 특성이 좋아진다.
⑦ 러너와 스프루를 채워야 할 수지가 필요 없으므로 사출용량이 적은 성형기로 성형이 가능하다.

2) 러너리스 성형의 단점

① 금형의 설계 및 보수에 고도의 기술이 필요하다.
② 히터 배선이나 조건 설정 등 성형 개시를 위한 준비에 긴 시간을 요한다.
③ 소량 생산에는 효과를 기대할 수 없다.
④ 게이트 시스템의 설계와 단열 시스템의 설계에 큰 기술적 문제가 있다.
⑤ 성형품의 형상 및 사용수지에 제약을 받는다.
⑥ 한 개 빼기에 적합하고, 개수가 많아짐에 따라 단가나 기술적으로 어려워진다.

4.7.2. 러너리스 성형에 적합한 성형품과 수지

1) 성형품의 형상

러너리스성형은 원칙적으로 하이 사이클용 성형품에 적합하다. 게이트에는 항상 수지가 용융되어 있으므로 냉각시간이 긴 경우에는 게이트가 고화되기 쉽다. 반대로 게이트 부근의 온도를 높이면 실처럼 늘어나고 게이트에서 흘러나오는 일이 많아져서 외관이 손상된다. 또 게이트 부근에 큰 요철이 있으면 냉각 및 가열의 단열 설계가 제약되므로 어려워진다.

2) 사용수지

① 온도에 대해서 둔감(열안정성이 좋음)하고, 저온에서도 쉽게 흐를 수 있어야 한다. 온도에 대해 둔감하면 온도조절이 쉽게 되고, 더욱이 저온에서의 유동성이 비교적 좋으면 게이트(노즐)의 고화를 막고, 흘러나오는 일도 방지된다. 또한 저온으로 해서 성형사이클을 짧게 하는데도 유효하다.
② 압력에 대해서는 민감하고 낮은 압력에서도 유동성이 좋아야 한다. 러너리스성형에서는 일반적으로 게이트 부근의 단면이 작고, 저항이 크다. 이 때문에 저압, 저온에서의 유동성이 좋은 수지가 바람직하다.

③ 성형품을 금형에서 재빨리 빼내지도록 열변형온도가 높아야 한다. 열변형온도가 높으면 높은 온도에서도 빼내지고 사이클이 짧아져 게이트의 고냉(固冷)을 방지 할 수 있다. 또한 금형내의 고온부에 접한 성형품부도 이것에 의한 주름 및 변형을 일으키게 하는 경향이 적다.

표 4 · 17 러너리스 방식에 적합한 수지

방식 \ 수지	PS	PP	AS	ABS	PC	PA	POM
웰타입 노즐	○	○	△	△	△	×	×
익스텐션 노즐	○	○	○	○	○	×	○
인슐레이티드 러너	○	○	△	△	△	×	×
핫러너	○	○	○	○	○	○	○

※ 적합 : ○ 약간곤란 : △ 부적합 : ×

④ 열전도율이 높아야 한다. 열전도율이 높으면 수지에서 재빨리 열을 없앨 수 있으므로 냉각시간이 단축된다. 따라서 사이클 단축에 유효하다.

⑤ 비열이 낮아야 한다. 비열이 낮으면 약간의 가열에 의해 온도가 상승하며, 약간의 냉각에도 수지온도는 빨리 강하한다.

이들 조건을 가장 많이 갖춘 것이 PE이고, PP가 다음이며 PS, ABS도 이들 조건을 거의 만족시키고 있다. 설계만 충분하다면 PVC를 제외한 범용수지는 모두 사용이 가능하다. 표 4 · 17은 각 방식에 적용되는 수지를 나타내었다.

4.7.3. 러너리스 시스템의 종류

1) 익스텐션 노즐(extension nozzle) 방식

그림 4 · 153과 같이 성형기의 노즐을 캐비티까지 연장하는 방식으로 러너가 짧아도 되고 그것에 의해 노즐에서의 압력 손실이 적다는 잇점이 있다. 연장 노즐에서는 히터를 붙이고, 성형조건에 적합한 온도를 정확히 컨트롤함으로써 게이트부의 고화를 방지할 수 있고, 일반적으로 다이렉트 게이트로서 성형되는 수지이면 모두 적용이 가능하다. 노즐은 성형품 치수에 맞추어서 특별하게 제작되기 때문에 어느 금형에나 사용되는 것은 아니므로 이용성이 많은 형상으로 가공하는 것이 바람직하다. 성형할 때의 문제로는 노즐과 캐비티와의 접촉을 적게 하여 노즐의 온도 저하에 의한 게이트에서 수지 고화를 방

지하는 것이 필요하다. 또한 노즐이 접촉한 부근의 캐비티부가 고온으로 되기 쉽기 때문에 온도 조절을 고려하여야 하며, 캐비티와 노즐의 맞춤면에 플래시가 발생하기 쉬우므로 주의가 필요하다.

종래의 익스텐션 노즐은 그림 4 · 153의 (a), (b)와 같이 노즐 선단부가 캐비티에 완전히 들어가서 캐비티의 일부를 구성하여 금형과 노즐간의 단열성이나 수지의 누설 등의 문제가 있어 근래에는 거의 사용되지 않고 있다. 이러한 문제점을 보완하기 위하여 여러 회사에서 스프루 부시에 전열 히터나 열파이프를 설정하여 금형에 짜넣거나, 사출성형기의 노즐을 떼고 전용노즐을 붙이는 등의 방법을 이용하고 있다.

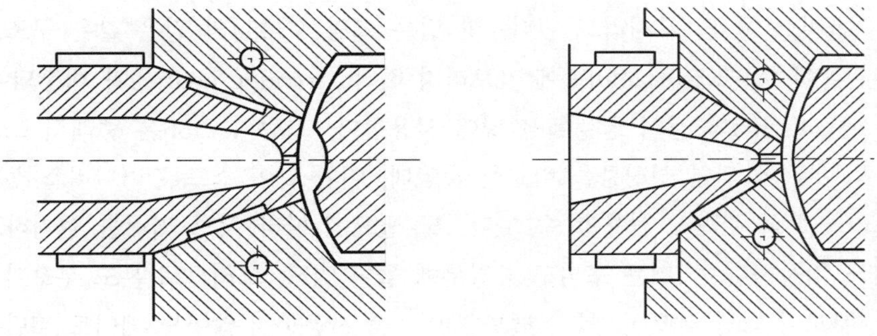

(a) (b)

그림 4 · 153 익스텐션 노즐

그림 4 · 154 핫팁의 단면

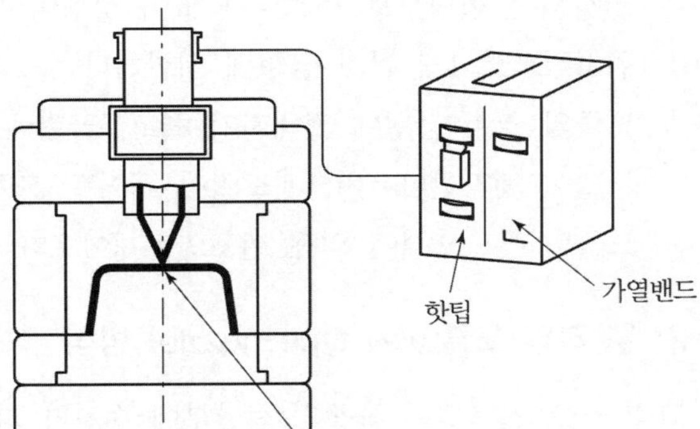

그림 4 · 155 핫팁의 부시 짜넣기

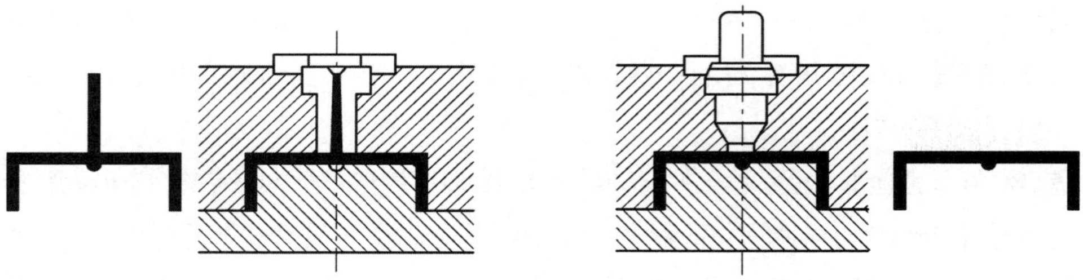

(a) 종래의 스프루 부시방식　　　　(b) 핫팁 방식

그림 4 · 156　INCO사의 핫팁과 보통 스프루와의 비교

그림 4 · 154와 그림 4 · 155에 나타난 것은 INCO사에 의해 개선된 익스텐션 노즐 방식으로서 톱리스 핫 팁 부시라고 한다. 핫 팁은 그림 4 · 154와 같은 같은 구조로 되어 있고, 유선형이 토피도(torpedo)속에 카트리지 히터(cartridge heater)가 내장되어 있다. 이것을 그림 4 · 155와 같이 금형에 짜넣어 사용한다. 그림 4 · 156은 종래의 스프루 부시와 핫 팁 부시에 의한 성형품을 비교한 것인데, 이와 같이 스프루 러너리스 성형은 익스텐션 노즐 방식 전반에 사용할 수 있다. 또 필요에 따라 서브 러너를 설치하고 다수 캐비티에도 가능하다. 히터는 토피도 중앙부에 들어 있고, 그러므로 온도 분포가 게이트부는 중앙부보다 약간 낮으며, 특히 밸브 게이트를 사용하지 않아도 게이트 절단은 대개의 수지의 경우에 좋다. 익스텐션 노즐의 특징은 다음과 같다.

① 성형기의 노즐을 연장시켜 노즐이 캐비티 일부를 형성하거나 게이트부까지 노즐이 연장되는 형식으로 스프루가 없이 성형이 된다.
② 원칙적으로 1개 뽑기 금형에 적합하다.
③ 노즐의 열이 금형에 전해지기 쉽고, 금형에서 열전도를 작게 하는 것을 실패하면 노즐이 냉각한다든지, 전도열이 게이트 고화를 방해한다.
④ 노즐의 온도조절에 의해 핀포인트게이트가 허용되는 모든 성형품에 통용된다.

2) 웰 타입 노즐(well type nozzle) 방식

그림 4 · 157과 같이 노즐의 선단부에 수지가 괴는 곳을 설치한 것이다. 사출성형기의 노즐 길이는 그대로 있는 상태에서 노즐과 게이트부와의 공간에 용융수지가 고이면 금형벽과 접하는 스프루의 외측은 고화되어 단열재 역할을 하여 중심부의 수지는 용융 상태를 유지하므로 용융수지에 사출압력이 걸리면 사출이 행하여진다. 웰 타입은 스프루 부시에 상당하는 부시가 있고, 스프링이 후퇴하도록 되어 있다. 노즐이 스프루 부시에 접촉하여 부시를 캐비티에 밀착시켜서 사출한다. 노즐 끝에 용융수지가 고이는 자리를

가지고 있는 것으로 성형 중에는 항상 용융된 수지가 정체되어 있으며, 노즐과 금형은 연속 운전 중에는 떨어지지 않고 붙어 있다. 따라서 성형사이클이 길거나 성형온도가 낮은 수지는 정체되고 있는 前室에서 고화하기 쉽고, 특히 게이트 선단부에서 냉각되므로 연속 사출이 어렵게 된다. 이 때문에 캐비티와 전실과는 상당한 온도차를 두지 않으면 안된다. 그러므로 전실내의 수지의 양은 게이트가 고화하지 않는 범위내에서 최소화하는 것이 바람직하고 성형품 중량의 2배를 넘지 않는 것이 상식적이다. 현재는 거의 사용치 않는다.

그림 4 · 157의 (b)는 선단부의 전열 면적을 증가시켜 재료의 중심부가 냉각되지 않도록 선단부에 ⊥부를 설치한 예이다. 웰 타입 노즐의 특징은 다음과 같다.

① 1개 뽑기 금형에 적합하다.
② 금형 구조가 간단하고 조작이 쉽다.
③ 열변형 온도 범위가 좁은 수지에는 사용할 수 없다.
④ 치수 정밀도가 높은 성형품에는 사용할 수 없다.

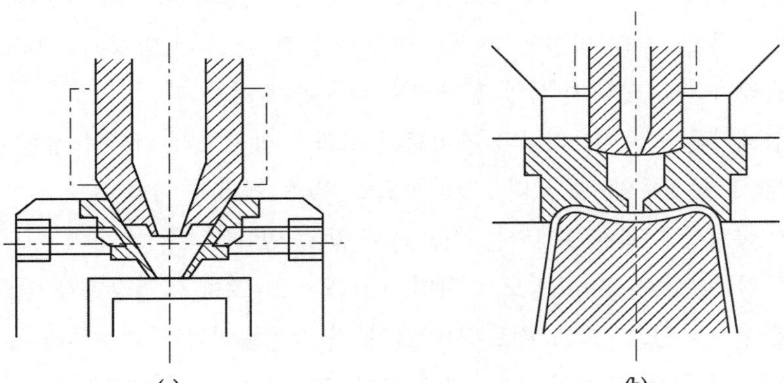

(a) (b)

그림 4 · 157 웰타입 노즐

3) 인슐레이티드 러너(insulated runner) 방식

그림 4 · 158과 같이 러너의 단면적을 크게 해서 외벽에 접촉 고화한 수지를 단열층으로 이용하고, 내부의 수지(러너 지름의 1/2~1/3)를 용융 상태로 유지하려는 방법으로서, 단열 러너 방식이라고 한다. 이 방법은 핀포인트 게이트용 3매 구성 금형의 변형으로 일반용과 다른점은 러너가 극단으로 굵은 것과 캐비티 형판과 러너 플레이트가 래치(latch)에 의해 고정되어 있는 것이다. 러너의 직경이 크기 때문에 러너가 가지고 있는 분할면은 성형 중에 닫힌 상태로 유지되지 않으면 안된다. 따라서 사용수지가 제한되며,

주로 폴리에틸렌과 폴리프로필렌이 사용된다. 웰타입방식에서는 다수 개 성형이 동시에 되지 않으나, 인슐레이티드 러너방식에서는 가능하고 큰 성형품의 성형이 가능하다. 오히려 여러개 성형을 동시에 할 경우에는 금형의 구조가 간단하게 된다.

인슐레이티드 러너의 수지유동은 반드시 전 단면이 균일하게 유동되는 것이 아니고 러너의 외주에서부터 약 2~4mm 안쪽의 수지가 유동하여 충전되는 것이다. 즉 러너의 외측은 온도가 낮은 금형에 접촉하고 있으며, 그 부분의 수지는 반용융상태 또는 고화된 상태로써 단열작용을 하여 내부의 온도 저하를 방지하고 연속성형이 가능하게 된다. 따라서 성형사이클이 길 경우는 이 층이 두껍게 되며 실제로 유동하는 단면적이 좁아져서 성형수지의 유동저항이 증가하고 성형불량이 되기 쉽다. 그러나 러너의 단면적을 극단적으로 크게 하는 것은 금형과의 접촉면적이 커져서 문제가 된다. 이 방식은 사용 수지가 한정되어 있긴 하지만 구조가 아주 간단하고 가격이 싼 러너리스 방식이라고 할 수 있다. 매우 소구경이고 발열량이 큰 카트리지 히터를 내장시키므로서 히터없는 경우의 결점은 거의 제거되었다. 캐나디언 핫 러너라고도 하며 한때는 가장 널리 보급되었고, 현재도 맥주컵, 화장품 용기 등의 고속성형에 사용되고 있다. 이와 같이 러너 내부에 히터를 내장해서 게이트부의 막힘을 없애는 연구가 점점 핫 러너 방식에로 발전의 계기가 되었다. 인슐레이티드 러너 방식의 장단점은 다음과 같다.

① 형상이 제약을 받으며, 러너와 게이트의 고화를 방지하기 위하여 성형사이클이 빠르지 않으면 적용할 수 없다. 일반적으로 30초 이내가 적당하다.
② 수지의 특성상 PE와 PP이외는 이용되지 않고 있다.
③ 러너의 지름은 18~25mm정도로 하며, 러너와 게이트에 가열장치가 있으면 러너를 가늘게 할 수 있고, 어느 정도 사이클이 긴 성형품이라도 가능해진다.
④ 게이트는 핀 포인트 게이트의 2배 정도가 필요하며 역 테이퍼로 한다.

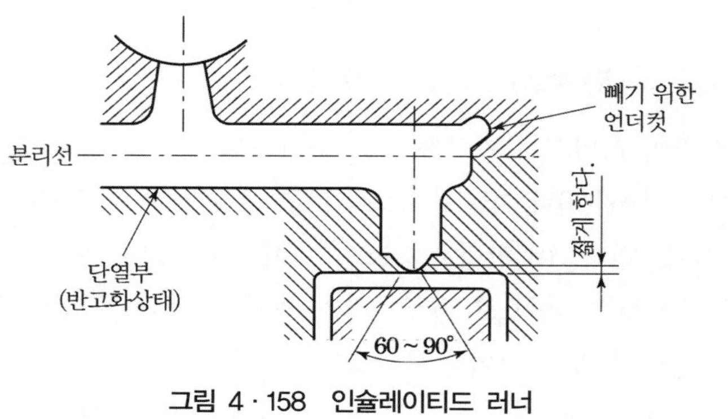

그림 4 · 158 인슐레이티드 러너

⑤ 성형 개시 때는 러너를 용융상태로 하거나, 고화된 러너를 제거하고 금형온도를 약간 상승시켜야 한다.
⑥ 성형사이클을 빠르게 하기 위해 냉각시간을 짧게 하는 구조로 한다. 이 때문에 게이트 부근의 변형이 발생하기 쉽고, 또 높은 치수정밀도가 요구되는 성형품에는 적용하지 않는 것이 좋다.
⑦ 고화된 러너와 게이트를 꺼내기 위해 형판과 러너 플레이트가 간단히 분해되는 구조로 한다.

4) 핫 러너(hot runner) 방식

정밀 성형용 금형은 대부분이 콜드 러너(cold runner)이다. 이 때문에 핫 러너로는 정밀성형은 실현할 수 없다는 생각을 하는 경향이 있었지만, 기술의 발달로 정밀성형이 되지 않을 이유도 없을뿐더러 생산성 향상을 위해 핫 러너 방식을 많이 채택하는 추세이다. 사출성형에서 핫 러너 시스템은 자원절약, 비용 절감, 생산성 향상 등에 대응하는 금형시스템이다. 콜드러너는 성형 시에 재활용하는 시스템이 있지만 설비비, 품질관리 등의 문제가 있다. 시스템으로서 실용화되어 있는 종류는 매우 많다. 가열은 외부와 내부방식의 있으며, 사용재료, 금형구조 등에 따라 선택이 가능하다. 기계적으로 밸브게이트 방식과 개방방식이 있다. 밸브게이트는 게이트의 개폐에 유압, 공압, 스프링 등 각종 방식이 있다. 신뢰성은 힘이 있는 유압, 공압이 좋다. 금형구조, 사용재료에 따라 최적 시스템을 선정하는 것이 생산 시에 트러블을 방지하는 최선의 대책이다.

(1) 온도조건의 유지

성형조건 중 각부의 온도를 안정화시키는 것은 치수정밀도 확보를 위해서 대단히 중요하다. 특히 핫 러너로는 저온 금형속에 고온의 용융수지가 들어감으로 금형의 온도유지가 어렵다. 이 점이야말로 핫 러너로 정밀성형을 실현하기 위해서는 중요한 과제이다.

① 수지온도 제어

핫 러너 금형으로는 러너내의 수지가 유동 중에 고화하지 않으므로 낮은 수지온도, 낮은 사출압력으로 충전될 것이다. 그러나 현실적으로는 수지온도가 높게 되기도 하고 극단으로 낮게 되는 일이 많다. 성형품의 치수가 안정되는 수지온도 범위는 그다지 넓지 않으므로 여기를 벗어나면 수축률이 흐트러져 수지온도에 제약이 있다.

② 게이트부 온도제어

핫 러너로 안정되게 성형하고자 할 때, 큰 장애 중의 하나로서 게이트 실(gate seal)이

안정되지 않는 것이다. 게이트 실이 안정되지 않으면 치수가 쇼트(shot) 간 벗어남의 원인이 된다. 핫 러너는 용융한 수지를 게이트 바로 앞에 모으고 있으므로 벗어남은 당연하다. 정밀성형에서는 냉각공정 종료 시에 게이트가 확실히 고화되는 것을 요구하고 있다. 핫 러너에서는 성형품을 취출한 후 게이트가 열려 다음 사출이 가능하다. 이 제어를 어떻게 하는가가 문제가 된다. 일반적으로 이 제어는 금형냉각과 핫 러너 측에서 공급열의 균형으로 행한다. 사출 전과 후의 열적인 조건은 변하지 않으나 게이트 개폐는 캐비티내의 열전도도에 따라 행해지고 있어서 불안정할 수밖에 없다. 최근 일부 특허의 유효기간이 만료되어 게이트부의 열적조건을 적극적으로 제어하는 여러 방식이 개발되고 있다.

③ 금형 온도제어

성형품의 수축률을 일정하게 유지하는 데는 금형온도를 안정시킬 필요가 있다. 그러나 핫 러너에서는 고온부를 안고 있는 고정측의 온도가 높게 되기 쉽다. 이 때문에 성형품 형상에 의해서 휘어짐 등의 문제가 일어난다. 핫 러너 주위의 단열을 확실하게 할 것과 캐비티의 온도를 중점적으로 제어하는 것이 중요하다. 특히 게이트 부근은 핫 러너 부품이 캐비티에 접근하고 있으므로 신중한 열설계가 필요하다. 이동측 형판과 고정측 형판은 열적조건이 다르다. 고정측에는 핫 러너 부품이 있으며, 이동측에는 이젝터 기구가 있어서 생각대로 냉각수 구멍을 설치할 수가 없다. 이 때문에 핫 러너로는 이동측과 고정측에 별개의 온도조절기를 준비하는 것이 바람직하다. 다수개 취출 금형에서는 캐비티측 온도편차가 문제가 된다. 핫 러너에서는 아주 작은 온도차가 게이트 실의 타이밍을 흐트러놓으므로 온도 편차를 없애야 한다.

파팅면의 온도에는 두 종류의 온도분포가 있다. 첫째는 동심원상의 온도분포이며, 핫 러너 금형에만 한정되지 않으며 다른 금형에도 적용된다. 금형은 중심으로 갈수록 온도가 높고 주변부는 온도가 낮다. 이것은 중심부는 스프루나 매니폴드(manifold)가 있는 것에 비해 주변부는 외기에 의해 냉각되기 때문이다. 금형중심에서 동심원을 그려보면 온도분포가 잘 설명될 수 있다. 이런 편차를 완화하는 것이 용이하지는 않지만, 형판을 크게 만들어 온도차가 작은 중심부를 사용하여 성형한다. 최근에는 캐비티의 블록화가 진행되고 있으며, 독립한 캐비티 블록에 직접 냉각수 구멍이 통하면 형판의 온도영향은 줄일 수 있다. 두 번째의 온도분포는 형판 상부(천정측)의 온도가 높게 된다는 것이다. 금형은 실내온도보다 고온이므로 금형부근의 공기가 가열되어 상승해, 차가운 공기가 금형 밑에서 불어 올라온다. 이 때문에 밑쪽의 캐비티는 온도가 낮고, 위쪽의 캐비티는 온도가 높은 경향이 있다. 핫 러너는 금형내에 고온부를 감싸고 있으므로 상승기류가 크다. 가장 많이 영향을 받는 것은 금형을 열었을 때로서, 냉풍이 밑쪽에서 불어올라가 금형면을 냉각한다. 따라서 냉각수를 하강류하여 보상하는 방법도 생각할 수 있다.

(2) 사출압력 확보

핫 러너 성형은 러너의 압력손실이 작아서 정밀성형에 적합하지만 현실적으로는 그렇지 않으며, 그 원인에는 여러 가지가 있다. 첫째로 수지 유로가 좁다. 토피드형의 핫 러너는 용융수지가 외통과 토피드 간의 원통상의 틈새를 흐른다. 이 틈새가 충분하지 못한 경우이다. 특히 토피드가 긴 것은 주의가 필요하다. 압력손실은 단면적에 반비례한다. 두 번째로 게이트의 압력손실이 있다. 핫 러너로는 게이트 실이 늦게 된다. 이 때문에 어떤 타입이라도 게이트를 작게 설계하는 경향이 있다. 그 결과 사출 시에 큰 압력손실을 일으키게 된다. 세 번째로 밸브의 압력손실이다. 밸브부착 핫 러너가 증가하고 있다. 이 방식은 확실히 게이트가 닫히고 금형을 열어도 수지가 흘러내리지 않고 안정된 성형이 계속된다. 밸브의 개폐 제어가 적절치 못하면 압력손실이 크게 된다. 그러면 캐비티에 충분한 충전 압력이 가해지지 않고 치수정밀도가 떨어질 수 있다. 또한 보압공정에서 이미 밸브가 닫혀 있으므로 냉각 공정에서의 수지 보충은 없다. 결정성 수지에서는 냉각 공정에서의 수축이 커서 이것을 사출압력으로 보충한다는 것이 어렵다. 따라서 싱크마크를 염려하는 성형품이나 엄밀한 치수 정밀도를 요구하는 성형품에서는 적용되지 않는다. 밸브게이트로는 냉각수축에 따르는 수지보급이 없으므로 캐비티 내압의 저하가 빠르다. 이것은 게이트실의 결과가 아니고 수지유동을 강제적으로 정지했기 때문이다. 네 번째로 수지 단열층이다. 용융수지 유로내부에 히터가 있어 외측은 금형에 접촉하고 있는 핫 러너이다. 이런 핫 러너는 수지유로 내벽에 고화한 수지층이 형성된다. 이 수지층이 용융수지 유동부와 금형사이의 단열재로서 작동한다.

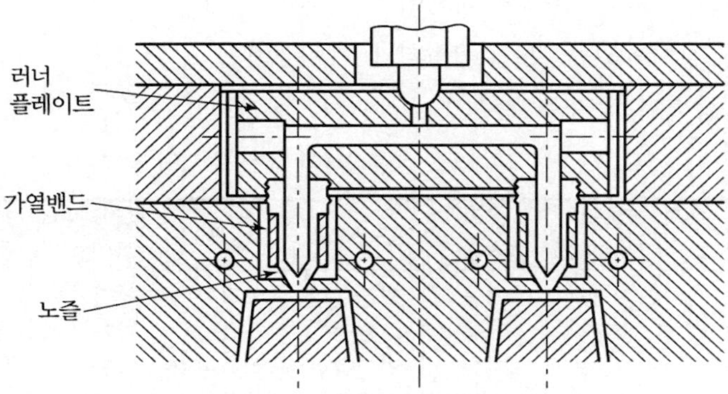

그림 4 · 159 매니폴드 핫러너

익스텐션 노즐 방식이나 인슐레이티드 러너 방식을 더욱 발전시켜 러너를 성형기의 가열실린더의 일부분으로서 취급하는 방법이 핫 러너 방식이다. 사출성형은 일반적으로 소형 성형품의 다수개 빼기가 많고, 또 대형 성형품에서는 다점 게이트의 필요성이 증가하여 능률과 가격, 금형의 기술면에서 러너리스성형이 채용되는 경우가 많아졌다. 러너리스성형에서도 가장 확실하고 또한 형상이나 사용수지의 제한이 적은 것이 핫 러너 시스템이다. 핫 러너 방식은 그림 4 · 159와 같이 러너 형판에 러너를 가열할 수 있는 시스템을 내장시킴으로서 러너 내의 수지를 일정한 용융상태로 유지시키고 충전 노즐은 가소화 상태의 온도가 유지되어야 하며, 캐비티 쪽에서는 성형품이 고화되기에 충분한 온도를 냉각시킬 수 있어야 한다. 그러므로 러너 블록과 금형 본체 사이에는 단열판으로 단열해야 한다.

핫 러너 방식의 고려할 사항은 다음과 같다.

① 핫 매니폴드(hot manifold)의 각부 조합부에서 수지가 새지 않아야 한다.
② 게이트부가 막히지 않아야 한다. 또한 막혔을 경우라도 쉽게 분해 및 청소가 가능해야 한다.
③ 게이트 밸런스가 잡기 쉬워야 한다. 다수개 빼기 및 다점 게이트라도 이 밸런스가 잡히지 않으면 성형품의 품질이 안정되지 않는다.
④ 시스템 전체에 걸친 온도조절이 균일해야 한다. 적당한 온도구배가 되지 않으면 부분적인 가열로 수지의 태움, 변색이 일어나고, 반대의 경우는 수지의 체류를 일으켜 성형이 불안정하게 되거나 성형이 불가능하게 된다.
⑤ 러너 플레이트의 균일한 온도 및 캐비티와 노즐의 단열 방법을 검토한다.
⑥ 성형을 시작할 때의 온도 상승이 신속하여야 한다. 핫 러너 블록의 가열시간이 빠르고 불필요한 전력이 소비되지 않도록 설계한다.
⑦ 핫 매니폴드 블록의 열팽창 대책이 충분해야 한다.
⑧ 색 바꿈은 될 수 있는 대로 신속하게 해야 한다.
⑨ 구조가 복잡하여 고가로 된다.

표 4 · 18 러너리스 성형방식에 대한 수지의 적부

방식 \ 수지	폴리스티렌	폴리프로필렌	AS 스티롤	ABS	폴리카보네이트	나일론	폴리아세탈
웰타입 노즐	가능	가능	약간곤란	약간곤란	약간가능	불가	불가
익스텐션 노즐	가능	가능	가능	가능	가능	불가	가능
인슐레이티드 노즐	가능	가능	약간곤란	약간곤란	약간가능	불가	불가
핫러너	가능	가능	가능	가능	가능	가능	가능

표 4 · 19 러너리스 시스템의 특성비교

항 목 \ 시스템의 타입	인슐레이티드 러너	인슐레이티드 러너(내부가열)	핫 매니폴드	핫에지 게이트	내부가열 핫러너	익스텐션 노즐
게이트 자국	D	B	B	A	B	A
게이트 고화빈도	C	B	A	B	A	A
고화 게이트의 제거	C	B	A	A	A	A
게이트 폐색의 개방도	A	A	C	C	C	A
1 또는 그 이상의 캐비티의 충전 중지	X	C	A	X	A	A
스타트업 시간	C	C	B	B	A	A
성형재료의 낭비	C	B	B	A	A	A
단순성	A	B	C	B	C	B
에너지 소비	A(=0)	B	C	B	B	B
컨트롤의 수	A(=0)	C	C	B	C	B
클로스 드루프 컨트롤	X	C	B	A	C	A
느린 사이클에서의 경량품 성형	X	C	A	B	A	A
긴 사이클에서의 경량품 성형	X	C	A	B	A	A
종합적인 효율	D	C	B	A	A	A

※ A : 가장 우수하다, B : 우수하다, C : 보통, D : 나쁘다, X : 비실용적

표 4 · 18은 러너리스 성형방식에 따른 적용 수지를 나타내고, 표 4 · 19는 각 러너리스방식의 특성을 비교한 것이다. 핫 러너 방식의 설계에서 노즐의 재질은 열전도가 좋은 재질로 해야 하며 일반적으로 Be-Cu합금이 사용된다. Be-Cu합금은 알루미늄 및 동에 비하여 열전도성은 떨어지지만 기계적 강도는 우수하며 히터의 열전도가 균일화되고 국부적인 가열도 방지할 수 있으며, 수명 역시 대단히 길어지는 장점이 있다. 웰은 노즐을 보온하기 위하여 노즐 주변에 설치한다. 노즐 측면의 수지층의 두께는 두꺼울수록 좋지만 일반적으로 1.6mm정도이면 충분하다. 노즐 선단의 수지층은 단열 역할을 하는 동시에 사출할 때는 이것이 뚫려 수지가 주입되고 주입 완료후에 는 다시 피막을 형성하여 게이트부에서 수지가 새어나오는 것을 방지하는 역할을 한다. 일반적으로 성형사이클이 짧을 때는 노즐 선단의 구멍 지름 및 게이트 구멍 지름은 작게 하고, 피막 두께는 크게 하는 것이 좋지만 사이클이 길어지면 노즐 게이트의 구멍은 크게 하고 피막 두께는 작게 할 필요가 있다. 수지의 성형온도 범위의 대소에 따라 차이가 있으며, 일반적으로

0.3~1.2mm, 온도 범위가 적은 수지에서는 0.4~0.8mm로 한다. 그림 4 · 160은 매니폴드의 형상 예를 나타내며, 매니폴드의 중량은 히터의 용량을 작게 하기 위해서 강도상 허용되는 한 작게 할 필요가 있다. 또한 매니폴드에 국부적으로 고온부가 생기는 것은 수지의 분해를 발생시키기 때문에 러너 채널(runner channel)을 고르게 가열되게 히터를 부착하지 않으면 안된다. 이 때 그림 4 · 161처럼 러너 채널에 대해 매니폴드 히터 구멍이 선대칭이 되도록 해야 한다. 또 히터는 러너에 너무 접근시키지 않는 것이 좋고, 히터수는 많은 것이 좋다. 가열 안전성이 나쁘고 점도가 높은 수지에 대해서는 국부가열이 발생하지 않도록 설계에 주의할 필요가 있다.

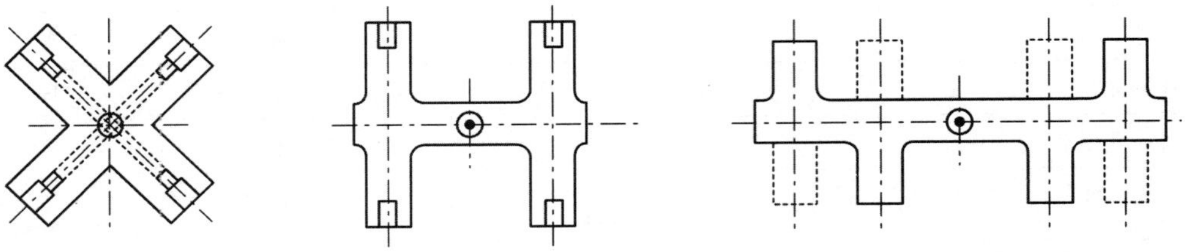

(a) X형 러너판 (b) H형 러너판 (c) 대칭용 러너판

그림 4 · 160 매니폴드 블록의 형상

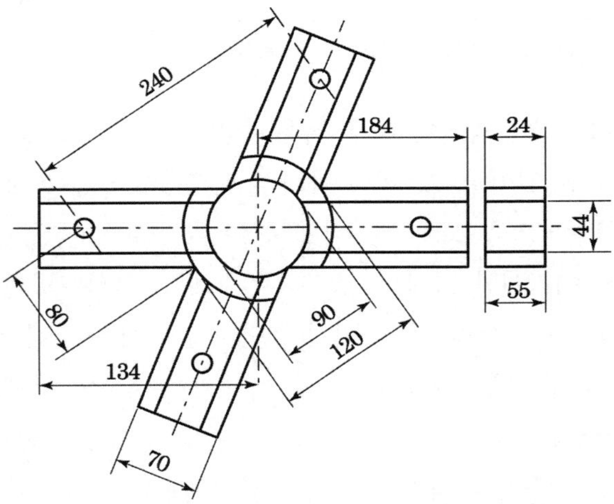

그림 4 · 161 매니폴드 히터구멍의 배열

성형기의 다이 플레이트와 금형의 설치판 사이, 금형의 설치판과 매니폴드 사이, 매니폴드와 형판사이의 단열에 대해서는 충분히 배려하지 않으면 안 된다. 성형기의 다이 플레이트와 설치판사이의 단면에는 일반적으로 6~10mm의 아스베스토스(asbestos)판이

사용되고 있지만, 설치판과 매니폴드 사이, 매니폴드와 형판사이에는 3~8mm의 공기틈으로 단열하는 수가 많다. 두 형판 사이의 대류는 3mm에서 0로 되지만 복사열은 전도되기 때문에 복사열 방지는 단열 효과를 향상시킨다. 매니폴드를 설치하는데 있어서 금형 본체와 중심이 일치하지 않으면 안되기 때문에 스프루의 반대측에 센터링 링을 설치해서 사출압을 받는다. 동시에 매니폴드와 형판의 중심 맞춤을 한다. 각 노즐의 반대측에는 노즐에 작용하는 수지압을 받기 위해 수압 부품을 설치한다. 이들 수압 부품의 위치 및 접촉 상태가 불균일하다면 매니폴드에 변형을 일으킨다. 변형은 수지가 새는 원인이 되기 때문에 절대적으로 변형을 방지해야 한다. 매니폴드 블록의 가열은 일정한 시간에 일정한 수지온도까지 상승시키는데 필요한 열용량을 단열 등에 의해 열효율을 향상시켜 될 수 있는 한 작은 히터를 사용할 수 있도록 하는 것이 중요하다.

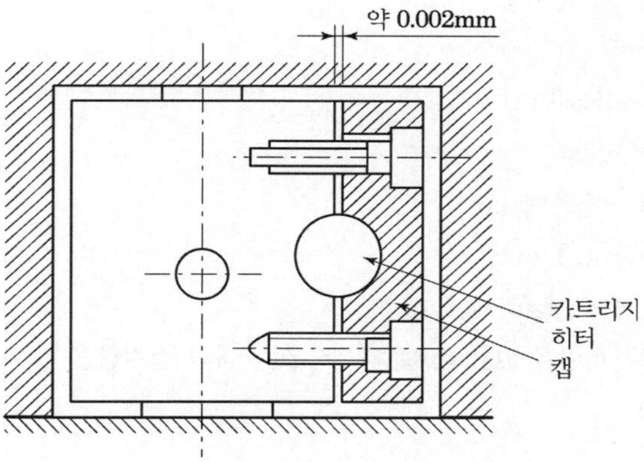

그림 4·162 카트리지 히터의 설치

다음 식은 소요 전력 계산식을 나타낸 것이다.

$$P = 0.115 \times t \times \frac{w}{860 \times T \times \eta} \text{kW} \qquad (4 \cdot 39)$$

P : 소요전력(kW)

w : 매니폴드 블록의 중량(kgf)

t : 소요 매니폴드 블록의 온도(℃)

T : 온도상승 시간(hr)

0.115 : 강의 비열(kcal/kgf · ℃)

η : 효율(히터의 밀착도, 단열 정도에 따라 변하지만 $T=1$ 시간으로 했을 때 0.2~0.3이 실제적으로 많이 쓰인다.)

카트리지 히터의 설치 시 히터가 길면 굽어지기 쉽기 때문에 틈새를 크게 하는 것은 피할 수 없지만 구멍과 카트리지 히터와의 틈새는 0.2mm 이하가 바람직하다. 그림 4·163은 카트리지 히터의 설치 예를 나타낸 것으로 가동판에 설치할 때는 리드선을 확실하게 고정해야 하며, 충분한 열이동이 될 수 있도록 삽입 구멍내의 기름은 완전히 제거해야 한다. 한편 매니폴드 러너 지름을 정할 때는 성형에 필요로 하는 1회의 사출량, 허용 압력손실, 사출시간 등에 대해 고려해야 한다.

$$R=\left(\frac{4V}{\pi \cdot t \cdot \gamma}\right)^{1/3} \quad (4 \cdot 40)$$

$$R=\left(\frac{8\eta \cdot L \cdot Q}{\pi \cdot \Delta P}\right)^{1/4} \quad (4 \cdot 41)$$

L : 러너의 길이(cm)
Q : 사출용량(cm^3/sec)
R : 러너의 지름(cm)
t : 사출시간(sec)
V : 1회의 사출용량(cm^3)
ΔP : 압력차(kgf/cm^2)
η : 겉보기 점도(kgf · sec/cm^2)
r : 전단속도[원환유로(圓環流路)의 경우는 내외 반지름을 r_1, r_2 라 하면 $R=(r_2-r_1)$]

Chapter 5

플라스틱성형 이론과 CAE

5.1 플라스틱 성형 이론

5.1.1 단순 유동 거동

1) 충전 단계(filling phase)

유동은 수지가 금형에 충전되는 과정 동안의 수지 거동이다. 플라스틱 제품의 특성은 제품이 만들어지는 방법에 따라 변할 수 있다. 동일한 치수에 동일한 재질을 사용하여, 두 가지 제품이 다른 성형조건으로 만들어졌다면, 서로 다른 응력과 수축 크기를 가지는 제품이 될 것이다. 이것은 두 성형품이 실제 사용 시 다른 변화를 나타낼 수 있다. 따라서 금형으로 수지가 흐르는 방법은 제품의 품질을 좌우하는 가장 중요한 요소이다. 압력, 온도, 응력 등이 정확히 예측되면 금형으로의 충전과정이 명확하게 해석되어질 수 있다. 수지는 금형에 그림 5-1과 같이 충전된다.

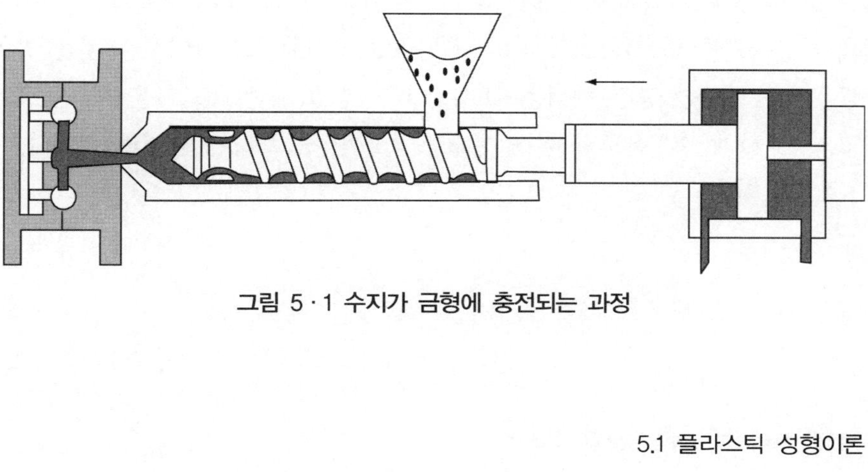

그림 5·1 수지가 금형에 충전되는 과정

성형과정은 복잡하기는 하지만 다음의 세 가지 단계로 나눌 수 있다. 첫 번째는 충전 단계로서, 램이 전진하면서 수지가 캐비티내로 흘러 들어갈 수 있도록 일정한 속도로 움직인다. 이것은 수지가 금형의 캐비티에 채워질 때까지 계속된다. 충전 단계는 수지가 노즐로부터 유입되기 시작하여, 스프루, 러너를 채우고, 금형의 캐비티로 유입한다. 냉각상태의 금형과 접촉하고 있는 수지의 표면은 매우 빠르게 응고하는 반면 중심부는 용융상태를 유지한다. 수지가 계속 유입됨에 따라 새로운 수지가 중심부에 이미 차있던 수지를 대신하며, 새로운 수지의 선단을 형성한다. 이와 같이 대체된 수지의 유동은 축방향과 반경방향 유동의 조합이다. 반경방향 유동은 캐비티 벽면에 응고하여 수지표면의 새로운 부분을 형성하고, 축방향 유동은 새로운 중심부를 형성한다. 금형 내로 더 유입되는 수지는 수지가 응고된 벽을 따라 유동한다. 이러한 유동형태를 분수 효과(fountain effect) 혹은 기포 효과(bubble effect)라고 하는데, 이는 유동선단의 중심으로부터 뜨거운 수지가 팽창해서 솟구쳐 오르는 분수 또는 기포와 같기 때문이다. 응고층은 팽창하는 기포로 형성되므로, 낮은 전단응력이 작용되기 때문에 분자 방향성(molecular orientation)이 낮다. 일단 수지가 응고되면 더 이상의 방향성을 가질 수 없으므로, 완성품의 응고층은 낮은 방향성을 갖게 된다. 상류에서 발생하는 현상을 보면, 고온의 수지는 계속 유동하므로 새로운 고온의 수지가 유입되어 마찰열을 발생한다. 초기에는 수지의 응고 층이 얇아서 열이 빠르게 방출된다. 이 때문에 수지가 더 빠르게 응고되며, 응고층이 더 두꺼워짐에 따라 열전달은 줄어든다. 얼마 후 응고층은 전도에 의해 방출되는 열이 수지유동에 따른 열 유입과 마찰열의 합과 같아지는 즉, 평형상태에 도달하는 두께가 된다. 평형상태에 도달하는 시간을 계산하는 것은 의미가 있다. 따라서 사출시간은 수초 내로 측정되고, 응고 층은 충전 사이클 초기에 평형상태에 도달한다. 이런 응고 층의 두께가 어떻게 변화하는가를 알아보는 일은 중요하다. 만약 사출속도가 늦다면 유동을 따라 마찰에 의해 발생하는 열이 적어지고, 유동에 따른 열 유입도 적어질 것이다. 같은 비율로 열 방출도 작아지고, 줄어든 열 유입만큼 응고 층은 두꺼워질 것이다. 사출성형기의 사출속도를 다르게 조작하여 응고 층이 두꺼워지고 얇아지는 것을 확인할 수 있고, 컴퓨터를 이용한 충전 해석을 할 수 있다. 만약 사출속도를 올린다면 응고 층이 얇아지고, 유사하게 수지온도나 금형 온도를 높이면 응고 층은 줄어들 것이다.

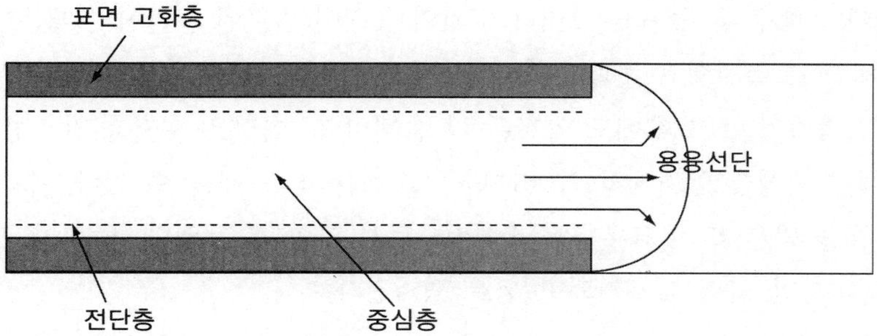

그림 5·2 충전시 형성되는 응고층

수지가 유동할 때는 전단응력을 받기 쉬운데, 이를 유동 전단응력이라고 한다. 유동 전단응력은 수지에게 방향성을 갖게 한다. 즉, 분자들을 유동 방향으로 배열되게 한다. 전단응력은 외곽에서 최대이고, 점점 떨어져 중심에서는 영으로 변한다. 여기서 주의해야 할 사항은 전단응력은 단순히 힘과 면적의 함수라는 것이다. 이것을 전단률과 혼동해서는 안 되는데, 전단률이란 수지가 다음 층으로 미끌어지는 비율이다. 전단률은 수지가 응고한 외곽에서 영이고, 응고층내에서 최대로 올라간 뒤, 중심부로 갈수록 떨이진다. 만약 유동이 멈추어 수지가 천천히 냉각된다면, 이러한 방향성이 풀리어 낮은 수준의 잔류 방향성을 갖게 된다. 반대로 수지가 응력을 받은 상태에서 빠르게 냉각되면, 대부분의 방향성은 응고된 수지 속에 남게 된다. 응고층이 낮은 응력을 갖고 형성된다면, 고화층은 빠르게 응고하여 낮은 수준의 방향성을 갖게 된다. 응고층 바로 내부의 수지층은 최대전단응력을 받게 되고, 방향성을 가진 채 순간적으로 유동이 정지하고 응고된다. 중심으로 더 진행이 되면 전단응력은 떨어지고 냉각속도는 아주 늦어진다. 이 때문에 방향성은 중심을 향해 갈수록 급속하게 떨어진다. 방향성을 가진 수지는 비방향성인 수지보다 대체로 더 많이 수축한다. 원래의 응고층 내부표면에서는 높은 방향성을 가진 수지가 많이 수축하려 하지만, 방향성이 없는 층은 압축을 받게 된다. 이런 잔류응력 형태는 제품변형의 일반적 원인이다. 충전동안의 전단응력(유동전단응력)과 최종성형시의 잔류응력 사이에 관련이 있다.

유동 거동이라는 관점에서 볼 때, 충전이 완료되는 시점부터 연계되서 가압(pressurization) 상태가 된다. 금형이 압력을 받으므로서 유동속도는 어느 정도 떨어지고, 응고층의 두께는 증가한다. 충전 단계와 가압 상태의 차이점은 캐비티내의 모든 압력이 증가한다는 것이다. 따라서 성형조건에서 보면, 가압 상태는 캐비티내의 모든 압력이 증가하지만 그 자체는 잔류응력의 원인이 아님을 알 수 있다. 수지 유동 측면에서 보면 충전 단계와 매우 유사하다. 그러나 수지의 충전이 완료된 순간이기 때문에 금형으로의 열전달이 더욱 촉진되고 결과적으로 고화층의 증가가 가속된다. 금형이 완전히 충전되면 램은 감속하지만 그 후에도 약간은 더 움직인다. 이것은 수지가 압축성이 큰 물질이기 때문에 사출성형 압력에서 약 15%만큼 더 캐비티를 채울 수 있다. 수지의 압축성은 노즐의 끝을 막은 후 스크루를 전진시킴으로서 확인할 수 있다. 압력이 가해지면 스크루는 전진하지만 압력이 제거되면 뒤로 튕겨진다.

2) 보압 단계(compensation phase)

다음은 보압단계로서, 가압후에도 램은 완전히 멈추지 않고 천천히 전진한다. 보압 유동은 불안정하다. 일반적으로 수지는 액체로부터 고체로 상을 전환할 때, 약 25%의 체적변화를 일으킨다. 이러한 현상은 충전만을 완료한 상태에서 확인할 수 있다. 충전상태까지 만의 성형품은 유동의 끝단에 주름이 생기고 오그라진 상태가 나타난다. 이 단계는 체적부족을 보상해주므로 보압단계라고 한다. 체적변화는 대개 25%인데 반해 가압단계에서는 15%정도만 압축하므로, 항상 약 10%정도의 보압이 필요하다. 사출성형기의 실린더로부터 흘러나오는 수지의 온도는 항상 편차를 가지고 있다. 아무리 온도편차가 작더라도 고유의 불안정성이 온도편차를 증폭시킨다. 만약 수지의 한 부분의 온도가 나머지 부분보다 약간 높다면 수지의 유동은 더 빨라진다. 이로 인해 그 영역은 더 고온의 수지가 채워지고 온도는 높게 유지된다. 그리고 다른 영역은 온도가 낮으므로 유동이 느려지고 열 유입도 적어져, 수지는 냉각되고 결국은 응고한다. 처음에 응고한 수지는 먼저 수축한다. 이런 결과는 성형품 전체에 높은 인장응력을 일으켜 변형의 원인이 된다. 플라스틱 제품에서 대부분의 응력은 이런 보압 단계에서 발생한다. 이것은 유동 제어와 응력 최소화로 최적 제품을 위한 설계를 가능하게 하므로 중요한 개념이다.

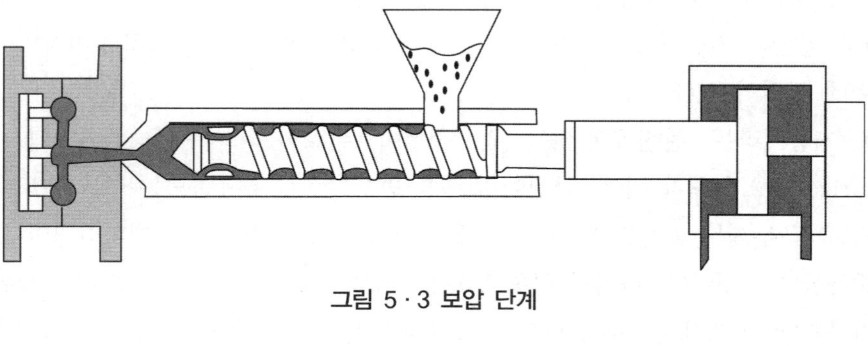

그림 5·3 보압 단계

5.1.2 성형 조건의 영향

성형조건인 금형 온도, 용융 수지온도, 사출시간 등은 제품의 품질에 중요한 영향을 미친다. 이러한 성형조건들이 성형품에서 휨이나 수축을 피하면서 최소의 잔류 응력을 가지도록 하는 것이다. 그림 5 · 4는 제품 중량과 응력에 미치는 수지온도의 영향을 나타낸다. 수지온도가 점차 증가하면 캐비티내에서의 응력과 금형에 충전하기 위한 압력이 급격히 줄어든다. 온도가 높아지면 수지온도의 증가보다 압력 감소의 양이 훨씬 더 작게 줄어들므로 곡선은 편평해진다. 물론, 수지온도가 증가함에 따라 수지의 열화율이 증가하므로, 너무 수지온도가 높으면 제품 품질이 저하하게 된다. 제품 중량도 온도에 따라 변화하는데, 제품 중량은 수축을 측정할 중요한 측정치이다. 수지 온도가 매우 낮으면 러너를 지날 때의 압력강하가 커지며 캐비티내의 실제 압력은 제품 중량이 낮다는 것으로도 알 수 있다. 이렇게 되면 수지는 캐비티내로 보다 많이 충전될 것이고 따라서 수축은 줄어든다. 수지온도를 좀 더 올리더라도 캐비티내의 압력은 조금 증가하겠지만 이것은 체적수축을 훨씬 크게 하여 제품 중량이 줄어들고, 수축이 증가한다.

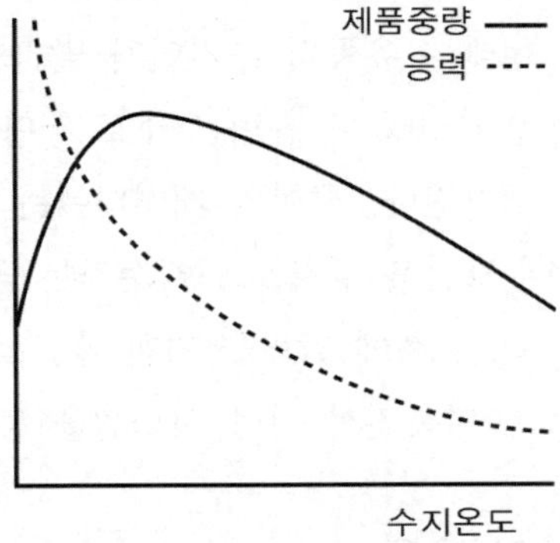

그림 5 · 4 제품 중량과 응력에 미치는 수지온도의 영향

금형온도를 올리면 응고온도에 근사할 때까지 압력과 응력에 대한 영향이 훨씬 적다는 것을 제외하고는 수지온도를 올리는 것과 유사하다. 냉각시간에 대한 효과는 수지온도의 동일한 변화에 의한 효과보다 훨씬 더 크다. 금형온도를 올리면 수지가 빠르게 냉각되지 않으면서도 느린 사출속도로 사출할 수 있다는 것이 가장 큰 장점이다.

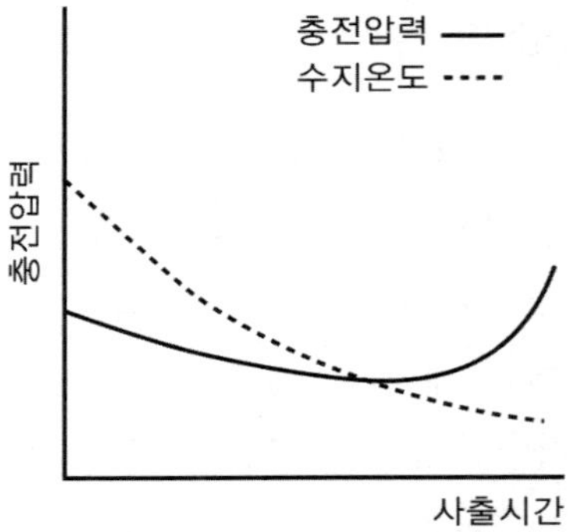

그림 5 · 5 충전압력과 사출시간

그림 5 · 5는 충전압력에 대한 사출속도 변화의 영향을 보여준다. 높은 사출속도에서는 캐비티에 충전하기 위한 전단률이 높아서 높은 압력이 요구된다. 사출속도를 낮추면 전단률은 낮아지지만 더 많은 열의 방출로 온도가 아주 낮게 되어 점성이 증가한다. 이와 같이 전단률과 온도에 의한 조합은 전형적인 U형상의 그래프로 나타난다. 유동속도가 높기 때문에 짧은 사출시간에서는 압력이 높게 되고, 긴 사출시간에서도 유동 끝단의 수지온도가 낮기 때문에 압력이 높게 된다. 이러한 상반된 두 점 사이에 적절한 충전압력이 존재한다. 응력 변화의 형태는 유동의 초기인지 말기인지에 따라 다르다. 유동의 초기에는 열을 방출할 시간이 없기 때문에 응력은 주로 전단률에 의해 결정된다. 유동이 느려지면 응력은 지속적으로 낮아진다. 금형의 캐비티에는 매우 높은 압력과 가압과정을 통하여 충전된다. 만약 그때 보압을 주지않으면 수지는 금형을 흘러나와 러너로 역류할 것이다. 이상적인 성형조건은 금형에 압력을 가한 후, 적절한 수준으로 수축을 줄일 수 있는, 최소 시간의 보압을 유지하면서 러너 시스템을 응고시켜야 한다.

5.1.3 복잡한 금형에서의 유동

1) 과보압

과보압은 변형의 가장 일반적인 원인중의 하나이다. 수지는 압축성 물질이다. 단일, 다수 개 혹은 패밀리 금형에서 과보압 즉, 변형의 주요인은 불균일유동이다. 처음에 수지는 가장 충전되기 쉬운 곳부터 충전된다. 단일 캐비티금형에서 한곳이 다른 곳보다 충전이 쉽다면, 수지는 쉬운 영역부터 먼저 충전된다. 그 후 수지가 다른 영역을 충전하는 동안 먼저 충전된 영역은 과보압을 받는다. 금형이 충전된 순간, 전형적으로 응고층 바로 안쪽에 매우 방향성이 큰 수지의 영역이 생기는 것을 피할 수는 없다. 과보압 시간

동안 수지는 계속적으로 속도가 감소되고, 꾸준히 응고층의 두께를 증가시키며 유동한다. 보압이 낮은 다른 영역은 방향성이나 수축이 모두 낮게 나타난다. 이것이 전체적인 수축의 변화를 일으키고, 변형을 초래하는 응력 환경을 만든다. 이런 문제의 해결을 위해 게이트의 위치를 바꾸거나, 살두께를 변화시킴으로서 균형 유동을 얻을 수 있다. 또 다른 방법은 3매 금형이나 핫 러너 금형을 사용하여 성형품 중심부에서 사출하는 것이다. 이 때 게이트는 균형 유동을 이루도록 위치되어야 한다.

2) 충전 개선과 게이트

사출성형 해석 프로그램을 이용하여 복잡한 형상에서의 게이트의 위치나, 웰드 라인에서의 압력과 온도를 파악할 수 있고, 웰드 라인의 정도를 알 수 있다. 비슷한 체적과 압력이 같도록 하나의 캐비티를 여러 개의 부분 성형품으로 나누어, 각각의 부분 성형품에 게이트를 위치시키는 방법은 양호한 유동형태를 가져온다. 중형 크기의 성형품에서는 대체로 쉽게 충전이 가능하므로, 충전에 대한 문제는 없다. 오히려 문제는 휨이나 양호한 제품 품질을 얻기 위한 안정한 성형조건을 얻는데 있다. 균형 유동은 이런 문제의 해결을 위해 중요한 요소이다. 게이트는 항상 균형유동의 원리를 이용하여 캐비티내의 모든 유동에서의 압력강하가 같도록 위치되어야 한다. 유동형태의 개선을 위해 유동 촉진부나 유동 저지부를 사용한다. 경우에 따라서는 하나의 게이트로 매우 쉽게 충전된다 하더라도, 균형 유동을 이루기 위해서 정체나 휨을 피하기 위한 복잡한 게이트 시스템이 사용되기도 한다. 특별히 휨을 피하기 위해 다수 게이트를 사용한 예는 평평한 판넬의 경우이다. 비록 하나의 게이트로 충전 가능한 매우 간단한 형상일지라도 돌출부가 충전되는 동안 중앙부가 과보압을 받으므로 휨을 피할 수 없다. 따라서 평평한 판넬은 휨이 발생하기 쉽다.

충전 형태 개선을 위해 그림 5 · 6의 작은 사각형 상자를 예를 들면, 가장 확실한 게이트 시스템은 중앙에 하나의 게이트를 가지는 것이다. 단순 반경방향 유동은 매우 편리하지만, 이 유동형태는 방향성차에 의한 휨이 발생하기 쉽다. 그림에서와 같이 각 면에 하나, 코너에 하나의 세 가지 다른 유동 경로가 있다. 이 유동들은 균형을 이루지 못하고 코너부에서의 압력은 측면의 압력보다 높다. 이러한 문제들은 코너부 쪽으로의 유동을 조장하기 위해 벽두께를 증가시키거나, 측벽의 유동을 저지하기 위해 벽두께를 감소시킴으로서 해결할 수 있다. 때때로 유동 촉진부나 유동 저지부를 제작하는 방법이 최선일 수 있다.

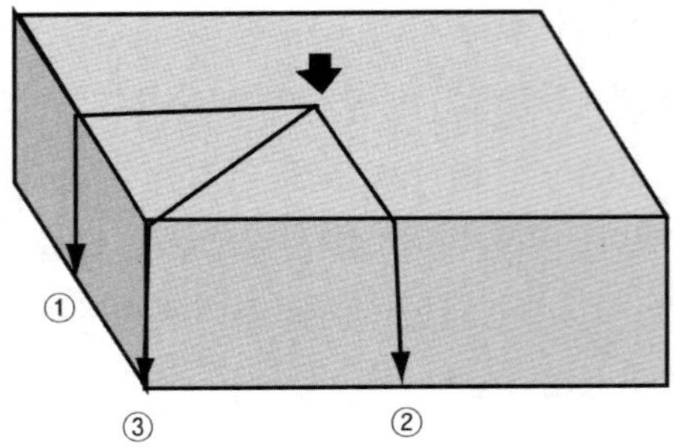

그림 5·6 충전 개선을 위한 예

성형품에 따라서는 웰드 라인의 위치가 매우 중요하다. 따라서 성형품에 웰드 라인이 발생하지 않도록 한다. 웰드 라인은 게이트의 위치와 성형품에 따라 영향을 받으므로, 상대적으로 중요하지 않은 부분에 웰드 라인이 위치하도록 성형품을 부분성형품으로 나눈다. 각 부분 성형품을 해석하고, 각 부분성형품에서의 압력을 결정한다. 전체압력 즉, 러너압력과 부분성형품의 압력의 합이 각 부분성형품에서 같도록 러너시스템을 설계한다.

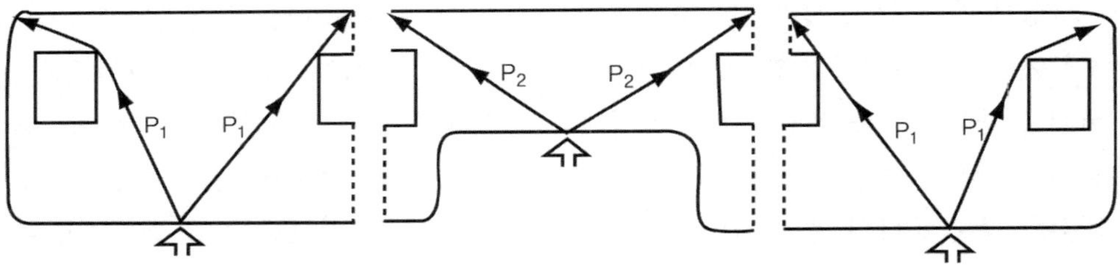

그림5·7 부분 성형품과 게이트

형상이 복잡한 제품은 하나의 게이트로만 충전될 수 없으므로, 몇 개의 부분 성형품으로 나눌 수 있다. 그림 5.7에서 각 부분 성형품은 마치 그 제품이 분리된 하나의 성형품처럼 해석될 수 있다. 이러한 방법으로 각 부분성형품의 압력과 체적을 알 수 있다. 다음으로 러너시스템이 고려되고, 러너의 크기는 전체 압력이 각 러너와 부분성형품에서 동일하도록 결정된다. 이렇게 함으로써 그림 5.8에서와 같이 웰드 라인의 위치도 결정된다.

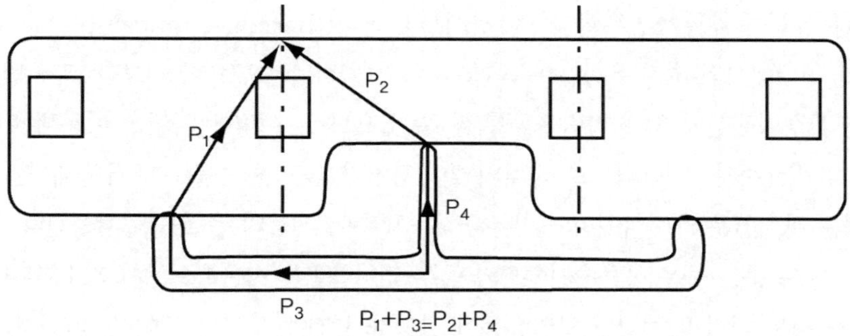

그림 5·8 웰드 라인의 위치 결정 예

5.1.4 러너 시스템

러너는 캐비티에 수지를 충전시키기 위한 수단으로서만 생각되어져 왔다. 따라서 러너의 크기는 캐비티를 충전시킬 만큼 충분한 크기만 되면 그다지 중요하지 않은 것으로 생각되어졌다. 그러나 러너의 설계는 게이트 위치와 러너의 크기와의 조합이 캐비티내에서 충전형태를 제어하므로 중요한 요소이다. 러너는 유동제어장치로 이용된다. 기계가공오차나 마모가 압력강하에 큰 영향을 미치므로, 게이트는 유동제어 장치로서의 역할이 충분하지 못하다. 반면에 러너 시스템은 게이트보다 훨씬 크기 때문에 열효과나 정체효과에 덜 민감하고, 정확하게 기계가공하기 쉬우므로 효과적인 유동제어장치로서의 역할을 한다. 유동을 제어하기 위해서 뿐만아니라 마찰열을 제어하기 위해서도 러너가 사용될 수 있다. 잔류응력의 수준은 용융수지의 온도가 높아짐에 비례해서 낮아진다. 간단하게 실린더온도를 높임으로서 응력수준을 낮출 수 있지만, 그것은 심각한 수지열화에 관한 문제를 발생시킨다. 반대로 실린더에서는 낮은 온도를 유지하다가 러너에서 마찰열을 발생시키면 낮은 응력수준을 나타낼 것이다. 그러나 이 경우에는 수지의 열화가 없다. 왜냐하면, 수지가 러너로 들어갈 때부터 보통 몇 초 단위로 냉각을 시작할 때까지, 짧은 시간동안 만 고온에 노출되기 때문이다. 전통적인 방법에서는 러너가 클수록 좋았지만 작은 러너를 가진 성형제품에서 응력이 작게 나타나고 덜 휘어진다.

작은 러너시스템의 다른 중요한 이점은 냉각 시 유동으로부터 캐비티를 보호한다는 것이다. 만약 러너 직경이 커서 캐비티가 응고한 얼마 후에 응고한다면, 응고하는 동안 내부에서 유동이 있을 것이다. 만약 보압이 높다면 캐비티로 유동하고 보압이 너무 낮다면 캐비티로부터 유동이 있을 것이다. 캐비티를 채우는 이상적인 상황은 가압 후 싱크마크를 피할 수 있는 최소의 시간동안 보압을 가하고, 그 때 캐비티가 응고하여 캐비티

내, 외로의 유동이 없는 경우이다. 이것이 열 러너(thermal runner)이다.

설계자가 러너에서의 수지 유동을 예측할 수 없다면 러너는 필요한 것보다 크게 만들어질 것이다. 그러나 성형해석에 의해 압력을 예측할 수 있으므로, 어떻게 압력을 이용해야 될지를 결정할 원리가 필요하다. 일반적으로 러너의 압력강하가 높으면 높을수록 유동제어는 양호해진다. 추가되는 마찰열은 캐비티에서의 잔류응력을 낮추어 제품의 품질을 향상시킨다. 휨에 영향을 끼치는 응력수준은 높은 용융수지온도와 높은 러너압력을 사용함으로서 최소화된다. 그러나 만약 러너가 너무 작다면 적절한 보압유동이 발생하기 전에 응고할 것이다. 따라서 러너는 보압이 제거된 직후 응고되는 냉각 시간을 근거로 설계되어야 한다. 캐비티에 대한 고려없이 러너에서만 균형을 이루는 것은 어렵다. 러너시스템을 바꾸면 유동률과 마찰열이 변화하기 때문에 캐비티에서의 압력강하가 일어난다.

패밀리 금형(family mold)에서도 먼저 작은 캐비티가 충전되고, 나중에 과보압을 받아 제품에 휨이 발생할 수 있다. 이 러너 시스템을 균형유동의 원리 즉, 과보압을 피하기 위해서는 동일한 압력으로 동일 시간에 캐비티가 충전되는 원리를 이용하여 설계하는 것이 필요하다. 대개의 금형은 큰 러너와 다수개의 게이트를 이용하면 쉽게 충전되지만, 유동형태는 매우 복잡해진다. 이 경우에 있어서 작은 성형품은 먼저 충전되지만 큰 성형품이 충전될 시간동안 사출압력을 받고 있어야 한다. 작은 캐비티의 수지는 더 이상 흐를 곳이 없으므로 압력은 상승하고 제품에 플래시가 발생한다. 균형을 이룬 러너시스템은 짧고 작은 직경을 가진 러너와 길고 큰 직경을 가지는 러너의 압력강하를 조정함으로서 균형이 유지될 수 있다. 작은 직경의 러너를 통한 압력강하는 큰 직경을 가진 러너의 압력강하보다 열손실에 훨씬 큰 영향을 미친다.

5.1.5 냉각 라인(cooling line)

냉각시스템의 형상 설계는 금형 형상, 분할면, 가동 코어 및 이젝터 핀 등에 의해 크게 제약을 받는다. 금형의 표면온도는 금형표면에 대한 냉각라인의 위치로 제어할 수 있다. 일정한 두께의 간단한 제품에 대해 냉각라인을 균일하게 위치시키면 균일한 냉각을 얻을 수 있다. 그러나, 대부분의 제품은 두께가 변화하고, 게다가 코너나 리브같은 기하학적 형상이 열 집중을 야기할 수도 있다. 이러한 경우에 있어서 리브나 코너부 같이 두께가 두꺼운 부분에는 냉각라인을 더 가깝게 할 필요가 있다. 또 다른 추가의 냉각라인이 요구된다. 그림5.9에서 왼쪽은 원래의 설계안, 오른쪽은 수정된 설계 예를 보여준다. 영역 1에서는 냉각라인을 추가하여 금형표면에 가능한 한 가깝게 배치하였다.

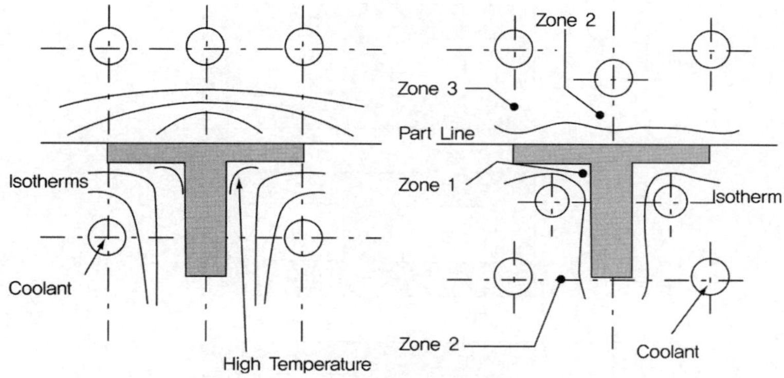

그림 5·9 냉각수 라인의 변경

영역 2에서는 냉각라인을 리브에서 오는 부가되는 열부하를 상쇄하기 위하여 보다 가깝게 배치하였다. 영역 3에서는 오른쪽 혹은 왼쪽의 냉각라인보다 더 멀리 배치할 수도 있을 것이다.

냉각채널과 캐비티와의 거리는 멀면 멀수록 캐비티 표면에서의 온도분포는 균일하고 사출동안 캐비티 표면의 온도상승은 커진다. 거리가 가까우면 가까울수록 열은 보다 빠르게 제거되고 성형사이클은 짧아진다. 일반적으로 캐비티로부터 냉각라인 직경의 2.5배 정도에 위치해야 한다. 냉각라인을 설계할 때, 냉각수는 금형을 통과하면서 가열된다는 것을 고려하여야 한다. 극단적인 경우, 열을 제거할 수 없는 수준까지 가열될 수도 있다. 입구에서 출구로의 온도상승은 약 2℃가 좋다. 두 개 이상의 냉각라인이 있고, 온도상승이 큰 경우, 한 냉각라인의 입구는 다른 쪽 냉각라인의 출구 쪽에 가까워야 한다. 이것은 열전달능력의 차이를 최소화할 것이다. 냉각라인의 길이가 증가되면, 열전달에 유용한 표면적이 증가된다. 따라서 그림5.10 에서 (b)는 (a)보다 유리하지만 냉각라인이 길어지면 압력 강하 및 입출구 온도차가 3℃ 이상되는 문제를 야기할 수도 있다. 이런 문제를 피하기 위해서 그림(c)와 같이 하나의 긴 냉각라인을 두 개 이상의 짧은 냉각라인으로 나누어야한다.

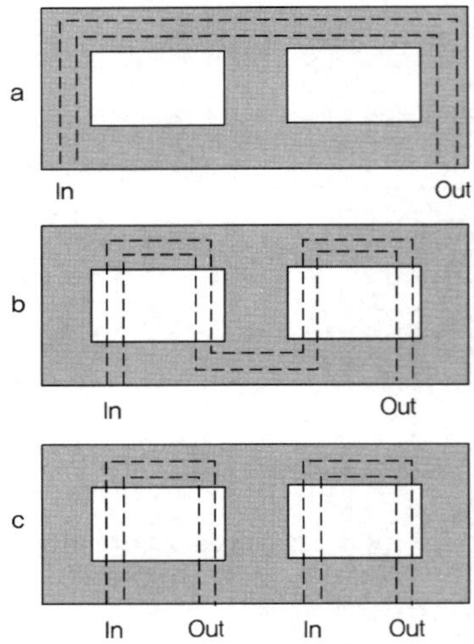

그림 5 · 10 냉각 라인의 길이

냉각라인 사이의 거리가 짧으면 짧을수록 금형온도는 더욱 균일해진다. 그러나 설계시 냉각라인의 사이가 멀어야 한다면 캐비티와 냉각라인사이의 거리 역시 멀어져야 한다. 최적의 거리는 제품의 두께와 냉각라인의 직경에 의존하다. 일반적으로 제품 두께가 2mm 이하일 때 $\phi 8 \sim \phi 10$, 4mm 이하일 때 $\phi 10 \sim \phi 12$, 6mm 이하일 때 $\phi 12 \sim \phi 15$이고, 캐비티와의 거리는 직경의 2~3배, 채널과 채널사이는 직경의 3배 이내로 한다.

냉각라인의 설계로 금형면을 효과적으로 냉각시킬 수 없을 때는 그림5.11과 같은 배플(baffle)이나 버블러(bubbler)를 이용해야 한다. 버블러는 원형으로 뚫린 구멍에 튜브를 삽입함으로서 형성된다. 냉각수는 안쪽의 튜브로부터 바깥쪽의 원형 튜브로 흐른다. 배플은 뚫어진 구멍에 판을 삽입함으로서 형성되는데, 냉각수는 한쪽에서 나와 다른 쪽으로 흐른다. 버블러나 배플은 유동시스템에서 굽어지는 부분으로 인한 난류도의 증가 효과를 가져 온다. 일반적으로 냉각수 입구 온도는 설정 금형 온도보다 10℃정도 낮은 것이 바람직하다.

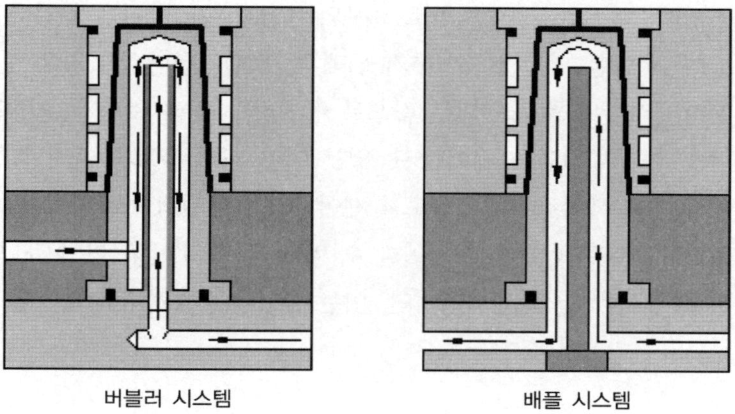

그림 5 · 11 배플(baffle)과 버블러(bubbler)

사출금형설계 단계에서 고려해야 할 또 다른 중요한 변수는 압력강하(pressure drop)이다. 냉각라인에서 필요하는 압력강하를 상쇄할 수 없다면, 성형품의 냉각은 비효율적일 것이다. 압력강하는 냉각라인의 길이와 직경, 유속에 정비례한다. 압력은 냉각라인 길이의 증가, 유속의 증가, 냉각라인 직경의 감소 등의 방법으로 증가된다. 냉각제로는 수돗물, 냉각장치를 통과한 냉각수, 부동액과 혼합된 물, 기름 등이 있다. 일반적으로 냉각 유로는 직렬이나 병렬로 구성된다. 병렬유로의 단점은 각각의 갈래에서 유동률이 다를 수 있고, 여러 갈래로 구성되어 유동률이 감소한다. 따라서 냉각 효율도 감소된다. 직렬유로에서의 압력강하는 매우 커서 펌프의 능력이 커야 하고, 직렬유로는 금형면을 냉각하는데, 비효율적이다.

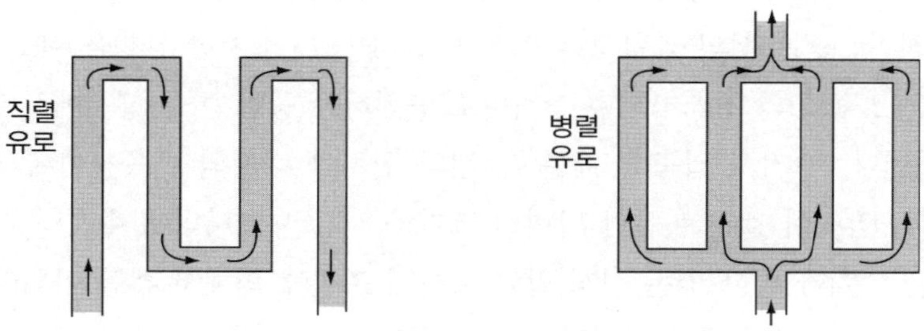

그림 5 · 12 냉각 유로 형태

주요한 냉각 변수에는 유동률(flowrate), 냉각수 입구 온도(inlet temperature), 냉각라인을 통한 압력 강하, 냉각수 물성 등이 있다. 냉각효율의 증대를 위해 제일 먼저 금형설계의 변경을 들 수 있다. 냉각수 유동률은 레이놀즈수 10,000 이상인 유동률을 가져야 한다. 냉각수의 온도는 각 수지별로 요구되는 금형온도와 관계가 있다. 일반적으로 냉각수의 온도는 더 많은 열전달을 이루기 위해 낮게 설정한다. 이 경우 성형 사이클타임은 단축되지만 금형온도를 요구되는 값으로 유지하기 위해 주의가 요망된다. 금형에 최적의 열전달을 위하여 각각을 제어할 수 있는 여러 개의 유로를 가져야 한다. 그러나 입구온도를 여러 개로 하여, 각각의 유로를 제어하기는 현실적으로 힘들다. 각각의 유동을 제어하기 위해 각 유로의 밸브를 제어할 수 있다. 금형의 냉각 라인 표면에 냉각수가 지나기 어려운 스케일이 한 번 만들어지면, 이는 금형에서 냉각수의 열전달 효과가 크게 낮아진다.

5.1.6 수축과 변형(shrinkage and warpage)

수축이란 어떤 성형품이 크기에 있어서 기하학적으로 줄어드는 것으로 생각할 수 있다. 만일 수축이 균일하게 이루어진다면, 그 성형픔의 모양이 변하거나 변형하지 않고 단지 더 작아지기만 할 것이다. 변형이란 균일하지 않은 수축을 말한다. 어떤 성형품의 한 부분이 불균일하게 수축한다면 성형품 내부에 응력이 발생하고, 따라서 그 성형품은 변형하게 된다. 그림 5·13은 성형조건과 수축사이의 전형적인 관계를 나타낸다. 이 그림에서 수축이 여러 가지 성형조건의 복합적인 결과임을 보여주지만, 주요인은 금형에서 수지가 충전되고, 보압을 받고, 냉각되는 과정에서의 시간과 압력이라는 것을 알 수 있다.

사출성형기의 램(ram)이 빠르게 전신할 때, 수지는 압축성이므로 캐비티내의 유동률은 램 운동에 의한 것보다 더 작아지게 된다. 또 램이 저속으로 운동하면 수지는 실제 압력 이하로 팽창한다. 성형과정은 주로 두 가지 상, 즉 충전과 보압으로 나뉜다. 그림 5·14는 지정된 위치에서의 압력센서 PT1, PT2, PT3을 설치한 금형을 예로 보였다. 표시된 PT1, PT2, PT3의 압력곡선은 캐비티로 충전하는 동안 이들 센서에서 감지한 압력값들을 나타낸다. 수지의 압축성 때문에, 램의 위치와 수지의 운동사이에 시간 지연이 있을 수 있다. 압력이 걸리는 동안 압력의 크기와 시간은 캐비티내 수지의 수축에 큰 영향을 미친다. 수지가 받고 있는 실제 압력은 기계 조작에 의해서 뿐만 아니라 수지의 점성과 캐비티의 형상에 의해서도 결정된다. 게이트 근처에서는 흐름의 끝단보다 쉽게 압력을 받고, 압력과 시간 및 압력과 수축 사이의 관계가 단순하다. 게이트가 굳을 때까지 압력이 계속 걸린다면 수축량을 작게 한다. 일반적으로 게이트 주위의 수축은 흐름의 끝단보다 작을 것이다. 만약 게이트나 러너 시스템이 굳을 때까지 압력이 걸리지 않는다면, 수지가 역으로 흐르게 된다.

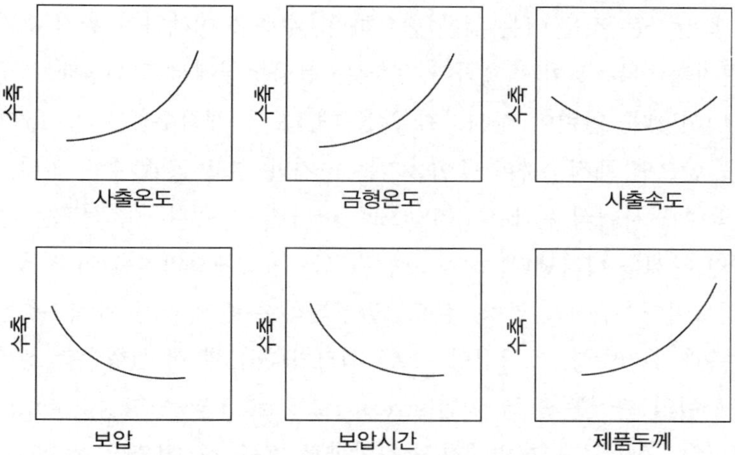

그림 5 · 13 성형조건에 따른 수축

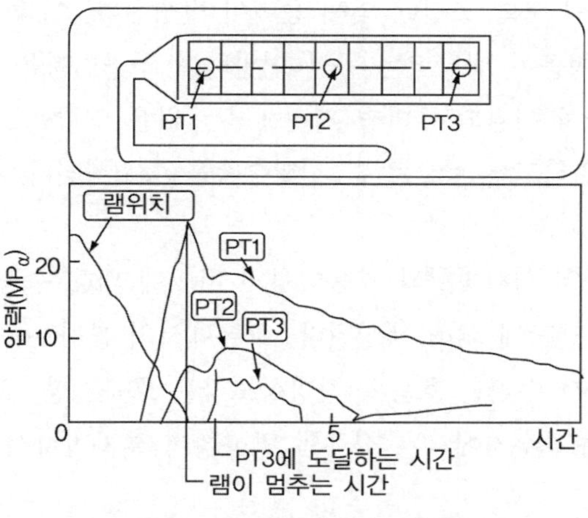

그림 5 · 14 캐비티의 압력 곡선

이런 경우 캐비티의 다른 부분보다 게이트 주위에서 더 많은 수축이 발생하게 된다. 압력이 캐비티로 빠르게 전달될 때, 초기유동도 높게 된다. 일단 캐비티가 압력을 받으면, 캐비티내로의 흐름은 수지의 수축을 초래하고, 초기유동과 비교하면 나중에는 매우 느리게 움직일 것이다. 보압이 낮을 경우에는 반대 현상이 나타난다.

수축에 영향을 주는 요소들은 체적수축, 결정화, 응력이완, 방향성 등이다. 수축은 용융상태에서 고체로 냉각될 때, 부피변화에 의해 이루어진다. 이와 같이 단순함에도 불구하고, 각 성분의 선형수축과 체적수축사이의 관계가 금형 구속조건, 결정화, 방향성에 의해 영향을 받는다는 것을 아는 것은 중요하다. 수축을 이해하기 위해 수지의 체적수축이 얼마나 큰가를 아는 것이 필요하다. 수지는 용융상태에서 고체상태로 냉각될 때, 큰 체적수축이 일어난다. 압력이 가해지지 않을 때, 보통 체적수축은 약 25%이다. 사출성형 시 고압을 받으면 체적수축이 줄어들기는 하지만 결코 없앨 수는 없다. 수지에 대한 압력, 시간 및 온도사이의 관계는 pvT선도로 나타낼 수 있다. 이 선도는 온도와 압력에 대한 비체적의 관계를 나타낸다. 선형수축은 모든 방향에서의 수축이 자유로울 때, 체적수축의 1/3정도이다. 주어진 압력, 온도, 결정화의 수준에 대한 체적수축은 똑같다. 그러나 체적수축과 두께방향, 흐름방향, 흐름 직각방향의 세 개 선형수축 성분으로 나누어진 선형수축사이의 관계는 응력 이완(stress relaxation)과 방향성(orientation)에 따라 다르게 나타난다. 실제로 금형면에서 흐름방향과 흐름 직각방향의 선형수축 성분은 체적수축률의 1/3보다 작은 값을 가질 것이다. 이것은 수지가 캐비티내에 있는 한, 금형면에서는 구속되고, 두께방향에 있어서의 수축은 자유로울 것이기 때문이다. 수지가 표면에서 수축할 때, 금형의 구속 조건에 의해 응력이 발생한다. 이들 응력은 온도와 수지의 이완 성질에 따라 성형품이 냉각되는 동안 이완하여 영구변형을 초래한다. 고온에서는 대부분의 응력이 간단히 이완되는 반면 저온에서는 많은 영향을 미친다. 금형온도를 올리면 수지가 쉽게 이완하도록 함으로써, 선형수축을 축소시킨다. 그러나 이것은 냉각시간을 증가시킨다.

방향성은 수지 흐름의 직각방향과 흐름방향의 차이에 의해 수축에 영향을 미친다. 분자방향성은 처음에는 전단에 의해 생성된다. 고온에서의 분자운동은 방향성이 이완되도록 하고, 방향성을 가진 수지는 흐름 직각방향보다는 흐름방향으로 더 크게 수축하면서 이완하려 한다. 섬유보강수지에서는 섬유의 방향성이 분자방향성보다 더 크다.

5.1.7 변형(warpage)

변형은 수축 차에 의하여 발생한다. 즉, 성형품의 일부에 다른 영역과 수축의 차이가 있으면 제품은 변형된다. 예를 들어, 어떤 영역에서 보압을 많이 받고 다른 영역에서는 보압을 적게 받으면 수축의 차이가 발생하고 그 제품은 변형된다. 일반적으로 방향성 수지는 비방향성 수지보다 더 수축한다. 변형은 수축률차에 의해 발생한다. 금형의 일부분이 늦은 속도로 냉각되면, 이 영역에서의 결정성은 커지고 따라서 수축도 커지게 된다. 이러한 냉각의 차이는 제품의 일부분이 다른 부분보다 더 두꺼울 때나, 냉각라인 설계를 잘못하여 금형의 온도차이가 있을 때, 부분적으로 마찰열이 있을 때에 나타날 수 있다.

찬 벽면과 접촉한 수지는 먼저 응고하고 수축한다. 하측이 수축함에 따라 아직 용융상태의 상측과의 사이에 미끄럼이 발생된다. 뒤이어 상측도 응고하고 수축한다. 상측이 응고할 때 상측은 하측에 고정되어 미끄럼이 발생할 수 없고 따라서 이러한 수축은 상측에서 변형의 원인이 되는 인장력으로 작용한다. 냉각 차에 의해 발생한 휨은 제품의 한 부분이 다른 시간에 냉각될 때나 금형 표면이 다른 온도에서 냉각될 때 발생한다. 냉각이 모서리부위보다 스프루 부위에서 더 오래 걸린다면 제품은 냉각차에 의해 변형을 일으킨다. 냉각시간에 있어서의 변화는 마찰열이나 부적절한 냉각라인 설계에 의해 야기될 수도 있다. 모서리부위보다 게이트부위로부터의 열추출이 더 많이 필요하기 때문에 냉각라인은 게이트부위에서 더 많은 열을 추출할 수 있도록 설계되어야 한다. 코어와 캐비티의 냉각은 열 방출을 충분히 고려하여 설계하여야 한다. 캐비티를 냉각시키는 것은 쉽지만 지속적으로 코어, 특히 코너부를 냉각시키기는 어렵다. 만약 코어의 코너부가 캐비티보다 온도가 높다면 냉각차로 인해 그림5.15와 같이 안쪽으로의 휨을 초래한다. 수지가 결정성이라면 테두리주위의 두께가 증가해서 모서리 부의 수축이 증가할 수 있다. 이것이 게이트 주위에서 냉각이 어려운 것을 보완한다.

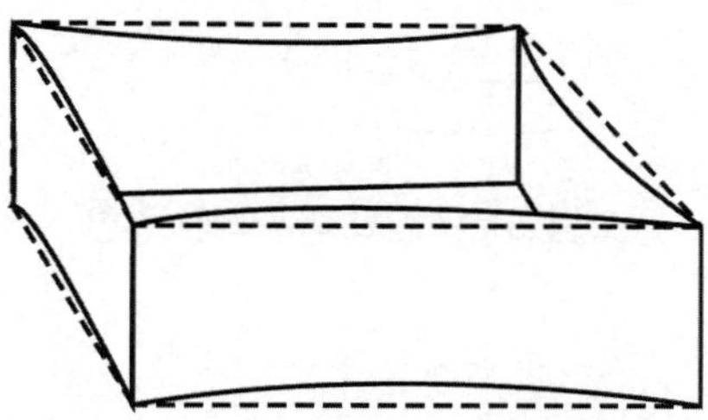

그림 5 · 15 냉각차에 의한 변형

변형은 전 성형품을 통해 수축할 때의 차이에 의해 나타나므로, 수축 그 자체는 변형을 유발하지 않고, 균일한 수축은 단지 작아지기만 하고 형상은 같다. 금형내의 모든 점은 흐름방향과 흐름직각방향의 수축을 가지고 있다. 수축에 대한 성형해석 결과는 수지의 흐름방향의 수축값과 흐름 직각방향의 수축값을 얻을 수 있다. 수축이 얼마만큼의 변형을 유발할 것인가는 방향성 효과, 면적 수축 효과, 냉각 편차 효과 등에 따라 다르다. 방향성 효과는 흐름방향과 흐름 직각방향사이의 차이에서 나타난다. 면적수축은 직각수축과 평행수축이 발생할 때, 면적의 영향이 나타난 것이다. 면적수축은 금형의 다른 영역사이의 수축률차를 비교하는데 사용된다. 변형은 온도변화에 의해서도 발생하며, 대표적인 예는 금형양면의 온도차에 의한 변형이다. 이형 후 성형품을 균일한 온도로 냉각함으로써, 평편해질 수 있지만 성형품 각면에서의 수축률차는 변형을 나타낸다. 두껍고 얇은 부분은 수축률차이 때문에 결정성 수지나 비결정성 수지에도 발생할 수 있다. 이형되었을 때, 두꺼운 부분이 더 뜨거울 수 있고, 성형품을 냉각함에 따라 두께 차이는 내부 응력으로 남게 된다.

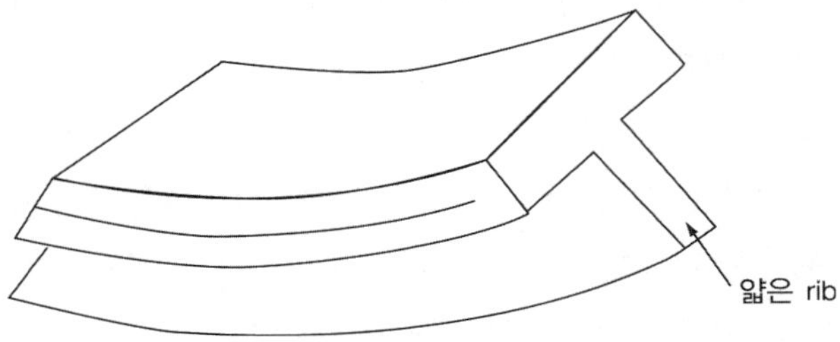

그림 5 · 16 수축차에 의한 변형

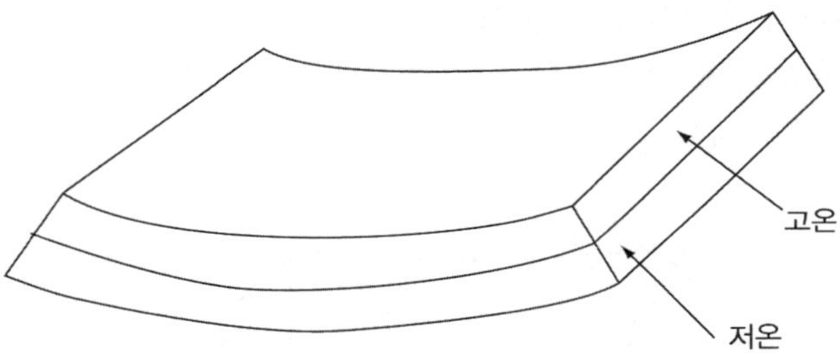

그림 5 · 17 온도차에 의한 변형

5.2 사출성형용 CAE

사출성형용 CAE(Computer Aided Engineering)는 1978년 호주의 MOLDFLOW사에 의해 처음으로 성형중의 유동해석 프로그램이 소개됨으로서 그때까지 거의 불분명하였던 금형내의 수지 유동상태를 수치로 나타내었던 것이 이후의 사출성형기술 발전을 크게 바꾸어 놓았다. 그 뒤 유한요소법을 사용한 유동해석 프로그램이 개발되어서 적용범위가 확대됨에 따라 해석의 유용성이 널리 인식되어 사출성형 CAE의 기초가 완성되었다. 사출금형설계 분야에서 CAD/CAM/CAE는 이미 특별한 존재가 아니다. 다만 CAE는 아직도 적용 수준이 낮다는 것이 현실이다. 그러나 사용자들의 요구에 부응하기 위하여 신제품의 개발기간을 단축시키는 방편으로 CAE를 갖추는 것이 필수적인 조건으로 인식되고 있다. 금형 CAE에는 금형 자체의 강도 및 변형 예측과 사용재료들의 성형성을 검토하여 구조설계에 유용하게 쓰는 것도 있다. 사출금형, 프레스금형, 단조금형, 주조금형 등의 금형에도 여러 가지 종류가 있으므로 그들의 생산지원에 필요한 기능에 따라 CAE가 선택되어진다. 사출 금형에 있어서 제품의 정밀도, 생산성 및 품질을 설계단계에서부터 문제점을 도출하여 방지할 수 있다면 불필요한 비용과 노력을 낭비하지 않고서도 좋은 제품을 경제적으로 생산할 수 있을 것이다. 사출성형용 CAE S/W는 여러 가지가 사용되고 있으나 본 장에서는 MOLDFLOW를 중심으로 그 응용방법과 효율성에 대하여 서술하고자 한다.

5.2.1 사출성형용 CAE의 사용목적

CAE라는 것은 개발중인 제품의 불확실 요인을 검증된 이론과 축적된 data base를 이용하여 분석하므로서 문제점을 사전에 제거할 수 있는 기술이다. 사출금형설계에서는 CAD로 형상모델링된 금형을 컴퓨터상에서 검토하고, 설계 도면을 작성하여 가공 및 성형하였을 때, 그 가능성 여부를 검토하기 위한 시뮬레이션 기술이라고 할 수 있다. 즉, CAE는 고기능, 고성능, 고정밀도의 제품을 단기간에 개발, 설계, 제조하기 위한 지원을 한다. 여기에는 유동해석, 냉각해석, 변형해석 등이 있다. 금형설계 단계에서 사출성형시의 문제점을 미리 예측한다는 것은 생산성 향상에 있어서 매우 중요한 일이며, 납기단축과 원가 절감이 가능하게 된다. 최근에는 제품의 형상과 기능이 복잡해지며, 제품의 품질 향상과 비용의 절감, 금형의 납기 단축이 절실히 요구되는 추세로 보아 과거의 경험적인 방법은 더 이상 효과적이지 못하다. 따라서 이러한 작업을 컴퓨터를 이용하여 사출성형시 용융 수지의 거동을 보다 체계적으로 해석함으로써 제품과 금형의 설계단계에서 사출성형의 문제점을 파악함은 물론, 생산자의 의도에 맞추어 최적화시킴으로써 품질의 향상과 비용의 절감, 납기의 단축 등을 이룩하고자 하는 연구 결과로서 호주의 Moldflow사에서 개발된 MOLDFLOW, 미국의 코넬대학에서 C-MOLD, 독일의 아헨공대에서 개발된 CAD-MOULD 등이 상품화되어 있으며, 이들의 주요 사용목적은 다음과 같다.

① 적절한 게이트의 수와 위치의 선정

② 러너의 크기 및 길이의 결정

③ 적정 수지의 선정

④ 냉각회로의 설계

⑤ 사출성형 조건

⑥ 웰드라인의 위치 조절

⑦ 충전부족, 과잉충전, 플래시의 발생방지

⑧ 응력분포의 최적화

⑨ 제품 정밀도의 증가와 변형의 최소화

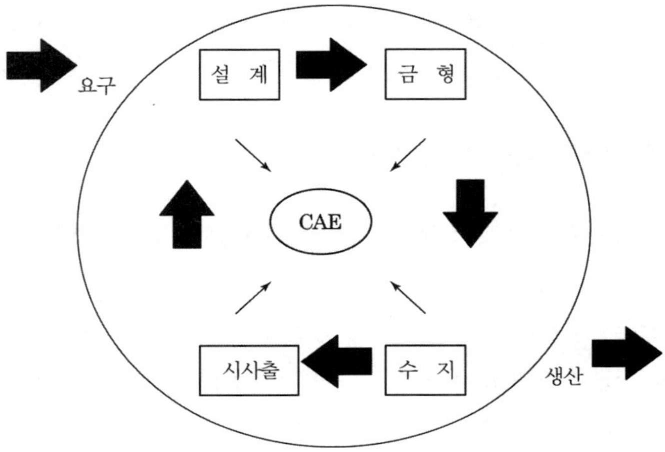

그림 5·18 사출성형 기술의 정보교환 체계도

5.2.2 사출성형용 CAE S/W의 구성과 기능

1) S/W의 구성

MOLDFLOW S/W는 MF/VIEW, MF/SOLID, MF/FLOW, MF/COOL, MF/WARP, MF/STRESS 등으로 구성되어 있다. MF/VIEW와 MF/SOLID에서는 solid, wire frame modeling, mesh생성 등이 행하여지며, MF/FLOW에서는 비뉴턴, 압축성을 고려한 2D, 3D FDM해석과 스프루, 러너, 게이트의 설계가 이루어진다. MF/COOL에서는 금형의 냉각과정 해석, 2D와 3D의 BEM해석, 유동 밸런스, 냉각회로 설계 등이 이루어지고, MF/WARP에서는 성형품의 변형상태 해석, 섬유배향, 변형예측 등이 행하여진다. 또한 MF/STRESS에서는 외부 하중 신뢰성 평가, 각종 응력분포 해석, 제품의 강도 평가, 잔류응력 해석 등이 이루어진다. 일반적으로 사출금형설계용 CAE S/W를 이용한 해석작업은 크게 나누어 유동해석, 냉각해석, 변형해석 등으로 나눌 수 있다. 여기서 유동해석이라는 것은 사출 전과정을 충전, 가압, 보압과정의 세 단계로 분류할 때의 충전과정의

해석을 의미하며, 충전과정 중에 일어나는 각종 상황에 대한 시뮬레이션을 통하여 웰드라인의 위치, 게이트의 크기와 위치, 러너의 배열과 크기, 러너 밸런스, 최적 사출조건, 적정 사출성형기의 결정 등을 가능하게 한다. 그림 5 · 19는 사출성형중 캐비티내의 압력선도 예를 보인 것이며, 그림 5 · 20은 사출성형 시뮬레이션 흐름도를 나타낸다.

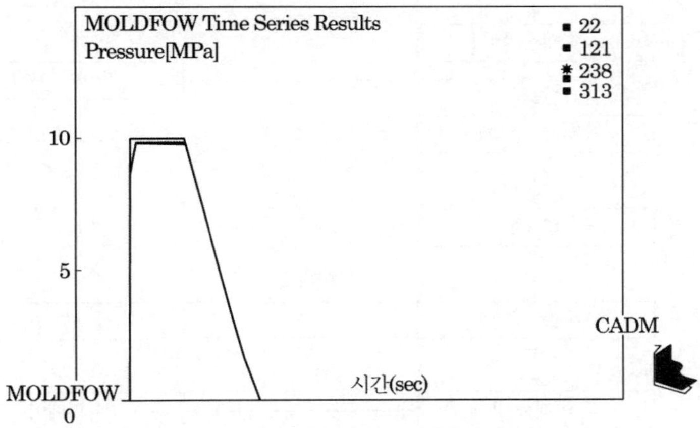

그림 5 · 19 사출성형 중 캐비티 내의 압력선도

유동해석은 다시 2차원 유동해석과 3차원 유동해석으로 나뉘어지며, 2차원 유동해석의 주요 기능으로는 수지선정 기능, 분기류 해석 기능이 있고, 사용자는 S/W가 이해할 수 있도록 성형품을 모델링하여 컴퓨터에 입력시켜야 한다. MOLDFLOW에서는 유동을 그림 5 · 21과 같이 세 종류의 유동 형태로 가정하고 있으며, 그림 5 · 21의 (a)는 원형요소로서 러너와 게이트, (b)는 직사각형 요소, (c)는 부채꼴 요소로서 성형품내 캐비티의 유동 등을 모델링하기 위해 사용될 수 있다.

3차원 유동해석은 성형품의 형상을 모델링하고, 2차원 유동해석의 결과를 적용함으로써 이루어지게 되며, 주요 출력 기능으로는 유동선단 분포도, 등온선도 등이 있다. 일반적으로 3차원 유동해석의 결과는 2차원 유동해석의 결과에 비하여 매우 정확하며, 그 해석 정밀도가 사용자들에 의해서 인정되고 있으나, 모델링과 컴퓨터 러닝 타임이 길다는 단점이 있으므로 쉽고 빠른 2차원 유동해석의 결과를 3차원 유동해석에 적용하는 방법이 채용되고 있다.

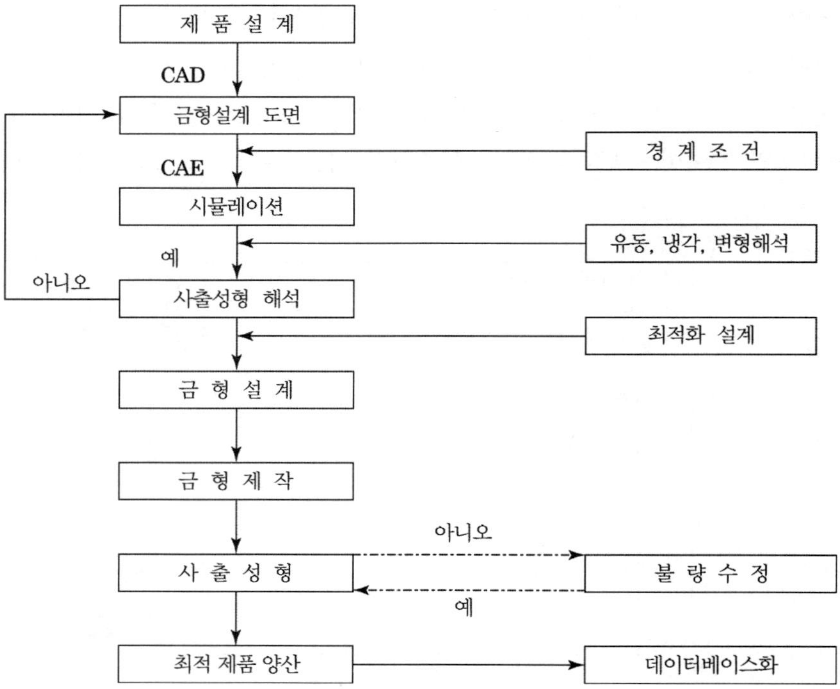

그림 5·20 사출성형 시뮬레이션 흐름도

냉각해석은 모두 성형품과 함께 냉각회로에 대한 모델링을 하여야 하며, 주요 출력으로는 금형 단면과 캐비티 벽면의 등온선도, 성형품의 고화시간이 있다. 사출금형 설계용 CAE S/W를 이용한 냉각해석의 결과를 적용함으로써 최적 냉각 조건을 얻기 위한 냉각회로의 배열과 크기, 냉매의 선정, 냉매의 입구온도, 유량의 결정, 사이클 타임의 결정 등이 가능하며, 냉각해석 역시 2차원과 3차원 해석으로 나뉘어 지게 된다.

변형은 제품의 형태를 바꾸기에 충분히 큰 잔류응력이 불균일하게 분포할 때 발생한다. 성형품이 수축할 때 어떤 요인에 의하여 상이한 수축이 발생하게 되면 그 사이에는 내부적인 힘이 발생된다. 이 힘이 제품의 변형을 발생시키고 나머지는 제품내에 잔류응력으로 존재하여 강도 저하의 원인이 된다. 따라서 변형해석은 제품설계시의 형상 및 살두께, 금형설계시의 게이트, 러너, 냉각라인과 성형조건, 성형재료의 영향으로 인한 잔류응력의 불균일한 분포, 수축률 편차 등에 따라 발생하는데, 사출성형품의 변형된 모양을 예측하여 변형의 원인을 규명하여 해결한다.

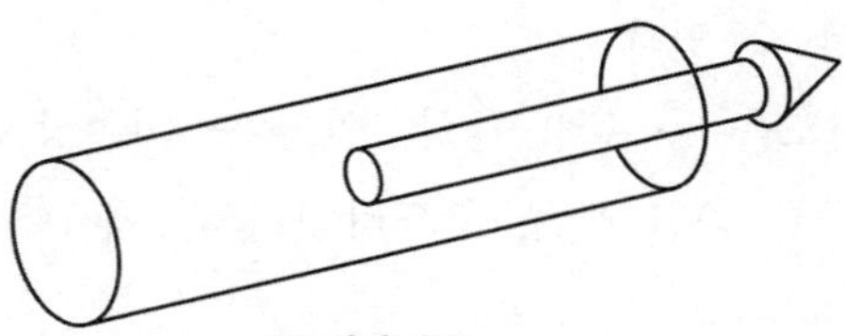

(a) 원형 유동

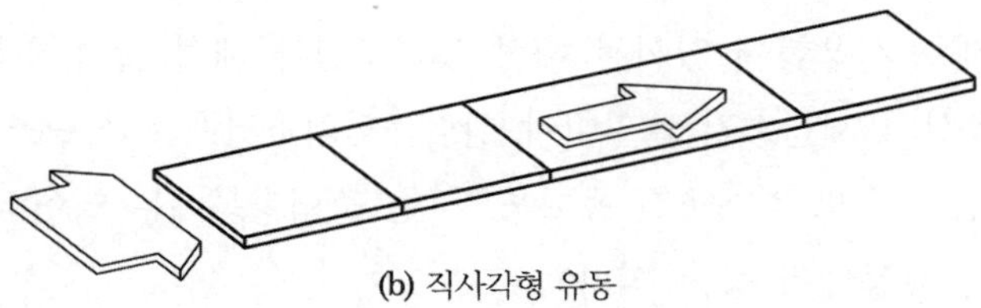

(b) 직사각형 유동

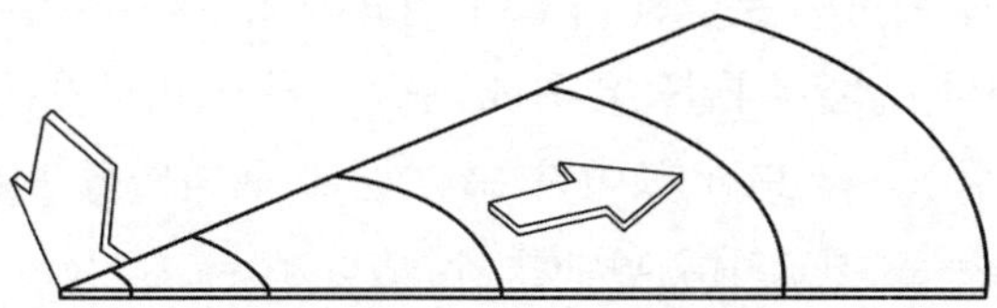

(c) 부채꼴 유동

그림 5 · 21 2차원 유동해석에서 가정하는 3가지 유동형태

해석 프로그램의 구성은 수지가 금형내에 충전하는 과정을 해석하는 유동해석과 충전 후 성형품을 금형에서 추출하는 고화과정을 해석하는 냉각해석 그리고 성형품의 변형에 대하여 해석하는 변형해석 등의 모듈로 구성되어 있다. 대부분의 사출금형 설계용 CAE S/W는 해석작업의 단순화를 위하여 사용수지들에 대한 재료 데이터 베이스를 포함하고 있으며, 생산회사와 등급별로 정리가 되어 있어 사용자가 임의로 선택하는 것이 가능하다.

2) S/W의 기능 및 특징

① 유한요소법을 이용한 수치해석 방법으로 캐비티는 얇은 두께의 3차원 형상으로 정의한다.

② 금형온도, 수지온도, 충전시간, 압력조건 등을 매개변수로 하여 시뮬레이션을 실시하면, 충전압력의 예측, 사출성형기의 선정, 적절한 게이트의 위치 및 수, 러너의 직경, 러너 밸런스 예측, 전단속도 및 전단응력의 분포 등의 금형설계 정보와 최적 성형조건을 얻을 수 있다.

③ 금형 각부분의 불균일한 금형온도 분포를 고려하여 캐비티 벽면에 대한 냉각수관

의 영향을 고려할 수 있다.

④ 비열, 밀도, 열전도율 등 수지 물성치의 온도 의존성을 고려할 수 있다.

⑤ 게이트 위치에 따른 충전 패턴, 웰드라인 등의 예측이 가능하다.

3) S/W의 사용 방법

프로그램을 실제로 사용함에 있어서 해석 입력조건과 해석 출력 항목의 의미를 이해하여야 하며, 사용상의 제한조건을 알아야 한다. 입력조건에는 성형조건, 물성치, 형상의 모델화, 냉각시간, 온도 경계조건 등이 있으며, 출력항목에는 압력, 온도, 속도, 전단속도 및 전단응력, 유동패턴 등이 있다.

해석을 실시하기 전에 메시로 분할된 모델이 필요하며, 메시의 밀도는 해석의 정밀도와 속도에 영향을 미친다. 많은 파일들은 tree 구조로서 관리하기가 용이하고, 해석 수행 및 과정을 확인할 수 있다. 또한 주어진 모델과 결과 파일을 이용하여 입력 파일을 편집하고, 모델과 결과들을 비교하며 판단할 수 있다.

① 성형조건에는 수지온도, 충전시간, 금형온도, 수지온도 등이 있다.

② 물성치에는 열전도율, 비열, 밀도, 고화온도, no flow temperature 등이 있다.

③ 해석 대상의 형상은 비슷한 요소로 분할하여 모델링한다. 그림 5 · 22는 모델화에 사용되는 요소들을 나타내고 있다.

④ 냉각시간은 냉각에 소요되는 설정시간을 입력한다.

⑤ 온도경계조건에는 금형온도, 열전도율, 냉각조건 등이 있다.

⑥ 압력은 충전의 각 과정에 미치는 압력손실을 나타내며, 임의의 melt front 위치까지 유동하는데 필요한 압력값이 출력된다. 이 압력값이 사출성형기의 허용사 출압력보다 높을 경우에는 성형이 불가능하다. 일반적으로 압력은 충전시간에 의하여 변화한다.

⑦ 온도는 충전의 각 과정에 따라 수지 두께방향의 평균온도가 출력된다. 이 온도는 유동중의 수지온도를 나타내며, 전단에 의한 수지의 발열효과도 고려된다.

⑧ 속도는 충전의 각 과정에 따른 수지 두께방향의 평균속도가 출력된다.

⑨ 전단속도 및 전단응력은 흐름방향에 직각인 두께방향에 분포하고, 출력은 평균 전단속도와 최대전단응력이 충전의 각 과정에 따라 출력된다.

⑩ 유동패턴은 충전의 각 과정에 따라 melt front의 위치를 나타낸다. 또한 캐비티 중의 수지 흐름을 알 수 있고, 웰드라인, 게이트, 캐비티를 포함한 유동 밸런스의 검토가 가능하고 과충전이 예측된다.

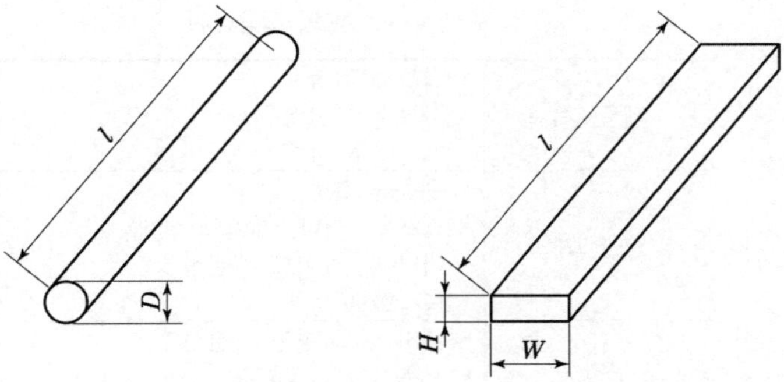

(a) 1차원 요소

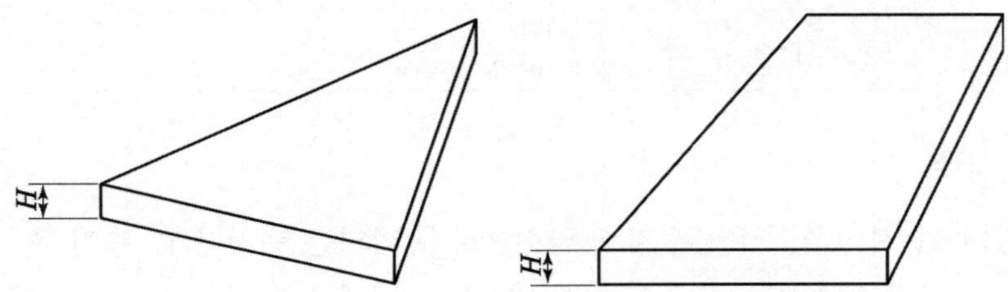

(b) 2차원 요소

그림 5 · 22 모델화에 사용되는 요소

5.2.3 CAE S/W의 적용 기술

1) 적용 범위

사출성형에 의한 플라스틱 제품은 산업의 거의 모든 분야에서 활용되고 있으며, 특히 원가 절감과 환경보호측면에서 재활용이 강조되면서 더욱 널리 사용되는 추세이다. MOLDFLOW는 플라스틱 제품의 사출성형과정을 과학적으로 분석하여 정량적인 데이터를 확보함으로써 제품의 품질을 향상시키고 최적설계를 이룩할 수 있게 한다. 금형이 실제로 가공되기 전에 예상되는 문제점들을 미리 분석하여 최적의 설계값을 얻을 수 있으므로 종래의 방법에서 빈번하게 발생하는 설계변경, 금형수정, 시사출 반복 등으로 인한 낭비와 비용 지출을 방지할 수 있다. 사출성형 제품은 공정의 특성상 품질 예측이 어렵고 불량이 발생하는 경우에 개발 비용이 증가한다. 표 5 · 1은 MOLDFLOW 시스템의 적용 범위를 나타낸다.

표 5·1 CAE의 적용범위

제품설계	• 살두께 결정 • 사용수지 선택 • 제품구조 설계
금형설계	• 수축률 결정 • 스프루, 러너, 게이트 설계 • 러너 및 게이트 밸런싱 • 냉각회로 설계
사출성형	• 수지 및 금형온도 결정 • 사출시간, 다단 속도제어 • 보압 프로파일 결정 • 사이클 타임결정
수지개발	• 수지개발 • 데이터베이스 구축

2) 해석 과정

사출성형의 한 사이클은 용융수지가 금형으로 유입되는 충전단계, 충전 후 재료의 체적수축을 보상하기 위한 보압단계, 금형내에서의 고화단계로 이루어진다. 성형제품은 후수축으로 인한 변형이 발생할 수 있고, 더구나 사용 중의 가혹한 외부 환경에 의하여 파괴될 수 있다. 해석작업은 사출성형의 기본공정에 대한 해석은 물론 성형 후 변형과 구조해석을 수행할 수 있다. 성형해석을 위해서는 해석에 요구되는 요소 분할 등의 전처리 과정(pre processing)이 필요하며, 해석 결과를 효과적으로 분석하고 판단하기 위한 후처리과정(post processing)이 매우 중요하다. MF/VIEW는 3차원 수지 유동해석을 위한 전후처리 작업을 수행한다.

(1) 전처리과정

기본적으로 와이어 프레임(wire frame)방식의 3차원 surface modeler로 생각할 수 있다. 공간상의 특정 위치에 자리한 각각의 점들을 연결하여 이러한 경계를 갖는 폐쇄공간을 하나의 면으로 가정한 다음 적당한 숫자와 크기의 요소로 분할하고 두께를 비롯한 속성을 부여하는 작업이 가능한 단계이다.

① 3차원 형상의 정의

제품의 형태와 크기를 특정짓는 공간상에 기준이 될 수 있는 점을 정의한다. 공간상의 각 점들을 순서대로 연결하여 하나의 폐쇄된 영역으로 구분하며 여기에 두께 등 필요한 속성을 부여한다.

② 형상 데이터의 interface

MF/VIEW에서 직접 modeling하거나 다른 CAD/CAM/CAE에서 생성된 model을 이용하는 것도 가능하다. 이 때 model data는 IGES 또는 각각의 S/W와 직접 호환할 수 있는 direct interface방법을 사용하기도 한다. MOLDFLOW는 기존에 사용되는 어떠한 3차원 modeler와도 쉽고 정확하게 호환된다. 최근의 modeling 추세는 Solid화하는 경향이 있다. Auto CAD, Pro Engineer, IDEAS에서 얻어진 solid상태의 3차원 model은 유체해석에서 사용하는 shell mesh를 생성시키기가 불가능하기 때문에 두께 방향의 중간면을 따라 shell surface를 따로 만들어 주어야 한다. 이 작업은 대단히 까다롭고 경우에 따라서는 원하는 형태의 shell surface를 얻기가 어려울 수 있다. 그러므로 정확하게 Mid면을 생성하여 주는 기능이 요구되는데 이 과정은 3차원 유동해석의 시작이라고 할 수 있다.

③ 요소의 분할

FEM해석은 유한요소를 바탕으로 수학적인 계산이 수행되므로 정의된 model에 요소를 효과적으로 분할해 주어야 한다. 해석의 종류와 목적에 따라 대표적으로 삼각형 형태와 사각형 형태의 두 가지를 주로 사용한다. 요소(mesh, element)는 해석의 정밀도와 해석 시간의 결정에 커다란 영향을 주므로 요소 분할시 이러한 사항에 주의를 기울여야 한다. 물론 요소와 요소간의 절점에서의 연결(mesh connectivity)도 필수적으로 검사해야 하는 사항이다. 해석의 정밀도는 요소의 크기와 면비(aspect ratio)에 좌우되는데 요소의 숫자를 증가 시켜주면 해석 시간은 기하 급수적으로 늘어나기 때문에 해석의 목적을 고려하여 적당한 수준을 유지하여야 한다. 요소의 면비는 삼각형 요소의 경우 대략 삼각형을 이루는 가장 긴 변에서 수직으로 세운 높이와 장변의 비로 나타낸다.

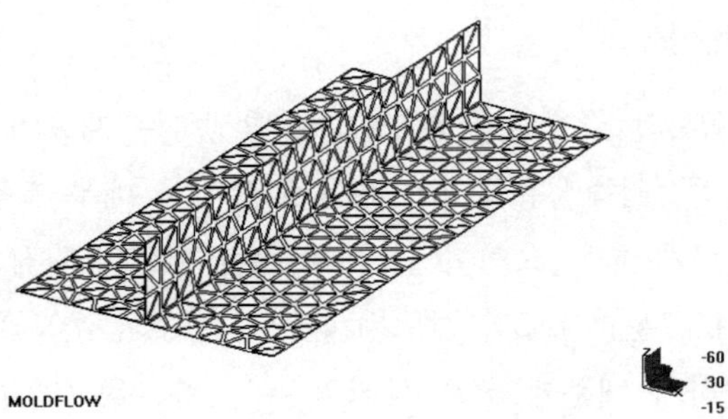

그림 5 · 23 삼각형 요소의 형성

분할된 요소는 양면을 구분하기 위한 orientation작업을 거쳐야 한다. 공간에 떠있는 하나의 삼각형 요소를 상상해 보면 요소의 어느 면이 내측인지 외측인지 구분할 수 없다. 요소의 orientation은 요소를 구성하는 각각의 절점을 구성하는 순서를 일정하게 하여 양면에 서로 다른 색을 부여하므로서 내, 외측면을 구분 할 수 있게 하는 방법이다. 절점이 오른손의 손목에서 손가락 끝쪽으로 돌아간다고 가정하였을 때 엄지손가락이 가르키는 방향이 윗면이 되며 MOLDFLOW에서는 파란색으로 구분하고 있으며 반대면은 빨간색으로 지정된다.

(2) 후처리과정(post processing)

후처리작업은 해석 결과를 효과적으로 처리하여 결과를 분석하고 판단하는 과정이다. 온도나 압력, Weld Line 등은 전체적인 분포도로 확인하는 것이 편리하며, 형체력이나 고화층의 진행 등과 같은 경시변화는 그래프로 보는 것이 좋다. 두께 방향의 온도 변화, 유체의 속도와 같은 결과는 두께 방향의 특정 laminate에서의 분포도 또는 두께 방향의 profile변화로 확인해 볼 수 있다. 재료의 충전상태는 등고선 형태의 line contour로서 실제로 금형내에 수지가 흘러 들어가는 시간에 대응하는 결과를 만들 수 있고 미성형 패턴을 만들어 성형품과 비교해 볼 수 있다.

변형해석의 결과는 계산된 변형량에 적당한 배율을 부여하여 실제로 뒤틀어진 모습으로 관찰할 수 있으므로 쉽고 정확하게 결과를 이해할 수 있다. MOLDFLOW는 마우스의 클릭 상태에서 dynamic rotation과 panning, zooming작업이 수행된다. 이러한 기능은 형상 정의와 결과 분석을 더욱 쉽고 정확하게 이루어질 수 있도록 도와 준다. 모든 해석 결과는 animation처리가 가능하므로 해석 결과는 보다 편하게 사용자의 이해를 도와준다.

3) 유동 및 보압 해석

MF/FLOW는 용융수지가 금형내로 유입할 때 발생하는 재료의 거동을 해석한다. 용융 고분자재료는 비뉴턴, 압축성유체이기 때문에 유동시 매우 복잡한 현상을 보여주며 이것이 사출성형을 어렵게 하는 요인이 된다. 비뉴턴 재료의 가장 큰 특징은 점도를 갖는다는 점이다. 더구나 고분자재료의 점도는 전단 변형율과 온도의 함수로서 상황에 따라 시시각각으로 변화하기 때문에 좋은 상태의 유동 특성을 유지하여 금형내로 유입할 수 있도록 하여 주는 것이 중요하다.

압축성은 용융 고분자재료의 탄성에너지와 관계하며 사출성형기의 압력이 금형에 즉

각적으로 전달되지 못하는 것은 재료의 압축성에 의하여 압력의 상당 부분이 흡수되기 때문이며 기구적인 제어가 금형내로 정확하게 반영되지 못하는 것도 이러한 재료의 특성 때문이다. 이 해석에는 2차원 및 3차원 유동해석과 연속적인 보압해석이 가능하다.

(1) 2차원 유동 및 보압해석

제품을 설계하거나 완성된 금형을 가지고 시사출할 때 이 기능이 유용하게 사용될 수 있다. 2차원 유동해석은 3차원 model이 준비되기 전에 간단하게 strip file을 작성하여 빠른 해석을 수행할 수 있는 특징이 있다.

① 사용할 재료를 선정한다. 재료의 data base에 내장된 유동성 등의 데이터를 사용하여 현재 설계하고 있는 제품의 성형에 가장 적합한 재료를 결정할 수 있다.

② 제품의 살두께를 결정한다. 금형에 재료의 충전이 원활하게 이루어질 수 있는 기본 살두께를 결정한다. 원하는 제품의 성능을 만족시키면서 재료의 사용을 최소화할 수 있는 살두께를 알아 낼 수 있다. 또한 유동의 균형을 실현할 수 있는 적절한 비례를 갖는 살두께를 결정할 수 있다.

③ 게이트의 위치와 숫자를 결정한다. 웰드 라인이나 air trap을 방지할 수 있는 게이트 시스템을 정할 수 있다. 적당한 숫자의 게이트는 사출압과 형체력을 감소시켜 금형의 수명을 연장시켜 주고 성형품의 제조 원가를 절감할 수 있게 해준다.

④ process window를 정한다. 사출압력, 수지 및 금형의 온도, 사출시간을 결정한다. 제품의 품질을 요구하는 수준에서 유지할 수 있는 넓은 범위의 성형 구간을 결정할 수 있기 때문에 사출성형기나 공장의 미세한 환경 변화에 대응할 수 있다.

(2) 3차원 유동 및 보압 해석

① fast 해석은 금형 충전중의 유동거동을 빠르게 해석한다. 이 기능으로 금형의 캐비티에 어떠한 형태로 용융수지가 충전되는지를 알 수 있다. 충전 도중의 수지온도 분포와 사출에 요구되는 압력을 계산할 수 있으며, 표면불량이나 과압의 발생, 전단응력의 형성을 알아낼 수 있다. 이 해석은 매우 빠르게 수행되기 때문에 게이트의 위치나 숫자, 러너, 스프루 등의 설계를 검토할 수 있으며, 2차원 해석에서 얻어진 성형조건이나 데이터베이스에 있는 조건을 이용하여 수행된다. 또한 유동의 균형을 고려한 제품의 살두께 변경에 대한 효과도 검증할 수 있다.

② 러너 시스템은 수지가 캐비티로 공급되는 경로이기 때문에 자동 러너 밸런싱은 용융수지가 각 캐비티에 동시에 충전될 수 있도록 러너의 치수를 자동적으로 계산하

여 주는 기능을 의미한다. 이것은 내부응력을 최소화하고 캐비티간의 물성 편차 발생을 방지하며, 수지량을 절감할 수 있는 설계 데이터를 얻을 수 있다.

③ multilaminate 해석은 재료의 PVT 데이터를 사용하여 두께방향의 변화에 대한 해석을 수행함으로서 보다 정밀한 결과를 얻게 한다. 이 해석은 유동과 보압과정을 연속으로 수행하며, 다수의 layer에서 온도, 전단변형, 점도의 실질적인 값을 사용하여 두께 방향의 변화를 계산한다.

④ MF/FLOW 유동해석은 MF/COOL에서 계산된 금형온도 편차를 고려할 수 있다. 금형면의 온도편차는 용융 고분자재료의 유동에 영향을 주기 때문에 MF/COOL 결과를 고려한 유동해석은 실제 현상을 보다 정밀하게 반영한다.

4) 냉각 해석

사출성형에서 금형은 뜨거운 용융수지의 열을 금형 외부로 방출시켜 빠르게 고화 시키는 일종의 열교환기로 생각할 수 있다. 열은 금형의 열전도와 냉매의 대류 및 순환, 형체부로의 열전달과 대기중으로의 복사 효과에 의하여 저하되고 재료는 고화된다. 금형 냉각에서 가장 중요하게 생각하여야 할 두 가지 요소는 빠른 냉각과 균일한 냉각으로 제품의 생산성과 품질에 매우 민감하게 영향을 미친다.

금형의 냉각설계는 이와 같은 두 가지의 영향을 고려하여 주의 깊게 결정되어야 하며 부분적으로 온도가 집중되는 특정 위치(hot spot)는 유동해석 결과로서 파악할 수 있으므로 이러한 부분이 생기면 특히 냉각회로를 집중적으로 접근시켜주어야 한다.

(1) 금형 냉각수 회로설계의 일반사항

① 금형면에서 냉각수구멍의 거리는 금형면에 근접할수록 효율이 향상되지만 금형 내압에 저항할 수 있어야 하므로 보통 냉각수 구멍 직경의 2~3배 정도 떨어진 곳에 가공한다.

② 냉각수 구멍의 직경은 열전달 효율에 가장 직접적인 영향을 미친다. 일반적으로 제품의 살두께가 2mm 이하인 경우에 8~10mm, 4mm 이하인 경우에 10~12mm, 6mm 이하인 경우에 12~15mm가 적당하다.

③ 냉각회로의 간격이 멀면 온도 등고선의 분포가 불균일해져서 국부적인 수축편차 유발의 원인이 된다. 금형면 온도의 균일한 분포를 위해서 회로간의 거리는 냉각수 구멍 직경의 3배 이내로 하는 것이 좋다.

④ 냉각회로의 구성은 특별한 이유가 없는 한 직렬로 하는 것이 좋다. 병렬회로에서는

분기점에서 예기치 못한 유량변화로 열전달 효율이 급격하게 변화할 수 있기 때문이다.

⑤ 금형 냉각조건의 결정은 냉각회로내의 냉매가 충분한 난류상태를 유지하려면 레이놀즈수가 10,000 이상이 되어야 하고, 입수온도는 목표한 금형온도보다 10~20℃ 정도 낮게 설정해야 한다.

(2) 냉각해석의 기능

제품의 품질을 향상시키고 사이클 타임을 단축하여 생산원가를 절감하기 위해서는 MF/COOL해석이 필수적이라 할 수 있다. 냉각회로의 위치와 크기, 냉매의 종류, 금형과 코어의 형상 등과 관련된 데이터를 결정할 때 유량이나 입수온도 등의 냉각조건이 사용된다.

① MF/COOL은 열전달과 냉각수 구멍내의 냉매 유동을 해석한다. MF/FLOW의 유동해석과 인터페이스되므로 냉각해석 결과에 의한 금형의 불균일한 온도분포를 반영하여 보다 정밀한 유동해석이 가능하고, MF/WARP 해석과도 호환되어 금형온도 편차에 의한 제품 변형해석에도 MF/COOL 결과가 사용된다.

② 냉매의 유동해석 결과는 냉각관에서의 냉매 유동상태를 파악할 수 있게 해 준다. 이로부터 냉각장치의 최적 운전조건을 결정할 수 있다.

③ 열전달해석은 경계요소법을 사용하며, 금형내 용융수지의 열전달과 온도분포를 계산한다.

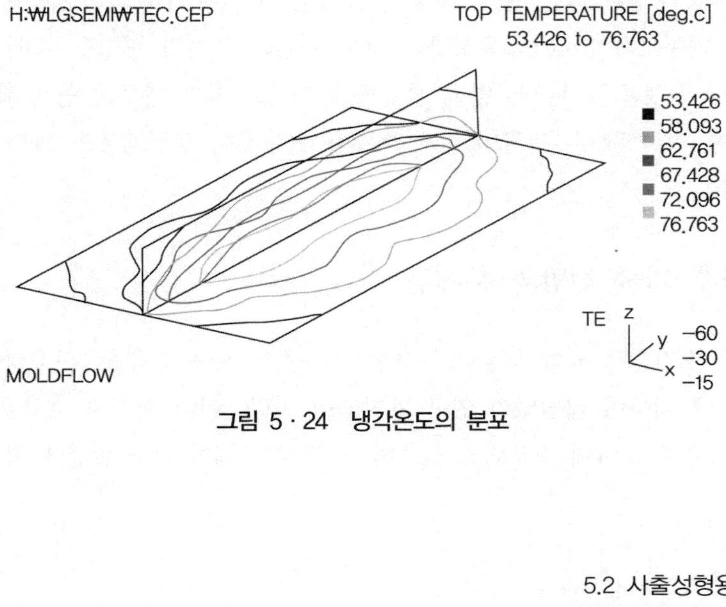

그림 5 · 24 냉각온도의 분포

5) 변형 해석

(1) 재료의 수축 특성

용융 고분자재료는 압력과 온도에 따라 체적이 변화한다. 사출성형에서 금형내의 압력 전달과 온도 변화는 국부적으로 상이한 체적수축을 발생시켜 변형 발생의 중요한 원인이 된다. 균일한 체적수축을 유도하기 위해서는 금형의 전부분에 압력이 일정하게 전달되어야 하고 온도 저하를 최소화하여야 한다. 재료가 결정성수지일 경우에는 결정화 온도를 경계로 하여 체적수축의 변화가 더욱 심해진다.

(2) 변형 해석의 목적

MF/WARP는 플라스틱 제품의 변형현상을 해석하여 과학적인 이해를 돕고, 변형이 어느 곳에 발생하는지를 예측하여 설계의 최적화를 이루며, 적절한 재료의 선정과 성형조건을 결정하게 함으로서 금형이 가공되기 전에 제품의 변형을 방지할 수 있는 방안을 모색할 수 있게 한다. MF/WARP를 사용하면 가장 중요하게 요구되는 치수정밀도와 외관 품질을 만족하는 제품을 최소의 원가로 개발하는데 효과적이다. 이 해석은 성형품의 수축과 변형과정을 포함한다.

① 수축해석은 고분자재료의 유동해석에서 파생되는 유동방향과 유동의 직각방향에 대한 수축률을 정확하게 고려할 수 있고, 수지 데이터 베이스에 구축되어 있는 재료의 이방성 수축 데이터를 사용한다.

② 유리섬유나 탄소섬유가 첨가된 복합재료는 fiber option을 사용하여 복잡한 성형품에 대해서도 정확하게 수축과 변형을 계산할 수 있다. fiber가 첨가된 수지는 재료 자체의 거동보다 fiber의 특성과 배향이 제품의 수축과 변형을 지배한다.

③ 플라스틱 성형품은 대부분 얇은 살두께를 가지고 있기 때문에 쉽게 좌굴이 일어난다. 선형 좌굴해석은 좌굴의 발생 여부를 판단하여 성형제품의 최종 형상을 예측하여 준다.

5.2.4 향후 기술 전망과 문제점

사출성형 CAE기술은 해석의 정밀도 향상, 효율적인 사용과 응용, 신공정에의 대응 등과 같은 요구에 의하여 끊임없이 연구 개발되어 왔다. 이미 몇가지 새로운 해석기술이 상용화되어 특수한 분야에 적용되고 있으며, 향후 하드웨어 기술 발전에 힘입어 더욱 강력한 기능을 갖춘 시스템이 등장하리라고 본다. 현장에서 경험적으로 얻어진 많은 데이터와 이론적으로 계산된 조건들을 비교 평가하여 공정의 상태를 자동적으로 통제해서 최적화하는 지능형 공정제어기술도 가까운 장래에 실용화될 전망이다. 또한 최근의 솔리드 모델링기법에 해석기술을 접목하여 설계자가 제품설계후 재료의 유동과정을 직접 분석할 수 있는 기술이 개발되고 있다. 이러한 CAE기술은 개발 제품의 신뢰도를 향상시키고 원가를 절감시켜 주며 개발기간을 단축하여 경쟁력 향상의 좋은 도구가 될 것으로 예상된다. 다음에는 현재 연구되고 있는 신기술들의 현황과 문제점들에 대해서 간략하게 살펴 본다.

1) 입방체 요소를 이용한 해석

현재의 shell mesh를 이용한 해석의 가장 큰 제약은 원래 형상의 부분적인 단순화가 필연적이며 이에 따라 해석 정밀도가 저하되는 점이다. 물론 대부분의 플라스틱제품은 전개 면적에 대하여 두께를 무시할 수 있을 정도이기 때문에 현재의 기술로도 해석의 정밀도는 충분히 신뢰할 수 있는 수준이다. 그러나 두께의 변화가 심한, 특히 엔지니어링 플라스틱으로 제조되는 많은 기능성 제품은 기본적으로 shell mesh로서 형상을 표시하기 어려운 경우가 있다. 예를 들어 두께의 변화가 있는 제품을 플라스틱으로 성형하는 과정을 CAE로 해석하기 위하여 기존의 한 면으로 이루어진 유한요소로 정의한다는 것은 해석 결과의 정밀도가 상당히 저하될 수 있음을 의미하며 원래 제품의 형태를 제대로 표현하기가 어렵다. 이러한 경우에는 형상 그대로 정의되는 3차원 모양의 입방체 요소를 사용하여야 정확한 해석 결과를 얻을 수 있다. 이 해석 방법은 보다 향상된 해석의 정밀도를 기대할 수 있지만 해석 시간이 기하 급수적으로 증가하며 하드웨어의 디스크 공간을 과도하게 점유하여 실용화의 가장 커다란 장애가 되고 있다.

3차원 해석은 제품의 형상적인 제약이 없는 입방체 요소를 사용하기 때문에 제품 내부 위치에서의 유동에 관련된 모든 변화를 계산할 수 있다. 이 해석은 기존의 유한 요소를 사용하는 해석에서는 정상적으로 추정할 수밖에 없었던 성형품 내부의 기포(void)형성이나 제팅(jetting) 등의 성형불량을 정량적으로 해석할 수 있다. 또한 제품 두께 방향의 온도나 속도 변화를 정밀하게 계산한다.

2) 지능형 공정제어

사출성형을 통한 제품 개발 과정에서 가장 계량화하기 어려운 단계는 성형기 자체의 미세한 환경 변화를 포함하는 성형기술 분야이다. 용융수지가 금형내로 유입될 때에는 높은 전단변형으로 인하여 사출성형기에서 입력된 여러 조건이 그대로 유지된다고 생각할 수 없는 경우가 많다. 폴리플로필렌 수지는 특히 전단 발열과 강한 배향 특성을 가지고 있는데 노즐에서의 지시 온도보다 금형유입시 수지의 온도는 마찰에 의하여 보통 30℃에서 80℃까지 상승하는 경우도 있다.

사출성형기는 유압이나 전동식으로 동작되는 장치이므로 계절이나 성형공장의 환경 온도 변화에 따라 기구적인 동작의 오차가 발생할 수 있다. 그리고 다단 속도와 다단 보압의 설정도 제품의 품질에 커다란 영향을 준다. 그러나 현재의 사출성형 기술은 미세한 변화를 감지하고 보정할 수 있는 기술이 확립되어 있지 않아서 순간적인 공정의 변화에 순발력있게 대응하기 어렵다.

사출속도는 제품의 표면 품질에 결정적인 영향을 준다. 은조(silver streak)현상은 재료에 포함된 수분이나 휘발분이 표면에 드러나면서 나타내는 흔적인데 재료의 유동속도가 일정하고 용융 선단의 profile이 균일하다면 수분이나 가스는 금형의 벤트홈 쪽으로 밀려가 금형 외부로 빠져 나가므로 제품 표면 품질에 영향을 주지 않는다. 제품의 게이트 직후와 같이 금형 캐비티 두께 변화가 심한 곳은 수지의 유동 속도와 용융 선단의 모양이 부분적으로 급격하게 바뀌어 용융선단의 표면에 묻어 있던 수분이나 휘발분이 제품의 표면에 남게 된다. 이러한 현상을 방지하려면 재료가 캐비티에 충전될 때 어느 곳에서나 동일한 속도를 유지할 수 있도록 해주어야 하는데 결국은 사출성형기의 속도제어를 정밀하게 하여 원하는 위치에서 요구 속도가 지켜질 수 있도록 해 주어야 한다. 용융 고분자재료는 각각의 재료에 따른 고유한 압축 특성을 가지고 있다. 이 압축성은 온도와 압력에 따라 변화하는데, 이러한 특성을 고려하여 속도를 제어해야 한다. 지능형 공정제어는 CAE에서 얻어진 목표값과 실제로 성형기내부에서 발생되는 현상을 매 순간마다 비교 평가하여 입력 데이터를 보정할 필요가 있는 경우에는 실시간으로 사출기를 제어해 준다. 이러한 제어방식은 예측하기 어려운 성형 환경의 변화와 목표 값의 간격을 자동적으로 보정하여 항상 일정하게 동작할 수 있도록 공정을 제어한다. 이 기술은 한 도메인의 변수를 종속화하여 다른 도메인에 매핑시켜주므로서 목표와 실제상태를 비교하고 평가하는 방법을 사용한다. 설정되어 있는 온도와 속도 및 압력값은 유동되는 재료의 실제값과 비교되고 이 과정에서 목표값과 실제값의 오차가 허용공차를 벗어나는 경우에 그 차이를 보정할 수 있도록 사출성형기의 제어부로 피드백된다. 제어부는 이 신호를 받아 설정치를 자동으로 변경한다.

3) 문제점과 동향

사출성형용 CAE 중에서 휨 해석이나 섬유배향해석은 비교적 내용이 명확하여 판단하기 쉬운 해석이다. 실제의 사출성형에서 일어나는 성형불량, 예를 들면 플로마크나 광택불량 등은 여러 인자가 복합되어 일어나며, 해석 결과로부터 원인을 규명하기는 어렵다. 또한 금형내에서의 수지 거동을 측정하는 기술, 예를 들면 정확한 온도 측정도 아직은 미흡하기 때문에 온도에 의한 불량현상을 설명하기 어렵다. 따라서 각종 성형 실험과 해석 프로그램 개발을 병행하여 진행하는 것이 필요하다.

향후의 금형설계 추세는 3차원 모델링으로부터 시작하여 필요한 해석과정을 거치고 수정된 후 금형가공까지 일괄적으로 연결될 것이다. 또한 개발 업무의 중복을 방지하여 최소의 노력으로 충분한 효과를 얻기 위한 동시공학의 적용이 보편화될 것이다. 이와 같은 추세에 있어서 가장 큰 걸림돌은 유한요소를 사용하는 CAE해석 분야이다. 솔리드로 생성된 3차원 모델로 유한요소해석이 가능하도록 인위적으로 shell 형태의 요소로 변환하는 과정은 때로 과도한 시간이 소요되며 변환작업 자체가 어려운 경우도 있다. 이와 같은 어려움을 극복하는 기술적인 방법은 위에서 언급한 3차원 입방체 요소를 사용한 해석기술을 실용화하는 것과 다음에 기술하는 새로운 방식의 해석기술이 있다. 현재는 솔리드 형태의 모델을 직접 사용하는 유체해석이 최신 기술이다. 요소의 분할과정은 프로그램 내부에서 최적 상태로 자동적으로 이루어지므로 설계자는 당연히 shell 형태의 유한요소를 분할하는 과정이 필요 없게 된다. 따라서 3차원 개념설계에서 해석, 가공까지 모델을 변환하지 않은 채 공통적으로 사용하게 되어 개발기간을 획기적으로 단축할 수 있다. 이 기술은 3차원 솔리드 모델링 기능을 제공하는 어떠한 설계 프로그램과도 완벽하게 호환할 수 있으며, 데이터베이스에 구축된 각종 자료를 효율적으로 사용할 수 있도록 될 것이다. 장래에는 제품설계자가 개념 설계상태에서 유동성을 분석하여 성형품의 살두께를 결정하며, 사용할 수지를 선택하고 최적 성형조건과 러너, 게이트 시스템을 결정할 수 있을 것이다. 이것은 제품 개발시 빈번하게 발생되는 시행착오를 과학적으로 검증하고, 가장 효과적으로 해결하여 제품의 품질을 향상시키고, 원가를 절감시키며, 납기를 단축할 수 있음을 의미한다.

Chapter 6

사출성형불량 및 후가공

6.1 사출성형

인간의 생활수준 향상에 큰 영향을 준 석유 화합물인 플라스틱은 기능과 사용의 편리성에 비하여 환경적인 측면에서는 좋지 않은 영향을 미쳤다고 볼 수 있다. 따라서, 최근의 플라스틱 산업분야의 기술개발 추이는 환경에 영향을 미치지 않으면서도 제품의 고부가가치를 추구하는 방향으로 변화하고 있다. 이러한 측면에서 플라스틱 산업계에서 대응해야 할 방법은, 첫째는 비용절감을 위한 기술개발, 둘째는 고품질화를 위한 기술개발, 셋째는 환경문제를 고려한 기술개발을 들 수 있다. 생산비의 절감측면만을 고려한다면 다음과 같은 방법으로 대응할 수 있다.

① 에너지 사용을 줄일 수 있는 설비 또는 관련기술의 개발
② 성형작업의 고속화
③ 공정의 자동화 및 무인화
④ 부품의 일체화를 통한 제조공정 단축
⑤ 박육화 및 경량화를 통한 재료비 절감

고품질화를 위해서는 저비용으로 고품질을 달성할 수 있는 제조기술을 보유하고 있으면 별다른 문제는 되지 않으나, 일반적으로 고품질을 추구하는 데는 생산공정의 추가나 관리항목이 늘어남에 따라 제조비용이 상승하게 된다. 따라서, 재료의 고성능화와 고기능화를 통한 제품의 고품질화에 대응하는 방법은 다음과 같다.

① 공정의 자동제어와 시스템화를 통한 제품의 고정도화 추구
② 금형제작 및 성형조건의 최적화

③ 재료의 가소화, 혼련의 균질화

④ 재료의 물성 향상

플라스틱 재료의 재활용은 성형시의 불량품, 로스 및 일반가정, 사무실에서 버린 제품 등 다양하다. 이들 중에 플라스틱의 종류를 확실히 분류해야 리사이클 원료로서의 가치를 가지게 된다. 다른 종류의 플라스틱이 섞여있는 원료는 성형 시 및 성형 후에 여러 가지 문제를 일으키게 된다. 구체적으로는 용융온도의 차이에 의한 성형불량, 성형품 표면의 플래시, 핀 홀, 강도 저하 등 성형품의 상품가치에 관계되는 중대한 문제를 일으킨다. 다른 종류의 플라스틱이 섞이면, 물성이 저하되어 재활용이 어렵게 되지만, 용융온도가 높은 플라스틱 중에는 용융온도가 낮은 플라스틱과 조금 섞여 있어도 재활용이 가능하다. 예를 들면 폴리프로필렌의 융점은 130°C, 폴리에틸렌은 130°C이다. PP중에 다소 PE가 섞여 있어도, 강도가 약간 떨어질뿐이고, 성형은 가능하다. 하지만 PE에 PP가 섞여있는 경우, PE의 용융점에서 PP는 용해되지 않아 제품이 나쁜 상태로 나오며, 강도도 극단적으로 떨어져 사용할 수 없는 상태가 된다. 최근에는 샌드위치 성형(표면층은 좋은 재질, 중간층은 재활용 재료 등 저렴한 재질을 사용하는 이중사출 기법)을 활용하여 원가절감을 하는 성형법도 개발되어 상용화되고 있다. 따라서 플라스틱 재료의 재활용은 두 가지 측면에서 고려될 수 있다.

첫째는 성형시 발생하는 스크랩과 불량품을 분쇄하여 재사용함으로써 폐기하는 재료의 손실을 줄이는 것이다. 제품에 따라 원재료만을 사용해야 양품이 나오는 것도 있으나, 대부분의 제품은 분쇄된 재생 재료가 함유되어도 특성이 그다지 열화되지 않으므로 제품별, 재료별로 제품특성에 영향을 미치지 않는 적당한 배합 비율을 파악하는 것이 중요하다. 둘째로는 폐기시키더라도 분해되어 환경을 오염시키지 않는 재료와 기술의 개발이 중요하다. 이를 위해서는 다음과 같은 대응방법을 들 수 있다.

① 생분해성 및 광분해성 재료의 개발

② 분해가 용이한 제품설계

③ 일반 폐기물과의 선별

④ 재활용 기술의 개발

⑤ 재활용 재료사용 제품의 개발

사출성형 기술은 기계적 성질이 금속재료의 수준까지 향상된 엔지니어링 플라스틱의 개발과 함께 발전하여 제품의 고품질화에 기여하고 있다. 성형기술의 진보는 사출 성형기의 고성능화뿐만 아니라 성형기 주변기기의 발전을 가져 왔으며, 금형제작 수준의 향상에도 큰 기여를 하였다. 사출성형 기술에서 중요한 위치를 차지하고 있는 것은 CAE에 의한 해석기술이라고 할 수 있다. 성형해석용 S/W가 성형품 설계와 성형가공의 신뢰성 향상과 효율화에 많은 기여를 하고 있다. 사출성형 CAE는 성형품 설계를 위시하여 성형 수축, 변형, 강도예측, 잔류응력 등에 이르기까지 활용범위를 넓혀 가고 있다. 성형 설비면에서는 성형기와 주변기기, 특히 제어계측의 성능이 크게 향상되었으며, 지금까지의 일반적인 성형법에 부가기능을 첨가한 복합성형 기술로 발전시킨 공법이 개발되고 있다. 계측기술 측면에서도 성형기 및 금형에 고성능 센서를 설치하여 성형상태의 온라인 제어를 실시함으로써 제품의 정밀도 향상에 현저한 발전을 이룩하였으며, 제어방법에서는 전문가 시스템에 의한 고능률화, PVT 특성을 이용한 성형조건 제어기술 등이 새로운 연구분야가 되고 있다.

사출성형은 플라스틱을 가소화 계량하는 공정, 가소화된 플라스틱을 금형의 캐비티에 사출하는 공정, 사출된 플라스틱을 냉각시키는 공정 등으로 이루어져 있으며, 각 공정마다 단속적으로 용융혼련, 유동, 냉각이 행하여지기 때문에 점성유체의 비정상적인 유동과 열전달을 포함한 복잡한 변화를 수반한다. 따라서, 성형품의 상태는 여러 가지의 조건에 영향을 받으므로 효과적인 제어 시스템이 요구된다. 사용되는 공정제어 방법에는 품질의 변동을 감시하는 모니터링 시스템, 품질의 향상을 위한 프로그램 컨트롤, 품질의 안정성을 향상시키기 위한 피드백 컨트롤과 어댑티브 컨트롤 등이 있다. 성형품의 불량을 야기하는 요인을 보면 다음과 같다.

① 성형품 설계 잘못으로 근본적인 불량
② 금형에서의 설계 혹은 제작 불량으로 인한 성형품 치수 불량
③ 사출성형작업에서 성형조건의 불합리 혹은 작업자의 실수에 의한 불량
④ 사용재료의 건조 혹은 보관사항으로 발생하는 불량
⑤ 성형한 성형품을 후가공 하는 과정에서 발생하는 불량

이와 같이 불량요인이 서로 연관되어 발생하므로, 불량원인을 잘 파악하여 대책을 수립하지 않으면 안 된다.

6.1.1 성형 조건

성형품 설계, 금형설계, 금형 구조 및 제작 등이 계획한데로 완벽하다고 하여도 성형 작업과정에서 불량을 짧은 시간에 개선할 수 있는 방법과 금형을 간단히 수리, 보완하기 위한 방법을 기술한다. 사출 성형기에 의해 성형품을 제조하는 공정은 재료의 계량→가

열 용융→사출→냉각→제품 취출 동작으로 이루어진다. 이 과정이 전자동 또는 반자동으로 반복되는데, 성형품의 품질은 성형조건에 따라 현저하게 영향을 받는다. 물론 좋은 품질의 성형품을 제조하는데는 사용수지의 특성을 고려한 제품설계와 금형설계를 하고, 또한 성형품에 적합한 용량의 성형기를 선정하는 것도 중요하지만, 무엇보다도 적정한 성형조건을 설정해야만 좋은 품질의 성형품이 얻어질 수 있을 것이다. 다시 말하면 성형재료를 충분한 온도 관리하에서 가소화하고, 적정한 사출속도와 사출압력으로 금형 내에 주입 부형(賦形)해서 균일한 냉각으로 고화시키는 일이 중요하다. 이들 작업은 별개 문제가 아니며, 서로 밀접한 관계가 있으므로 충분히 검토해서 실시해야 한다.

성형조건의 설정은 성형품에 요구되는 품질을 만족시키고, 능률적인 생산을 목적으로 성형재료, 금형, 사출 성형기를 총괄해서 온도, 압력, 시간 등의 요인을 구체적으로 부여하는 것이다. 성형품의 품질에 영향을 주는 성형조건으로는 용융수지 온도, 사출압력, 사출속도, 사출시간, 냉각시간 등이 있다. 성형품의 형상, 크기, 사용재료에 따라 그 성형성이 다르므로 한층 복잡해서 한결 같지는 않으나, 우선 수지의 종류에 따라 온도조건의 범위를 정한다. 정해진 온도범위 내에서 온도, 압력, 속도를 선정한다. 그러나 이들의 요인은 서로 관계가 있으므로 다음의 수단을 취하는 것이 좋다.

① 온도를 일정하게 하고, 사출압력을 저압(고압), 사출속도를 저속(고속)으로 조합

② 압력을 일정하게 하고, 수지온도를 고온(저온), 사출속도를 고속(저속)으로 조합

③ 속도를 일정하게 하고, 수지온도를 고온(저온), 사출압력을 저압(고온)으로 조합

구체적인 설정으로서 될 수 있는 대로 저온, 저압측에서 출발해야 한다. 또, 원료 공급량도 처음에는 적은 쪽에서 출발해서 서서히 증가해 가고, 금형온도도 균일하게 해야 한다.

1) 실린더 온도

실린더 온도는 용융수지 온도를 지배하는 큰 요인으로서 유동성을 조절하는 것이므로 용융수지의 점도를 어느 정도로 하느냐가 관건이다. 점도는 낮은 것이 캐비티의 충전성이 좋고 내부변형도 적어지며, 외관도 개선되므로 수지온도를 높인다. 그러나 수지온도를 높이는 것은 열안정성의 측면에서 제한을 받는다. 사출용량이 적을 경우에는 실린더 내의 체류허용 시간도 고려해야 한다. 실린더 온도는 수지의 종류 및 등급, 금형의 구조, 성형기에 따라 차이가 있으므로 멜트 인덱스 플로(melt index flow)나 스파이럴 플로(spiral flow)의 길이를 참고하여 범위를 정한다. 용융수지의 충전이 곤란한 얇은 제품의 성형, 제품형상이 크고 유동거리가 길 때나 표면광택을 특히 요할 때는 일반적으로

실린더 온도를 좀 높게 설정해서, 유동저항을 작게 하는 것이 좋다. 그러나 극단적으로 높이는 것은 수지의 열분해를 일으킬 위험성이 있으므로 주의해야 한다. 살두께가 두꺼운 제품의 경우는 유동저항도 작고 충전이 용이하므로 실린더 온도를 조금 낮게 설정하는 것이 싱크 마크나 기포발생을 방지하는 것도 되므로 좋은 대책이다. 실린더 온도가 낮을 때는 일반적으로 성형품에 배향현상이 강하게 나타나므로 유의한다. 이와 같이 실린더 온도는 재료의 유동성에 큰 영향을 주므로 성형 중에 변화가 없도록 제어하여야 한다.

2) 사출압력 및 사출속도

일반적으로 사출압력 및 사출속도는 큰 편이 좋다. 사출속도를 빠르게 하는 것은 특히 두께가 얇은 제품을 성형할 때 중요하며, 캐비티에서의 수지온도가 거의 균일하게 되어 성형품의 밀도, 강도를 균일하게 하며, 표면광택이 좋아지고 성형수축을 작게 해서 휨의 발생을 막으며, 또한 압력강하가 작아지므로 대형 캐비티에 대해서도 충분한 충전이 되는 등의 효과가 있다. 그 반면 잔류응력이 커지는 경우도 있다. 살이 두꺼운 제품의 성형시는 얇은 제품만큼 엄격하지 않고 압력, 속도, 모두 비교적 작아도 별 문제는 없다. 이와 같이 사출압력 및 사출속도는 금형 내에서의 유로의 단면적에 따라 달라지므로 제품설계에서의 살두께나 게이트 위치의 선정에 유의하여야 한다.

3) 금형온도

금형온도는 수지온도와 사출압력 등의 조정역할을 할 수 있으므로 설정은 가급적 약간 높고 균일하게 설정해야 한다. 용융된 고온의 수지를 금형 내에 신속히 충전하고, 이것을 균일한 속도로 냉각, 고화시키는 것이 좋다. 즉, 약간 높은 금형온도의 설정은 수지의 유동저항을 작게 하며, 배향이 작아지고, 잔류응력도 작으며 성형품의 표면광택을 향상시키는 효과를 가져온다. 금형을 냉각한다는 것은 식히는 것이 아니고, 고온으로 주입된 수지의 온도를 금형 밖으로 빨리 배출하는 것이며, 그것을 위해서는 냉각수가 항상 금형 안을 순환하고 있어야 한다. 즉, 열교환이 행해지는 것이며 항상 금형표면 온도를 균일하게 유지하는 것이 이상적이다. 금형온도 조절기의 사용이나 금형의 냉각수 출구와 입구의 온도차가 ±3℃ 이내로 되도록 유량을 조절하는 등에 유의해야 한다. 비결정 수지는 열변형 온도보다 10℃ 정도 낮은 것이 이상적이며, 결정성 수지는 높은 금형온도를 서서히 냉각시키면 결정은 증가하고 강성은 커지지만 내충격성, 수축률은 저하하므로 설정시 고려하여야 한다. 금형온도를 약간 높게 설정하면 성형 수축률이 커져 싱크

마크가 발생하고 성형 사이클 연장 등의 단점도 있으므로, 재료 특성에 맞는 금형 온도 관리가 중요하다. 사출현장의 실태를 보면, 사출 시 냉각 호스를 작업자 임의로 연결하여 작업함으로서, 금형의 온도 밸런스는 무시되거나 충전 밸런스를 맞추기 위해 살 두께나 게이트의 크기, 위치, 러너의 크기 등을 수정하는 경우가 있다.

이런 경우의 대부분은 냉각 분배관 또는 밸브가 부착된 개별 냉각을 사용하지 않고, 한개 호스에 의존하여 전체 냉각 회로를 구성하는 경우가 대부분으로, 냉각 분배관, 조절밸브가 부착된 개별 냉각 설치가 중요하다. 이를 설치하게 되면 일정한 성형 조건을 얻을 수 있고, 성형시간을 단축할 수 있다. 또한 동일한 금형 온도 조건 유지로 금형 수정이 적어지고, 외관적 결함 , 변형을 줄일 수 있어 치수 및 품질이 안정된다.

4) 사출시간

사출시간은 성형품의 형상, 크기에 따라 다르나 완전한 충전과 외관상의 제품품질에 따라서 정한다. 사출시간은 충전시간과 보압시간으로 나뉘어지며, 보압시간이 게이트 고화시간보다 짧으면 캐비티 내에 충전된 용융수지가 역류해서 싱크나 공동이 발생하거나 치수불량이 되며, 너무 길 경우에는 성형 사이클이 길어진다. 고화시간의 추정은 캐비티 내의 압력거동으로 판단하는 것이 가장 확실하다. 일반적으로 평판상의 얇은 제품에서는 휨이 발생하기 쉬우므로 사출시간을 짧게 하고, 살이 두꺼운 제품은 싱크 마크나 기포의 발생을 막기 위해 길게 한다. 그리고 게이트 지름이 클 때에는 짧게, 지름이 작을 때는 길게 설정한다. 물론 사출시간에는 성형온도, 사출압력과의 상관관계가 있다.

5) 냉각시간

냉각시간은 성형 사이클의 단축에 가장 효과가 큰 비중을 차지하는 공정이다. 게이트가 패쇄 후 냉각과 수축이 이루어지며, 압력이 떨어지는 동안 중합체의 온도가 열변형온도이하에서 고화될 때, 금형이 열리게 된다. 형개 시에는 잔류응력이 남아 있으며, 고화시간과 사출압력이 높으면 잔류응력은 강하게 남아 있다. 따라서 용융수지가 고화해서 성형품을 캐비티에서 밀어내어도 변형이나 극단적인 후수축에 의한 치수불량이 생기지 않는 한계시간에 맞출 수 있으면 가장 효과적이다. 냉각시간은 실린더 온도, 금형온도, 수지의 열방산율과 스프루, 러너를 포함한 성형품의 살두께에 따라 변화한다.

예를 들어 그림 6 · 1과 같이 스프루와 러너가 제품의 살뚜께보다 치수가 크기 때문에, 냉각시간은 스프루와 러너가 고화되기까지의 시간이 대부분이다. 그러므로 스프루와 러너 근처에 냉각라인을 삽입하여 냉각시간을 단축하는 것이 필요하다. 충분히 냉각하면 성형품의 변형을 방지할 수 있으나, 성형 사이클의 연장이나 금형으로부터의 제품빼기가 나빠진다. 냉각시간이 짧을 때는 성형품은 충분히 고화되지 못하므로 이형에 의한 외력으로 변형을 일으키거나 치수 안정성이 나빠진다. 이러한 점에서 냉각시간으로서는 성형품을 빼낼 때 무리가 없어야 하고 변형을 일으키지 않는 시간을 설정하는 것이 필요하다. 표 6 · 1은 성형조건별로 성형품에 미치는 영향을 열거한 것으로서 성형조건의 설정시 참고되어야 할 사항이다.

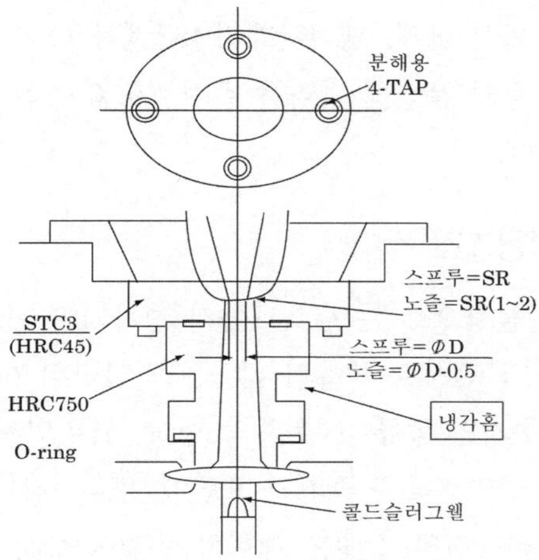

그림 6 · 1 스프루의 냉각

표 6 · 1 성형조건이 성형품에 미치는 영향

성형조건	좋아지는 효과	나빠지는 효과
재료공급이 많을 때	충전부족(short shot)의 해소	플래시(flash)의 발생, 잔류 응력이 큼
성형재료의 온도가 높으면	성형성 향상, 잔류응력의 감소, 유동배향이 적어진다.	성형재료, 안료의 분해, 플래시 발생, 수축률이 커짐
사출압력이 크면	성형성 향상, 싱크 마크가 적어진다.	잔류응력이 커진다.
사출속도가 빠르면	분자배향이 적어진다.	
금형온도가 높으면	잔류응력이 적어진다.	수축률이 커진다 냉각시간이 길어진다 생산성이 저하된다.
냉각시간이 길면	변형이 적어진다.	생산성이 저하된다.
가압시간이 길면	싱크 마크가 적어진다.	잔류응력이 커진다.

6.1.2 성형품의 품질과 성형조건

성형조건을 구성하는 각 요인이 성형품 품질에 미치는 영향은 각종 수지의 조직구조에서 오는 특성의 차에 따라 다를 것이고, 성형품의 품질평가의 중점을 어디에 두는가에 의해서도 성형조건은 달라진다. 성형조건을 구성하는 각 요인은 단독으로 만족한 품질의 성형품을 얻는 데는 부족하며, 각 요인이 서로 복잡하게 영향을 미치는 경우가 많으므로 실제경험의 축적도 중요하다. 사출성형에서 성형품의 품질을 결정짓는 과정은 크게 나누어 충전단계, 게이트실 단계, 냉각단계의 3단계를 들 수 있으며, 각 단계에서 성형품의 외관, 치수, 물성 등의 품질에 영향을 준다. 표 6 · 2는 성형품의 품질과 성형요인의 관계를 나타낸 것이다.

1) 성형품의 외관과 성형조건

일반적으로 외관은 성형불량으로 눈으로 보아서 평가되며, 상품가치에 연결되는 중요한 품질이다. 외관불량은 그 현상의 종류가 많고, 또 불량의 하나 하나가 어떤 성형 조건의 영향을 받고 있고, 수지의 종류, 성형품의 형상, 금형의 구조 등과 함께 검토해서 대처해야 한다. 성형품의 표면광택은 금형의 표면에 용융수지가 심하게 충돌하고, 또한 압착되어 냉각 고화해서 금형면의 상태를 재현하는 것이므로, 그 과정에서 휘발성분이나 이형제가 들어가지 않아야 한다. 웰드 라인은 용융수지가 금형의 유로에서 분기해서 흐르고, 다시 합류해서 융합하는 위치에 발생하는 자국이므로 성형품의 디자인 변경 이외에 그것을 없앨 수는 없다.

2) 성형품의 치수 안정성과 성형조건

사출성형으로 성형되는 제품의 치수는 수지의 종류, 금형과 제품의 설계, 성형조건 등에 따라 다르다. 성형과정에서 열, 압력, 냉각 등의 외부 에너지의 영향을 받으며 수지 고유의 수축이나 성형품 자체의 형상에 의한 수축, 성형조건에 기인하는 수축 등이 일어난다. 그리고 사용 중에 경시적으로 치수변화가 일어나며, 그 정도는 수지에 따라 가지각색이다. 성형품의 치수 안정성은 성형 수축률의 변동을 어떻게 정밀하게 관리하느냐에 달렸는데, 많은 요인이 서로 얽혀 있으므로 수축과 요인을 관련짓기가 어렵다. 성형수축의 최대원인은 수지의 용융유동과 냉각에 따르는 상변화에 의한 체적변화로서, 여기에 결정화와 같은 분자구조가 바뀌면 한층 변화가 커진다.

표 6·2 성형품의 품질과 성형과정

품질항목		성형과정			품질항목에 영향을 주는 기본적 요인
		충전	게이트실	냉각 (금형 내)	
외관	충전부족, 플래시	○	△		수지, 충전제의 유동배향, 잔류응력
	변형(휨, 비틀림)	△	△	△	
	플로 마크, 웰드 라인 은줄 등	○	△		
치수	성형 수축률	△	△	○	열, 압력에 의한 용적변화, 결정화(또는 경화반응)에 의한 용적변화
	배향에 의한 치수차	△			수치, 충전제의 유동배향
물성	응력균열	△	△	△	성형압력에 의한 내부응력, 열수축의 불균일에 의한 내부응력, 유동배향에 의한 내부응력, 2차 가공조건, 사용시의 여러 가지 조건
	기계적 성질 및 각종 특성	△	△	△	

※ △ : 품질항목과 직접 관련한다. ○ : 품질항목과 직접적 관련이 특히 깊다.

이것은 결정성 폴리머에서 현저한데, 성형시 재료는 융점을 통과해서 가열 냉각되고 상변화에 따르는 체적변화가 일어난다. 이 체적변화의 정도는 결정성 폴리머가 크고, 비결정성 폴리머가 작다. 대표적인 수지의 온도 · 비용적의 관계를 표 6 · 3에 표시한다. 이 변화는 성형시의 성형수축과 깊은 관계가 있고, 비용적인 온도변화가 큰 수지일수록 성형 수축률이 커진다.

표 6·3 플라스틱 재료의 비용적과 수축

재 료	폴리머형	수 축	200℃비용적 : 23℃비용적
HD 폴리에틸렌	결정성	0.020~0.035	1.26
LD 폴리에틸렌	결정성	0.015~0.030	1.22
폴리프로필렌	결정성	0.010~0.025	1.20
나일론 6-6	결정성	0.020	
폴리스티렌	비결정성	0.002~0.005	1.11
HI 폴리스티렌	비결정성	0.002~0.008	1.11
ABS 수지	비결정성	0.002~0.005	1.16

사출성형에서 금형에 주입된 용융수지는 게이트가 닫혔을 때 비교적 높은 온도와 압력을 가진 채 캐비티를 완전히 채우게 된다. 캐비티의 체적을 V_1, 충전되어 있는 수지의 중량을 M_1이라 하면, 비용적 $V_1 = V_1/M_1$으로 표시된다. 게이트는 이미 닫혀 있으므로 수지량의 보급은 없고, 일정 중량에서 냉각된다. 성형품이 상온 상압하에서 V_2의 비용적을 갖는다고 하면, 그 체적 $V_2 = V_2/M_1$으로 표시되며, $(V_1 - V_2)/V_1 = \Delta V/V_1$이 성형품의 체적 수축률로 된다. 체적 수축률 $\Delta V/V_1$은 V_1이 작을수록, V_2가 클수록 작아진다. 즉, 비용적이 작은 폴리스티렌은 비용적이 큰 폴리올레핀보다 성형 수축률이 작고, 상온 상압하에서 비용적이 크면 고온 고압하에서의 비용적과의 차가 줄어들며, 체적 수축률이 작아지고 성형 수축률도 작아진다. 이와 같이 온도에 의해 비용적이 변화하므로 온도를 일정하게, 압력도 일정하게 유지하는 것은 물론인데, 주입하는 수지량을 일정하게 유지하는 것이 체적변화를 없게 하고, 성형 수축률을 안정시키는 것이 되어, 성형품의 치수의 산포(散布)를 줄이게 한다. 성형수축에 큰 영향을 주는 성형조건으로서는 일반적으로 열가소성 수지에서는 금형온도와 수지온도가, 열경화성 수지에서는 경화의 정도를 좌우하는 성형온도와 시간 등을 들 수 있다.

열가소성 수지의 경우는 수지온도가 높아지면 비용적이 커지고, 성형수축도 커진다. 그러나 어느 온도 이하로 내려가면 금형 내의 수지의 유동이 나빠져서 성형품 내부의 분자배향이 일어나기 쉬워지고, 저온에서 성형수축이 커지는 경우도 있다. 일반적으로 게이트 치수가 작을 때 수지온도를 올리면 성형수축은 작아지고, 이 경향은 결정성 폴리머에 많으며, 금형온도가 높을 때에 수지온도를 올리면 금형온도는 한층 높아지고 냉각속도가 저하해서 결정화가 진행되어 성형수축은 커진다.

3) 성형품의 물성과 성형조건

성형품의 물성은 기본적으로는 사용된 수지자체의 물성을 이어 받지만, 성형품의 설계, 금형설계, 성형조건에 따라서는 그 고유의 특성을 충분히 발휘할 수 없는 경우가 있다. 여기서는 성형품의 물성에 영향을 주는 성형요인을 중심으로 수지의 종류에 따른 차이점을 고찰해 본다. 결정성 폴리머의 사출성형에서의 물성에의 영향은 수지온도와 금형온도라는 결정화에 영향을 주는 열적인 요인이 크다. 수지의 흐름방향과 직각방향에 따라 인장항복 강도의 거동이 다르다. 흐름방향의 인장항복 강도는 어떤 실린더 온도 이하는 대단히 크고, 그 온도 이상에서는 거의 변화하고 있지 않다. 신장은 흐름방향에서는 온도의 상승과 함께 완만하게 향상되고, 직각방향에서는 위의 온도 이하로 낮으며,

유동이 큰 등급일수록 이 경향이 현저하다. 이들은 모두 배향에 기인하는 것이며, 유동성이 큰 등급이 저온측에서 수지온도의 영향을 크게 받는 것은 저분자의 수지일수록 결정화하는 속도가 빠르기 때문이다.

금형온도의 영향은 온도가 높을수록 인장항복 강도를 높이고 신장은 약간 저하시킨다. 이것은 온도가 높을수록 서냉이 되고 결정화도가 높아지기 때문이다. 폴리스티렌, 폴리카보네이트 등의 비결정성 폴리머에서는 수지의 배향성이 물성을 좌우한다. 배향성을 주는 요인으로는 성형온도나 금형온도, 유동성을 들 수 있는데, 결정성 폴리머와 거의 같은 경향을 나타내며, 수지온도와 금형온도가 약간 높은 것이 물성향상에 기여한다.

열경화성 수지는 열가소성 수지와 달리 성형과정에서의 가열, 가압에 의한 화학반응에 의해 경화시켜서 성형품을 만들므로 금형온도, 경화시간이 크게 영향을 미친다. 금형온도가 높으면 경화 정도도 높아지고, 경화시간을 짧게 할 수도 있다. 경화시간은 성형품의 성능을 결정지을 중요한 요인이며, 전기적 특성, 기계적 특성, 물리적 특성에 영향을 미치므로 유의하여야 한다.

6.1.3 생산성과 성형조건

플라스틱 제품이 소비자에게 사랑을 받고, 안심하고 사용되기 위해서는 제품설계, 금형설계 그리고 그 가공과 적정한 성형조건에 의한 성형과 품질검사가 전제조건이 될 것이다. 물론 경제성을 무시할 수 없으므로, 가격에 대한 소비자의 이해도 필요하지만 생산성의 향상에 충분한 배려를 해 나가야 한다. 그러나 단지 시간당의 생산수 또는 성형품 1개당의 쇼트 시간만으로 계산되는 것은 아니며, 후가공에 요하는 시간과 비용이나 원재료 사용량에 대한 양품의 수율(收率)을 높이기 위한 대책 등 종합판단을 해서 진행시키는 것이 중요하다. 사출성형에서의 성형조건은 온도, 압력, 시간의 요소에 의해서 설정된다. 양품을 얻기 위한 최적 성형조건은 성형품의 외관 및 치수 정밀도와 생산성 향상을 목적으로 한 성형 사이클 단축에 주는 영향을 고려해서 설정해야 하는데, 수지가 설계 등의 영향도 받으므로 사전에 충분히 목적하는 성형품의 기능을 만족시키는 조건의 검토가 필요하게 된다.

사출성형의 생산성 향상과 비용절감은 성형 사이클을 단축하는 것이 우선해서 행하여진다. 그 성형 사이클에서 가장 긴 시간을 요하는 공정은 일반적으로 냉각시간이다. 수지의 종류나 성형기의 능력에 따라서는 가소화 시간이 되는 경우도 있다. 따라서, 성형

사이클 단축의 순서로서는 냉각시간, 냉각온도를 변화시켜서 양품성형이 가능한 범위를 구하기 위해 사출압력, 금형온도를 약간 높게 설정하고, 용융수지 온도는 설정한 사출압력, 금형온도로 만족할 성형품이 얻어지는 온도로 해 두고 성형 테스트를 시도한다. 처음에 사출시간을 변동시켜서 최저사출 시간을 구하고 다음에 냉각시간의 단축과 냉각온도의 저하를 시도해서 최저시간과 최저금형 온도를 구하는 방법으로, 성형 사이클의 단축을 도모하는 것이 일반적이다. 성형 사이클의 단축은 어디까지나 성형품의 품질이 사용하는 수지의 특성을 유지하며, 제품사양에 합치하는 것이 전제가 된다. 스크루형의 사출 성형기에서는 가소화 시간이 성형 사이클 단축에 영향을 주는 인자 중의 하나이다. 짧은 시간에 보다 많은 수지를 가소화할 수 있다면 경제적이므로 스크루 회전수는 혼련과 가소화가 충분하고 균일하게 되는 것이 좋은데, 실린더 내의 발열이나 구동모터 출력 등의 제한 때문에 일률적으로 고속으로 하는 것은 어렵다.

성형 사이클은 성형기의 타이머 설정에 의해 정해지는데, 금형의 구조, 수지의 열적 성질, 성형품의 살두께나 형상 등에 의해 설정되므로 정해진 수지로 일정한 성형품을 성형할 때에 영향을 주는 인자를 선정해서 대처해야 한다. 성형 사이클은 크게 충전시간, 냉각시간, 형개폐 시간으로 나눌 수 있다. 여기서 충전시간이란 가소화된 수지가 캐비티에 유입해서 충전이 끝날 때까지의 시간이고, 냉각시간이란 가압유지하의 냉각과 가압 제거 후의 냉각시간의 합이다. 충전과정은 가소화된 수지의 용융상태, 유동속도, 유동거리 및 유동 중의 온도, 압력변화의 정도에 따라 얻어지는 성형품의 외관이나 물성을 거의 결정하는 중요한 과정으로, 수지의 용융점도가 낮고, 실린더 온도가 높으며, 사출압력이 높고 게이트가 클수록 충전시간은 짧다. 냉각시간은 성형 사이클 중 가장 긴 시간이 걸리는데, 용융수지 온도, 금형온도와 스프루, 러너를 포함한 성형품의 살두께가 영향을 준다. 일반적으로 수지의 열전도율이 크고 열변형 온도가 높을수록 짧으며, 실린더 온도, 금형온도가 높고 성형품의 살두께가 두껍고 비열이 커질수록 길어진다. 냉각시간의 단축은 금형의 냉각방법이나 금형의 구조를 충분히 검토해서 결정해야 한다.

사출성형에서 스프루나 러너의 파생은 피할 수 없다. 물론 스프루, 러너를 재생해서 사용하는 것으로 원재료의 양품 수율(收率)을 높이는 조치가 취해지는데, 재생하는 재료의 열이력의 파악, 보관이 충분하지 않으면 성형품 품질의 저하, 오염에 의한 외관불량이 되고 성형수율의 저하나 원가상승의 원인이 된다. 따라서, 낭비를 적게 하고 비용절감, 수율향상, 성형 사이클 단축 또는 2차적이긴 하지만 위험방지 대책의 의미도 포함시킨 러너리스 성형이 개발되기에 이르렀다.

6.1.4 플라스틱 재료의 성형조건

제품의 사용분야에 따라 성형품에 요구되는 기능이 다르고, 사용되는 플라스틱 재료도 선택된다. 사용재료에 따라 성형 수축률도 다르고, 성형조건이 주는 영향도 달라진다. 여기서는 대표적인 재료의 일반적인 성형에 즈음해서 필요하다고 생각되는 유의점에 대해 설명한다. 표 6 · 4는 대표적인 수지의 성형조건의 일례를 표시하는데, 이것은 어디까지나 목표이며 성형품의 형상, 크기, 살두께 등의 요인에 의해 달라진다.

1) 폴리아세탈

폴리아세탈(POM)은 결정성 폴리머이며, 그 성형 수축률은 비결정성 폴리머의 폴리스티렌 등보다 크고 1.5%~3.5% 범위이다. 성형 수축률에 영향을 주는 인자로는 성형품의 살두께, 게이트 치수, 사출압력, 사출속도, 금형온도 등이 있고, 수지온도의 영향은 크지 않다. 성형기는 플런저형이나 스크루형의 어느 것에나 사용되나, 스크루형이 비교적 낮은 사출압력으로 성형되는 이점이 있다. 성형온도는 기계적 강도나 치수 정밀도를 얻기 위해서 균일한 수지온도의 설정이 필요하고, 190~220℃ 범위에서 성형한다. 사출압력은 고압이 좋고, 800~1200kgf/cm²의 범위가 적합하다. 금형온도는 60~80℃ 범위가 적합하며, 광택을 중시할 때는 약 120℃ 정도로 한다. 그러나 결정성 폴리머이므로 금형온도가 높아지면 성형 수축률은 커지므로 유의한다.

폴리아세탈은 흡습성이 적으므로, 장기간 방치하지 않으면 그대로 성형에 사용해도 지장은 없다. 그러나 성형기 내에서 장시간 체류하고 고온을 받으면 열분해가 일어나 포름알데히드 가스가 발생해서 위험하다. 따라서, 성형기의 실린더 안이나 노즐 등에 수지가 체류하지 않도록 주의함과 동시에 노즐은 프리플로형이 좋으며, 고화해서 노즐이 막히지 않도록 히터를 부착해야 한다. 만일 분해가 시작되면 퍼지를 계속해서 실린더 안의 과열 또는 장시간 체류한 수지를 빨리 배출하는 것이다. 위와 같이 폴리아세탈은 가열체류가 가장 좋지 않으므로, 성형을 할 때에 성형 사이클이 성형품의 품질에 주는 인자가 된다. 성형 사이클은 금형온도, 제품의 살두께 및 형상에 따라 결정되는데, 6mm 두께에 대해 전 사이클을 약 60초로 하는 것이 기준으로 되어 있다. 3mm 두께에서는 약 30초, 12mm 두께는 약 120초의 설정이 좋다. 성형 수축률이 크고, 변형의 우려가 있는 성형품이나 살두께가 불균일한 제품에서는 사이클을 좀 길게 하여야 한다.

표 6 · 4 각종 수지의 성형조건(살두께 3.0mm 이하)

항 목	폴리아세탈	폴리프로필렌	고밀도폴리에틸렌	PVC	폴리스티렌	AS수지
온도(℃)						
실린더 후부	200~230	200~270	200~240	140~150	170~180	200~260
실린더 중앙부	200~230	230~300	230~290	150~160	190~300	220~290
실린더 전부	200~230	220~290	220~280	160~170	200~310	220~260
실린더 노즐	190~200	200~250	200~250	170~180	190~290	200~290
금형온도	60~100	30 ~ 80	30 ~ 80	40 ~ 80	30 ~ 70	40 ~ 80
수지온도	200~210	200~300	200~230	160~180	180~260	200~260
사출압력(kgf/cm²)	1000~1400	600~1400	600~1400	1000~1500	700~1400	700~1400
성형 사이클(sec)	40~60	10~60	10~60	40~60	4~60	10~60
사출시간(sec)	5~20	5~20	5~25	1~30	1~30	2~20
게이트 치수(mm)						
원형 게이트 지름	0.8~1.5	0.5~0.8	0.5~8.0	5 ~ 15	0.8~6.5	0.8~6.5
랜드 길이	0.8~1.0	0.8~1.0	0.8~1.5	2 ~ 5	0.8~1.0	0.8~1.0
직사각형 게이트폭	0.8~1.5	2 ~ 5	2 ~ 5	5 ~15	1.5~2.5	1.5~2.5
직사각형 깊이	0.8~1.5	2 ~ 5	2 ~ 5	5 ~15	0.6~1.3	0.6~1.3
랜드 길이	0.8~1.0	1.0~1.2	1.0~1.2	2 ~ 5	0.8~1.0	0.8~1.0
성형 수축률(%)						
흐름에 평행방향	2.0~2.5	1.1~2.3	1.6~3.0	0.4~0.6	0.3~0.8	0.2~0.8
흐름에 직각방향	2.0~2.5	1.1~2.2	1.5~2.5	0.4~0.6	0.3~0.8	0.2~0.8

항 목	ABS 수지	폴리카보네이트	나일론 6	나일론 6-6	아크릴수지
온도(℃)					
실린더 후부	200~250	300~330	240~300	310~350	230~260
실린더 중앙부	200~250	290~320	230~290	290~350	240~270
실린더 전부	200~250	290~310	230~290	270~320	260~280
실린더 노즐	200~250	290~310	220~260	적 당	250~270
금형온도	40~ 90	80~120	20~ 90	20~ 90	70~ 90
수지온도	200~250	280~300	240~270	270~300	250~270
사출압력(kgf/cm²)	700~1500	1000~1500	800~1500	1000~1500	1000~1400
성형 사이클(sec)	30~45	20~40	15~30	20~30	20~45
사출시간(sec)		5 ~20	5 ~20	15~20	6 ~15
게이트 치수(mm)					
원형 게이트 지름	1.5~2.5	1.0~2.5	1.0~1.5	0.8~1.5	2~ 3
랜드 길이	0.8~1.0	0.8~1.0	0.8~1.0	0.8~1.5	1.5~2.0
직사각형 게이트폭	2 ~ 3	2.5~3.0	1.5~3.0	0.8~1.5	깊이×1.5~2.0
직사각형 깊이	1.5~2.5	2~ 3	1.5~3.0	0.5~1.0	살두께의 70~90%
랜드 길이	0.8~1.0	0.8~1.0	0.8~1.0	0.8~1.5	2 ~ 5
성형 수축률(%)					
흐름에 평행방향	0.3~0.5	0.5~0.8	0.8~1.5	1.5~2.0	0.4~0.9
흐름에 직각방향	0.3~0.5	0.5~0.8	0.8~1.5	1.5~2.0	0.2~0.5

금형은 보통의 강재가 좋으며, 스프루와 러너는 가급적 짧게 하고 스프루의 테이퍼는 1~3°, 러너는 원형이 좋으며 3~10mm 지름이 일반적이다. 게이트는 각종 형상의 것이 적용되며, 성형도 쉽다. 게이트 랜드는 2mm 두께 이하의 성형품에서 1mm 이하, 2mm 두께 이상의 성형품에서는 살두께의 1/2~2/3로 한다. 너무 긴 랜드는 너무 얇은 게이트 두께와 함께 압력손실, 게이트실 시간의 단축화가 이루어지고, 캐비티 내의 압력전달 부족이나 충전부족이 되기 쉽다.

2) 폴리프로필렌

범용 플라스틱 중에서 가장 비중이 가볍고(0.90~0.91), 유동성이 우수하므로 초대형 성형품, 극히 얇은 성형품의 성형이 쉽다. 성형기는 플런저형, 스크루형의 어느 것이든 좋지만, 스크루형이 성형온도를 낮게 설정할 수 있고, 좋은 품질의 성형품을 얻는 점에서도 유리하다. 성형기의 크기는 비중이 작으므로 성형품 중량의 약 1.5배 정도의 공칭 용량의 성형기가 적합하다. 금형은 성형수축이 크고 변형이 비결정성 폴리머에 비해 두드러지므로 금형의 냉각, 특히 코어냉각을 충분히 배려한 설계로 한다. 성형조건은 성형기, 성형품의 크기와 형상, 금형의 구조 및 수지의 등급에 따라 다르지만, 성형온도는 200~300℃ 범위에서 성형한다. 성형온도가 너무 저온이면 분자배향을 일으키고, 변형 또는 충격강도의 저하를 초래할 우려가 있다. 따라서, 약간 높게 설정한다. 금형온도는 40~60℃가 표준이며, 싱크 마크가 우려되는 성형품에서는 더욱 낮게 한다. 상자형 성형품의 측벽의 휨방지에는 코어를 충분히 냉각해서 캐비티와의 온도차를 내는 것이 유효하다. 또, 금형온도에 의해 성형 수축률이 변화하므로, 치수 정밀도를 요구하는 성형품의 경우는 금형온도 조절기를 사용하는 것이 좋다. 사출압력은 플래시가 발생하지 않는 최고압력이 좋고, 800~1200kgf/cm²가 표준이다. 싱크 마크, 공동(空洞)이 발생하기 쉬운 성형품에서는 약간 높게 한다. 사출시간은 5초 이상으로 하며, 싱크 마크, 공동이 문제가 될 경우에는 길게 하고 게이트측의 휨이 문제가 될 때 짧게 한다.

폴리프로필렌(PP)은 흡수성이 거의 없으므로, 성형 때의 예비건조할 필요는 없고, 착색도 쉽다. 성형품의 살두께는 1.8~2.5mm가 적당하고 균일한 설계가 바람직하다. 게이트는 핀포인트, 다이렉트, 특수 게이트 등에 모두 적용된다. 핀포인트 게이트의 지름의 0.5~1.5mm, 랜드는 짧은 편이 좋고, 1.0~2.0mm 정도로 한다. 폴리프로필렌의 성형에서는 금형의 냉각이 특히 중요하고, 냉각수 구멍의 배치를 충분히 검토해서 설치해야 한다. 냉각수 구멍의 간격은 구멍의 중심에서 40~45mm로 하고, 성형품과 구멍의 접근거리는 구멍벽에서 25mm 이내로 하면 좋은 결과가 얻어진다. 그리고 금형의 냉각수 출입구의 온도차가 성형 중에서 ±2~3℃ 범위가 되도록 냉각수의 유량을 조절하는 것이 중요하다.

3) 폴리에틸렌

폴리에틸렌(PE)은 중합방법에 따라 성상이 다르며, 일반적으로 저밀도(고압법) 폴리에틸렌과 고밀도(중 · 저압법) 폴리에틸렌으로 대별된다. 저밀도 폴리에틸렌은 고밀도 폴리에틸렌에 비해 부드럽고 성형성이 우수하다. 고밀도 폴리에틸렌은 저밀도 폴리에틸렌에 비해 강성, 내충격성이 우수하며, 원통용기나 콘테이너 등의 대형 성형품에 실용된다. 성형기는 플런저형, 스크루형의 어느 것이나 사용할 수 있으며, 용융수지 온도를 높이면 일반적으로 표면광택이 증가하여 외관은 좋아지지만 성형 수축률이 커지는 경향을 나타낸다. 또, 너무 저온으로 해도 성형 수축률은 커지며 변형한다. 일반적인 성형온도는 180~300℃ 범위이다. 실제로 얇은 성형품에서는 40~50℃, 두꺼운 성형품에서는 20~30℃ 높게 설정하는 것이 좋다.

사출압력 및 사출속도는 캐비티 내의 수지온도가 거의 균일해지고, 성형품의 밀도와 강도를 균일하게 하기 위해서도 높고 빠른 것이 좋다. 충전 후는 성형품에 과대한 응력을 주지 않기 위해 낮은 압력으로 유지한다. 유지압력을 높이면 성형 수축률을 작게 할 수 있으나, 너무 높으면 과충전에 의한 게이트부의 변형이 커서 균열의 원인이 되므로 주의한다. 일반적으로 금형온도를 높이면 성형품의 광택은 향상되나 성형 사이클이 길어지고 충격강도가 저하한다. 또, 성형 수축률과 비중도 커진다. 금형온도가 낮으면 급냉에 따르는 냉각변형이나 분자배향에 의해 성형품의 변형이나 표층박리가 생기거나 과냉각에 의한 금형면의 결로(結露)에 의해 성형품의 외관을 나쁘게 한다. 일반적으로는 30~80℃ 범위 내에서 선정한다.

4) 염화비닐 수지

염화비닐 수지(PVC)는 다른 플라스틱 재료와는 달리 많은 안정제를 배합하여야 한다. 그 이유는 가공시 열분해 온도가 낮기 때문이며, 무가소제의 경질에서부터 연질 및 초산비닐 공중합체에 이르기까지 여러 가지 배합이 이루어진다. 염화비닐수지는 용융시의 점도가 높고, 또한 가공시의 온도와 수지자체의 분해온도가 근접해 있으므로 열분해에 의한 태움이나 금형의 부식 등의 문제가 있어 성형시에 엄밀한 온도제어가 요구된다.

성형기는 스크루형의 사용이 바람직하며, 금형은 열분해하기 쉬운 것, 유동성이 나쁜 것을 고려한 설계가 필요하다. 스프루, 러너, 게이트는 수지의 유동을 돕고, 압력전달을 쉽게 하기 위해 굵고 짧게 하며, 제품의 살두께를 가능한 한 두껍게 한다. 염화비닐수지는 열분해에 의해 발생하는 염산으로 금형을 부식하므로 만일을 고려해서 수지의 유로는 모두 경질크롬 도금을 한다. 성형온도는 약간 낮게 설정하는 것이 좋은데, 일반적으로는 180~190℃의 범위로 한다. 성형 중에 온도관리를 유의함과 동시에 때때로 퍼지(purge)에 의해 수지온도를 체크하면 좋다. 사출압력은 800~1200kgf/cm²의 범위에서 설정하며, 사출속도는 다른 플라스틱에 비해 조금 낮게 한다. 속도가 빠르면 게이트부에서의 마찰열에 의해 태움의 원인이 되므로 중 · 저속의 범위를 설정한다.

스크루 배압은 조금 낮게 한다. 배압이 높으면 노즐에서 수지의 유출이 있는 플로 마크의 원인이 된다. 스크루 회전수도 높으면 발열이 많아지고, 분해의 원인이 되기 쉽다. 일반적으로 배압은 5~15kgf/cm²로 하고, 스크루 회전수는 20~40rpm의 범위가 적합하다. 염화비닐수지의 성형은 열분해시키지 않는 것이 가장 좋고, 성형종료 후에는 반드시 실린더 내를 안정한 폴리에틸렌이나 폴리프로필렌으로 치환해서 염화비닐수지가 남지 않도록 한다.

5) 폴리카보네이트

폴리카보네이트(PC)는 융점이 높고, 용융점도도 높으므로 일반적으로 높은 성형온도와 압력이 필요하다. 또, 탄산에테르 결합을 가지고 있기 때문에 수분이 있으면 용융시에 분해를 일으키게 되어 성형품의 외관, 품질은 물론 성형상에 트러블을 발생하므로 사용시에 충분한 관리와 완전한 건조를 필요로 한다. 건조시킬 경우에는 용기째 110~120℃의 건조기에 넣고 4~5시간 가열해서 호퍼에 넣고 성형하게 되는데, 펠릿의 온도가 내려가면 급속히 흡수하므로 호퍼를 110℃ 정도로 유지하는 것이 중요하다.

사출 성형기는 스크루형이 적합하다. 플런저형도 사용되지만 성형품이 커지면 문제가 있으므로 소형 성형품의 경우에 사용하는 것이 좋다. 성형기의 노즐은 수지를 고온으로 유지하기 위해 가열한다. 노즐의 온도는 실린더 온도보다 약간 높은 것이 좋고, 흘러내림 현상을 막기 위해 밸브가 붙은 노즐이 적합하다. 금형의 구조도 수지의 점도가 높은 것을 고려해서 스프루와 러너는 가능한 한 굵고 짧게 해서 굴곡부를 적게 설계하고, 단면은 원형이 좋다. 스프루와 러너를 포함해 캐비티의 연마를 잘 해서 유동저항을 작게 한다. 게이트도 원형으로서 랜드가 짧은 것이 좋으며, 위치는 가능한 한 두꺼운 부분에 설치하여야 한다. 폴리카보네이트는 150℃ 이하에서는 연화하지 않으므로, 성형온도는 보통 260~300℃의 범위가 좋다. 분해온도는 약 340℃이고, 성형품의 중량에 대해 성형기의 실린더가 크면 수지의 체류에 의한 분해가 있으므로 310℃ 이상으로는 올리지 않는 것이 좋다. 금형온도는 성형품의 형상이나 크기에 따라서도 달라지지만, 85~110℃의 범위가 좋다. 금형온도가 높으면 유동성이 좋아지고, 광택도 좋고, 변형이 적은 성형품을 얻을 수 있으나 성형 사이클이 길어진다. 온도가 낮으면 변형이 일어나기 쉽고, 크레이징이나 균열의 원인이 된다. 용융온도가 높으므로 큰 사출압력을 필요로 하는데, 너무 높으면 내부변형이 생기고, 성형품이 깨지기 쉽다. 사출압력과 성형온도는 수지의 유동과 서로 관련이 있기 때문에 단독으로 처리하지 않는 것이 좋다.

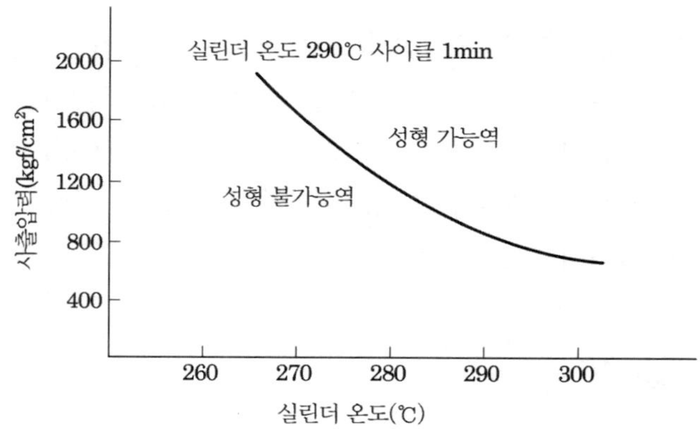

그림 6 · 2 실린더 온도와 사출압력

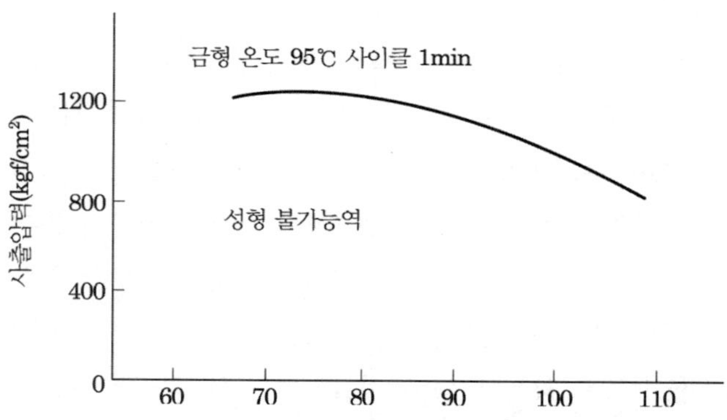

그림 6 · 3 금형온도와 사출압력

성형온도가 낮을 때는 성형가능 영역에 도달하는 사출압력은 당연히 높아진다. 온도가 높을 때는 압력을 낮게 할 수 있다. 물론 게이트 지름이나 성형품의 살두께에 따라서도 다르나 그림 6 · 2와 그림 6 · 3과 같은 관계가 있다.

6) 나일론

결정성 폴리머로서 융점 이상의 용융영역에서 사출성형된다. 흡수성이 높은 수지이므로 충분한 건조를 하지 않으면 성형품에 기포, 은줄, 재질연화 등의 트러블이 일어난다. 나일론(PA)은 온도에 의한 용융점도의 변화가 폴리에틸렌에 비하면 크고 성형시의 온도 변화로 점도가 변해서 품질의 안정성이 부족하므로 성형온도는 엄밀하게 조절해야 한다. 수지를 충분히 섞어 균일한 용융상태가 요구되므로 스크루형 성형기가 좋다. 융점 부근에서 겉보기 비열이 커서 용융에 다량의 열량이 필요하므로 실린더 가열용량이 큰 것이 바람직하며, 또 점도의 온도 의존성이 크므로 실린더 온도를 충분히 조절할 수 있는 것을 선정한다. 특히, 노즐히터는 가급적 용량을 크게 한다. 노즐에서의 흘러내림이 발생하기 쉬우므로 역테이퍼 노즐이나 밸브가 달린 노즐이 사용된다. 성형온도는 성형 수축률, 성형품의 강도, 외관에 영향을 주는데, 일반적으로 230~300℃의 범위에서 성형한다. 보통은 약간 높은 것이 좋은 결과를 가져오며, 너무 높으면 수지가 열분해를 일으켜서 변색하거나 은줄이 발생하기 쉽다. 금형온도는 20~100℃의 범위가 선정되는데, 냉각이 균일하고 적정하게 유지되도록 조절해야 한다. 금형온도가 낮으면 표면경도가 낮고, 강성도 낮아진다. 그러나 성형품의 살두께가 얇고 강인성이나 투명성의 요구에는 낮은 편이 효과적이다.

7) 아크릴수지

아크릴수지(PMMA)는 투명성이 우수하고 성형 수축률도 GP 폴리스티렌과 같이 작아, 주로 판재, 조명기구의 렌즈 등 고급부품에 사용된다. 사출성형용으로서의 아크릴수지는 메타크릴산메틸의 중합체를 주성분으로 한 것이며, 유동성은 폴리스티렌보다 나쁘므로 높은 성형온도가 필요하게 된다. 성형온도의 조절이나 금형설계에 의해 유동저항을 작게 하도록 배려해야 하며, 러너와 스프루는 가급적 굵고 짧게 하는 것이 좋다. 유동성이 떨어지므로 폴리스티렌의 경우보다 약간 고온고압으로 성형되는데, 수지온도가 너무 높으면 성형품이 부서지기 쉽다. 일반적으로 수지온도는 200~220℃로 사출된다. 사출압력은 900~1200kgf/cm^{2}의 범위에서 성형되는데, 재료등급, 성형품의 형상 등을 고려해서 정한다. 금형온도는 높은 편이 유동성이 향상되므로 내부변형이 작고 성형품의 물성이 개선되는데, 너무 높으면 싱크 마크가 발생한다. 일반적으로 60~80 ℃가 표준이다.

6.1.5 플라스틱의 시험법

1) 유동성(流動性)

사출성형에서 성형성의 척도로서, 유동성이 사용되고 있다. 유동성은 용융수지온도, 사출압력 및 전단속도에 의존성이 크지만 그 전체를 파악하는 시험법은 마땅치 않다. 유동성의 실제적인 측정법으로는 맴돌이 형상의 금형을 사출성형기에 걸고 유동거리를 측정하는 나선 유동(spiral flow) 시험이 행해지고 있다. 나선의 중심에 노즐 및 게이트를 설치한 금형을 사용하여 일정한 수지온도, 사출압력, 금형온도, 사출속도로 규정 시간에 사출하여 충전된 길이로 측정한다. 또 다른 유동성 시험방법으로는 압출의 원리를 이용한 것으로서, 2중으로 장치된 가열통에 일정량의 시료를 넣고, 플라스틱의 종류에 따라 정해진 가열온도와 가압력으로 저부(底部)의 가는 구멍(orifice)에 수지를 압출시켜 10분간 압출된 양(g)을 구한다. 이것을 용융지수(melt-flow index)라 정의하여, 그 재료의 유동성 척도로 한다. 이 값이 큰 것이 유동성이 좋은 것이지만, 수지의 종류에 따라 시험조건도 다르기 때문에 용융지수값만 가지고 다른 수지와의 유동성을 비교할 수는 없다.

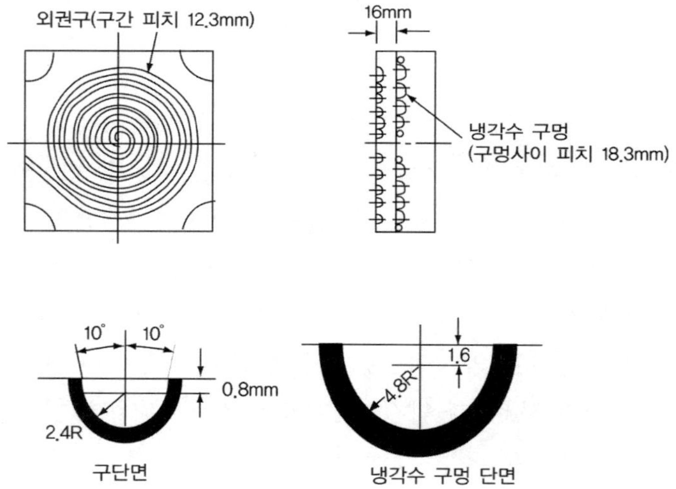

그림 6 · 4 나선 유동 시험용 금형 예

2) 기계적 성질 시험

인장강도(tensile strength) 시험은 플라스틱 재료의 특성 중에서 가장 중요한 것 중의 하나이다. 일정한 치수, 형상의 시험편 양단에 인장하중을 가해, 그 재료가 파단할 때까지의 응력과 변형과의 관계를 표시하는 기계적 성질이다. 굽힘강도(bending strength) 시험은 가늘고 길쭉한 각형의 단면을 가진 시험편을 만들어서 지점위에 올려놓고, 중앙부에 일정속도로 하중을 가해서 최대 파괴응력을 측정한다. 굽힘강도는 다음 식으로 계산된다.

$$\sigma_b = \frac{3PL_u}{2Wh^2}$$

여기서 P : 시험편이 절단되었을 때의 하중(kg), L_u :지점간의 거리(mm), W : 시험편의 폭 (mm), h : 시험편의 높이(mm)

그밖에도 충격강도(impact strength) 시험이 있다. 플라스틱의 충격특성에는 인성(toughness)이 풍부한 PC, PA, POM, ABS 수지 등이 있고, 취성(brittleness)이 강한 유리아, 멜라민 수지, PS, PMMA 등이 있다.

3) 경도 시험(hardness test)

경도는 물질 표면에 외부에서 국부적인 집중하중을 단 시간내에 가했을 때, 발생하는 물질의 변형도에 대한 저항의 대소이다. 경도 측정에는 브리넬 경도(brinell hardness, HB), 로크웰 경도(rockwell hardness, HR), 쇼어 경도(shore hardness) 등이 있다. 브리넬 경도 시험은 주로 열경화성 수지의 경도측정에 사용되고 있으며, 10mm 직경의 강구(鋼球)를 사용해 시험편에 500kg의 정하중으로 30초간 눌렀을 때, 생기는 영구변형의 직경을 측정하고 표면적을 계산해서 경도를 구한다. 로크웰 경도 시험은 플라스틱의 종류에 따라 강구의 크기, 하중의 크기로 분류되어 있으며, 시험편에 대한 측정형상이나 치수는 정해져 있지 않다. 측정방법은 시험편에 정해진 치수의 강구를 대고, 처음에는 소 하중을 주어 눈금을 0점에 맞추고 규정된 하중 60kg 또는 100kg을 주어 15초 후의 변형길이를 눈금으로 읽어서 경도의 값으로 한다. 시험법의 특징은 시험기의 눈금에 의해 경도가 표시되어 바로 읽을 수 있어, 측정이 간단하고 신속하다.

쇼어 경도는 끝에 다이어몬드가 부착된 중추를 일정한 높이에서 시편의 표면에 떨어뜨려 반발되는 높이를 측정하여 경도값이 구해진다. 시편의 경도는 반발된 높이가 높을수록 더 크며, 시편에는 경미한 압입자국이 생긴다. 쇼어경도계는 휴대가 가능하므로 큰 물체의 경도 측정에 편리하게 이용된다. 이 방법은 측정기가 소형이고 취급이 간단한 특징이 있으나, 오차가 많은 것이 결점이다.

4) 크리프(creep) 시험

플라스틱 재료는 정하중이 가해진 상태로 방치하면 시간의 경과와 더불어 변형이 나타나며, 이 현상을 크리프 특성이라고 한다. 이 값을 측정하기 위해서 시험편에 하중을 주고, 그대로 장시간 방치해서 늘어남을 측정한다. 크리프 특성은 하중의 크기, 온도, 진동 등에 많은 영향을 받으므로 이와 같은 조건을 일정하게 정하고 측정해야 한다.

5) 피로시험

플라스틱 재료는 반복 변형을 가하면 기계적 강도가 감소하는 성질이 있다. 이 시험은 규정된 시험편을 사용해서 반복굽힘으로 파괴했을 때의 응력과 반복횟수를 구한다. 피로시험은 여러 가지 응력진폭에 대하여 수행되며, 다양한 형태의 반복하중을 시편에 가하여 파단시까지 작용된 하중의 반복횟수를 기록한다. 응력진폭은 시편이 받는 최대응력과 최소응력의 차를 반으로 나눈 값이다.

6) 열특성 시험

열특성 시험에는 내열성 시험, 내한성 시험, 연소성 시험 등이 있다. 내열성 시험에는 하중변형온도 시험과 연화온도 시험이 있다. 내한성 시험은 빙점 이하의 저온도에서의 저항성을 말한다. 시험방법으로서는 일정한 치수의 상태의 시험편을 dry ice로 냉각한 저온도 욕조에 담그고 아이조드 충격시험과 유사한 방법으로, 충격력을 가해서 파괴되었을 때의 욕조 온도가 내한성이 된다. 이것은 취성온도(brittleness temperature) 시험이라고도 하며, 취성으로 인해 파괴되는 온도를 표시하는 것이다. 플라스틱 재료는 아무리 내열성이 좋은 것이라 해도 합성물질이므로 화염에 연소하지 않는 것은 없다. 따라서 연소성 시험(flammability test)은 플라스틱 재료가 철강이나 콘크리트와 같이 내화성을 의미하는 것이 아니고, 연소에 대해 어느 정도 저항이 있는가를 표시하는 것이다.

6.2 성형불량의 원인과 대책

사출성형에 있어서 목적한 성형품의 외관이나 형상이 불량품이 되어서 그 해결이 난처해지는 경우가 많다. 불량현상의 원인은 성형기, 금형, 성형조건, 수지 등의 요인이 복합적으로 작용하여 나타나게 되므로, 불량현상을 잘 파악하여 대책을 강구하여야 한다. 그러기 위해서는 성형불량의 원인과 대책에 대해 충분한 이해와 실제 성형에서의 관찰과 경험을 쌓아서 대응할 수 있도록 해야 한다.

6.2.1 충전부족

충전부족(short shot)은 성형할 수지가 실린더 안에서 충분히 가열되어 있지 않거나, 사출압력이 낮을 경우나, 금형온도가 매우 낮을 때 수지의 점도가 높고 유동성이 나쁘기 때문에 캐비티 전체로 수지가 돌아가지 않고 냉각 고화해서 성형품의 일부가 부족되는 현상을 말하며, 표 6·5는 발생장소별 충전부족의 불량원인을 나타낸다. 충전부족의 가장 결정적인 요인은 금형의 형상과 수지의 유동성이다. 수지의 유동성은 수지의 종류, 등급에 따라 다르므로 성형품의 실용강도, 디자인에 의해 적절한 것을 선정한다. 또, 성형조건과 성형품의 살두께에 의해서도 좌우된다. 용융수지가 성형기의 노즐, 금형의 스프루, 러너, 게이트를 통과할 때 수지가 냉각되어 점도가 높아져서 유동성이 저하되고, 고화해서 성형품의 말단까지 도달하지 않는 경우가 있다. 이러한 경우 노즐, 스프루, 러너, 게이트의 단면적을 넓히고, 길이를 짧게 하며, 캐비티의 살두께를 허용되는 범위 내에서 늘리거나, 게이트의 위치변경이나 보조 러너를 설치하는 것이 효과적이다. 금형온도가 지나치게 낮으면 유동저항은 커지므로 주의해야 한다.

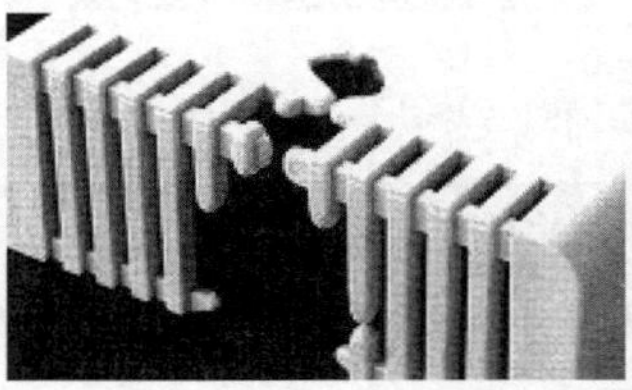 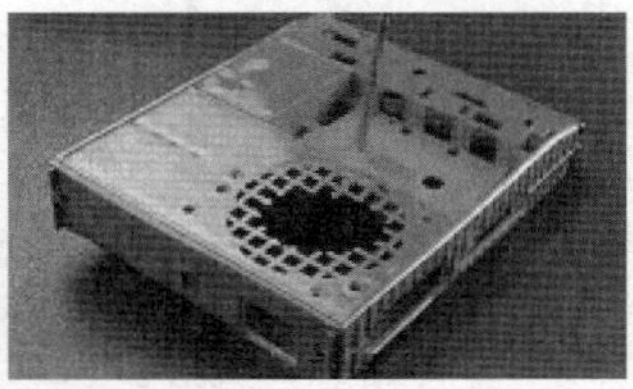

표 6·5 충전부족의 원인

발생 장소	불량 원인
성형기	사출능력(용량, 가소화 능력)이 부족하다. 재료의 공급이 부족하다. 사출압력이 낮다. 수지온도가 낮고 유동성이 나쁘다. 사출속도가 너무 느리다. 재료의 낙하와 스크루에의 흡입이 불량하다.
금 형	게이트의 밸런스가 불량하다. 게이트, 러너 및 스프루가 너무 작다. 금형온도가 낮다. 캐비티 내의 공기가 잘 빠지지 못한다. 캐비티의 살두께가 너무 얇고, 콜드 슬러그가 막힌다. 금형의 냉각이 부적당하다.
재 료	재료의 흐름이 나쁘다. 윤활 처리가 부적당하다.

6.2.2 플래시

플래시(flash)는 금형의 파팅라인, 코어의 분할면, 부시, 이젝터핀, 슬라이드 코어의 주위 등의 틈새에 용융수지가 흘러 들어감으로써 성형품에 여분의 수지가 붙어 성형품보다 면적이 넓어지거나 중량이 늘어나는 현상을 말한다. 주로 금형의 제작단계에서 틈새가 크게 가공되어 생기는 경우가 많으며, 과대한 사출압력으로 인하여 슬라이드 코어가 밀리거나 형판이 변형되어 생기는 경우도 있다. 또한, 성형품의 생산수량이 많은 경우에 슬라이딩 부분에 마모가 증대되어 발생하기도 한다. 표 6 · 6은 발생 장소별 플래시의 불량원인을 나타낸다.

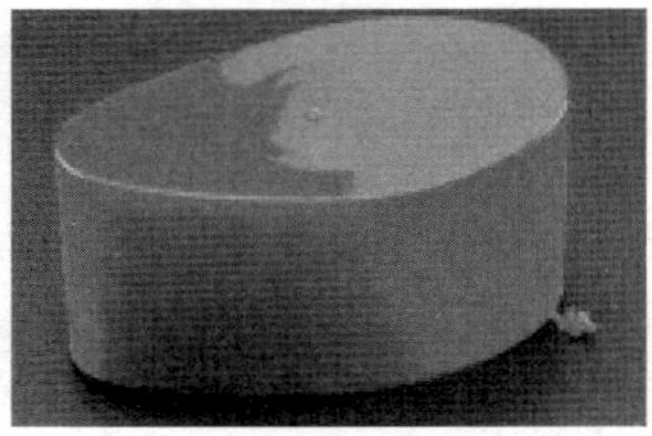

표 6 · 6 플래시의 원인

발생 장소	불량 원인
성형기	사출압력이 높거나, 사출압력 유지시간이 길다. 형체력이 부족하다. 재료의 공급량이 과대하다. 수지온도가 높다. 사출기의 수직도, 평행도 등 보수관리가 나쁜 경우
금 형	금형의 중심이 맞지 않거나, 접촉상태가 불량하다. 금형의 분할면에 이물질이 부착되어 있다. 캐비티의 투영면적이 과대하다.
재 료	성형시의 수지점도가 너무 낮다.

플래시의 형성은 단 몇 사이클 만에도 금형 분할면을 손상시킬 수 있는데, 이는 형체력에 의한 응력이 철강 금형의 허용 압력을 초과하기 때문이다. 금형에 충전되는 동안 가능한 낮게 압력 소비를 유지하기 위해서 사출속도의 프로파일이 점진적으로 진행되어야 한다.(저속 - 고속 - 저속) 특히 충전공정의 완료 시점에 용융 수지의 유동선단이 감소되고, 이는 일정한 사출 속도가 유동선단의 촉진을 일으켜서 압력이 증가되도록 한다. 플래시의 대책으로는 우선 금형의 보수가 선결되어야 한다. 즉, 맞춤면이나 슬라이딩면

의 접촉상태를 양호하게 하고 이젝터핀, 부시는 끼워맞춤 정밀도를 높인다. 또한, 성형품의 투영면적에 걸리는 압력이 성형기의 형체력보다 크면 금형이 열려서 플래시가 발생한다. 캐비티 내의 압력은 성형재료, 성형품의 형상, 성형조건, 금형의 구조, 성형기의 종류 등에 따라 차이가 있으나 일반적으로 200~400kgf/cm²의 값이 취해진다. 따라서, 형체력의 부족에는 성형기의 교체가 필요하다. 또한 주기적인 성형기 점검을 실시하여, 성형기 형판의 평행도, 수직도, 직각도 등 성형기 상태 점검이 필요하다.

6.2.3 싱크 마크

모든 성형품은 성형 후 체적이 감소하면서 고화된다. 성형품의 두꺼운 부분이나 리브, 보스 등의 외측 벽이 불충분한 냉각 때문에 안정되지 못하여 냉각응력에 의해 성형품의 표면에 부분적으로 발생하는 오목현상을 싱크 마크(sink mark)라 한다. 성형불량 현상 중 가장 발생률이 높고 바람직하지 못한 것이다. 금형 내에 주입된 용융수지가 냉각될 때 일어나는 수축은 당연히 금형에 접하는 표면이 빨리 냉각되어 수축한다. 내부는 냉각이 늦게 됨에 따라 빨리 수축하는 쪽으로 수지는 움직이고, 늦게 수축하는 부분은 수지량이 부족해서 표 6 · 7과 같이 원인으로 싱크 마크가 발생한다.

싱크 마크의 발생이 두꺼운 살부분에 많고 재료의 수축, 냉각속도에 차가 있는 점을 고려해서 대처하면 된다. 살두께는 가급적 균일하게 설계하며, 필요에 따라 리브, 보스 등의 부분적으로 두껍게 되는 성형품의 경우라도 될 수 있는 대로 작게 한다. 금형의 냉각 홈은 충분히 뚫고 균일하게 함과 동시에 싱크 마크가 발생하기 쉬운 장소는 냉각을 강력하게 할 필요가 있다. 또한, 금형 내에 압력이 성형품 전체에 전달되도록 게이트, 러너의 단면적을 크게 하고 사출유지 시간을 길게 한다.

표 6·7 싱크 마크의 원인

발생 장소	불량 원인
성형기	사출압력이 낮거나, 사출압력 유지시간이 짧다. 사출속도가 느리다. 재료의 공급량이 적다. 수지온도가 너무 높다. 노즐부의 저항이 크고, 압력손실이 크다.
금　형	금형온도가 너무 높거나 또는 불균일하다. 게이트, 러너, 스프루가 가늘고 저항이 크다. 캐비티에 두꺼운 부분이 있다. 제품의 살두께가 불규칙하고 두꺼운 부분이 있다 (살빼기가 적다)
재　료	수지의 흐름이 너무 양호하다. 재료의 수축률이 크다.

싱크 마크는 냉각공정 중 제품의 특정 부분에서 플라스틱 재료의 열적 수축이 충분히 보상되지 않은 경우에 주로 발생한다. 만약 성형된 제품의 외벽이 불충분한 냉각에 의해 충분히 안정되지 않았다면, 제품의 바깥 표면이 냉각응력에 의해 안쪽으로 끌려들어가게 된다. 이러한 현상은 고화가 너무 느리거나, 보압시간이 너무 짧거나, 보압 전달이 충분하지 않은 경우에 발생된다. 성형품에 최적의 보압 전달을 위해, 가장 큰 단면 부분에 게이트를 설치하여야 한다. 만약 이러한 게이트 설치가 가능하지 않다면, 게이트와 제품의 두꺼운 부분 사이에 flow promoter를 설치하여 보압 전달을 향상시킬 수 있을 것이다.

6.2.4 웰드 라인

웰드 라인(weld line)용융된 수지가 게이트를 통과하여 금형의 캐비티 내에서 구멍이나 2개 이상의 게이트로 분류된 수지가 흐르다가 합류할 때, 서로 다른 온도의 수지가 완전히 융합하지 않고, 성형품의 외관에 나타나는 실모양의 가는 접합선을 말한다. 1개의 게이트로 흐르게 해도 도중에 구멍이 있거나, 인서트가 있거나, 편육이 있을 때에 발생한다. 웰드 라인은 서로 다른 방향에서 둘 또는 그 이상의 유동 선단부가 합쳐질 때 만들어진다. 둥근 형상을 가진 용융재료의 유동 선단부들은 서로 합쳐질 때 평평해지면서 접합한다. 여기서 두 유동선단이 만나는 각도에 따라 웰드 라인과 멜드 라인(meld line)으로 구분한다. 만나는 각도가 135°보다 작으면 웰드 라인, 135°보다 크면 멜드 라인이라고 한다. 일반적으로 웰드 라인이 형성된 후 멜드 라인이 나타나기 때문에 웰드 라인이 품질에 안 좋은 영향을 미칠 것으로 보인다. 웰드 라인이 발생될 때에는 고점도의 유동 선단부들이 캐비티 내를 유동하는 것을 전제로 한다. 최근에는 금형 표면온도를 매체를 이용해 수지의 열변형 온도 이상으로 상승시켜 사출하고, 사출과 보압공정사이 금형온도를 유지하면서, 보압공정 종료 후 금형을 냉매로 급속 냉각하여 금형표면온도를 내려 수지를 고화하여 웰드 라인을 최소화하고 있다. 이렇게 외관 불량을 개선한 스팀몰드(steam mold), 전열몰드 등의 공법이 상용화 되어가는 추세이다. 표 6 · 8은 발생 장소별 웰드 라인 현상의 원인이다.

용접부분은 융합이 완전하지 않기 때문에 강도가 저하하므로 설계시에 고려해야 한다. 웰드 라인은 공기나 휘발성분이 들어가서 발생하는 경우가 많으므로, 합류부 말단에 에어벤트를 붙인다. 또한, 게이트의 위치를 바꾸어서 눈에 띠지 않는 위치로 이동시키는 외에 사출속도를 빠르게 하거나 금형온도, 수지온도, 사출압력을 올리는 등으로 웰드 라인을 최소화시켜야 한다.

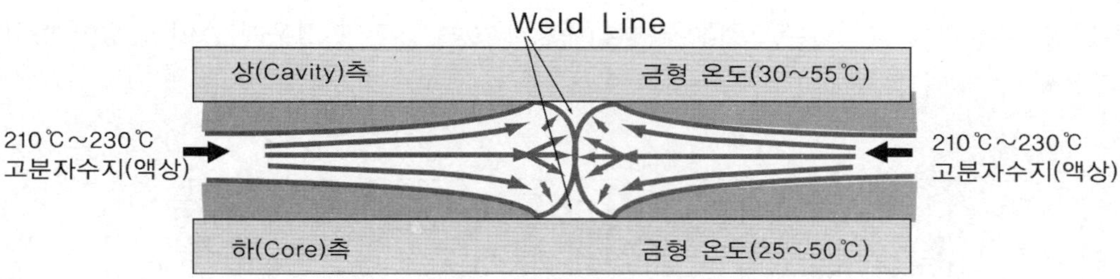

표 6 · 8 웰드 라인의 원인

발생 장소	불량 원인
성형기	수지온도가 낮고, 유동성이 부족하다. 사출압력이 낮다. 사출속도가 느리다.
금 형	게이트부에서 용접부까지의 흐름이 너무 길다. 금형온도가 너무 낮다. 게이트의 위치나 수가 부적당하다. 이형제의 사용이 너무 많다.
재 료	재료 중에 수분이나 휘발성분이 포함되어 있다. 수지의 흐름이 나쁘다. 재료의 고화가 나쁘다.

육안으로 확인되는 웰드 라인에 의한 노치는 부드러운 표면상에서 주로 나타나게 되며, 웰드 라인 주위의 광택 차이는 부식처리가 된 표면과 같이 엠보싱 형태의 특정 무늬를 가진 제품의 표면상에서 주로 나타난다. 더욱이 함께 균질하게 용융되지 않은 유동 선단부들은 제품에 있어 취약점으로 존재하게 된다. 첨가제를 함유한 플라스틱 재료를 사용하는 경우에는 웰드 라인 주위에서, 이러한 첨가제들의 강한 배향 현상이 발생할 수 있다. 첨가제들의 강한 배향 현상은 웰드 라인 근처에서 색상의 차이를 유발시키는 주요한 요인이 된다. 부드럽거나, 매끈한 표면상에 육안으로 확인되는 웰드 라인에 의한 노치 발생은 높은 금형온도에 의해서 최대한 그의 발생을 억제시킬 수 있다. 그렇지만 금형온도를 상승시키는 것은 금형온도가 약 10℃ 증가할 때 마다 제품에 요구되는 냉각시간 역시 약 20% 정도 증가시키게 되며, 제품의 치수 안정성에 편차를 발생시키는 요인이 되기도 한다. 웰드 라인에 의한 노치를 효과적으로 방지하기 위해서는 금형벽 온도를 연화점 혹은 결정화온도 범위까지 증가시켜야 한다. 금형벽 온도를 30℃ 이상 올리게 되면, 경제적 생산을 불가능하게 한다. 웰드 라인 구역의 온도는 별도의 온도 제어 체널로서 선택적으로 제어될 수 있다. 순간적인 가열은 주변 금형 구역에서의 온도 증가와 냉각시간의 증가를 방지한다. 광택 차이의 위험이 있는 표면인 경우에는 이 공정이 항상 적용될 수 없다.

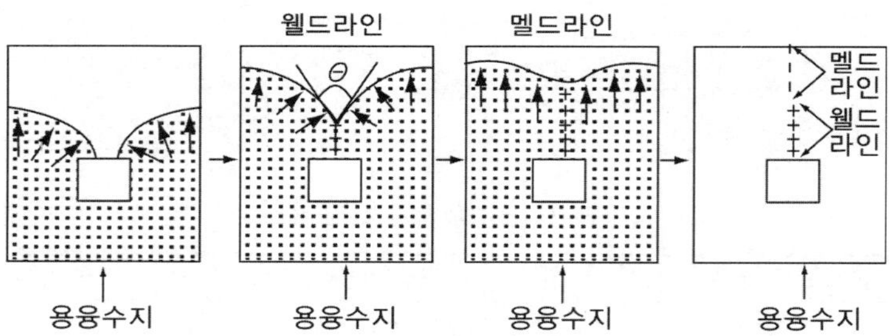

그림 6·5 웰드 및 멜드 라인

6.2.5 플로 마크

플로 마크(flow mark)는 유동궤적이라고도 하며, 용융수지가 캐비티 안에 충전되면서 게이트를 중심으로 동심원 모양의 유동궤적이 표면에 나타나는 것이다. 이것은 수지온도가 낮고 점도가 높은 유동성이 좋지 않은 수지가 캐비티에 접촉하여 반 고화상태에서 압입되어 들어가면 흐름이 직각방향으로 무늬가 생기는 현상이다. 금형 내에 최초로 유입한 수지의 냉각이 너무 빠르므로 다음에 흘러 들어오는 수지와의 사이에 경계가 생겨서 발생한다고 생각된다. 표 6 · 9는 플로 마크의 불량원인을 나타낸다.

대책으로는 게이트로부터 성형되는 시점에 수지온도, 금형온도를 올려서 수지의 점도를 내림과 동시에 유동성을 좋게 하여 사출속도를 빠르게 한다. 또한, 수지가 과냉되는 것을 막고 스프루, 러너, 게이트를 크게 하고 슬러그웰을 설치하면 외관에 발생하는 플로 마크를 최소화할 수 있다

표 6 · 9 플로 마크의 원인

발생 장소	불량 원인
성형기	수지온도가 낮고, 유동성이 부족하다. 사출속도가 느리다. 노즐이 적거나 사출 유지압이 부족하다.
금 형	금형온도가 낮다. 금형의 냉각이 부적당하다. 슬러그웰이 너무 작다. 게이트부가 필요이상으로 냉각되는 경우
재 료	수지의 흐름이 나쁘다. 수지의 점도가 높다

6.2.6 태움

태움(black spots)은 금형 내의 공기가 압축되어서 고온으로 되어, 그 열로 수지가 타는 현상을 말하며, 용융수지가 금형 내를 흐를 때 금형 내의 공기가 빠지는 길이 없는 장소나 웰드 라인이 발생하는 부분에서 에어벤트가 없을 때에 검게 숯 모양으로 탄다. 이것은 발생하는 장소에 에어벤트를 설치하는 것이 가장 효과적인 방법이다. 또, 수지온도를 내리고, 사출속도를 늦추어서 금형 내의 공기가 밖으로 나가는 여유시간을 주는 것도 유효한 대책이다. 그러나 수지의 유동성이 저하해서 충전부족이나 플로 마크를 발생하는 경우가 있으므로 주의해야 한다.

6.2.7 광택 불량

성형품의 표면이 수지 본래의 광택과 다르고 층상에 유백색의 막이 덮여서 안개가 낀 것과 같은 흐린상태로 되는 현상을 말한다. 제품의 표면은 금형 표면을 전사하기 때문에 금형표면의 연마가 나쁘거나 금형면과의 밀착성이 나쁘면 광택불량이 되고, 투명제품에서 투명도가 저하한다. 표 6 · 10에 그 발생원인을 나타내었다. 대책으로는 금형면을 연마하고, 경질크롬 도금을 하는 것도 좋다. 금형온도를 높일수록 광택은 좋아지며, 윤활

제나 이형제를 과도하게 사용하면 수지온도로 기화하고 금형면에 응축해서 흐르게 되거나, 금형과 수지의 밀착이 불충분해져서 광택불량이 되므로 적정량 조정해서 사용해야 한다.

표 6·10 광택불량의 원인

발생 장소	불량 원인
성형기	수지의 용융이 불균일하고, 부분적인 과열이 있다. 노즐이 작거나 식어 있다. 사출속도가 너무 느리거나 너무 빠르다. 실린더 내의 체류 등으로 수지가 과열해 있다.
금 형	금형온도가 너무 높거나 너무 낮다. 게이트, 러너, 스프루의 단면적이 작다. 캐비티의 다듬질이 부족하다. 금형면에 물이나 기름이 부착해 있다. 이형제의 사용이 너무 많다.
재 료	수지의 건조가 부족하여 재료 중에 수분이나 휘발성분이 섞여 있다. 다른 재료가 섞여 있다.

6.2.8 은줄

은줄(silver streak)은 성형품의 표면 또는 표면 가까이에 수지의 흐름방향으로 발생하는 매우 가는 선의 다발로서, 투명재료의 유동방향에 은백색의 줄이 생기는 현상이다. 주로 원재료의 건조 불량에 의한 수분, 휘발분인데, 그밖에 수지의 열분해, 공기가 말려드는 것, 게이트가 너무 작거나 수지온도 및 금형온도가 낮은 경우에 나타난다. 주로 폴리카보네이트, 폴리염화비닐, AS수지 등에 흔히 발생한다. 표 6·11은 은줄의 불량원인이다. 대책으로는 수지 중의 수분이나 휘발성분은 은줄로 될 뿐만 아니라, 플로 마크, 광택불량이나 기포발생의 불량현상도 함께 발생하므로 재료를 충분히 건조시켜야 한다.

건조는 재료의 연화점 이하에서 행하는데, 일반적으로 80~85℃에서 3~4시간이 적당하다. 또한, 실린더 내에서의 재료 퍼지(purge)를 실시할 때는 이종재료의 혼입에 주의한다. 수지온도를 내리고, 금형온도를 올려 윤활제 등의 사용량을 조정해 가면서 가스빼기도 충분히 한다.

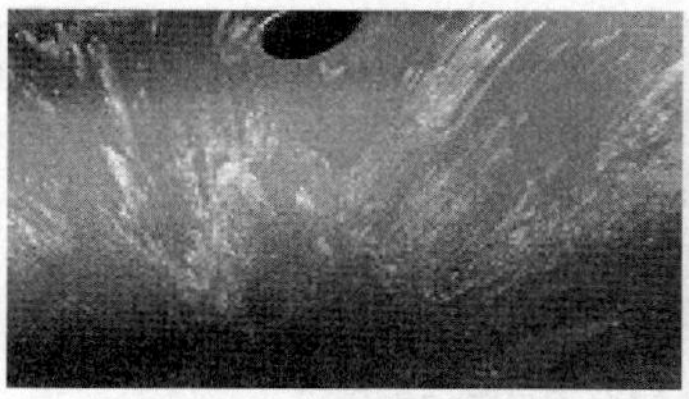
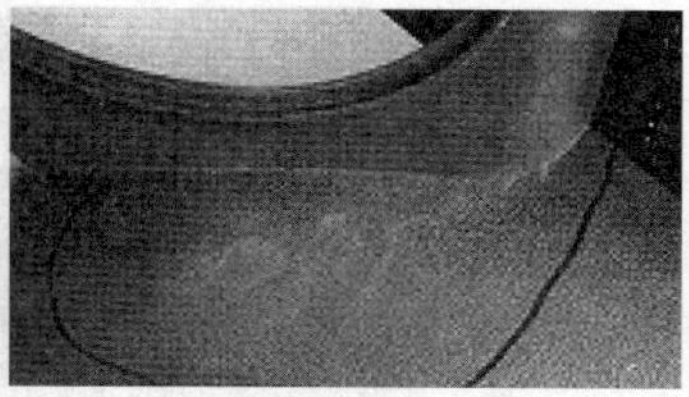

표 6·11 은줄의 원인

발생 장소	불량 원인
성형기	사출용량 및 가소화 능력이 부족하다. 수지가 실린더 내에 체류 등으로 과열해 있다. 사출속도가 너무 빠르다. 사출압력이 너무 높다.
금 형	금형온도가 낮다. 게이트, 러너, 스프루 또는 슬러그웰이 작다. 배기가 부적당하다. 금형표면에 수분이나 유분 이형제가 부착되어 있는 경우
재 료	재료 중에 수분이나 휘발성분이 있다. 실린더 내에 공기가 혼입한다. 수지의 열분해에 의한 경우

6.2.9 흑줄

흑줄(black streak)은 성형품의 내부 또는 표면에 수지나 수지 중의 첨가제 또는 윤활제가 열분해하고 공기가 말려 들어가 타서 검은 줄 모양으로 되어 나타나는 현상이다. 표 6·12는 흑줄의 불량원인이다. 성형기의 종류에 따라 check off 밸브가 부착된 것과 역류 방지링이 달린 것은 수지의 잔량이 남기 쉽고, 이것이 원인이 될 때가 있다. 흑줄은 용융재료가 열적으로 손상을 입을 경우에 발생된다. 열적으로 손상을 입은 용융재료는 고분자 체인의 길이가 짧아지는 결과를 야기시키거나(은색으로 변색) 혹은 거대 고분자 내에서 고분자 체인의 길이가 변화되는 결과를 야기시킬 수 있다.(갈색으로 변색) 열적 손상을 일으키는 원인은 예비 건조 시 설정한 온도가 너무 높거나, 장시간 체류되어 있을 때, 용융온도가 너무 높은 때, 가소화 장치에서 전단력이 너무 높거나 체류되는 시간이 너무 길 때, 착색제에 열적 손상을 가한 경우에 나타날 수 있다. 따라서 실린더 내부나 스크루에 흠이 있으면 마찰열도 가해져서 산화되어 검은 이물(異物)이 되고, 수지에 섞여서 검은 줄이 되므로 주의해야 한다. 이 대책에는 충실한 관리가 요구된다. 또한, 금형의 공기빼기를 충분히 하고 사출속도를 늦추고, 수지온도 및 사출압력을 내린다.

표 6 · 12 흑줄의 원인

발생 장소	불량 원인
성형기	수지가 실린더 내에 체류 등으로 과열되어 있다. 실린더 온도가 너무 높다. 사출속도가 빠르다. 사출압력이 높다. 가열실린더 내면이나 스크루 표면 또는 스크루 역류방지 밸브 등에 체류한 수지의 열분해
금 형	스프루, 러너, 게이트가 작은 경우 게이트부에서의 마찰로 과열 분해한다. 배기가 부적당하다.
재 료	윤활제가 너무 많다. 수지의 수분 및 휘발분에 의한 경우 재료 중에 이물질이 혼입해 있다.

6.2.10 기포

기포(voids)는 성형품의 내부에 생기는 공간으로서 기공이라고도 한다. 기공은 수지의 냉각공정 중 살 두께가 두꺼운 부분에서 열적 수축을 더 이상 보상받지 못하는 경우에 발생한다. 만약 살 두께가 두꺼운 부분에서 외벽 층이 이미 빠르게 냉각이 되었거나, 냉각이 용이한 형상에 의해 안정한 상태로 되었다면, 수지는 더 이상 냉각에 의해 안쪽으로 끌려들어가지 않게 된다. 보압을 적절하게 전달시키기 위해, 게이트는 성형품의 가장 두꺼운 단면부에 설치되어야 한다. 만약 이것이 불가능하다면, 게이트와 살 두께가 두꺼운 부분사이에 덧살(flow promoter)을 설치하는 방법이 있다. 기포는 생성과정에 따라 성형품의 비교적 두꺼운 부위에 생기는 진공포(眞空泡)와 수분이나 휘발성분에 의해 발생하는 기포가 있다. 진공포는 성형품이 식어서 수축되어 갈 때 두꺼운 부위의 바깥쪽이 먼저 고화하기 때문에 늦게 고화하는 두꺼운 부위의 중심은 수지용적이 부족한 채 고화를 완료하므로 공간이 생기게 된다. 이 공간을 단순한 기포와 구분해서 일반적으로 핀홀

(空洞; pin hole)이라고 한다. 이 핀홀은 생성과정으로 봐서 수축 때문에 발생하며, 체적 수축이 큰 폴리올레핀, 폴리아세탈에 많이 생긴다. 표 6 · 13은 기포의 불량원인이다.

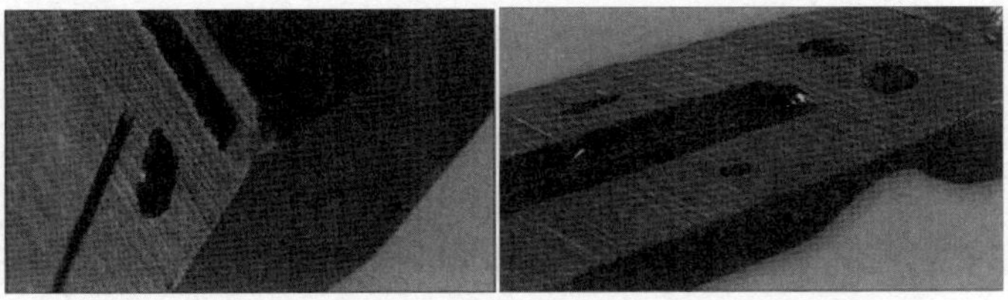

표 6 · 13 기포의 원인

발생 장소	불량 원인
성형기	사출압력이 낮다. 수지온도가 낮고, 유동성이 부족하다. 사출속도가 너무 빠르거나 너무 늦다. 수지온도가 높고, 가스가 발생한다.
금 형	살두께가 두껍거나 급격한 살두께의 변화가 있다. 금형온도가 낮다. 게이트, 러너, 스프루의 단면적이 작다. 공기빼기가 부적당하다.
재 료	재료의 수축률이 크다. 재료 중에 수분이나 휘발성분이 섞여 있다.

핀홀과 기포는 투명한 성형품에서는 절대로 피해야 하는 것이지만 착색, 불투명품에서는 지장이 없는 경우가 많다. 핀홀의 개선에는 스프루, 러너, 게이트의 단면적을 크고 짧게 설계한다. 플래시가 발생하지 않는 범위에서 사출압력을 높이고, 충분한 유지시간을 준다. 유동성이 나쁜 재료는 금형온도를 높인다. 이 개선책은 싱크 마크의 발생과 상반관계가 있어서 양립하기 어렵다. 기포의 대책으로는 재료를 건조시켜서 수분이나 휘발성분을 제거해서 사용함과 동시에 윤활제나 이형제의 과다한 사용을 피하고, 캐비티 내의 공기빼기를 충분히 한다.

6.2.11 제팅

제팅(jetting)은 게이트에서 캐비티에 분사된 수지가 끈모양의 형태로 고화해서 성형품이 표면에 구불구불한 모양을 나타내는 현상을 말한다. 제팅은 금형의 캐비티 내부에서 용융 수지의 유동 선단 부가 제대로 형성되지 않아 발생한다. 게이트에서 시작된 용용수지의 줄기는 제어되지 않은 움직임으로 캐비티 내를 충전하게 된다. 이러한 현상 중에, 용융 수지의 줄기는 나머지 용융재료에 균일하게 접착되지 않을 정도로 냉각된다. 빠른 사출속도 하에서 성형품의 단면적이 급격하게 증가할 때, 제팅이 발생할 수 있다. 또한 제팅은 사이드 게이트에서 콜드 슬러그웰이 없는 금형으로, 게이트에서 캐비티로 유입하는 수지의 유속이 너무 빠르고, 또한 유로가 너무 길면 생기기 쉽다. 대책으로는 게이트의 위치를 재료의 두께방향으로 캐비티 벽에 근거리에서 닿도록 설치한다. 또, 사이드 게이트에서는 콜드 슬러그웰을 붙인다. 게이트부의 재료유속을 느리게 하기 위해 게이트 단면적을 넓히거나 성형기의 노즐온도의 저하를 막는다.

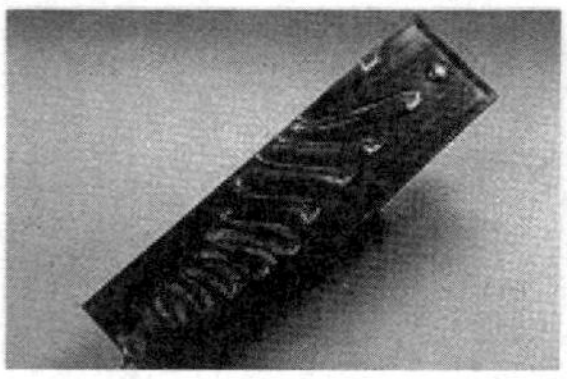

표 6 · 14 제팅의 원인

발생 장소	불량 원인
성형기	사출속도가 너무 빠르다.
금 형	금형온도가 낮다. 콜드 슬러그웰이 작거나 없는 경우 러너 등 유로가 너무 길다 게이트가 너무 적다 게이트 위치가 부적절하다
재 료	수지 점도가 높다

6.2.12 크레이징과 크랙

성형품의 표면에 가는 선모양의 금이 가거나 균열하는 것을 말한다. 이 현상은 성형 직후 나타나거나 냉각되어 가는 과정에서 잔류응력에 의해 발생하기도 한다. 크레이징(crazing)은 용융수지가 캐비티에 충전될 때, 표면은 냉각되어 고화 또는 고점도층이 되지만 중심부는 아직 온도가 높아 저점도층이 되어 그 사이에 전단력이 생겨서 잔류응력을 내장한다. 잠시 후 재료가 탄성한계 이상이 되었을 때 가는 금이 되어서 나타난다. 이 잔금이 더욱 진행되어 보다 커진 상태가 크랙(crack)이다. 표 6 · 15는 크레이징과 크랙의 원인을 나타낸다. 성형품을 옥외에 방치하거나, 도장이나 접착용 용제에 담그거나 조립공정을 하면 크레이징이나 크랙이 발생하는 것도 대부분이 내부응력에 기인한다. 내부응력은 투명한 성형품에서는 편광광선을 쪼이면 무지개 모양의 줄무늬로서 볼 수가 있고, 줄무늬의 조밀한 정도로 잔류변형의 대소를 판정하면서 대책을 세우면 효과적이다.

표 6·15 크레이징과 크랙의 원인

발생 장소	불량 원인
성형기	사출압력이 너무 높다. 수지온도가 낮고, 유동성이 부족하다.
금 형	금형온도가 낮다. 캐비티의 설계가 불량(내부응력의 집중현상)하다. 이젝팅이 부적당하다. 금속 인서트 사용이 부적당하다.

금형 및 제품설계가 나쁘고 급격한 살두께의 변화, 코너부분에 날카로운 각, 나사나 재료의 흐름이 갑자기 바뀌는 곳이 있으면 난류를 일으켜 응력이 발생하여 크레이징의 원인이 되므로, 살두께는 서서히 변화시키고, 코너부분은 곡률을 충분히 취하여야 한다. 금형의 연마가 나쁘거나 빼기구배가 부족하거나 언더컷이 있을 때는 이형하기 어렵고, 이젝터핀에 의해 밀리는 부분이 백화(白花)나 크랙을 일으키는 경우가 있으므로 금형의 보수를 요한다.

6.2.13 변형

성형품의 변형은 성형수축에 의해 발생하는 잔류응력, 성형조건에 의해 발생하는 잔류응력, 이형시에 발생하는 잔류응력 등이 영향을 주어서 발생하며, 크랙의 발생도 같은 원인이다. 강성이 높은 재료를 사용하였을 때는 잔류응력이 있어도 큰 변형은 발생하지 않으나 폴리에틸렌이나 폴리프로필렌은 가요성이 있고, 성형 수축률이 크기 때문에 변형이 크다. 그림과 같이 금형의 온도차이에 의해 최종적으로 온도가 높은 방향으로 성형품이 변형한다.

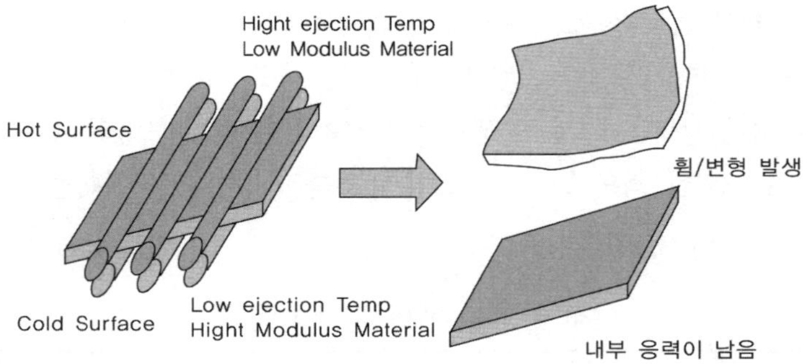

표 6 · 16　변형의 원인

발생 장소	불량 원인
성형기	사출압력이 높다. 수지온도가 낮고, 유동성이 좋지 않다. 사출속도가 너무 느리다. 성형 밸런스가 맞지 않을 경우
금　형	이젝터가 부적당하거나 이형이 나쁘다. 냉각이 불균일하거나 불충분하다. 금형온도가 불균일할 경우 게이트 위치가 부적당할 때 게이트 크기가 크거나, 작을 경우 제품의 형상, 두께의 불균형

성형품의 변형에는 여러 가지 형태가 있는데, 대별하면 휨, 구부러짐, 비틀림의 3종이다. 특히, 비틀림 현상은 폴리에틸렌, 폴리프로필렌에서 깊이가 얕은 판 모양의 성형품에 많다. 표 6 · 16은 변형의 원인을 나타낸다. 휨에는 상자모양의 성형품을 성형했을 때 측벽이 안쪽으로 들어가는 휨, 리브가 있는 성형품에서 리브측으로 젖혀지는 오목휨과 그 반대로 젖혀지는 볼록휨, 그리고 게이트측으로 젖혀지는 오목휨 등 여러 가지이다. 상자형 성형품의 안쪽 휨일 때는 코어의 냉각이 충분히 되도록 냉각수 구멍을 배치한다. 또, 구조적으로 보강해 두는 의미에서 주위에 리브를 붙이거나 단을 설치하는 것도 좋고, 금형설계시에 바깥쪽으로 볼록하게 라운드를 주는 것도 좋다. 이 경우 측벽 길이 중

심의 볼록이 측벽 길이의 1/80~1/100 정도이다.

리브는 반드시 휨의 원인이 되는 것은 아니지만, 리브의 두께, 높이에 따라 휨이 생긴다. 본체의 살두께보다 얇고 높은 리브의 경우, 리브 부분은 본체보다 급냉되어 리브치수가 본체보다 길어져서 리브측이 볼록해져서 젖혀지고, 두껍고 낮은 리브의 경우는 리브측이 서냉되어 리브측이 오목해져서 젖혀진다. 따라서, 금형의 냉각에 주의함과 동시에 리브의 살두께, 높이 등의 수정도 필요하다. 구부러짐은 가늘고 긴 통모양의 성형품에서 흔히 발생한다. 예를 들면 볼펜의 축이나 잉크가 든 심(芯) 등으로 수지가 캐비티를 흐를 때 가늘고 긴 코어가 압력에 못견뎌 움직이므로 살두께가 불균일한 성형품이 되고, 성형품 전체가 살두께가 두꺼운 쪽으로 구부러진다. 대책으로는 유동성이 좋은 수지를 고온에서 사출압력을 내려서 성형하면 되고, 게이트는 팬게이트나 서브마린 게이트가 좋다. 뒤틀림은 고밀도 폴리에틸렌을 센터 게이트에서 성형할 경우에 가장 현저하게 나타나는 변형이다. 폴리프로필렌에서도 평판 또는 이것에 가까운 형상의 성형품인 경우에 이 방향의 수축률보다 클 경우에 일어나는 현상이다. 대책으로는 흐름방향 및 직각방향의 수축률이 교차하는 점의 수지온도 이상의 온도로 성형한다.

6.2.14 이젝팅 불량

성형품이 금형의 고정측에 붙거나 가동측에 붙어 이젝팅되지 않는 경우이다. 성형품을 이형할 때, 이젝팅 핀이 파손되거나, 언더컷으로 되어 있는 부분이 압력을 받아 하얗게 되는 현상이다. ABS수지, HIPS, 경질PVC 수지 등을 성형할 때 발생하기 쉽다. 성형품이 고정측에 붙은 경우는 매우 심각한 일이며, 양산이 불가능하므로 그 원인을 잘 분석하여 대책을 세워야 한다. 이젝팅 불량은 러너나 스프루에 생기는 경우도 있으며, 성형품에 변형, 크레이징, 크랙 및 백화현상을 동반하는 경우가 있다. 표 6 · 17은 이젝팅 불량의 원인을 나타낸다.

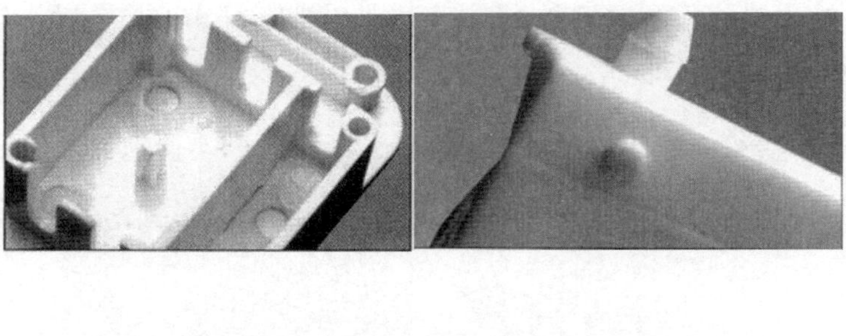

표 6·17 이젝팅 불량의 원인

발생 장소	불량 원인
성형기	사출압력이 높다. 수지온도가 높고, 유동성이 너무 좋다. 사출시간이 길고, 재료 공급량이 너무 많다.
금 형	금형온도가 높다. 냉각 불충분으로 성형품이 금형에 부착한다. 게이트가 너무 넓거나 게이트 밸런스가 부적당하다. 노즐구멍이 스프루 구멍보다 크다. 캐비티의 측면 구배가 작고, 다듬질 상태가 불량하다. 이젝팅이 부적당하다. 스프루의 지름 테이퍼의 과소 및 다듬질 상태가 불량하다. 과대한 잔류응력, 성형품의 이형불량

대책으로는 캐비티, 게이트, 러너, 스프루 등 수지의 유로를 잘 연마하고, 빼기구배를 크게 취하는 등으로 이형저항을 작게 한다. 또한, 사출압력, 수지온도, 금형온도를 내리고 과충전을 피한다.

6.2.15 표층 박리

표층 박리(delamination)는 성형품이 운모와 같이 얇은 층으로 되어서 벗겨지는 현상을 말한다. 원인은 서로 다른 재료의 혼입이다. 즉, 폴리올레핀에 ABS 수지, 폴리스티렌, AS 수지 등을 혼입하거나, 같은 성형기로 상용성(相溶性)이 나쁜 수지를 교차하여 사용할 때에 발생한다. 특히, 교차하여 사용할 때는 실린더, 스크루, 헤드 부분에 붙어 있는 것이 성형 중에 간헐적으로 벗겨져서 혼입하기 쉬우므로 충분히 청소해야 한다. 또한, 금형 온도, 용융수지의 온도가 극단으로 낮은 경우에는 같은 종류의 재료라도 유동의 표면층과 내부가 엇갈림이 생겨서 표층박리가 생기는 경우가 있으므로 성형온도의 관리를 충분히 해야 한다. 표면층의 불충분한 결합이 표면층 박리의 원인이다. 다른 층들이 단면을 따라 다른 유동 효과와 냉각 조건에 의해서 형성된다. 전단응력, 열손상 혹은 비균질성이 표면층의 박리를 시작할 때 까지 이들 층의 결합력을 줄일 수 있다.

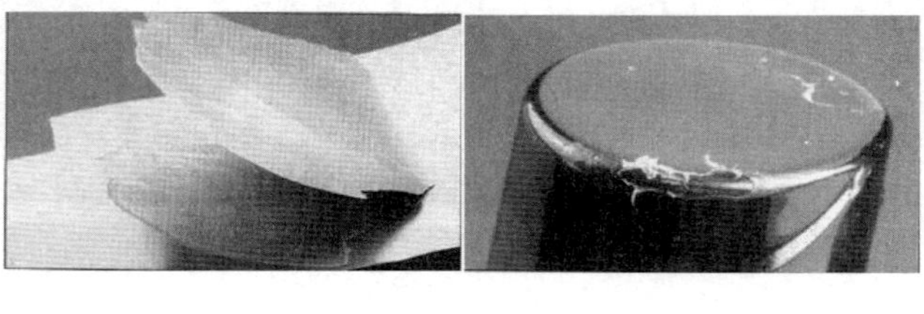

표 6·18 성형불량의 원인과 대책

대책＼현상	노즐부위수지샘	충전불량	스크루후퇴안됨	싱크마크	타는현상	표면흐림	플래시	표면더러움	은선	이형불량	스프루절손	휨뒤틀림	웰드라인	취약	플로마크	콜드슬러그	크레이징	얼룩반점	기포	제팅
사출압력을 올린다		○		○				○				○	○		○				○	
사출압력을 내린다					○		○			○	○	○					○			
실린더온도를 올린다		○	○	○		○		○				○	○	○	○	○	○	○		○
실린더온도를 내린다			○	○	○		○		○			○		○					○	
보압을 올리고, 보압시간 길게 한다		○		○				○					○		○				○	
보압을 내리고, 보압시간 짧게 한다						○				○	○	○		○			○			
노즐온도를 올린다		○		○		○		○					○		○	○		○		○
스크류 회전수를 내린다			○	○	○	○		○	○				○	○	○		○	○	○	○
노즐 선택 부적당	○	○		○	○			○								○		○		○
보압을 내린다							○			○		○					○			
사출속도를 내린다				○	○	○	○	○	○	○		○	○	○			○	○	○	○
사출속도를 올린다		○		○		○		○				○	○	○	○		○	○		
배압을 올린다		○		○	○	○		○	○			○	○	○	○	○	○	○	○	○
직경이 큰 개방형 노즐 사용		○		○	○			○	○			○	○		○				○	
금형온도를 올린다		○		○		○		○	○	○		○	○	○	○	○	○	○	○	○
금형온도를 내린다				○			○	○		○	○	○		○					○	
금형 검사		○			○	○	○	○	○	○	○		○				○			○
스프루 및 게이트를 넓게 한다	○	○		○	○	○		○	○			○	○	○	○	○	○		○	○
에어벤트 설치		○			○	○		○	○				○		○					
수지 예비 건조			○		○	○		○	○				○	○		○	○	○	○	
금형에 콜드슬러그 설치		○		○	○	○		○				○	○	○	○	○	○		○	○
냉각시간 길게 한다				○						○	○	○							○	

6.3 착색

플라스틱 제품의 대부분은 아름답게 착색되어 우리의 일상생활을 윤택하게 해 준다. 그러나 플라스틱 제품의 착색은 다만 외관적으로 상품가치를 높인다고 하는 것보다 제품 디자인의 일부로서 제품의 기능상 빼놓을 수 없는 요소인 경우가 많다. 플라스틱 재료는 열경화성 수지, 열가소성 수지 등 종류가 많고, 용도 및 성형방법도 역시 다양한

데, 여기에서는 현재 가장 많이 사용되고 있는 폴리올레핀과 스티렌계 수지를 대상으로 한 착색제와 착색법에 대해서 설명한다.

6.3.1 착색제

착색제는 조성적(組成的)으로 보면 피착색 수지에의 친화성이나 분산성, 착색시의 취급성이나 작업성을 고려해서 염안료를 주성분으로 하고, 그 밖에 분산제, 안정제, 가소제, 활제 등이 가해진다. 형태적으로도 피착색 수지의 종류나 용도에 따라 분말상, 윤성상, 페이스트상 등 여러 가지 형의 착색제가 만들어져 있다. 착색제는 플라스틱의 제품을 아름답게 하기 위해 제품에 색깔을 넣을 때, 사용하는 플라스틱 보조 재료이다. 빨간색에는 칼슘(Ca)과 마그네슘(Mg)이 쓰이고, 푸른색에는 프탈시아닌 블루(blue)가 쓰인다. 노란색에는 카드뮴(Cd)과 크롬(Cr)이, 흰색에는 산화티탄(TiO2)이 쓰인다. 착색제의 선택에 있어서 플라스틱 전반에 걸쳐 요구되는 조건은 다음과 같다.

① 색상이 선명하고 착색력이 클 것
② 내열성과 내광(후)성이 우수할 것
③ 분사성과 내이행성(耐移行性)이 좋을 것
④ 내용제성과 내약품성이 좋을 것
⑤ 전기 절연성이 좋을 것
⑥ 화학적으로 불활성일 것
⑦ 무해성과 무독성일 것

안전위생을 기본으로 한 탈공해와 성력화에 의한 착색비의 합리화는 최근의 중요한 과제이다. 착색제에 사용되는 색소는 염료, 유기안료, 무기안료로 대별된다. 여기서 말하는 염료란 보통의 유기용제에 녹는 유용성의 것이고, 플라스틱 중에는 용해한 형으로 착색하고, 결정형을 가진 미세하게 분산한 형으로 착색하는 안료와는 본질적으로 착색방식이 다르다. 염료는 착색력과 순도가 좋고 투명도도 좋으나, 일반적으로 내광성, 내열성은 안료에 비해 떨어지는 것이 많고, 플라스틱에 대해서는 사용범위가 좁다. 무기안료는 일반적으로 중성이며, 플라스틱 범용용제에는 불용이고 수지자체에도 녹지 않아 이행의 우려는 없으며, 착색력은 적으나 불투명하고 은폐력이 크며, 염료나 유기안료보다는 색순도는 낮으나 내열, 내광성은 높으므로 광범위하게 사용된다. 유기안료는 종류에 따라 성질이 상당히 다르므로 일률적으로는 말할 수 없으나 대체로 염료와 무기안료의 중간적 성질을 가지고 있다고 생각하면 된다. 각종 안료에 대한 공해 및 안전위생의 차원에서 규제가 나라별로 시행되고 있다. 특히, 카드뮴계 안료, 납계 안료, 크롬계 안료 등은 제조, 사용, 취급폐기에 관해서 제약을 받고 있으므로, 사실상 사용할 수 없는 경우도 있다.

1) 폴리올레핀용 착색제

폴리올레핀, 즉 폴리에틸렌 및 폴리프로필렌은 일용잡화에서부터 공업용 부품에 이르기까지 그 용도는 넓고, 착색제의 사용방법, 선택방법에 있어서도 다양하므로 착색제는 각각의 적성에 맞추어 사용되어야 한다. 일반적으로 저밀도 폴리에틸렌은 150~250 ℃, 고밀도 폴리에틸렌은 180~300℃, 폴리프로필렌은 200~300℃의 온도로 사출성형되므로 원칙적으로는 이 온도에 견디는 착색제를 선정해야 한다. 염료는 내열성과 내이행성의 이유에서 일반적으로 사용되지 않는다. 사용 가능한 안료로서는 티탄계 안료, 카드뮴계 안료, 황연(黃鉛), 변병(弁柄), 군청, 코발트 블루 등의 무기안료 외에, 유기안료에서는 프탈로시아닌계, 키나크리돈계, 모노아조계, 폴리아조계 및 카본블랙 등의 안료를 들 수 있다. 그러나 황연과 모노아조 안료는 내열성에 결점이 있어 저밀도 폴리에틸렌에 사용되는 경우가 있을 정도이다. 폴리올레핀은 열열화 및 광열화에 민감한 수지이므로 착색제가 주는 영향을 충분히 중시하여야 한다. 폴리에틸렌에 비해서 폴리프로필렌은 열열화가 큰데, 착색제는 더욱 이것을 촉진한다. 촉진작용이 큰 안료로서는 프탈로시아닌 블루, 카본블랙, 벤지딘 옐로우 등이 있다. 광열화에 대해서는 군청, 코발트 블루, 산화크롬 그린, 산화티탄 등이 크게 영향을 미치는데, 카본블랙, 카드뮴안료, 프탈로시아닌 그린 프탈로시아닌 블루, 변병, 산화티탄 등은 보호효과가 있다. 폴리올레핀은 나일론, 폴리아세탈 등과 마찬가지로 결정성 고분자이므로 폴리스티렌이나 아크릴수지에서는 문제가 되지 않는 치수 안정성면에서 안료의 영향이 있다. 착색제가 성형수축에 미치는 요인은 결정화도와 배향성이고, 성형품의 분자가 배향하는 방향에 의해 수축에 차가 있는 것이 실용상의 결점으로서 성형품의 뒤틀림이나 변형의 원인이 된다. 이 거동은 폴리프로필렌보다 폴리에틸렌에 강력하게 나타난다.

2) 스티렌계 수지용 착색제

스티렌계 수지의 사출성형 온도는 GP 및 HI 폴리스티렌의 경우 180~300℃, AS 수지에서 200~290℃, ABS 수지에서는 200~260℃가 일반적이다. 스티렌계 수지는 열안정성이 좋으므로 착색제의 첨가에 의해 수지의 열화를 가져오는 일은 거의 없고, 물성에 미치는 영향도 실용상 문제가 되지 않으며, 착색제도 안료와 염료가 사용되므로 광범위한 착색이 되는 수지이다. 착색에는 오히려 착색제 자체의 내열성, 내후성을 고려하는 것이 요점이다. 스티렌계 수지 성형품의 옥외사용은 비교적 적으나, 예를 들면 약전(弱電)부품 등은 어느 정도 장기간 사용되는 경우가 많고, 내광성, 내열성이 중요한 조건으로 되어 있다. 일반 목적용에는 투명성을 살리기 위해 유용성 염료가 사용되는 경우가 있다. HI에서는 염료의 열변색, 광퇴색 등을 촉진하는 작용이 있으므로 착색제 선택시에 문제가 된다. 스티렌계 수지의 착색제로는 무기안료에서는 산화티탄, 카드뮴계 안료, 산화철계 안료, 군청, 코발트 블루, 티탄 옐로우 등이 사용되며, 유기안료에서는 프탈로시아닌 블루, 프탈로시아닌 그린, 이소인드리논, 폴리아조, 펠리논 오렌지, 펠리렌 레드 및 카본블랙 등이 사용되고 있다.

6.3.2 착색 방법

사출 성형품의 착색 방법에는 컬러드 펠릿, 드라이 컬러, 마스터 배치 및 리퀴드 컬러의 4방식이 있다. 컬러드 펠릿 방식은 착색비의 절감을 목표로 하여 다른 방식으로 옮겨가고 있으며, 한편 마스터 배치방식보다 비용이 저렴하다고 생각되는 드라이 컬러 방식에는 분만컬러의 비산성에 의해 환경 오염의 우려가 된다.

리퀴드 컬러방식은 비산성(飛散性)이 없고, 성력화와 비용 절감의 이점이 있다고 하지만, 착색제 중 유기베히클의 물성에의 영향, 분산성, 착색제의 보존 중에 안료의 침강, 점도의 변화 등이 문제가 된다. 이 밖에 플라스틱과의 혼합 과정에서 분산하기 쉬운 성능을 유지하면서 비산성이 없을 정도로 굳혀서 자동계량 공급성이 개량된 플레이크상, 입상(粒狀) 또는 막대 모양의 드라이 컬러도 있다.

6.4 성형품의 다듬질과 후 가공

사출 성형품을 사용하는 입장에서 성형품에 대한 요구는 나날이 다양화하고 있다. 이러한 요구를 충족시키기 위해서 후 가공의 역할은 매우 크다고 할 수 있다. 사출 성형기에서 꺼낸 성형픔이 그대로 사용자에게 들어가는 경우는 비교적 적다. 대부분의 경우는 성형 후 여러 가지 가공 공정을 거쳐서 비로소 상품화된다. 이러한 가공에는 플래시 제거, 게이트 처리, 도금, 인쇄, 도장, 기계가공, 접합가공, 열처리 등이 포함되어 있다. 성형품의 전체제조 공정에서 보면 1차 가공은 원료를 사용하여 소정의 형상과 치수를 가공하는 것이며, 후 가공은 미려한 외관이나 기능을 부여하기 위한 가공을 말한다. 후 가공의 목적은 성형품의 상품가치를 더욱 높이는 데 있다. 예를 들면 아무리 견고하고 기능이 좋은 성형품이라 할지라도 색상이나 문자 등이 사용자의 기호에 맞지 않는다면 생산의 필요성은 그만큼 줄어들게 될 것이기 때문이다.

6.4.1 다듬질

성형품의 다듬질은 원칙적으로 성형기 운전자가 처리할 수 있는 정도의 것으로 해야 한다. 따라서, 성형품의 설계, 금형의 설계 및 제작기술에 문제가 없어야 된다는 전제가 되는 것은 말할 나위도 없다. 그러나 이것은 어디까지나 하나의 원칙이며, 성형작업과 다듬질을 완전한 흐름작업으로 실시하고 있는 공장은 비교적 적고 대부분은 중간공정에서 게이트의 다듬질, 트리밍, 버프 등을 하고 있다.

1) 게이트 다듬질

게이트부는 잔류응력이 집중해 있으므로 재질적으로 매우 약하다. 잘못 다듬질하면 균열이 발생하는 경우가 있다. 비정상적으로 잔류응력이 클 경우에는 숙련자가 다듬질해도 크랙이 들어가는 일이 있다. 다이렉트 게이트를 채용한 폴리에틸렌 성형품은 니퍼나 전정가위로 절단한 후 줄작업을 하여 다듬질한다. 폴리스티렌이나 메타크릴수지 등의 경질품은 밴드소잉 머신을 사용하여 다듬질한다. 이 경우 다듬질 부품의 중심을 내기 위해 테이블에 지그를 사용하거나, 스토퍼를 미리 설치해 두는 것도 필요하다.

핀포인트 게이트를 채용한 경우에는 일반적으로 다듬질은 필요하지 않다. 폴리스티렌의 경우는 게이트 흔적이 성형품 표면에 나올 때 버프 다듬질을 하는 경우도 있다. 게이트 다듬질 때 전체적으로 유의할 것은 성형조건을 조정하기 위해서 붙인 게이트 설계나 치수가 다듬질면에서 검토해서 적절한지를 조사한다. 또한, 특수칼날을 사용할 경우 날끝의 마모정도를 조사하여 조기에 교환하도록 한다. 사용하는 공구가 나쁘면 능률도 떨어지고 다듬질이 원활히 이루어지지 않는다.

2) 버프 다듬질

성형품의 표면광택은 금형의 캐비티를 크롬 도금하거나 금형온도를 높여 성형함으로써 얻어진다. 따라서, 버프 다듬질을 필요로 하는 것은 운반할 때라든가 다른 다듬질 가공 중에 흠이 생겼을 경우나 웰드 라인이 두드러져서 외관을 손상시키고 있을 때 등 외에는 가급적 피하는 것이 좋다. 버프기계는 금속의 버프연마에 사용하는 것으로서, 고속은 내면이라든가 세부의 살 없애기 등에 사용하고, 저속은 주로 표면의 흠 없애기, 광택연마에 적합하다. 버프의 종류에는 거친버프, 다듬질 버프, 명주버프 등이 있으며, 거친버프는 목면의 범포지(帆布地)를 60장 정도 겹친 것으로서 흠수정, 치수수정 등에 사용된다. 보통의 규격은 지름 300mm이다. 다듬질 버프는 넬지(地)를 50장 정도 겹친 것으로서, 광택을 내는 데 사용한다. 지름은 350mm 정도이다. 명주버프는 명주를 30장 정도 겹친 것으로 다듬질의 버프결이 문제가 될 경우에 사용한다. 지름은 200~300mm 정도이다.

연마제에는 방주분, 유봉, 피칼, 킹 라이트 등이 있으며, 방주분(房州粉)은 연마사와 같은 것으로, 큰 흠을 없애거나 거친 다듬질의 경우에 사용한다. 유봉(油棒)은 방주분, 유리가루, 야자유, 고래기름 등으로 개어서 굳힌다. 흠을 없애거나 중간 다듬질에 적합하다. 피칼은 약 40종의 연마제를 기름으로 혼합하여 굳힌 것으로 주로 다듬질 버프에 사용되며, 작은 흠 없애기와 광택을 내는 데 적합하다. 킹 라이트는 색이 든 것이 있고, 플라스틱의 색조에 따라 구분해서 사용하며, 광택을 내는 데 사용된다. 이상의 연마제가 충분히 버프포지(布地)에 묻혀 있지 않을 경우에는 마찰에 의해 열을 발생시켜 태움이 발생되거나 변색, 변형을 일으키는 경우가 있다. 버프가공은 상당한 숙련을 요하는 작업이며, 작업시 주의사항으로는 성형품의 고정방법, 접촉각도 등의 작업요령을 안전의 측면에서 철저히 하고, 위생상의 이유에서 마스크를 쓰는 것은 당연하다.

6.4.2 기계 가공

사출성형에 의해 복잡한 형상이나 평활한 표면의 성형품을 얻을 수 있다. 따라서, 금속에 비하여 기계가공의 이용률은 상당히 낮다. 그러나 압출성형이나 캘린더 성형 등에 의한 단순 형상재는 이들을 기계가공하는 편이 더욱 경제적인 경우가 있다. 사출성형에서도 복잡한 금형의 구조나 성형불량을 피하기 위하여 부분적인 기계가공을 실시하는 경우가 가끔 있다. 플라스틱 재료의 성질, 성형기의 성능 및 금형의 구조로부터 여기에서 성형되는 제품의 형상과 치수에는 한계가 있다. 사출성형으로 목적하는 형상과 치수가 얻어지지 않을 경우에 구멍뚫기, 톱가공, 선반가공, 펀칭 등의 기계가공을 요한다. 플라스틱 재료를 기계가공할 때 알아야 할 기본적인 성질은 마찰열에 의해 소재가 연화하기 쉬우며, 열전도성이 좋지 않고, 기계가공에 의해 변형을 일으키기 쉽다. 따라서, 기계가공시 고려해야 할 사항은 다음과 같다.

① 절삭공구에 의한 마찰열을 적게 한다.
② 절삭 부스러기를 빨리 처리한다.
③ 적당한 냉각제(공기, 물 또는 비눗물)를 사용한다.
④ 절삭시에는 일정한 속도로 연속적으로 작업을 한다.
⑤ 피가공물을 고정할 때 지나치게 죄지 않도록 한다.
⑥ 절삭공구는 플라스틱 재료에 적합한 설계를 한다.

성형품에 구멍뚫기 가공은 드릴의 선택이 중요하며, 절삭 부스러기가 잘 빠지게 하고 냉각을 해야 한다. 비틀림각은 관통구멍 가공용에는 크게 하도록 하며, 드릴과 피가공물 사이의 마찰을 최소로 하기 위해 여유각을 크게 한다. 톱가공에는 둥근톱, 띠톱, 지그톱, 연삭피 등이 사용되는데, 띠톱이 가장 많이 사용된다. 플라스틱 재료를 톱질할 때 주의해야 할 것은 톱날의 형상과 속도이다. 이들이 적절하지 않으면 절단면이 거칠거나 태움이나 변질, 균열이 발생한다. 둥근톱 절단은 그다지 두껍지 않은 재료를 직선으로 비교적 고속으로 절단하는 데 적합하다. 그러나 절단면은 상당히 거칠고 날끝은 마모하기 쉽다. AS, ABS 수지를 예로 들면, 3m/min의 이송속도일 때 주속을 빨리 하면 가공면에 절삭 부스러기가 융착하므로, 둥근톱의 주속은 2000~2500m/min가 적당하다. 또, 절단높이는 둥근톱의 중심에 맞추면 절단면에 발생하기 쉬운 균열도 적은 경향이 있다. 둥근 톱날은 날끝각이 45~60°, 경사각이 0°의 버트리스(buttless)형이 좋다. 띠톱은 비교적 두꺼운 재료의 절단에 적합하고, 직선 및 곡선의 절단이 가능한데 절단면은 둥근톱과 같이 거칠다. 절단조건은 둥근톱과 큰 차이는 없으나, 둥근톱에 비해 톱의 속도를 느리게 하는 편이 좋다. 또한, 둥근톱이나 띠톱 작업시에 공기를 내뿜어 절단면을 냉각시키는 것이 좋다. 선반가공은 일반적으로 열가소성 수지는 절단하기 쉬워 절삭제를 공급하지 않고 50~30m/min의 절삭속도까지 가공할 수 있다. 바이트는 폴리스티렌용일 때 전면 경사각을 −2~5°, 전면 여유각과 측면 여유각을 약 10°, 측면 경사각은 10°로 한다. 바이트의 설치시 날끝의 높이는 가공물의 중심보다 약간 높게 고정하면 좋다. 또, 선반의 척에 공작물을 고정하는 방법도 중요하며, 보통 고무나 테이프를 사용하여 척에 고정시킨다.

펀칭(punching)은 플라스틱 성형품에 전단력을 가함으로써 소정의 구멍을 뚫는 방법이므로, 작업 중에 생기는 휨응력이나 냉간작업에 의한 균열을 어떻게 막느냐 하는 점이 문제가 된다. 즉, 펀치와 다이 사이의 틈새와 전단속도의 조절이다. 펀치와 다이 사이의 틈새는 금속의 경우보다 훨씬 작게 해야 하며, 펀칭속도도 금속보다 느리게 한다. 펀칭할 수 있는 구멍의 지름은 최소가 성형품의 두께라고 생각되고 있다. 펀칭시의 성형품의 온도는 상온 또는 상온보다 약간 높은 것이 좋다.

6.4.3 접합

플라스틱 성형품은 성형기술의 진보에 따라 상당히 복잡한 형상의 것까지 일체로 성형할 수 있게 되었는데, 실용적인 이용측면, 즉 구조특성, 표면특성, 디자인성 및 성형비용 등에서 접합이 이용되고 있는 경우가 많다. 플라스틱의 이용범위가 확대됨에 따라 플라스틱 성형품끼리는 물론이고 다른 성형품과의 접합이 종종 요구된다. 그 이유도 단지 일체로 성형되지 않기 때문이라는 소극적인 것에서부터 적극적으로 기능의 부가나 장식효과를 높이기 위한 것에 이르기까지 범위가 확대되고 있다. 여기서는 일반적인 플라스틱 성형품의 접합법과 특징에 대해 설명한다. 플라스틱 성형품의 접합법에는 기계적 고정법, 접합제 접합, 용제접합 및 열용착법의 네 가지가 있다. 플라스틱 성형품의 접합법을 선택하는데, 첫째로 접합해야 할 플라스틱의 물리적 성질, 화학적 성질 및 형상, 둘째로 성형품이 사용되는 환경조건과 요구되는 성능, 셋째로 접합에 필요한 비용 등을 고려해야 한다. 플라스틱 종류에 따른 접합법의 적성을 표 6·19에 표시한다.

1) 기계적 고정법

기계적 고정법은 플라스틱 성형품끼리 또는 플라스틱 성형품과 다른 종류의 재료를 고정하는 방법으로서 가장 널리 사용되고 있는 방식이다. 여기에는 볼트와 너트, 리벳 등의 접합구를 사용하는 방법과 플라스틱의 탄성을 이용해서 끼워붙이는 방법이 있다. 특징으로서는 부착속도가 빠르고, 방식에 따라서는 분해가 가능하며 단가가 싸고, 접합강도가 높으며 신뢰성이 높은 것 등을 들 수 있다. 다음은 기계적 고정법으로서 일반적인 고정법과 특징에 대해 설명한다.

표 6·19 플라스틱의 접합법

수지	접합법	기계적 고정	접합제 접합	용제 접합	열용접법 스핀 용접	열용접법 열풍 용접	열용접법 초음파 용접	비 고
열가소성수지	ABS	우	우	우	우	우	수-우	–
	아세탈류	수	미	불가	우	우	우	접합제 접합의 경우는 표면처리 필요
	아크릴	우	우	미-우	미-우	우	우	아크릴수지 성형품은 용제접착 곤란
	셀룰로오스류	우	수	우	수	우	우-양	CA는 CAB 또는 CAP에 용제접착 불가
	염소화폴리에테르	우	우	우	불가	우	양	–
	불소수지	우	우	불가	불가	불가	불가	FEP, PVF2는 스핀, 열풍용접가
	나일론	우	우	우	우	우	우	–
	폴리카보네이트	우	우	우	우	우	수	–
	폴리에틸렌	양	양-미	불가	우	우	우-양	접착제 접합의 경우는 표면처리 필요
	폴리아미드	우	미-우	불가	불가	불가	불가	내열성 접착제 필요
	폴리페닐렌옥사이드	우	우	수-우	수	우	우	–
	폴리프로필렌	양-미	양-미	불가	수	우	우-수	접착제 접합의 경우는 표면처리 필요
	폴리스티렌	미-우	우	우	수	우	수-양	임팩트 그레이드는 용제 접착 곤란
	폴리술폰	우	우	우	VG	우	우	–
	폴리우레탄	불가	우	우	불가	불가	불가	–
	비닐류	미	미-우	우	미	우	미-양	–
열경화성수지	알키드	우	우	불가	불가	불가	불가	–
	디알릴프탈레이트	우	우	불가	불가	불가	불가	–
	에폭시	우	수	불가	불가	불가	불가	–
	멜라민	미	우	불가	불가	불가	불가	노치에 대해 매우 민감
	페 놀	우	수	불가	불가	불가	불가	–
	폴리에스테르	우	수	불가	불가	불가	불가	–
	요 소	미	우	불가	불가	불가	불가	노치에 대해 매우 민감

(1) 셀프태핑

셀프태핑(self tapping)은 태핑나사에 의해 주로 보스구멍에 태핑하여 접합하는 방법이다. 특징으로서는 부품을 성형할 때 또는 성형 후에 나사산을 세워 둘 필요가 없고, 더구나 한쪽 면으로부터의 조임이 되므로 작업성이 좋으며, 조립단가가 싸다. 태핑나사는 대별해서 2종류가 있다. 나사자체가 플라스틱 성형품의 구멍에 고정될 때 암나사 형성을 소성변형만으로 하는 나사와, 다른 하나는 인성이 낮아 균열의 우려가 있을 경우에 사용되는 것으로 나사선단에 암나사 형성의 절삭홈이 있는 절삭 홈붙이 나사가 있다.

나사가 부착되는 최적 구멍의 지름은 나사의 피치 지름이다. 구멍의 지름이 작을 경우에는 빼기강도는 증가하지만, 비틀어 박기 토크와의 비율은 감소한다. 구멍의 지름이 클 경우에는 비틀어 박기, 토크, 빼기강도, 진동저항은 감소한다. 최대의 유지력을 갖게 하기 위해 보스의 바깥지름은 적어도 나사의 2배 이상으로 해야 한다. 또한, 빼는 힘이 작용하고 있을 때, 셀프태핑 나사는 보스부의 응력완화로 빼기강도의 50%까지가 없어진다고 가정하여 설계한다. 플라스틱의 탄성률이나 강성이 높은 편이 좋은 빼기강도가 얻어지지만, 비틀어 박을 때에 나사산이 파괴되는 등의 문제가 생기기 쉽다. 주원인은 비틀어 박을 때의 응력이 재료의 허용한계를 넘거나 나사 지름에 대해 구멍의 지름이 작을 때에 일어난다.

(2) 금속 인서트

금속 인서트는 여러 가지의 형상이 있고, 플라스틱에 고정하여 사용한다. 설계와 성형이 적정하면 인서트가 잘 고정되고, 성형 중에 발생하는 응력도 작게 할 수 있으므로 접합법으로서 가장 안정하다. 또한, 조립 및 해체가 가능하다. 그러나 인서트의 가격과 성형가공 시간의 증가에 의해 접합부로서는 비싼 방법이다.

금속 인서트를 묻는 방법은 많이 있으나, 금형에 미리 부착해 두고 성형시 완전히 플라스틱 부품에 매립하는 방법이 많이 사용되며, 금속과 플라스틱의 열팽창 차를 이용해서 고정한다. 그 밖의 방법으로서 보스 속에 압입하거나 초음파 가열을 이용하거나 접착하는 방법이 있다. 최근에는 성형가공 자동화의 일환으로서 금속 인서트의 공급, 삽입 및 성형품의 빼내기를 자동화하여 생산성이 비약적으로 높아지고 있다.

(3) 작은 나사에 의한 접합

성형품과 피접합체에 나사관통에 필요한 구멍을 뚫고, 나사와 너트를 이용하여 접합하는 가장 일반적인 접합법의 하나이다. 플라스틱 접합에 사용되는 나사에는 금속제 나사, 플라스틱 작은 나사 등이 있다. 플라스틱 재료는 금속재료에 비교해서 탄성률이나 인장항복 강도가 낮으므로 비교적 낮은 조임토크로 접합해야 한다. 그러므로 조임 후 접합부의 압축응력은 가급적 넓은 면적으로, 또한 낮아지는 구조로 하는 것이 좋다. 작은 나사접합의 주의사항으로는 성형품에 내는 구멍 지름의 선정이 중요하다. 일반적으로 약간 크게 하는 경향이 있는데, 한쪽 조임에 의한 바람직하지 않은 접합상태를 일으키기 쉽다.

그 밖의 기계적 고정방법으로서 가장 오래 전부터 사용되고 있는 것의 하나로서 리벳이 있다. 이것은 금속의 나사나 인서트와 같은 정밀성은 바랄 수 없으나 싸고 조작이 쉽다는 특징이 있어 흔히 사용된다.

(4) 코킹(caulking)고정

플라스틱 부품의 작은 돌기를 피접합체의 대응하는 구멍에 끼우고, 그 선단을 압축 항복점 이상의 응력을 걸어 영구 변형시킴으로써 접합하는 방법이다. 선단부의 단면적을 축의 단면적보다 작게 해 두면 꼭 맞는 접합이 된다. 또, 축을 관상(管狀)으로 함으로써 접합 후의 탄성변형을 작게 할 수 있으므로, 더욱 정밀한 조립이 가능하다. 코킹고정 후 변형부분의 탄성회복은 플라스틱 재료의 신장률이 큰 재료일수록 온도상승에 따라 원래의 형태로 돌아가려고 하는 경향은 크다. 코킹고정은 보통 상온에서 행해지는데, 사용온도 이상에서 하면 탄성회복은 발생하기 어렵다. 열코킹은 돌기를 열판가압으로 눌러 영구변형시켜서 접합하는 방법이다. 이 방법은 압력이 낮고, 단시간에 시공되므로 작업이 매우 간단하다. 표 6 · 20은 스티렌계 수지의 열코킹 온도를 표시한다.

표 6 · 20 스티렌계 수지의 열코킹 온도

수 지	가능 온도범위(℃)	최적 온도(℃)
내열성 HI 폴리스티렌	95~120	120
일반용 AS 수지	100~120	120
준내열성 ABS 수지	100~120	120
유리섬유 강화 AS 수지	100~140	110

2) 접착제 접합

접착제 접합은 거의 모든 플라스틱을 접합할 수 있고, 플라스틱끼리 또는 플라스틱과 다른 재료와의 접합에도 광범위하게 사용되고 있다. 플라스틱의 표면에 접착제를 도포한 후 압력을 가해 맞붙인다. 때로는 가열하여 경화를 촉진시키는 경우도 있다. 플라스틱 표면을 화학적, 기계적 또는 전기적 방법으로 처리하면, 높은 접착력이 얻어진다. 특징으로서는 생산성이 높고, 단가가 싼 것 이외에 다음과 같은 이점이 있다.

① 접합면 전체에 걸쳐 균일하게 응력이 분포된다.

② 중량에 비해 접합강도가 높고, 경량이다.

③ 복잡한 형상이나 작은 것이라도 접합할 수 있다.

④ 접합부의 기밀성(氣密性)이 얻어지며, 진동의 흡수도 우수하다.

⑤ 접합부의 열적특성, 전기특성이 피접합체와 유사성을 갖는다.

일반적으로 접합체의 선택은 표 6 · 20을 기준으로 해서 한다. 종류가 다른 플라스틱의 접합의 경우에는 양자의 플라스틱에 공통되는 접착제를 선정하면 된다. 공통의 것이 없을 경우에는 표 6 · 22의 이종 플라스틱 접합용 접착제를 선택한다. 또, 플라스틱과 플라스틱 이외의 재료와의 접착제를 표 6 · 23에 나타낸다.

표 6·21 플라스틱용 접착제

플 라 스 틱	접 착 제	플 라 스 틱	접 찹 제
Ⅰ. 열가소성 수지		폴리스티렌	17,2,14,3,5
폴리메틸 메타크릴레이트	15,14,17	폴리우레탄	14,15,5
초산 셀룰로오스	1,14,2	폴리아세탈	8,1,5
초락산 셀룰로오스	1,14,2	염소화폴리에스테르	14,17,5
질산 셀룰로오스	1,14,2	나일론	15,3,10,8
에틸 셀룰로오스	3,10,8,1	폴리에틸렌텔레프탈레이트	10,8,16,17
폴리에틸렌	16,13		
폴리프로필렌	16	Ⅱ. 열경화성 수지	
폴리모노클로로 트릴플로로 에틸렌	16	디알릴프탈레이트	3,5,6,17
폴리테트라 플로오에틸렌	16	에폭시	3,17,15,6,12
폴리카보네이트	17,14,15,2	폴리에스테르	10,19,4,3,17,14
경질 폴리염화비닐	14,17,3,5	푸란	6,3,4,14
연질 폴리염화비닐	10,11,7,9	멜라민	3,4,14
		페놀	3,4,10,15,17,18,14

1. 질산 셀룰로오스
2. 시아노 아크릴레이트
3. 에폭시
4. 페놀 에폭시
5. 티오콜 또는 폴리아미드
6. 푸산
7. GR-S 고무기재용재형
8. 네오프렌 기재, 용재형
9. 네오프렌 기재, 수(水)에멀전형
10. 니트릴-페놀
11. 니트릴-고무기재, 에멀전형
12. 페놀 포름알데히드
13. 폴리브타디엔
14. 폴리우레탄
15. 레졸시놀-포름알데히드
16. 실리콘수지, 크실렌용액
17. 불포화 폴리에스테르
18. 우레아 포름알데히드
19. 비닐-페놀

표 6·22 이종 플라스틱 접합용 접착제

표 면	접착제 타입	표 면	접착제 타입
아세탈	14,4	폴리염화비닐	4,7,5,23,21
셀룰로오스계a)	10,4,21,5	폴리4불화에틸렌	14,13
에틸 셀룰로오스	10	폴리에틸렌텔레프탈레이트	5,21
나일론	14,13,3,21	다알릴프탈레이트	14,20,16,3,21
폴리카보네이트b)		에폭시	14,20,16,3,21
폴리에틸렌	16,14,22	멜라민	14,20,16,3,21
폴리메틸메타크릴레이트	9,6,2,21,5,16	페놀	14,20,16,3,21,5
폴리프로필렌	(추천될 것 없음)	폴리에스테르-FRP	14,20,16,21
폴리스티렌	14,9,2,6,5,16,21	우레아	14,20,16,3
폴리우레탄	5,14,4,21		

* a) 초산 셀룰로오스, 초락산 셀룰로오스, 질산 셀룰로오스
b) 접착제는 추천되지 않는다. 용제 시멘트가 더욱 좋다.
c) 표 7·21 예의 숫자를 사용한다.

표 6·23 플라스틱과 비플라스틱 재료용 접착제

이종재 \ 수지	아세탈	셀룰로오스계[a]	에틸셀룰로오스	나일론	폴리카보네이트	폴리에틸렌	폴리메틸메타크릴레이트	폴리프로필렌	폴리스티렌	폴리우레탄
세라믹	14	4	10	4	14,21	22	4	1,19,22	22,23	4
직 물	14,4	4,5,23	10	3,4	14,21	22	4	1,19,22	5,2	5,21
피 혁	14,4	4,5,23	10	3,4	14,21	22	3,4,23	1,19,22	16,21,5	5,20
금 속	14,4	3,4	10	3	14	22	4	1,2,19	16	20,5
종 이	14,4	23	10	4,22	21	22	23	1,2,22	16,21,5	5,21
고 무	4	1~5	10	3,2	21,5	22	1~5	1,2,22	2,6	5,21
목 재	14	4	10	3,4	14,21	22	4,23	1,2,19,22	16,21	21

이종재 \ 수지	폴리염화비닐	폴리4불화에틸렌	폴리에틸렌텔레프탈레이트	디알릴프탈레이트	에폭시	멜라민	페놀	폴리에스테르	우레아
세라믹	4,5	14	21	5,15	14,16	3	3	3	4
직 물	4,5,23	13	5,21	21	19,20	4	4	4	4,23
피 혁	4,5,22,23	13	5,21	16,21	19,20	3,4	3,4	5	3,4
금 속	4,3,21,11	14,13	21	16	14,16	4	3	5	3,4
종 이	23	14,13	5,21	16,21	19,20	22,23	23	22	23
고 무	4,5,11	14	21,9	3	19,20	3,23	1~5	21,9	1~5
목 재	4,23,21	14	21	16,21	14,16	3	3	21	3,23

* a) 초산 셀룰로오스, 초락산 셀룰로오스, 질산 셀룰로오스

1. 천연고무
2. 재생고무
3. 클로로프렌 고무
4. 니트릴 고무
5. 우레탄 고무
6. 스티렌-부타디엔
7. 폴리초산비닐
8. 폴리비닐 알코올
9. 아크릴
10. 질산 셀룰로오스
11. 폴리아미드
12. 페놀-포름알데히드
13. 페놀-레졸시놀
14. 에폭시
15. 우레아 포름알데히드
16. 페놀-폴리비닐 브티랄
17. 페놀-폴리비닐 포말
18. 페놀-나일론
19. 페놀-클로로프렌
20. 페놀-니트릴 고무
21. 폴리에스테르
22. 고무락덱스(물-기재, 천연 또는 합성)
23. 수지에멀전(물-기재)

3) 용제 접합

용제 접합법은 동종 플라스틱 접합의 경우에 플라스틱의 가용성을 이용하는 접합 방법으로서, 열가소성 수지 중 결정성이 큰 것은 보통 용제에는 녹기 어렵고, 결정성이 작은 플라스틱은 용제에 녹기 쉬운 성질을 이용한 것이다. 피접합체의 표면을 용제로 녹인 상태에서 압착한다. 용제가 증발하면 모체의 플라스틱과 같거나, 또는 그것에 가까운 접착력이 얻어진다. 용제 접합의 특징은 단가가 매우 싸고, 접합층에는 이종재료가 들어 있지 않아 항상 균질하다. 특히, 투명 플라스틱의 굴절률이 변하지 않으므로 투명성을 저해하지 않는다. 이 방법은 쉽게 용해되는 폴리머에 한하며, 원칙적으로 접합체는 동일한 플라스틱이어야 한다.

용제 접합법에는 두 가지 방법이 있다. 하나는 플라스틱을 적시는 방법이고, 다른 하나는 플라스틱의 용제 용액을 사용하는 방법이다. 용제 접합의 경우에 용제의 선택에는 용해성 파라미터(solubility parameter : SP)가 참고가 된다. 표 6 · 24에 용제의 SP를 나타내었으며, 일반적으로 플라스틱은 자기의 SP에 가까운 SP를 가진 용제에 녹는다. SP 외에도 용제의 비등점이 중요한 인자이다. 용제가 너무 빨리 증발하면 접착불량, 백화(白化)균열이 발생한다. 이들의 결함 대책으로서 낮은 비등점과 높은 비등점의 혼합용제를 사용하여 증발속도를 늦게 하거나, 접합 전에 미리 플라스틱을 어닐링해서 잔류변형을 없애는 방법으로 완화시킨다.

표 6 · 24 각종 폴리머의 SP와 결정성

폴리머	SP	결정성	폴리머	SP	결정성
폴리테트라 플로오에틸렌(테프론)	6.2	대	폴리메틸 메타크릴레이트	9.0~9.5	소
실리콘(플라디메틸시록산)	7.3	소~중	폴리염화비닐	9.5~9.7	중
부틸고무	7.7	소	우레아, 멜라민수지	9.6~10.1	소
폴리프로필렌	7.8~8.0	대	에폭시수지	9.7~10.9	소
폴리에틸렌	7.9	대	폴리우레탄	10.0	다르다
천연고무	7.9~8.3	소	에틸 셀룰로오스	10.3	소
폴리부타디엔	8.8	소	염화비닐-초산비닐 공중합체	10.4	소~중
부타디엔-스티렌 고무	8.5~8.7	소	포화폴리에스테르(테트론)	10.7	대
폴리이소부틸렌	8.0	소	초산 셀룰로오스	10.9	중
폴리부틸아크릴레이트	8.8	소	질산 셀룰로오스	10.6~11.5	소~중
폴리스티렌	8.7~9.7	소	폴리옥시메틸렌(레릴린)	11.0	대
티오콜	9.0~9.4	소	페놀수지	10.5~11.5	소
네오플렌 고무	9.2	다르다	폴리염화비닐리덴	12.2	대
부타디엔-아크릴로 니트릴고무	9.4~9.5	소	나일론	12.7~13.6	대
폴리초산비닐	9.4	소	폴리메타크릴로니트릴	15.0	소
폴리에틸아크릴레이트	9.4	소	폴리아크릴로니트릴	15.4	대

4) 열용착 접합

플라스틱의 접합면을 용융온도까지 가열하고 용융상태에서 표면을 압착 접합시킨다. 따라서, 열가소성 수지에 한정되는데, 투명하고 접착력이 강하여 열가소성 수지의 가장 빠른 접합법 중의 하나이다. 이 방법은 이종 플라스틱 및 플라스틱과 다른 공업재료(금속, 유리, 섬유 등)의 접합에도 사용된다. 열용착 접합법에는 열풍 용착법, 열기구 용착법, 마찰열에 의한 용착법, 높은 에너지에 의한 용착법 등이 있다.

(1) 열풍 용착법

열풍 용착법은 가장 일반적으로 사용되고 있는 용착법으로서, 압축공기 또는 불활성 가스를 가열장치로 보내 용착온도로 가열된 열풍으로 접합부에 공급한다. 가열된 열가스는 피용착부와 용접봉을 동시에 가열 용융한다. 플라스틱 용착에 주로 쓰이는 수지는 폴리염화비닐, 폴리에틸렌, 폴리아미드, 폴리카보네이트, 폴리프로필렌, 아크릴수지 등이다. 용접봉으로 시판되고 있는 것은 폴리염화비닐, 폴리에틸렌, 폴리프로필렌 등이고, 특히 모재와 용접봉의 표면 전처리가 용착강도에 크게 영향을 미친다.

(2) 열기구 용착법

용착부가 충분한 적온이 될 때까지 가열기구에 의해 접촉가열하고, 그 접촉면이 완화 용융함에 따라서 압착가열을 계속한다. 그 후 가열을 중지하고 연화용융된 용착면을 가압접합하여 고화할 때까지 가압을 계속한다. 가압력은 보통 0.35~1.0kgf/cm²가 사용된다. 열기구는 니켈도금된 강이나 알루미늄이 사용되고, 경우에 따라 용융수지의 부착을 막기 위해 테프론 코팅을 한다. 특징으로는 모든 열가소성 수지에 사용되고, 매우 높은 접착강도가 얻어지는 등, 신뢰성이 높은 방법이다. 또한, 균질하고 견고한 접합면이 얻어지며 동일 형상의 부품을 다수 접합할 때 유리하다.

(3) 마찰열에 의한 용착법

2개의 피접합면을 가압하면서 한쪽을 고정하고, 다른 쪽의 접합면을 회전시켜서 마찰열을 발생시켜 연화 또는 용융시켜서 용착한다. 서로 접합하려고 하는 플라스틱을 좌우의 척으로 고정하고, 압력을 주면서 왼쪽의 척을 회전시킨다. 오른쪽은 클램프로 고정되어 움직이지 않는다. 플라스틱의 접합면은 회전 마찰열에 의해 가열 용융한다. 회전 마찰열은 접합면의 비교속도, 접촉압력, 회전시간에 의해 정해지며, 피접합면의 중앙볼록부분에서 용융하기 시작해서 전면에 걸쳐 용융했을 때, 클램프를 떼면 좌우의 척은 가압력에 의해 동시에 회전하고, 2개의 플라스틱은 접합한다. 이 방법으로는 접합속도가 빠르고, 경 · 연질 플라스틱에 관계없이 접합 가능하지만 비교적 작은 원형부품이어야 한다.

(4) 고에너지에 의한 용착법

고에너지를 사용해서 용착하는 방법에는 고주파 전류나 초음파 작용을 응용한 2종류가 있다. 고주파 가열용착은 유전체 손실이 큰 플라스틱에 고주파 전류를 흘려서 내부마찰을 일으키고, 이것에 의해 발생하는 발열현상을 이용해서 용융시켜 용착하는 방법이다. 고주파 용착장치로는 보통 10~100M 사이클 정도의 교류로, 1~2KW의 발진기를 가진 것이 많다. 판두께가 수 mm 이하의 얇은 부품용착에는 2~7kgf/cm²의 가압과 3~6초 정도의 용착시간이 사용되고 있다. 일반적으로 플라스틱의 발열은 재료의 유전체 손실이 클수록, 또 주파수가 높을수록 큰 값이 되므로, 이 용착법은 폴리염화비닐, 나일론, 셀룰로오스계 등 극성이 큰 재료이고, 두께가 얇은 성형품의 용착에 적합하다. 초음파 가열용착은 고주파의 전기 에너지가 변환기에 의해 고주파의 기계적 에너지로 변환되고, 혼에서 플라스틱 성형품으로 진동이 전달되며, 접합면이 서로의 진동에 의해 마찰발열하여 용융한 소량의 플라스틱이 간극을 메우고 접합한다.

일반적으로 강성이 있는 열가소성 수지로서 같은 종류의 것에 한한다. 초음파 용착기는 발진기, 스탠드, 변환기, 부스터, 혼의 조합으로 이루어진다. 초음파 용착의 특징으로서는 접합면이 매우 정확하고, 접합부품은 작은 것에 한정되는데, 접합속도는 빠르고, 외관 다듬질이 매우 양호하다. 최근 피스톨형의 소형 진동자를 이용하는 스폿 용착이 ABS 수지의 자동차 몸체와 푸드의 조립 등에 널리 이용되기 시작하였다. 초음파 용착은 일반적으로 연질재료인 폴리에틸렌 등에는 부적당하다고 되어 있으나 충전제 등을 참가한 방법이 연구되고 있다. 또한, 플라스틱끼리 또는 플라스틱과 금속과의 접합에 접착제를 병용한 초음파 접착법도 개발되고 있다.

6.4.4 대전 방지

플라스틱은 일반적으로 전기의 불량도체로서 절연성이 높다. 따라서, 이 성질을 이용하여 많은 용도에 사용되는 반면에 정전기의 발생에 의해 다음과 같은 몇 가지의 문제점을 일으키기도 한다.

① 성형품 표면에 보유하는 정전기에 의해 대기 중의 먼지를 흡인해서 부착하므로 외관을 손상시켜 상품의 가치를 떨어뜨린다.

② 전기제품에 사용되는 플라스틱 부품이 고도로 대전(帶電)해 있을 경우는 몸체의 전기회로 장치에 전기적인 잡음을 주는 일이 있다.

③ 성형용 원료나 성형품을 다루는 과정에서 발생하거나 축적된 정전기가 그것을 취급하는 작업자에 대해 전격(電擊)을 준다.

이 문제점의 해결책으로서 여러 가지 대전 방지 처리가 실시된다. 사용되는 대전 방지제에는 4급 암모늄 화합물, 폴리스티렌술폰산, 폴리그리콜, 에틸렌옥사이드 등이 있다.

1) 대전 방지 방법

(1) 대전 방지제의 도포

성형품에 대해 시판되고 있는 대전 방지제를 도포하거나 대전 방지제의 액 속에 성형품을 담그는 방법으로, 가장 일반적으로 행하여지고 있다. 손쉽게 실시할 수 있는 반면에 작업공정이 증가하고, 성형품 표면에 부착되어 있을 뿐인 대전 방지제가 다른 것과의 접촉이나 닦임 등에 의해 제거되면 효과가 소멸하는 등의 결점을 가지고 있다.

(2) 대전 방지제 혼합형 원료의 사용

미리 대전 방지제를 혼합시킨 원료의 공급을 받아서 성형하는 방법이다. 위의 도포법이나 침지법의 결점이 개량되므로 현재는 이 방법도 일반적인 방법으로 사용되고 있다.

2) 혼합형 대전 방지 재료의 사출성형

사출성형에서는 용융한 폴리머가 금형 내를 유동할 때의 마찰에 의해 주된 대전이 발생하고, 그 후 이형시에 금형의 구조나 이형 등의 조건에 의해 어떤 전하(電荷)의 이동현상이 발생한다고 생각된다. 한편 성형 후 잠시 방치한 제품에 부착하는 먼지가 각각 독특한 기하학 무늬를 나타내고 있는 경우가 있다. 이것은 이형시의 전하 유동(電荷 誘動)과 그 결과로 생긴 전하의 분포를 나타내고 있다. 이들에 대해 대전방지 그레이드 효과 발현의 메커니즘은 성형품 중의 대전 방지제가 폴리머의 부정형부를 통해서 표면부로 이행하고, 표면에 대전 방지제의 단분자(單分子)막을 형성하는 것에 의하는 것으로 되어 있다. 이 때문에 대전방지 효과는 성형 직후보다 수 시간 내지 수일 후에 현저한 효과가 나타난다.

대전 방지 그레이드의 사출성형 조건으로서는 특별한 제한은 없으나 실제로 성형현장에서 발생하기 쉬운 불량현상으로는 성형품 표면에의 은줄의 발생이다. 폴리스티렌에서는 펠릿의 보관상태에 따라서 펠릿이 대기 중에서 수분을 흡수하므로 성형 전에 건조해야 할 경우가 있다. 또한, 성형온도가 지나치게 높으면 대전 방지 전의 분해나 휘발을 촉구하고, 은줄이나 연기가 발생하는 등을 일으키는 경우도 있으므로 주의해야 한다.

6.4.5 도장

플라스틱 성형품의 도장(塗裝)의 목적은 장식효과의 부여, 내후성 등 플라스틱의 기능상의 결점을 보완하는 것, 진공증착이나 인쇄 등의 2차 가공의 전처리 등이다. 플라스틱 성형품의 도장은 폴리머 본래의 성질에 기인하는 문제점이 있으므로 금속이나 목재에 대한 경우와는 다른 주의가 필요하다. 열가소성 수지의 성형품은 내열성이 약하므로 저온 베이킹형 또는 상온 건조형 도료가 선택되어야 한다. 또한, 화학약제에 대한 민감성은 폴리머의 종류에 따라 현저히 다르므로 도장의 난이, 도료의 성분 등도 폴리머에 따라 적당한 것이 사용되어야 한다.

일반적으로 폴리에틸렌, 폴리프로필렌, 폴리아세탈 등의 결정성 폴리머는 적당한 용제가 적어 일반도료를 부착시킬 수가 없거나, 있어도 약한 부착력의 도장 밖에 되지 않는다. 그러므로 크롬산 처리나 화염처리 등의 특수한 전처리를 하는 경우도 있다. 한편, 폴리스티렌, ABS 수지, 폴리메타크릴레이트 등 비결정성 폴리머의 성형품은 용제의 선택범위가 넓다. 그러나 도료의 용제조성이 부적당하면 도장상 성형품에 크레이징이나 균열을 발생시키는 경우가 있다. 이들의 불량현상은 성형품의 잔류내부 응력의 균열로 나타나므로 성형조건이나 금형설계 등의 단계에서 주의하는 것이 바람직하다.

1) 플라스틱용 도료

각종 플라스틱 성형품에 대한 적정도료의 선택은 어느 정도 경험적인 요소가 필요하다. 목적과 효과의 기대도 등에 의해 도료도 달라지는 것이 당연하지만, 도막(塗膜)의 부착력에 역점을 둔 적성도료가 추천되고 있다. 도료는 최종의 도막형성 성분 외에 도막성분을 용해하는 용제나 보조용제, 희석제 등으로 되어 있다. 경우에 따라서는 가소제, 증점제, 광택 부여제 등의 각종 첨가제가 배합되어 있다. 용제로서는 에스테르나 케톤이 대표적이고 보조용제는 용해력의 조정에 사용되는 알콜류가 이에 상당한다. 희석제로는 래커 중의 톨루엔, 크실렌 등이 있다. 이들 약제의 조합의 결정에는 보통 용해성 파라미터 SP가 흔히 이용된다. $SP = \sqrt{\text{분자응집 에너지 밀도}}$로 정의되며, 여기서 분자응집 에너지 밀도(Cohesive Energy Density : CED)란 분자 응집체의 분자를 그 인접분자에서 무한대의 거리까지 떼어놓는 데에 요하는 에너지이며, 어느 것의 화학구조가 결정되면 그 근사값이 산출된다. 이 SP값이 가까운 것끼리는 친화성을 갖는 성질이 있는데, 이 성질을 용제의 SP값과 폴리머의 CED값과의 사이에 적용하고, 용제조성의 결정 등에 사용한다.

2) 도장 방법

양호한 도장을 하기 위한 전처리에도 여러 가지 목적이 있다. 우선 성형품에 잔류하는 응력에 기인하는 솔벤트 균열을 막는 것을 목적으로 한 풀림이 있다. 다음에는 성형시에 사용한 이형제의 제거를 목적으로 한 닦아내기 처리가 있으며, 실리콘계나 스테아린산계 이형제의 완전제거는 상당히 번거로운 작업이므로 도막의 부착성에 영향을 주지 않는다. 또한, 폴리프로필렌과 같이 보통의 방법으로는 충분한 도막 부착력이 얻어지지 않는 폴리머에 대해서는 크롬산 처리나 화염처리 등에 의해 성형품의 표면조화(粗化)를 하여 부착력의 증대를 기대하는 경우도 있다.

도장 방법에는 솔칠법과 스프레이법이 있으며, 도료를 칠하는 횟수에 따라 1회 칠하기, 2회 칠하기 등으로 나누어진다. 도장에 의해 주로 장식효과를 낼 경우에는 때때로 부분도장이 행하여진다. 이 때 도장을 하지 않는 부분에는 마스크를 해서 그 부분에 도료의 부착을 막게 되며, 실제의 도장공정에서는 이 마스크의 제작과 세척 등을 효율적으로 하는 것이 중요하다. 도장은 다량의 용제를 사용하므로, 용제가 대기 중으로 휘산(揮散)하여 공해문제나 작업자의 안전을 해치게 되므로 이른바 무공해 도료의 개발이 다각도로 행하여지고 있다. 예를 들면 유기용제를 사용하지 않는 수성도료, 용제의 함유비율을 떨어뜨린 하이솔리드 도료 등을 개발 중에 있다. 종래의 액체도료의 개념과는 다른 분체도료에 의한 정전(停電)도장도 실용화 단계에 있으므로, 곧 플라스틱 도장에도 응용될 것이다. 또한, 미국의 자동차 메이커에서 실용화되고 있는 전자선 경화(電子線硬化) 도료도 주목되는 기술이다. 현재는 ABS 수지 성형품의 도장에 응용되고 있는데, 보통의 도장이 어려운 폴리프로필렌 등에의 응용 가능성이 있다. 그러나 비싼 새로운 설비가 필요하기 때문에 대량생산의 제품에 한정된다.

6.4.6 도금

1) 플라스틱에 대한 도금의 특징

성형품의 표면에 얇은 금속피막으로 덮는 것을 도금이라고 하며, 플라스틱 위에 금속도금을 하는 것은 플라스틱의 용도를 금속분야로 확대시킨다는 것뿐만 아니라, 금속재료 및 플라스틱에 없는 새로운 응용분야를 개척하고 자동차 부품, 전기기기, 일반잡화, 장식품에 이르기까지 플라스틱 도금제품의 응용범위는 서서히 확대되고 있다. 플라스틱 도금제품이 종래의 금속제품에 대신해서 각 분야에서 사용되는 이유는 다음과 같다.

① 제품의 경량화가 이룩된다.

② 제품설계에서의 자유도가 금속제품보다 크고, 소재의 다듬질 공정을 간략화할 수 있다. 따라서, 가공단가가 싸다.

③ 소재가 전기 부도체이고, 내식성이 좋다.

이와 같이 특징을 살려서 현재 도금용 재료로서 가장 적합한 ABS 수지는 미국은 물론 일본에서도 상당한 수량이 도금용으로서 사용되고 있다. 또한, 도금이 가능해진 플라스틱은 ABS 수지 외에 폴리프로필렌, 폴리술폰, 폴리에스테르, PVC 등이 있는데, 폴리프로필렌을 제외하고는 거의 실용되지 않고 있다. 폴리프로필렌 도금제품은 자동차 부품을 중심으로 응용범위를 확대해 가고 있다. 플라스틱에 금속도금을 해서 얻어지는 물성면의 이점으로는 내열성, 강성, 항장력, 표면경도 등의 기계적 성질을 향상시킬 수 있으며, 내후성도 향상된다. 또한, 표면이 도체화되므로 대전하기 어렵고, 열전도가 좋아지며, 각종 용도에 대해서 경량화된 금속품으로서 사용된다. 즉, 플라스틱 도금제품은 플라스틱의 특징과 금속의 특징을 보유하는 새로운 공업재료를 만드는 것이라고 할 수 있을 것이다.

2) 도금 공정

공업용으로 양산되고 있는 ABS 수지, 폴리프로필렌을 대상으로 해서 도금 공정을 설명한다. 그림 6 · 6에는 일반적인 플라스틱 성형품의 도금 공정을 표시한다. 최초의 탈지는 성형시에 플라스틱 성형품의 표면에 부착한 이형제 등을 깨끗이 하기 위해서이며, 탈지제에는 중성세제 또는 알칼리 탈지제가 사용되고, 그 선택은 플라스틱의 종류에 따라 결정된다.

화학에칭(chemistry etching)의 주목적은 플라스틱 표면의 미조면화(微組面化)와 친수성을 부여하는 것이며, 이 작용에 의해 도금이 가능해지고, 강한 밀착력이 얻어진다. 이 공정은 플라스틱 도금의 가장 중요한 공정이고, 이 공정에 의해 제품의 양부가 정해진다고 해도 과언은 아니다. 화학 에칭액은 일반적으로 황산과 중크롬산칼륨 또는 무수크롬산과의 수용액이다.

센시타이징(sensitizing)은 환원성 물질을 플라스틱 성형품의 조화면에 흡착시키는 공정으로, 염화제일주석의 염산 수용액이 사용된다. 다음의 활성화 공정은 염화파라듐의 염산 수용액이 사용되며, 센시타이징으로 흡착된 염화제일주석이 염화파라듐을 환원해서 금속 파라듐을 석출시키고 나중의 화학도금의 금속석출 촉매를 생성시킨다. 무전해 도금은 $Cu2^{+}$, $Ni2^{+}$이온을 HCHO NaHPO2, NaBH4 등의 환원제로 환원하고, 금속 Cu 또는 Ni을 위에서 설명한 촉매화 표면에만 한정해서 석출 성장시켜서 금속피막을 생성시킨다. 이 금속피막에 의해 플라스틱 표면은 도전성이 부여되어 금속과 같은 전해 도금이 가능하게 된다.

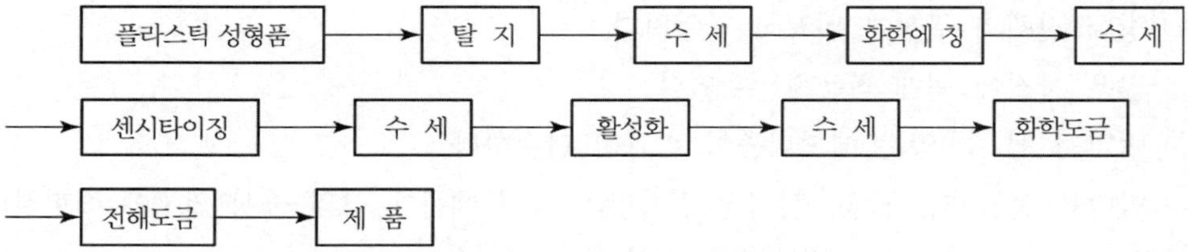

그림 6·6 플라스틱 성형품의 도금공정

3) 도금에 관한 주의사항

플라스틱 성형품에 도금할 경우 성형품의 설계, 플라스틱 원료, 성형조건에 따라 큰 영향을 받으므로 사전에 충분히 검토하여야 한다. 특히, 도금용 성형품의 설계에 있어서는 날카로운 에지를 피하고 가급적 R를 취하며, 보스, 리브 등에 의한 싱크 마크의 발생에 주의한다. 또한, 도금공정에서의 플레이팅 랙이 쉽게 되도록 한다. 금형설계시에는 금형의 캐비티면이 도금제품에 요구되는 정도까지 잘 연마하고 게이트의 위치는 웰드 라인이 장식면에 오지 않도록 한다. 특히, 폴리프로필렌은 싱크 마크가 나오기 쉬워 리브, 보스 등이 있는 제품 및 살두께가 두꺼운 성형품의 도금에는 제품설계가 중요하다.

6.4.7 진공 증착(vacuum evaporation)

진공 증착이란 진공 중에서 금속이나 화합물을 증발시켜, 증발원과 마주 보고 있는 기판의 표면에 박막을 만드는 것을 말한다. 금속이나 화합물이 증발할 만큼 고온으로 하면, 대기 중에서는 산화나 원하지 않는 반응이 일어나기 때문에, 그것을 억제하기 위해 진공이 필요하다. 또한 금속 등이 증발할 때, 공간에 있는 가스 분자와 충돌하면 상대 표면에 직접 도달하지 않기 때문에 자유 공간을 확보하기 위해 진공이 필요하다. 반대로 질소가스 등을 진공 용기에 약간 도입하여 공간에 질소 플라즈마를 만들어 증기로 된 티타늄 등 금속 원장에 반응시키고, 기판에 증발원에 대하여 양의 고전압을 걸어 질화티타늄 등의 이온으로 증착시키는 반응성 진공증착으로 강한 박막을 만드는 방법도 있다. 진공 증착은 증발원으로부터 직접 증기가 날아가지만, 이온 주입법에서는 압력을 높여 이온의 평균 자유 행로를 일부러 줄임으로써, 기체 분자와 빈번하게 충돌을 일으켜 화합물을 만들고 그것을 부착시킨다. 진공증착의 특징은 다음과 같다.

① 장치 전체의 구성이 비교적 간단하다.

② 많은 물질에 쉽게 적용할 수 있다.

③ 박막이 될 수 있는 메커니즘이 비교적 단순하다.

④ 박막을 만들 때, 열적, 전기적 변잡함이 작기 때문에 막의 물성 연구에 적합하다.

결점으로는 다음과 같은 것을 들 수 있다.

① 박막과 기판 면과의 사이에 접착이 약할 때가 많다.

② 박막의 구조가 민감한 성질에 대한 재현성이 나빠, 신뢰성이 부족하다. 이것은 다른 제작법으로 만든 박막에 대해서도 비슷하지만, 진공증착에서 특히 심하다.

③ 증기압이 늦은 물질에 대해서는 적용하기 어렵다.

④ 물질을 증발시키기 위한 히터의 재료가 함께 증발하고, 박막 중에 불순물로서 혼입할 수 있다. 진공 장치 중의 잔류 가스 분자도 불순물로서 박막 중에 들어갈 우려도 있다.

플라스틱 성형품의 표면을 금속화하는 방법으로서 진공 증착법 기술이 개발된 후 수십년이 경과되었다. 진공 증착법의 원리는 진공 중에서 알루미늄을 고온 용해해서 피증착물에 응축 고착시켜 0.1~30μm 정도의 얇은 막을 형성시키는 것이다. 일반적으로 증착층은 0.1μm 정도로서 매우 얇은 것이 장점이기도 하지만, 반면에 표면재로서의 실용성이 부족하고 보호층이 필요해진다. 피막이 되는 금속은 저융점 금속에 한하며, 주로 알루미늄이고 여기에 은과 금도 사용된다. 진공 증착이 사용되는 분야는 플라스틱 완구류, 화장품 캡, 사진기 부품, 가정용 전기부품, 자동차 부품, 라디오, TV 등이 있고 금속 광택이 있는 장식적 용도가 주류이지만, 도전성을 이용한 용도 등에도 이용되고 있다. 그림 6 · 7은 진공 증착 장치의 구조이며, 진공 증착은 전기도금에 비하면 설비비가 싸고, 약액을 사용하지 않으므로 환경오염이 적은 등의 이점이 있으나 최근에는 언더코팅의 용제가 문제로 되고 있다. 진공 증착의 공정을 그림 6 · 8에 표시하는데, 우선 플라스틱 성형품을 저급 알코올 등으로 세척하여 유지분이나 먼지를 없앤다. 다음에 증착막과의 밀착을 좋게 하기 위해, 또 피증착물에서 휘발성분에 의한 진공도의 저하 방지를 위해 언더코트(under coat)를 한다. 박막을 제조하는 기술은 크게 물리적 증착(physical vaper deposition)과 화학적 증착(chemical vapor deposition)으로 분류될 수 있다. PVD는 CVD에 비해 작업조건이 깨끗하고, 진공상태에서 스퍼터링(sputtering), 저항열, 전자 beam, laser beam 또는 plasma를 이용하여 고체상태의 물질을 기체상태로 만들어 기판에 직접 증착시키는 박막제조 방식이다. PVD 방식으로 제조할 수 있는 박막재료는 금속, 합금을 비롯하여 화합물, 비금속 산화물 등이 있다. 최근 기술의 경향인 장치의 소형화, 경박화의 추세에 따라 급격히 확산되고 있다. CVD는 증착하고 싶은 필름을 가스 형태로 웨이퍼 표면으로 이동시켜 개스의 반응으로 표면에 필름을 증착시키는 방법이다.

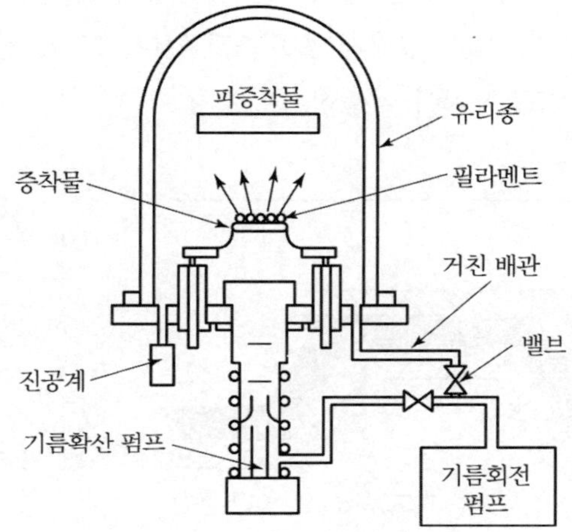

그림 6·7 진공증착 장치의 구조

플라스틱 성형품 → 세 척 → 언더코팅 → 베이킹 건조 →

증 착 → 톱코팅 → 베이킹 건조 → 제 품

그림 6·8 진공증착의 처리공정

언더 코트막으로부터의 기체의 방출 등에 의한 진공도의 저하가 때때로 증착조작을 곤란하게 하는 일이 있으므로, 언더코트의 적정건조 조건에 유의하여야 한다. 피증착물은 온도의 영향이 크며, 온도가 낮으면 표면은 거칠고, 높으면 표면은 평활하게 된다. 진공도가 낮거나 입사각도가 크면 거친 막이 된다. 알루미늄의 순도는 높은 것이 좋으며 증발원과 피증착물의 거리는 250~400mm 입사각은 50° 이내가 좋다. 용해 증발한 알루미늄은 방사상으로 직진하므로 뒷면에 부착시킬 때는 피증착제를 회전시키는 장치가 있어야 한다. 증착된 플라스틱 성형품은 증착막의 보호를 위해 톱 코팅을 한다. 성형품의 용도와 목적에 따라 증착방법이 선택된다. 즉, 투명 성형품의 뒷면에 금속막을 증착시킬 경우, 성형품의 소재로서 메타크릴수지, 폴리스티렌, AS 수지, 폴리염화비닐, 초산셀룰로오스 등이 사용된다. 따라서, 언더 코트제의, 예를 들면 오렌지색으로 착색하고, 은색을 바탕으로 하면 금색이 되는 등, 자유로운 금속 광택을 낼 수 있다.

성형품의 표면에 증착막을 부착시킬 경우는 성형품은 투명일 필요는 없고, ABS 수지, 나일론, 폴리아세탈, 요소수지, 페놀수지가 사용되며, 증착면의 직접반사를 이용하므로 도금과 똑같은 광택이 있는 외관을 나타낸다. 또한, 톱 코팅층을 착색하면 전자와 같은 깨끗한 금속면을 얻을 수 있다. 진공 증착법을 도금과 비교하면 작업환경이 깨끗하고, 작업성, 생산성이 좋고, 숙련도가 그다지 필요하지 않다. 또한, 진공탱크의 용량의 자유도가 크고, 형상이 큰 것도 작업이 가능하다.

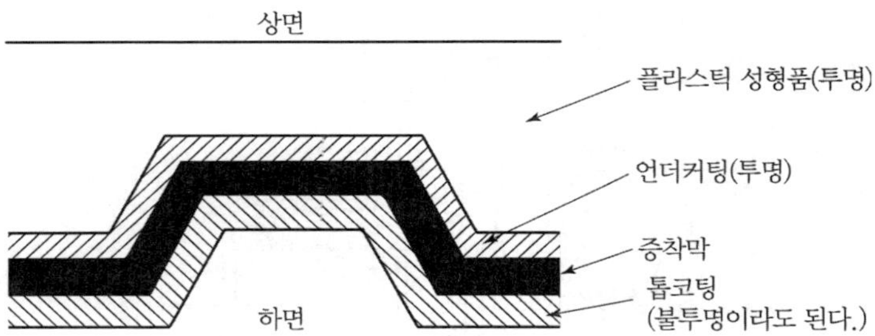

그림 6·9 이면증착

6.4.8 핫 스탬핑

플라스틱 성형품의 마킹 및 장식 방법으로 사용되는 핫 스탬핑(hot stamping)은 화장품 용기, 가전기기, 각종 계기, 문방구 등의 분야에 이용된다. 핫 스탬핑은 필름상에 형성된 적층 전사박을 피인쇄재의 표면 위에 놓고 순간적인 열과 압력에 의해 플라스틱의 표면에 전사하는 방법으로서, 이점은 다음과 같다.

① 건조를 필요로 하지 않는다.

② 박(箔)의 교환만으로 간단히 색의 변경이 가능하다.

③ 장치가 비교적 싸고, 취급이 용이하다.

④ 열가소성 수지의 대부분에 적용되며, 폴리에틸렌, 폴리프로필렌 등에도 표면처리 없이 마킹이 가능하다.

⑤ 진공 증착한 금속박을 사용하면 아름다운 금속 광택이 얻어진다.

핫 스탬핑은 각인(刻印)누름, 고무 누름, 롤밀기 등의 방법이 있으며, 각인 누름은 조각한 금형을 사용하는 것으로, 열과 압력에 의해 가공품의 표면이 오목해져서 전사면이 가라앉으므로 비교적 마찰에 강한 특징이 있다. 고무누름은 떠올려진 선, 무늬, 문자 위에 스탬핑하는 경우에 사용되며, 열반(熱槃)에 편편한 실리콘 고무를 붙이고 스탬프 하는 방법이다. 롤밀기는 전사면적이 넓어서 평판 모양의 고무로는 균등한 가압이 곤란하거나 전사막과 성형품 표면간의 공기가 빠지기 어려워져서 기포가 발생할 우려가 있을 때 평판고무 대신에 롤을 압착해서 전사시키는 방법이다. 박의 구조를 그림 6 · 10과 그림 6 · 11에, 스탬핑 머신의 구조를 그림 6 · 12에 표시한다. 핫 스탬핑의 성공 여부는 박의 선택, 금형온도, 압력, 전사시간, 떼어내는 시기에 따라 정해진다. 스탬핑 박의 선택은 각인 누름, 고무 누름 등 피전사물의 재질에 따라 적합한 것을 선정한다. 금형온도는 지나치게 낮으면 전사불량, 접착불량이 되고 높으면 변색, 광택 불량 등의 원인이 된다. 일반적으로 각인 누름의 경우는 100~150℃, 고무 누름의 경우는 150~200℃의 범위 내에서 행하여진다. 압력은 지나치게 낮으면 전사불량을 일으키고, 높으면 금형이 패여서 다듬질이 나빠지거나 성형품의 변형을 일으킨다. 균일한 압력을 얻기 위해 피전사물을 금형 아래에 똑바로 고정시킨다. 전사시간은 플라스틱의 재질에 따라 최적시간이 있으며, 지나치게 짧으면 전사가 불량해지고, 길면 금형이 패이거나 박이 변색한다. 떼어내는 시기는 금형이 떨어지고 플라스틱과 접착제가 냉각해서 접착이 완료된 후이어야 한다.

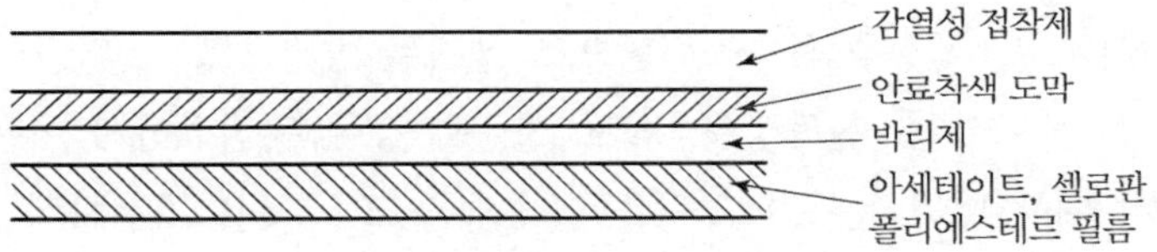

그림 6 · 10 착색박의 구조

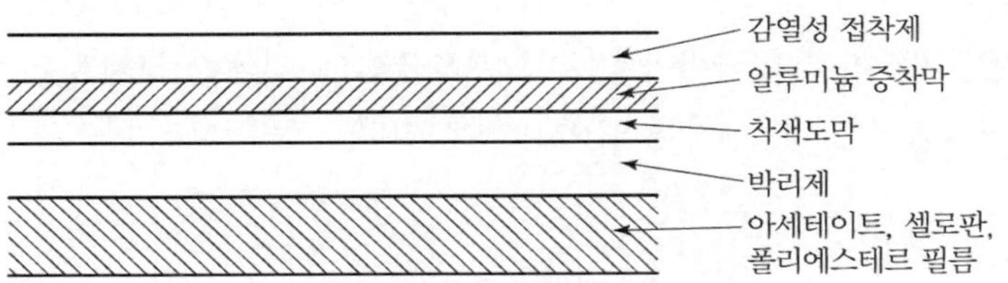

그림 6 · 11 금, 은박의 구조

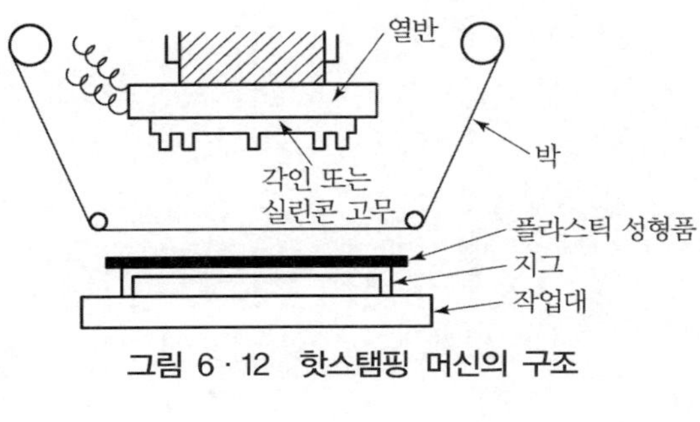

그림 6 · 12 핫스탬핑 머신의 구조

6.4.9 인쇄

플라스틱 성형품에 대한 요구가 높아짐에 따라 성형품에 인쇄 또는 표면장식이 제품의 상품가치를 향상시키는 중요한 요소로 대두되고 있다. 인쇄방식은 기본적으로 볼록판, 평판, 오목판 및 공판(孔版)이라고도 하는 실크스크린 인쇄의 4방식으로 대별된다. 인쇄방식을 결정하는 데는 성형품의 사용목적과 재질뿐만 아니라 표면상태, 경도, 생산량, 형상, 잉크의 종류 등을 고려해야 한다. 현재 대부분의 플라스틱 인쇄가 가능하게 되어 있지만, 모든 수지에 사용되는 잉크는 없고, 각각의 플라스틱에 적합한 잉크의 선택이 필요하다.

사출 성형품에 대한 인쇄법으로는 실크스크린 인쇄, 드라이 옵셋인쇄, 열전사 인쇄, 인젝트 2 패턴 등이 있다. 실크스크린 인쇄방식은 등사판 인쇄와 유사하고, 스크린판을 붙인 틀 안에 잉크를 놓고 고무 스퀴지로 판면을 누르고 밀면 잉크는 피인쇄재 표면으로 밀려나와 부착해서 인쇄된다. 이 방식의 특징은 제판인쇄가 쉽고 싸며 농도가 있는 인쇄가 가능하고, 곡면인쇄도 할 수 있다. 드라이 옵셋인쇄는 금속 볼록판면에서 잉크를 고무 블랭킷에 전사하고, 이것을 플라스틱면으로 옮기는 방법으로서, 단단한 표면에도 적용되고 사출성형, 블로성형, 진공성형, 발포 성형품 등에 광범위하게 이용된다. 열전사 인쇄는 전사원지 위에 미리 문자나 그림을 인쇄해 놓고 그것을 피전사체 위에 놓고, 속에는 열을 가하면서 압착해 전사원지에 인쇄된 그림을 옮기는 방식이다. 인젝트 2패턴 방식은 사출성형에 의해 제조되는 폴리올레핀이나 폴리스티렌 등의 성형품에 대해 그림을 붙이는 방법으로, 미리 그라비아 인쇄로 투명필름에 인쇄한 그림을 성형시에 금형에 삽입해 두고 성형과 동시에 그림을 붙이는 방식이다.

Chapter 7

성형 재료

7.1 개요

7.1.1. 플라스틱의 개발 동향

플라스틱 재료는 20세기 재료 혁명의 큰 부분을 차지하고 있다. 현재 사용되고 있는 기초 재료의 대부분은 아주 옛날부터 있었던 것으로, 유리, 철강, 도자기 등의 재료는 4~5천년 전부터 존재했었다. 플라스틱은 가볍고 외형이 아름다우며, 녹이 슬지않을 뿐만 아니라, 강도도 있어 인간의 일상생활의 광범위한 분야에서 사용된다. 특히 각종 공업용, 구조용 재료로서도 그 가치가 높이 평가되어 급속한 발전이 이루어지고 있다. 플라스틱재료는 1908년 셀룰로이드가 발명되고, 1909년 페놀 수지를 시작으로 그 후 수많은 열경화성, 열가소성 플라스틱이 개발되었다. 초기에 개발된 열경화성 플라스틱은 일반적으로 약하고 충격강도도 낮았었다. 또한 열가소성 플라스틱도 초기에 개발된 폴리스티렌, 아크릴 수지, 염화 비닐 수지, 폴리에틸렌 등은 상온에서 취약하던가, 100℃ 이하의 온도에서는 현저히 기계적 강도가 떨어지는 결점이 있었다. 그러나 1953년 개발된 폴리아세탈이 1958년 SPE의 기관지에 데를린(Derlin)으로 발표되었다. 이것은 장기간의 하중에도 견디며, 우수한 윤활성을 이용해서 기어, 캠과 같은 취동용 기계부품에 적합하며, 그 탁월한 성형성을 이용하여 금속재료의 대체 재료로서의 위치가 확보되었다. 나아가서 1957년 개발된 폴리카보네이트의 우수한 내충격성과 내열성, 나일론의 윤활성, 내열성 및 높은 기계적 강도 등으로 공업용 재료로서의 플라스틱의 이용가치가 높게 평가되기에 이르렀다. 초기의 플라스틱에서는 기대할 수 없었던, 공업용 재료로서의 적성을 가진 것을 엔지니어링 플라스틱(engineering plastic)이라고 부르게 되었다. 그림 7·1에 나타낸 것과 같이 플라스틱은 고분자 화합물의 제조공법과 기술의 진전에 따라 다양한 형태로 존재하며 이를 이용하여 가공한 제품은 우리 일상 생활속에서 편리함과 다양성을 제공하며, 산업의 고도화와 전문화 추세에 부응하여 사용분야가 더욱 확대되고 있다.

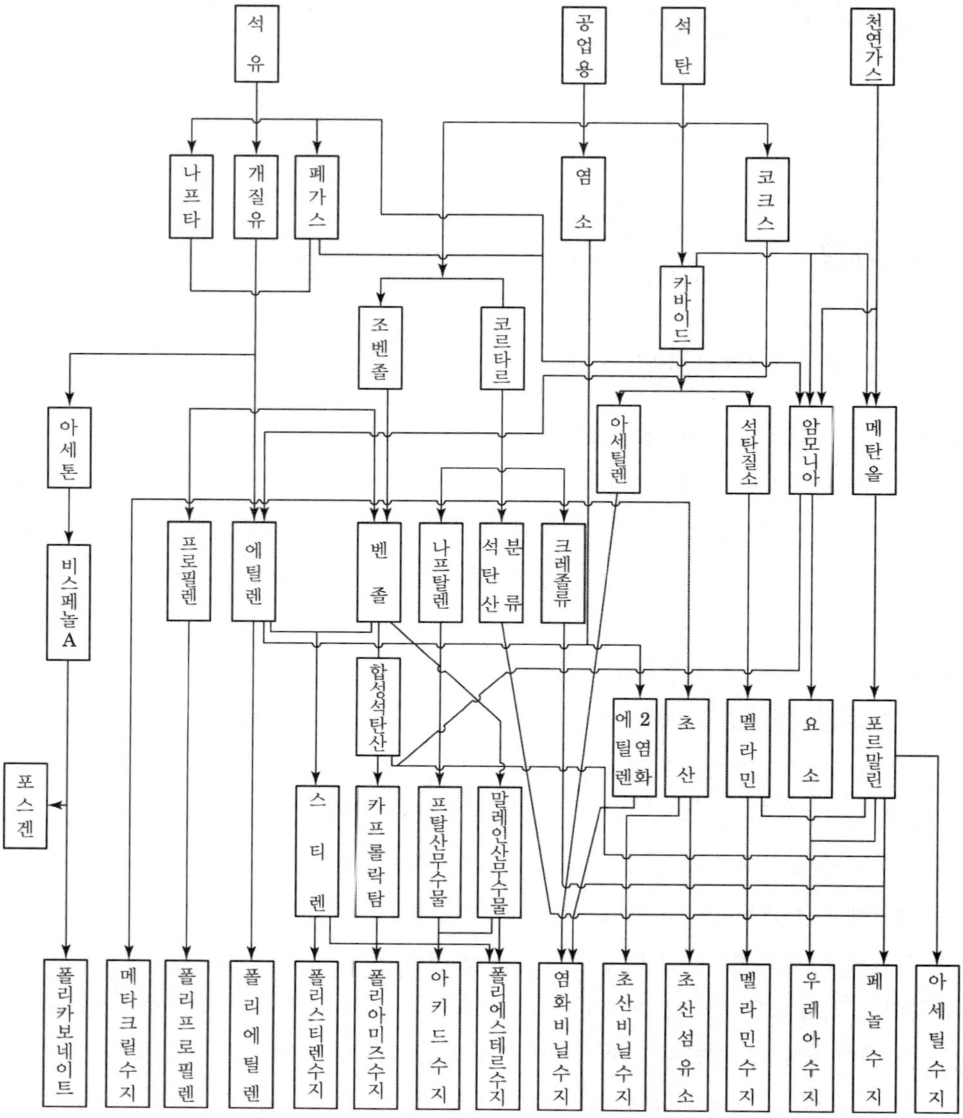

그림 7·1 유기화학합성에 의한 각종 플라스틱의 제조공정

플라스틱 산업은 원료의 생산부분, 가공부분, 그리고 관련부분으로 구성되어 있으며, 원료의 생산부분은 플라스틱의 합성과정으로서 근대적인 장치산업이다. 가공부분은 플라스틱의 가소성을 이용하여 형상을 부여하는 것으로 압출기 등에 의한 연속성형과 사출성형 등의 금형에 의한 단속성형으로 분류된다. 관련 부분은 성형기와 부속기계의 제조 부문 및 금형 제조부문으로 분류된다. 그림 7 · 2는 합성수지의 원료에서 제품화되는 공정을 보여준다.

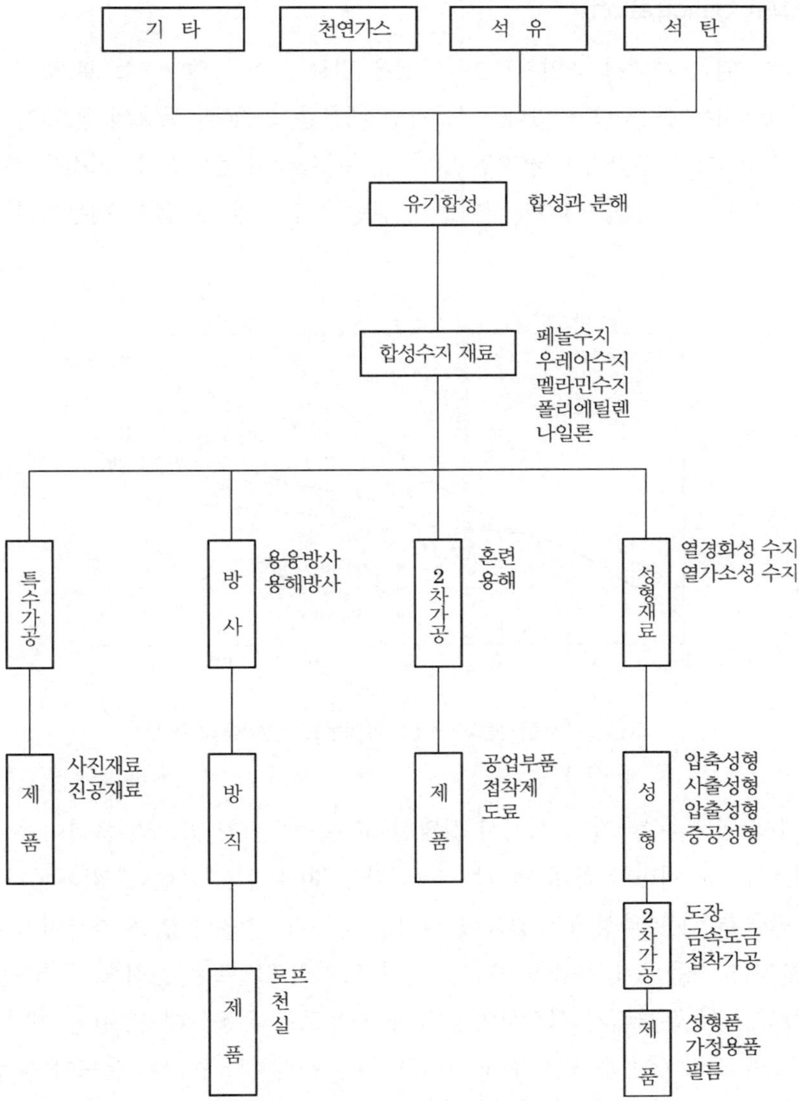

그림 7 · 2 합성수지 원료에서 플라스틱제품의 제조공정

7.1.2. 플라스틱의 성형 특성

플라스틱의 성형은 성형재료를 가열, 가압하여 소성변형(plastic deformation)시켜서 요구하는 형상의 제품을 만드는 것이다. 열경화성수지와 열가소성수지는 가열, 가압하에 있어서 재료의 거동이 차이가 있다. 어느 것이나 그 성형 과정을 고찰하면 다음과 같이 공통되게 구분할 수 있다.

1) 가소화(plasticization)

플라스틱에 열을 가해서 녹인다고 하는 것은 별로 의미가 없는 것으로 보이지만, 고분자와 저분자에서는 큰 차이가 있다. 저분자인 경우는 그 물질 특유의 온도(융점)에서 녹아 액상이 되고 차츰 분자량이 커지면 일반적으로 융점이 높아진다. 이것은 분자량이 커짐에 따라 분자 자체의 덩어리가 커지므로 간단히 움직일 수 없기 때문이다.

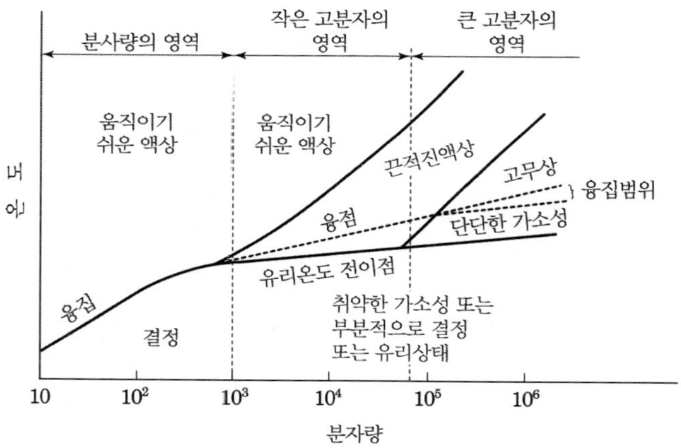

그림 7 · 3 분자량과 융점, 유리온도, 전이점의 관계

고분자가 되면 이 상태가 심해져서 상당한 고온으로 되지 않으면 움직이기 쉬운 액상으로 되지 않는다. 이러한 상태 변화는 "녹인다", "흐른다", "굳힌다"의 기본과정을 거쳐 성형품을 만들게 되는 과정에서 중요한 의미를 갖는다. 수지에 열을 가하여 녹는 과정을 보면, 처음에는 자유로이 유동할 수 없는 긴 덩어리이므로 부분적으로 맥동(脈動)하는 상태가 있고, 차차 흔들리기 시작하여 최후에 자유로운 유동상태가 된다. 여기에서 일부분만이 유동을 시작하는 온도가 유리 전이점이고, 완전히 유동되는 온도가 융점이다. 체적이 커질수록 맥동에서 자유로운 유동까지의 시간이 길어진다. 그러나 유리 전이점이하의 온도에서 분자 세그먼트는 동결(凍結) 상태에 있으므로 취약하고 굳어서 강함 힘을 가하면 맥없이 깨지고 만다. 이것이 유리 전이점을 넘으면 분자가 미크로 브라운(Micro Brown) 운동 상태로서 외력에 의해 변형하기 쉬워져 힘을 가하면 길게 늘어나서 끊어지게 된다. 분자가 유동하기 시작하는 상태가 된 점에서 체적이 급격히 증가하고, 유리 전이점에서 비열, 열팽창율, 탄성률 등도 급격히 변화한다. 다시 온도가 올라가서 융점이 되면 비결정성 폴리머의 체적증가율은 변하지 않으나, 결정성 폴리머는 결정의 다발이 녹아서 자유로이 유동되므로 체적은 급격히 커진다. 결정이 녹기 위해서는 융해열이 필요하고, 비열도 현저하게 커진다. 반대로 용융상태에서 냉각되어 결정화할 때는 융해열과 같은 결정화열을 방출하게 된다. 이와 같이 결정성 폴리머와 비결정성 폴리머와는 융해 냉각에서의 거동이 다르므로, 성형 시 많은 주의가 필요하게 된다. 열경화성 재료는 그림 7 · 4와 같이 점도는 시간과 더불어 변화하지만 열가소성재료는 그림 7 · 5와 같이 일단 점도가 내려간 후는 그 상태가 유지되고 있다.

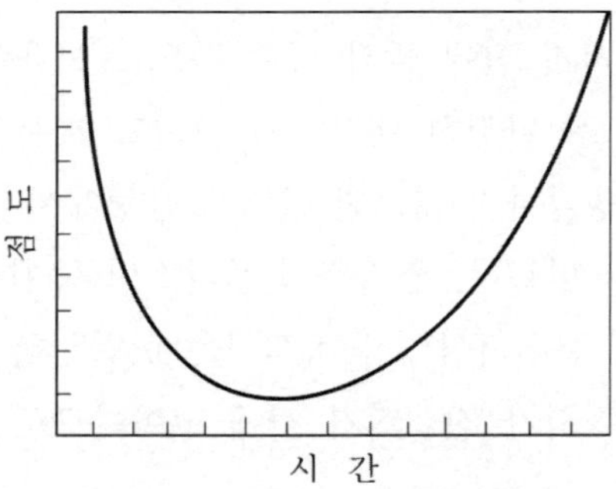

그림 7 · 4 가열시 페놀수지의 점도 변화

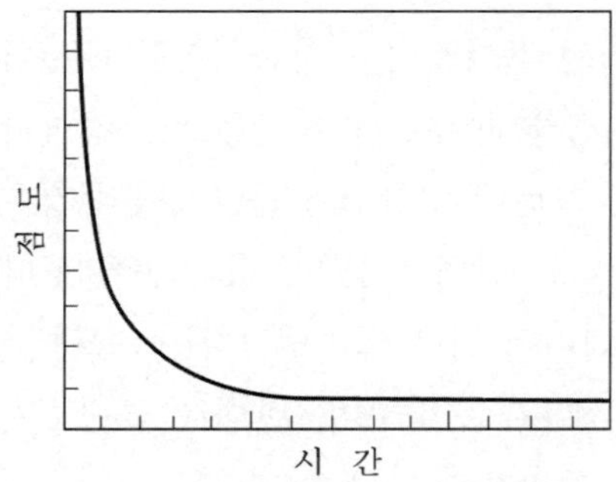

그림 7 · 5 일정한 온도로 유지시 열가소성수지의 점도 변화

2) 모양의 형성(흐르게 한다)

플라스틱 수지를 성형할 경우 잘 흐르게 하여야 하는데, 점도가 나쁘면 금형의 세밀한 곳까지 흘러 들어가기 어렵고, 너무 묽으면 금형의 파팅 라인에서 새어나와 충전부족을 일으키므로 점도가 낮을수록 좋다고 해도 한계가 있다. 따라서 플라스틱의 성형성을 고려할 경우, 온도 상승에 따른 점도 변화를 조사하는 것이 필요하다. 이와 같은 온도 변화에 따른 점도를 조사하는 측정기로는 멜트 인덱서(melt indexer), 플로우 테스터(flow tester), 고압세관 점도계 등이 있다. 그런데, 실제의 성형에서 플라스틱을 일정온도로 성형한다는 것은 쉬운 것 같지만 상당히 어렵다. 그것은 플라스틱 자체가 열의 불량도체이므로 단시간에 내부까지 균일하게 가열하기 어렵기 때문이다. 물론 오래 가열하면 내부도 동일 온도로 되겠지만, 성형사이클이 길어지고, 또 수지에 따라서는 열분해로 성능이 저하된다. 이와 같은 이유로 사출성형기의 실린더내에서 플라스틱을 충분히 혼합하고 균일한 온도가 되도록 한다. 강력한 스크루를 사용하거나, 열 로울에 의해 혼련시킨다. 이와 같은 혼련조작은 안료를 가해서 색을 내거나 안정제나 산화 방지제와 같은 열화방지제를 충분히 섞기 위해서도 필요한 조작이다. 그런데 이 혼련 조작은 마찰을 수반하게 된다. 또한 폴리머끼리 강력하게 혼합하므로 폴리머 입자간의 마찰이 일어나서 마찰열을 발생하고 이것이 강하면 비정상적인 발열을 해서 열분해를 일으키므로 마찰열을 적당히 조절하지 않으면 안 된다. 조절 방법은 기계적으로 스크루 내부에 물을 통하게 하거나 실린더 외측을 물과 공기로 냉각해서 조절한다. 플라스틱을 압출기로 가열 혼련할 때 생기는 마찰에는 입자끼리의 마찰과 가열통과 플라스틱의 마찰이 있다.

3) 냉각에 의한 경화(굳힌다)

열경화성 플라스틱을 사출성형할 때는 굳어지기 전에 빨리 금형 속으로 보내어 경화시킨다. 금행내에서 화학 반응으로 경화시키므로 완전히 냉각하지 않아도 제품을 꺼낼 수 있다. 그런데 열가소성 플라스틱의 경우는 냉각하지 않으면 물러서 금형에서 꺼낼 수 없다. 굳히는 방법은 플라스틱의 종류에 따라서 다르다. 열가소성 플라스틱 중에서도 결정성 폴리머의 경우에는 냉각하는 속도에 따라 결정화상태가 바뀌지는데 천천히 냉각시키면 결정화가 진행하며, 반대로 급냉하면 결정화가 진행되기 정에 고화하므로 결정립이 작고 결정화도도 낮게 된다.

결정구의 크기를 미세화하고 결정화도를 높이도록 하면 성형품의 투명도, 광택, 강도, 경도가 향상되는데, 금형 온도가 얼마나 중요한지를 알 수 있다. 또한 성형품은 모양이 다양한 만큼 살이 얇은 곳은 빨리 식고, 두꺼운 곳은 늦게 냉각되나 플라스틱은 금속과 달라서 열의 불량도체이므로 냉각속도가 느리다. 따라서 냉각속도의 차는 부분적인 온도차로 되어서 성형수축과 내부응력의 원인이 되어 변형을 일으킨다. 따라서 금형의 구조를 어떻게 하여야 하는가가 문제로 된다.

7.1.3. 플라스틱 재료의 일반적인 성질

1) 가볍다

에너지절약이 중시되는 자동차와 항공기는 물론 수송기계, 측정기기 등에 이르기까지 재료의 경량화가 요망된다. 플라스틱의 비중은 불소수지 계통인 폴리클로로 트리플루오르에틸렌(PCTFE)이 2.1~2.18로 특별히 높은 것도 있으나, 무기질 재료인 플라스틱은 충전을 해도 비중이 1.6로 최대이고, 최저인 폴리너메틸펜텐(PMP)은 0.83~0.84이다. 플라스틱 재료의 평균은 1.2정도이지만 그러나 발포제품은 0.04정도까지 낮은 것도 있다.

2) 내식성이 크다

공기 중, 수 중, 약품 중에서 내식성은 금속 재료보다 높고, 4불화 에틸렌 수지 등은 유기용제에도 침식되지 않는다. 보통 녹의 발생이 적고, 광택을 갖는 표면의 유지가 용이하고, 해수 중에서도 부식되지 않고 사용되는 것이 많다.

3) 완충성이 크다.

플라스틱의 탄성계수는 평균 200kgf/㎟ 정도로서, 강의 약 1/100, 즉 같은 외력에 대하여 100배나 변형할 수 있다. 따라서 고무보다는 못하지만 상당한 완충작용을 함과 동시에 충격, 소음발생의 방지 작용도 할 수 있다.

4) 자기 윤활성이 풍부하다.

4불화 에틸렌 수지, 폴리아세탈, 나일론 등의 결정성 플라스틱은 윤활제를 공급하지 않아도 강과 플라스틱재료 사이의 마찰이 크게 줄어든다. 즉, 자기 윤활성이 우수하므로 베어링, 기어 패킹(packing), 브레이크(break) 등 취동부의 건조 마찰부에 이용된다.

5) 성형성이 우수하다.

플라스틱재료는 1개의 도금한 금형으로 10만개 이상의 성형품을 고속 사이클로 좁은 장소에서 제작할 수 있고, 복잡한 형상의 것이라도 높은 치수정밀도로 제작 할 수 있다. 성형 가공비는 금속의 1/5~1/10정도이다.

6) 색채가 다양하다.

플라스틱은 원래 무색 또는 담색이므로 투명한 것에 각종 안료를 넣어 여러 가지 산뜻한 색채를 갖게 할 수가 있다.

7) 복합화에 의한 재질의 개량이 가능하다.

플라스틱을 공업재료에 이용할 때는 단체(單體)보다는 유리섬유, 카본섬유, 아스베스트, 탄산칼슘, 마이커(mica), 웨스터(whisker) 등의 각종 무기질 충전재를 첨가하여 실용화가 확대되고 있다. 비교적 저온에서 용융상태가 되는 플라스틱은 이들 무기질재료를 고체상태로 복합화해서 안정된 고체 물질로 만들 수 있고, 기계적 강도, 내열성, 내자외선, 열화성, 미끄럼 특성, 치수정밀도와 안정성의 향상 등 물성의 개량에 의해 실용적인 특성을 향상시킬 수 있다.

8) 저내열성

플라스틱의 융점은 보통 120~323℃정도로서 강과 비교하면 현저히 낮다. 따라서 열변형온도도 50~200℃의 범위가 되어 고온에서의 사용에는 견디지 못한다. 100℃에서 720시간 유지하면 그림 7 · 6과 같이 인장강도의 변화는 작으나, 그림 7 · 7과 같이 늘어남이 두드러지게 작아진다. 즉 취화한다.

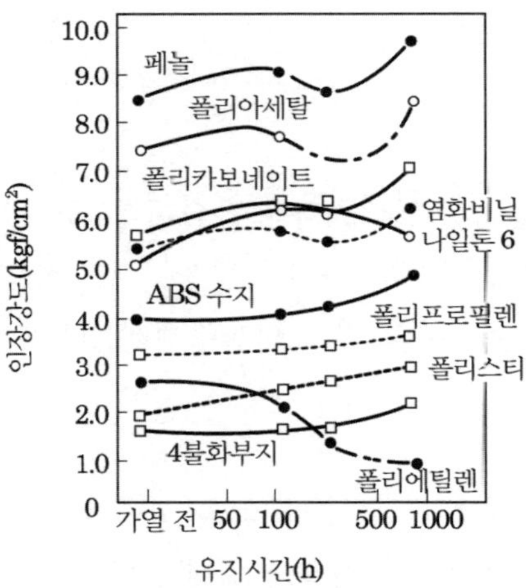

그림 7 · 6 여러 수지의 인장강도와 유지시간

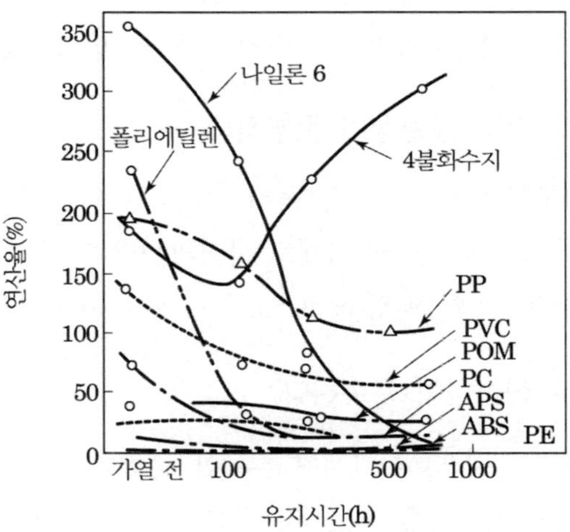

그림 7 · 7 여러 수지의 신장률과 유지시간

9) 치수가 불안정하다.

플라스틱의 열팽창계수는 평균 강의 5배 정도로서 온도 변화에 따르는 수축, 팽창에 의한 치수 변화가 크다. 그리고 흡습성이 높은 플라스틱은 습도 변화에 의한 팽창, 탈습으로 인한 치수 변화가 크다. 그밖에 성형 가공시에 생긴 내부응력에 의해 사용중 또는 시간 경과에 의한 치수 변화도 크다.

10) 기계적 강도가 낮다.

플라스틱 단체의 인장강도는 보통 1~9kgf/㎟로서 강에 비해 매우 낮다. 그리고 탄성계수도 평균 1/100 정도로 변형 저항도가 현저하게 낮다. 또 일반적으로 충격값이 연강의 1/100정도이며, 특히 유리전이점이 높은 비결정성 플라스틱은 상온에서 취약하다.

11) 내구성이 낮다.

플라스틱은 성형가공 후 시간이 지나면 화학적인 변화에 의해 취약해지는데, 특히 옥외 노출상태에서는 자외선 열화를 수반하므로 약화한다. 그림 7 · 8은 10종의 플라스틱을 1515일간 옥외에 노출시켜 인장강도의 변화를 나타낸 것으로 재료에 따라서는 큰 열화가 없는 데, 그림 7 · 10과 같이 신장의 유지율은 어느 것이나 1~25%로 저하하여 두드러진 취화, 열화를 일으킨다. 한편, 최근에 개발된 재료에서는 이들 단점을 어느 정도 극복한 것, 또한 특수한 공업적 요구에 부응한 성능을 가진 이른바 엔지니어링 플라스틱이 많이 있다. 이들 엔지니어링 플라스틱에 각종 충전재를 사용해서 성능을 한층 더 높이고 있다.

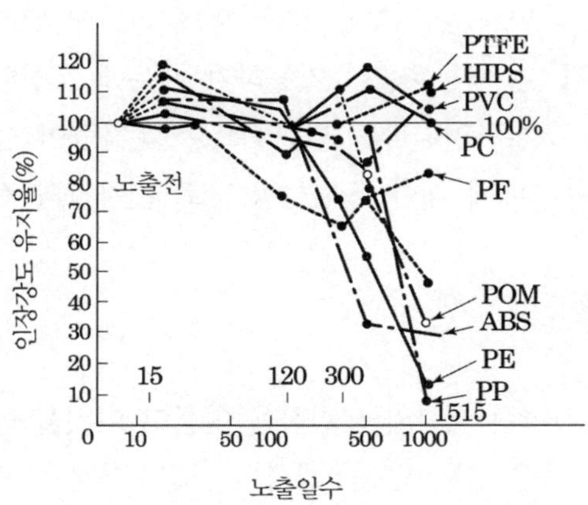

그림 7 · 8 각종 플라스틱의 인장강도 유지율과 노출일수

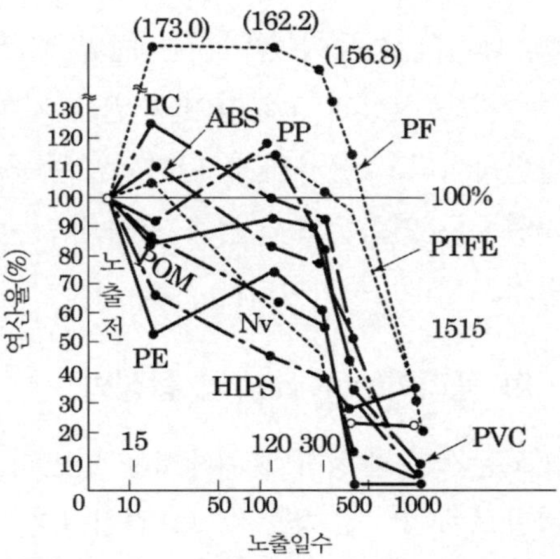

그림 7 · 9 각종 플라스틱의 신장률의 유지와 노출일수

7.1.3. 플라스틱의 구조와 유동 특성

1) 분자 구조

플라스틱은 여러 monomer가 모여서 polymer를 구성한 고분자 화합물이다. 화합물은 일반적으로 분자량의 크기로서 1,000 이하, 1,000~10,000, 10,000 이상의 세 가지로 나누고 각각 저분자, 중간분자, 고분자 화합물이라 칭한다. 고분자화합물은 저분자화합물에 없는 물리적, 화학적 성질을 가지며, 특히 기계적 강도가 큰 것이 특징이다. 고분자화합물에는 섬유소, 단백질 등의 천연산과 합성수지, 합성섬유, 합성고무 등이 있다.

플라스틱 재료의 사출성형에서 가공성에 영향을 주는 분자 구조에는 화학 구조, 결정성, 분자량, 융점 등의 인자가 있다. 분자량이 큰 차이가 있지 않으면, 그 융점은 화학 구조에 크게 지배된다. 일반적인 경향으로 주쇄(主鎖)가 단단하고 분자간의 인력이 크며 입체 규칙성이 높은 플라스틱 재료의 융점은 높아진다. 또한 분자량이 커지면 기계적 및 열적 성질은 향상되나 가공성은 저하한다. 열경화성수지는 계란처럼 한번 열에 의하여 경화하면 다시 가열하여도 연화 용융하지 않는 것이며, 열가소성수지는 열을 가하면 밀랍처럼 용융하고 냉각하면 다시 본래의 상태로 돌아가는, 즉 가열과 냉각에 의해서 용융, 고화가 가역적으로 되풀이된다. 열경화성수지는 가열에 의해 점차 유동하게 되는 동시에 분자 사이의 화학 반응이 이루어져서 망상의 3차원 구조를 취한다. 한 번 경화한 것은 열을 가해도 분자의 자유로운 움직임이 불가능하기 때문에 연화되지 않으며 제품으로 만들어진 후에는 재생할 수 없다. 망목 구조가 치밀해질수록 수지가 굳어지고 내열성, 내용제성 등이 좋아지는 반면 취약성이 나타나는 경향이 있다. 이에 반하여 열가소성수지는 선상의 고분자이고 열을 가하면 각 분자의 운동이 가능하기 때문에 움직임은 활발하여지고 용융하게 된다. 같은 종류의 고분자일지라도 일반적으로 분자량이 높은 것일수록 연화온도가 높고 용융점도 높으며 용매에 대한 용해성이 낮고 분자간의 잡아 당기는 힘이 증가한다.

2) 폴리머(polymer)의 합성법

고분자를 합성하기 위해서는 일반적으로 간단한 저분자 화합물을 만들고 이것을 공유 결합으로 몇 백, 몇 천으로 결합한다. 이 반응을 중합 반응, 생성되는 고분자물을 중합체, 출발 물질인 저분자 화합물의 반복수를 중합도(重合度)라고 한다. 저분자에서 고분자를 생성하는데 가장 널리 행하여지는 합성법에는 부가 중합(附加重合), 축합 중합(縮合重合), 조합 중합(組合重合) 등이 있다.

(1) 부가 중합(addition polymerization)

단량체(monomer)분자를 폴리머로 만들기 위해 부가시키는 방법이 사용되고 있다. 탄소와 탄소 2중 결합을 갖는 올레핀을 적당한 조건으로 반응시키면 2중 결합이 되고, 올레핀 분자가 공유 결합으로 맺어져서 중합체를 만든다. 예컨대 스티렌은 다음 식과 같이 중합하여 폴리스티렌을 얻을 수 있다. 스티렌은 2개의 관능기를 갖고 있지 않지만 올레핀의 2중 결합에는 작용하기 쉬운 π전자가 있기 때문에 2중 결합의 양쪽에 손을 뻗어 관능기가 2개 있다고 간주된다. 이 반응의 특징은 중합함에 있어서 아무런 부산물도 생성하지 않는 것이다. 이와 같이 단량체가 단순히 부가를 되풀이하는데 따라 중합체를 생성하는 방식을 부가 중합이라고 하며, 이 중합법에 의한 고분자에는 폴리스티렌, 아크릴 등이 있다.

(2) 축합 중합(condensation polymerization)

물, 암모니아, 탄산 가스 등과 같은 간단한 화합물을 분리하면서 중합하는 형식을 축합 중합 또는 중 축합이라고 한다. 산과 알코올이 물을 방출하며 결합하는 반응을 에스테르화라고 하는데, 2염기산인 테레프탈산과 2가(二價)알코올인 에틸렌클리콜이 에스테르화 반응을 되풀이 하는데 따라 주쇄(主鎖)에 다수의 에스테르기를 포함한 폴리에스테르가 생성되며 반응식은 다음과 같다. 폴리에스테르는 섬유, 필름, 도료로서 널리 사용되고 있다. 축합 반응에 의하여 만들어지는 고분자에는 폴리아미드, 페놀, 폴리에스터, 폴리카보네이트 등이 있다.

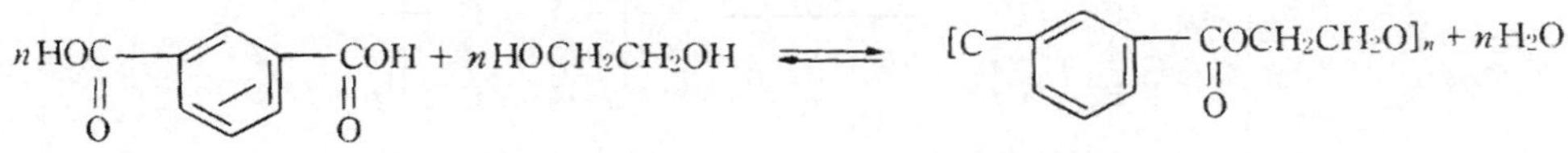

탈레프탈산 에틸렌글리콜 폴리에틸렌 텔레프탈레이트 물

(3) 조합 중합(combination polymerization)

서로 다른 종류의 단량체(monomer)를 조합하는 방법으로 코폴리머(copolymer)와 블렌드(blend)가 있다. 코폴리머는 성질이 다른 두 종류 이상의 단량체를 결합시켜 만든 것으로서, ABS수지는 내열성이 좋은 아크릴로니트릴 모노머(A)와 충격에 강한 브타디엔(B), 전기적 성능과 성형성이 좋은 스티렌(S)을 공중합(共重合)하여 만든 것이다. 블렌드는 중합후에 만든 폴리머를 기계적으로 잘 혼합하여 만드는 방법으로서, 플라스틱의 다양한 성질중에 장점만을 나타나게 하기 위한 것이다. 이 방법은 플라스틱 가공업자도 용이하게 사용할 수 있으며, 수지가 갖고 있는 다양한 성질을 성형품에 부여시킬 수 있다.

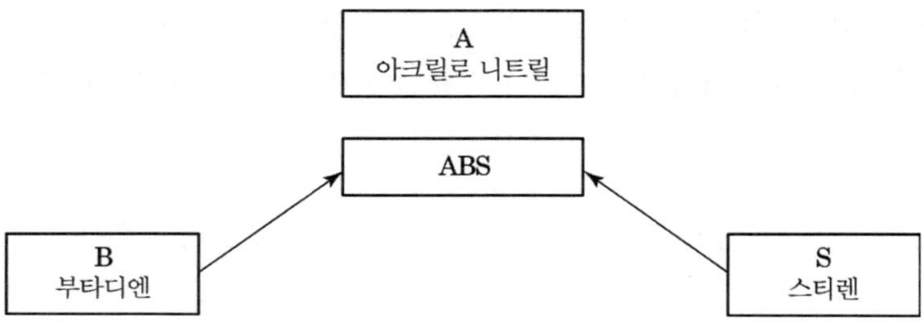

그림 7 · 10 코폴리머 제작

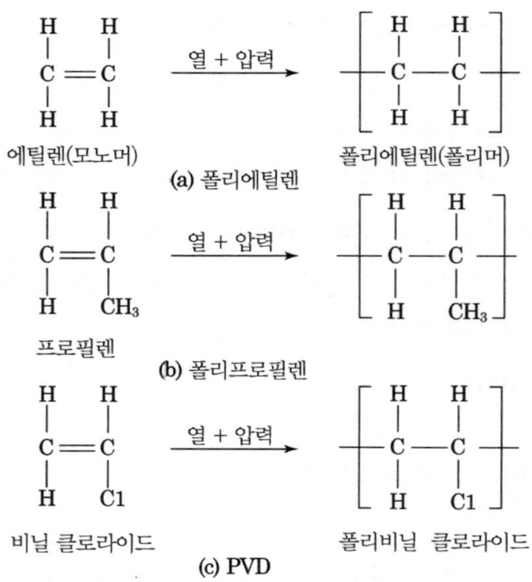

그림 7 · 11 폴리에틸렌, 폴리프로필렌 및 PVC의 제조

3) 배향성(orientation)과 결정성(crystalline)

중합 반응 중에는 다양한 분자 길이가 형성되며, 분자 길이는 점성과 연신율에 영향을 미친다. 분자 길이가 긴 것은 성형을 어렵게 하며 충격강도가 크지만, 짧은 것은 유동성이 좋아지고 연신율이 커지며 취약해진다. 고분자 재료의 용융체는 비뉴턴(non-newtonian) 운동을 한다. 금형의 캐비티내로 용융 수지가 흐를 경우를 가상해서 관내를 유동하는 수지의 거동을 고찰해 보면, 그림 7 · 13의 (a)와 같이 중심부가 가장 빠르고 관벽부로 가까워짐에 따라 흐름이 늦어져서 관벽 표면에서는 거의 흐르지 않는 표층이 생긴다.

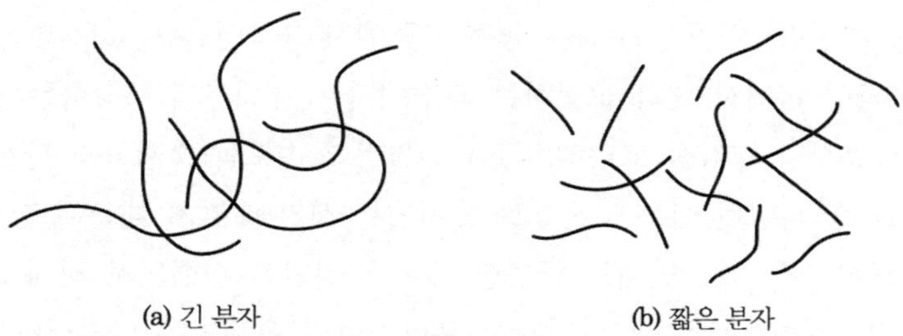

그림 7 · 12 분자 길이

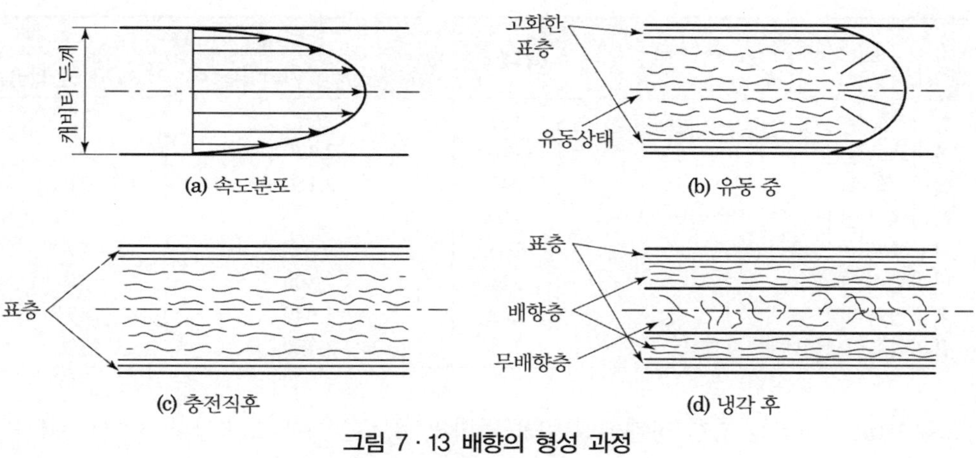

그림 7 · 13 배향의 형성 과정

따라서 중심부와 관벽부 사이에 속도 구배, 즉 전단 속도가 생긴다. 이로 인하여 냉각되어지고 있는 관벽부의 고분자 사슬(chain)이 압입되어지는 용융체에 의해서 큰 전단력을 받아 흐름 방향으로 잡아 당겨진 채로 고화 동결한다. 이것이 배향이 일어나는 과정이다. 배향은 성형 방법에 따라 큰 영향을 받는다. 사출 성형에서 원리상 배향을 없앨 수는 없지만 배향도를 작게 하는 것은 가능하다. 배향도를 지배하는 인자는 금형내에 압입된 수지의 온도, 사출 속도, 사출 압력, 냉각 속도 등이다. 배향도가 높은 성형품은 배향 방향과 그것의 직각 방향에 대해 이방성이 생기고, 배향 방향에 비해서 직각 방향의 물성이 저하한다. 또 이들 배향으로 인하여 성형품 내부에 잔류 응력이 발생하게 된다.

모든 고분자는 무정형상태 또는 고분자 사슬이 바르게 규칙 배열하여 결정격자를 형성하는 성질을 갖고 있다. 여기에서 결정성이 큰 수지를 결정성 수지, 그렇지 않은 수지를 비결정성 수지라고 한다. 용해한 수지가 결정화하면 결정화열을 방출하고 비용적이 크게 감소한다. 급냉하면 결정화도가 저하해서 비결정 부분이 많아진다. 그 반대로 서냉하면 결정화도가 증대한다. 수축률과 결정화도의 대소는 배향과 마찬가지로 성형품의 물성에 영향을 미친다. 결정성 수지는 융점 부근에서 융해열을 필요로 하고 비열이 급격히 증대하며, 금형 속에서 냉각 고화하는 과정에서는 융해열에 상당하는 양의 결정화열을 발생하므로 충분한 냉각을 고려해야 한다. 결정화 속도와 수축률의 관계는 금형에 용융 수지를 사출 후 서냉될 때는 고온으로 유지되는 시간이 길기 때문에 결정화가 빠르게 진행되고 수축률은 커진다. 반대로 급냉할 때는 결정화가 진행되기 전에 고화하기 때문에 수축률은 작아진다. 표 7 · 1은 결정성 플라스틱의 융해열을 나타낸다.

표 7 · 1 결정성 플라스틱의 융해열

수 지	융점(℃)	융 해 열	
		ΔH(cal/반복단위의 몰수)	ΔH(kcal/kgf)
폴리에틸렌	137	925	35
폴리프로필렌	176	2,370	57
폴리스티렌(아이소택틱)	240	2,150	21
폴리메틸메타크릴레이트(아이소택틱)	160	-	-
나일론 6−6	265	11,100	49
나이론 6−10	227	7,300	26
폴리염화비닐	212	3,040	49
폴리염화비닐리덴	198	3,780	39

고분자(polymer)는 강한 상태에서 열을 가하면 유연한 상태로 변한다. 이 때 제1차 전이(융점)와 제2차 전이(취화점)가 있고, 재료의 물성은 이러한 전이가 일어나는 온도에 따라 큰 영향을 받는다. 제2차 전이점 이하에서는 분자 운동이 동결되어 힘을 가하면 취성 파괴되므로, 이 점을 유리 전이 온도(glass transition temperature)라고도 한다. 결정성수지는 융점과 유리전이점이 확연하게 나타난다.

그림 7 · 14는 상온의 대기압 상태와 공정온도사이에서 비체적의 차이가 있음을 보여준다.

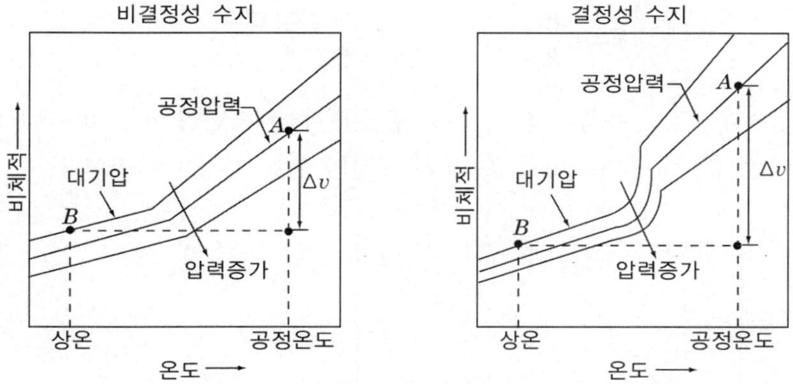

그림 7 · 14 비결정성 및 결정성 수지의 pvT 곡선

4) 유동 특성(流動 特性)

플라스틱 재료는 그 내부에 점성과 탄성을 갖고 있는 점탄성체이다. 따라서 적당한 방법에 의해 임의의 형태를 쉽게 부여할 수 있을 뿐만 아니라 이 형태를 상온에서 유지할 수 있으므로 유용성이 증대된다. 점성은 유동을 방해하려는 저항성으로, 유동하는 동안 분자 사이의 전체 마찰력이다. 유동에서 높은 점성은 유동성이 나쁘고, 낮은 점성은 유동성이 좋다. 사출성형에서 가공성의 기준으로, 유동성이 사용되고 있다. 유동성은 온도, 압력 및 전단속도에 그 의존성이 크다.

사출성형에서 재료에 변형을 일으키는 유동 이론에 대한 이해를 함으로써 고품질의 성형품을 만들 수 있으며, 폴리머의 특성을 이해할 수 있다. 물질의 유동에 대해 이상적인 경우를 가상한 것이 뉴턴 운동이다. 그림 7 · 15와 같이 액체내에 2개의 평면이 있을 때, 2개의 평행한 평면 사이의 거리를 dy, 윗면A에 힘F를 작용시켜서 dv만큼 속도가 빨라진 경우에 뉴턴 유체에서는 다음 식이 성립한다.

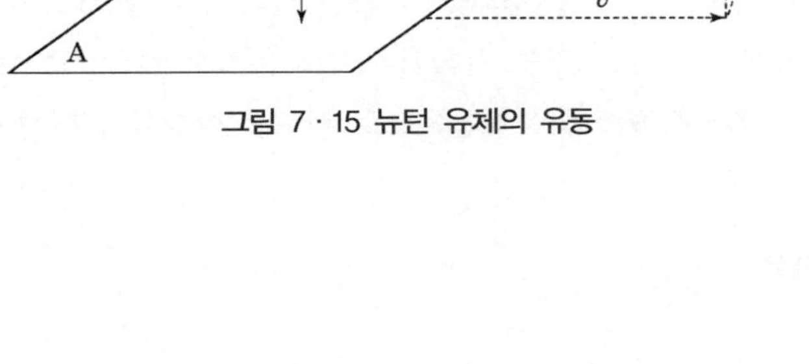

그림 7 · 15 뉴턴 유체의 유동

$$F/A = \tau = \eta \frac{dv}{dy} \qquad \begin{cases} \tau : \text{ 전단응력} \\ \eta : \text{ 점성계수} \end{cases}$$

여기서 점성계수 η는 유체의 종류, 온도 및 압력에 의해 변화한다. 일반적으로 고분자 재료는 비뉴턴 유동을 하며, 그림 7 · 16은 물질의 유동 특성을 나타낸다.

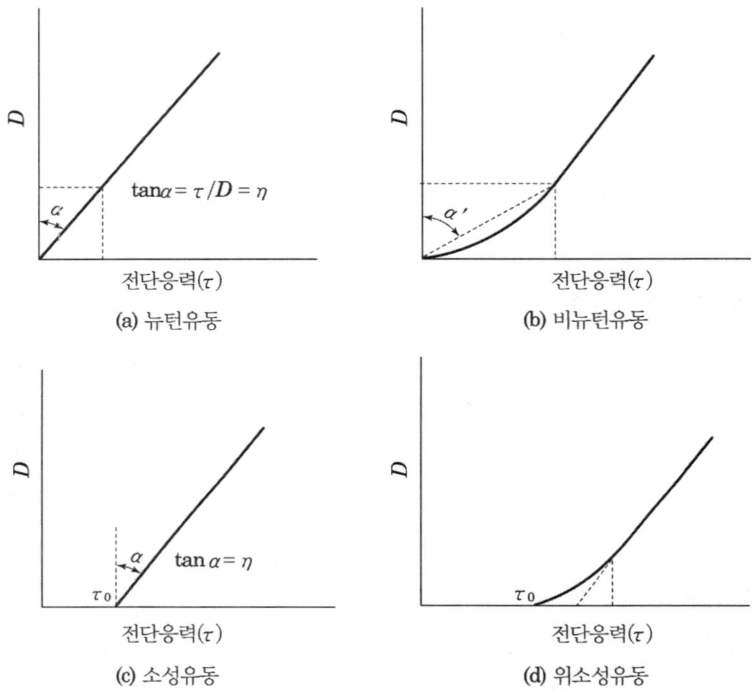

그림 7 · 16 여러 가지 유동 특성의 패턴

7.2 플라스틱의 종류 및 특징

고분자로 이루어진 플라스틱 재료를 실제로 사용하는 데는, 고분자 화합물만의 순수한 수지(resin)에 각종 충전제 및 첨가제를 가하여 실용화하고 있는 경우가 많으나, 플라스틱은 수지부분에 대해서 대별하면 열경화성 수지(熱硬化性 樹脂)와 열가소성수지(熱可塑性 樹脂)의 2종류로 분류한다. 열경화성 수지는 열과 압력을 가하면 용융되어 유동상태로 되고, 일단 고화되면 다시 열을 가하더라도 용융되지 않으므로 재사용이 불가능한 수지이다. 이것은 경화과정에서 화학적반응으로 새로운 합성물을 형성하기 때문이다. 열가소성수지는 열을 가하면 용융되고, 고화된 수지라 할지라도 다시 가열하면 용융되어 재사용이 가능하며, 주로 사출성형용 재료로 많이 사용되고 있다.

열가소성 수지는 다시 결정성수지와 비결정성수지로 분류된다. 결정성수지는 분자구조에서 규칙 바른 배열을 하고 있는 것으로서 금속처럼 100% 결정으로 되는 것이 아니고 이 중 몇 %가 결정화하는데 불과하며 비결정부와 혼재하고 있다. 전체 중량과 결정부와의 중량비를 결정화도라고 하며, 수지의 종류에 따라 25%~80%정도의 결정화도를 나타내며, 같은 수지일지라도 냉각속도에 따라 결정화도는 변하여 성형 후 급냉하면 결정화도가 낮고 서냉하면 결정화도가 높게 된다. 비결정성수지는 투명하며 단순히 온도가 높아짐에 따라 용융되어 성형할 수 있으나 결정성수지에서는 우선 결정융점에 달하여 이 온도에서 결정이 풀려 비결정으로 되고, 계속되는 가열에 의해서 용융상태로 되어 성형할 수 있다. 따라서 결정성수지에서는 결정을 용해시키기 위한 여분의 열이 필요하며 성형온도까지 수지의 온도를 높이는데는 비결정성수지보다 많은 에너지를 필요로 하므로 가소화능력이 큰 성형기가 필요하게 된다. 능력이 작으면 펠릿(pellet)이 부분적으로 덜 용융되어 사출될 때도 있다. 또 성형 후 고화될 때 비결정성수지에서는 열팽창에 상응하는 성형수축이 되지만 결정성수지에서는 결정화에 따른 용적 감소 즉 결정 수축으로 인하여 전체적으로는 큰 성형수축을 나타낸다.

사출성형에 있어서 수지는 흐르는 방향으로 배향하는 성질이 있는데 결정성수지에서는 결정화될 때 배향하기 때문에 흐름 방향과 직각 방향과의 큰 강도 차이를 나타내며, 또한 성형수축도 커서 성형품의 굽힘, 뒤틀림 등을 일으키기 쉽다. 이 방향차는 일반적으로 저온 고압에서 성형할수록 크게 나타난다. 플라스틱 중에서 가장 많이 사용되어, 생활 폐기물의 90% 이상을 차지하는 것은 폴리에틸렌(PE), 폴리프로필렌(PP), 폴리염화비닐수지(PVC), 폴리스티렌(PS), 폴리에틸렌테레프탈레이트(PET), ABS 등이다.

현재 상품화되어 있는 플라스틱은 사용 후 자연환경에 버려질 경우에 분해되지 않고 반영구적으로 남아 있어 환경오염문제를 야기하게 된다. 따라서 사용 시의 편리성 및 내구성만을 비약적으로 향상시킨 합성 플라스틱을 대체할 수 있고, 사용 후 붕괴 또는 분해되어 자연의 순환 사이클로 흡수됨으로써, 환경오염 문제를 배제할 수 있는 생분해성 플라스틱이라는 새로운 기능을 가진 고분자물질에 대한 사회적인 요구가 높아지고 있다. 일반적으로 미생물이나 빛에 의해 썩거나 분해되는 고분자를 생분해성 고분자 또는 협의로 생분해성 플라스틱이라고 한다. 광분해성 플라스틱은 기본적으로 태양광선의 자외선 에너지를 이용하여, 고분자 고리를 끊어 수지의 물리적 성질을 저하시키고 궁극적으로 분자량이 낮게 되어 분해되는 플라스틱을 의미한다. 현재 각 나라마다 분해성 플라스틱에 대한 연구개발과 산업화가 추진되고 있다.

7.2.1. 열가소성 수지(thermoplastic resin)

1) 범용 수지

사출성형용 범용수지에는 폴리스티렌(PS), 폴리에틸렌(PE), 폴리프로필렌(PP)이 포함되어 있으며, 이 3가지가 전체 사출성형용 수지의 약 70%를 차지하고 있다. 이것들은 어느 것이나 사출성형에 있어서 유동성이 좋으며, 특히 예비 건조할 필요도 없고 어떤 형식의 사출성형기로도 성형이 가능하다.

(1) ABS 수지(acrylonitrile-butadiene-styrene)

ABS 수지는 아크릴로니트릴(A), 부타디엔(B), 스티렌(S)의 세 성분으로 합성되어 있다. 이 수지의 성분 비율이나 결정방법, 제조방법 등을 여러 가지로 변화시킴으로써, 성질이 다른 종류의 것을 만들 수 있다. 이것은 넓은 온도 범위에서 내충격성, 강인성, 컬러링(coloring), 내약품성, 성형 가공성 및 치수 안정성 등 우수한 성질을 가지고 있지만 유동성이 좋지 않으며 내후성이 약하다. 이 수지는 수지를 구성하는 3 성분의 특성 즉, styrene이 갖는 광택과 성형성, acrylonitrile이 갖는 강성, 내약품성 및 뛰어난 기계적 성질, butadiene이 갖는 내충격성 등의 장점만을 부여시켜서 다수의 제품을 생산하고 있다. 용도에 따른 요구 특성이 주어지면 ABS 수지의 구성비를 적절히 조절하거나 수지의 분자량 조절 및 첨가제의 변경 등으로 요구 특성을 충족시키는 제품생산이 기술적으로 가능하다. 용도는 TV, 라디오, 청소기의 케이스, 전화기 본체, 냉장고 내상, 에어콘 그릴, 용기, 헬멧 등에 쓰이며, 또한 플라스틱에 도금을 필요로 하는 것에 적당하다. 금형 제작시 유의할 사항으로는 유동성이 좋지 않기 때문에 러너를 크게, 길이를 짧게 하고, 성형품 빼기구배는 2° 이상 주어야 하며, 공기빼기를 고려해야 한다.

(2) 폴리에틸렌(polyethylene : PE)

폴리에틸렌은 매끈한 외관을 가지며 결정화도가 높은 수지이다. PE는 제조 방법에 따라 저밀도(LDPE), 중밀도(MOPE), 고밀도(HOPE)가 있다. PE는 비중이 작으며, 인장강도 및 연신율이 크고 충격에 강하다. 전기적 성질, 특히 고주파 특성이 우수하며 내약품성이 좋고 유기용제에 강하다. 또 흡습성이 거의 없고 저온에서 취약하지만 성형수축율이 크고 접착이 잘 되지 않는 특징이 있다. 밀도는 결정영역에서 약1.0, 비결정영역에서는 0.8정도 되기 때문에, 결정화도가 클수록 전체 밀도는 커진다. 밀도가 달라지면 기본적인 성질이 변화하기 때문에 선택할 때 충분히 고려해야 한다. 용도는 전선 피복, 고주파 부품, 용기류, 포장제, 튜브, 파이프 등에 많이 쓰인다. 일반적으로 수분차단성이 좋으며, 내화학성 및 가격이 저렴한 장점이 있다. 저, 중, 고밀도의 투명 또는 반투명의 필름은 여러 가지 유연포장 분야에 사용되고 있다. 저밀도 폴리에틸렌의 경우에는 내한성이 좋아 냉동식품 포장과 열접착성이 좋아서 다른 포장재와 열접착성 포장재료로 많이 사용되고 있다. 고밀도 폴리에틸렌의 경우에는 쇼핑백 제조에 많이 사용된다. 또한 고밀도 폴리에틸렌이 우유병과 같은 용기, 저밀도 폴리에틸렌이 캔 뚜껑 혹은 병마개 등에 사용되고 있다.

금형제작시 유의할 사항으로는 성형품의 변형을 방지하기 위하여 충전속도가 빠르게 되도록 게이트와 러너를 만들어 주는 것이 필요하다. 또 수축률이 크고 변형이 심하기 때문에 금형온도를 균일하게 유지할 수 있는 냉각회로가 바람직하다.

(3) 폴리프로필렌(polypropylene : PP)

폴리프로필렌은 유백색(乳白色), 불투명 또는 반투명으로 범용수지 중에서 비중이 0.9로서 제일 가볍다. PP는 결정성수지에 속하며, 폴리스티렌에 비하여 광택, 성형성 및 내약품성이 좋다. 성형수축률은 고밀도 폴리에틸렌보다 작으며 수축의 방향성 정도도 낮기 때문에 적당한 성형조건을 선정하면 치수정밀도가 양호하고 잔류변형이 적은 성형품을 얻을 수 있다. 무미, 무취, 무독의 안전성을 가지고 있고, 가공이 용이하며, 우수한 방습성, 투명성, 광택도, 내열성이 좋다. 그러나 산소 투과도가 높아 차단성이 요구될 때는, 알미늄 증착이나 PVC 코팅을 하여 사용하며, 표면에 인쇄시 표면처리가 필요하다. 또 정전기 발생이 심하여 대전방지 처리가 필요하다. 또한 내충격성이 강하고, 힌지(hinge)성이 좋아 수백회 반복 굽힘에도 견딜 수 있다. 용도는 PE와 비슷하며 세탁기의 회전날개 및 세탁조, 배터리 케이스, 카셋트 케이스, 단자, 배선기구 등에 쓰인다. 힌지가 있는 성형품의 경우 충전부족, 힌지부의 웰드라인 발생 등을 방지하기 위해 게이트의 위치에 주의할 필요가 있다. 또 변형을 방지하기 위하여 다점 게이트로 하는 것이 좋다.

(4) 폴리스티렌(polystylene : PS)

맛과 냄새가 없으며 수정처럼 맑고 투명한 수지이다. 착색이 잘되며, 비중이 작고 성형성이 좋으며 치수 안정성이 좋고 흡습성이 낮다. 그러나 취성이 있고 열에 약해 100℃ 이상에서 견디지 못하며, 흠이 생기기 쉽다. 용도로는 냉장고 내상, 선풍기 날개, 측정기 케이스, 회로부품의 프레임, 완구류 등이며, 발포한 것은 단열재, 포장재, 전기 전열재 등으로 쓰인다. PS 성형품을 금형에서 빼낼 때, 균열이 생길 우려가 많으므로 이젝팅 방법을 고려하여야 한다. 언더컷은 되도록 피하는 것이 좋으며, 경면 사상성이 좋은 금형재료를 사용하는 것이 좋다. 용해 때의 열안정성 및 유동성이 양호하기 때문에 성형가공성이 뛰어나다. 특히 성형수축이 적어 치수안정성이 좋고 값이 저렴하기 때문에 사출성형에 적합하다. 연화온도가 비교적 낮고 굳지만 취약하다는 결점이 있다. 그러나 질김성이나 내충격성을 증가시키기 위해 고무성 물질을 혼합하거나 강도를 주기 위해 충전재를 사용한다. 발포제를 사용하여 제조한 발포성 폴리스티렌(expanded polystyrene)은 완충재, 용기 등으로 사용되고 있다. 폴리스티렌에는 일반용(GPPS)과 내충격용(HIPS)이 있다.

2) 공업용 수지(engineering plastics)

공업용 수지는 구조용 및 기계 부품에 적합한 고성능 플라스틱으로서, 주로 금속 대체를 목표로 한 것이다. 자동차, 기계, 전기 및 전자 부품과 같은 공업적 용도에 사용되는 플라스틱이며, 500kgf/cm²(MPa) 이상의 인장강도, 20,000kgf/cm²(2Gpa) 이상의 굴곡탄성률, 100℃ 이상의 내열성을 갖고, 고온에서도 장기간 사용 할 수 있는 것을 엔지니어링 플라스틱 또는 슈퍼 엔지니어링 플라스틱이라고 한다. 재료에 따라서는 강철보다도 강하고 알루미늄보다도 전성(展性)이 풍부하며, 금, 은보다도 내약품성이 강한 고분자 구조의 고기능 수지이다. 성능과 특징은 그 화학구조에 따라 다른데, 주로 폴리아미드, 폴리아세탈, 폴리카보네이트, 폴리에스터수지(PBT), 폴리페닐렌옥사이드(PPO) 등이 있다. 이들의 공통점은 강도, 탄성뿐만 아니라, 내충격성, 내마모성, 내열성, 내한성, 내약품성, 전기절연성 등이 뛰어나다. 그 용도도 가정용품, 일반잡화, 카메라, 자동차부품, 항공기 등 여러 분야에 걸쳐 사용할 수 있다. 5대 엔지니어링 플라스틱은 나이론, 폴리아세탈, 폴리 카보네이트, 변성 PPO, 폴리 에스터수지를 말한다. 그 중에서 역사적으로 나이론이 가장 오래된 합성 고분자이며, 초기에는 주로 합성 섬유 용으로 제조되었으며 부분적으로 플라스틱으로 활용되고 있다.

(1) 폴리아미드(polyamid : PA)

폴리아미드 수지에는 6 나일론(PA6), 66 나일론(PA66), 11 나일론(PA11) 등의 종류가 있다. PA수지에는 종류에 따라 성질도 다르지만 PE, PP와 같이 대표적인 결정성수지이다. 인장강도(500-1,000kgf/cm²)가 크고, 끈기와 피로강도가 우수하여 진동과 충격도 흡수한다. 내구성이 있고, 유기용제에도 강하며, 사용 온도는 –18℃~120℃로 넓다. 특징을 보면 마찰계수가 적고 자기 윤활성이 좋으며 내마모성이 특히 우수하나 수축률이 크고 흡습성이 커서 치수안정성이 좋지 않다. 용도는 기계 부품용으로 많이 쓰이는 기어, 캠, 내압 호스, 하우징, 베어링, 마찰재료 등으로 사용되며, 포장 재료로도 사용된다. PA를 사용하는 금형은 용융점도가 낮고 플래시가 발생하기 쉬우므로 치수정밀도가 높은 금형가공을 요하고 금형온도를 높게 하고 냉각을 균일하게 할 필요가 있다. 가정 널리 사용되는 것은 PA66과 PA6의 두 종류이다. 폴리아미드의 용융점도는 온도 의존성이 크고 분해온도가 비교적 융점에 가깝기 때문에 엄밀한 온도 조절이 필요하다. 열분해 방지를 위해서도 장시간 성형기속에 체류시키는 일은 피해야 한다. 또한 흡습성이 크기 때문에 대기중에 원료를 방치하는 것은 피하고 흡습재료를 사용할 때는 진공건조기로 수분량 0.1% 이하로 건조한다. 성형수축률은 1.5~2.5%이고, 결정성 고분자이기 때문에, 폴리아미드 6-6에서는 250℃, 폴리아미드 6 및 6-10에서는 210℃ 부근의 명확한 융점을 갖고 있다. 성형에는 이 융점 이상인 230~260℃의 고온이 필요할 뿐만 아니라 융해잠열이 크기 때문에, 충분한 열용량의 성형기가 필요하다. 폴리아미드의 용융 점도는 온도의존성이 클 뿐만 아니라, 분해온도가 비교적 융점에 가깝기 때문에 엄밀한 온도조절이 필요하다. 열분해 방지를 위해서도 장시간 성형기 속에 체류시키는 일은 피해야 한다. 성형기 속의 용융액이 새거나 눌어붙는 것을 방지하기 위해 낮은 용융점도에 의해 노즐에서 새는 것을 방지하기 위해 체크밸브가 달린 스크루를 사용하는 것이 바람직하다. 용융점도가 낮아 유동성이 좋기 때문에 성형품에 플래시가 발생하기 쉬우므로 이를 방지하기 위하여 치수정밀도가 높은 정밀금형이 필요하다.

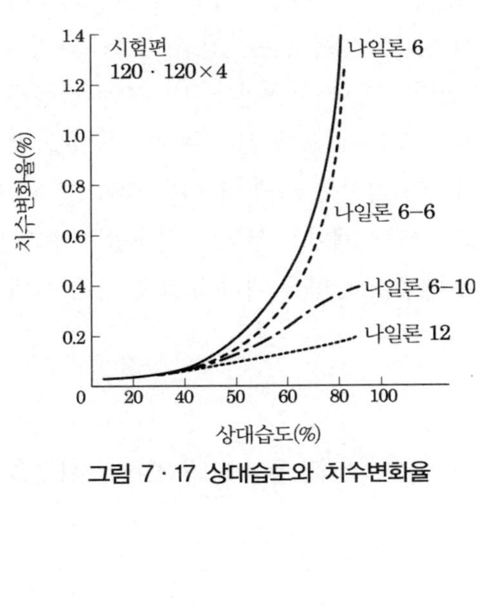

그림 7 · 17 상대습도와 치수변화율

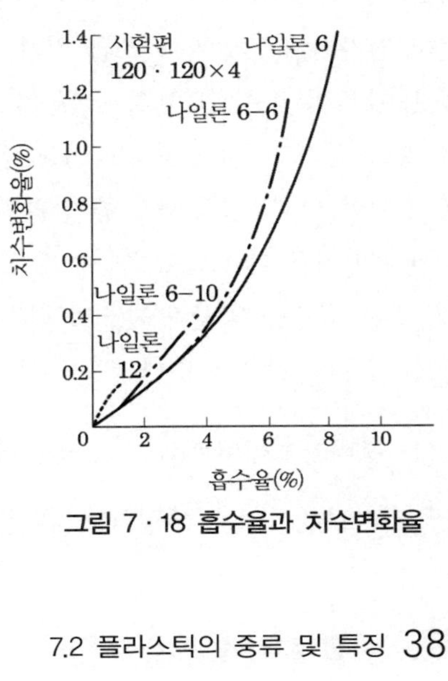

그림 7 · 18 흡수율과 치수변화율

(2) 메타크릴 수지(metacrylate : PMMA)

아크릴(acryl) 수지라고도 하며 메타크릴산을 주성분으로 하고 있다. 아크릴산 수지는 장기간에 걸쳐서 일광에 노출되거나 비바람을 맞아도 견디는 뛰어난 저항성을 가지고 있다. 굳고 딱딱하고 투명한 재료인 폴리메틸 메타크릴레이트(PMMA)가 가장 널리 사용되고 있는 아크릴족의 하나이다. 주조한 PMMA판은 뛰어난 광학특성(광선투과율 약 92%)을 지니고 있으며, 비중은 유리의 약 1/2정도이며, 내충격성은 유리보다 매우 크다. PS보다 인장강도, 굽힘강도가 우수하며 내약품성, 내유성이 양호하다. 아크릴산수지는 압출, 사출, 블로우 성형용 및 주조용으로 이용할 수 있다. 용도는 실외간판, 창유리, 조명기구, 기계커버, 안전 보호판 등에 사용된다. PMMA를 성형할 때는 유동성이 좋지 않기 때문에 고압성형이 필요하며 유동저항을 작게 하기 위해 러너의 직경을 크게, 러너의 길이는 짧게 한다. 또 광학적 용도일 때는 잔류응력이 생기지 않도록 게이트를 선정해야 하며, 빼기구배는 될 수 있으면 크게 한다.

(3) 폴리 염화비닐수지(poly vinyleacetate : PVC)

비닐은 융통성이 다양한 수지로서, 굴곡성이 좋은 유연한 재질로부터 매우 강한 비닐에 이르기까지 범위가 넓다. 딱딱한 수지의 내화학성은 우수하다. 이 수지는 65~85℃에서 연화하고 120~150℃에서 가소화상태가 된다. 170℃ 이상에서는 용융상태가 되며, 190℃ 이상에서는 염산을 방출하면서 분해를 시작하므로 성형 적정 온도는 150~180℃의 범위라고 할 수 있다. 일반적으로 PVC수지는 내충격성, 내수성, 내산성, 내알칼리성, 전기 절연성이 우수하지만 200℃ 이상에서는 사용이 불가능하다. 연질 염화비닐수지(SPVC)는 가소제와 안정제가 혼합된 것이며, 경질 염화비닐수지(HPVC)는 가소제가 전혀 첨가되지 않았거나 조금 첨가된 것을 말하며, SPVC는 필름, 전선, 호스, 패킹, 장화 등에 사용되고, HPVC는 전화기 본체, 배관절연판 등에 사용된다. HPVC는 금형제작시 콜드 슬러그 웰(cold slug well)을 만들어 노즐 선단에서 냉각된 수지의 혼입을 방지해 주어야 하며, 유동성이 좋지 않기 때문에 러너의 직경은 크게, 길이는 짧게 한다. 유동저항이 작은 게이트로 하며, 게이트에서 발열이 크면 케이트 부근이 변색될 우려가 있다. 또한 성형중 염산가스가 발생되어 부식되기 때문에 금형을 내식 도금을 하든지 내식강을 사용할 필요가 있다.

(4) 폴리카보네이트(polycarbonate : PC)

폴리카보네이트는 투명하고 유연성과 강성이 높은 수지로서 자소성(自消性)이 있다.

또한 내충격성, 단열, 전기절연성 및 인장강도가 높으며, 내열성이 뛰어나다. 성형성이 비교적 양호한 편이며, 성형수축률이 작고 치수 안정성이 높다. 빛의 확산성이 크며, 가시광선 투과율이 높아 판유리와 같이 맑고 아름다운 표면 광택이 있다. 우수한 단열성과 자외선 차단효과로 에너지를 절약시켜 주며 햇빛으로 인한 변색을 방지하여 준다. 내후성이 뛰어나 장기간 높은 물성을 유지하고, 내열, 내한성이 뛰어나 심한 온도변화에도 성능을 유지한다. 내열온도 120℃, 열변형온도 140℃로 높다. 또한 저온 특성도 우수하여 −100℃까지 견딘다. 단점으로는 반복하중에 약하며 스트레스 균열이 일어나기 쉽다. 용도는 스위치, 헤어 드라이어, 절연볼트 너트, 밸브, 전동공구, 헬멧, 하우징, 의료기기, 콕 등에 사용된다. 금형에서는 유동성이 좋지 않고 고압성형을 필요로 하기 때문에 러너 직경을 크게 하고 길이도 짧게 하는 것이 좋다. 러너와 게이트는 충분히 끝다듬질을 하는 것이 좋으며, 잔류응력에 의한 크랙이 발생하기 쉬우므로 충분히 온도를 높여 성형하도록 해야한다. 빼기구배는 2° 이상 주는 것이 좋다. 폴리카보네이트의 성형콤파운드는 압출, 사출 및 블로우 성형가공에 이용할 수 있다. 성형시 재료의 반드시 예비건조를 실시하여야 하며, 공존하는 약간의 수분에 의해서도 분자의 붕괴를 일으키고, 성형품은 기포가 발생하거나 역학적 성질의 저하를 초래한다.

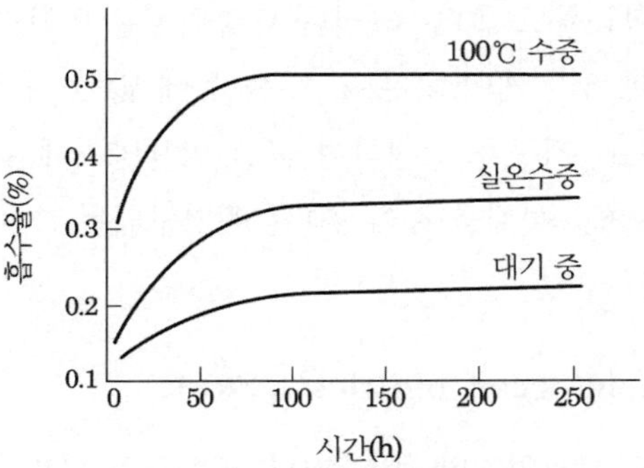

그림 7 · 19 폴리카보네이트의 흡수율

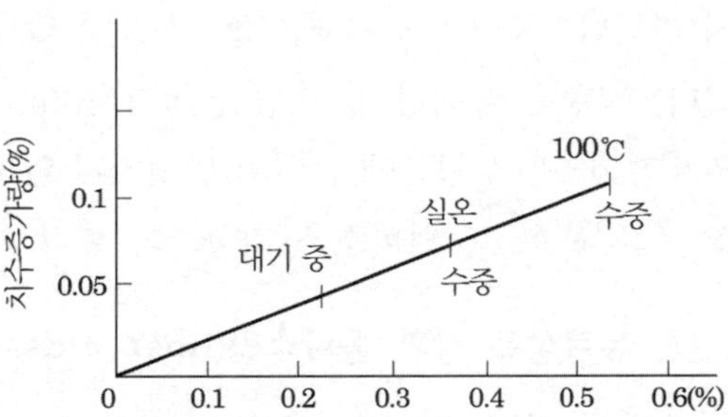

그림 7 · 20 폴리카보네이트의 흡수율과 치수증가량

(5) 폴리아세탈(polyacetal = polyoxymethylene : POM)

폴리옥시메틸렌이라고도 하며 정제 건조된 포름알데히드(formaldehyde)를 용매로 사용하여 중합시킨 후 안전화를 위한 후처리를 하여 만든다. POM은 피로수명이 열가소성 수지에서 가장 높으며, 금속 스프링과 같은 강력한 탄성을 나타내고 마찰계수 및 내마모성이 우수하다. 또한 인장강도, 굽힘강도, 압축강도는 나일론, 폴리카보네이트와 함께 최고 수준이며 치수안정성이 좋다. 피로나 크리프(creep)에 강하고, 치수 안정성과 전기적 특성이 우수하다. 그러나 단점으로는 약 220℃ 이상의 온도에서는 열분해 현상이 일어나서 변색과 동시에 독한 포름알데히드가 발생하여 불쾌한 냄새가 난다. 접착성이 나빠 적당한 접착제가 없으며, 성형수축은 비교적 큰 편이다. 용도로는 기어, 캠, 베어링, 전자밸브, 케이스, 커넥터, 풀리 등에 사용된다. 금형에서는 유동성이 좋지 않기 때문에 러너의 길이는 되도록 짧게 하고 유동저항이 작은 단면형으로 하며 플로우마크(flow mark)가 발생하기 쉬우므로 게이트 단면적을 너무 작게 해서는 안 된다. 게이트 두께는 성형품 살두께의 약60%로 한다. 또 냉각속도를 균일하게 하고 충분히 냉각되도록 해야 하며, 가스가 많이 발생하기 때문에 가스가 잘 배출되는 금형 구조가 되어야 한다. 사출성형기의 실린더를 가열한다던지, 고온부분에 재료를 장시간 체류시키면 열분해하여 변색과 동시에 독한 포르말린이 발생하여 불쾌한 냄새가 나므로 주의해야 하며, 성형조건, 특히 수지의 온도, 금형온도 관리에 주의하도록 한다.

(6) AS수지(acryloitrile styrene : SAN)

AS수지는 스티렌과 아크릴 수지의 원료에 있는 아크릴로니트릴과의 공중합된 수지이다. PS와 같이 투명성이 좋고, PS보다 내열성, 내유성, 내약품성 및 기계적 성질이 좋다. 또한 유동성이 좋고 성형성이 양호하며 성형능률도 좋다. 그러나 내충격성은 양호하지 못하다. 용도는 믹서 케이스, 선풍기 날개, 배터리 케이스, 투명 부품 등에 많이 사용된다. 성형품 이젝팅 시 적당한 녹아웃(knockout) 기구를 선정하여 균열 발생방지에 유의해야 하며, 성형품에 균열이 발생하지 않도록 제품설계를 해야 한다. 빼기구배는 1° 이상 주도록 하고, 언더컷은 피하도록 한다.

(7) 유리섬유 강화 플라스틱(fiber glass resinforced plastics : FRP)

지상에 고정 되어 있는 물체는 약간 무거워도 상관없지만, 비행기나 고속으로 달리는 전동차는 가벼울수록 속도가 빨라지고, 연료도 적게 든다. 비행기의 동체를 만드는 소재는 주로 알루미늄 합금이다. FRP는 PS, AS, PC, PETP(poly ethylene terephthalate), ABS, PA, POM, PP 등에 유리섬유를 보강함으로써, 알루미늄과 같은 정도의 강도, 강성, 선팽창계수를 가질 뿐만 아니라 성형수축률도 일반 수지의 절반 정도로 매우 작다. 또한 내약품성, 내열성, 내구성, 치수안정성이 향상되지만 유동성, 표면 광택이 좋지 않다. 유리섬유의 마모성 때문에 2차 가공시 공구의 소모가 많고, 사출성형기의 실린더, 스크루 및 금형을 마모시키는 결점이 있다. FRP의 특징은 상온(常溫) · 상압(常壓)에서의 형성이 가능하여, 특히 금형(金型)을 필요로 하지 않으며, 난연성(難燃性)인데다가 바닷물 등에 내식성(耐蝕性)이 좋은 점이다. 건축재료, 요트, 소형선박의 선체(船體), 욕조(浴槽), 컨테이너, 헬멧 등에 쓰인다. 탄소섬유와 에폭시수지의 복합재료는 유리섬유 복합재에 비해서 가볍기 때문에, 단위 무게당의 강도가 매우 크다. 가볍고 강한 특징을 살려서 항공기의 재료로 쓰인다.

유리섬유 강화 플라스틱(GFRP)과 탄소섬유 강화 플라스틱(CFRP)은 섬유와 플라스틱을 결합시킨, 가볍고 강한 복합 재료이다. 탄소 섬유 강화 플라스틱은 통신 위성의 안테나와 태양 전지에도 이용되고 있으며, 앞으로는 탄소섬유 강화 플라스틱과 그 복합 재료가 경량 재료로서 각광을 받을 것으로 보인다.

(8) 폴리 페닐렌 옥사이드(poly phenylene oxide : PPO)

PPO는 높은 열변형 온도와 넓은 온도 범위(−190℃~190℃)에서의 우수한 전기적성질, 기계적성질을 가지고 있고, 난연성을 가지고 있으나 성형에 난점이 있다. 성형성을 개량한 수지가 스티렌 변성 PPO수지(노릴)이다. 이 노릴은 우수한 전기적 성질이 있고, 성형수축률, 선팽창계수가 작다는 특징이 있다. 엔지니어링수지 중에서는 특히 성형성, 물성의 밸런스가 양호한 재료이고, 충격강도나 습도, 온도 등의 환경 조건에 영향을 받는 일이 적고, 내수성, 내열증기성도 우수하다. 용도는 석유 산업 및 화학가공 산업에서의 유전 파이프, 밸브, 끼워맞춤 부품접속부품, 신축링, 펌프 임펠러, 컨베이어의 롤러, 스퍼기어, 의료기기, 펌프의 하우징 등 고온에서 내화학성이 요구되는 부속품에 사용된다.

(9) 폴리 부틸렌 테레프탈레이트(poly butylene telephthalate : PBT)

PBT는 테레프탈산과 1.4−부탄디올 축합중합으로 제조된다. 새로운 열가소성 폴리에스텔 수지로서 저온 영역에서의 결정화 속도가 빠르며, 수지온도, 금형온도에 특별한 배려를 하지 않아도 결정화도가 높은 성형품이 얻어진다. PET(poly ethylene telephthalate)의 최대의 난점이었던 성형성이 대폭 개량된 재료이다. PET가 폴리에스터(polyester) 섬유로써 또는 용기 등 포장재료로 사용되고 있는 것에 반하여 PBT는 범용 엔지니어링 플라스틱이다. 균형 잡힌 기계적 성질, 높은 열변형 온도, 내마모성, 치수안정성, 표면광택도 우수하다. 유리섬유 강화 그레이드에서는 기계적 성질, 내열 변형성이 비약적으로 향상되고, 성형성도 우수하므로 금속, 열경화성 수지의 대체 분야 등에 사용된다. 또 흡습률도 작고, 내유성도 우수하나 강산, 강알칼리, 뜨거운 물에 대해 취약한 결점이 있다. 용도는 필름과 판재, 파이프, 전자부품, 자동차부품, 전기 절연재, 용기 등에 사용된다. 성형시 수지의 건조가 충분치 않으면 안된다. 성형온도와 금형온도 (80℃)가 높고, 성형시에 휨 발생이 많다.

(10) 폴리 우레탄(poly urethane : PUR)

폴리 우레탄에는 열가소 발포성과 열경화 발포성이 있다. 열가소성은 내유, 내마모성이 있고, 고무상으로 되어 있다. 발포체는 경질과 연질이 있으며, 연질은 탄성체, 경질은 단열재로 이용된다. 성형은 반응사출성형 방법에 의해 각종 성형품을 고속으로 성형한다. 폴리 우레탄은 고무처럼 부드럽고 탄성, 인장강도, 내마모성, 내노화성이 큰 엔지니어링 수지이므로 아주 연질에서부터 경질까지 여러 가지 용도로 나누어져 있다. 그러나 산과 알칼리에 비교적 약하다. 나일론보다 흡습성이 낮으며 흡습시의 기계 및 전기적인 특성의 변화가 적어서 충격을 주어도 파괴되지 않는다. 연질폼의 경우는 밀도가 작고 반발 탄성이 뛰어나므로 쿠션재로 적합하고, 경질폼은 기계적성질과 내열성이 뛰어나고 단열성이 좋기 때문에 단열재, 구조자로 적합하다. 용도는 롤러, 엘리베이터용 가이드, 벨트, 완충용 패드, 전기기기, 스키 재료, 냉장고 도어, 자판기 등에 사용된다.

7.2.2. 열경화성수지(thermosetting resin)

열경화성수지는 일반적으로 높은 열안정성, 하중하에서 크리프, 변형에 대한 저항력, 치수 안정성, 높은 강성과 경도를 갖고 있다. 성형방법은 주로 압축성형법이나 트랜스퍼 성형법에 의해서 이루어진다. 열경화성수지는 크게 두가지 성분으로 구성되어 있다. 즉 경화제, 경화촉진제, 억제제 및 가소제 등과 같은 성분을 함유한 수지계와 광물성 혹은 유기의 미립자, 유기 혹은 무기 섬유 등으로 구성된 수지계가 있다.

1) 에폭시 수지(epoxy resin)

에폭시 수지는 에피클로로히드린과 비스페놀 A를 중합하여 만든 것이 대표적이며, 에폭시 수지를 단독으로 사용하는 일은 거의 없으며, 경화제를 첨가하여 열경화성 물질로 변화시켜 사용되므로, 수지의 중간체라고 생각하는 것이 적당할 것이다. 에폭시수지는 우수한 전기 특성과 치수안정성, 높은 강도와 낮은 흡습성을 가지고 있다. 이 수지에 유리섬유를 충전시키면 고강도의 합성물을 만들며, 항공기 부품, 로켓, 모터 케이스, 파이프, 압력용기 등에 사용된다. 에폭시수지는 전기 및 전자 부품의 플라스틱막 피복에도 사용되며, 트랜스퍼성형이나 사출성형에 의해 가공할 수 있다.

2) 페놀 수지(phenol resin)

페놀 수지는 열경화성수지 가운데서 제일 많이 사용되는 수지이다. 일반적으로 수지의 값이 싸고, 양호한 전기 절연성, 내열성, 내산성, 기계적 특성이 좋고, 우수한 성형성을 가지고 있으나 색깔(흑색 또는 흑갈색)과 색안정성에서 제한을 받는다. 각종 충전제와 융화가 잘 되기 때문에 단독으로 사용하기 보다는 고무와 유리같은 유기, 무기 충전제와 복합해서 사용하는 경우가 많다. 결점으로는 알칼리에 약하고 착색이 자유롭지 못한 점을 들 수 있다. 페놀 수지중에서 대표적인 것은 페놀 포름알데히드(phenol formaldehyde)와 페놀 퓨프랄(phenol fufural)이며, 이들의 용도는 전화기 부품, 전기제품, 자동차 핸들, 재털이, 카메라 케이스, 세탁기 진동판 등에 사용된다. 내열성, 치수안정성, 낮은 코스트로 전자제품과 자동차 등에 높은 부가가치 재료로서 용도가 확대될 것으로 전망된다.

3) 멜라민 수지(melamine resin)

멜라민 수지는 경도와 강도가 우수하고, 냄새와 맛이 없으며, 색깔이 다양하고 충격에 대한 저항력이 크다. 표면은 견고하고 중량감이 있으며, 도자기와 같은 촉감이 다. 용도는 욕조, 안전모, 단추, 커피잔, 식기류, 전기기구, 배선기구 등에 쓰인다. 접시류나 주방용구를 위한 범용 품종은 α-셀룰로스를 충전제로 사용하지만 천과 유리섬유로 보강한 것은 보다 높은 내충격성과 충격강도를 준다. 내화학 약품성은 비교적 좋은 편이지만, 강산이나 강알칼리에는 침식된다.

4) 알키드 수지(alkyed resin)

알키드 수지는 양호한 절연특성과 성형성이 우수하며, 경화시간이 짧다. 범용 품종은 보통 무기물을 충전제로 쓰며, 유리나 합성섬유를 충진한 콤파운드는 기계적 강도 특히 충격강도를 상당히 개선시킨다. 용도는 회로차단기의 절연재, 자동차 부품, 농기구, 축전기 및 저항기의 플라스틱 피복, 케이스, 하우징 및 스위치 기어 부속품 등이다.

5) 유리어 수지(urea resin)

냄새와 맛이 없으며 색깔이 다양하고 전기 절연성이 크다. 알칼리에 약하며 치수안정성과 내충격 강도가 나쁘나 값이 저렴하다. 용도는 단추, 조명기구, 시계, 문자판, 라디오 케이스, 식기류 등에 사용되며, 요소수지(urea formaldehyde : UF)라고도 한다.

7.2.3. 첨가제와 복합제에 의한 수지의 고기능화

강화플라스틱이라고 하는 플라스틱 재료는 합성 고분자재료에 각종 무기물을 배합해서 복합화된 것으로, 배합 종류는 셀 수 없을 만큼 많다. 플라스틱은 원료 또는 제품의 품질유지 및 퇴화방지를 위해서 각종 유기 또는 무기성 첨가제가 사용된다. 이들은 플라스틱의 성상을 결정하는 중요한 역할도 하지만 재생과 소각처리 시 중요한 인자가 될 수 있다. 복합제에 의한 종류는 더욱 많아진다. 일반적으로 널리 사용되는 복합재료는 규산염류, 탄산염류, 황산염, 금속 또는 금속산화물, 탄소, 각종 무기화합물 및 유기화합물 등이 사용된다. 복합물의 목적은 특정한 물성의 향상, 특수한 기능의 부여, 중량에 의한 자원의 절약이나 원가절감 등을 들 수 있는데, 제품의 목적에 따라 구분하여 사용되고 있다.

1) 첨가제

가소제는 합성수지를 연화시켜 물성을 부드럽게 하는 첨가제이다. 가소제의 분자가 합성수지 속으로 들어가면 사슬고분자간의 인력이 약해져 연화하게 된다. 가소제의 종류는 용제형과 비용제형으로 나누어지는데 대개 프탈산디옥틸(DOP)이나 프탈산디부틸(DBP)같은 유기화합물이 많이 사용된다. 가소제가 많이 쓰이는 대표적인 플라스틱이 PVC인데, 전선용의 경우, PVC 양의 60%까지, 시트용의 경우에는 PVC 양의 55% 정도가 사용된다. 보통 플라스틱은 압출이나 사출성형, 캘린더링 등의 가공을 거치는 동안 열에 의해 분해되거나 변질되기가 쉽다. 또 사용이나 보관 중에 분해해서 착색 변질하는 경우도 있을 수 있다. 특히 PVC는 가열하면 side chain의 염소가 절단되어 염산이 발생되고 일단 염산이 발생하면 이것이 촉매로 작용하여 분해를 촉진시켜서 분해반응이 연쇄적으로 일어난다. 그러므로 이를 방지하기 위하여 거의 모든 플라스틱에는 열안정제를 첨가하는데 열안정제는 대개 금속원소가 함유된 유기화합물을 많이 사용한다.

플라스틱 성형품도 유기화합물이므로, 식품 같은 것들보다는 더디지만 역시 공기 중의 산소와 반응하면 산화되어 분해된다. 플라스틱에 공기 중의 산소가 작용하면 수소가 유리되어 연쇄반응이 일어난다. 이를 방지하기 위하여 산화방지제가 사용된다. 플라스틱 성형품은 자외선에 의한 광열화 작용으로 분해되어지므로, 자외선 흡수제를 사용한다. 자외선 흡수제는 300～400nm의 유해한 자외선을 흡수하여 열로 변환시키는 것인데 주로 살리실산에스테르, 벤젠산에스테르 등이 사용된다.

충전제를 혼입하는 목적은 FRP처럼 성형품의 강도, 외관 등의 물성을 개량할 목적으로 첨가하는 경우와 증량하여 원가를 줄이려는 builder의 목적으로 첨가하는 경우가 있다. 일반적으로 목분, 셀룰로스, 유리섬유 등이 많이 사용되고 있으나, 열가소성수지에는 충전제를 가하면 기계강도가 저하되기 때문에 섬유질 이외는 많이 가하지 않는다.

착색을 위하여 안료 및 염료가 사용되며 안료로는 카본 블랙, 티탄 화이트, 크롬 옐로 등이 쓰이고 있고, 염료에는 오일 옐로, 오일 블루, 오일 레드 같은 유용성 염료가 많이 사용된다.

2) 유리섬유에 의한 복합화

유리섬유는 플라스틱의 복합 강화제로서 가장 많이 사용되며, 규산(SiO2)의 금속염을 주체로 하는 것으로, 금속성분의 함량에 따라 S, C 및 E유리 등의 종류가 있다. S유리는 일반적인 보강제로서 기계적 특성을 향상시킨다. C유리는 특히 내산성용으로, E유리는 고강도, 고탄성용으로서 항공기 관계의 플라스틱 보강재로 사용된다. 유리섬유는 적당한 길이와 형태로 절단하여 사용되고, 장섬유와 단섬유, 분말 등의 형태로 사용된다.

유리섬유의 첨가에 의해 재료의 경도, 강도 및 열변형온도가 향상되는데, 일반적으로 내충격강도가 저하되며, 사출성형품의 물성에 이방성이 생기는 경우가 있다. 특히 결정성수지에서 그 효과가 크다. 유리섬유강화 플라스틱을 성형할 경우에는 예비 건조를 충분히 하며, 성형기의 스크루나 실린더의 마모 부식, 금형의 마모 등을 고려하여야 한다. 금형의 재질은 STD 11 또는 STD 12 정도를 사용하며, 생산 수량이 작을 경우에는 프리하든강이라도 된다.

3) 카본섬유에 의한 복합화

각종 섬유계 복합재중에서 최근 특히 주목되고 있는 것이 탄소 섬유이다. 현재 공업적으로 생산되고 있는 것을 폴리아크릴로니트릴 섬유를 소성(燒成), 탄화해서 카본 섬유로 한 것과, 석유 피치를 방사(紡絲)해서 소성 탄화한 것이 있다. 탄소섬유에 의한 복합화 효과는 고강도, 고탄성률의 재료가 얻어지는 데에 있고, 열가소성 플라스틱보다 변성 에폭시 등과의 복합화에 의한 우주, 항공기 재료가 대부분을 차지하고 있다.

4) 무기질 분말에 의한 복합화

복합제로 사용되는 무기질분말은 대단히 종류가 많고, 산화티탄이나 알루미나 등의 금속산화물의 분말이나 탄화칼슘, 탄산마그네슘, 황산바륨, 탈크(talc), 아스베스트, 실라스 등이 사용된다. 이 중에서 탄산칼슘이 가장 많이 사용되며, 값도 싸고 PVC의 중량제로서 필수적이다.

표 7·2 플라스틱의 종류와 용도

분류		수지명	약칭	주요 용도
열가소성	비결정성	염화비닐수지	PVC	파이프, 전선피복, 농업용 필름
		초산비닐수지	PVAC	접착제, 도료 바인더, 종이 가공제, 관이음매
		폴리비닐 알콜	PVAL	제지가공, 접착제, 바인더, 필름
		폴리스티렌	PS	사출성형품, 잡화, 약전기기, 시트
		ABS 수지	ABS	전기기구, 잡화, 차량, 기계부품
		폴리메타크릴산메틸(메타크릴수지)	PMMA	시트, 간판용, 조명 커버, 건재, 기계부품, 잡화
		폴리페닐렌 옥사이드(노릴)	PPO	자동차부품, 내열제품, 전기전자부품, 급수부품
		폴리 우레탄	PUR	(경질,연질)폼, 자동차내장, 기계부품, 단열재
	결정성	폴리에틸렌(고밀도)	HDPE	잡화, 공업부품, 발포재, 파이프, 블르 성형품
		폴리에틸렌(저밀도)	LDPE	필름, 도료, 적층품, 절연재료
		폴리프로필렌	PP	전기 절연재료, 필름, 용기, 자루
		폴리아미드(나일론)	PA	기계부품, 전기통신부품, 사무기계, 스포츠용품
		폴리카보네이트	PC	전기전자부품, 의료, 식품용 부품, 잡화, 필름
		폴리아세탈(폴리옥시메틸렌)	POM	기계부품, 취동부 재료, 파이프, 시트, 잡화
		폴리페닐렌 설파이드	PPS	내열, 내약품 재료, 취동부 재료
		폴리비닐리덴 수지	PVDC	섬유 여과포, 망, 필름
		폴리에틸렌 테레프탈레이트	PETP	전선피복, 파이프, 발포재
		불소수지(4불화에틸렌)	PTEF	화학장치용 부품, 전기재료, 취동 부품
열경화성		페놀수지(목분충전)	PF	전기기기, 화장판, 일반 절연재료, 접착제
		유리어수지(a-셀룰로스 충전)	UF	접착제, 식기, 기계부품, 캡, 잡화
		멜라민수지(a-셀룰로스 충전)	MF	화장판, 도료, 식기, 전기부품
		불포화 폴리에스테르 수지	UP	FRP 성형품, 도료, 버턴, 화장판, 주형
		디아릴프탈레이트수지(유리섬유충전)	PDAP	화장판, 적층품
		에폭시 수지	EP	접착제, 도료, 전기절연 재료, 구조용재
		규소 수지(유리섬유 충전)	SI	전기, 전자부품, 코팅, 이형제
		알키드 수지	–	도료, 난연 성형 재료
		폴리아미드	–	내열 필름, 바이스, 접착제, 취동부 재료
		푸란 수지	–	내식용 라이닝, 적층 성형품

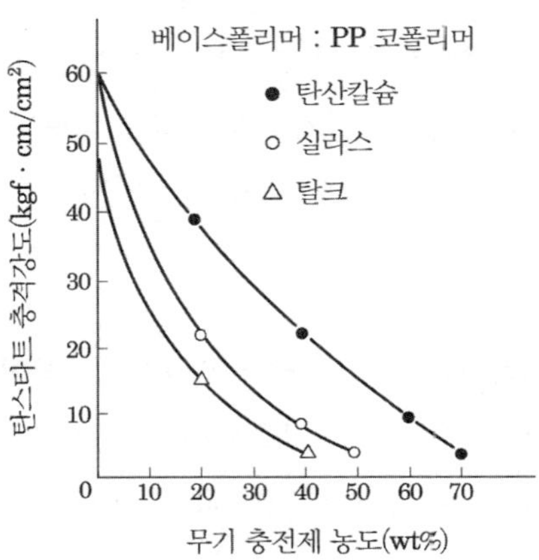

그림 7·21 무기충전재량과 충격강도

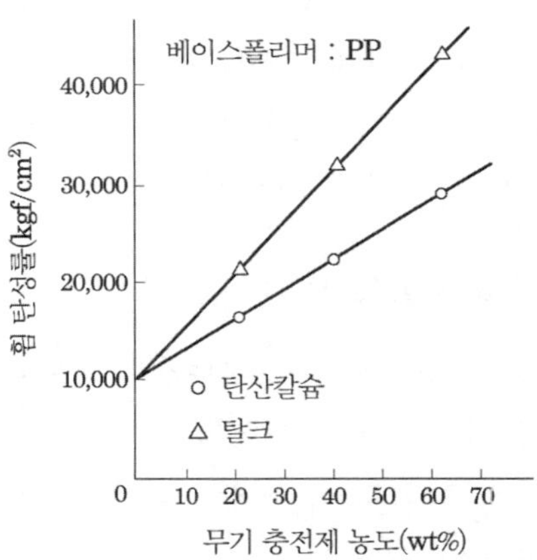

그림 7·22 무기충전재량과 휨 탄성률

현재 폴리프로필렌, 고밀도 폴리에틸렌, 나일론 등의 수지에 무기화합물을 충전한 그레이드가 다양하게 개발되어 있다. 무기 충전재의 첨가에 의해 열변형 온도, 휨 탄성률의 향상 및 성형수축률의 저하의 효과가 있으나 충격강도는 저하하는 결점이 있다. 그림 7 · 21 및 그림 7 · 22에는 무기 충전재의 첨가량과 충격감도, 휨 탄성률의 관계를 표시한다.

5) 연소방지제에 의한 수지의 난연화

플라스틱 제품이 전자 제품이나 가정용품으로서 널리 보급됨에 따라 화재 사고가 문제로 되어 플라스틱의 난연 규제가 강화되게 되었다. 원래 플라스틱은 특별한 구조를 제외하고는 타기 쉽고, 종류에 따라서는 유독가스가 나오는 것도 있다. 연소는 빛과 열의 발생을 수반하는 화학반응이며, 기상(氣相)연소와 표면연소로 구분된다. 폴리머의 연소는 열분해 성분과 산소와의 결합에서 일어나는 기상연소이다. 재료가 착화점에 이르면 표면에서 발산하는 가연성분과 접촉하여 확산하려는 산소와의 사이에 격렬히 반응하여 화염이 생긴다. 연소의 억제에는 불연성 물질의 첨가, 재료 표면의 물리 화학적처리, 난연제의 첨가 및 내열성 재료의 개발 등을 들 수 있다. PVC처럼 플라스틱이 건축재료나 전기 재료 등에 사용될 때, 난연화를 위해서는 첨가제를 가하는 경우와 고분자 물질 자체를 불연화시키는 방법이 있다. 첨가제로는 주로 염소함유 화합물, 프탈산계 화합물, 인산계 화합물을 많이 사용하며, 고분자 불연화는 분자의 일부에 염소를 가하여 염소화 폴리에틸렌을 만드는 방법이 사용된다. 난연제는 가연성을 감소시키기 위한 재료이다. 난연제로 사용되는 것은 금속 산화물 또는 수산화물, 할로겐계 화합물, 인계 화합물 등으로 대별되며, 단독 또는 몇 종류를 조합해서 사용한다. 금속 산화물에는 3산화 안티몬, 5산화 안티몬, 3산화 몰리브덴 등이 있고, 금속 수산화물에는 $Al(OH)_3$, $Mg(OH)_2$ 등이 있다. 할로겐화 유기화합물에는 염소화 파라핀, 염소화 폴리에틸렌, 고무, 테트라 프로모비스, 페놀A 등이 있다.

6) 금속 분말에 의한 복합화

합성수지에 금속분을 배합한 복합 플라스틱은 비교적 오래 전부터 사용되어 왔고 금속같은 착색품, 도전성 플라스틱, 플라스틱 마그네트, 구리이온에 의한 방균(防菌), 납에 의한 방사선 차폐 등에 이용되고 있다. 플라스틱에 도전성을 부여하기 위해 금속 분말이나 금속섬유, 탄소섬유가 사용된다. 각종 전자기기의 보급에 따라 거기서 발생하는 전자파에 의한 다른 전자기기에의 장해가 문제로 제기되었다. 각 기기의 하우징이 금속이었을 때는 그것에 의해 전자파는 실드되었으므로 그다지 문제가 되지 않았으나, 하우징이 플라스틱화함에 따라 내부에서 발생한 전자파가 실드되지 않고 외부로 나가기 때문이다. 실드 대책으로는 도전성 도료, 증착(蒸着), 도금 등의 방법이 있다.

7.3 성형재료의 선택

7.3.1. 성형재료 선택상의 유의점

어떤 사출 성형품을 만들려고 할 때 어느 성형재료를 선택할 것이냐는 그 성형품의 기능 및 요구성능을 충분히 이해하고, 다음에 성형재료의 물성을 잘 파악한 후 양자를 검토해서 결정해야 한다. 이때 성형작업, 2차 가공, 조립 및 성형품의 디자인 까지를 검토한 다면 그 성형품에 가장 적합한 수지를 결정한다는 것은 상당히 고도의 판단을 요구하게 된다. 플라스틱 성형품은 많은 제품에 대량으로 사용되고 있고, 사용실적도 많으므로 만들고져 하는 제품에 대해 유사품이 있을 때는 그것에 사용되고 있는 재료가 참고가 된다. 또 성형재료의 선택시 소비자 보호나 환경 보전 등의 견지에서 제품의 품질이나 안전성을 유지하기 위해 업계 자율규제 내지는 각종 기준을 잘 조사하여 그들에 적합한 성형재료를 선택해야 한다.

다음은 제품 특성과 재료 적성의 관계를 검토하기 전에 성형재료 선택상 유의해야 할 재료특성 중에서 플라스틱 고유한 몇 가지의 성질에 대해 설명한다.

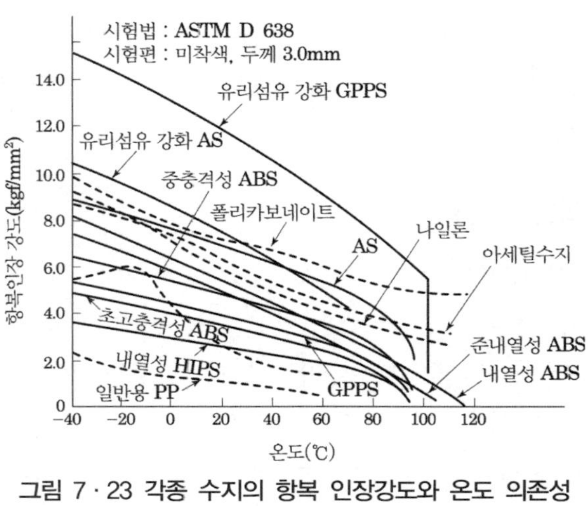

그림 7 · 23 각종 수지의 항복 인장강도와 온도 의존성

1) 사용 온도

플라스틱 성형품은 실제로 사용되는 온도뿐만 아니라 수송이나 창고내에 보관되는 상태 등을 가미한 실용 내열온도에 한계가 있으며, 100~200℃의 것이 대부분을 차지한다. 그림 7 · 23에 대표적 수지의 인장강도와 온도 의존성을 표시하는데, 그림에서 보는바와 같이 열변형온도 부근에서 인장강도는 급격히 저하한다. 바꾸어 말하면 실온 이상의 분위기에서 항상 힘이 걸리는 부품이나 장소는 해당 온도에서의 수지 특성을 검토하고, 그것에 견디는 수지를 선택하든지, 디자인적으로 응력을 분산시킨다든지, 철 등의 방법을 고려해야 한다.

2) 크리프(creep) 및 응력 완화

인장 또는 압축 하중하에서 플라스틱이 시간의 경과에 따라 변형하는 현상을 크리프라고 한다. 동일한 플라스틱이라도 하중이 크거나 온도가 높을수록 크리프는 빠르고 현저하게 나타난다. 열가소성 플라스틱중에서는 폴리페닐렌옥사이드, 폴리카보네이트, 폴리아세탈 등의 내크리프성이 우수하다. 또한 긴 시간에 걸쳐 작용하는 하중에 따라 발생하는 변형이 일어나고 있을 때 재료 내부의 물리적 변화에 의해 응력이 감소해 가는 현상을 응력완화라고 한다. 플라스틱의 응력완화 거동은 온도 의존성이 크며, 특히 유리전이점 부근의 온도 변화에 의해 크게 달라진다. 일반적으로 카탈로그, 물성 일람표 등에 기재된 수지의 기계적 특성은 단시간의 하중테스트에 의한 기계적 특성이다. 인장강도를 예를 들면, 1~500mm/min의 속도로 인장한 때의 인장특성이 대부분이고 인장강도에 표시되는 응력의 90%정도의 하중을 성형품에 계속 작용시키면 대부분의 플라스틱은 1시간 이내에 파괴된다. 그림 7 · 24에 인장강도 550kgf/㎠의 고강성 ABS수지에 일정한 응력을 계속 걸었을 때 변형량의 경시변화를 나타내었다. 그림에서 알 수 있는 바와 같이 23℃에서 인장강도의 약1/2 이상의 응력이 계속 가해진 ABS수지 성형품은 2~3개월 이내에 파괴되어도 이상하지는 않다. 즉 플라스틱 부품으로 응력 수준이 높고 또한 장시간 사용하는 부품일 경우에는 크리프나 응력 완화를 고려한 재료 선택을 해야 한다.

3) 선팽창계수

제품이 모두 플라스틱 부품으로 구성될 경우는 비교적 고려하지 않아도 되지만, 플라스틱과 금속 등의 이종 재료를 조합하여 제품을 만들 경우는 플라스틱 재료의 선팽창계수가 대체로 다른 재료보다 큰 것을 고려해야 한다. 또한 유리섬유 등의 보강재를 넣은

FRTP에서는 선팽창계수가 작아진다.

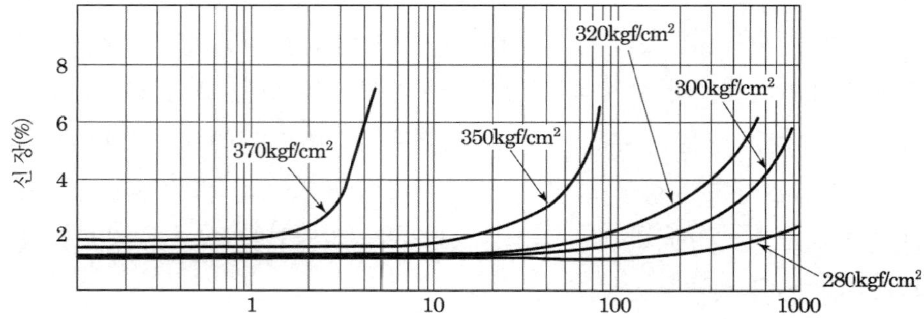

그림 7 · 24 고강성 ABS 수지의 크리프 곡선

4) 응력 균열작용

사출성형품이 사용되는 환경에서 약품이 사용되거나 묻을 경우는 접촉하는 약품중에 플라스틱 시험편을 담가서 플라스틱이 녹지 않는지 변색 등의 이상이 발생하지 않는지 등을 검토하는 이른바 내화학 약품성의 테스트 이외에 잊기 쉬운 것이 응력 균열작용이다. 응력 균열작용이란 플라스틱 성형품에 일정한 응력하에서 어떤 종류의 약품이 작용된 경우 그 약품의 영향으로 플라스틱이 깨지는 등의 이상 현상을 발생시키는 작용을 말하며, 앞서 설명한 내화학약품 테스트에서 용해나 변색 등의 영향이 있는 약품은 물론 영향이 인정되지 않는 약품이라도 이 응력 균열작용을 하는 약품이 있다. 예를 들면 , AS수지에 대한 알콜, 폴리에틸렌에 대한 실리콘 등이다.

5) 내후성

플라스틱 성형품의 내후성은 모든 옥외사용 용도에 대하여 전부 취급할 수는 없다. 왜냐하면 구조 자체가 매우 복잡하며 다양하기 때문이다. 일반적으로 플라스틱 재료는 내후성이 별로 좋지않으며, 도장하거나 디자인적으로 직사광선을 쪼이지 않게 하거나 성형 재료적으로는 착색제, 내후성 배합 등을 하여 만든 재료가 있으므로 선택하여 사용해야 한다. 이상과 같은 플라스틱 성형재료의 특성 이외에도 응력 집중점이 있을 경우 성형변형, 배향, 피로, 이종 수지간의 접합 등을 고려해야 한다.

7.3.2. 성형가공법의 적용

플라스틱의 종류가 다르면 성질도 달라지기 때문에 모든 성형법을 적용할 수 없는 것은 당연하다. 플라스틱 재료가 주로 어떤 성형법으로 성형이 가능하고 실제로 적용되고 있는 지를 표 7 · 3에 제시하였다. 어떤 재료에 대해서 적정한 성형가공법을 선택하려는 경우에는 제품의 형상이나 생산 개수에 의하여 제한될 수 있다. 또한 제품에 요구되는 성능과 경제성에 의해서도 적용 성형법이 달라질 수 있다. 예를 들면 판상(板狀)의 제품은 열경화성수지를 사용하는 경우에 적층 성형법을, 열가소성수지의 경우에는 압출 성형 또는 캘린더 성형법을 채택한다. 단면형상이 일정한 봉, 파이프, 이형품(異形品) 등의 제품은 압출성형에 의해 제조되고, 중공 제품은 취입성형이 적용된다. 이것은 제품의 형상과 성형법과의 개략적인 일례이지만 형상이외에도 치수정밀도, 충전제 유무, 성형조건, 금형의 구조 등에 따라서도 적용하는 성형법이 달라질 수 있다. 그런데 플라스틱을 성형가공하는 경우에는 우선 가열 연화시켜서 용융상태로 되면 단순한 유체로서 성질뿐만이 아니라 탄성까지도 갖는 점탄성유체로서의 거동을 나타내는데, 일반적으로 고온이 될수록 탄성은 잃고 점도가 낮은 유체의 거동을 나타낸다. 플라스틱 재료의 용융상태, 점탄성 거동, 고온에서의 열안정성 등이 성형가공 특성이며, 이들을 종합하고 경험을 고려하여 성형가공법이 선택되고, 금형이 설계되며 성형기나 성형조건이 설정된다.

표 7 · 3 플라스틱과 적용되는 성형법

성형법 \ 플라스틱	페놀수지	멜라민수지	에폭시수지	폴리우레탄	규소수지	염화비닐수지	폴리스티렌	AS수지	ABS수지	메타크릴수지	폴리에틸렌	폴리프로필렌	불소수지	폴리아미드	폴리아세탈	폴리카보네이트
압축성형	◎	◎	◎	○	◎	○				○	○		◎	○		○
트랜스퍼성형	◎	◎	◎	○												
사출성형	◎	○	○	◎		○	◎	◎	◎	◎	◎	◎	○	◎	◎	◎
압출성형				○		◎	◎	○	◎	◎	◎	◎	○	◎	◎	◎
취입성형				○		◎	◎	○	○	○	◎	◎		○	○	◎
캘린더성형						◎			○							
발포성형	○	○		◎	○	◎	◎		◎		◎	○				
RIM성형			○	◎										○		

◎ : 이용도가 높은 성형법　　○ : 비교적 이용도가 낮은 성형법

7.2.3. 성형 재료의 선택 기준

1) 범용수지

사출성형에 있어서 유동성이 좋으며, 예비건조를 할 필요도 없고, 어떤 형식의 사출성형기로도 성형이 가능한 수지를 범용수지라고 하며, PS, PP, PE, ABS 등이 있다. 특히 ABS는 범용은 물론이고 결점이 문제되지 않을 때는 공업용으로도 많이 사용된다. 표 7 · 4에서는 범용수지의 물리적 성질을 나타내고 있다.

표 7 · 4 사출성형용 범용수지의 물리적 성질

종 류	비 중	인장강도 kgf/㎠	연신율 %	압축강도 kgf/㎠	충격강도 (아이조드) kgf/㎠	열변형온도	
						굽힘응력 18.6kgf/㎠	굽힘응력 4.6kgf/㎠
PS(일반)	1.03-1.05	350-840	3-4	809-1120	1.4-2.2	104 -	82-110
HIPS(고충격성)	1.03-1.06	200-350	13-50	281-633	3.3-20	90 -	82-104
PS(내열성)	1.05-1.99	350-530	2-60	-	2.2-19	90 -	-
PP	0.90-0.91	210-400	100-800	260-562	2.2-110	45.9-59.8	103-130
LDPE(저밀도)	0.91-0.925	42-161	90-800	-	**불파괴**	32-40.3	37.6-49.2
MDPE(중밀도)	0.926-0.940	84-246	50-600	-	2.7-87	40.1-48.7	48.7-73.7
HDPE(고밀도)	0.941-0.965	218-387	20-130	190-253	10.9-33.7	43.1-54.2	59.8-88
ABS(고강성)	1.03-1.06	400-530	3.0-20.0	127-897	10.9-35.7	-	99-108
ABS(내열성)	1.05-1.08	400-560	5.0-25.0	506-702	-	101-118	107-122

2) 공업용 수지

구조용 및 기계재료용으로서 적합한 성질을 갖추고 있는 것을 말한다. 공업용 수지에는 에폭시 수지, 나일론 수지, 폴리아세탈, 불소수지 등이 있으며, 표 7 · 4는 물리적 성질을 나타낸다.

(1) 투명성과 내충격성이 있는 수지

광선 투과율이 90% 이상 요구되는 경우에는 PMMA를 사용한다. 이 수지는 유동성이 PS수지보다 불량하고 예비 건조를 필요로 하며 부서지기 쉽다. 그러나 내후성이 좋다. 내충격성이 있는 수지에는 ABS, PC, PA 등이 있으며, 모두 성형에 난점이 있고 예비건조를 하여야 한다. 투명하고 내충격성이 있는 수지에는 PVC, PC 등이 있고, PVC는 배합에 따라 경질과 연질이 있으며, 성형할 때 분해하기 쉬우므로 스크루식 사출성형기를 사용하지 않으면 성형하기 어렵다. 또한 PC는 매우 충격에 강한 수지이지만 예비 건조에 특히 유의하여야 하고 유동성이 불량하여 실린더의 온도와 금형온도를 높여서 성형해야 한다.

표 7·5 주요 공업용 플라스틱의 물리적 성질

종 류	비 중	인장강도 (kgf/㎠)	연신율 (%)	충격강도 (아이조드) (kgf/㎠)	열 변 형 온 도	
					굽힘응력 (18.6kgf/㎠)	굽힘응력 (4.6kgf/㎠)
PA 6	1.12−1.14	700−850	200−300	3.3−5.4	18.1	208
PA 66	1.13−1.15	770−850	150−300	4.3−5.4	74.8	208
PA 11, 12	1.03−1.08	530−550	300−500	10−30	54.2	167
SPVC	1.16−1.35	100−240	200−450	2.2−100	−	−
HPVC	1.30−1.58	400−500	40− 80	크게 변함	59.8−76.5	57.0−82
PC	1.19−1.20	550−700	100−130	75−100	129−140	132−143
POM	1.41−1.42	580−800	25− 75	5.4−1.3	124	170
AS(SAN)	1.07−1.10	600−840	1.5−3.7	−	88−104	−
EVA	0.92−0.95	95−200	500−900	불파괴	33.7	77−81
FRTP(PS)20-30%	1.20−1.33	633−1050	1− 2	1.4−2.2	90−104	97−110
FRTP(AS)20-30%	1.20−1.46	600−1410	1.1−3.8	−	88−110	101−115
FRTP(PC)10%	1.27−1.28	630−675	5−10	6.5	142	146

(2) 내열성이 있는 수지

열가소성수지는 당연히 그 연화온도 이상에서는 사용할 수가 없으나, 100~200℃정도의 온도 범위에 사용되는 수지로는 내열성ABS, PA, PC, PET 등이 있다. 내열성 플라스틱이기 위해서는 연화온도 또는 열변형온도가 높아야 하며, 200℃ 이상의 고온에서 산화 또는 열분해하지 않아야 한다. 내열성 수지는 연화온도가 높아서 실린더온도 및 금형온도를 고온으로 하여 성형해야 한다.

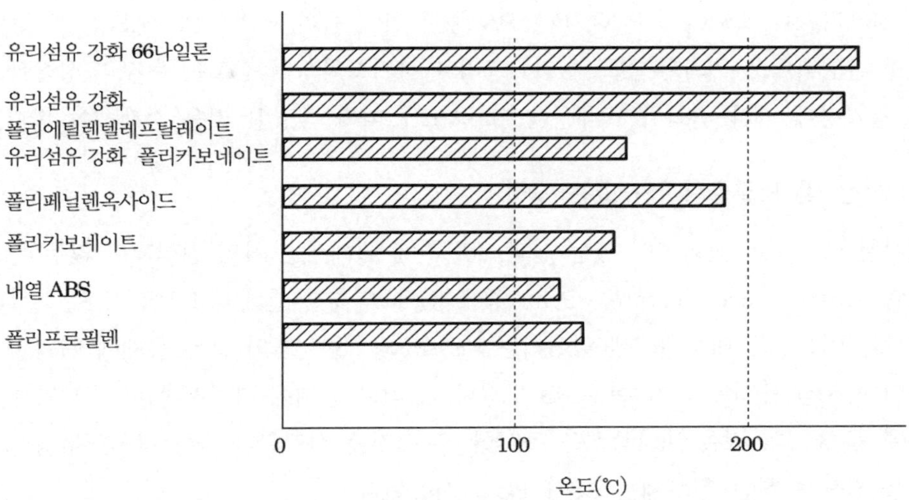

그림 7·25 열변형온도(18.6kgf/㎠ 하중)

(3) 마찰 마모의 특성이 있는 수지

마찰계수가 작고 PV값이 크며, 마모가 적은 수지에는 PA, POM, FEP(불소수지) 등이 있다. POM, PA는 모두 결정성수지이므로 성형수축률이 크기 때문에 정밀한 치수를 요구하는 성형품에는 부적당하다. 또한 POM은 사출성형시 분해하기 쉬운 결점이 있고 PA는 흡습성이 매우 심하여 공기중 습도로 인하여 제품의 치수 변화가 생긴다. PA중에는 PA6이 가장 흡습성이 크고 PA66은 이보다 작으며, PA11이나 PA12는 더욱 작다.

(4) 강성과 치수정밀도가 있는 수지

강성과 치수정밀도가 요구되는 성형품에는 유리섬유 등으로 강화한 FRTP가 사용된다. FRTP에 사용되는 수지는 PS, AS, PC, PET, ABS, POM, PA 등이 있다. 이 중에서 어느 것을 선택할 것인지 또는 유리섬유의 혼입량을 어느 정도로 할 것인지는 그 용도에 따라 결정해야 한다. FRTP는 알루미늄과 같은 정도의 강도, 강성, 선팽창계수를 가지고 있을 뿐만 아니라 성형수축률도 일반 수지의 절반 정도로 매우 작다. 그러나 유리섬유가 제품표면에 나타나기 쉬우며, 2차 가공시의 공구의 마모가 많고 사출성형기, 금형 등을 마모시키는 결점이 있다.

(5) 난연성이 있는 수지

열가소성 수지 중에서 불소 수지를 제외하고는 전혀 타지 않는 수지는 없다. 그러나 불꽃속에서는 연소하지만 꺼내면 불이 꺼지는 자기소화성이 있는 것이 있다. 열가소성 수지 자체가 자기소화성인 PVC, PC, PA 등이 이에 속하고 PE, PP, ABS, PS 등에 난연제를 혼입하여 난연화한 것도 있다. 그러나 자기소화성의 정도는 수지의 성질과 난연제의 첨가량에 따라 변화하기 때문에 그 용도에 따라 적당한 것을 선택해야 한다.

(6) 내산 및 내알칼리성이 있는 수지

대부분의 수지는 산화성이 있는 산과 알칼리에 대해서는 거의 침식되지 않는다. 그러나 PA, CA(cellulose-acetate), POM 등은 산에 의해서 분해되고 PC, CA는 알칼리에 약한 결점이 있다. 내용제성에 있어서는 PE, PP와 같이 거의 모든 용제에 견디는 것으로부터 비교적 용제에 녹기 쉬운 PS도 있다. 그러나 용제에 따라서 녹는 정도가 다르기 때문에 표 8-5와 같은 내약품성을 조사한 후 수지를 선택한다. 예를 들면 투명하고 내유성을 필요로 하는 경우에는 AS나 PC가 사용된다.

표 7·6 사출성형용 수지의 내약품성

수지 \ 용제	물	약산	강산	약알칼리	강알칼리	알코올	에스테르	케톤	에테르	사염화탄소	벤젠	가솔린	광유	동식물류
폴리스티렌	+	+	0~+	+	+	0~+	−	−	−	−	−	+	0~+	0~+
내충격성 폴리스티렌	+	+	−~0	+	0	0	−	−	−	−	−	−	0~+	0
AS(SAN)	+	+	0	+	0	+	−	−	+	−	−~0	+	+	+
ABS	+	+	−	+	+		−	−	−	−	+	+	+	
폴리에틸렌(저밀도)	+	+	0	+	+	0	0	0	0	−	−~0	−~0	+	+
폴리에틸렌(고밀도)	+	+	0	+	+	0~+	+	0	0~+	−~0	0~+	0~+	+	+
폴리프로필렌	+	+	0	+	+	+	0	0	0	−	0	−	+	+
메타크릴수지	+	−	0	+	+	0	−	−	−	−	−	0	+	+
폴리아미드	+	0	−	+	−	+	+	+	+	0	+	+	+	+
폴리아세탈	+	+	−	+	−	+	+						+	+
아세탈셀룰로오스	+	+	−	−	−	0	−	−	+		+		+	+
염화비닐수지	+	0	−~+	+	+	−	−	−	−		−	−~0	+	+
폴리카보네이트	+	+	0			0			−	−		−	+	+

+ : 사용가능, 0 : 조건에 따라 사용가능, − : 사용불능

(7) 예비 건조를 해야하는 수지

흡습성이 있는 수지를 그대로 사출성형하면 은줄과 같은 성형상의 불량이 나타난다. 또 수지 자체는 흡습성이 없어도 첨가제에 흡습성이 있든지 혹은 휘발성이 있는 것을 사용할 때는 예비건조를 하여야 한다. 흡습만을 제거할 때에는 75~85℃로 건조하는 것이 좋으며, AS, PMMA, ABS, PVC 등이 이에 속한다. 특히 건조를 중요시하는 것에는 PA, PC, CA 등이 있다. PA, CA는 흡습량이 크기 때문에 건조를 충분히 하여야 하고 PC는 흡습량은 적으나 약간의 수분이 있어도 가수분해하기 때문에 120℃로 10시간 이상 건조하여야 한다. 특히 PC가 밀폐된 통속에 들어 있는 경우는 통속에 넣은 채로 2시간 이상 가열하여 전체가 110℃ 이상이 되면 뚜껑을 열어서 사용한다. PC는 호퍼 내에서도 흡습하기 때문에 호퍼 드라이어로 가열하든가 적외선 가열을 하여 흡습되는 것을 방지해야 한다. 이와 같은 주의를 하지 않으면 실린더 내에서 가소화할 때 수분에 의하여 가스분해하여 분자량이 적어져서 강도가 현저히 저하된다.

표 7·7 사출성형용 수지의 흡수율(ASTM D570, 두께 3.18mm)

0~0.01%	PE, PP
0.01~0.05%	PS
0.05~0.5%	PS(내충격성), PVC, AS, ABS, PMMA, PC, POM
0.5% 이상	PA, CA

(8) 실린더내에서 과열시켜서는 안 되는 수지

성형온도에서 장시간 체류시키든가 혹은 과열시키면 열분해를 할 위험이 있는 수지는 PVC, PC, EVA 등이 있다. 이 중에서 HPVC수지는 성형온도와 분해 온도가 동일하기 때문에 서믹(thermic)라이프 이상의 체류를 하면 탈염산 분해를 일으키는데, 이 때 발생하는 염산이 촉매역할을 하여 더욱 분해가 촉진된다. 따라서 과열되지 않는 인-라인 스크루식 사출성형기 중에서 체크 밸브가 달려 있지 않는 스크루를 사용하여 성형하되 중단할 경우는 퍼징 콤파운드에 의한 퍼지를 해 주어야 한다. POM분해는 PVC수지보다는 심하지 않으나 체류시간이 너무 길면 자극성이 심한 포름알데히드로 분해되거나 흑색으로 변화하기 쉽다. 분해하면서 가스가 많이 발생되기 때문에 노즐이 튀어나오기 쉬우므로 역류 방지 링과 밸브를 같이 사용하면 안 된다. EVA의 분해는 PVC나 POM보다는 심하지 않으나 과열이나 체류시간이 길면 초산을 발생하는 수가 있다. 초산을 발생하면 성형기 및 금형을 산화시키므로 성형작업을 중지할 때는 PE로 퍼지하는 것이 좋다.

(9) 유동성이 좋거나 금형을 고온으로 해야하는 수지

성형온도에 있어서 수지의 유동성이 너무 좋으면, 예를 들어 PA같은 수지는 노즐로부터 흘러내리는 현상이 생긴다. 이런 경우는 사출완료 후 노즐을 막는 밸브를 사용하여야 한다. 일반적으로 광택을 좋게 하고 웰드라인을 엷게하며, 플로우 마크를 없애기 위해서는 금형온도를 높여서 성형하여야 하는데 내열성수지 중에서 유동성이 불량한 PC, 폴리페닐옥사이드, 폴리에틸렌테레프탈레이드(PET) 등은 80~100℃ 이상의 금형온도가 필요할 때가 있다. 이 경우는 반드시 금형온도 조절장치에 의해서 가온하여야 한다. 또한 어떤 종류의 수지는 금형온도를 높이지 않으면 광택이 나지 않는 것도 있다.

(10) 성형 완료 후 주의를 해야하는 수지

열분해에 대한 주의 외에 퍼지 및 스크루, 실린더의 청소에 주의해야 하는 것은 PC와 PA 등이 있다. PC는 식기 전에 스크루의 청소를 하지 않으면 굳어서 스크루나 실린더에 수지가 부착되어 청소가 곤란하다. PA는 고온에서 저점도이나 엷은 막이 스크루 실린더에 부착하기 때문에 퍼지가 곤란하다.

부록

제 품 도

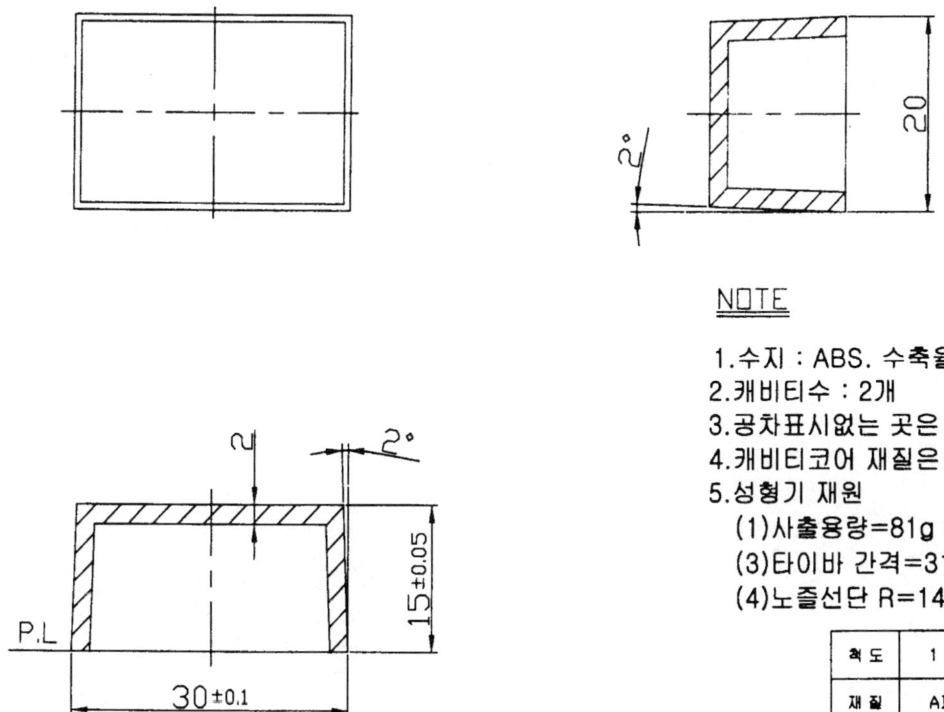

NOTE

1.수지 : ABS. 수축율 : 5/1000
2.캐비티수 : 2개
3.공차표시없는 곳은 일반공차적용
4.캐비티코어 재질은 Be-Cu적용
5.성형기 재원
(1)사출용량=81g (2)형체력=75Ton
(3)타이바 간격=310*260
(4)노즐선단 R=14 구멍경=Ø3.5

척 도	1 : 1	제품명	CAP
재 질	ABS	도 번	KUT-001
설계자		검 도	

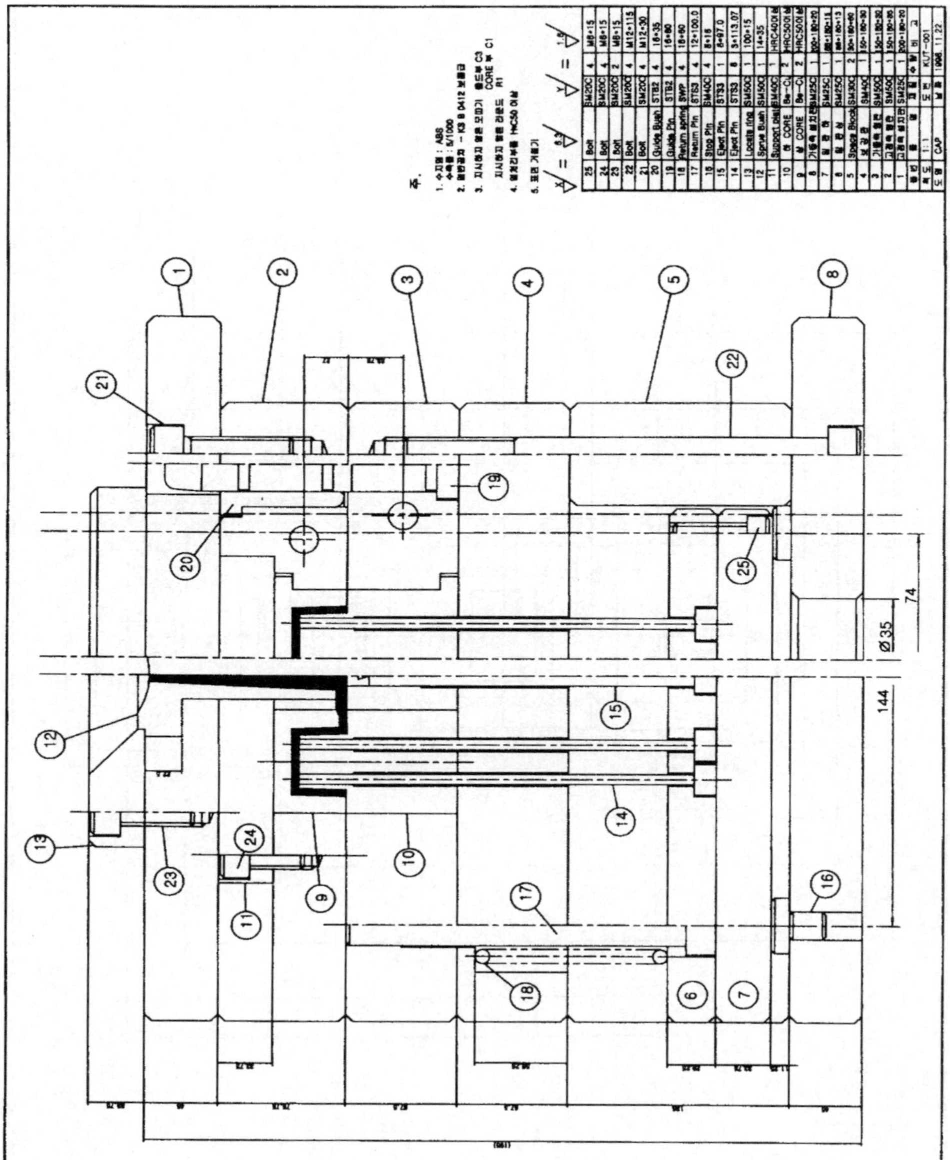
74
Ø35
144

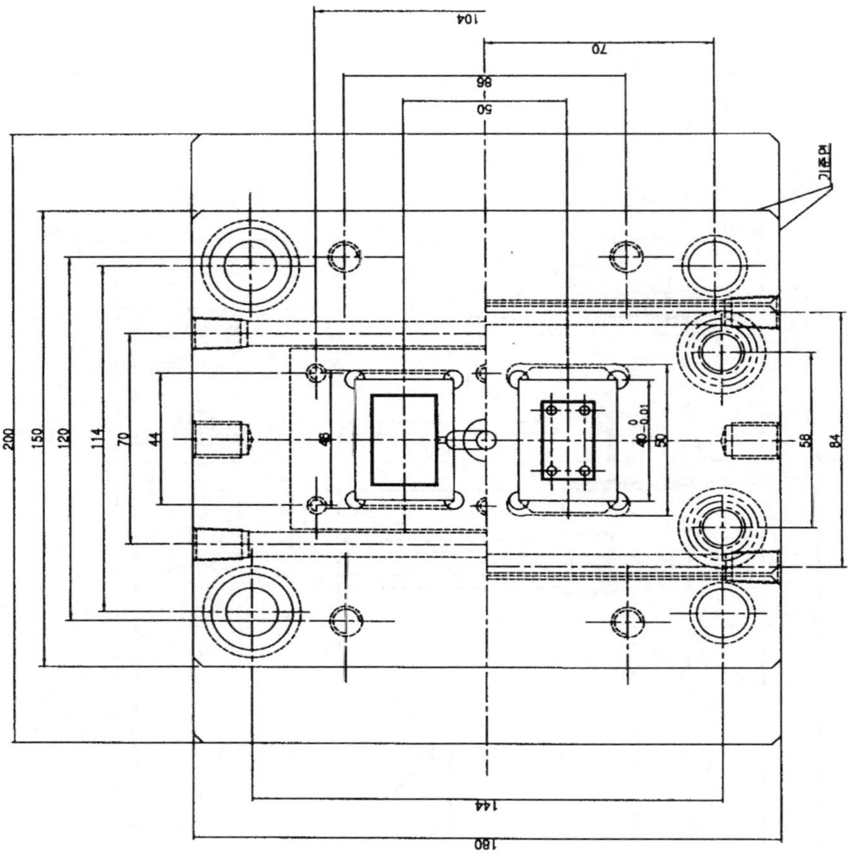

①

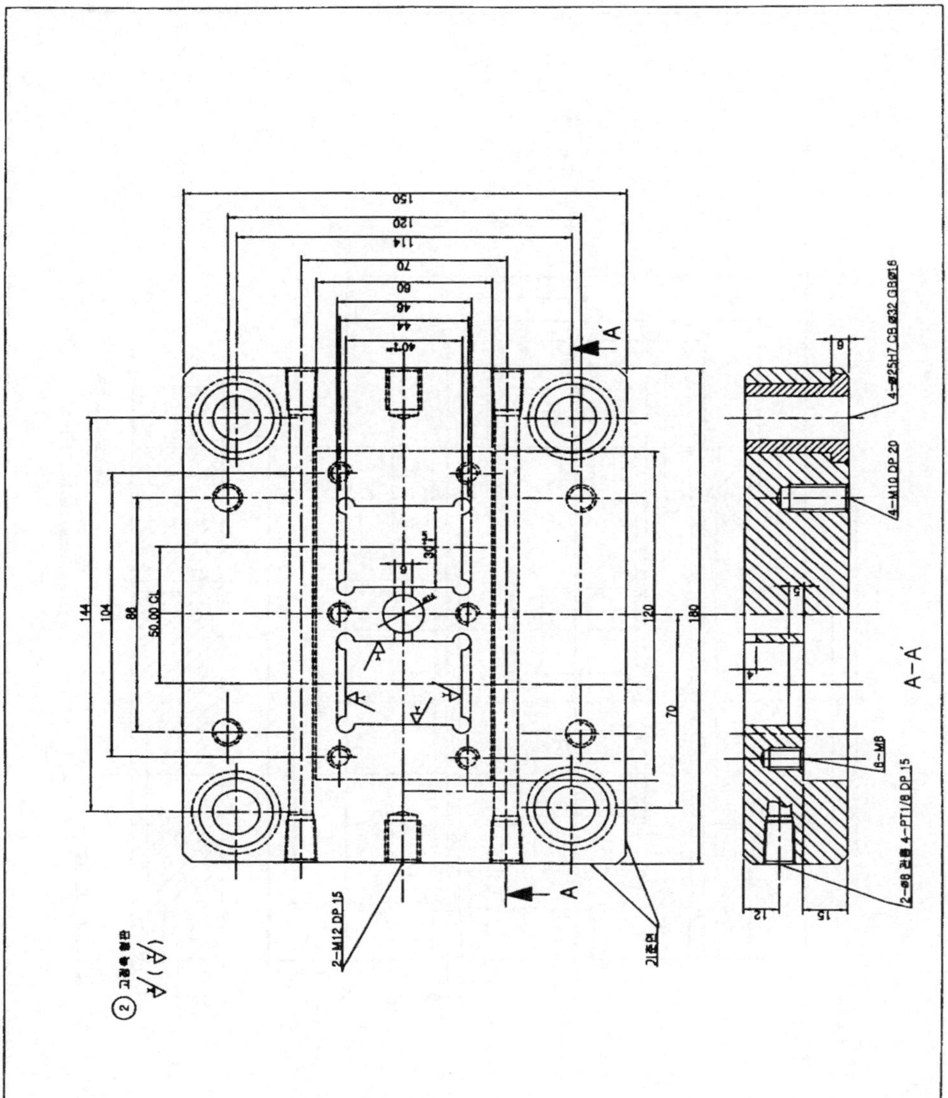
150
120
114
70
60
46
44
144
104
88
50.00 CL
180
A-A´
2-M12 DP 15
4-M10 DP 20
8-M8

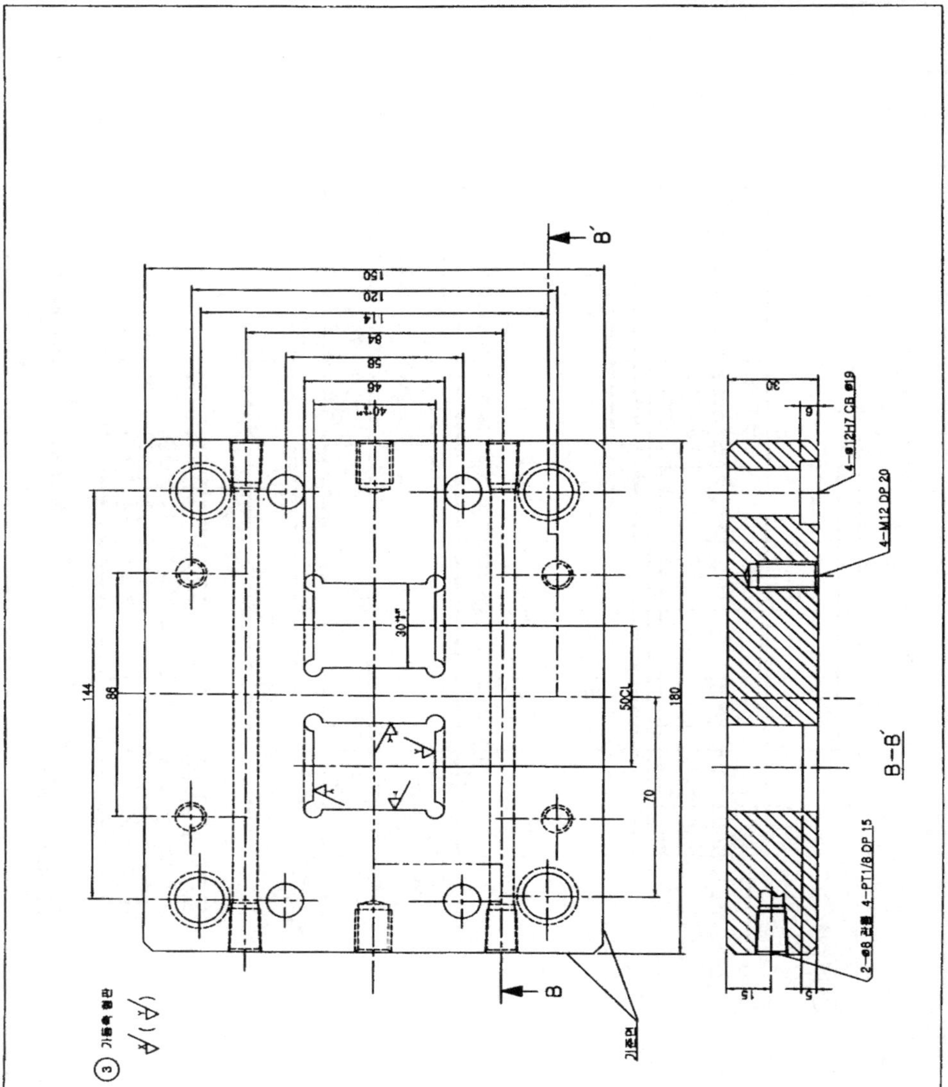
B-B'
4-M12 DP 20
기준면

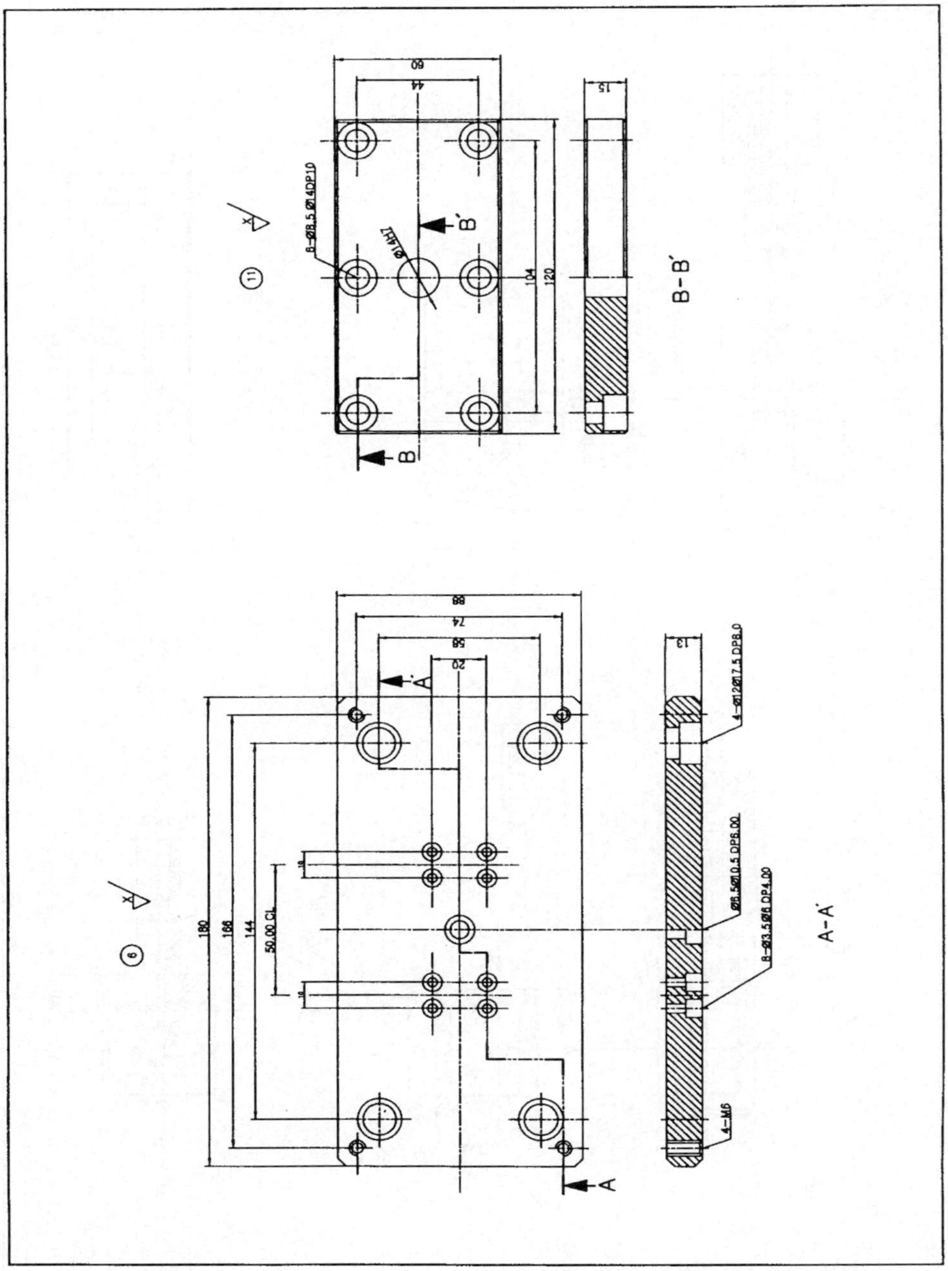
B-B'
A-A'

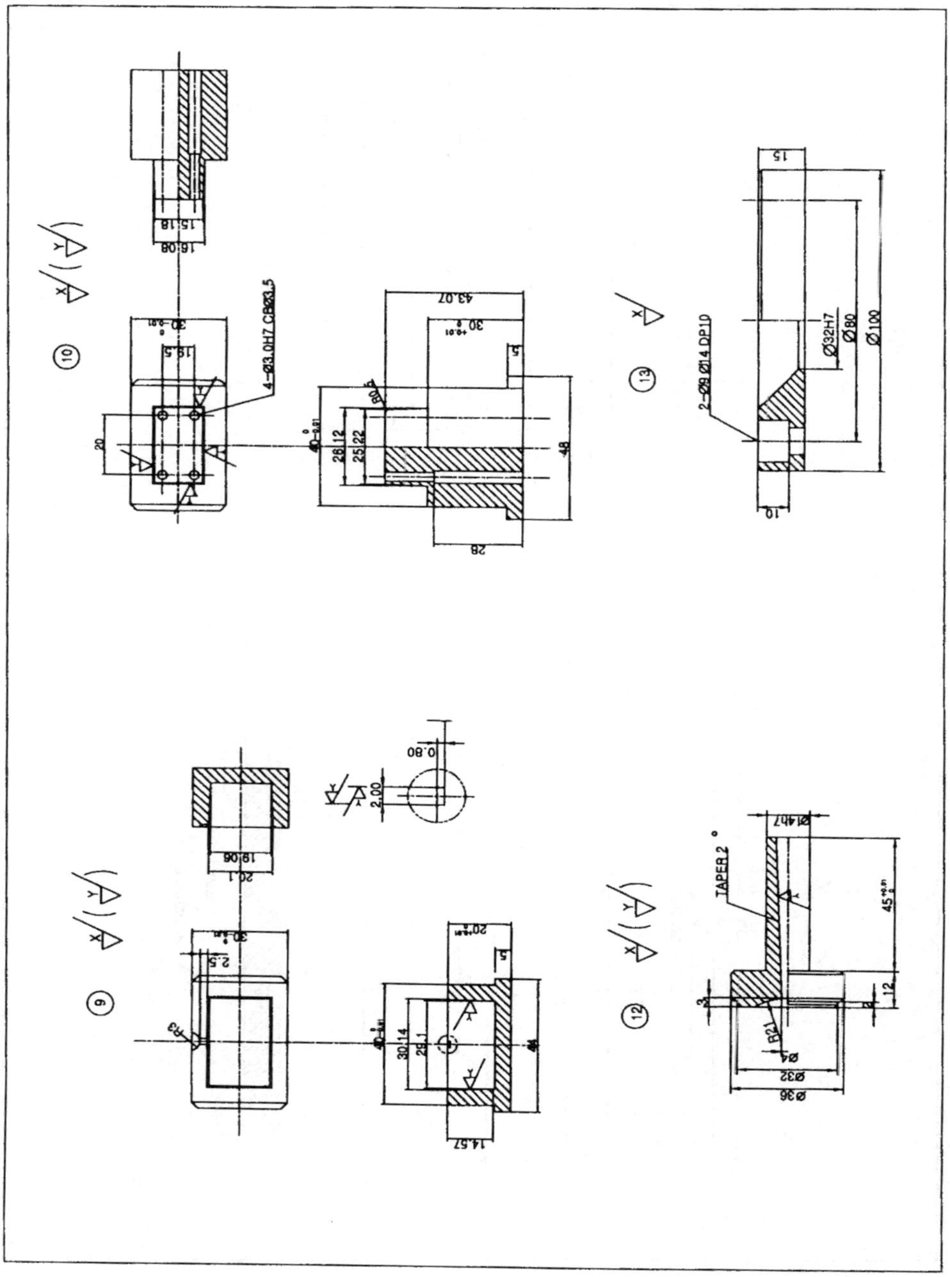
⑨
⑩
⑫
⑬
4-Ø3.0H7 CBØ3.5
2-Ø9 Ø14 DP10
Ø32H7
Ø80
Ø100
TAPER 2°
Ø36
Ø32
Ø4
R21
Ø14h7

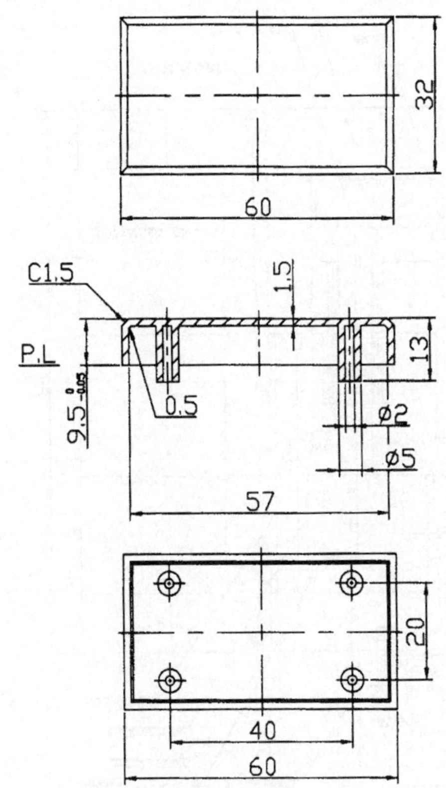

NOTE

1. cavity 제작시 가능한 Be-Cu 사용
2. side gate. 2 Cavities
3. 지정이외의 공차는 일반공차 적용
4. 빼기 구배는 1/8°
5. 보스부의 빼기 구배는 1/2° 로 한다

척 도	1 : 1	제품명	KNOB
재 질	ABS(5/1000)	도 번	KUT-002
설계자		검 도	

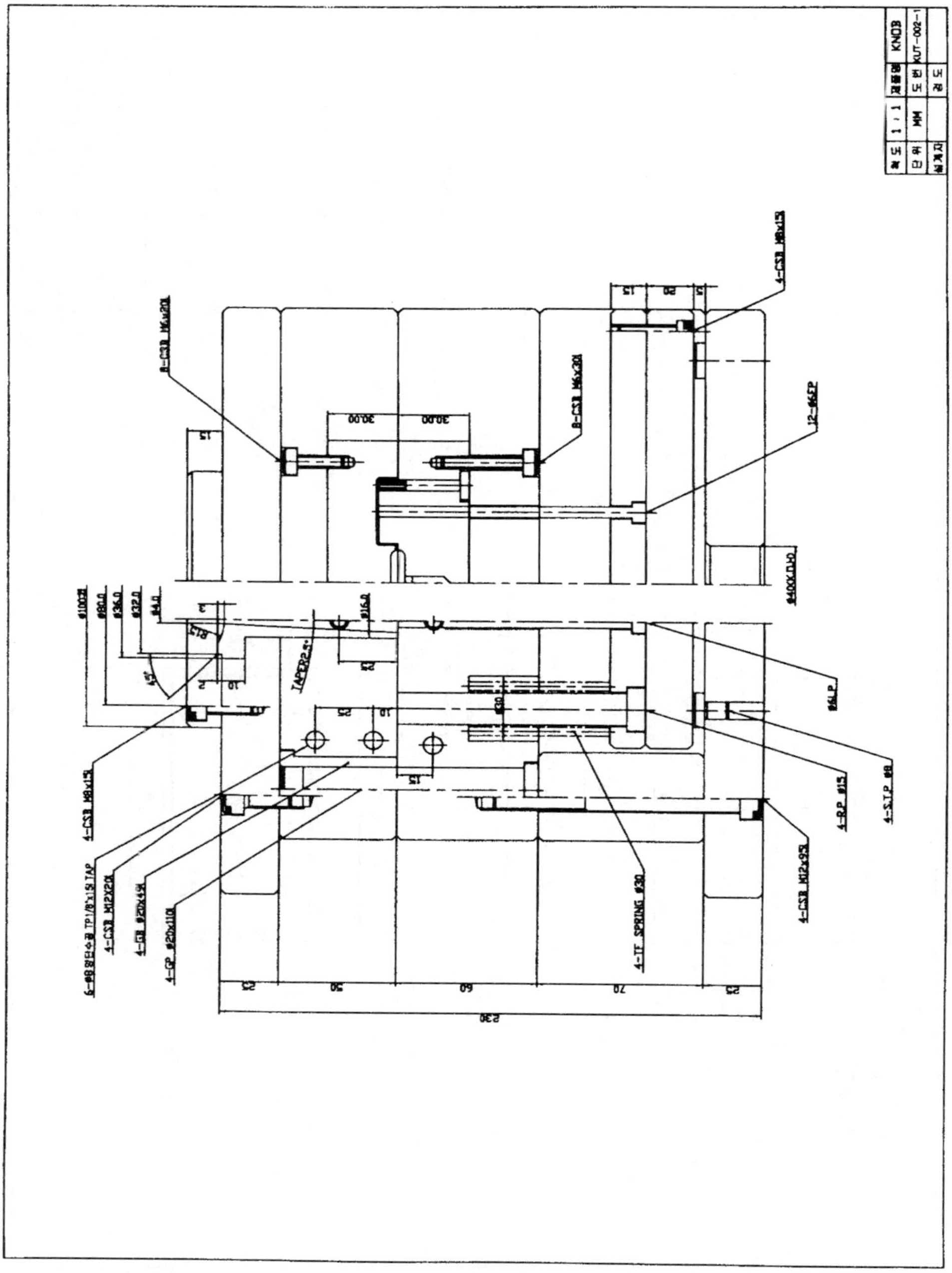
KNOB
KUT-002-1
1 : 1
MM
4-CSB M8x15
8-CSB M6x20L
8-CSB M6x30L
12-Φ6EP
4-R.P Φ15
4-S.T.P Φ8
4-CSB M12x95L
4-TF SPRING Φ30
4-GP Φ20x110L
4-GB Φ20x45L
4-CSB M12X20L
TAPER2.5°
230

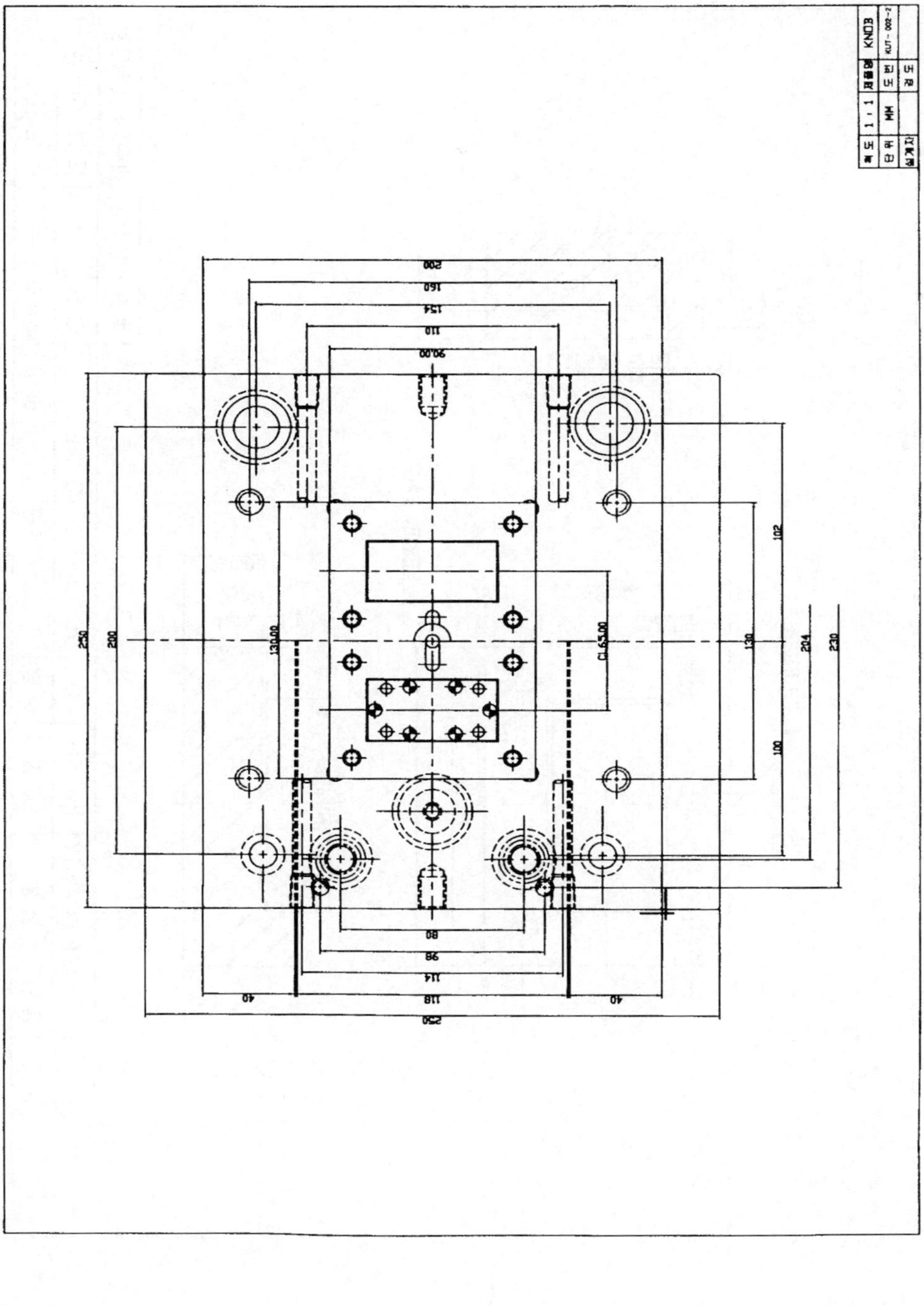

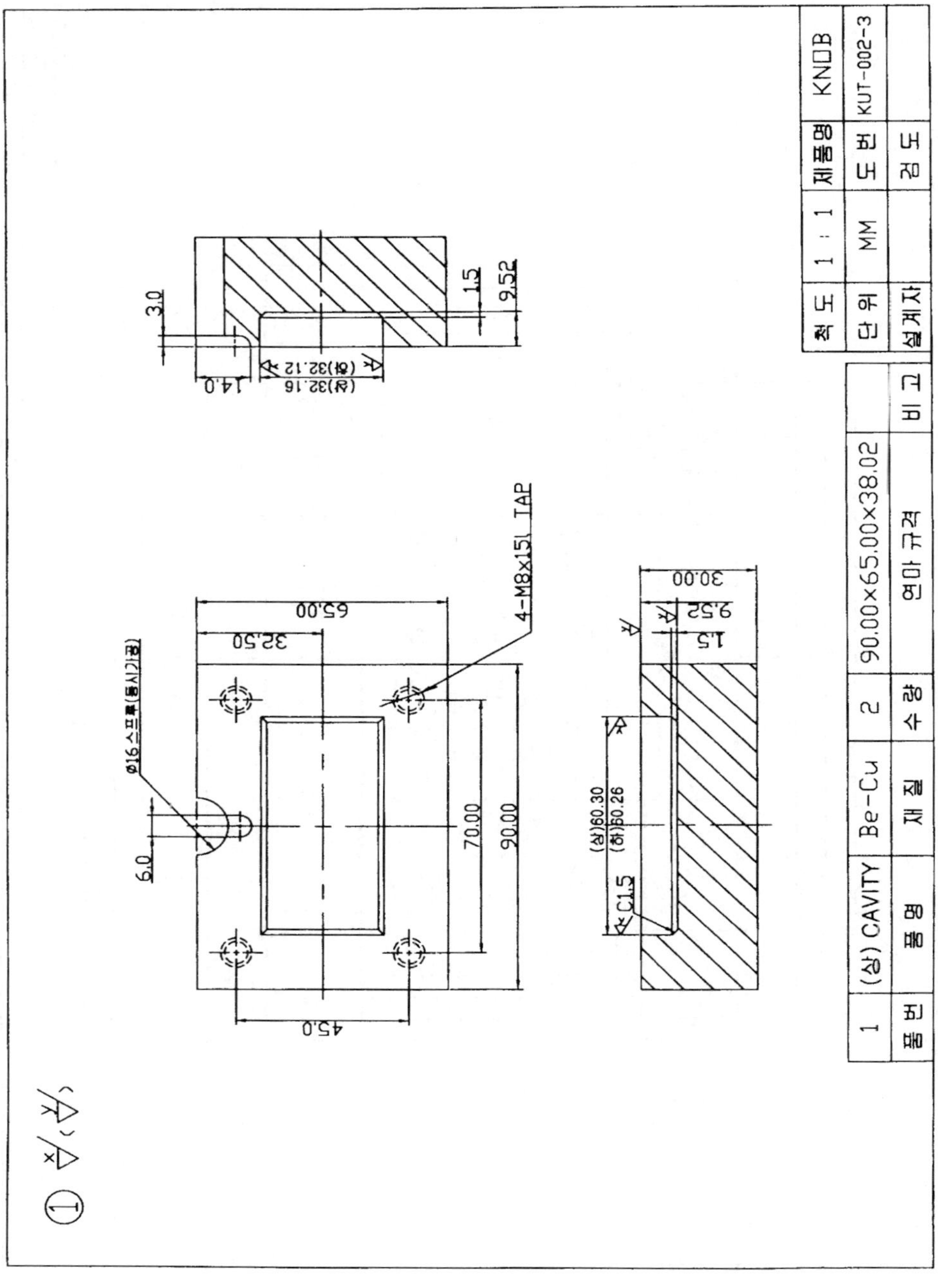

①
4-M8x15L TAP
Ø16 스프루(동시가공)
6.0
65.00
32.50
45.0
70.00
90.00
30.00
9.52
1.5
(상)60.30
(하)60.26
C1.5
3.0
14.0
(상)32.16
(하)32.12
1.5
9.52
척 도
1 : 1
제품명
KNOB
단 위
MM
도 번
KUT-002-3
설계자
검 도
1
(상) CAVITY
Be-Cu
2
90.00×65.00×38.02
품 번
품 명
재 질
수 량
연마 규격
비 고

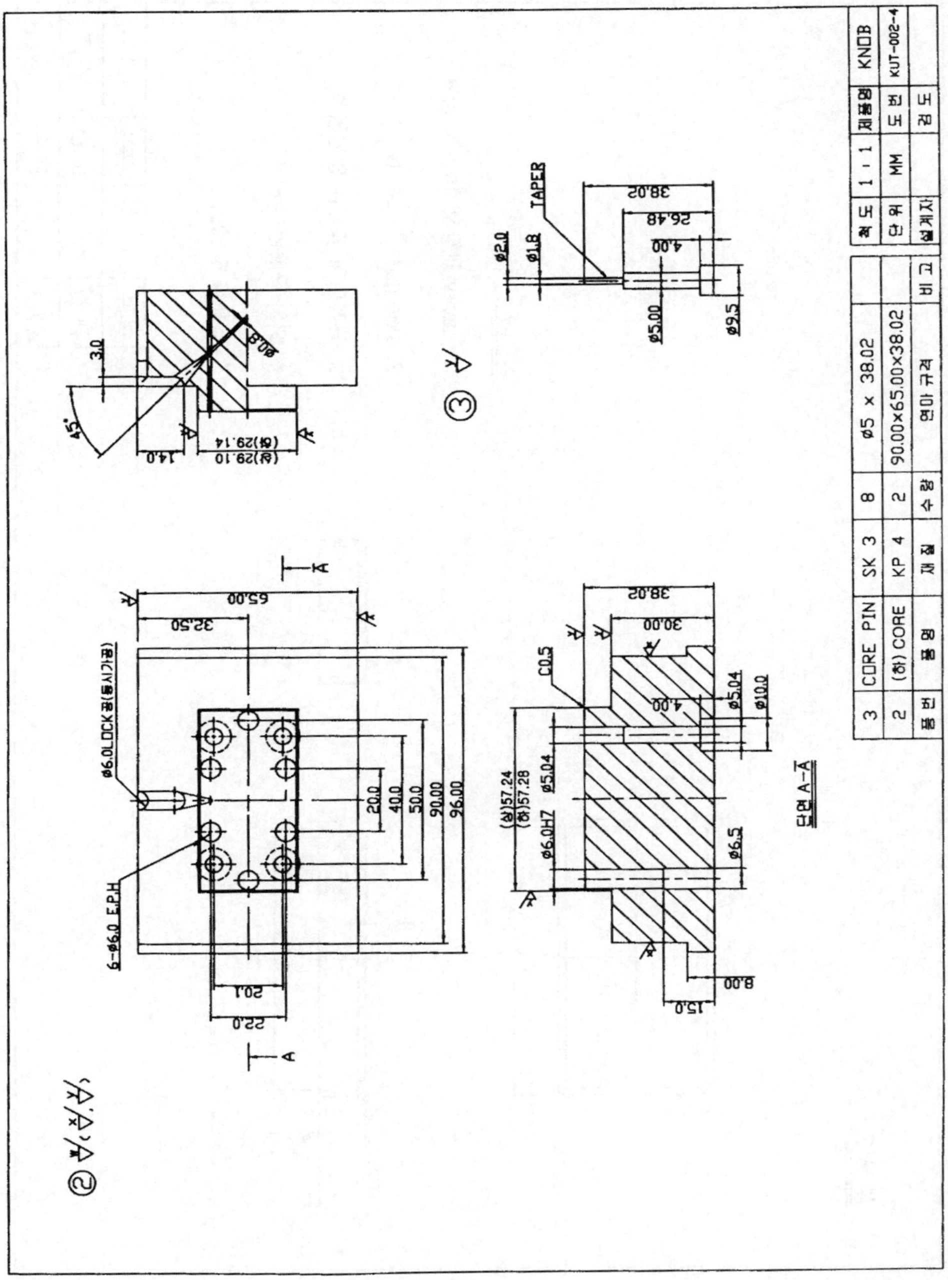
3 CORE PIN SK 3 8 Ø5 × 38.02
2 (하) CORE KP 4 2 90.00×65.00×38.02
품번 품명 재질 수량 연마 규격 비고
척도 1 : 1 제품명 KNOB
단위 MM 도번 KUT-002-4
설계자 검도
단면 A-A
TAPER

제 품 도

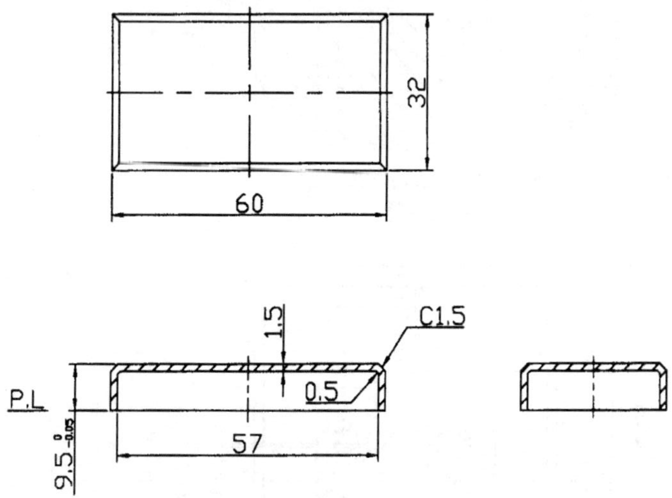

NOTE

1. cavity 제작시 Be-Cu 사용
2. side gate, 2 cavity
3. 지정이외 공차는 일반공차
4. 빼기 구배는 1/8°
5. 수축율 5/1000

척 도	1 : 1	제품명	CAP
재 질	ABS	도 번	KUT
설계자		검 도	

제 품 도

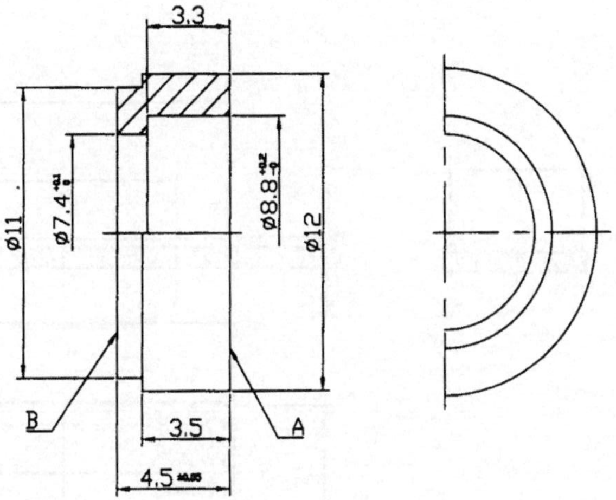

NOTE

1. Burr를 내지 말 것

2. A면, B면의 평면도는 0.05이내로 할 것

3. 85° C에서 충분히 건조시킨 후에도 본 도면의 치수를 만족시킬 것

4. 착색제에 의한 색의 차이는 LOT별로 차가 있어도 좋으나 동일 내의 차이가 있으면 안된다

척 도	5/1	제품명	PIPE"D"
재 질	DURACON (20/1000)	도 번	KUT
설계자		검 도	

제품도

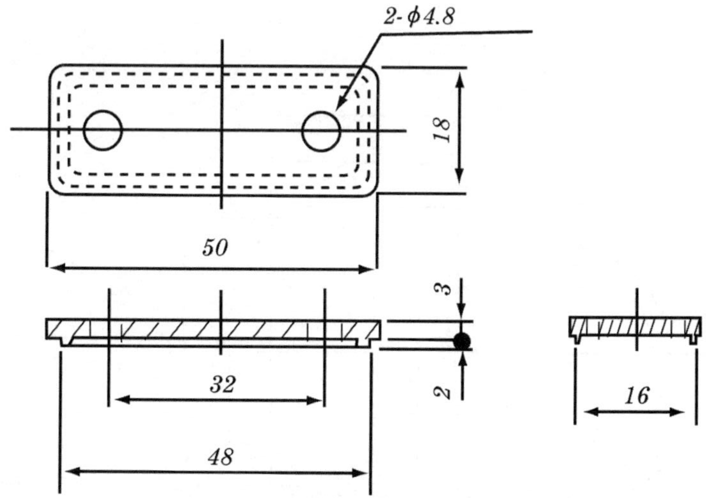

NOTE

1. 사이드 게이트
2. 2개의 캐비티
3. 빼내기 구배 1/30° ~1/60°
4. PE 수축률 25/100

척 도	5/1	제품명	단자
재 질	PE	도 번	KUT
설계자		검 도	

제품도

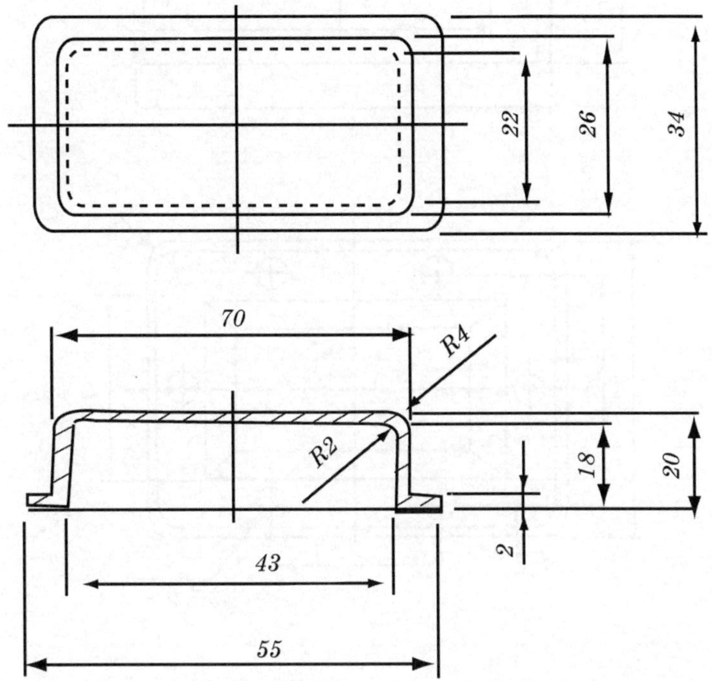

NOTE

1. 사이드 게이트
2. 2개의 캐비티
3. 빼내기 구배 1/30° ~1/60°
4. PP 수축률 15/100

척 도	5/1	제품명	단자
재 질	PE	도 번	KUT
설계자		검 도	

제품도

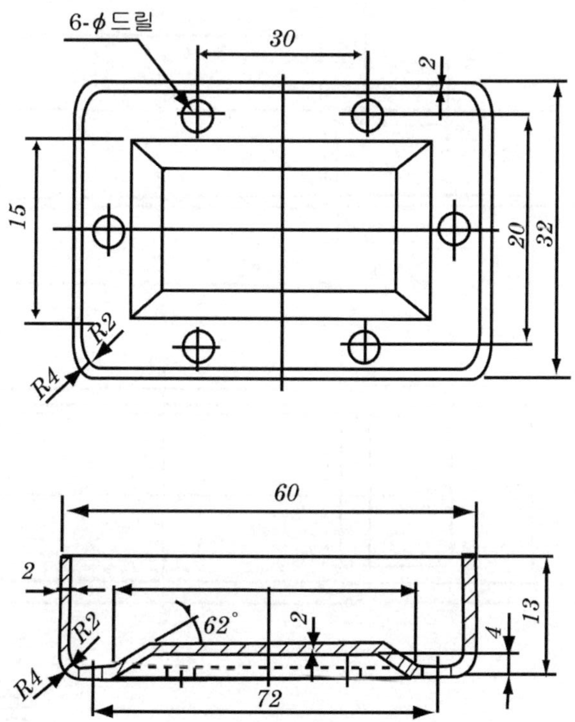

NOTE

1. 사이드 게이트
2. 2개의 캐비티
3. 빼내기 구배 1/8°
4. PS 수축률 45/1000

척 도	5/1	제품명	단자
재 질	PE	도 번	KUT
설계자		검 도	

제품도

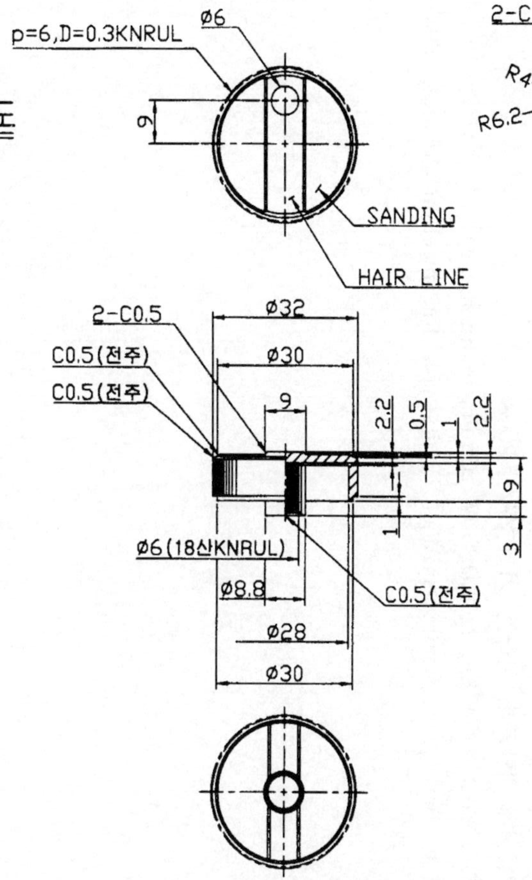

NOTE'S

1. 금형 : 재질 및 수량 FUTABA MOLD BASE 1x4(전주)
2. 재질 : ABS 도금용 94 HB
3. 외관 : 수축이나 BURR FLOW MARK 등이 전연 없을 것
   Cr 광택(SANDING 및 HAIR LINE은 선명 할 것)
4. 양산전 견본제출 인정검사를 받을 것

척 도	1 : 1	설계자		제품명	TUNING KNOB
투상법	3각법	작성일		도 번	KUT
재 질	ABS 5/1000	검 도		모 델	

참고 문헌(參考 文獻)

1. 사출금형의 기본과 응용, 홍명웅 역, 기전연구사, 1989
2. 최신 초정밀 사출성형기술, 송병주 편저, koplad, 2000
3. 사출성형 금형설계, 김재원 외 2인, 원창출판사, 1995
4. 플라스틱 사출성형 조건 control 법, 이성출, 기전연구사, 2001
5. 알기 쉬운 사출금형 가공 기술, 한국플라스틱기술정보센터, 2002
6. 제품설계의 총론, 이국환, 기전연구사, 1997
7. 플라스틱 금형의 부품 및 사출성형 작업 기준, 국립 공업시험원, 1986
8. Plastic 사출성형의 이론과 설계, 조용무 편저, 일진사, 1994
9. 사출금형설계[I], 이우철, 기전연구사. 1987
10. 최신 플라스틱 기술, 이국웅, 문홍국 공역, 성안당, 1988
11. 플라스틱 금형의 기본과 설계, 신남호, 이균덕, 한국금형정보센타, 1990
12. 최신 플라스틱 재료, 우복균 역, 대광서림, 1987
13. 사출성형 CAE 설계지침, 권태헌외 4인 공역, 문운당, 2005
14. 플라스틱 제품설계, 임무생 편저, 홍익제, 1987
15. 사출금형설계, 손양언, 구민사, 1998
16. 제품설계 개발공학, 이국환, 기전연구사, 2008
17. MOLDFLOW KOREA, MOLDFLOW training manual, 1994
18. E. C. Bernhardt, Computer Aided Engineering for Injection Molding, 1995

찾아보기

(ㄱ)

(ㄴ)

(ㄷ)

(ㄹ)

(ㅁ)

(ㅂ)

(ㅅ)

(ㅇ)

(ㅈ)

(ㅊ)